Ökologieorientierte Volkswirtschaftslehre

Von

Professor

Dr. Günter Hobbensiefken

in Zusammenarbeit mit

Bodo Gebhardt

2., korrigierte Auflage

R. Oldenbourg Verlag München Wien

CIP-Titelaufnahme der Deutschen Bibliothek

Hobbensiefken, Günter:
Ökologieorientierte Volkswirtschaftslehre / von Günter Hobbensiefken. In Zusammenarbeit mit Bodo Gebhardt. – 2., korrigierte Aufl – München ; Wien : Oldenbourg, 1991
ISBN 3-486-21757-7

Gesamtherstellung: Rieder, Schrobenhausen

ISBN 3-486-21757-7

Inhaltsverzeichnis

Wer nur ein Nationalökonom ist,
kann kein guter Nationalökonom sein.
Viel mehr als bei den Naturwissenschaften
trifft es bei den Sozialwissenschaften zu,
daß kaum ein konkretes Problem von einem
der Spezialfächer allein beantwortet werden kann.
(Friedrich A. von Hayek, FAZ 16.2.1963/Nr.40/S. 5)

Vorwort

Die vorliegende Volkswirtschaftslehre versteht sich als ökologieorientiert, weil sie sich mit der ökologischen Reform der herkömmlichen Volkswirtschaftslehre explizit auseinandersetzt. Ob und inwieweit sich der bisherige Typ der Volkswirtschaftslehre dadurch wandelt, ist eine Frage, die nicht allein aus den Entwicklungsmöglichkeiten der ökonomischen Theorie zu beurteilen ist, sondern von strukturellen Veränderungen in der gesellschaftlichen Realität abhängt. Eine Neuorientierung der Praxis anzustreben, d.h. sie programmatisch zu vertreten und durchzusetzen, ist allerdings nicht nur eine Angelegenheit der Politik und jener Kräfte, die in der Gesellschaft vorherrschen. Sie betrifft auch die Wissenschaft, sofern sie sich mit der instrumentellen Vernunft nicht begnügt.

Sobald das Ökologieproblem die Bewußtseinsebene erreicht, sind Argumentationen und Legitimationen gefragt, über deren Form und Inhalt in der Demokratie die Mehrheit nicht allein entscheidet. Die Konzeption der Freiheit ist keine Siegerphilosophie. Motivation und Vernunft verkörpern Möglichkeiten, etwas anzustoßen und zu bewegen, wenn die solidarische Parteinahme für das gesellschaftliche Subjekt hinzu kommt. Die Bewußtseinsentwicklung ist ein wichtiges Moment im Zusammenhang der praktischen Selbstbestimmung der heutigen Menschen. Hieraus begründet sich dieser Beitrag gesellschafts- und bildungstheoretisch. Es wird nicht nur über das Umweltproblem selbst nachgedacht, sondern auch über den methodischen Zugang der Ökonomie zu ihm. Ökologische Defizite stellen das Verhältnis der Ökonomie zu Mensch und Umwelt prinzipiell infrage. Dabei ist herauszufinden, wodurch die Situation entsteht und was sich in ihr strukturell Geltung verschafft. Die Folgen einer unreflektierten Beziehung zur Ökonomie sind u.U. fatal und tragisch. Der Mensch wird am Ende sein eigenes Opfer.

Was unter dem Anspruch der Ökologieorientierung selbst zur Sprache kommt, ist einerseits ein Einblick in die Entwicklungsstufen der modernen Volkswirtschaftslehre, andererseits ein Überblick über den Stand der Diskussion zum Ökologieproblem. Verschiedene Ansätze zur Umweltpolitik und Umweltökonomie werden systematisch dargestellt, z.T. auch unter dem Aspekt, was sie zur Lösung der Umweltmisere beitragen wollen und können. Ein Anspruch auf Vollständigkeit wird nicht erhoben. Der Abschnitt D (**Positionsbezug: Die ökologieorientierte Differenzierung**) geht auf **Bodo Gebhardt** zurück, der damit seine im Rahmen der Ersten Staatsprüfung 1988 bei mir abgeschlossene Examensarbeit für diesen Veröffentlichungszweck überarbeitete. Er fügt sich in die Gesamtkonzeption des Buches nahtlos ein, weil Bodo Gebhardt als wissenschaftlicher Mitarbeiter durch seinen kritischen Dialog und seine computertechnische Graphik am Zustandekommen dieser Schrift maßgeblich beteiligt ist.

Über den einführenden Charakter des Buches hinaus ist auch ein Beitrag zur Diskussion einer ökologischen Reform der Ökonomie selbst beabsichtigt. Theorie und Praxis lassen sich nicht in ein Kontinuum eintragen. Sie stehen in einem Spannungsverhältnis, das viele Fragen aufwirft, nicht nur auf der Gegenstandsebene, sondern auch auf der Ebene der Intersubjektivität. Schließlich ist nicht auszuschließen, daß der mich leitende Gesichtspunkt einer ökologieorientierten Volkswirtschaftslehre in einem mehr oder weniger akzentuierten Widerspruch zum Selbstverständnis einiger Richtungen, Schulen oder Autoren steht. Sofern ich ungewollt zwischen den Stühlen sitzen sollte, signalisiere ich meine Gesprächs- und Verständigungsbereitschaft. Überhaupt wäre ich für jede Kritik verbunden, weil sie hilft, in der Auseinandersetzung mit dem Umweltproblem voranzukommen.

Für die schreib-, literatur- und computertechnische Unterstützung meiner Arbeit habe ich vor allem Frau Marion Vogt, Herrn Rolf-Dietmar Dierks und Herrn Michael Sengstmann zu danken. Last not least gilt mein Dank den Studenten meiner zwei Lehrveranstaltungen zum Ökologiethema. Sie haben mir durch intersubjektive Bewährungskontrolle eine spezifische Leistungsfähigkeit abverlangt, aber auch bewirkt, daß sich meine ersten Reflexionen über Ökonomie und Ökologie durch das Streitgespräch inhaltlich und methodisch entwickeln konnten.

Einleitung

Der Titel des Buches unterstellt, daß die Volkswirtschaftslehre zur Verarbeitung der heutigen Umweltprobleme der Ökologieorientierung bedarf und dieser Ausrichtung durch ihre Theorie bisher nicht entsprochen wird. In der öffentlichen Diskussion wird der Main-stream-Ökonomie vorgeworfen, sie sei rückständig, viel zu abstrakt und in ihren Grundaussagen z.T. falsch. Sie sei nur Politik in anderem Gewand. Im akademischen Bereich habe sie eine Form von "Gehirnschaden" (H. Henderson); sie sei "verrückt" (F. Capra), weil sie die Tuchfühlung mit der Wirklichkeit verliere, auch mit der Umwelt, in der der Mensch lebe. Doch wie die Kritik im einzelnen ausfällt, sie übersieht, daß der ökonomischen Theorie die Wirtschaftspraxis der Gesellschaft immer schon vorausgeht. Unter der Voraussetzung, daß die Wissenschaft die Praxis der Wirtschaft in ihren Strukturen und Zusammenhängen richtig erkennt, liegt der Defekt der Ökonomie nicht in der Theorie, sondern in der Realität. Die ökonomische Theorie kann sich dann erst verbessern, wenn die Gegebenheiten in der Realität eine ökologieorientierte Handlungsdimension ermöglichen bzw. sie durch eigene institutionelle Vorkehrungen belohnen. Immerhin verdeutlicht die Kritik, daß sowohl eine neue Orientierung der ökonomischen Theorie zur Diskussion steht wie auch eine strukturelle Veränderung der gesellschaftlichen Praxis, soweit deren "Betriebssystem" durch die Ökonomie bestimmt wird.

Die gegenwärtige Welle der Umweltkritik, die sich in der BRD mit der Gründung der GRÜNEN auf parlamentarischer Ebene ein politisches Gewicht verschafft, sympathisiert untergründig mit dem **Politisierungsprozeß**, der sich im Zusammenhang mit der weltweiten Protestbewegung Ende der 60er Jahre (Bürgerrechts-, Anti-Vietnam-, Studentenbewegung, Kuturrevolution etc.) herausgebildet und neue Sensibilitäten bzw. Reformerwartungen geweckt hat. Eine rasche Verbreitung finden in den 70er Jahren namentlich die **Bürgerinitiativen**, die bis dahin verdrängte Probleme aktualisieren (Unwirtlichkeit der Städte, Benachteiligung der Randgruppen, Beeinträchtigungen durch Lärm, Luft- und Wasserverschmutzungen etc.). Mitte der 70er Jahre sind allein 40 bis 50% der Bürgerinitiativen im Umweltbereich tätig (Umwelt-/Naturschutz, Verkehr, Stadtentwicklung, Energie)[1]. Sie profitieren von Vorläufern der Umweltdiskussion in den USA[2] und Japan[3] sowie den staatlichen Reformen in der BRD, die nicht nur "mehr Demokratie wagen" wollen, sondern in der sozial-liberalen Koalition 1971 erstmalig ein Umweltprogramm verabschieden[4]. Hinzu kommt die von der Ölkrise 1973 ausgelöste öffentliche Diskussion über die **Grenzen des Wachstums** (Club of Rome), deren Öffentlichkeitswirkung durch die wachstumskritischen Schriften von Ivan Illich, Ernst F. Schumacher, Robert Jungk, W. Harich, Erhard Eppler, C. F. von Weizsäcker, Herbert Gruhl etc. verstärkt wurde.

In den späten 70er Jahren wird die **Anti-Atomkraft-Bewegung** zum Kristallisationskern der Ökologiebewegung. Sie mobilisiert zum Widerstand gegen den Bau von Atomkraftwerken, Wiederaufbereitungsanlagen etc. (z.B. durch Bauplatzbesetzung in Wyhl 1975, Demonstration in Brokdorf Ende 1976). Bedeutsam wird auch die **Neue Linke** (Schüler, Studenten, Spontigruppen, auch Teile der Frauenbewegung und K-Gruppen), die der Ökologiebewegung eine antikapitalistische Stoßrichtung zu geben versucht[5]. Die **Neue Technikkritik** ergänzt das Mobilisierungspotential der Ökologiebewegung, insbesondere durch Publikationen von O. Ullrich, J. Strasser und K. Traube, in denen die Technikkritik mit einer Kritik der gesellschaftlichen Verhältnisse verbunden wird. Dazu gehören Gegenentwürfe, die sich in Utopien "sanften" Lebens, Konzepten "alternativer" Technologien, Formen "ökologisch verträglicher" Produktion sowie in Modellen basisdemokratischer und genossenschaftlicher Lebensformen (z.B. Kibbuzim) objektivieren[6]. In diesem ideologisch aufgeladenen Spannungsfeld, hervorgerufen durch konkrete Probleme subjektiver Betroffenheit, konstituiert sich ein Widerstand ökologischer Gruppierungen, vor allem gegen großtechnische Gefahrenquellen und ökonomische Systemmechanismen, die Mitte der 80er Jahre regionale Umweltskandale (z.B. Bhopal, Tschernobyl, Sandoz/Vergiftung des Rheins) und jetzt die weltweite Klimakatastrophe heraufbeschwören.

Dementsprechend tangiert das Umweltproblem der heutigen Gesellschaft die "betriebene" und "gelehrte" Ökonomie. Praxis und Theorie stehen gesellschaftlich nicht beziehungslos nebeneinander, sondern in einem wechselseitigen Verbund. Deshalb ist der Entstehungs- und Wirkungszusammenhang der Ökonomie hier in beiden Momenten themenrelevant. Teil A stellt sich die Aufgabe, die gesellschaftlichen Gründe für eine ökologieorientierte Volkswirtschaftslehre aufzuzeigen. Es geht um die Erfassung der Problemstellung angesichts der menschlichen Umweltkrise, um die Entwicklungsstufen der Situationsbeurteilung und den Bewußtseinscharakter der Umweltkritik. In Teil B wird der soziale Werdegang und fachwissenschaftliche Problemreduktionismus der Ökonomie in ihrem Vergangenheitsbezug thematisiert. Während die alte Theorie noch eine kosmische Entsprechung und normative Verwurzelung in der "häuslichen" Lebensordnung der Politik findet, tendiert die moderne Ökonomie zu einer prozessualen Verselbständigung gegenüber Mensch und Umwelt, in einer Form, die ihren Einfluß in der Gesellschaft zunehmend erhöht und ihren Problemhorizont ständig abstrakter werden läßt. Teil C behandelt den Gegenwartsbezug der umweltpolitischen Aktivitäten, zunächst hinsichtlich des Problemgehalts der Umweltdiskussion, der sich in verschiedenen Ökologiebegriffen ausdrückt, und schließlich am Beispiel der Umweltpolitik der BRD, die in ihren Phasen und Verfahren dargestellt sowie den Tendenzen ihrer Problemlösung beurteilt wird. In Abschnitt D werden die Ansätze zur Reform und Kritik der herkömmlichen Ökonomie in ihren Ökologiebezügen differenziert. Ihre Spannweite reicht von ökologischen Varianten neoliberaler Markttheorie und keynesianischer Politiktheorie bis hin zu ökologistischen und marxistischen Thesen, die z.T. eine Überwindung des Wirtschaftssystems anvisieren oder auf Probleme aufmerksam machen, die für den Erhalt unserer Gesellschaft von grundlegender Bedeutung sind. Teil E macht den Zukunftsbezug der ökologieorientierten Volkswirtschaftslehre in ihren Barrieren und Hoffnungen zum Problem, nicht nur hinsichtlich der Trägheiten der Institutionen, der Formbestimmtheit der Praxis und der Instrumentalisierung der Sinne, sondern auch in den Möglichkeiten der Umorientierung, die in Richtung einer Erweiterung der technisch-wissenschaftlichen Zugriffsweise wie unter dem Gesichtspunkt einer Neufundierung der Umweltökonomie, einer Transformation der Subjekttheorie und dem verbleibenden Gestaltungskorridor einer Ökologisierung der Wirtschaft reflexiv durchleuchtet werden. Die Hoffnungen konzentrieren sich auf den Realismus qualitativen Wachstums und die Interdisziplinarität der Umweltforschung.

Erkenntnisleitend ist, daß Aspekthaftigkeit und Wissenschaftlichkeit der heutigen Ökonomie inzwischen nicht mehr genügen, um alles aufzuklären, was sie als Teildisziplin selbst zum Problem erhebt. Die Relevanz dieses Punktes wird umso deutlicher, je verkürzter die moderne Ökonomie den Menschen und seine Umwelt zum Gegenstand ihrer Erkenntnis macht (Menschenbild) oder je dickfelliger sie die "externen Effekte" des privaten Wirtschafts- und Kapitalkreislaufs als nicht zur Sache gehörig deklariert (Menschen- und Umweltfeindlichkeit). Zunehmend wird bezweifelt, ob die institutionelle Trennung zwischen Subjekt und Objekt in der Forschung überhaupt zeitgemäß bzw. noch konsequent durchzuhalten ist. Vieles spricht dafür, daß eine Neuorientierung der Wirtschaftswissenschaft anzustreben ist, welche die unbeabsichtigten und nicht immer kontrollierbaren Nebenwirkungen der Privatökonomie auf Mensch und Umwelt keineswegs nur an der Grenzlinie zwischen Wissenschaft und Gesellschaft diskussions- und fragwürdig macht, sondern sie als zentrales Thema in die Wirtschaftswissenschaft selbst hineinverlagert. Ob dafür eine ökologieorientierte Ökonomie allein ausreicht, mag zunächst offen bleiben. Wichtig erscheint, daß die herrschende Ökonomie konzeptionell in einen gesellschaftlichen und naturhaften Zusammenhang zurückgebunden wird, der ihre jetzige immanente Maßlosigkeit und Einseitigkeit korrigiert bzw. aufhebt, die als globales und totales Risiko der modernen Gesellschaft längst in aller Munde sind. Das Risiko ist global, weil es alle Menschen betrifft, und es ist total, weil es in letzter Konsequenz zum sicheren Tod der Menschheit führt[7].

Die wirtschaftswissenschaftliche Diskussion um dieses Problem steht erst am Anfang einer Neuorientierung. Noch gibt es keine gesellschaftlich anerkannte volkswirtschaftliche Theorie der Umwelt. Die Fülle der Beiträge zu diesem Thema, gerade in jüngster Zeit, läßt erkennen, daß sich hier ein Forschungsbedarf von großer Reichweite und Dynamik auftut, möglicherweise auch ein Ausbildungsschwerpunkt mit vielen neuen Berufsperspektiven und Verantwortlichkeiten. Die Volkswirtschaftslehre dürfte aus dieser Entwicklung mit Sicherheit verändert hervorgehen, sowohl in bezug auf die Auseinandersetzung mit ihrem Gegenstand wie auch in bezug auf das Spektrum ihrer Methoden. Erkenntnisse der Sozialwissenschaften werden in ihr künftig ebenso Verwendung finden wie solche aus den Natur-, Ingenieur- und Humanwissenschaften. Erste Tendenzen und Ansätze dazu werden in diesem Buch dargestellt und systematisch reflektiert. Sie bilden einen Einstieg in eine komplizierte, theoretisch anspruchsvolle und vielschichtige Materie, die hier in Richtung einer ökologieorientierten Volkswirtschaftslehre thematisiert wird, aber von weiterer Arbeit am Problem und zugunsten seiner Bewältigung keineswegs befreit.

A. AUSGANGSPUNKT
DIE MENSCHLICHE UMWELTKRISE

Als gesellschaftliche Kategorie ist die Umweltkrise ein Phänomen mit vielen Situations- und Beschreibungsmerkmalen. Sie lassen sich hier nur exemplarisch nennen (z.B. Verschmutzung der Meere und Flüsse, Absterben von Wäldern, Verseuchung des Grund- und Trinkwassers, Verunreinigung der Luft, Zerstörung schöner Landschaften, Ausrottung und Veränderung natürlicher Arten, Beeinträchtigungen des Klimas und der allgemeinen Lebensbedingungen). Immer sind es Daten bzw. Indizien für **Umweltverbrauch** (Reduzierung materieller Ressourcen) und **Umweltbelastung** (Vergiftung der natürlichen Umwelt durch Schadstoffe sowie ihre Beeinträchtigung durch Energiezufuhr), aus denen eine **Gefährdung des Menschen** geschlossen wird, z.T. mit apokalyptischen Visionen (Untergang bzw. Selbstmord der Menschheit). Soweit diese Gefahr ins Bewußtsein tritt, zeichnen sich neue Formen des Denkens und Verhaltens ab, die in der Volkswirtschaftslehre nicht mehr zu ignorieren sind, da sie menschliche Bedürfnisse widerspiegeln, die der Ökonomie eigentlich ihren Sinngehalt vermitteln und von ihr deshalb zu berücksichtigen sind, wenn sie ihre traditionelle Aufgabe für den Menschen ernst nimmt.

I. Krisenerklärung: Entwicklungsstufen der Diagnose

Was sich in der Erforschung der Umweltkrise an Hinweisen auf ihre Ursachen herauskristallisiert, ist historisch bedingt und und nicht frei von theoretischen Voreinstellungen. Es korrespondiert mit den subjektiven Verarbeitungsformen der objektiven Krisensituation. Auf der einen Seite wird die Umweltkrise als ein **unpolitisches** Problem aufgefaßt, dem staatlich zu begegnen sei. Sie wird auf die Entwicklung des Menschen schlechthin zurückgeführt, vor allem auf sein Verhalten gegenüber der Umwelt und seine Geisteshaltung, die vom Cartesianismus des mathematisch-naturwissenschaftlichen Denkens beherrscht wird. Auf der anderen Seite wird sie als ein **politisches** Problem begriffen, das durch das Gesellschafts- und Wirtschaftssystem vermittelt bzw. in seiner Entstehung durch die Strukturen und Zusammenhänge der heutigen Sozialgeschichte zu erklären ist. Demgemäß bietet die staatliche Umweltpolitik keine prinzipielle Bewältigung des Problems. Sie steht im Dienst des Wirtschaftssystems, das ohne Wachstum langfristig nicht auskommt.

1. Subjektversagen: Selbstanklage des Menschen

Den Menschen für alles verantwortlich zu machen, was heute zum Umweltproblem wird, ist der am weitesten ausgreifende Erklärungsansatz. Er ist am häufigsten vorzufinden und beherrscht das empirische Bewußtsein. Auch die Bundesregierung knüpft in der Begründung ihres Umweltprogramms 1971 hier an (vgl. Teil C II/2a). Noch 1984 hat der Deutsche Bundestag in seinem Beschluß "Unsere Verantwortung für die Umwelt" vom 9. Februar die Bundesregierung ersucht, "das Gesamtkonzept einer stufenweisen drastischen Emissionsminderung aller vom Menschen in die Atmosphäre, Gewässer oder Boden eingebrachten Stoffe, die die Regenerationsfähigkeit des Naturkreislaufs nachhaltig stören oder zerstören, vorzulegen". Unterstellt wird, daß die **Stoffeinträge explizit auf den Menschen zurückzuführen** sind. Diese Einsicht ist richtig, soweit davon ausgegangen wird, daß Umweltverbrauch und Umweltbelastung nicht von allein zustande kommen. Es sind immer wieder Menschen, die im konkreten Fall als Handlungssubjekte gegen ihre eigene Umwelt verstoßen bzw. sie mit Schadstoffen und anderen Einträgen in einem Maße anfüllen, daß ihre Qualität für Leben und Gesundheit der Organismen beeinträchtigt oder kaputtgemacht wird. Das **Verursacherprinzip** entspricht diesem Tatbestand. Alle Umweltschädiger sind namhaft und haftbar zu machen für das, was sie der Umwelt im Sinne der ökologischen Schadensdefinition antun. Am Anfang des Schadenkreislaufs steht der Täter, der das Umweltproblem durch seinen Umgang mit (vor allem lebensgefährlichen) Stoffen verursacht.

Auch tiefsinnige Philosophen führen die Umweltmisere allgemein auf den Menschen zurück. Der **neuzeitliche** Mensch bevorzugt nach G. Picht in seinem **Projektionsmechanismus** z.B. eine Ordnung, welche die Struktureigentümlichkeiten der Umwelt ausblendet. In ihm wird das **kollektive** Gedächtnis der Sprache ein **künstliches Organ** des Menschen. Das **Denken** "macht sich eine Form der Allgemeinheit zum Gesetz, nach der das Allgemeine sich selbst stets gleich ist, also nicht individuiert werden kann. Es stellt sich dar **in mathematischen Zeichen und Formeln**[8]. Ihm entspricht Kants Lehre von der Natur als Inbegriff möglicher Erscheinungen. Sie ist nach G. Picht ein wesentlicher Grund für die ökologische Krise. Die moderne Gesellschaft verfalle dem **Aberglauben an bloße Projektionen**, die zugleich Instrumente von Macht sind. Mit der **Erfindung der Schrift** verbinde sich die Akkumulation von Wissen, die alsbald eine sprunghafte Beschleunigung in der Evolution der Kulturen bewirkt. Durch sie wird die Natur überlistet. Menschen können mit ihrer Hilfe den Schatz ihrer Erfahrungen unabhängig von der Kapazität ihrer eigenen Gehirne weitervermitteln. Dieses künstliche Gedächtnis konstituiere die Geistesgeschichte, die in der griechischen Philosophie beginnt und danach zum Cartesianismus der modernen Naturwissenschaften führt. Seitdem ist **Wissen** die maßgebliche Form der Weltorientierung. Es steht vor allem jenen zur Verfügung, die an der Erfahrung, aus der das Wissen hervorgeht, nicht mehr beteiligt sind.

Mit der Schrift entwickelt sich **Kultur**, d.h. eine **künstliche Welt,** die in die natürliche Umwelt zwar eingelassen ist, aber sich von ihr potentiell trennt. Dank ihrer Kultur verfügen die Menschen "über Instrumente, mit deren Hilfe sie sich einen künstlichen Oikos bauen können, der anderen Gesetzen gehorcht als der natürliche Oikos"[9]. Die Frage, was die Struktur des künstlichen Oikos gesellschaftlich bestimmt, bleibt bei G. Picht unerörtert. Grundlegend ist für ihn die Schrift, die das in ihr Aufbewahrte aus seiner spezifischen Umwelt herauslöst und es objektiviert. Was in der Schrift aufbewahrt wird, ist der Vergänglichkeit und dem Leben entrissen. Mit ihr gewinnt der Weltbezug des Menschen die Herrschaft über die Umwelt. Durch Schrift entsteht eine Ordnung, in der als beweisbar nur das gilt, was mathematisierbar ist. Die ökologische Krise kommt nach G. Picht zustande, **weil die Menschen der Umwelt die Gesetze ihrer Logik oktroyieren** und nicht bedenken, daß sie damit eine der wichtigsten Bedingungen ihrer eigenen Evolution zerstören[10]. Die **Planungssysteme der technischen Welt** verhindern die Individuation von Menschen und Landschaften geradezu vorschriftsmäßig. Ihre Funktionssicherheit beruht auf dem **Prinzip der Substituierbarkeit** aller Faktoren[11].

Ähnlich argumentiert K. M. Meyer-Abich, soweit er die philosophischen Probleme einer Reorientierung der Wirtschaftspraxis durch Umweltpolitik anspricht. Bisher hätten die Industriegesellschaften ihre Welt immer nur verändert. Jetzt käme es darauf an, "ihre Lebensbedingungen besser zu verstehen, um sie nicht aus Mangel an Einsicht zu zerstören". Gefährdet sei unsere Umwelt, "weil wir es nicht besser wissen". Falsche Handlungen stützten sich auf **falsche Vorstellungen** darüber, womit man es zu tun habe. Handeln sei ein Ausdruck unseres Selbstverständnisses in bezug auf den Naturzusammenhang des menschlichen Lebens[12]. Fragwürdig geworden sei vor allem der **Funktionskreis**, und das heißt: Umweltprobleme sind **Wahrnehmungsprobleme** des einzelnen Menschen. Der Förster sieht durch seinen Festmeter-Blick die Natur anders als der Wanderer und Maler. Der Gläubige sieht sie als Schöpfung. Der Naturwissenschaftler begreift sie entsprechend seiner Hypothesen und Theorien. Die Werke der Kunst lassen uns etwas Bestimmtes erkennen; unser Sehen wird selbst zur ästhetischen Wahrnehmung. Nach K. M. Meyer-Abich gehört zur Wahrnehmung immer der pragmatische Zusammenhang von spezifischen Sinnesenergien und Handlungen, die sich in Verbindung mit einer Aufgabe, Pflicht oder Verantwortung aktualisieren. Insofern ist für ihn das erkenntnisleitende Interesse "mitverantwortlich für die Zerstörung der Lebensgrundlagen der wissenschaftlich-technischen Welt. Natur ist dann von vornherein kein deskriptiver, sondern ein normativer Begriff"[13].

Unter diesem Vorzeichen ist die äußere Natur an der Umweltkrise schuldlos. Das Besondere ökologischer Probleme besteht nach K. M. Meyer-Abich darin, daß wir nicht "einfach die Handelnden und die Natur das Betroffene ist, sondern daß wir ein Teil der Natur und insofern auch selber die Betroffenen sind. Nur vermöge unserer Naturzugehörigkeit sind die Einführung einer sauberen Kreislaufwirtschaft und Entkopplung des Energiebedarfs vom wirtschaftlichen Fortschritt eine Lebensbedingung für uns". Verändern wir die Natur, ohne auf sie als Biosphäre zu achten, schlägt eine entsprechende Umweltschädigung auf uns als Betroffene zurück. "**Wir verändern die Natur, von der wir doch selbst ein Teil sind, und begegnen dabei als die Betroffenen uns selbst als den Handelnden**"[14]. Unser Verhalten der Umwelt gegenüber ist erst gutzuheißen, "wenn wir uns im Natürlichen so ausdrücken, daß wir uns in ihm wiedererkennen können". Wir beziehen uns innerhalb der Natur "menschlich" auf das Natürliche und "natürlich" auf das Menschliche, "wenn wir uns zur Natur wie zu unserer eigenen Natur verhalten". Der Weg der Naturerfahrung und zur Selbsterfahrung sind "derselbe Weg, wenn nur sowohl die Natur als auch das Selbst richtig verstanden werden"[15].

Doch so einleuchtend die Ansätze einer anthropozentrischen Krisenerklärung auch sind, sie basieren unausgesprochen auf gesellschaftspolitischen Vorstellungen. Soll die Umwelt in Zukunft geschont oder verbessert werden, wird unterstellt, daß der Mensch als Umweltsünder auch sein eigener Umweltschützer ist. Zu verändern ist sein Umweltbewußtsein, das (notfalls durch Umwelterziehung) so aufzuklären ist, daß die Umweltkriminalität individuell zurückgeht und die Umweltverantwortung zunimmt. Dementsprechend verbindet sich mit dem Anthropozentrismus eine Re-Ethisierung und Re-Kultivierung der bestehenden Gesellschaft. Gefordert wird "eine stärkere Beachtung des menschlichen Faktors. Ästhetische und kulturelle Dimensionen des Arbeitsalltags in der Produktion und Freizeit und des Konsums müssen in einer Wirtschaft, die von der Quantität der materiellen Güterproduktion zur Qualität einer Dienstleistungswirtschaft übergeht, stärker beachtet werden"[16]. **Sinnorientierte** Praxeologien gehen allgemein davon aus, daß die **Politik** zur Herstellung der Einheit **menschlicher** Existenz den **Primat** erhält. Häufig scheint dabei eine Anlehnung an Hegel durch, für den der Staat das Vernünftige bewirkt, indem er die im Begriff des Liberalismus beschlossene Identität von Einzel- und Gesamtinteresse real vermittelt. Für die Ökonomie bedeutet dieses Konzept eine Rückbindung des subjektiven Handelns an das regulative Prinzip des "guten" Wirtschaftens. Die Veränderung des Bewußtseins von Individuen durch Bildung und Politik ist dafür eine grundlegende Voraussetzung. Für G. Picht ist die innere Dimension dieses Bewußtseinsprojekts in den Religionen erschlossen. Sie impliziert eine theokratische Begründung menschlicher Ordnung, die sich bis in Hegels Rechtsphilosophie durchhält. K. M. Meyer-Abich beruft sich auf Platon, dessen Höhlengleichnis verdeutliche, daß der Mensch auf den verschiedenen Stufen der Wahrnehmungsfähigkeit immer wieder neu sehen lernen muß, wobei er anfangs geblendet ist und die Einheit alles Mannigfaltigen mit dem immer schon Gewollten (Guten) zunächst nicht zu erkennen vermag.

Soweit die **Technik** als Ursache des Umweltproblems auftaucht, erscheint sie unter dem Primat des Menschen nur als Mittel, das für verschiedene Zwecke einsetzbar bzw. subjektiv zu beherrschen und zu kontrollieren ist. Ihr Gebrauch ist hinsichtlich der Zweckbestimmung entweder so zu bändigen oder - umgekehrt - so zu öffnen, daß er über Bedürfnisse und Entscheidungen der Subjekte steuerbar ist. Deshalb wird das **Individuum** in seiner Gewissensdimension allgemein zum Ansprechpartner einer neuen Umweltethik. Auf diese Weise wird der Umweltschutz singularisiert. **Umweltgefährdung** heißt, daß sich der Mensch durch die Produkte seines Handelns selbst gefährdet. Das künstliche Machwerk seiner Arbeit (zweite Natur) bedroht seine natürliche Umwelt (erste Natur). Solange er sowohl die Natur wie auch sich selbst in seinem Verhältnis zu ihr nicht adäquat begreift, ist das Umweltproblem für ihn ein Moment der Selbstgefährdung. Es betrifft prinzipiell **alle** Gesellschaftsordnungen, in denen Menschen ihre Umwelt durch falsche Motivationen bzw. Handlungen aufgrund falscher Vorstellungen von ihrem Tun gefährden. Dazu gehört auch das von ihnen produzierte **Bevölkerungswachstum**, das im 20. Jahrhundert **exponentiell** ansteigt und sich zu 90% auf die ärmsten Länder der Erde konzentriert. Manche sehen in ihm das ökologische Problem schlechthin[17]. Weltbankpräsident Conable verbindet mit ihm Kahlschlag und Bodenerosion in den großen Wassereinzugsgebieten, Ausbreitung von Wüsten, Klimaveränderungen durch Luftverschmutzung, ins Unermeßliche wachsende Müllberge. Der diesjährige Weltbevölkerungsbericht der Vereinten Nationen beginnt mit den Worten: "Wachsende menschliche Bedürfnisse zerstören mehr und mehr die Grundlagen der natürlichen Ressourcen - Land, Wasser, Luft -, von denen alles Leben abhängt. Hohe Fruchtbarkeitsraten und beschleunigtes Bevölkerungswachstum tragen zu diesem Prozeß bei"[18].

Im Rahmen anthropozentristischer Krisenerklärungen sind auch sozialistische Länder (z.B. UdSSR, DDR, Polen, China, Bulgarien etc.), in denen Umweltschäden zum Teil noch stärker als in kapitalistischen Staaten anfallen[19], ein Problemfall menschlichen Verhaltens. Vordergründig wird aus ihrem empirischen Verhalten geschlossen, daß der **sozialistische** Mensch **noch weniger** ökologieorientiert denkt und handelt als der kapitalistische. Man unterstellt, daß durch eine gesellschaftlich-politische Entscheidung das Umweltproblem in Ländern des realen Sozialismus gelöst werden kann, und das heißt: Seine Lösung wird bewußt verhindert oder ideologisch überhaupt nicht angestrebt. Angesichts der Tatsache, daß sozialistische Länder die gleiche Technik, den gleichen Grad der Industrialisierung und Verwissenschaftlichung haben, wird das subjektive Versagen auf die sozialistische Gesinnung zurückgeführt. Mit diesem Schlenker wird eine unpolitische Betrachtung unversehens politisch. Objektive Befunde werden auf der transzendentalphilosophischen Ebene subjektiver Möglichkeiten als unökologische Voreinstellungen und Verhaltensmuster interpretiert. Sie kommen gewollt und aufgrund bestimmter **Bewußtseinsstrukturen** zustande, die es zu vermeiden gilt. Doch die Feststellung, daß sich der Mensch als Individuum im Rahmen seiner formalen Freiheit nicht richtig verhält, abstrahiert von seinen materiellen Bedingungen und institutionellen Formen, die den voluntaristischen Aktionsradius des Menschen einengen bzw. sein Zusammenwirken mit anderen Individuen unter sozialen Verhältnissen zum Teil so präparieren und motivieren, daß letztlich Sachgesetzlichkeiten dominieren, die in der Dimension der anthropozentrischen Reflexion nicht mehr angesprochen werden.

2. Strukturfehler: Systembedingtheit des Umweltproblems

Mit der Frage nach der Systembedingtheit soll hier die **gesellschaftliche** Vermittlung des Umweltproblems angesprochen werden. Im Mittelpunkt stehen die Weltbeziehungen und Vermittlungsformen der Wirtschaft auf der Basis privaten Eigentums und nationaler Souveräntität, die unter dem Druck der internationalen Konkurrenz zustande kommen. Das kapitalistische System der Marktwirtschaft ist **weltgesellschaftlich** etabliert. Es umfaßt international auch den Block der sozialistischen Länder, weil sie sich am Warenaustausch beteiligen und dabei als nationale Akteure ebenfalls der mikroökonomischen **Rationalität des Profits** folgen[20]. In dieser weiten Fassung geht es um **Strukturen**, welche die Ausbeutung und Vergeudung der Natur **sachgesetzlich** steuern. Der "American Way of Life" verdeutlicht, daß sich die Privatsubjekte im Rahmen der ihnen vorgegebenen Strukturen in der Wirtschaftspraxis rational verhalten, wenn sie so viel wie möglich Geld machen, d.h. zur Expansion der Wirtschaft beitragen und nicht davor zurückschrecken, die Umwelt dafür optimal zu nutzen[21]. In der Erwerbsgesellschaft gehorchen die Individuen auf der Basis von Privateigentum dem **Prinzip der Konkurrenz**, das sich auf der Makroebene als Sachgesetz zu immer höheren Leistungen und zu immer mehr Wachstum geltend macht. Ohne diesen indirekten Zwang gesellschaftlicher Verhältnisse, der die Menschen auf den Arbeitsmarkt treibt und die Produktion zu ständig neuen Warenangeboten veranlaßt, ist die heutige Gesellschaft nicht lebensfähig. Die Aufrechterhaltung der Kapitalzirkulation als Wirtschafts- und Akkumulationsprozeß ist ein gigantischer Fetischdienst, der rund um die Uhr stattfindet und durch die Form der Gesellschaft strukturell vermittelt ist. Auf zwei Implikationen für die Erklärung des Umweltproblems soll kurz eingegangen werden.

a) Blindheit der Wachstumstheorie

Systemtheoretisch ist die Umwelt für die Ökonomie eine freies Gut bzw. eine allen gehörende **öffentliche Sache**, der sie sich durch Umweltverbrauch (Inputs) und Umweltbelastung (Outputs) bedient. Daß sie für den Menschen zugleich Lebenswelt und Lebensraum ist, auf den er existentiell angewiesen ist, geht in dem Systembezug der Ökonomie auf die Umwelt nicht auf. Die Natur wird zum Inbegriff dessen, worüber die Ökonomie je nach Bedarf als Ressource bzw. Objekt verfügen kann. Noch heute gilt der Schutz von Lebewesen und Dingen der außermenschlichen Natur umweltpolitisch als Eigentumsschutz von Sachen. Maßgebend ist der Eigentumsbegriff, der ausschließlich im Bürgerlichen Gesetzbuch definiert ist und darunter Privateigentum versteht, d.h. nach § 903 BGB die umfassendste Herrschaft einer Rechtsperson über eine Sache, die entweder beweglich oder unbeweglich sein kann. Unter dem rechtlichen und ökonomischen Aspekt ist der Herrschaftsbereich des Privateigentums als ein **geschlossenes** System konzipiert. Ihm entspricht der privatrechtliche Haftungsbegriff durch das Verursacherprinzip. In der Realität der gesellschaftlichen Praxis steht der Privatbereich durch die in ihm stattfindenden Produktions- und Konsumprozesse mit der Umwelt (Natur und Mensch) jedoch in einem ständigen Austauschprozeß, der in der rechtlich-ökonomischen Kategorie des Systems nicht zum Ausdruck kommt.

Abbildung 1: Das Mensch – Umwelt – Verhältnis

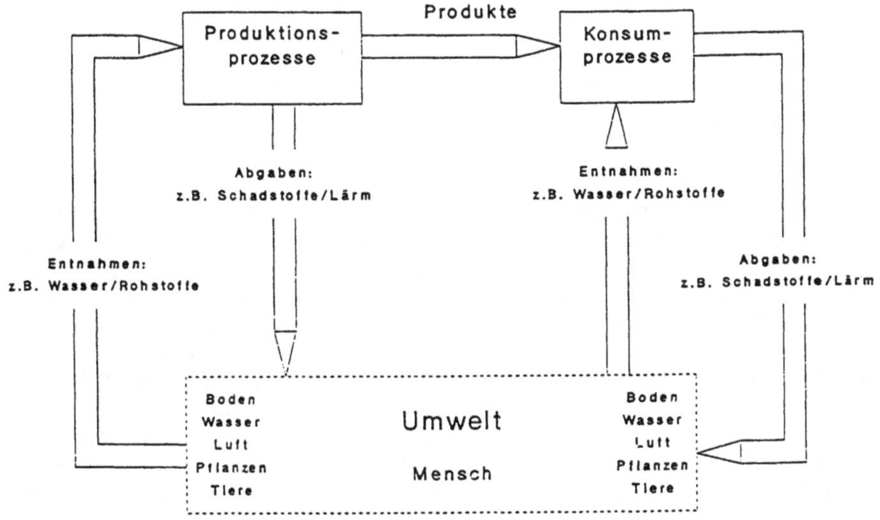

Jeder Produktionsanstieg ist mit einem entsprechenden **Rohstoffbedarf** verbunden. Mit zunehmendem Wachstum werden **Inputs** benötigt, so daß die materiellen Ressourcen der Natur schrumpfen, soweit sie nicht regenerierbar sind bzw. entsprechend dem Tempo wirtschaftlichen Wachstums erneuert werden können. Die Forschungsergebnisse zu den "Grenzen des Wachstums"[22] verweisen auf beschränkte Bestände verwertbarer Rohstoffreserven.

Abbildung 2: Lebensdauer der Weltreserven (1976) von ausgewählten mineralischen Rohstoffen bei unterschiedlicher Bedarfsentwicklung

	Lebensdauer[1)] statisch auf dem Bedarfsniveau von 1976	bei prognostizierten Zuwachsraten	
	Jahre	von %	Jahre
Fluor	18	4,58	13
Silber	20	2,33	17
Zink	26	3,05	19
Quecksilber	22	0,50	21
Schwefel	34	3,16	23
Blei	37	3,14	25
Wolfram	52	3,26	31
Zinn	41	2,05	31
Kupfer	63	2,94	36
Nickel	86	2,94	43
Platin	110	3,75	44
Phosphatgestein	240	5,17	51
Mangan	164	3,36	56
Eisenerz	172	2,95	62
Aluminium, Bauxit	312	4,29	63
Chrom	377	3,27	80
Kali	470	3,27	86

1) Voraussetzung: Keine Zunahmen der Reserven gegenüber dem Stand von 1976

Quelle: Global 2000, S. 68

Derartige Schätzungen beziehen sich auf bekannte Quellen. Sie sind bedingte Prognosen und gelten nur, wenn bestimmte Entwicklungen andauern und gewisse Rahmenbedingungen bestehen, d.h. die zugrunde gelegten Annahmen zutreffen. In diesem Sinne ist nicht auszuschließen, daß aufgrund des technischen Fortschritts eine zunehmend bessere Abbaurate verschiedener Rohstoffe erzielt werden kann. Ferner erscheint es möglich, bisher ungenutzte bzw. unbekannte Lagerstätten in Zukunft abzubauen. Unter dem Strich wird - trotz der Substituierbarkeit bestimmter Rohstoffe - von der Begrenztheit natürlicher Ressourcen ausgegangen. Selbst eine starke Vermehrung der Rohstoffvorräte kann aufgrund des **exponentiellen** Wachstums der Wirtschaft den Engpaß in der Rohstoffversorgung langfristig nicht aufheben, allenfalls hinauszögern. Zu vermeiden sind sie nicht. Die Preise für Rohstoffe steigen im allgemeinen erst, wenn die Reserven bereits zu Ende gehen. Auf den Märkten für Rohöl haben anhaltende Überproduktionen der Opec-Länder sowie der Waffenstillstand zwischen Iran und Irak z.B. dazu geführt, daß der Kampf um Marktanteile den Preis nach unten drückte. Realisiert werden Kapitalverwertungsinteressen und nicht ökologische Orientierungen.

Mit zunehmendem Wachstum vermehren sich auch die **Outputs** in Form von **Umweltbelastungen**, indem Vergiftungen der natürlichen Umwelt durch Schadstoffe und Beeinträchtigungen der klimatischen Lebensbedingungen durch Energiezufuhr zunehmen[23]. Nicht unerheblich dabei ist, daß die Umwelt als "freies" Gut im Sinne einer **öffentlichen** Sache niemandem gehört und daher angesichts mangelnder privat- oder völkerrechtlicher Zuständigkeiten nicht so ohne weiteres zu bewirtschaften ist. Von ihrer Ausbeutung kann hingegen keiner ausgeschlossen werden; ihr Verbrauch verursacht privat keine Kosten. Für Unternehmen und private Haushalte ist es geradezu rational, die Umwelt im Rahmen der strukturellen und gesetzlichen Vorgaben voll in Anspruch zu nehmen. Man verzichtet bei Umstellungen der Produktion u.U. bewußt auf umweltschonende Verfahren, soweit sie zusätzliche Kosten verursachen bzw. den Gewinn schmälern. **Betriebswirtschaftlich** ist es günstiger, die **Kosten** in solchen Fällen zu **externalisieren**, d.h. sie der Allgemeinheit anzulasten. Der Bau einer Kläranlage verursacht z.B. Kosten, die der einzelne Betrieb vermeiden kann, wenn er seine Abwässer ungereinigt in öffentliche Gewässer einleitet. Die Reinigung erfolgt dann - falls nötig - durch öffentliche Maßnahmen, die - zumindest nicht direkt - in die private Kostenrechnung eingehen. Eine zu starke Umweltbelastung kann allerdings dazu führen, daß die Absorptions- und Regenerationsfähigkeit der Natur als menschliche Lebensgrundlage reduziert bzw. zerstört wird. Inzwischen werden die negativen Folgen der wirtschaftlichen Entwicklung für die Umwelt immer sichtbarer. Vermehrtes Wachstum verursacht sowohl durch die Produktion wie auch durch den Konsum wachsende Umweltschäden.

Für die Herauspräparierung der Produktion aus ihrem natürlichen Zusammenhang spielt die Entwicklung von Arbeit und Technik eine entscheidende Rolle. Mit dem städtischen Handwerker, auf den die Entstehung der Berufe zurückgeführt wird, verbindet sich die Trennung von städtischer und ländlicher Produktion. Sie korrespondiert mit der Emanzipation der Produktion vom natürlichen Rhythmus des Landlebens (Erntezeiten, Klima etc.) und ermöglicht jene **Wertökonomie** des privaten Austausches der Arbeitsprodukte, die zuerst als Arbeitswerttheorie konzipiert und später zur Produktionskostentheorie erweitert wird[24]. Die Berufstätigen mit der Werkstatt als Produktionssphäre werden durch die Arbeitsteilung zwischen Stadt und Land von Grund und Boden getrennt. Sie verlieren mit dem Land die unmittelbaren Bedingungen, die zur Verwirklichung ihrer Arbeitskraft erforderlich sind. Gleichzeitig bildet sich in der Stadt durch den Prozeß der Zivilisation eine künstliche Lebensweise heraus, die den unmittelbaren Zusammenhang der Berufstätigen mit der Natur zurückdrängt bzw. zerstört (Unterdrückung natürlichen Verhaltens)[25]. Das **Geld** wird zum Inbegriff einer Sachherrschaft, die sich vor allem durch Arbeit (Ausbildung) und Technik (Wissenschaft) realisiert bzw. sich in zwei Produktionsfunktionen objektiviert, die ihre historische Entwicklung etappenförmig widerspiegeln.

Die **erste** Produktionsfunktion betrachtet das Sozialprodukt (P) als Ergebnis der Leistungen von Arbeit (A) und Kapital (K):

$$P = f(A, K)$$

Arbeit (A) wird auf dieser Stufe vor allem durch die Qualifikationen der Arbeitskräfte repräsentiert (Geschicklichkeit, Können, Kenntnisse, Motivation, Verantwortung, Fleiß etc.), während das Kapital (K) die Produktionsmittel verkörpert, deren Beschaffung ein Sparen im Sinne von Konsumverzicht voraussetzt[26]. Daß der Produktionsprozeß durch die Naturproduktivität beeinflußt ist, wird totgeschwiegen. Nur die Tatsache, daß das Potential der arbeitenden Bevölkerung selbst auf Nahrungsmittel angewiesen ist, verbindet die Produktionsfunktion noch mit der Natur. Im Kontext der klassischen Ökonomie spiegelt sich in ihr ausschließlich die **Arbeitsproduktivität** wider, bei der vorausgesetzt wird, daß der Beitrag der Produktionsmittel konstant ist. Damit kommt das **Gesetz des abnehmenden Ertragszuwachses** zur Geltung. Der zusätzliche Einsatz von Arbeit ergibt bei Konstanthaltung der übrigen Faktoren (K) zunächst eine progressive Gesamtertragskurve (steigende Grenzerträge), aber vom Wendepunkt an zeigt sich ein degressiver Verlauf (sinkende Grenzerträge). Die abnehmende Tendenz der Ertragszuwächse hängt mit der Tatsache zusammen, daß eine Einheit des zunehmenden Faktors (Arbeit) mit relativ geringeren Mengen des konstanten Faktors (Kapital) kombiniert wird. Ihm entspricht eine niedrige Entwicklungsstufe der Produktivkräfte. Produktionsmittel fungieren überwiegend als **Werkzeuge**, die eine Organverlängerung (z.B. der Hand) darstellen und daher an die Natur des Menschen zurückgebunden sind. In Verbindung von Arbeit (Werkstatt) und Erholung (Wohnung) im Haus des Meisters richtet sich die Ordnung nach den Bedürfnissen und Kräften der Arbeitenden, die sich über ihren Berufsstand in das hierarchische Gefüge der Agrargesellschaft so einfügen, daß sie das natürliche System der Feudalordnung erhalten. In der Bedarfswirtschaft steht die Arbeit in einem Sozialbezug, der durch die naturgebundene Produktionsweise als Gesamtordnung reguliert wird. Selbst die Sozialphilosophie von A. Smith wird nicht vom Geld beherrscht. Sie definiert das Sparen als Konsumverzicht und sieht in der Verderblichkeit der Güter eine "natürliche" Grenze der Wirtschaft.

Die **zweite** Produktionsfunktion bezieht sich primär auf jene Entwicklungsphase, die mit dem Verlags- und Manufaktursystem beginnt und zum **Fabriksystem** übergeht, in dem die Arbeitskraft letztlich nur noch ein Anhängsel der **Maschinerie** ist, die sich später von der klassischen Mechanik zur abstrakten Elektronik entwickelt. Maßgebend ist der verstärkte **Einsatz des technischen Fortschritts**, der bereits D. Ricardo dazu veranlaßt, die Arbeitswerttheorie angesichts des zunehmenden Anteils der indirekten Arbeit bzw. der produzierten Produktionsmittel zur Theorie der Produktionskosten zu erweitern[27]. Der Produktionsprozeß wird durch wissenschaftliche Planung, Organisation und Kontrolle in seine konstituierenden Elemente aufgelöst und danach so rekonstruiert, daß die beschränkende Wirkung des Gesetzes vom abnehmenden Ertragszuwachs **privatökonomisch** aufgehoben wird. In der Produktionsfunktion deckt der technische Fortschritt (F) genau das ab, was weder einer Erhöhung des Arbeitseinsatzes noch einer Erhöhung des Kapitaleinsatzes zuzuschreiben ist:

$$P = f(A, K, F)$$

Mit Hilfe des technischen Fortschritts erscheint **alles machbar**. Je mehr man weiß, desto stärker steigt die Produktivität des Arbeitsprozesses, der jetzt als Ergebnis der Kombination **aller** Produktionsfaktoren in dem Sinne aufgefaßt wird, daß er beherrschbar und optimierbar erscheint, soweit er dem Herrschaftsbereich des Privateigentums einverleibt wird. Das Wachstum der Privatwirtschaft scheint gegen alle Umwelteinflüsse abgesichert zu sein. Die **Selbstherrlichkeit des homo oeconomicus** gewinnt **instrumentelle Konturen**. Es entsteht eine wissenschaftliche Managementtheorie, die auf der Grundlage von Kybernetik, Operations Research, Systemanalyse und anderen Ansätzen den Apparat der exakten Forschung so einsetzt, daß zwischen Produktionsideal und Erkenntnisideal eine innere Übereinstimmung herbeigeführt wird[28]. In der öffentlichen Diskussion zu den Grenzen des Wachstums dominiert ein **Residualverständnis von Natur**. Natur ist nur noch eine Ressource, ein Objekt der Produktion.

Aus dem residualen Naturverständnis, das dem Bericht des Club of Rome zugrunde liegt, ergeben sich keine Anhaltspunkte für mögliche Lösungen des Umweltproblems. Eine Theorie der erschöpfbaren Quellen zur Produktion von Wachstum kann nicht aufzeigen, was zukünftige Umweltgüter für den Menschen wert sind. Das Verursacherprinzip kann der Fehlallokation natürlicher Ressourcen nur begegnen, wenn vorgängig sog. **Umweltqualitätsstandards** im Sinne einer menschlichen Gebrauchswertorientierung festgelegt sind, "so daß zur Internalisierung der sozialisierten Zusatzkosten von hinreichend definierten Vermeidungskosten ausgegangen werden kann". Nach K. M. Meyer-Abich sind Umweltqualitätsstandards jedoch **weder ökonomisch noch naturwissenschaftlich zu begründen**[29]. In der einseitigen Herrschaft des Industriesystems über die Natur zeigt sich die **Unzuständigkeit des positivistischen Wissens** als deren Unzulänglichkeit. Seine **Blindheit in bezug auf das Wozu des Verfügbarkeitswissens** sagt für die Erhaltung der Lebensbedingungen nichts aus; denn Wissenschaft und Technik setzen bereits voraus, daß Dinge und Lebewesen in ihrer Umwelt beherrschbare Ressourcen sind.

b) Verrücktheit der Wertökonomie

Wer wertökonomisch denkt, schaut immer auf die gleiche Ziffer: das **Wachstum** des Bruttosozialprodukts (BSP). Prognostiziert der Sachverständigenrat eine hohe Wachstumsrate, fühlen sich gleichsam alle beruhigt - Regierung, Opposition und selbst die Gewerkschaften, weil sie stillschweigend davon ausgehen, daß sich dadurch soziale Probleme (wie z.B. Umweltschutz, Strukturwandel, Entwicklungshilfe) leichter lösen lassen. Doch im BSP ist Wohlstandsmehrung ausschließlich ein quantitativer **Zuwachs** wirtschaftlichen Wachstums, einerseits in Einkommenskategorien, andererseits in Ausgabekategorien. Im Selbstverständnis der klassischen Tauschökonomie verbindet sich mit dem BSP noch die Vorstellung, daß Produktionswachstum und Wohlstandswachstum gleichzusetzen sind. Unterstellt wird die Identität von Einzelinteressen und Gesamtinteresse (Gemeinwohl). Unter der **Annahme vollständiger Konkurrenz** dominiert Konsumentsouveränität, d.h. eine Marktform, die Machtungleichheit nicht kennt und gesamtwirtschaftlich zum Gleichgewicht bzw. im Preis zum Interessenausgleich tendiert (Wertgesetz). Unter den Prämissen der Klassik läßt sich bei einer Aggregation der privatwirtschaftlichen Einzelleistungen im BSP behaupten, die Höhe der Marktpreise würde sich zum Wohlfahrtsgehalt der jeweiligen Güter direkt proportional verhalten. Da **in der Realität** der heutigen Marktwirtschaft jedoch nicht die vollständige Konkurrenz, sondern zunehmend **machtpolitische Unternehmensstrukturen** (z.B. Oligopole, Werbung, Technostruktur) den Preis bestimmen, ist die Interpretation des BSP als Wohlstandsmaß nicht mehr haltbar. Weitere Gründe verstärken die Zweifel an der Aussagefähigkeit des BSP.

Zunächst wird durch die Statistik nicht alles gezählt, was im Alltag wichtig ist und zum Wohlstand beiträgt. Das BSP erfaßt innerhalb einer Periode nur das wertmäßige **Wachstum, das durch den Markt und den Staat vergesellschaftet wird.** Damit scheiden Naturalleistungen, die Geldwert haben (z.B. landwirtschaftliche Deputate), Gratisleistungen (z.B. Schenkungen) und Eigenleistungen (z.B. Gartenarbeiten nach Feierabend), die an die Stelle von Marktleistungen treten, aus dem BSP von vornherein aus. Unter die Kategorie der Eigenleistung fällt auch die häusliche Arbeit (vorwiegend Hausfrauentätigkeit). Von A. C. Pigou stammt die ironische Bemerkung, daß das Bruttosozialprodukt sinke, wenn ein Mann seine Hausgehilfin heirate. Die Arbeit der Hausfrau ist eine notwendige Tätigkeit zur Reproduktion der Gesellschaft im Bereich der Konsumtion. Sie kann in bezahlter Form substituiert werden (z.B. Essen im Restaurant). Vollzieht sich ein solcher Prozeß der fortgesetzten Verlagerung häuslicher Arbeiten in den Markt, der dafür bezahlte Arbeitskräfte zur Verfügung stellt, vermehrt sich notwendig das BSP, obwohl sich vom Arbeitsaufwand her prinzipiell nichts ändert. Umgekehrt führen wirtschaftliche Krisen mit hoher Arbeitslosigkeit häufig zu einer Rückgliederung vorher bezahlter Tätigkeiten in den Haushalt, mit der Konsequenz, daß sich das BSP verringert. Gewichtig sind Eigenleistungen vor allem in der Landwirtschaft, die nicht den Markt bzw. das BSP tangieren. Sie wachsen mit zunehmender Zersplitterung der agrarischen Nutzfläche und sinken mit steigender Konzentration des Bodenbesitzes.

Die Vorstellung, das BSP sei ein Wohlstandsindikator, wird vollends erschüttert, wenn man die statistische Trennung zwischen **Zuwachsrechnung** (BSP) und **Bestandsrechnung** (Vermögensbilanz) fallen läßt und stattdessen beide Rechnungen als zwei Seiten einer Medaille auffaßt, die ökonomisch notwendig zusammengehören, soweit die Produktivität einer Wirtschaft im Sinne realer Wertvermehrung sachgerecht beschrieben werden soll. Die herrschende Theorie unterstellt, daß in der Zuwachsrechnung des BSP unausgesprochen die Neuwertbildung einer Volkswirtschaft ausgewiesen wird. Statistisch geht in sie jedoch nur das ein, was über den Markt bzw. den Staat als Einkommensentstehung registriert bzw. preislich beziffert ist. Angenommen wird, daß der Wirtschaftskreislauf, der sich im BSP periodisch als ein Mehr an Wertschöpfung widerspiegelt, isolierbar ist bzw. alles erfaßt, was die Wirtschaft im Sinne obiger Vergesellschaftung bewirkt.

Die Diskussionen um **externe Effekte** verdeutlichen, daß der Kreislauf der Wirtschaft weder ein geschlossenes System ist, noch im BSP adäquat quantifiziert wird. Bereits **A. Marshall** (1890) entdeckt externe Faktoren, die auf die Wirtschaft positiv einwirken. Er erwähnt z.B. den wachsenden Bildungsstand der Arbeiter, von dem der Unternehmer indirekt profitiert, weil er für den unmittelbaren Nutzen, den er von ihm hat, nichts aufzuwenden braucht. **A. C. Pigou** (1920) verwendet den Begriff der externen Faktoren in einem negativen Sinne. Er bezieht ihn auf die reale Luft- bzw. Umweltverschmutzung, die durch Rauch und

Funken aus englischen Fabrikschornsteinen entsteht und in die private Wertrechnung nicht eingeht. **K. W. Kapp** (1950) verweist auf die **Sozialkosten** einer Volkswirtschaft, die als Nebenwirkungen der Privatökonomie (z.B. Wasserverseuchung, Gesundheitsschäden) von ihr unbeachtet bleiben, d.h. entweder vom Staat ersatzweise monetär übernommen oder als direkte oder indirekte Verluste von Drittpersonen oder der Allgemeinheit real erlitten werden. Sie bleiben lange Zeit oft verborgen, weil die Geschädigten sie nicht sofort wahrnehmen. K. W. Kapp verbindet mit dem Hinweis auf die Nichtidentität von Privat- und Sozialkosten zugleich eine Kritik der bestehenden Wirtschaftsordnung. Er betont, daß die privaten Wirtschaftssubjekte durch Inanspruchnahme der Natur/Umwelt als Standort ihrer Aktivität ständig Kostenvorteile erzielen, deren negative Entsprechung die Sozialkosten sind. Allerdings bezweifelt er, "ob in einer Privatwirtschaft Sozialkosten weitgehend vermieden werden können, ohne einen radikalen Wandel in der Struktur der Wirtschaft notwendig zu machen"[30].

Angesichts dieser Problematik hat die **WZB-Forschungsgruppe** von **Chr. Leipert** das bundesamtliche BSP inzwischen einer statistischen Korrektur unterzogen und festgestellt, daß sich **defensive Ausgaben**, d.h. Aufwendungen zur Reparatur oder Vermeidung der negativen Folgen des Wachtums, in der BRD zu einem immer stärkeren **Wachstumsmotor** entwickeln. Der Anstieg des BSP profitiert zunehmend von Schäden, die er selbst produziert. Mehr als 10% des BSP im Jahre 1985 sind defensive Ausgaben, was seit 1970 eine Steigerung um 80% bedeutet. Zu konstanten Preisen (Basis: 1980) ist im gleichen Zeitraum die Geldsumme, die dafür eingesetzt wird, sogar um das 2 1/2fache gestiegen.

Die WZB-Berechnung der Folgeschäden des Wachstums ist nach C. Leipert eher zu niedrig als zu hoch. Einerseits werden Umweltschäden berücksichtigt, die auf einen **realen Verzehr an Umweltvermögen** hinauslaufen (Bestandsminderung). Dazu gehören irreversible Naturverluste und Einbußen an Lebensqualität der Menschen. Sie stellen **zusätzliche Sozialkosten** des Wachstums dar, obwohl sie im BSP nicht erfaßt sind. Andererseits wird durch Korrekturen (Abzüge) verhindert, daß bereits eingetretene **Folgekosten** des Wirtschaftsprozesses, die **durch negative Umwelteffekte** der Produktion ausgelöst sind, im BSP **als positive Erträge** verbucht werden. Dieser Fall ist gegeben, wenn Staat oder Wirtschaftssubjekte auf eingetretene oder drohende Umweltschäden so reagieren, daß sie Umweltschutz betreiben oder negative Folgewirkungen von Umweltschäden mit eigenen Maßnahmen beseitigen oder kompensieren. Die Probleme sind in der Struktur des Wirtschaftssystems angelegt, wie etwa stark umweltnutzende und -belastende Produktions- und Konsumweisen; ein umweltbelastendes Energiesystem; ein Verkehrssystem, das die Umwelt belastet sowie in hohem Maße unfallträchtig ist; Arbeitsbedingungen in der Erwerbswirtschaft, die (wenn auch in rückläufiger Tendenz) zu Arbeitsunfällen und Berufskrankheiten in großer Zahl führen; Herausbildung gesundheitsbeeinträchtigender Umwelt-, Arbeits- und Sozialbedingungen sowie gesundheitsschädlicher Konsum- und Verhaltensmuster; räumliche Konzentration von Produktion, Verwaltung, Arbeit und Wohnen in wenigen Ballungszentren und Größstädten und deren Umland, in denen infolgedessen Umweltbelastung, Bodenpreise, Mieten und Kriminalitätsraten höher als anderswo sind[31].

Abbildung 3: Defensive Ausgaben in der Bundesrepublik Deutschland

	absolute Werte, in Mrd. DM zu konstanten Preisen*)					Anteile der defensiven Ausgaben am BSP (in v.H.)				
	1970	1975	1980	1983	1985	1970	1975	1980	1983	1985
I. Umwelt										
1. Investitionen und laufende Ausgaben										
a) im Produzierenden Gewerbe	3,0	7,05	7,81	9,36						
b) im Staatssektor		9,60	12,75	10,29						
c) insgesamt		16,65	20,56	19,65	über 20,0	0,3	1,32	1,38	1,29	
2. Folgekosten von Umweltschäden			9,38	10,67	12,54			0,63	0,71	0,80
II. Verkehr										
1. Folgekosten von Straßenverkehrsunfällen	13,2	12,7	17,1	16,7	17,4	1,2	1,0	1,2	1,1	1,1
2. Defensive Verkehrswegeausgaben	17,6	21,8	27,8	31,0	34,9	1,5	1,7	1,8	2,1	2,2
3. Defensive Verkehrswegeausgaben (II.1 + II.2)	30,8	34,5	44,9	47,7	52,3	2,7	2,7	3,0	3,2	3,3
III. Wohnen										
1. Kompensatorische Mehrbelastung der Privaten Haushalte bei Ausgaben für baureifes Land	1,15	0,9	1,34	1,1	1,07	0,10		0,08		0,07
2. Defensiver Mietaufwand	4,3	6,6	8,8	10,0	10,8	0,38		0,59		0,68
3. Gesamte kompensatorische Mehrbelastung im Wohnbereich	5,45	7,5	10,14	11,1	11,87	0,48		0,67		0,75
IV. Innere Sicherheit										
I. Defensive Staatsausgaben zur Kriminalitätsbekämpfung	3,91	6,37	10,82	13,37	12,75	0,34	0,51	0,73		0,81
2. Umsatz der Sicherheitsbranche		(1,25)	2,85	2,92	3,01		0,1	0,2		0,2
3. Schadensaufwand der Versicherer für Einbruchs- und Diebstahlsdelikte		0,96	1,25	1,4	1,64		0,08	0,08		0,1
4. Betrieblicher Werkschutz					2,4					0,15
V. Gesundheit										
1. Defensive Gesundheitsausgaben	19,5	31,6	37,3	38,7	40,7	1,7	2,5	2,5	2,6	2,6
VI. Arbeit										
1. Sachschadenskosten der Arbeitsunfälle i. e. S.	0,9	0,6	0,7	0,7	0,7	0,1	0,05	0,04	0,04	0,04
Insgesamt:	63,6	99,4	137,9	144,9	157,9	5,6	7,9	9,3	9,7	10,0
Zum Vergleich:										
BSP zu Marktpreisen:	1.134,0	1.258,0	1.485,2	1.497,8	1.580,8					
NSP zu Marktpreisen:	1.021,4	1.111,9	1.311,5	1.307,5	1.380,4					

*) ermittelt mit dem Deflator der letzten inländischen Verwendung mit dem Basisjahr 1980

Quelle: C. Leipert, Folgekosten des Wirtschaftsprozesses und Volkswirtschaftliche Gesamtrechnung, IIUG rep 87-22, S. 144.

Defensive Ausgaben in der Bundesrepublik Deutschland

Auffallend ist, daß es schon an der Wende von den 60er zu den 70er Jahren zu einem rapiden **Anstieg der Schäden** kommt. Zentraler **Verursachungsmechanismus** ist das Kriterium der mikroökonomischen Rationalität bzw. der einzelwirtschaftlichen **Kostenminimierung** in der marktwirtschaftlich organisierten Konkurrenz[32]. Mitte der **80er Jahre** muß bereits ein **Zehntel** der im BSP erfaßten Produktion zur **Kompensation** der Schäden und Verschlechterungen an den Lebens-, Arbeits- und Umweltbedingungen aufgewendet werden. Aus dem bisherigen Verlauf ist zu schließen, daß der Anstieg **exponentielle** Formen annimmt[33]. Nach Chr. Leipert steigt das BSP zwischen 1970 und 1985 erheblich langsamer als die gesellschaftliche Belastung mit defensiven Ausgaben. "Das Wachstumstempo der defensiven Ausgaben übertrifft jenes des gesamten BSP um fast das Dreifache (genau um 276 Prozent)". Dabei sind die von ihm berücksichtigten Ausgaben und Kosten zur Regulierung wirtschaftsbedingter Schäden nur die Spitze eines Eisberges von ökologischen und sozialen Folgekosten der heutigen Industriegesellschaft. Die von L. Wicke vorgelegte ökologische Schadensbilanz der BRD für 1985 bestätigt diese Befürchtungen in vollem Maße.

Zunehmendes Wachstum führt angesichts dieser Berechnungen in Zukunft tendenziell zu überproportional ansteigenden Negativeffekten für Mensch und Umwelt, die angesichts der Umweltindifferenz des kapitalökonomischen Systems

Abbildung 4: Ökologische Schadensbilanz der Bundesrepublik Deutschland in Mrd. DM pro Jahr

Schadenspositionen	Schadenskosten (in Mrd. DM pro Jahr)	
Luftverschmutzung	rund 48,0	
– Gesundheitsschäden	– über	2,3 – 5,8
– Materialschäden	– über	2,3
– Tierschäden	– über	0,1
– Schädigung der Freilandvegetation	– über	1,0
– Waldschäden	– über	5,5 – 8,8
Gewässerverschmutzung	über 17,6	
– Ertragsausfälle der Fischereiwirtschaft	über 0,25	
– Kosten der Trink- und Brauchwasservorsorgung	über 9,0	
– Verringerter Freizeit- und Erholungswert	über 7,0	
– Ästhetikverluste bei den Anwohnern	über 1,0	
– Weitere 'rechenbare' Schäden	über 0,35	
Bodenbelastung	über 5,2	
– Tschernobyl und Folgekosten	über 2,4	
– Altlastensanierung	über 1,7	
– Kosten der Biotop- und Arterhaltung	über 1,0	
– sonstige Bodenkontaminationen	über 0,1	
Lärm	über 32,7	
– Produktivitätsverluste	über 3,0	
– 'Lärmrenten'	über 0,4	
– Wohnwertverluste	über 29,3	
Summe der 'rechenbaren' Schäden	über 103,5	

Quelle: Wicke (1986), S. 123

und der Dominanz ökologisch schädlicher Mikroentscheidungen nach V. Ronge in eine für die Wachstumstheorie geradezu "verblüffende Richtung" drängen können. "Sowohl mikro- wie makroökonomisch erscheint die Umweltschädigung positiv: nämlich als 'Wachstumsfaktor'. Umweltschädigung erklärt als sozusagen 'vierter Faktor' in einer Produktionsfunktion einen Teil des Produktionswachstums"[34]. Im Kapitalismus könne zwar die durch Wachstum herbeigeführte Umweltgefährdung erkannt werden, aber es gebe systemimmanent keine Entscheidungsstruktur, die das Problem löse. Erstens dominiere eine formale Rationalität zur Ressourcenallokation, die das materielle Ziel eines Umweltschutzes nicht fassen kann, und zweitens gelte der Primat unkoordinierter Mikroentscheidungen bzw. der daraus entstehende Mechanismus anonymer Gesetzmäßigkeiten. Auf Gesinnungswandel und Verzicht zu hoffen, gleicht nach V. Ronge einem ökonomischen Selbstmord; denn die Ratio des kapitalistischen Systems bestehe in der Profitmaximierung durch Kapitalverwertung und habe "ein von der Mikroebene diktiertes, deshalb anarchisches Wachstum **notwendig** zur Folge"[35]. Profitabilität sei die Voraussetzung für einen systemspezifischen Umweltschutz, wenn auch mit der Konsequenz, daß die Umweltschädigung weiter voranschreite. Sie müsse es sogar, damit die Umweltschutzindustrie überhaupt rentabel werden könne.

II. Umweltkritik
Tendenzen der Bewußtseinsveränderung

Was unter diesem Aspekt relevant wird, bezieht sich im Kern auf das Alltagsbewußtsein, d.h. auf das, was jedermann in seinem alltäglichen Leben von seiner Umwelt weiß, indem er im Umgang mit ihr Erfahrungen macht, wenn auch nicht bloß individuell und unmittelbar, sondern zugleich kollektiv und unter Zuhilfenahme indirekter Wahrnehmungs- und Mitteilungsformen der Gesellschaft. Insofern steht der hier zugrunde gelegte Erfahrungsbegriff nicht von vornherein in einem Gegensatz zur Erkenntnis. Er enthält schon Momente begrifflicher Verallgemeinerung. Dabei interessiert, in welchen Öffentlichkeitsformen und Meinungsstrukturen sie sich manifestieren.

1. Alltagspraxis: Formen der Öffentlichkeit

Die Umweltkritik ist das Resultat einer historischen Entwicklung des Bewußtseins im Kontext objektiver Zusammenhänge. Sie umfaßt subjektive Verarbeitungsformen, so unaufgehellt das Bewußtsein im einzelnen auch sein mag, aber sie beinhaltet auch kollektive Interessen sowie Formen der Opposition und Spontaneität. Angestoßen wird sie durch **erfahrbare Problemsituationen**, welche die Kontinuität der vorherigen Verhaltensbezüge zur Umwelt infragestellen bzw. eine direkte oder indirekte Gefährdung signalisieren, die massenhafte Betroffenheit auslöst. Häufig tendiert die Alltagswelt in solchen Bewußtseinslagen zuerst dazu, den problematischen Teil ihrer Erfahrungen in das zu integrieren, was unproblematisch ist. Sie stützt sich auf Handlungsstrategien, die auf den gewohnten Gang des praktischen Lebens eingestellt sind. In ihnen wird die Funktionalität der gesellschaftlichen Realität als praktische Routine und bewährte Form der Problemlösung direkt erlebt. Erst der Eklat von Widersprüchen in der Umweltkrise schafft Voraussetzungen für neue Möglichkeiten der Entfaltung. Es kommt zu Reaktionen, Protesten, Subkulturen, Bürgerinititativen und Bewegungen, die eine Veränderung dessen anstreben, was in die Krise gerät. In dieser Form des **unmittelbaren** Aufbegehrens und Widerstandes, der Opposition und Kritik, entsteht eine **ökologische Gegenöffentlichkeit**, die sich auf der Stufe **sinnlicher** Erkenntnisse an **Solidarität** festmacht und sich dabei auch **handwerklicher** Praktiken zur Verbreitung ihres Bewußtseins bedient. Die Gegenöffentlichkeit ist das Ergebnis sozialer Lernprozesse. Als Aktionspotential ist sie eine **kollektive** Handlungseinheit, die sich darin ausdrückt, daß man geschlossen auf die Straße geht oder Gemeinsamkeit demonstriert, indem man für die gleiche Idee einer alternativen Umweltbeziehung wirbt oder durch solidarische Praxis eine Gegenkultur konstituiert, die der Grammatik des herkömmlichen Wirtschaftssystems entgegensteht und in ihren Aktionsformen z.T. nicht davor zurückschreckt, neben harmlosen Demonstrations- und Protestformen auch Formen unmittelbarer Gewalt (z.B. beim Bau von Autobahntrassen, Flughäfen, Atomkraftwerken, Entsorgungsanlagen etc.) zu praktizieren. 1975/76 befassen sich 40 bis 75% aller Bürgerinitiativen[36] mit Umweltfragen, vor allem mit gesellschaftlichen Defiziten im Verkehrswesen, der Energieversorgung, der Stadtplanung sowie des Landschafts- und Naturschutzes. Beteiligt sind überwiegend Angehörige der Mittelschicht mit hohem Bildungsgrad (und hohem Einkommen).

Freilich darf die Gegenöffentlichkeit im Bereich der Umweltkritik nicht darüber hinwegtäuschen, daß sich parallel zu ihr die **offizielle Öffentlichkeit** behauptet, die sich zwar ebenfalls mit Umweltkritik befaßt, aber sie primär abwehrt und dadurch einen ganz anderen Charakter hat. Sie stützt sich vor allem auf **mittelbare** Erfahrungen im Umgang mit dem Umweltproblem und ist stärker am **System** orientiert (Integrationskultur). Soweit Kritik geäußert wird, ist sie in dieser Form der Öffentlichkeit als **privates Interesse** oder **individuelle Position** zu verstehen. Im Vordergrund stehen Verbände, auf industrieller Seite z.B. der BDI[37], der in den 50er Jahren eine Doppelstrategie entwickelt. Einerseits akzeptiert er das Bedürfnis nach einer brauchbaren Umwelt, das durch den Staat zu sichern ist. Andererseits bemüht er sich, Kostenbelastungen für die Industrie zu vermeiden (z.B. durch Verhinderung von staatlichen Eingriffen, Plädoyers für finanzielle Staatshilfen). Im Abwasser- und Emissionsschutzrecht sieht er "eine äußerst gefährliche Tendenz zu einer Normierung, die selbst bei voller Anerkennung der Bedeutung, die der Reinhaltung von Wasser und Luft als einer Maßnahme des vorbeugenden Gesundheitsschutzes beigemessen werden muß, sachlich nicht zu rechtfertigen ist"[38].

Das private Interesse gehört zur **bürgerlichen** Öffentlichkeit. Deshalb kann und darf sie im Prinzip keinen ausschließen, auch nicht die Gegenöffentlichkeit. Freilich verändert sie sich unter dem Aspekt der counter vailing powers, insbesondere im Zusammenhang der Tendenzen zur Kapitalkonzentration, so daß O. Negt/A. Kluge inzwischen von **industrialisierten** Öffentlichkeiten sprechen, welche die klassische bürgerliche Öffentlichkeit durchdringen und beherrschen. Zu ihnen gehören die Öffentlichkeit der Massenmedien, des Medienverbundes, der kombinierten Öffentlichkeits- und Rechtsabteilungen von Konzernen und Verbänden, d.h. der übergreifende Apparat der Ideologieproduktion und des Expertenwissens, der in zunehmendem Maße zur Bewältigung der Probleme im Bereich von Mensch und Umwelt eingesetzt wird. Charakteristisch dafür ist das ständige Hin- und Herschwanken zwischen gezielter Ausgrenzung und verstärkter Einbeziehung von sozialen Problemen und Gruppierungen. "Nicht legitimierbare faktische Verhältnisse verfallen produzierter Nicht-Öffentlichkeit; an sich nicht legitimierbare Machtverhältnisse im Produktionsprozeß werden mit legitimierten Interessen der Allgemeinheit aufgeladen und erscheinen so in einem Legitimationszusammenhang. An die Stelle der Unterscheidung zwischen öffentlich und privat tritt der Widerspruch zwischen dem Druck der Produktionsinteressen und dem Legitimationsbedürfnis"[39].

In der heutigen Epoche der Mittelbarkeit und des audio-visuellen Wohlstands ist die mediale **Massenkommunikation** zugleich Teil einer übergreifenden Produktionsöffentlichkeit. Sie ist größtenteils **einseitig**, weil der Informationsfluß nur in eine Richtung geht (one-way-communication vom Sender zum Empfänger). Eine Rückkoppelung ist genauso ausgeschlossen wie der Dialog über den Inhalt und die Methode der Kommunikation. Sie ist **indirekt**, weil der Rezipient nur über und durch das Medium erreichbar ist. Mit seiner Produktion verselbständigt sich das Medium in der Einheit von Form und Inhalt. Es wird zu einem Vermittlungssystem (z.B. Presse, Fernsehen, Rundfunk, Film etc.), das nicht nur hinsichtlich seiner inhaltlichen Produktion von Informationen beherrscht werden kann, sondern auch in seiner methodischen Anwendung der Gefahr machtpolitischen Mißbrauchs ausgesetzt ist. Das Medium hat einen **öffentlichen** Charakter, weil es sich in seinen Mitteilungen an einen unbegrenzten Adressatenkreis wendet. Seine Aussagen sind in der gleichen Form beliebig oft reproduzierbar. Der Multiplikationseffekt ist entsprechend hoch.

Sieht man von den öffentlich-rechtlichen Fernsehanstalten in der BRD ab, produziert die "Bewußtseinsindustrie" (Enzensberger) ihre meisten Medienaussagen aus Erwerbsgründen, und zwar unter medien-, persönlichkeits- und gesellschaftsspezifischen Voraussetzungen, die im Objektivierten selbst nicht mehr zum Ausdruck kommen. Es werden **sekundäre** Wahrnehmungssituationen geschaffen, die an die Stelle der primären Erfahrung treten und den Eindruck erwecken, als seien sie mit ihr identisch. Auf diesem Wege entsteht die **Gefahr einer verdeckten Manipulation**. Anders formuliert: Solange nicht ergründet wird, unter welchen Voreinstellungen, Aussageabsichten und Gestaltungszwängen diese Medien der Massenkommunikation inhaltlich und methodisch zustande kommen, ist der Rezipient ihren nachhaltigen Wirkungen unmittelbar ausgeliefert. Zwar kennt er seine eigene Umwelt, aber den Veränderungen in der gesamten Lebenswelt der Menschen steht er wegen der mangelnden Transparenz der Medienaussagen relativ hilflos gegenüber. Dazu erspart ihm das Medium die eigene Auseinandersetzung mit dem Umweltproblem. Er bekommt das Fertigprodukt mittelbarer Information direkt ins Haus oder Büro geliefert, zum Teil so raffiniert aufgemacht, daß er sich selbst nicht mehr motiviert fühlt, die Kontinuität und Routine seines Alltags durch eigene Verarbeitung des Umweltproblems zu unterbrechen.

Die industrialisierte Form der Öffentlichkeit kanalisiert die umweltpolitische Diskussion. "Wer die Themen beherrscht, über die politisch gesprochen wird, ist den politischen Konkurrenten einen Schritt voraus"[40]. Dazu gehört nicht nur die Macht des Wissens, sondern auch der direkte oder indirekte Zugang zu den Rundfunk- und Fernsehanstalten sowie der Einfluß auf die Redaktionen, Moderatoren und Showmaster etc., ferner jene formelhafte, ungenaue und gefällige Sprache, mit der in der Demokratie die Mehrheiten gewonnen werden. Die medienspezifischen Aktivitäten im Jahre 1970 zum europäischen Naturschutzjahr liefert dafür ein Beispiel. Es kam darauf an, "den Naturschutzgedanken wieder volkstümlich zu machen"[41]. Der damalige Bundesminister des Innern H.-D. Genscher erkennt als einer der ersten, daß mit dem Umweltproblem erfolgreiche Parteipolitik zu machen ist. Seine Meinungsführerschaft ist im Ökologiebegriff der bundesdeutschen Umweltpolitik noch heute spürbar.

Nichtsdestoweniger bietet die heutige Öffentlichkeit eine **Parade von Legitimationen**, die in ihren Formationen recht **widersprüchlich** ist. Einerseits verstärkt sich der Widerspruch zwischen der klassischen Öffentlichkeit bürgerlicher Reflexion und privater Meinungen zur industrialisierten Öffentlichkeit, indem die **Macht der erwerbswirtschaftlichen Massenkommunikation zunimmt** und ihre Manipulationstechniken abstrakter werden. Andererseits besteht ein prinzipieller **Widerspruch zwischen der ökologischen Gegenöffentlichkeit und der offiziellen Öffentlichkeit**, mit dem Handikap, daß der gegenseitige Bezug vorrangig durch die Systemstrukturen und -mechanismen gesteuert wird, was im Klartext heißt, daß die alternative Gegenöffentlichkeit auf dem institutionellen Resonanzboden der bürgerlichen und industrialisierten Öffentlichkeit meistens nur ein "Rauschen" (N. Luhmann) erzeugt, das nicht verständlich erscheint. Auf diese Weise wird der **Legitimationsschwund** im Zuge des exponentiellen Wachstums der systemimmanent produzierten Umweltprobleme geradezu ein Dauerbrenner, der allzu leicht zum Durchlauferhitzer weiterer Protest- und Umweltbewegungen werden kann. Wer immer nur auf die Meinungsstruktur der bürgerlichen und industrialisierten Öffentlichkeit schaut, kommt u.U. zu unrealistischen Beurteilungen der Gesamtsituation, in der sich ein Wertewandel vollzieht, der schwer durchschaubar ist[42], weil er als subjektives Phänomen nicht mehr im Zusammenhang der objektiven Verhältnisse der Gesellschaft gesehen wird.

2. Meinungsforschung: Inhalte des Wertewandels

Wer den Wertewandel des Umweltbewußtseins auf der Basis empirischer Befragungen nachvollzieht, wird mit dem Umstand konfrontiert, daß das subjektive Bewußtsein in seiner Struktur durch das Ergebnis der Befragung aus seinem objektiven Vermittlungszusammenhang gedanklich herausgelöst wird. Die Befragung erfaßt nur das, was vom Interviewer **aktiv** erfragt und damit aus dem befragten Bewußtsein eines Individuums als Querschnitt methodisch herauspräpariert wird. Empirische Befragungen orientieren sich stillschweigend an der Abbildtheorie. Sie "kopieren" die Meinungsstruktur der Bevölkerung in ihrer situativen Erscheinungsform anhand von **Antworten auf gestellte Fragen**. Insofern registrieren sie nur das, was einem Interview aufgrund eines Fragebogens oder Gedankenentwurfs (Theorie/Hypothese) bereits klassifiziert vorausgeht. Dementsprechend wird die Meinungsstruktur unter Bedingungen abgebildet, die der Forscher selbst schafft. Der Wertewandel des Umweltbewußtseins wird nicht erst beobachtet und dann gedacht, sondern umgekehrt: er wird schon vor aller Befragung in Annahmen/Vermutungen konzipiert und dann im Interview realisiert. Die Berechenbarkeit der Meinungsstruktur wird in das Bewußtsein der Befragten durch die Struktur der Fragen operativ hineingetragen und am Leitfaden der Störfaktorentheorie in der Situation der Befragung mit wissenschaftlicher Akribie zur Geltung gebracht.

Inzwischen wird der Wertewandel in verschiedenen Bezügen diskutiert. Er betrifft einerseits das Sinnproblem der Arbeit und die Indikatorenkrise der Ökonomie. Andererseits spielen veränderte Einstellungen der Bevölkerung zu Technik, Wachstum und Politik eine Rolle. Die empirischen Studien dazu sind äußerst begehrt und nicht mehr so selten[43]. Nach R. Inglehart hat sich in den 60er und 70er Jahren eine "**stille Revolution**" bemerkbar gemacht, welche die Infrastruktur des politischen Lebens bestimmt. Es sei zu beobachten, daß nicht mehr so sehr materielle und physische Sicherheit betont würde, sondern der **immaterielle** Aspekt des Lebens (z.B. Forderung nach mehr Lebensqualität, Entwicklung eines kosmopolitischen Gefühls von politischer Identität). Mit ihm erhöhe sich die Wahrscheinlichkeit, daß sich jemand an unkonventionellen politischen Handlungen beteilige (z.B. Gebäudebesetzungen, absichtliche Verkehrsbehinderungen). Die Generation, die nach dem Zweiten Weltkrieg im Wohlstand aufgewachsen sei, neige dazu, nicht-materiellen Werten eine relativ hohe Priorität einzuräumen, im Gegensatz zu ihren Eltern- und Großeltern, die in ihrer Zeit materiellen Hunger und politische Instabilität erfuhren und deshalb ökonomische und physische

Sicherheit bevorzugen. Aus Ingleharts Mangelhypothese ergibt sich, daß man Dinge subjektiv am höchsten einschätzt, die verhältnismäßig knapp sind. Seine Sozialisationsthese unterstellt zwischen Umweltveränderungen (kurzfristigem Verhalten) und dem Wandel der Wertprioritäten (langfristigen Folgen) einen Abstand zeitlicher Verzögerung. Hieraus erklären sich für ihn erhebliche Unterschiede zwischen jüngeren und älteren Gruppen, was ihre relative Bewertung ökonomischer und physischer Sicherheit angeht[44].

Auffallend ist, daß R. Inglehart auf Theorien der modernen Motivationspsychologie zurückgreift, insbesondere auf die Bedürfnishierarchie A. H. Maslows, die den Hintergrund seiner Erklärung bestimmt. Nach Sättigung der materiellen Bedürfnisse sei der Mensch frei und bereit zur Entwicklung von Bedürfnissen, Zielen und Werten, die primär seiner eigenen Entfaltung dienen. Das betreffe vor allem die jüngere Generation, die als Postmaterialisten mit dem Typ ihrer jetzigen Gesellschaft nicht einverstanden seien, weil deren Spielregeln und Institutionen noch an den materialistischen Einstellungen der vorhergehenden Generation orientiert seien. R. Inglehart befürchtet, "daß die Postmaterialisten versuchen werden, radikale und weitreichende Veränderungen in der Gesellschaft herbeizuführen und zu diesem Zweck auch bereit sind, destruktive und eliteprovozierende Mittel einzusetzen. Postmaterialisten scheinen um so eher zum Einsatz unkonventioneller Formen des politischen Protestes gewillt zu sein, als sie verhältnismäßig wenig um die Erhaltung der ökonomischen und physischen Sicherheit besorgt sind"[45]. Das widerspreche den Werteinstellungen der Materialisten. Es führt zu weit, die Ergebnisse der Inglehart' schen Untersuchung genauer darzustellen, da sie zu wenig umweltspezifisch sind und noch die Aufschwungsphase betreffen.

Aus der empirischen Befragung von M. v. Klipstein/B. Strümpel im Jahre 1981 geht hervor, daß sowohl Wachstum (technischer Fortschritt, neue Arbeitsplätze) wie auch Umweltkritik (Umweltverschmutzung, Vergeudung von Rohstoffen, Kernenergie) eine hohe Zustimmung finden. Deshalb wird das Bewußtsein der Mehrheit der Bevölkerung als dissonant eingestuft. "Ein Grundkonflikt, der dieser Dissonanz unterliegt, ist das Dilemma zwischen Wachstum und neuen Arbeitsplätzen auf der einen Seite und Umweltschutz auf der anderen Seite". Im Zielkonflikt zwischen Umweltschutz und Arbeitsplätzen entscheidet sich die Mehrheit der Bevölkerung für den Vorrang von Arbeitsplätzen. Im Zielkonflikt zwischen Konsumsteigerung und Umweltschutz formiert sich eine Mehrheit der Befragten jedoch für den Umweltschutz. Auch in dieser Untersuchung stehen bei Postmaterialisten namentlich Selbstverwirklichung sowie "ein interessantes und umweltbewußtes Leben" im Vordergrund[46].

Die vergleichende Studie von H. Kessel/W. Tischler 1983 macht auf einen Wandel in der umweltpolitischen Diskussion aufmerksam. "Die isolierte Betrachtung einzelner Umweltmedien (Wasser, Luft etc.) weicht allmählich einer systemaren ökologischen Betrachtungsweise, die jedoch politisch-administrativ schwer umzusetzen ist. Bisher ist die Umsetzung nicht viel mehr als eine Forderung, die sich aus der Einsicht in die komplexe Vernetzung ökologischer Probleme herleitet; innerhalb der Umweltverwaltung dominiert noch eine mediale Orientierung". Die Prioritäten in bezug auf die einzelnen Umweltprobleme differieren relativ wenig. "Eindeutig mediale Probleme, wie die Wasser- und Luftverschmutzung, oder ökologische Probleme, wie die voranschreitende Ausbeutung der Natur, werden in ihrer Dringlichkeit ähnlich eingeschätzt. Im Vergleich zu 1980 werden besonders in der Bundesrepublik Deutschland und in England diese Probleme 1982 als etwas weniger dringlich angesehen. Speziell in Deutschland hat sich dabei die Sorge um das Bevölkerungswachstum verstärkt, während die Besorgnis um giftige Industrieabfälle gleichgeblieben ist. Bezogen auf alle anderen Umweltprobleme wird gerade dieser Frage die größte Dringlichkeit beigemessen". Unter dem Strich wird bei allen Befragten in bezug auf Umweltprobleme von "einer großen Sorge um die gegenwärtige Situation und von einer pessimistischen Einschätzung der zukünftigen Entwicklung" berichtet[47].

Abbildung 5: Prioritäten und Zukunftserwartungen bei einzelnen Umweltproblemen

Frage: "Wie dringend sind Ihrer Meinung nach die folgenden Probleme?"

Nur allgemeine Bevölkerung	BRD	England	USA
Lärmbelastung	5.1 (6.3)	4.4 (4.9)	3.8 (4.1)
Luftverschmutzung	6.2 (6.4)	5.6 (5.8)	5.4 (5.4)
Wasserverschmutzung	6.4 (6.6)	5.7 (6.6)	5.8 (5.7)
Bevölkerungswachstum	5.2 (5.0)	5.1 (5.3)	4.6 (4.4)
Hausmüll	5.0 (5.4)	5.1 (5.3)	5.3 (5.2)
Giftige Industrieabfälle	6.6 (6.0)	6.0 (6.2)	6.0 (5.7)
Atommüll	6.4 (6.5)	6.2 (6.2)	6.0 (5.7)
Zerstörung von Stadt und Land	5.9 (6.1)	5.4 (5.8)	5.[illegible] (5.4)
Ausbeutung der Natur	6.1 (6.0)	5.9 (6.2)	5.6 (6.4)
Energieprobleme	6.1 (6.4)	5.7 (6.1)	5.7 (6.1)

Angegeben sind die arithmetischen Mittelwerte einer 7-stufigen Skala, wobei der Skalenwert 1 "nicht dringend" und 7 "sehr dringend" bezeichnet.

Quelle: Kessel, H./Tischler, W. 1984, S. 30

Nicht uninteressant ist die Reaktion auf die Frage nach den Strategien zur Lösung der Umweltprobleme. Während die Bevölkerung in der BRD relativ unentschieden ist, befürworten Amerikaner und Engländer grundsätzliche Änderungen in der Gesellschaft. "Welcher Art diese Veränderungen sein können, ließ der Fragebogen offen. Es ist also möglich, daß die einzelnen Gruppen unter dem Begriff 'gesellschaftliche Veränderungen' jeweils etwas anderes verstehen. Insgesamt kann aber festgehalten werden, daß in den untersuchten Ländern in bezug auf Umweltprobleme große Unzufriedenheit mit der vorzufindenden Realität vorherrscht. Dies kommt auch in der allgemeinen Sympathie mit der Umweltbewegung zum Ausdruck sowie in der Bereitschaft, Bürgerinitiativen und Naturschutzverbände zur Durchsetzung umweltpolitischer Ziele zu unterstützen. Organisationen, die sich für den Umweltschutz einsetzen, wie Bürgerinitiativen und Naturschutzverbände, werden nahezu von allen Befragten in den drei untersuchten Ländern positiv beurteilt. Das Ausmaß dieser positiven Einschätzung ist 1982 im Vergleich zu 1980 zwar etwas zurückgegangen, jedoch zeigen nur die Vertreter der Industrie eine schwach negative Beurteilung"[48].

Abbildung 6: Lösungsstrategien zur Bewältigung von Umweltproblemen

Frage: "Was halten Sie für wichtiger, um unsere Umweltprobleme zu lösen?" Angegeben sind die prozentualen Häufigkeiten; nur für 1982: diese Frage wurde 1980 in der Bundesrepublik Deutschland und in England nicht erhoben.

		bessere wissen- schaftliche und technische Entwicklungen in %	unentschieden in %	grundsätzliche Änderungen in der Gesellschaft in %
BRD	allgemeine Bevölkerung	48	9	43
	Umweltschützer	22	7	71
	Industrie	79	6	15
	Politik	55	10	35
England	allgemeine Bevölkerung	31	10	59
	Umweltschützer	20	10	70
	Industrie	67	9	24
	Politik	49	11	40
USA	allgemeine Bevölkerung	25	9	66
	Umweltschützer	9	6	85
	Industrie	43	10	47
	Politik	37	13	50

Quelle: Kessel, H./Tischler, W. 1984, S.34

Die neuere Untersuchung von M. Dierkes/H. J. Fiétkau (1988) zählt zur Selbstverwirklichung auch das Streben nach Mitbestimmung und besseren mitmenschlichen Beziehungen sowie das politische Engagement für den Umweltschutz. Sie beklagt, daß sich das "sehr deutlich ausgeprägte Umweltbewußtsein in der Bevölkerung nicht in ein entsprechendes Handeln umsetzt". Nur soweit sich Handlungen in den Wertkontext der Individuen selbst einordnen, "praktizieren viele Menschen umweltschonende Verhaltensweisen". Ein grundlegender Wandel sei erst zu erwarten, wenn "ein paralleler Veränderungsprozeß auch in den Handlungs- und Entscheidungsgewohnheiten der zentralen Institutionen unserer Gesellschaft (Unternehmen, Gewerkschaften, staatliche Administration usw.) stattfindet". Überwiegend sei das umweltbezogene Denken und Tun vieler Menschen als ein "Verlust erlebter Handlungskontrolle" zu interpretieren, aus dem sich erklärt, daß die umweltpolitische Kompetenz der Industrie von der Bevölkerung, den Umweltschützern und auch den Politikern als "gering" eingeschätzt wird[49].

Abbildung 7: Selbst- und Fremdbild umweltpolitischer Kompetenz der Industrie

	D		GB		USA	
Umweltpolitische Kompetenz der Industrie	hoch	gering	hoch	gering	hoch	gering
Selbstbild: aus der Sicht von Führungskräften der Wirtschaft	40	9	5	33	13	22
Fremdbild: aus der Sicht von allgemeiner Bevölkerung	9	50	8	44	7	41
Umweltschützern	2	73	1	66	1	67
Politikern	10	35	2	49	2	47

Mittlere Urteilspositionen sind nicht aufgeführt

Quelle: Dierkes, M./Fietkau, H. J., 1988

Was sich in der obigen Untersuchung als Zweifel an der umweltpolitischen Kompetenz der Industrie anzeigt, signalisiert bereits die **Bewußtseinswende unter dem Einfluß der objektiven Veränderungen** seit der großen Krise 1973/75. Soweit dem Sozialstaat die Rückschleusung der durch Rationalisierung freigesetzten Erwerbswilligen nicht gelingt, wird das Arbeitslosengeld immer häufiger als Alternative zum Lohn aufgefaßt, was bedeutet, daß die **materialistische Orientierung** wieder zurückkehrt. In diese Richtung geht auch die neue **Subsidiaritätspolitik**, die primär auf die Selbstverantwortlichkeit der kleinen Gemeinschaft (heute: Familie) abzielt und ihr die Pflicht auferlegt, zunächst einmal selbst Vorleistungen zu erbringen, bevor der Staat helfend eingreift[50].

Darüber hinaus ist das System der **Sozialversicherung** so konstruiert, daß mit dem Verlust der Arbeit bei zunehmender Dauer der Arbeitslosigkeit die materiellen Leistungen der Wohlstandsgesellschaft geringer werden. Unter der Voraussetzung, daß Vollbeschäftigung in den nächsten Jahren nicht durchführbar erscheint, fungiert der Nachweis einer vorhergehenden **Arbeit** weiterhin **als Berechtigungskriterium** für monetäre Versorgung, mit der Konsequenz, daß unter dem Druck der "industriellen Reservearmee" (Marx) die Reallöhne sinken und möglicherweise parallel dazu die Transfereinkommen (Arbeitslosengeld, Arbeitslosen- und Sozialhilfe) ebenfalls an Kaufkraft verlieren. Dadurch bliebe die materielle Wertorientierung und der positive Bezug zum Sozialstaat erhalten. Allerdings können Ergänzungen, Veränderungen und Überlagerungen stattfinden, die **neue Widersprüche** zutage fördern, sofern Einstellungen begünstigt werden, "die nicht mehr die Arbeit zum Zentrum haben"; dann wird das Verhaltenssyndrom aus Arbeit, Leistung, Lohn und Markt durch die politische Vermittlung des Sozialstaats gebrochen. **Einkommen** gibt es unter dieser Voraussetzung auch, "**wenn Arbeit nicht geleistet wird**"[51]. Dieser Einstellungswandel braucht sich auf Marginalisierte nicht zu begrenzen. Er kann sich als konservativ beklagte Begehrlichkeit ausbreiten. Deshalb wird im Zuge der Kürzung von Sozialhaushalten versucht, durch **Senkung der Minimaleinkommen** die Disziplinierung der Arbeit wieder stärker zur Geltung zu bringen und die Leute in die Arbeit zurückzuzwingen. Daß damit ein Wertewandel im Sinne einer erneuten bzw. beschleunigten Rückkehr zum scheinbar überwundenen Materialismus zur Diskussion steht, bedarf wohl keiner weiteren Erläuterung.

Rückblickend zeigt der in empirischen Analysen des Bewußtseins festgestellte und seit Ende der 70er Jahre vielzitierte **Einstellungswandel** im Sinne eines Übergangs zu immateriellen Werten und steigenden Umweltbedürfnissen **nicht eine stromlinienförmige Entwicklungsrichtung**. Es gibt innerhalb der Meinungsstruktur nicht nur Unvereinbarkeiten, die den Befragten als solche gar nicht bewußt sind, sondern auch Bewußtseinslagen, die mit objektiven Konstellationen in der wirtschaftlichen Entwicklung korrespondieren. Vieles deutet darauf hin, daß die Akzente postmaterialistischer Grundorientierung in der BRD lediglich für die Phase des wirtschaftlichen Aufschwungs gelten und selbst dann nur überwiegend für diejenigen Mitglieder der jüngeren Generation, die unter günstigen Sozialisationsbedingungen aufgewachsen sind. Mit zunehmender Arbeitslosigkeit und der krisenbedingten Infragestellung sozialer Errungenschaften mehren sich die Anzeichen einer stärkeren **Individualisierung und Entpolitisierung** der Sozial- und Umweltprobleme.

Die neue Unübersichtlichkeit impliziert eine neue Beweglichkeit. Die Trendies kreieren einen unpolitischen Nonkonformismus, der sich konformistisch gibt. Die **Wendejugend** verkörpert eine Revolte gegen die Revolte der Väter. Sie ist nonkonformistisch im Blick auf die Nonkonformisten von gestern und vorgestern. Ihre Vorbehalte gegen die Szene der Frustis und Bewußtis, der Müslis und Mediativen sind unüberhörbar. Im Mittelpunkt steht eine Lebenstauglichkeit durch Technikkompetenz und Ellbogenfreiheit. Systemverächter werden verachtet. "Sozial" zu sein, ist für sie irrational. Das Übersoll an Aktivität gilt dem Computer und den Comics. Die Konsumbejahung ist nicht beabsichtigt, aber unübersehbar, wobei das Geld nie reicht. Der Ausbruch aus dem Korsett linker und ökoalternativer Gedanken und Solidarität ist strukturell vorprogrammiert. Was sich geltend macht, sind Attitüden und Verhaltensweisen, deren gemeinsamer Nenner darin besteht, daß sie keinen haben. Die zunehmende Konkurrenz auf immer mehr Ebenen und in ständig neuen Bereichen sorgt für wachsende Widersprüche. Gemäß der List ihrer Vernunft verwandelt sich die Gesellschaft in einen Spaltpilz egoistischer Gene, die sich in ihren eigenen Funktionen so ausdifferenzieren und gegenseitig ausmanövrieren, daß ihnen die Widersprüche ihres Selbst z.T. nicht mehr bewußt werden.

III. Zusammenfassung

Die heutige Umweltkrise ist ein Phänomen mit objektiven und subjektiven Momenten, die in der Realität der gesellschaftlichen Praxis voneinander nicht zu trennen sind. Soweit sie in den vorangegangenen Gedankengängen isoliert werden, sind methodische Ansätze der Analyse dafür verantwortlich. Diese sind zwar legitim, aber sie dürfen den Blick auf den inneren Zusammenhang der ökologischen Krise nicht verstellen. Der Anthropozentrismus in der Ursachenforschung markiert zwar eine grundlegende Reflexionsebene, weil er die Bedingung der Möglichkeit des Umweltproblems transzendentalphilosophisch klärt und grundsätzlich dadurch überzeugt, daß der Mensch letztlich selbst an allem schuld ist, was ihn inzwischen bedroht. Aber was in der Formel der Selbstgefährdung des Menschen zu kurz kommt, ist die Einbeziehung von Faktoren und Bedingungen, die mit der gesellschaftlichen **Form des Zusammenwirkens** der Menschen auf der Entfremdungsstufe der modernen Tausch-, Geld- und Kapitalökonomie zu tun haben. Und hier gibt es keinen Zweifel: Das soziale System ist an der Entstehung der Umweltkrise **strukturell** beteiligt. Aufgrund seiner eigenen Entwicklungslogik ist es systemimmanent **rational**, die Umwelt immer dann und ohne institutionelle Hemmungen zu schädigen, wenn es **privatökonomisch** im Sinne individueller Profitmaximierung **vorteilhaft** erscheint. Insofern ist die Umweltkrise in der Struktur unseres Systems **prinzipiell** angelegt. Diese Systembedingtheit des ökologischen Dilemmas ist mehr als das, was der Anthropozentrismus für nachdenkenswert hält. Die Konsequenzen, die aus der Sicht der Systemtheorie und Weltökonomietheorie hieraus zu ziehen sind, werden unter E I/1 und II/4 später genauer behandelt. Die jetzige Umweltkrise steht in einem inneren Zusammenhang zum Gesellschaftssystem, das die in ihm schlummernde Gesetzmäßigkeit der Entwicklung in der Tausch, Geld- und Kapitalökonomie allgemein zur Geltung bringt.

Freilich ist die Umweltkrise auf ihrer Erscheinungsebene auch eine **Wahrnehmungskrise**, die in Teil B als gesteigerte Theoriedefizienz der Ökonomie ausführlich behandelt wird. Sie hat angesichts der systematischen Weise der Problemverarbeitung eine objektive Seite. Allerdings bewirkt sie ihrerseits, daß sich das **Bewußtsein** der Menschen subjektiv verändert. In der Alltagswelt wird über die objektive Bedrohung der Menschen durch die Produkte ihres eigenen Handelns diskutiert, nicht zuletzt deshalb, weil die Krise inzwischen **sinnlich** wahrnehmbar ist. "Wir riechen die Verschmutzung von Luft und Wasser, sehen den Müll und die Verseuchung, hören den steigenden Lärmpegel und spüren die zunehmende gesellschaftliche Verwirrung und Auflösung"[52]. Die öffentliche Auseinandersetzung mit diesen Wahrnehmungsgehalten und die Meinungsstruktur der Bevölkerung spiegeln die empirische Umweltgefährdung des Menschen situationsgerecht wider, wenn auch in Formen, die vom Gesellschaftssystem institutionell vorgeprägt sind. Der **Wertewandel** signalisiert ansatzweise eine Infragestellung der systemimmanenten Verhaltens- und Orientierungsmuster. Objektive Veränderungen erlangen in ihm eine gesellschaftliche Resonanz, indem über sie kommuniziert wird.

Die ökologische Kommunikation hat für die Wahrnehmung der Umweltkrise **eine konstitutive Bedeutung.** Sie bringt die ökologischen Probleme im Gespräch der Menschen zur Sprache. Vorausgesetzt wird ein intersubjektiv angesetzter Wirklichkeitsbegriff, eine Hermeneutik, die sich an den umgangssprachlichen Qualitäten bemißt und innerhalb der technisch-wissenschaftlichen Kategorien nicht aufgeht. Die vorgestellte Betroffenheit durch die konkreten Begegnungen mit der Umweltkrise ist die Durchgangsstufe einer Erfahrung, welche das Bewußtsein sensibilisiert und die Formen subjektiver Verarbeitung erweitert[53]. Nicht nur die Grenze wirtschaftlichen Wachstums wird themenrelevant, sondern auch seine Ambivalenz, die in den Input-Output-Modellen der Geld- und Kapitalökonomie verschwindet. Man begreift, daß die Wirtschaftswissenschaft angesichts ihrer Annahmen und Methoden ein Instrument zur Wirklichkeitsausblendung ist. Die Ansätze zur Korrektur der BSP-Berechnung verdeutlichen, daß die Zuwachsrechnung allein höchst trügerisch ist, wenn sie von der Bestandsrechnung des Umweltvermögens instrumentell abgelöst wird. Die externen Kosten/Effekte des im BSP statistisch ausgewiesenen Wirtschaftswachstums haben sich inzwischen derartig entwickelt, daß einige Autoren von einem **exponentiellen** Anstieg der monetären Sozialkosten und realen Umweltdefekte sprechen, wenn auch mit der Konsequenz, daß sie in der Wertökonomie des BSP entweder als **Naturverluste** (Schäden) überhaupt nicht negativ berücksichtigt oder als **Umweltreparaturen** (Kompensationen) sogar als positive Erträge verbucht werden, die einen Wertzuwachs anzeigen, der faktisch nicht eintritt. Insofern bietet die Statistik des BSP z.T. ein spiegelverkehrtes Bild von dem, was gesellschaftlich als Wohlstand im Sinne eines Mehr an Gesamtnutzen produziert wird.

Anmerkungen

1 Vgl. W. Rüdig 1980

2 Relevant sind auch populärwissenschaftliche Schriften, wie z.B. R. Carsons "Stummer Frühling" (1962), P. und A. Ehrlichs "Bevölkerungswachstum und Umweltkrise" (1970)

3 S. Tsuru/H. Weidner 1985, S. 21ff

4 Vgl. ausführlicher Abschnitt C/II

5 Vgl. K. W. Brand 1983, S. 47

6 Vgl. K. Traube 1978, S. 70ff, auch H. Wiesenthal 1982 sowie M. Rosner 1986

7 Vgl. F. v. Cube, Blick durch die Wirtschaft, Nr. 246, vom 23.12.87, S. 7; grundlegend U. Beck 1986 und 1988

8 G. Picht 1979, S. 85

9 Ebenda 1979, S. 100

10 Ebenda 1979, S. 105

11 Ebenda 1979, S. 108

12 K. M. Meyer-Abich 1979, S. 238

13 Ebenda 1979, S. 249

14 K. M. Meyer-Abich 1974, S. 146

15 K. M. Meyer-Abich 1979, S. 259

16 P. Koslowski, in: FAZ vom 6.8.86

17 Vgl. B. Camphell 1987, S. 218ff

18 Klaus Natorp, in: FAZ vom 19.10.88

19 Vgl. WZB-Mitteilungen Nr. 34/1986, S. 13ff und neuerdings J. Hénard, Schmutz und Schutz unter sozialistischem Himmel," in: FAZ vom 30.7.88 sowie F. K. Fromme, Eine deutsche Gemeinschaftsaufgabe. Zum Beispiel Umweltschutz, in: FAZ vom 8.8.88

20 Vgl. hierzu später in Abschnitt E II/4c

21 "Die expandierende Wirtschaft zerstört die Schönheit der Naturlandschaft durch häßliche Bauten, verschmutzt die Luft, vergiftet die Flüsse und Seen. Den Bürgern wird durch pausenlose psychologische Konditionierung ihr Gefühl für Schönheit geraubt, während die Wirtschaft nach und nach die Schönheit ihrer Umwelt zerstört". F. Capra 1987, S. 230

22 Es sei hier vor allem auf die Berichte des Club of Rome hingewiesen. Kritisch dazu Stellung nehmen insbesondere H. von Nussbaum 1973, J. Wolff 1974 und C. Eisenbart 1979

23 Vgl. hierzu auch K. M. Meyer-Abich 1974

24 Vgl. meine Ausführungen zu A. Smith und D. Ricardo in Abschnitt B II/1a

25 Vgl. hierzu M. Scheler 1960

26 H. C. Binswanger 1979, S. 150

27 Im Fabriksystem entdeckt die Technologie nach K. Marx "die wenigen großen Grundformen der Bewegung, worin alles produktive Tun des menschlichen Körpers, trotz aller Mannigfaltigkeit der angewandten Instrumente, notwendig vorgeht, ganz so wie die Mechanik durch die größte Komplikation der Maschinerie sich über die beständige Wiederholung der einfachen mechanischen Potenzen nicht täuschen läßt" (MEW 23, S. 510).

28 Vgl. hierzu ausführlicher K. M. Meyer-Abich 1979a, S. 140ff

29 "Dem Gefühl, daß wir den Naturzusammenhang des menschlichen Lebens nicht zerstören sollten, entspricht also kein Wissen, daß und warum wir es nicht tun sollten. Wir zerstören 'die Natur', wenn wir es tun, demnach nicht einmal gegen die Stimme unseres Gewissens, ausgenommen die Erhaltung der Lebensbedingungen sei auch ein Gebot der Mitmenschlichkeit. Wir können uns nicht sagen, was beherrschbare Ressourcen und physikalische Systeme an sich wert sind, denn die Natur kommt in uns dazu nicht und somit eigentlich gar nicht zur Sprache" (Ebenda 1979, S. 247).

30 K. W. Kapp (1950) 1958, S. 13

31 Chr. Leipert 1988, S. 25f

32 "Bedingt durch die intensive Nutzung des weitgehend kostenlosen Produktionsfaktors 'Leistungen der natürlichen Umwelt' und durch die maximale Externalisierung von abwälzbaren Kostenbestandteilen auf Dritte, die Natur und die Gesamtgesellschaft, bedingt auch durch die privatwirtschaftlichen Vorteile der Agglomeration, haben sich im Laufe dieses Prozesses spezifi-

sche Produktions-, Konsum- und Siedlungsmuster herausgebildet, deren umweltbelastende Konsequenzen nach dem Überschreiten bestimmter Schwellenwerte der Belastbarkeit zur Entstehung von ökologischen und sozialen Folgekosten geführt haben" (Ebenda 1988, S. 25).

33 H. Henderson (1985) spricht angesichts dieses Stadiums der Entwicklung von einem Entropiestaat, in dem Komplexität und Interdependenz der Wirtschaft (Gigantismus der Organisationsformen, Anstieg der Kriminalität und der Verhaltensstörungen, Auseinanderbrechen von Gemeinschaften, Raubbau an der Umwelt) einen Punkt erreicht, an dem die erzeugten Wachstums- und Transaktionskosten dem produktiven Beitrag der Gesellschaft entsprechen oder ihn sogar übersteigen.

34 V. Ronge 1972, S. 111

35 Ebenda 1972, S. 113

36 1972 wird der Bundesverband Bürgerinitiativen Umweltschutz (BBU) gegründet, der mehr als 900 Gruppen und über 300000 Mitglieder umfaßt.

37 Bundesverband deutscher Industrie

38 K.-W. Wey 1982, S. 166

39 O. Negt/A. Kluge 1976, S. 38

40 W. Bergsdorf 1988, S. 34

41 Willy Brandt vor dem Deutschen Naturschutzring am 29.11.1970; vgl. A. Siebert 1971, S. 12

42 Man vergleiche hierzu auch die Fülle der neuen Bewegungen in der BRD, insbesondere G. Zellentin 1979 und R. Roth/D. Rucht (Hrsg.) 1987

43 Es sei hier nur auf R. Inglehart 1979, K. H. Hillmann 1981, H. Lübbe 1984, M. von Klipstein/B. Strümpel 1985, W. Brezinka 1986 verwiesen.

44 R. Inglehart 1979, S. 279f

45 Ebenda 1979, S. 284

46 M. v. Klipstein/B. Strümpel 1985, S. 20 und 29

47 H. Kessel/W. Tischler 1984, S. 29

48 Ebenda 1984, S. 35f

49 M. Dierkes/H. J. Fietkau 1988, S. 25ff

50 Vgl. Th. Olk 1987, S. 265f

51 E. Altvater 1982, S. 128

52 H. Henderson 1985, S. 38

53 Vgl. hierzu die interessante Problemskizze von U. Adler/S. Unsinn 1984

B. VERGANGENHEITSBEZUG
DIE PRODUZIERTE THEORIEMISERE

Als Wahrnehmungs- und Handlungskrise ist die Umweltkrise doppelt produziert. Einmal ist sie auf die **Praxis** der Wirtschaft zurückzuführen, die der Theorie als deren Ermöglichungsgrund und Gegenstand vorausgeht. Unter den vorgegebenen Rahmenbedingungen ist sie systemimmanent gezwungen, die Kapitalverwertung unter dem Druck der internationalen Konkurrenz weiter zu steigern. Das heutige Umweltproblem ist das Ergebnis dieser Handlungsweise, die mit der strukturellen Verwertungs- und Resonanzweise des Wirtschaftssystems im Austausch- und Akkumulationsprozeß korrespondiert. Zum anderen ist die **Theorie** der Ökonomie als Erkenntnis- und Aufklärungsinstanz der Gesellschaft mitbeteiligt. Sie hat gegenüber der Wirtschaftspraxis bisher nicht nur viel zu wenig Kritik geübt und durch wissenschaftliche Legitimationen die Ausplünderung der Umwelt indirekt unterstützt, sondern selbst eine Wahrnehmungs- und Verarbeitungsweise zur Vorherrschaft gebracht, die der ökologischen Thematik nicht gerecht wird. Noch in jüngster Zeit fordert der Sachverständigenrat, der die Bundesregierung durch wirtschaftswissenschaftliche Gutachten regelmäßig berät, mit Nachdruck einen Vorrang für Wachstum[1]. Die Auseinandersetzung mit der herrschenden Wirtschaftstheorie wird um so dringlicher, je mehr sich ihre Vertreter durch aspekthafte Fragestellungen und Problemabgrenzungen spezialisieren, häufig in einem Maße, daß die Aufgaben, die sie sich aufgrund der Freiheit von Lehre und Forschung selbst stellen, mit ihren eigenen Methoden und Ansätzen nicht mehr zu lösen sind. In welchen Etappen und Bezügen diese kategoriale Einengung des Blick- und Reflexionshorizonts der ökonomischen Theorie in der Vergangenheit vor sich gegangen ist und inwieweit sie die Umweltkrise berührt, soll in den nächsten Abschnitten paradigmatisch herausgearbeitet werden.

I. Bändigung: Eingebundenheit der alten Ökonomie

Die historische Entwicklung der Ökonomie reicht zurück in die archaische Phase der **Sammel- und Nomadenwirtschaft**, in der naive Formen der individuellen Nahrungssuche und Existenzerhaltung dominieren. Der Mittelvorrat bzw. die Aneignung der nützlichen Naturelemente (z.B. Pflanzen und Früchte als Nahrungsmittel, Rinden und Pflanzenwedel als Kleidung, Höhlen und Blattdächer als Behausungen etc.) begrenzt die Möglichkeiten unmittelbarer Bedürfnisbefriedigung von **Horden** mit starker Mitgliederfluktuation und geringem Organisationsniveau[2]. Im Ökosystem lebt und zehrt jeder Organismus von den natürlichen Ressourcen seiner Umwelt. Für das Wohlergehen der niederen Stufen ist die Integrität bzw. Zugriffsweise der höheren Stufen lebensentscheidend. Alles Leben basiert auf Nahrungsketten, die geschlossene Kreisläufe und komplexe Gleichgewichte bilden[3]. Eine Population, die sich den natürlichen Regulationsmechanismen zu entziehen vermag (z.B. durch Beseitigung ihrer Feinde), kann im Ökosystem dominante Strukturen herausbilden. Der Mensch ist dieser Möglichkeit gefolgt. Doch werden die Stoffkreisläufe bzw. Energieflüsse von ihm in dieser Zeit nur relativ geringfügig oder höchstens örtlich unterbrochen[4]. Typisch ist das sog. **Verlagerungssyndrom**. Sind die Ressourcen einer Gegend erschöpft, wechseln die Menschen in die nächste Region über[5]. Die Reproduktionsfähigkeit eines Raumes begrenzt die menschliche Lebensweise.

In der neolithischen Revolution entspricht der rapiden Vermehrung der Menschen eine Steigerung des Nahrungsangebots durch erste Ansätze einer Landwirtschaft. Domestizierung von Nutzpflanzen und Seßhaftwerden der Menschen verändern die ökologischen Bedingungen in der Natur. Die **Agrikultur** (Ackerbau und Viehzucht) benötigt einen höheren Stabilitäts- und Kontinuitätsgrad der produzierenden Gemeinschaft, auch einen höheren Entwicklungsstand der Vorratswirtschaft (z.B. Gefäße, Töpferei) und der Arbeitsmittel (z.B. Entdeckung der Schmelzbarkeit metallhaltiger Erze, Schmiedekunst). Sie verbreitet sich in seßhaften Dorfgemeinden und verbindet sich in vorantiken Despotien mit gewaltigen Infrastrukturen (z.B. Bewässerungsanlagen, Militär, Straßennetz, Schriftsprache, Verwaltungsbürokratie etc.), welche die Mannigfaltigkeit unserer belebten Umwelt zurückdrängen. Man denke vor allem an die Rodung von Wäldern und die Trockenlegung von Sumpflandschaften, wodurch viele Pflanzen- und Tierarten betroffen werden. Die Einschränkung der biotischen Vielfalt eines Ökosystems reduziert dessen Stabilität und Plastizität. Monokulturen zeigen eine hohe Anfälligkeit für Schädlinge aller Art. Sie erlauben eine Massenvermehrung der Parasiten, ohne gleichzeitig dessen natürliche Feinde zu beherbergen. Die landwirtschaftliche Nutzung der Böden bringt einen Prozeß in Gang, durch den ein in Jahrmillionen aufgebautes Reservoir angefressen bzw. verändert wird.

Aus der **Antike** sind erste Nachrichten über umweltschädliche Einflüsse der Menschen überliefert. Ungeachtet der Lobpreisungen zugunsten des Gleichgewichts bzw. der Ausgewogenheit im griechischen Denken bildet die hierarchische Organisation der Antike ein vorherrschendes Motiv gesellschaftlichen Lebens. Platon und Aristoteles spiegeln sie in ihren Schriften eindrucksvoll wider. In ihrem Denken muß die Ordnung der Unordnung, der Kosmos dem Chaos grundsätzlich widerstehen[6]. Gesellschaftliche Grundlage ist die agrarische Produktionsweise. Sie verkörpert die **Phase der Hauswirtschaft**, die sowohl Güterproduktion wie auch Güterverteilung umfaßt. Die Technik gehört in ihr noch zur Ökonomie, die selbst wiederum dem politischen Zusammenhang und dieser dem Kosmos eingebettet ist. Sie betrifft als Techne nicht nur die Geschicklichkeit der Menschen, etwas herzustellen, sondern auch das hergestellte Werk als Produkt menschlicher Arbeit. Platon verbindet mit ihr die Einsicht in das, was und wie getan wird. Aristoteles fragt nicht nur, wie ein Gebrauchswert produziert wird, sondern auch nach dem Warum. Die Techne ist Teil einer politischen und ethischen Lebensform; eine Haltung des Schaffens, vereint mit praktischer Vernunft. Arbeit ist Produktions- und Lernprozeß in eins. Produziert wird für die Befriedigung gegenwärtiger und künftiger Bedürfnisse, zur Bedarfsdeckung und auf Vorrat. Überschüssiges wird erst ausgetauscht, soweit etwas fehlt.

Im Mittelpunkt der antiken Wirtschaft steht der **Oikos**, die Lehre vom Haus bzw. seiner Lebensordnung. Die Gemeinsamkeit in einem solchen Oikos wird als Organismus aufgefaßt, der über seine Grundbegriffe (z.B. physis, kosmos, mesotes, paidaia etc.) eine kosmische Entsprechung und normative Verwurzelung erhält. In diesem umfassenden Verständnis ist das Haus der Gemeinschaft bis weit in die Aufklärung hinein das Grundelement aller Menschen, aller Kommunikation, aller Sozialisation und aller Verfassung. Es ist der Ausgangspunkt einer Autarkie (Selbstversorgung), die auf dem **Primat der Politik** beruht und in der zentralen Verfügungsgewalt über Gesinde und lohnlose Mitarbeit der Familienangehörigen besteht, aber seine Abhängigkeit von den Naturkräften mitbedenkt.

Abbildung 8: Oikos/Kosmos

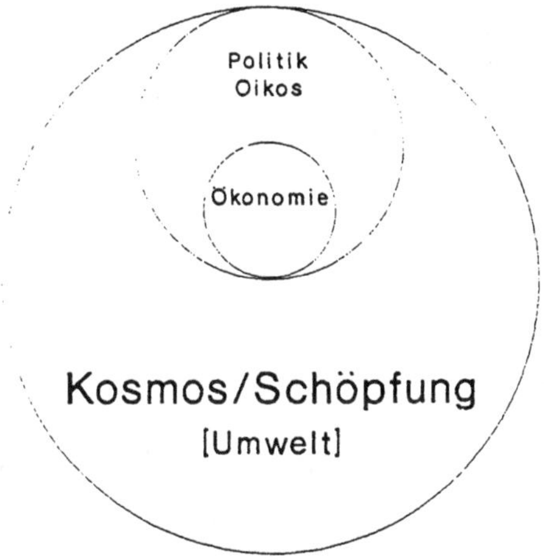

Die "societas domestica", das ganze Haus, ist mehr als die Wirtschaftsfunktion. Sie ist eine naturwüchsige (vordemokratische) Regierungsform zur Selbstverteidigung und Selbstorganisation, ebenfalls Diskussions- und Kultgemeinschaft, in der Kultur weit mehr ist als Agrikultur. Der Oikos impliziert eine Welt im Kleinen, in der Umwelt, Mitwelt und Erlebniswelt noch nicht geschieden sind. Er beinhaltet verantwortliche Pflegschaft, nicht nur des häuslichen Besitzes, des Ackers und des Viehbestandes, sondern auch der im Haus lebenden Menschen in Verbindung mit ihrer Umgebung. Wirt heißt in dieser Zeit noch Pfleger; erst später erhält er den Sinn eines ökonomischen Planers. Die Bindung an die agrarische Produktionsweise setzt der Entwicklung der Wirtschaft natürliche Grenzen. Das Nachdenken hierüber inspiriert religiöse Ansätze, auch eine Metaphysik, die über Fragen des Alltags hinausdenkt. Doch dem Oikos (Haushalt) steht bereits die Agora gegenüber, d.h. der Marktplatz, der im Laufe der Zeit zu einem öffentlichen Zentrum für viele Zwecke wird, insbesondere für die Freiheit.

Das antike Individuum ist ein "**zoon politikon**" bzw. ein "idiotes", der ohne seinen Staatskörper nicht zu leben weiß. Die "diaita" meint die **häusliche Lebensweise**, die eine **Gleichgewichtspolitik** beinhaltet, d.h. ein Haushalten, das übergreifend einer **Proportionierung und Harmonisierung**, einer ständigen Pflegschaft bedarf[7]. Die Diätik gilt im gesamten arabischen und lateinischen Mittelalter. Selbst die Hausväterliteratur des 17. und 18. Jahrhunderts nimmt sie auf und erhält sie bis zum Zerfall der ökologischen Tradition im 19. Jahrhundert und danach. Die griechische Rationalität bevorzugt eine vom Menschen gezähmte Natur. In dieser Form ist Natur von Vernunft durchdrungen und von menschlicher Arbeit gestaltet. Sie ist Agrikultur bzw. an organischen Substanzen orientiert[8]. Für Aristoteles ist Natur dasjenige, was nicht notwendig so sein muß, wie es ist; im Prinzip kann sie auch anders sein, obwohl dies meistens nicht geschieht. Die wilde bzw. barbarische Natur, die vorpolitisch ist und außerhalb der Ordnung steht, wird philosophisch jedoch abgelehnt. Die Idee der menschlichen Herrschaft über die Natur korrespondiert mit dem unablässigen Kampf der Polis gegen natürliche Mächte und eindringende Barbaren.

In der griechischen Zeit existiert das **Privateigentum** vor allem im Grund und Boden. Ohne Grund und Boden kann die für die antike Sklaverei charakteristische **landwirtschaftliche Produktionseinheit** (Hof oder Liegenschaft) nicht auskommen. Handwerk und Handel spielen lediglich eine untergeordnete Rolle. Antike **Städte** sind in erster Linie Konsumzentren und weit weniger Produktionsstandorte. Die Sklavenbesitzer sind vorwiegend Rentner und nicht Unternehmer. Sie wohnen in der Stadt und delegieren die Leitung ihrer ländlichen Besitzungen an Verwalter. Aus ihren Einnahmen bestreiten sie die Ausgaben für ihr "gutes" Leben in der Stadt, das ihrem rationalen Seelenteil (Wissenschaft, Kunstfertigkeit, Klugheit, Vernunft, Weisheit) gewidmet ist, aber gleichzeitig dem Luxuskonsum und der Politik zugute kommt[9]. Mit der Stadt beginnt sich die biologische Matrix sozialen Lebens aufzulösen.

Allerdings ist die antike **Polis** mehr als die Stadt im Sinne eines Wohnorts. Sie umfaßt das nach außen und innen gerichtete Handeln einer organisierten Gemeinschaft, deren leitende Beamte aus der dünnen Oberschicht der reichen Privateigentümer hervorgehen, die sich in Muße für die Wahrnehmung ihrer politischen Aufgaben im Staat heranbilden. Die Angehörigen der unteren Klassen haben weder Muße (Bildung) noch Ämter (leitende und verwaltende Funktionen). Gemäß der stadtstaatlichen Verfassung unterscheidet Aristoteles[10] zwischen "Teilen" und "Bedingungen" der Polis. Zu den **Teilen** gehören die Großgrundbesitzer (Eigentümer), die Waffentragenden (Krieger) und die Beratenden (Regierungsbeamte, Richter, Priester etc.). Sie bilden die politische Elite der freien Bürger: die **Aristokratie**. Nur sie sind Rechtssubjekte und zur politischen Willensbildung berechtigt. Die Bauern, Handwerker und Tagelöhner zählen hingegen zu den **Bedingungen** der Polis. Sie sind gemäß ihrer natürlichen Funktion nur Mittel zur Erreichung der Zwecke, welche die Oberschicht ihnen verfassungsmäßig vorgibt. Sie fallen unter den Begriff der "Sklaven von Natur", die banausische Arbeit verrichten und ein unedles Leben führen, das der politischen Tugend eines "guten" Bürgers widerspricht.

Hinter der aristotelischen Differenzierung von "Teilen" und "Bedingungen" der Polis verbirgt sich der antike **Widerspruch zwischen** dem politischen System der **Grundherrschaft** und dem ökonomischen System der **Marktwirtschaft**, in dem die Erwerbskunst dominiert. In der Stadt fallen alle Arbeitstätigkeiten (Handel, Handwerk, Kreditgeschäft, Lohnarbeit etc.) in den ökonomischen Bereich, der für den Wohlstand sorgt, aber als Gelderwerb die "Natur" der Hauswirtschaft sprengt. Aristoteles lehnt die Erwerbskunst ab, weil sie durch das **Geld** zu einer unbegrenzbaren Quelle des Reichtums wird (vor allem durch Wucher und Zinseszinsen). Geld ist etwas **Unheiliges**, das den natürlichen Zusammenhang der Polis infragestellt. Auch das Mittelalter plädiert für die "göttliche" Weltökonomie, die dem Geld mißtraut[11]. Nur die Arbeit, die in der ländlichen Hauswirtschaft als Mittel zugunsten des privaten Grundherrn eingesetzt wird, vereinbart sich mit der "politischen" Verfassung des griechischen Stadtstaates.

Die antike Philosophie kennt das **Geld** nur als **Prinzip einer naturwidrigen und maßlosen Gesellschaftsform**. Sie spricht sich gegen das Geld aus, ohne jedoch das Geld als nützliches Medium im Tauschverkehr entbehren zu wollen. Daß das Geld ideologisch verteufelt wird, obwohl es in der Praxis weiterbenutzt wird, hängt mit der Verfassung der antiken Gesellschaft zusammen, die den **Widerspruch** zwischen Grundherrschaft und Gelderwerb innerhalb der Sozietät **nicht beseitigt**. Der Austausch am Markt ist eine flexible Ergänzung des unflexiblen Grundeigentums und beschert der herrschenden Oberschicht individuelle Vorteile. Einerseits verlangt das städtische Leben der Grundherren wegen ihres Luxuskonsums und Grundbedarfs notwendig den Austausch mit dem Sektor der Waren- und Sklavenwirtschaft. Andererseits entwickelt die Waren- und Sklavenwirtschaft in der Stadt einen eigenen Bedarf nach Gütern und Sklaven aus fernen Ländern, um sich durch ständig attraktivere Angebote selbst besser durchsetzen zu können. "Mit der **Einführung von Märkten** als dem physischen Ort des Austausches tritt eine neue Form der Verpflichtung als rechtliches Substrat von Transaktionen in den Vordergrund. Die Bezahlung erscheint nunmehr als Gegenstück eines bei den Transaktionen gewonnenen materiellen Vorteils"[12]. Das Geld wird zum Zahlungsmittel, weil es am Markt als **Tauschmittel** fungiert.

Freilich muß man berücksichtigen, daß die feudale Produktionsweise schwerpunktmäßig zur **Agrikultur** tendiert und auf einer Grundherrschaft beruht, die sich durch direkte **Gewalt** das gesellschaftliche Mehrprodukt aneignet. Sie hält Arbeitskräfte aus politischen Gründen bewußt in Abhängigkeit. In der antiken Sklaverei gehören sämtliche Elemente, die zur Herstellung des Produktionsprozesses benötigt werden, den Nichtarbeitenden. Die **Sklaven** existieren getrennt von den Produktionsmitteln und können sich ohne Vermittlung ihrer Eigentümer nicht reproduzieren. Sie gehören zu ihrem Besitz und fallen in den Bereich der **Sachen**, die von sich aus nicht produktiv werden können und wollen. Die negative Arbeitsphilosophie der Griechen ist eine ideologische Rechtfertigung der aristokratischen Verfügungsmacht über die objektiven Produktionsbedingungen, die sich in den Formen des unbeweglichen Eigentums manifestieren. Die Produktivität resultiert aus der **Pflege organischen Wachstums** und wird primär **extensiv** gesteigert, insbesondere durch Erweiterung der nutzbaren Fläche. Soweit in der Hauswirtschaft einzelne Handwerkszweige entstehen, dienen sie hauptsächlich **der Gewinnung von Lebensmitteln**, die durchweg einen geringen Grad an Beständigkeit und Haltbarkeit aufweisen. Jede Landwirtschaft hat es mit vergänglichen Produkten zu tun. Ihr bearbeitetes Material ist der Boden, und dessen Frucht bleibt ein Naturerzeugnis, das dem Verderb ausgesetzt ist. Der bestellte Acker ist, wenn er als Agrikultur erhalten werden soll, immer wieder von neuem zu bearbeiten.

Im antiken Feudalismus ist die **Naturnotwendigkeit** der Arbeit und ihr Umweltbezug **gesellschaftlich** vermittelt. Sie dient der Reproduktion der **ständi-**

Abbildung 9: Klassengliederung in der Antike

schen Gesellschaft, in der die Arbeit klassenspezifisch den unteren Schichten des Volkes auferlegt wird, während das "gute" Leben das Vorrecht der höheren Stände ist, die von sich aus keinen Grund sehen, diese Situation durch andere Wirtschaftsformen zu verändern. Der radikale Hedonismus zieht hieraus die Konsequenz, daß Arbeit und Glück im Feudalismus wesentlich auseinanderfallen, weil sie verschiedenen Daseinsweisen angehören[13]. Die **Hierarchie** der antiken Güterordnung unterstellt eine ungleiche Gesamtgesellschaft, die unter dem Primat der Politik den Zusammenhang der einzelnen Praxis- und Wissensbereiche regelt, aber ein kritisches Regulativ zur Befreiung "aller" Individuen aus ihren naturwüchsig vermittelten Herrschaftsbeziehungen nicht bereitstellt.

Das territorial weit gefächerte **Lehnswesen des Mittelalters** steht bereits unter einem stärkeren Legitimationsdruck. Es bedient sich einer **Sozialethik**, die den feudalistischen Widerspruch zwischen der Form des Produktionsprozesses und dem Feudaleigentum der Großgrundbesitzer **ideell** versöhnt. Allgemein erfolgt die geistige Synchronisierung des Mittelalters im **Medium des christianisierten stoischen Naturrechts** (Thomas von Aquin), das alle Menschen in die feste Statushierarchie einer auf den Staat ausgedehnten Haus- und Familienordnung einfügt, aber die Standesunterschiede nicht aufhebt. Die **Berufung zur Arbeit** wird damit gegenüber der Antike **erweitert**. Jeder hat in der Gesellschaft des Mittelalters seinen festen Stand bzw. seinen Beruf, wenn auch unter Wahrung des hierarchischen Gefüges. Die Gleichheit im Stand verbindet sich mit der Ungleichheit der Stände untereinander. Weitergehende Ansprüche (etwa der Unterprivilegierten) werden ins Jenseits delegiert bzw. auf ein Zusammengehen mit den Herrschenden verwiesen. Beides stabilisiert das klassenspezifische Interesse der Herrschenden, das als "göttliche" Ordnung ausgegeben und gegen alles Neue abgeschirmt bzw. verteidigt wird[14].

Durch den Verkauf von Stadtrechten entsteht im Meer des Feudalismus indes eine **Inselwelt von Städten** mit bürgerlicher Immunität (z.B. eigener Gerichtsbarkeit, Burgbann, Marktrecht etc.). In diesen Bezirken erhalten Handwerker und Kaufleute erstmals gesicherte und selbständige Möglichkeiten privaten Erwerbs. Die soziale Voraussetzung einer bürgerlichen Öffentlichkeit ist "ein tendenziell liberalisierter Markt, der den Verkehr in der Sphäre der gesellschaftlichen Reproduktion soweit irgendmöglich zu einer Angelegenheit der Privatleute unter sich macht und so die **Privatisierung** der bürgerlichen Gesellschaft erst vollendet". Freilich ist in dieser Zeit das Private noch nicht ein von der öffentlichen Sphäre völlig abgetrennter Bereich im Sinne einer gänzlichen Befreiung vom landesherrlichen Reglement. Es ist obrigkeitlich vermittelt, obwohl das einheitsstiftende System des Merkantilismus bereits eine Privatisierung des Reproduktionsprozesses ermöglicht und bewirkt, "daß dieser sich allmählich autonom, eben nach eigenen Gesetzes des Marktes entfaltet"[15]. Privat deutet sich vom lat. privare her und heißt: anderen etwas entziehen. Am Anfang ist es nur gerechtfertigt, wenn das Anderen-etwas-Entziehen zum Wohle aller geschieht. Später wird diese Formel mißachtet.

Die **Allianz** des Bürgertums mit der staatlichen **Zentralgewalt** (König) ist der Schlüssel für die Geschichte der mittelalterlichen **Stadtverfassung**, die nicht nur tiefgreifende Veränderungen der gesellschaftlichen Arbeitsteilung mit sich bringt, sondern auch den **Einfluß auf die Umwelt** verstärkt. Die Landwirtschaft muß jetzt zusätzlich und zunehmend die Stadt versorgen. Um die Produktivität zu erhöhen, wird mehr Nutzungs- und Siedlungsfläche benötigt. Durch Brand, Rodung und Beweidung wird in die Landschaft gewaltsam eingegriffen, wodurch neue Ökosysteme entstehen, die nicht nur wesentlich labiler sind als die bisher vorhandenen, sondern auch ständig der Stabilisierung durch menschliche Arbeit bedürfen[16]. In dieser Zeit dominiert das Prinzip der örtlichen **Verlagerung des Anbaus**, d.h. das bebaute Land wird bis zur Erschöpfung genutzt, ohne daß dem Boden die entzogenen Nährstoffe wieder zugeführt werden. Erschöpfte Böden werden sich selbst überlassen, während ungenutzte Flächen durch Rodung, Trockenlegung und andere Maßnahmen neu hinzugewonnen werden. Die **Dreifelderwirtschaft**, die sich in Mitteleuropa seit dem 8. Jahrhundert durchsetzt und nahezu ein Jahrtausend vorherrscht, repräsentiert ein Anbausystem, das der Bodenmüdigkeit aus dem Anbau von Monokulturen entgegenwirkt und die Erträge gleichzeitig steigert. Sie hat auf Ökosysteme der Natur nur geringe negative Auswirkungen[17].

Der Bergbau- bzw. Verhüttungssektor ist wegen der einfachen Abbautechniken fast nur örtlich beeinträchtigend. Größeren Einfluß zeigt die Inanspruchnahme von Wäldern für Baumaterial (Grubenholz, Flottenbau etc.) und zur Gewinnung von Energie (Erzschmelze)[18]. In der Stadt bildet sich eine **Vielzahl neuer Gewerbearten** heraus, deren Produkte den Güteraustausch zwischen Stadt und Land vorantreiben und innerhalb der Städte weitere Arbeitsteilungen (horizontale und vertikale Berufsdifferenzierungen) entstehen lassen, die sowohl individuellen und gesellschaftlichen Fortschritt beinhalten[19] wie auch durch die Verteilung von Personen und Sachen in einem Gebiet eine neue Raumordnung entstehen lassen. Die Stadt wird zum Herrschaftssitz einer neuen Produktionsweise. Sie verkörpert das Vorrecht der Gesellschaft und des Marktes über die Biologie, des Handwerks über die Natur und der Politik über die Gemeinschaft. Mittelalterliche Städte sind in aller Regel jedoch demokratischer als die urbanen Zentren des Altertums. Zu ihren Verdiensten gehört die freiberufliche Organisation der Arbeit, die Befriedung und der Schutz des Umlandes, eine einheitliche Rechtsordnung und Religion, obwohl das Mittelalter territorial recht zersplittert ist. Ihre **Herrschaftsfunktion** fördert den Markt[20]. **Mit der Entwicklung des Handels wird der Vorgang der örtlichen Verlagerung umgekehrt.** Nicht der Mensch wandert mehr den natürlichen Gegebenheiten nach, sondern die natürlichen Ressourcen orientieren sich jetzt in ihrem Wert an der Nähe zur Stadt (Standort- bzw. Grundrententhematik) oder gelangen als Waren (Rohstoffe) mit Hilfe eines Transportsystems direkt in die Stadt. Neben dem Gütermarkt bildet sich ein **Rohstoffmarkt** heraus, der vom Frühkapitalismus an (Verlags- und Manufaktursystem) für die Umwelt gravierende Folgen hat.

Im Gegenzug entwickeln sich Formen der **Bändigung** des kapitalistischen Erwerbsstrebens. Vornehmlich die **Zunft** wird zum Ansatzpunkt einer Arbeitsverfassung, die bürgerliche und feudale Momente miteinander verknüpft und die wirtschaftliche Entwicklung bremst. Sie macht im Interesse der in ihr organisierten Meister und Privateigentümer vor allem die Regelung und Überwachung der Ausbildung (z.B. durch Begrenzung der Zahl der Lehrlinge, Überlänge von Gesellenzeiten, Zulassungsbeschränkungen zur Meisterprüfung etc.) zum entscheidenden Mittel einer Beschränkung des individuellen Wettbewerbs und des gesellschaftlichen Fortschritts. Darüber hinaus gilt das kanonische **Zinsverbot**, das bezwecken soll, daß Geld keine Zinsen trägt. Unter dieser Voraussetzung würde das Geld neutral sein und könnte von sich aus die Kapitalakkumulation nicht forcieren. Doch die grundherrschaftliche Ideologie des Mittelalters ist mit der Dynamik von Arbeit, Technik und Geld nie problemlos zurechtgekommen. Germanische Stammestraditionen, durchsetzt von römischen Gerechtigkeitsvorstellungen, existieren jahrhundertelang in einem Spannungsverhältnis zu zentralistischen Herrschaftsansprüchen von materiell schwachen Monarchien und einem ideologisch suspekten Papsttum. In Europa ist ein wichtiger Faktor das Christentum, nicht zuletzt wegen seiner starken Betonung der Individuation und seiner Erhöhung der abstrakten Übernatur über die konkrete Natur. Ideologisch mißt die Kirche die höchste Bedeutung dem Glauben bei und nicht den Werken, der Kontemplation und nicht der Arbeit. Aber in der Praxis sind die christlichen Orden recht weltliche Einrichtungen. Sie wirken durch ihre Wertschätzung der erlösenden Rolle der Arbeit auf die technologisch unentwickelte Bauernschaft höchst anregend. Klöster beschränken sich keineswegs auf ihre Missionsarbeit zur Verbreitung des Glaubens. Sie fördern technische Innovationen und die Rationalisierung der Arbeit, ebenfalls durch eine Ethik, die sich bis zu den sozial Unterprivilegierten zurückverfolgen läßt[21].

Für den Markt ist auf dem Fronhof nur jener Teil der Produktion bestimmt, der als Überschuß relativ zufällig zustande kommt. Das Moment der Zufälligkeit drückt aus, daß die objektiven Produktionsbedingungen und damit das menschliche Verhältnis zur Natur noch nicht beherrscht werden. **Produktivität** ist im wesentlichen eine **Sache des Bodens.** Menschliche Arbeit versteht sich als Teilhabe an einem höheren Sinnzusammenhang. Sie ist Gottesdienst, Gehorsam gegenüber objektiven Mächten. Mensch und Natur, Subjekt und Objekt bilden noch eine Einheit, wobei sich der Mensch der Natur unterordnet. Der übergreifende Zweckzusammenhang der Arbeit erscheint dem Arbeitenden selbst als unverfügbar, als Schicksal, Verhängnis oder Grenze seiner Selbstbestimmung. Dementsprechend ist die mittelalterliche Gesellschaft durch ihre eigenen Strukturen nicht auf Wachstum programmiert. Allerdings implizieren Bevölkerungswachstum und die mit dem Ausbau von Industrie, Gewerbe und Dienstleistung einhergehende **Verstädterung**, daß bereits **biologische Abfälle massiv** auftreten und nicht problemlos in das Kulturland zurückgebracht werden können. In verschiedenen Städten entsteht eine Eutrophierung einzelner Umweltbereiche. Es gibt bereits einen Pesthauch von Müll und Fäkalien, eine gelegentliche Verseuchung von Flüssen und Brunnen sowie eine Nachlässigkeit in der öffentlichen Reinlichkeits- und Gesundheitspflege. Die Vorkehrungen zur Wasserversorgung und Entsorgung menschlichen und tierischen Abfalls sowie der Abwasserbeseitigung gelten innerhalb der Stadtmauern als äußerst dürftig und mangelhaft. In der Reichsstadt Nürnberg führt die Grubenentleerung im 14. Jahrhundert z.B. zum privaten Gewerbe der sog. "Pappenheimer", die den Inhalt mit Pferdekarren abfahren und ihn an bestimmten Stellen in die Pegnitz schütten. Die Entwässerung der Häuser und Gassen erfolgt über offene, unbefestigte Rinnen, die in den nächsten Fluß oder Bach münden. Anfänge von zentralen Anlagen der Wasserversorgung sind in deutschen Städten zwar schon aus dem 15. und 16. Jahrhundert bekannt, aber sie dienen primär der Brandbekämpfung und weniger der Trink- und Brauchwasserversorgung[22].

Die gemeinsamen Interessen werden in dieser Zeit primär als politisches Problem der Herrschaft einzelner Staaten formuliert. Sie entspringen der **Kristallisation der Hierarchie**, die sich in einzelnen Staaten herausbildet, vornehmlich in jenem Teil der Bürokratie, der sich mit der Ökonomie beschäftigt. Erst später erhält die Verwaltungstechnik einen industriellen Charakter. Das Geld ist im Feudalismus - zumindest ideologisch - noch eine Randerscheinung, trotz der Tatsache, daß zumindest der Fürstenkredit (man denke an die Fugger und Welser) in der Realität zeit- und stellenweise bereits krankhafte Züge zeigt und der Kreditbedarf der Fürsten zum Teil nur durch Ausverkauf von Privilegien (vor allem Stadtrechten) zu befriedigen ist. Die in der Ökonomie häufig zu findende Feststellung, der Liberalismus habe Ende des 18. Jahrhunderts begonnen, täuscht darüber hinweg, daß der **Obrigkeitsstaat** in Deutschland bis 1918 besteht und die Entwicklung der Wirtschaft entscheidend bestimmt. Auf der einen Seite basiert der preußische Absolutismus auf dem engen persönlichen Treueverhältnis zwischen Adel und König. Der Adel gewährleistet durch seinen Einfluß in der Verwaltung, im Heer und im Parlament die Machtstellung des Königs. Der König stellt durch das ihm zustehende Recht der Ernennung von Beamten und Offizieren wiederum die Herrschaft des Adels sicher. Da er selbst der größte Grundherr ist, konserviert er politisch das feudale System, um seine eigene Hausmacht zu erhalten und zu stärken.

Auf der anderen Seite kommt der absolutistische Monarch nicht umhin, im Rahmen der Staatshoheit für private Kapitalien, die in der Wirtschaft und Grundherrschaft existieren, den Eigentumsschutz zu übernehmen. Im Keim entsteht eine Organisationsform, die sich sowohl von marktwirtschaftlichen Notwendigkeiten leiten läßt und die Pazifierung des Landes sicherstellt (z.B. Maßnahmen gegen Räuberbanden und willkürliche Kriegsführung einzelner Feudalherren) wie auch die für den Feudalismus typische Zersplitterung in viele Kleinstaaten (z.B. eigene Binnenzölle, Wegegebühren, Brückenabgaben, Beschränkungen der Freizügigkeit und Niederlassung sowie Wirrwarr der Maß-, Münz- und Gewichtssysteme) durch Kooperation (Unionspolitik) reduziert. Die **Entfaltung des Warenverkehrs** erfordert einen zentralisierten politischen und juristischen Staatsapparat, der seine Entscheidungen auch gegen den Willen einzelner Feudalherren durchsetzen kann[23]. Allerdings bleibt der in der damaligen Praxis enthaltene reale **Widerspruch** zwischen Adel und Bauernschaft, der sich innerhalb der agrarischen Produktionsweise entwickelt, und zwischen Adel und Bürgertum, der auf zwei verschiedene Produktionsweisen zurückgeht, **unversöhnt**. Beide Momente des Widerspruchs sind Teil jener historischen Entwicklung, welche die Rationalitätsstufe der Marktwirtschaft konstituiert und zur modernen Ökonomie überleitet.

II. Entgrenzung
Maßlosigkeit der modernen Ökonomie

Mit dem ausgehenden 18. Jahrhundert und noch während der Aufklärung vollzieht sich ein fundamentaler Wandel der Ökonomie, vor allem durch den Übergang vom Feudalismus zum Liberalismus. **Der absolutistische Staat wird zum künstlichen Akzelerator der Entwicklung.** Die geographischen Entdeckungen des 16. und 17. Jahrhunderts und die Ausweitung des Handels sind Momente dieses Zusammenhangs, der die Entstehung des Weltmarktes, die Vervielfältigung der umlaufenden Waren, den Wetteifer der europäischen Länder, die Eroberung von Kolonien etc. umfaßt. Außen- und Binnenhandel fördern die Herausbildung von Nationalstaaten. Die staatliche Verwaltung muß sich dieser Situation anpassen. Sie bedient sich der merkantilistischen **Kameralistik**, die sich in philosophischen Fakultäten des 18. Jahrhunderts als staatliche Verwaltungs- und Bewirtschaftstechnik (in Preußen durch eigene Lehrstühle zuerst 1727 an der Universität Halle und Frankfurt/Oder) etabliert. Sie umfaßt einmal die **Volkswirtschaftslehre** (Verwaltungs- und Finanzwissenschaft); zum anderen hat sie den Charakter einer landwirtschaftlichen **Betriebslehre** (Guts- und Domänenbewirtschaftung).

Der **Merkantilismus** im 16. bis 18. Jahrhundert geht davon aus, daß die Wirtschaft durch den Staat beeinflußt werden kann, nicht nur durch Förderung der wirtschaftlichen Tätigkeit der einzelnen, sondern auch durch Gründung staatlicher Betriebe (Domänen, Manufakturen etc.). Er betrachtet namentlich diejenige Arbeit als produktiv, die den Export von Produkten ins Ausland steigert und damit Gold- und Silbervorräte ermöglicht. Das Interesse am **Geld** im Sinne internationaler Liquidität entspricht dem allgemeinen Bedürfnis nach wirtschaftlicher Entwicklung. Eine günstige Handels- und Zahlungsbilanz erscheint als Mittel, die einheimische Industrie zu entfalten (Erleichterung der Einfuhr von Rohstoffen, Erschwerung der Einfuhr von Fertigwaren). Seine Ergänzung findet der Merkantilismus in den französischen **Physiokraten** des 18. Jahrhunderts, die den Wohlstand durch den Vorrat an Gebrauchsgütern bestimmen, welche die Gewerbe der Rohproduktion hervorbringen. Auch Handwerker und Kaufleute sind nützlich und nicht zu entbehren, aber sie schaffen nicht neue Güter. Entscheidend ist die **Produktivität des Bodens**, der die Wirkkräfte der Natur verkörpert. Nur die Landwirtschaft liefert den "produit net", auch wenn das Wirken der Naturkräfte dabei durch Arbeit unterstützt wird. Doch man soll die Natur im wirtschaftlichen Leben herrschen lassen. Daraus erklärt sich der Name der Lehre, die vor allem von F. Quesnay und seinem "Tableau e'conomique" (1757) repräsentiert wird.

Mit dem Untergang des absolutistisch-merkantilistischen Staates geraten die Kameralwissenschaften in eine Krise. In Preußen wird die Kameralausbildung durch eine juristische Schulung in Auslegung und Anwendung des positiven Rechts abgelöst. **Staatliche Obrigkeiten sorgen dafür, wieweit Wälder und Fluren, Wasserläufe und Bergwerke zu nutzen und zu schonen sind.** Dominierend ist das Interesse an einer möglichst wirtschaftlichen Verwendung der Naturgüter (z.B. zum eigenen finanziellen oder politischen Nutzen oder zum allgemeinen Vergnügen, wie etwa in der Jagd). Daneben spielen berechtigte Anliegen der Untertanen eine Rolle, soweit sie Treue- und Fürsorgepflichten der Obrigkeiten betreffen. Beispiele für landesherrliche Regelungen sind vor allem Forstgesetze, die dem König oder Landesherrn in bestimmten Wäldern ein exklusives Jagdrecht vorbehalten oder die Bewirtschaftung des Waldes verbessern sollen. Allerdings sind solche Eingriffe wegen der vielen Kleinstaaten regional sehr unterschiedlich. In Süddeutschland entstehen Forstgesetze bereits im 16. Jahrhundert, in Preußen erst im 18. Jahrhundert. Sie erklären sich zum Teil aus der unterschiedlichen Besitzstruktur und Bevölkerungsdichte der Länder. Doch bald fordert das emanzipierte Bürgertum in der Wirtschaftspraxis die Befreiung von den reglementierenden Praktiken des alten Polizeistaates. Der "Reichtum der Nationen" (A. Smith) soll nicht mehr der Verwaltung des Staates anvertraut, sondern den Privatsubjekten vorbehalten werden. Für den neuen **Liberalismus** ist der Staat im wesentlichen nur der Garant bürgerlicher Individualrechte. Er hat als **Rechtsstaat** zwar kalkulierbare Rahmenbedingungen zu schaffen, insbesondere zu Gunsten eines marktwirtschaftlichen Wettbewerbs, aber ansonsten soll er sich in private Angelegenheiten nicht einmischen (Ideologie des Nachtwächterstaates).

Während die gesellschaftliche Entwicklung in der Epoche des Gemeineigentums **direkte** Formen der Vergesellschaftung (Befehls- bzw. Gewaltbeziehungen) bevorzugt, dominieren in Gesellschaften mit Privateigentum **indirekte** Formen der Vermittlung. Mit dem **Begriff des Privateigentums** als der umfassendsten Herrschaft einer Rechtsperson über eine Sache verbindet sich die **Herausbildung des Individuums**, die in der antiken Polis beginnt und im römischen Recht sowie den Stadtverfassungen des Mittelalters jene erweiterte Fortsetzung findet, die später durch die **Emanzipation des Staates** von der Kirche und in Preußen durch die Einführung des Allgemeinen Landrechts (ALR) im Jahre 1794 zum bürgerlichen Recht erhoben wird[24]. Es erfolgt ein Übergang von kleinen, personal verbundenen Gemeinschaften in die große, flächenstaatlich organisierte Gesellschaft, in der sich menschliche Beziehungen warenförmig objektivieren. International kommt dieser Bewußtseinswandel in der Erklärung der Menschen- und Bürgerrechte von 1789 zum Ausdruck. Sie begründet die Form der Privatgesellschaft, die im deutschen Recht (BGB von 1896) von dem Gedanken der Selbstbestimmung des Individuums beherrscht wird, d.h. der **Privatautonomie**. "Dem einzelnen ist die Herrschaft über die Güterwelt mit dem Eigentum überantwortet. Gleichheit, Freiheit (und als deren Teil die Gewerbefreiheit) und Privateigentum sind die drei rechtlichen Säulen des Privatrechts. Zu ihnen gehört als Folge und zugleich faktische Voraussetzung der freie Wettbewerb"[25].

Das Privateigentum ist eine entwickelte Form des Eigentums. Es geht über das hinaus, was in seiner einfachen Form das Verhalten des Menschen zu seinen natürlichen Produktionsbedingungen als den ihm gehörigen meint[26]. Mit der Bauernbefreiung (1810) werden Mark- und Genossenschaftswälder in Privatgrundstücke aufgeteilt bzw. langfristige Nutzungen im Rahmen der Feudalverfassung aufgehoben. Die liberale Wirtschaftsgesinnung individueller Gewinnmaximierung konfligiert mit der übergreifenden Ökologie des Waldes. Waldbesitzer wollen ihre Ressource nach eigenen Vorstellungen nutzen und wenden bei Holzeinschlag für die erneute Aufforstung relativ wenig auf. Ökologische Degenerationserscheinungen sind die Folge, ebenfalls im Bereich der Wasserläufe sowie des Wild- und Vogelschutzes. Umweltbelastungen in Regionen des Bergbaus, der Glas- und Eisenhütten sowie in städtischen Wohngebieten (z.B. Müll- und Rauchprobleme) ergänzen das Bild. **Mit dem Privateigentum bildet sich eine abstraktere Form der Gesellschaftlichkeit heraus**, nicht nur in bezug auf die **Allgemeinheit des Wissens** (Philosophie, Mathematik, Wissenschaft), sondern auch in bezug auf die **Allgemeinheit des Warenverkehrs**, da dieser Gewinn anvisiert, sich **in der Wertform des Geldes** vollzieht und auf gesamtwirtschaftlicher Ebene durch den Austausch eine reale Abstraktion herbeiführt, die einen intersubjektiven Vergleich der Leistungen ermöglicht. Die Produktion für den Markt bewirkt eine neue Form der **Raumnutzung nach funktionalen und ökonomischen Gesichtspunkten**, die in der Konsequenz bedeutet, daß der Lebensraum der Menschen zu einem Überbleibsel wird. Bereits in der barocken Stadt wird die Straße zur Planungseinheit[27]. Mit dem Funktionsraum stellt sich die Frage nach dem günstigsten Standort. Dank Wissenschaft und Technik verwandelt sich die konkrete Region in eine bekannte bzw. kalkulierbar Größe, welche die ökologische Dimension des Raumes ignoriert.

Die Neuzeit beginnt mit der warenökonomischen Zerstückelung der äußeren Natur in einzelne Teile des Privateigentums bzw. mit der Auflösung ihrer Bindung an den Menschen. Die private Emanzipation von den vorgefundenen Naturverhältnissen impliziert die Negation des vorherigen Sinnzusammenhangs der Welt gemäß den Vorstellungen der alten Formmetaphysik. Im Mittelpunkt der neuen Vernunft steht die naturwissenschaftlich-theoretische Betrachtung, die den Zusammenhang von äußerer und innerer Natur ignoriert. Subjekt und Objekt von Wissenschaft und Technik treten sich getrennt gegenüber. Die Objektivierung der Natur kommt durch eine Erkenntnis- und Produktionsweise zustande, welche die Natur als an sich formloses Material menschlicher Tätigkeit betrachtet und behandelt. Vieles spricht für die Annahme, daß ein solches objektivierendes Verhältnis zur Natur mit der Warenproduktion unauflöslich verbunden ist[28]. Es geht dabei sowohl um den Umgang mit der Natur wie auch um den Umgang der Menschen mit sich selbst. Unterstellt wird ein gesellschaftlicher Zusammenhang, der auf das individuelle Handeln der Menschen selbst zurückzuführen ist, aber auf der gesamtwirtschaftlichen Ebene als Produkt einer Unzahl von Individuen nicht so ohne weiteres rückgängig zu machen ist, obwohl er sich in seiner ökonomischen Eigengesetzlichkeit gegen Natur und Mensch geltend macht.

1. Marktsystem: Klassische Tauschökonomie

Im Mittelpunkt des klassischen Denkens steht der **Markt**. Er ist der Umschlagsplatz aller Waren (Handelsgüter) und bildet das theoretische Bezugssystem, dem der gesamte Umkreis ökonomischer Gegebenheiten und Tätigkeiten zu- und eingeordnet wird. Die Klassik unterstellt die **Neutralität des Geldes**. Ideologisch konzipiert sie ihre Lehre noch unter den politischen Rahmenbedingungen der Feudalphase (Zinsverbot). Ohnehin ist ihr Ausgangspunkt am Anfang gesellschaftsbezogen, zum Teil auch ökologisch orientiert. Man denke vor allem an die Vorarbeiten des Pioniers der Sozialwissenschaften, **W. Petty** (1662), der als eigentlicher Begründer der Lehre von der Wertschöpfung durch produktive Arbeit anzusehen ist. Für ihn ist Arbeit der "Vater" und der Boden die "Mutter" des Wohlstandes. Auch **J. Locke** (1698) würdigt noch die Bedeutung der äußeren Natur. Allerdings verdrängt er sie in seiner physischen Arbeitswertlehre und seinen Vorstellungen zum ökonomischen Wert. Er begründet das Sacheigentum aus dem ursprünglichen Eigentum der Person an der wertbildenden Kraft ihrer Arbeit. Wert ist für ihn der Gebrauchswert der hervorgebrachten Dinge. Bei **D. Hume** (1739) werden Güter- und Wertproduktivität schon klar unterschieden. Die Lehre von der wertbildenden Kraft der Arbeit wird zur Theorie des Dritten Standes. Mit ihr wendet sich das frühe Bürgertum gegen den grundbesitzenden Adel. Es fragt nach den Quellen des Reichtums. Die Grundrente erscheint ihm als Besitz- bzw. Machteinkommen, das zur Erhöhung des Volksreichtums nicht beiträgt.

a) Ältere Theorie

Besondere Bedeutung erlangt **Adam Smith** (1776). Er wird in England zum Sprachrohr des Liberalismus, in einer Zeit, als sich die gesellschaftlichen Produktivkräfte auf einem industriellen Niveau geradezu revolutionär entfalten (Übergang von der Manufaktur zum Fabriksystem kleinerer und mittlerer Betriebe). Seine beiden Wertlehren spiegeln diese Situation widersprüchlich wider. Sie werden zum Fundament von zwei entgegengesetzten ökonomischen Systemen. Seine **Arbeitswertlehre** bildet die Brücke zur Marx'schen Ökonomie, seine **Wertfaktorentheorie** die Wurzel der bürgerlichen Volkswirtschaftslehre, die vor allem in der Neoklassik zur Geltung kommt. Während seine Arbeitswertlehre den Tauschwert eines Produkts durch die Arbeitszeit bestimmt, führt seine Wertfaktorentheorie die Urquellen eines jeden Einkommens bzw. eines jeden Tauschwerts auf alle drei Produktionsfaktoren (Arbeit, Kapital, Boden) zurück, die durch Lohn, Gewinn und Rente entgolten werden[29]. Insgesamt beruht seine Theorie der liberalen Gesellschaft auf der Rationalität der **Tauschwirtschaft**, und getauscht werden **Waren**, die einen privaten **Eigentümer** haben. Hieraus ergeben sich für die Erschließung des ökologischen Defizits der klassischen Ökonomie zwei wichtige Konsequenzen:

Erstens kann die Natur gesellschaftlich nur dann eine positive Renonanz finden, wenn sie einen Tauschwert erlangt. Zu diesem Bereich der "wirtschaftlichen" Güter gehört jener Teil der Natur, der privatrechtlich anzueignen und zu beherrschen ist. Er wird warenförmig gehandelt und erzielt am Markt einen Preis (z.B. als Rohstoff, Produktions- oder Lebensmittel). Vorausgesetzt wird die konkrete Nützlichkeit einer Ware für die Ökonomie, ihr **Gebrauchswert**. Die stofflich-materielle Genese des Gebrauchswerts im Naturzusammenhang bleibt unreflektiert. Der Fisch wird gefangen und seine Eignung zur menschlichen Bedürfnisbefriedigung ist wichtig, aber was seine Produktion im Meer, das keinem gehört, an ökologischen Bedingungen voraussetzt, bleibt außerhalb der ökonomischen

Betrachtung[30]. Die Nützlichkeit eines Baumes existiert für die Ökonomie nur in dem Produktions- und Reproduktionszusammenhang, der aufgrund privaten Eigentums bewirtschaftet wird. Insofern erlangen viele seiner Daseinsdimensionen (z.B. ökologischer Standort, schöne Landschaft, Nistplatz für Vögel, Schattenspender für Wanderer etc.) keine ökonomische Bedeutung. In der Ökonomie dominiert der **eindimensionale** Gebrauch der Dinge als **Waren** (z.B. bei der Kiesgrube der Kies, beim Kraftwerk der Strom etc.). "Die Unterwerfung der Natur durch den nach Gebrauchsnutzen strebenden Wareneigentümer zerstückelt die physischen Zusammenhänge der Natur auf beeindruckende Weise: als Nutzen gilt etwa das saubere Wasser, nicht aber dessen Erhaltung; gebraucht wird das Fell eines Tieres, nicht aber der Körper; aus einer ganzen Funktionskette eines natürlichen Prozesses wird **ein** Kettenglied als nützlich angesehen, für dessen Gebrauch die gesamte Kette geopfert werden muß. Das entscheidende Problem dieses Gebrauchs- und Nutzungsverständnisses ist, daß in der Ware nur **ein** bestimmter Nutzen **eines** Individuums als Gebrauchswert zum Ausdruck kommt, dieser Nutzen aber in seinem physisch-naturalen Eigenschaften nicht schadlos aus seinem Zusammenhang gelöst werden kann"[31]. Der Begriff des Gebrauchswerts impliziert gegenüber der Natur eine Einstellung (z.B. nützlich oder nutzlos), die nur ihre bruchstückhafte Verwertung für bestimmte Zwecke im Auge hat und nicht berücksichtigt, welche direkten und indirekten Folgen mit dieser ökonomischen Naturzerlegung und einseitigen Naturverwendung in erweiterten Zusammenhängen verbunden sind.

Zweitens ist aus der Sicht der Privatökonomie **ein großer Teil** der Natur nicht anzueignen. Er steht als Bereich **der "freien" Güter** allen **kostenlos** zur Verfügung. Zum Beispiel sind das Weltmeer, die Erdatmosphäre, die saubere Luft oder der kontinentale Regen als Aggregate nicht zu privatisieren. Ihre Aneignung und Vermarktung scheitert an der mangelnden Abgrenzbarkeit und Teilbarkeit der "öffentlichen" Güter, die nicht nur lebenswichtig sind, sondern angesichts ihrer abnehmenden Lebensqualität z.T. sogar knapp werden und daher einen Preis verdienen. Hier liegt das Problem. "Die nicht-warenförmige Natur hat gemäß der Tauschwertrationalität keinen Wert. Deshalb spielt dieser Bereich der Natur ökonomisch eine eigenartige Rolle. Was keinen gesellschaftlichen Wert hat, dessen Wert kann auch nicht vernichtet werden. Der Umgang mit dieser Natur erscheint vom Gesichtspunkt des Tauschwerts aus völlig gleichgültig. Da es keine Zerstörung ihres Werts gibt, sind auch sämtliche Kriterien eines vernünftigen Verhaltens zu ihr hinfällig"[32]. Nichtsdestoweniger ist die nicht-warenförmige Natur für den Produktions- und Reproduktionszusammenhang der Ökonomie von zentraler Bedeutung. Man denke nicht nur an die Versorgung der Ökonomie mit Inputs aus dem Bereich der natürlichen Ressourcen (z.B. Nutzbarmachung von Naturkräften und -stoffen), sondern auch an die Entsorgung der Ökonomie durch Outputs in den Bereich der natürlichen Ökosysteme (z.B. Luft als Rauchverzehrer). Diese herrenlose Natur ist bei ökonomischen Akten immer dabei, obwohl sie in der Smith'schen Tauschgesellschaft offiziell als wertlos eingestuft wird. Man kann sogar sagen: "Je mehr von dieser kostenlosen Produktivkraft in der Produktion angeeignet und einverleibt wird, desto höher erweist sich die erzielte Produktivität. Gerade weil diese Produktivität ohne Wert ist und deshalb nichts kostet, steht sie vermeintlich unbegrenzt zur Verfügung"[33]. So gesehen ist die maßlose Ausbeutung der nicht-warenförmigen Natur in der Tauschökonomie immanent angelegt. Sie gilt als völlig rational und vernünftig.

So nützlich Natur und deren Produktivität für die Ökonomie auch sind, in der Smith'schen Arbeitswerttheorie dominiert ein einseitig orientiertes **Produktivitätsdenken**. Das "wahre und tatsächliche Maß für den Tauschwert aller Güter" ist die Arbeit, genauer, die für ihn aufzuwendende Arbeitszeit[34]. Darüber hinaus ist die **Arbeitsteilung** bedeutsam, weil die Verbesserung der Betriebsorganisation im Konkurrenzkampf der Wirtschaftssubjekte eine ökonomische Notwendigkeit ist. Mit dem berühmten Beispiel der Stecknadelproduktion charakterisiert Smith ihre Vorteile, die namentlich drei Umständen zu verdanken sind: erstens der gesteigerten Geschicklichkeit bei jedem einzelnen Arbeiter, zweitens der ersparten Zeit, welche beim Übergang von einer Arbeit zur anderen gewöhnlich verloren geht, und drittens der Erfindung der Maschinen, welche die Arbeit erleichtern und abkürzen bzw. einen einzigen Menschen instandsetzen, die Arbeit vieler zu verrichten.

Das Prinzip der Arbeitsteilung liegt nach Ch. Babbage darin, daß "der industrielle Unternehmer durch Aufspaltung der ausführenden Arbeit in verschiedene Arbeitsgänge, von denen jeder einen anderen Grad an Geschicklichkeit oder Kraft erfordert, gerade genau jene Menge von beidem kaufen kann, die für jeden dieser Arbeitsgänge notwendig ist". Die einfachen Tätigkeiten überträgt er billigen Arbeitnehmern (z.B. Frauen, Kindern), während die schwierigen Aufgaben von entsprechend qualifizierten Kräften zu übernehmen sind. Sie sind zwar kostspieliger, aber sie werden wiederum auch nur für höherwertige Arbeiten eingesetzt. Vorausgesetzt wird, daß der Arbeitsprozeß in Elemente zerlegbar ist, "von denen einige einfacher sind als andere und alle einfacher als das Ganze. In die Sprache des Marktes übersetzt bedeutet dies, daß die zur Durchführung des Prozesses erforderliche Arbeitskraft billiger in Form getrennter Elemente als in Form einer in einem einzigen Arbeiter integrierten Fähigkeit gekauft werden kann. Zuerst auf das Handwerk und dann auf die mechanischen Berufe angewandt, wird das Babbage-Prinzip schließlich zu dem alle Formen der Arbeit in der kapitalistischen Gesellschaft antreibenden Motor, ganz gleich, wie die besonderen Gegebenheiten oder das Hierarchieniveau dieser Tätigkeitsformen sind"[35].

Damit wird die **Problemzerlegung** durch Organisation generell zum **Handlungsprinzip** einer Tauschgesellschaft, die unter dem äußeren Druck der Konkurrenz am Markt gezwungen wird, ihr Streben nach dem individuellen Vorteil innerbetrieblich durch eine warenförmige Zerstückelung der aneignungsfähigen Naturressourcen und erwerbstätigen Arbeitskräfte zu realisieren. Mit der Smith'schen Tauschgesellschaft verbindet sich nicht nur eine **Ökonomie auf Kosten der Natur**, sondern auch eine Ökonomie zu **Lasten der betroffenen Arbeitskräfte**. Die 'soziale Frage' im Frühkapitalismus, speziell in England, ist systemimmanent erzeugt. Soweit die 'ökologische Frage' irrelevant bleibt, sind die Gründe dafür im geringeren Beherrschungs- und Wachstumspotential der Ökonomie zu sehen. Der Prozeß der Industrialisierung mit seinen umweltschädlichen Folgen steht erst am Anfang seiner Entwicklung. Wenn Smith die Identität von Einzel- und Gesamtinteresse unterstellt, betrifft die prästabilisierte Harmonie nur den Teil der Welt, der sich gegen den anderen durchsetzt. Die geheimnisvolle Kraft, die den ökonomischen Wettstreit immer wieder schlichtet und die Tauschgesellschaft vermittels des Gleichgewichts disparater Bereiche im Lot hält, bezeichnet Smith als "invisible hand". Sie ist das Wertgesetz, dem durch Konkurrenz am Markt die Fähigkeit der Selbstregulierung zugesprochen wird. D. Ricardo sowie die Marx' sche Kritik der bürgerlichen Theorie einer 'politischen' Ökonomie haben sie stringent herausgearbeitet.

D. Ricardo (1817) nimmt nicht - wie A. Smith - den Nutzen, den eine Ware stiftet, zum Maßstab des Tauschwerts. Er stellt die **Arbeit** in den Mittelpunkt seiner gesamten Wertanalyse. Fundamental ist sein Satz: Der Wert einer Ware oder die Quantität einer anderen Ware, gegen die sie ausgetauscht wird, hängt ab von der verhältnismäßigen Menge an Arbeit, die zu ihrer Produktion notwendig ist, nicht aber von dem höheren oder geringeren Entgelt, das für diese Arbeit gezahlt wird"[36]. Es geht ihm um die Bestimmung des Einzelpreises bestimmter Waren bzw. ihres Anteils an der Gesamtpreissumme. Seine Principles beziehen sich "auf die Wirkung der Veränderungen in dem relativen Wert der Waren und nicht in ihrem absolutem Wert"[37]. Der **absolute** Wert umfaßt die durch Arbeit insgesamt geschaffenen Warenwerte, der **relative** Wert markiert den Anteil einer bestimmten Ware am Gesamtwert. Wird diese Größe in Arbeitsstunden gemessen, unterscheiden sich die Waren in ihrem Wert nach den dafür aufgewendeten **Arbeitszeiten**. "Wenn die in den Gegenständen enthaltene Arbeitsmenge ihren Tauschwert bestimmt, dann muß jede Vergrößerung des Arbeitsquantums den Wert des Gegenstandes, für den es verwendet wurde, erhöhen, ebenso wie jede Verminderung ihn senken muß"[38]. Von hier aus kommt D. Ricardo zur Kritik von Smith' Auffassung, daß die Arbeit einen unveränderlichen Wertmaßstab darstellt. Für ihn wirkt auch die Veränderung der Arbeitsproduktivität auf den Wert und auf den Preis der Ware ein. Die Mitwirkung der physischen Natur am Wertbildungsprozeß wird von ihm hingegen geleugnet. Ausgenommen hiervon ist seine Theorie der Grundrente.

Entscheidend für das Absehen von der Beteiligung der Natur am wertökonomischen Produktionsprozeß ist der **Begriff der abstrakten Arbeit**, der als **durchschnittliche** Größe definiert wird. "Nicht nur die auf die Ware unmittelbar angewandte Arbeit beeinflußt den Warenwert, sondern auch die Arbeit, die auf Geräte, Werkzeuge und Gebäude verwendet worden ist, welche die unmittelbar verausgabte Arbeit unterstützen"[39]. Hieraus ergibt sich die Unterscheidung zwischen **unmittelbarer** Arbeit (Arbeitskraft) und **vergegenständlichter** Arbeit (Produktionsmittel). "Ohne irgendeine Waffe können weder Biber noch Hirsche zur Strecke gebracht werden, und daher wird der Wert dieser Tiere nicht allein durch die zu ihrer Erlegung notwendige Zeit bestimmt, sondern auch durch die zur Beschaffung des Kapitals des Jägers erforderliche Zeit und Arbeit, also der Waffe, mit deren Hilfe ihre Erlegung bewerkstelligt wurde"[40]. Damit verwandelt sich Ricardos Arbeitswertlehre in eine **Theorie der Produktionskosten**. Dem Tauschwert einer Ware sind ebenfalls die Werte der Vorprodukte zuzurechnen, die an ihrer Hervorbringung direkt oder indirekt beteiligt sind. "Es sind die Produktionskosten, die letztlich die Preise der Waren bestimmen und nicht, wie oft behauptet worden ist, das Verhältnis zwischen Angebot und Nachfrage. Das Verhältnis zwischen Angebot und Nachfrage kann allerdings zeitweise den Marktpreis einer Ware beeinflussen, bis sie in größerer und geringerer Menge geliefert wird, je nachdem, ob die Nachfrage gestiegen oder zurückgegangen ist. Das wird aber nur eine Wirkung von zeitweiliger Dauer sein"[41].

Das **Wertgesetz** repräsentiert den Durchschnitt bzw. den Ausgleich der Profitraten. Es führt die Marktpreise immer wieder an die "natürlichen" Preise heran und sichert damit die **Tendenz zum Interessenausgleich**, soweit die Konkurrenz alle veranlaßt, sich **über den Preis** mit jedem so abzustimmen, daß der Markt schließlich geräumt ist (Gleichgewicht). **Sinkt die Arbeitsproduktivität, steigt der Wert einer Ware; erhöht sie sich, sinkt der Preis eines jeden Stücks**. Hier stellt sich die Frage, ob die jeweils erzielte Produktivität immer nur der Arbeit zuzurechnen ist. Beteiligt sind nach D. Ricardo sowohl die unmittelbare Arbeit (Arbeitskraft) wie auch die mittelbare Arbeit (Produktionsmittel). Die Natur bleibt draußen, soweit sie nicht privatisiert und über die angeschafften Produktionsfaktoren in die Kostenrechnung eingeht. Und als angeschaffte Natur (z.B. Rohstoffe, Standort) geht sie nur mit dem ein, was sich im Anschaffungspreis am Markt wertmäßig auszudrücken vermochte. Aus kritischer Perspektive ist die Natur **nicht nur ein Objekt**, das im Produktionsprozeß bearbeitet wird und in dem sich der Zweck der Arbeit ausdrückt. Sie ist **auch als Produktivkraft relevant** (z.B. höhere Fruchtbarkeit des Bodens, ergiebigere Rohstoffe, günstiger Standort, verbesserte technisch-naturale Verfahren der Energiegewinnung). Ricardos Wertökonomie kann darauf lediglich wie folgt reagieren: Steigt die Produktivität der Natur bzw. deren Anteil an der Gütererzeugung, sinkt der Wert der Waren, weil weniger Arbeit erforderlich ist. Sinkt die Naturproduktivität (z.B. bei zunehmender Erschöpfung natürlicher Ressourcen), steigt der Wert der Waren, weil für ihre Erzeugung jetzt mehr Arbeit aufzuwenden ist.

Nach H. Immler wird die Veränderung der Wertverhältnisse bei D. Ricardo allein aus der Arbeitssphäre erklärt. Die Konsequenz aus seiner Werttheorie sei "ein paradoxer circulus vitiosus zu Lasten der Natur". Ihre Logik sei pervers, weil sie etwas Dreifaches signalisiere: Erstens belohne das Wertdenken einzelne Produzenten für eine systematische Ausbeutung der natürlichen Produktivkräfte. Zweitens sei ihm gesellschaftlich diese Vernichtung der Natur gleichgültig, weil es dafür keinen Wertausdruck gibt, und drittens erscheine bei jeder folgenden Produktion der Tauschwert angestiegen. "Mit anderen Worten: **Je tauschwertrationaler sich die Produzenten verhalten, desto mehr verbrauchen sie die natürlichen Produktivkräfte**. Je mehr sie diese verbrauchen, **desto größer wird der Stückwert der neu erzeugten Produkte** (unter der Annahme, daß die Naturproduktivität sinkt, G.H.). Das werttheoretische Arbeitszeitkalkül pervertiert wegen der Annahme der Naturkonstanz das Verhältnis von physischer Produktion und Wertproduktion. Die wachsende physisch-naturale **Armut der Gesellschaft** erscheint im gesellschaftlich bestimmenden, regelnden und steuernden Wertkalkül **als permanentes Ansteigen des Werts** der Einzelprodukte". Das ist nach H. Immler nicht ein Fehler oder Irrtum eines Theoretikers, sondern die **Logik der Wertökonomie**, wie sie in der Praxis der Tauschgesellschaft zur Geltung kommt[42]. D. Ricardo unterstellt, daß die **Naturgaben in unerschöpflicher Menge** vorhanden sind[43]. Er betrachtet sie als "freie" Güter, die jedem Wirtschaftssubjekt kostenlos zur Verfügung stehen, weil sie angesichts ihrer unendlichen Menge bzw. fehlenden Knappheit nicht bewirtschaftet werden müssen und daher keinen Preis haben. Erst in seiner Theorie der Grundrente wird ihm klar, daß die "Natur des Bodens" von dem Rest der "unbegrenzten Natur" zu unterscheiden ist[44].

b) Neuere Theorie

Die Wertökonomie D. Ricardos ist - trotz vieler Kontroversen - noch heute die soziale Kernphysik der Volkswirtschaftslehre. Sie ist das Fundament der gesamten Theorie, die sich durch ihre abstrahierende Methode von der vorgegebenen Wirklichkeit ablöst, indem sie die Gesellschaftlichkeit der Privatsubjekte am Markt in der Wertform ihrer Waren auf eine "reine" Beziehungsfrage reduziert. Dadurch schafft sie zwar die gedanklichen Voraussetzungen für die Quantifizierung und Mathematisierung der Austauschprozesse, aber sie hinterläßt Probleme, welche die weitere Entwicklung der Wirtschaftswissenschaft in zwei Lager spaltet.

Der **eine** Zweig wendet sich kritisch gegen den abstrakten, dogmatischen und mechanistischen Charakter der klassischen Ökonomie, nicht zuletzt auch deshalb, weil die von der Klassik legitimierte Wirtschaftspraxis keineswegs so harmonisch und ausgeglichen ist, wie deren Theorie es unterstellt (z.B. Ludditenaufstände, Agrarbewegung, soziale Frage etc.). Zu den Kritikern gehören H. Carey (1837), F. List (1859) und K. Marx (1859). Sie bringen Vorstellungen ins Spiel, die mit dem bürgerlichen Staat zum Teil vereinbar sind (etwa Wende zur Romantik und zum Protektionismus), aber ihn auch prinzipiell infragestellen (z.B. durch Parteinahme für eine sozialistische Gesellschaft). Aus gesellschafts- und werttheoretischer Sicht ist vor allem die **Marx' sche Ökonomie** relevant. Unter Rückbezug auf die **objektive Wertlehre** bzw. die Lehre der wertbildenden Kraft der menschlichen Arbeit im Produktionsprozeß entwickelt sie die Theorie des volkswirtschaftlichen Verteilungs- und Reproduktionsprozesses, wobei auch die gesellschaftlichen Implikationen herausgearbeitet werden[45]. Die Kontroverse zwischen H. Immler und W.-D. Schmied-Kowarzik geht auf den ökologischen Bezug der Marx' schen Ökonomie später explizit ein (vgl. Abschnitt D II/2b).

Der **andere** Zweig vernachlässigt die Wertbildung im Produktionsprozeß. J. St. Mill (1848) schätzt an der Werttheorie hauptsächlich nur noch den Grund der Preiserklärung; seine Produktionskostentheorie hält die Verbindung zur Werterzeugung nur anfangs aufrecht. Die **Neoklassik** trennt später die **Preislehre** - trotz der Unterschiedlichkeit ihrer Richtungen[46] - vollends von der Produktionssphäre bzw. der Theorie der volkswirtschaftlichen Wertschöpfung, die in die Lehre vom Sozialprodukt und vom Wirtschaftswachstum zerlegt wird und sich isoliert weiterentwickelt. Sie unterstellt dem **Markt** ein **autonomes Dasein**. Um ihn in Gang zu bringen und seinen Sinn zu verallgemeinern, ist dem Leistungs- und Wettbewerbsprinzip der Wirtschaft gedanklich das Nutzenstreben der Beteiligten vorgeschaltet. Mit ihm verbindet sich in der Modelltheorie die **subjektive Wertlehre**. Nicht die Arbeitszeit (Summe der Produktionskosten) bestimmt den Preis, sondern der individuelle Nutzen eines Gutes, wobei die Dringlichkeit der Bedürfnisse bzw. die Knappheit der Güter eine entscheidende Rolle spielt[47]. Der **Grenznutzen**, d.h. der ökonomische Vorteil einer zusätzlichen Kapitaleinheit, wird anfangs völlig unabhängig von den Preisen betrachtet[48]. L. Walras korrigiert diesen inadäquaten Ansatz, der das Modell unbestimmbar macht[49]. Durch die Voranstellung des Gewinnbedürfnisses vor den Produktionszwang zur Mangelbehebung sowie die Nötigung, sich in Konfrontation mit den vielen Konkurrenten auf dem Umweg über die Marktlage durchzusetzen, wird das System des wirtschaftlichen Denkens sachlogisch zu einer Einheit verschmolzen, die jede außer- oder überökonomische Begründung überflüssig macht. Aus dieser kategorialen Autarkie gewinnt das ökonomische Bewußtsein noch heute seine suggestive Durchschlagskraft anderen Motivationssystemen gegenüber; in ihm hat es sein gutes Gewissen und seine Wurzel.

Der Vorzug des Marktsystems besteht in seiner Fähigkeit zur innerökonomischen Steuerung, die ihm zugleich die relative Selbständigkeit innerhalb anderer

Abbildung 10: Marktsystem mit Güter- und Faktormärkten

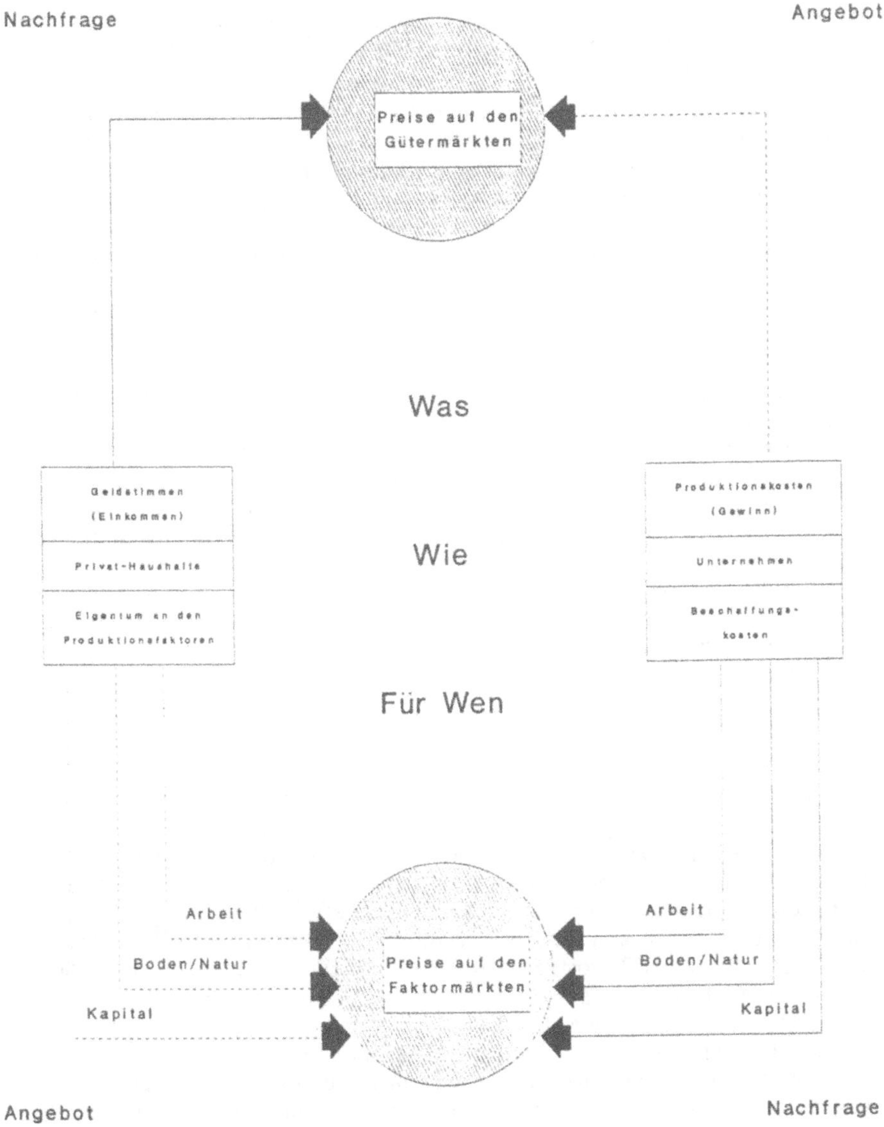

Leistungssysteme garantiert. Konjunktur und Krise sind Momente von Selbstregulationsvorgängen, durch die sich die Wirtschaft aus eigener Kraft immer wieder erneut ins **Gleichgewicht** bzw. im Medium des Preises zum materiellen **Inter-**

essenausgleich bringt. Im allgemeinen Gleichgewicht des Gedankenmodells maximiert jedes Indiviuum unabhängig von anderen seinen Nutzen und die Konkurrenz sorgt dafür, daß die vorhandenen Produktionsmittel so günstig wie möglich eingesetzt werden. Auf diese Weise erweitert sich das individuelle Optimum bei langfristigen Anpassungsprozessen zu einem gesamtgesellschaftlichen Optimum (Identität von Einzel- und Gesamtinteresse). Extraprofite sind höchstens kurzfristig möglich.

Die empirische Gehaltlosigkeit der neoklassischen Theorie haben vor allem T. W. Hutchison (1938), J. Akermann (1938) und H. Albert (1960) aufgedeckt. Ihr Vorwurf: Sie bedient sich sogenannter **Kalkülmodelle**, ohne eine gesellschaftsbezogene Kausalanalyse zu betreiben. Ökologische Bezüge werden ebenso ausgeblendet wie soziale Spannungen und Dimensionen; Erwerbstätigkeit wird zu einer rein rationalen Angelegenheit, zur Kalkulationsfrage. Ihre Gesetze sind nicht empirisch festgestellte und anhand der Erfahrung verifizierte Regelmäßigkeiten, sondern lediglich **Prinzipien der richtigen Folgerung, angewandt zur Maximierung eines Verhaltens, das erst noch zustande kommen muß**. Im Modell des Gleichgewichts (namentlich bei Walras, später bei Arrow und Debreu) findet die von Smith postulierte Natur der bürgerlichen Sozietät ihren logisch-mathematischen Ausdruck. In ihm sind die Aktivitäten individueller Freiheit und Konkurrenz gleichsam systemimmanent auf Harmonie programmiert, weil bereits in den Annahmen institutionell alle Störfaktoren ausgeschlossen sind. Die Inanspruchnahme der Mathematik bewirkt, daß die quantitativen und funktionalen Beziehungen zwischen Variablen deren qualitative und ursächliche Bestimmungsgrundlage elegant verdecken. Die Wirtschaft erscheint als ein System von Wert- oder Geldquantitäten, die sich dauernd verändern. Selbst für Keynes ist ein großer Teil der mathematischen Wirtschaftslehren "ein bloßes Gebräu, so ungenau wie die anfänglichen Voraussetzungen, auf denen sie beruhen und welche dem Autor erlauben, die Verwicklungen und gegenseitigen Abhängigkeiten der wirklichen Welt in einem Wust anmaßender und nutzloser Symbole aus dem Gesicht zu verlieren"[50].

Die neoklassische Theorie impliziert eine **Einengung des** ökonomieorientierten **Denkens** in einer logisch und institutionell besonders extremen Form. Bereits C. Menger (1871) trennt das Anliegen der Befriedigung menschlicher Bedürfnisse von der Verteilung knapper Mittel. Indem er die Theorie der rationalen Wahl mit der Theorie der rationalen Verteilung materieller Güter verbindet, gewinnt er eine Position, die sich nicht mehr der Kritik aussetzt, sie stütze sich auf Naturgesetze (wie etwa Malthus und Ricardo in ihrem Bevölkerungs- bzw. Lohngesetz). Im Mittelpunkt seiner Theorie stehen die **Entscheidungen** privater Wirtschaftssubjekte. Jeder handelt so, als sei der Tausch- und Rationalisierungswille das einzige existierende Bewußtsein. Die **Umwelt** und deren Bedeutung für den Menschen ist **kein Thema**. Auch der soziale Bezug auf Nöte und die Probleme anderer Menschen erscheinen überflüssig. Alle Entscheidungen zwischen alternativen Möglichkeiten erfolgen **monologisch**, d.h. ohne Verständigung mit anderen Akteuren. Dadurch läßt sich der egoistische **Verhaltenstyp des Unternehmers** mühelos verallgemeinern. "Sowohl die Konsumenten als auch die unselbständig Beschäftigten adaptieren die Verhaltensmotivation des Unternehmers, indem sie nach Maximierung **ihres** Vorteils streben. Die Indifferenzkurven, die sich für das Wahlverhalten von Verbrauchern entwickeln lassen, entsprechen methodisch genau den Iso-Produktkurven der Faktorkombinationen in der Produktion der

Unternehmungen"[51]. Daß die Wahlhandlungen im einzelnen in der wirtschaftlichen Praxis zugleich von raum-zeitlichen Restriktionen vorentschieden und nicht selten klassenspezifisch sind, d.h. von den Entscheidungssubjekten selbst z.T. nur in geringem Maße zu beeinflussen sind, weil sie zum überwiegenden Teil durch sog. Daten oder institutionelle Vorgaben eingeengt werden (z.B. durch feste Preise, Ladenschlußzeiten, Arbeitszeitregelungen), bleibt außen vorgelassen.

Erst durch Abstraktion von der Wirklichkeit (Modellplatonismus) avanciert die **Logik der rationalen Wahl** zum universalistischen Prinzip der Neoklassik. Sie impliziert nicht nur die Entgesellschaftung und Enthistorisierung der Ökonomie in der Weise, daß individual- und sozialwirtschaftliche Phänomene in eins gesetzt werden (z.B. verfolgen Robinson und ein Hundert-Millionen-Reich das gleiche Gesetz des subjektiven Werts der Nutzenmaximierung). Sie ermöglicht auch, die mathematisch-naturwissenschaftliche Methode in der Ökonomie mühelos zu verallgemeinern. "Was ihre Postulate an gesellschaftlicher Bestimmtheit verlieren, sollen sie an quasi-naturwissenschaftlicher Bestimmtheit gewinnen"[52]. Aus der allgemeinen Preistheorie der Neoklassik wird in der Neuen Mikroökonomie eine allgemeine Theorie des Handelns, die den homo oeconomicus zum Supercode erhebt. Marktlogik gibt es danach überall. Sie suggeriert nicht nur Autonomie, sondern stilisiert Wirtschaft zu einem Feld, in dem "seltsamerweise die Faktoren keine erhebliche Rolle zu spielen scheinen, die sonst allgemein für die Erklärung sozialen Verhaltens herangezogen zu werden pflegen. Weder in motivationale noch in institutionelle Probleme scheint man tiefer eindringen zu müssen, um das Marktverhalten und die sich darin konstituierenden kommerziellen Beziehungen von Personen und sozialen Gruppen theoretisch durchdringen zu können. Weder das Sozialmilieu der im Marktbereich agierenden Individuen und Gruppen, noch die interne Struktur dieser Gruppen, ihrer Willensbildung und Kooperation, noch auch die Motivstruktur, Einstellungen und Wertorientierungen der Individuen scheinen für das Verhalten ökonomischer Einheiten relevant zu sein"[53].

Klassische und neoklassische Ökonomie orientieren sich an den Prinzipien der Newton'schen Mechanik, der cartesianischen Mathematik und der Bacon'schen Methodologie. Sie unterstellen in ihrem wissenschaftlichen Denkansatz die Wiederholbarkeit und Reversibilität ökonomischer Prozesse. In Wirklichkeit ist jedoch nichts in derselben Weise realisierbar. Keine Erscheinung ist gänzlich austauschbar. Klassik und Neoklassik glauben, die Realität auf der Grundlage von Mechanik, Mathematik und Methode rekonstruieren bzw. organisieren zu können. Aber sie ignorieren, daß die wirkliche Welt mit diesen zentralen Annahmen von Reversibilität und Wiederholbarkeit nicht übereinstimmt. Herauskommt ein Raubbau an natürlichen Ressourcen. Die Bedürfnisse künftiger Generationen bleiben außerhalb ihres Systems. Die Umweltkritik beginnt in Deutschland bereits während der **Romantik**, namentlich durch G. Vorherr und P. J. Lenné, die gedanklich mit Vico, Herder, Goethe, Rousseau, Adam Müller etc. sympathisieren. Hervorzuheben ist die **Landschaftsgarten-Bewegung**, die von England her das europäische Festland erfaßt und sich als Gegenbewegung zur damaligen liberalen Ökonomie versteht. Erstrebt wird Landesverschönerung und -verbesserung[54]. Die Romantik verweist mit Nachdruck auf die **Unwiederholbarkeit und Einmaligkeit des Individuellen**, das sich auf allgemeine Prinzipien und abstrakte Modelle nicht reduzieren lasse. Sie wendet sich gegen die atomistische bzw. ahistorische Denkweise der damaligen Ökonomie, welche die Konstanz einer substituierbaren Natur unterstellt. Aufgrund der Erfahrung mit der ersten Welle

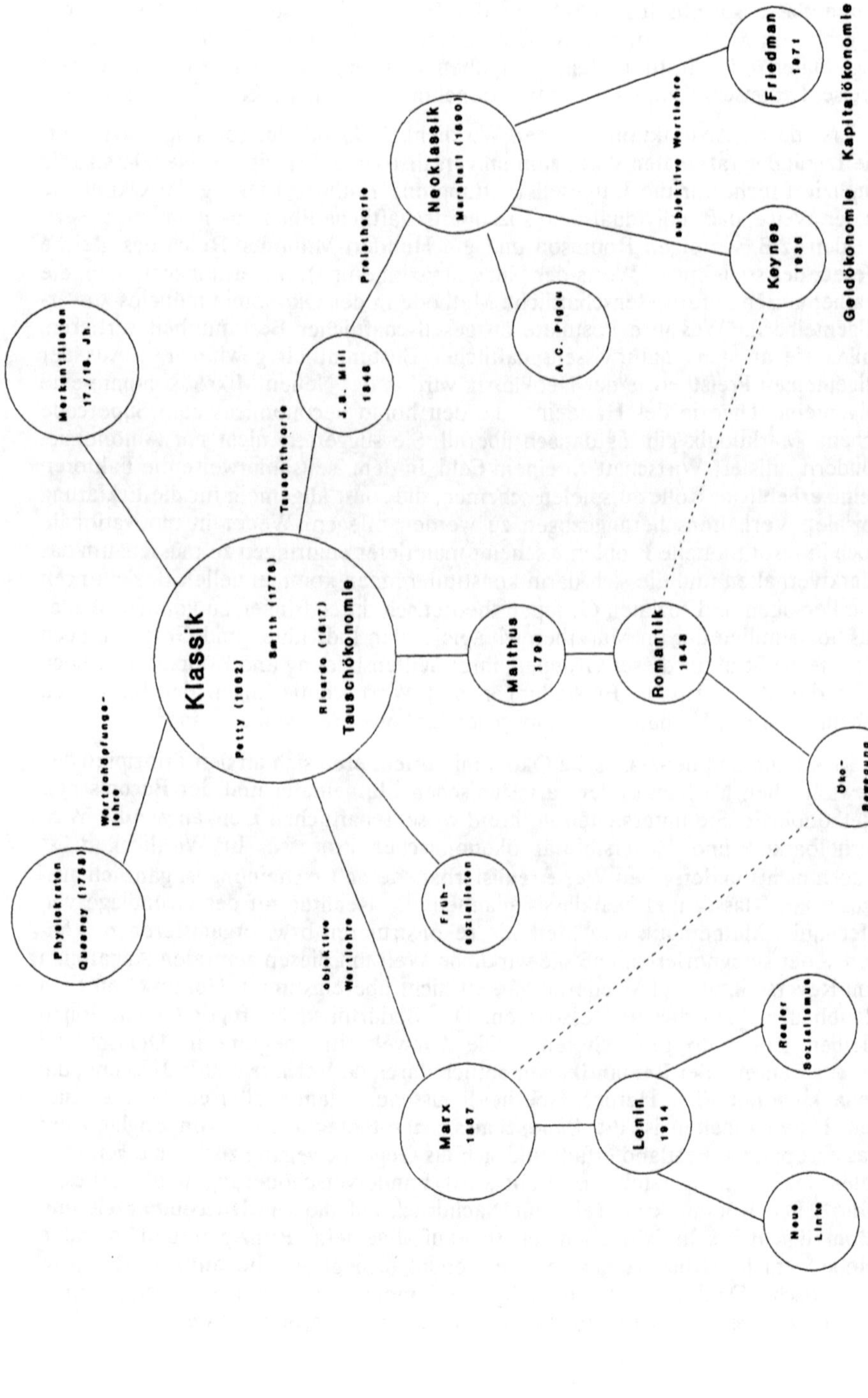
Physiokraten
Quesnay (1758)
Wertschöpfungs-
lehre
Merkantilisten
17./18. Jh.
Klassik
Petty (1662)
Smith (1776)
Ricardo (1817)
Tauschökonomie
Tauschtheorie
objektive
Wertlehre
J.S. Mill
1848
Preistheorie
Neoklassik
Marshall (1890)
A.C. Pigou
Früh-
sozialisten
Marx
1867
Malthus
1798
Romantik
1848
Lenin
1914
subjektive Wertlehre
Keynes
1936
Friedman
1971
Geldökonomie
Kapitalökonomie
Neue
Linke
Realer
Sozialismus
Öko-
Bewegung

der Industrialisierung werden Landflucht, Verelendung und Verschandelung der lokalen Landschaft beklagt, desgleichen Tendenzen zur Einheitskultur und zum Materialismus. Selbst Bauern sind darauf aus, den letzten Quadratmeter zu nutzen. Sie beseitigen Bäume, Sträucher und Terrassen und mit ihnen die Wurzeln einer bislang gesunden Kulturlandschaft[55]. Die Romantik verteidigt die Strukturen einer Feudalgesellschaft. Sie hat Angst vor der Illusion der Gleichheit und der damit verbundenen Beliebigkeit sozialer Positionen und Funktionen. Ihr Bewußtsein neigt zu sozial geordneten Beziehungen im Rahmen einer ständischen Hierarchie. Das Motiv der Naturerhaltung fehlt hingegen ihrer Kritik. Eine generelle Bedrohung der Natur vermag sie zu Beginn der Industrialisierung nicht wahrzunehmen. Lokale Schädigungen der Umwelt werden als **ästhetische** Defekte der Landschaft empfunden.[56].

Die **soziale** Variante der Umweltkritik verkörpert der **Maschinensturm**, der sich gegen technische Neuerungen und das moderne Industriesystem wendet, explizit in den damaligen Weber- und Ludditen-Aufständen), vor allem in der **Textilbranche**, die Anfang des 19. Jahrhunderts einen innovativen Wandel durchläuft und Arbeitsplätze umorganisiert. Doch es handelt sich nicht um eine blinde Opposition gegen Maschinen als solche, sondern diese werden allgemein nur abgelehnt, weil sie die gewohnte Lebensweise bedrohen bzw. den ständischen Kosmos infragestellen. In erster Linie richtet sich die Protestbewegung gegen die soziale Degradierung des textilverarbeitenden Handwerks (Verlust der Selbständigkeit, Erschütterung sozialer Positionen, Entwurzelung und Proletarisierung der Handwerker) und den gesamten Zivilisationstypus, der mit dem Kapitalismus und der Marktwirtschaft zur Geltung kommt[57]. Die spätere Auseinandersetzung um Eisenbahnen und Großtechnologien betrifft ebenfalls die soziale Frage und das menschliche Anpassungsproblem an den neuen Industrietypus, aber sie bezieht **Umweltfeindlichkeit der industriellen Ballungsräume** (z.B. im Ruhr- und Saargebiet, in Oberschlesien und Sachsen) mit ein. Die Ausweitung der Gewerbe-, Verkehrs- und Siedlungsflächen reduziert die ökologische Vielfalt. Parallel dazu steigt die Umweltbelastung, vor allem durch Kohlebergwerke, Textilindustrien, Chemie und Metallurgie, Schlachthäuser, Zucker- und Papierfabriken etc. Haushalts-, Agrar- und Industrieabfälle bewirken verstärkt Gesundheitsgefährdungen, Wasserverunreinigungen, Beeinträchtigungen der Bodenfruchtbarkeit und Verunstaltungen der Landschaft, die - so ungenau die Angaben hierzu auch sind - dazu führten, "daß die Menschen zunehmend unter diesen Schädigungen litten und Abhilfe verlangten"[58].

Um die Mitte des 19. Jahrhunderts entwickeln sich umweltkritische **Ansätze für einen biologischen Naturschutz**. Zahlreiche Biologen (z.B. A. E. Brehm, C. Koch, G. Giebel) verweisen auf die Gefährdung bestimmter Tierarten und ihren Nutzen für Ökotope. Ihre Stellungnahmen systematisiert E. Haeckel 1866 im Begriff der Ökologie (vgl. dazu ausführlicher C I/1). K. Möbius führt 1877 den Begriff der Biozönose ein, der deutlich macht, daß sich Lebewesen in einem wechselseitigen Austausch und in Beziehungen mit anderen Lebewesen befinden, d.h. eine Lebensgemeinschaft bilden. Umweltpolitisch werden die ökologischen Biologen kaum wirksam. Ihre Erkenntnisse werden überlagert bzw. neutralisiert durch wissenschaftliche **Fortschritte in der Agrar- und Forstwirtschaft** in der zweiten Hälfte des 19. Jahrhunderts. Gleichzeitig erlangen Chemie und bakteriologisch orientierte Medizin eine hohe Umweltrelevanz (Schutz der Gesundheit und Stärkung der Volkswirtschaft durch öffentliche Gesundheitspflege).

Hinzu kommen **Forschungen und Entwicklungen in der Wasserwirtschaft**. Cholera-Epidemien (z.B. in Essen 1866) bewirken einen Bewußtseinswandel. Man entdeckt die biologische Selbstreinigungskraft des Wassers und wendet sich Einrichtungen zu, die diesen Effekt unterstützen[59]. Auch Rauch, Abgase und Luftemissionen werden zum Gegenstand wissenschaftlicher Untersuchungen. Das preußische Wasserrecht wird zum Vorreiter genereller Maßnahmen zur Bekämpfung der Umweltverschmutzung.

Gegen Ende des 19. Jahrhunderts entwickelt sich eine **neoromantische Welle der Industriekritik**, als neben ersten Krisenerscheinungen in der Wirtschaft auch negative externe Effekte der Industrialisierung auftreten. Sie hat im wesentlichen zwei Quellen. Zunächst ist die konservative **Naturschutz- und Heimatschutzbewegung** relevant (E. Rudorff, H. Conwentz, F. Avenarius etc.), welche die natürliche Umwelt in ihrer Reinheit erhalten sowie Vielfalt, Innigkeit, Lebensfreude und Ursprünglichkeit wiederbeleben will. Sie kritisiert die Technisierung der Landwirtschaft, die Verstädterung des Dorfes, die Häßlichkeit der zersiedelten Landschaft, die Ausartung des Tourismus etc.; der um 1885 geforderte Naturschutz wird wegen mangelnder Durchsetzungsfähigkeit später abgelöst durch den Heimatschutz im Sinne einer Bewahrung der heimatlichen Natur. 1906 wird in Preußen die erste staatliche Stelle für **Naturdenkmalpflege** ins Leben gerufen[60]. Während in den USA erste Naturparks und Reservate bereits 1863 gegründet sind, werden sie in Deutschland erst nach 1898 zum öffenlichen Bedürfnis. Daß es zu solchen Entwicklungen kommt, ist vor allem auf die Heimat- und Naturschützer zurückzuführen, obwohl deren Motivation (z.B. Rückbezug auf die Wurzeln germanischen Wesens) heute fragwürdig erscheint. Ihre publizistische Arbeit führt zur Gründung des Deutschen Bundes Heimatschutz (1904 in Dresden).

Darüber hinaus wird die neoromantische Opposition gegen die Industrialisierung durch die **Jugendbewegung** verstärkt, die sich für Natürlichkeit, Einfachheit und Bodenständigkeit der Lebensverhältnisse einsetzt, die Normiertheit der Fabrikwaren ablehnt und stattdessen eine Hinwendung zu natürlichen Materialien und zur handwerklichen Bearbeitung fordert. In der offiziellen Politik sind weder Naturschutz- bzw. Heimatschutzbewegung noch Jugendbewegung einflußreich. Die Jugendbewegung initiiert mit ihrer Kritik in den 20er Jahren jedoch einen alternativen Lebensstil (z.B. einfache Lebensweise, Entdifferenzierung der Arbeit, Handarbeit, Selbstversorgung, Beschränkung auf naturgewachsene Materialien etc.). Sie versteht sich nicht als politische Kraft. Auch der Natur- und Landschaftsschutz der Weimarer Republik tendiert dahin. Er begründet sich aus der "Seele des Volkes", der Seltenheit und Schönheit einer Landschaft, der Vertiefung des Naturgefühls zur Ehrfurcht sowie der "Eigenart unserer Landschaft mit ihren Tier- und Pflanzengemeinschaften", die es zu bewahren gilt[61]. Man will die Seele des Volkes retten, indem man ihr geschützte Naturreste zur Erholung anbietet. Eine Ursachenanalyse zur Landschaftsbelastung fehlt hingegen, ebenso eine ökologische Orientierung und der Ansatz einer vorbeugenden Landesplanung und -gestaltung. Auf Gewässerschutz und Luftreinhaltung werden die Aktivitäten des Naturschutzes nicht erweitert.

2. Staatseingriffe: Keynes'sche Geldökonomie

Die Keynes'sche Ökonomie ist das Resultat einer kritischen Auseinandersetzung mit der Neoklassik. Freilich versteht sie sich nicht als Ablösung der bürgerlichen Ökonomie, eher als deren Fortsetzung. Sie fungiert als Retter ihrer Theorie, die für die Weltwirtschaftskrise (1929 bis 1933) keine einleuchtende Erklärung findet, insbesondere nicht für die **Arbeitslosigkeit** (die in Großbritannien von 1923 bis 1929 über 10% beträgt und in der Krise auf weit über 20% ansteigt, auch in den USA um 1933 noch 25% erreicht). Während J. B. Say glaubt, "daß das Angebot seine eigene Nachfrage schafft"[62] und eine Krise systemimmanent ausgeschlossen ist, stellt Keynes seine Doktrin infrage. Er verweist auf die faktische Unterbeschäftigung und bemängelt, daß Klassik und Neoklassik zwischen Ware und Geld keinen "wesentlichen" Unterschied machen bzw. eine Neutralität des Geldes vertreten. Seines Erachtens ist **Geldwirtschaft** prinzipiell etwas anderes als Tauschwirtschaft, nämlich eine **fortgeschrittene Stufe** der wirtschaftlichen Entwicklung und des gesellschaftlichen Bewußtseins. Allerdings sei der Einfluß des Geldes nicht abgetrennt von der Angebots-Nachfrage-Theorie zu betrachten. In der Feudalphase wird der Zweck der Arbeit durch das Bodeneigentum vermittelt (Herrendienst); in der Phase der Geldökonomie dient sie einer Produktionsweise, welche die durch Geld vermittelte Verfügungsmacht des einzelnen Kapitals über Produktionsfaktoren dazu benutzt, sich im Wert zu vermehren (Kapitalakkumulation). Hieraus ergeben sich Konsequenzen für die ökonomische Theorie.

a) Akzente der Gesamttheorie

Die Keynes'sche Ökonomie, die hier nicht nur von Konzeptionen, die ihr in Praxis und Theorie in der Strategie der Krisenbewältigung bereits vorausgehen (z.B. New Deal, Stockholmer Schule), sondern auch von links- und rechtskeynesianischen Varianten (Keynes-Plus oder -Minus) bewußt abgesetzt wird, hat keinen systemalternativen Charakter. Keynes unterstellt eine Fortsetzung der bestehenden Verhältnisse[63] und würdigt die Klassik als einen Beitrag, der nicht angefochten werden dürfe, weil es sonst unmöglich sei, über den Gegenstand des wirtschaftlichen Denkens "ohne diese Theorie als einen Teil seines Gedankenapparates klar zu denken"[64]. Insoweit gelten die ökologischen Vorbehalte gegen die klassische Ökonomie prinzipiell auch gegen die Keynes' sche Ökonomie. Freilich vertritt er eine **Sozialphilosophie** zur staatlichen Bändigung des westlichen Kapitalismus, welche die bundesdeutsche Konzeption einer 'sozialen Marktwirtschaft' gedanklich vorwegnimmt. Zumindest steht sie dem **sozialen** Liberalismus nahe[65], indem sie staatliche Eingriffe zur Regulierung des Wirtschaftsprozesses fordert. Die individuelle Freiheit soll dabei nicht aufgehoben werden.

Unter dem sozialphilosophischen Anspruch einer zukünftigen Gesellschaft ist die Keynes'sche Ökonomie weit mehr als nur Geldökonomie. Sie öffnet sich den gesellschaftlichen Problemen, die in dem Modell einer 'reinen' Marktwirtschaft keine Lösung finden. Potentiell ist ihr aufgrund des staatlichen Krisenmanagements auch eine ökologische Orientierung zuzutrauen, sofern diese systemkonform ist und im Parlament eine Mehrheit findet. Allerdings wird diese Möglichkeit nicht explizit zum wirtschaftspolitischen Programm erhoben. Im Detail enthält die Keynes'sche Theorie wiederum Teile, die einem menschlichen Umweltbezug entgegenstehen, auch einer 'sozialen' Marktwirtschaft, falls die weltwirtschaftlichen Zusammenhänge der heutigen Nationalökonomie mitberücksichtigt werden. Ihre Gesamtbeurteilung ist noch keineswegs ausgereift und abgeschlossen. Nicht nur die Aufspaltung der bürgerlichen Auseinandersetzung mit ihr in verschiedene Interpretationsmuster[66] zeigt in diese Richtung, sondern auch die Entdeckung der Keynes'schen Theorie im Lager der Marx'schen Ökonomie[67].

(1) Standpunkt des Geldvermögensbesitzers

Keynes' Ausgangsproblem sind die hervorstechenden Fehler der wirtschaftlichen Gesellschaft, die seines Erachtens unfähig ist, "für Vollbeschäftigung Vorkehrung zu treffen und ihre willkürliche und unbillige Verteilung des Reichtums und der Einkommen"[68] zu korrigieren. Beide Mängel sind systembedingt. Sie entstehen aus dem selbsttätigen Mechanismus der Marktwirtschaft, der mit dem menschlichen Interesse kollidiert. Keynes glaubt, daß die Welt eine Arbeitslosigkeit, die seines Erachtens unvermeidlich "mit dem heutigen kapitalistischen Individualismus verbunden ist, nicht viel länger dulden wird"[69]. Die ungleiche Einkommensverteilung ist für ihn ein grundlegendes Problem. Die Ersparnis (der Reichen) sei zwar eine unerläßliche Wachstumsbedingung, aber es müsse nicht nur die Investitionsnachfrage angeregt werden, sondern auch die Verbrauchsneigung. Er befürworte eine "sozial geleitete Investitionsrate", ebenfalls eine fortschreitende Abnahme der Profitrate und alle Arten der Politik, "die den Hang zum Verbrauch vermehren"[70].

Keynes thematisiert den Klassenantagonismus vor allem kreislauftheoretisch. Eine "gerechtere" Verteilung der Einkommen sei nötig, um das zunehmende Ungleichgewicht zwischen Angebot und Nachfrage zwischen Produktion und Konsum zu korrigieren. Eine Neu- bzw. Wiederverteilung des Einkommens, die den Hang zum Verbrauch wahrscheinlich erhöhen, wirke sich zugleich günstig auf das Kapitalwachstum aus[71]. Sparen und Investition seien nur berechtigt, soweit sie die **Produktion** steigern. Dieser Gedanke taucht bei Keynes bereits im Vorwort zu seiner Allgemeinen Theorie auf. Es käme darauf an, die **Geldtheorie auf eine Theorie der Produktion zurückzuführen**. Deshalb wolle er die Kräfte erforschen, welche "die Änderungen in der Skala der Produktion und Beschäftigung als Ganzes bestimmen". Insoweit sei seine Theorie "von dem Aufeinanderwirken von Angebot und Nachfrage (abhängig) und in dieser Weise mit unserer grundlegenden Werttheorie verbunden". Hieraus ergäbe sich, daß die klassische Theorie, die eine unfreiwillige Arbeitslosigkeit nicht kenne und im Gleichgewicht daher Vollbeschäftigung unterstelle, nur einen Sonderfall seiner Allgemeinen Theorie verkörpere[72].

Hintergründig orientiert sich die Keynes'sche Ökonomie am **Standpunkt des Geldvermögensbesitzers**, der in einer Marktwirtschaft die Möglichkeit hat, sich zwischen **verschiedenen** Verwendungsformen seines Geldes zu entscheiden, einerseits für verschiedene **Investitionen** im Bereich der Produktion, andererseits für verschiedene **Geldanlagen** am Finanz- bzw. Vermögensmarkt. Für die wirtschaftliche Entwicklung bzw. den Ausweg aus der Krise mit der hohen Arbeitslosigkeit ist nicht der Zinssatz entscheidend, sondern die **Grenzleistungsfähigkeit des Kapitals**, die in der **Produktion** zur Geltung kommt. Von ihr hängt ab, ob und inwieweit investiert wird oder nicht. Die Profiterwartung wird wiederum von der Entwicklung der **Nachfrage** auf den Gütermärkten wesentlich beeinflußt. Deshalb widmet Keynes der Wirkung von Nachfrageänderungen auf die Menge und die Kosten der Produktion seine besondere Aufmerksamkeit. Es ist für ihn "die Nachfrageseite, auf der wir ganz neue Gedanken einzuführen haben, wenn wir uns mit der Nachfrage als Ganzem beschäftigen"[73].

Abbildung 12:

Schema der Keynes'schen Allgemeinen Theorie

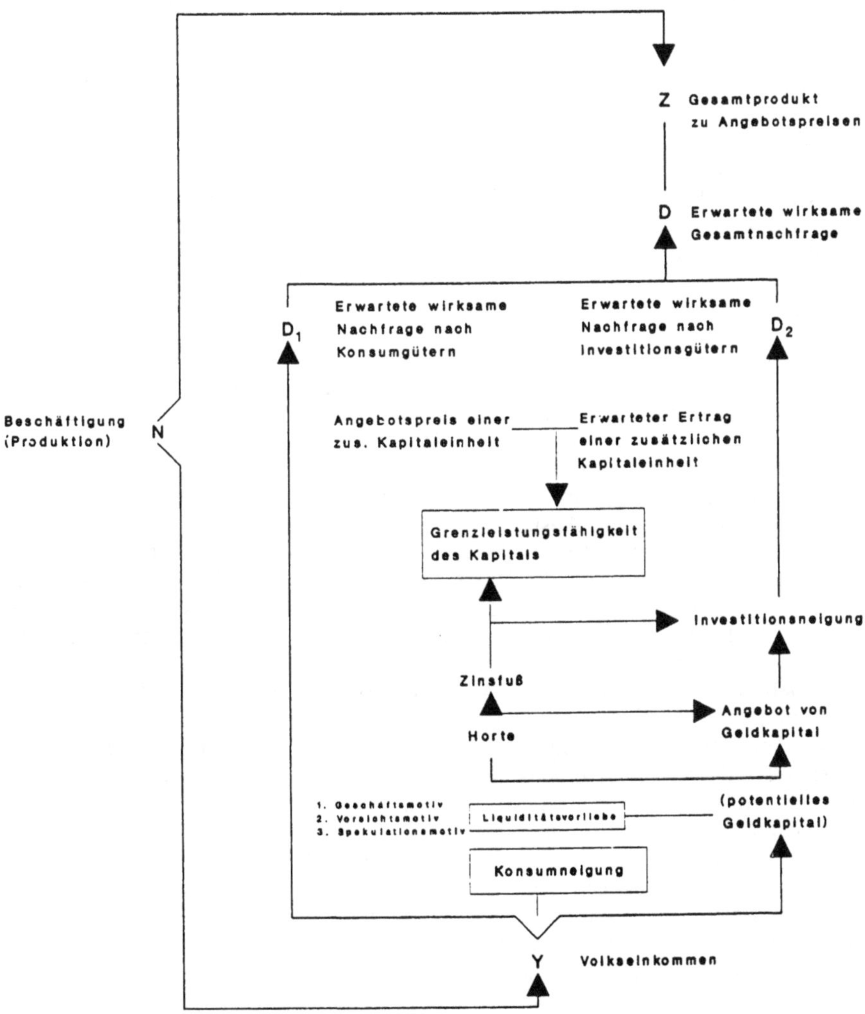

Der **Zinsfuß** markiert nach Keynes die **untere** Grenze für die verschiedenen Grenzleistungsfähigkeiten des Kapitals in der Produktion. Erst oberhalb von ihm lohnt sich die Investition. Ist der Zins hingegen höher als die Profitrate, wandern die Gewinne im Produktionssektor auf den **Finanz- bzw. Vermögensmarkt**, der dann die potentielle Nachfrage (Geldhorte) reduziert und für die Wirtschaft tendenziell Situationen der Unterbeschäftigung heraufbeschwört. Damit antizipiert er eine Problemlage, die für die aktuelle Arbeitslosigkeit eine paradigmatische Bedeutung hat. Aus ihr ergibt sich, daß die Dispositionen und Zinsansprüche des Geldkapitals am Zustandekommen der Beschäftigungskrise beteiligt sind und die hohe Staatsverschuldung mit ihren hohen Belastungen (Zins- und Tilgungsdienst) davon nicht unbeeinflußt ist, soweit sie aus der Bekämpfung der Krise resultiert.

Vom Standpunkt des Vermögensbesitzers sind entscheidungstheoretisch immer die **gesamten** Möglichkeiten einer Geldverwendung relevant. Dazu gehört einerseits die zeitweilige **Umwandlung von Geld** in Sach- und Finanzaktiva, die auf Vermögensvermehrung abzielt (Aspekt der Rentabilität), andererseits das **Halten von Geld**, das der Vermögenssicherung dient (Aspekt der Liquidität). Investitionsmärkte sind für Keynes nicht nur auf Rentabilität angelegt, sondern auch "mit dem Blick auf sogenannte Liquidität eingerichtet"[74]. Die **Börse** offeriert die Möglichkeit des Handels mit Kapitalwerten in zerstückelten Formen (Wertpapieren). Sie fördert die Liquidierbarkeit von Investitionen durch Veräußerung der Eigentumstitel (z.B. Aktien). Die Kurse für die Eigentumstitel an der Effektenbörse wirken auf die Profiterwartungen zurück und beeinflussen die Bereitschaft zu Neuinvestitionen. Güter- und Finanzmärkte existieren nicht beziehungslos nebeneinander. Sie werden durch das Geld und den Zins miteinander verknüpft.

Für Keynes fungiert das Geld als "**Verbindungsglied**" sowohl zwischen einzel- und gesamtwirtschaftlichen Tatbeständen wie auch zwischen Gegenwart und Zukunft. Mikroökonomisch vertritt er eine **Handlungstheorie**, die in ihrer Rationalität durch nutzenmaximierende Haushalte und profitmaximierende Unternehmungen gekennzeichnet wird. Aus deren Aktivitäten auf der Mikroebene resultiert auf Makroebene ein Austauschprozeß, der in seinen durch die individuelle Konkurrenz vermittelten Entwicklungstendenzen auf die planenden Wirtschaftssubjekte ungewollt zurückwirkt. Die Konsequenz dieses Widerspruchs zwischen Einzel-, Sektoren- und Gesamtbewegung des Kapitals ist eine makroökonomische **Unsicherheitstheorie**, die aufgrund der Möglichkeit, daß die Handlungen der rationalen Wirtschaftssubjekte im Mikrobereich der Wirtschaft auf der Makroebene der Austausch- und Akkumulationsprozesse irrational bzw. in ihr Gegenteil umschlagen können, eine Unberechenbarkeit der Zukunft unterstellt. Aus dieser Ungewißheit erklärt sich die Keynes'sche **Liquiditätspräferenz**, die im Kern ein individuelles **Bedürfnis nach Sicherheit und Handlungsfähigkeit** widerspiegelt. Als Liquiditätsmittel ist Geld nämlich "Verfügungsmacht über einen Vermögensbestand", der dem einzelnen "während eines Zeitabschnittes eine potentielle Annehmlichkeit oder Sicherheit" bietet[75]. Es ist gewissermaßen eine Anweisung auf einen Teil des Sozialprodukts bzw. Volksvermögens, der am Markt angeboten wird. Im Kontext des Kapitals vermittelt es die Bedingung der Möglichkeit von **Herrschaft** über den Produktions- und Reproduktionsprozeß der Gesellschaft. Hier liegt die Brisanz der Geldökonomie.

Die Prämie, die für den zeitweiligen Verzicht auf den Jokervorteil des gehorteten Geldes gezahlt wird, bezeichnet Keynes als **Liquiditätsprämie**. Genau genommen ist sie eine Prämie für den Verzicht auf Liquidität. Wer hortet, hält sich die Möglichkeiten der Geldverwendung "alle" offen. Hierin steckt ein Moment der Stärke. Insofern verbirgt sich im Vorsichtsmotiv zugleich ein **Machtmotiv**; denn wer über Geld bzw. Liquidität verfügt, kann den Tauschverkehr blockieren bzw. gegenüber potentiellen Geschäftspartnern jenen "stummen Zwang der Verhältnisse" ausüben, der mit Marktvermachtung, Kapitalkonzentration, Monopolisierung etc. assoziiert wird. Damit kommt der Herrschaftsaspekt in der Ökonomie wieder zur Geltung. Neben der Hierarchie innerhalb der Wirtschaftsstruktur spielt prinzipiell auch der Verflechtungsgrad zwischen den Märkten eine Rolle. Eine Wirtschaftswissenschaft, die solche Hintergründe und Bedingungen ignoriert, muß in die Irre gehen.

Mit dem macht- bzw. präferenztheoretischen Ansatz zur Erklärung des Zinses als Liquiditätsprämie entspricht Keynes einer entwickelten Stufe der modernen Geldwirtschaft, die den Konkurrenzkapitalismus[76] hinter sich gelassen hat. Die theoretischen Arbeiten von E. H. Chamberlin (1933), J. Robinson (1933), R. Triffin (1940) und H. v. Stackelberg (1948) reflektieren die veränderte Situation einer zunehmenden **Marktvermachtung**. Sie zeigen, daß die **vollständige** Konkurrenz lediglich ein Spezialfall möglicher ökonomischer Beziehungen ist. In der Realität der ökonomischen Praxis dominiert die **unvollständige** Konkurrenz. Bei monopolistisch-oligopolistischen Marktformen auf der Angebotsseite werden die Interessen und Motive der Unternehmer bevorzugt (Produzentensouveränität). Verbraucher haben im Extremfall überhaupt keinen Einfluß auf den Preis. Für sie ist die unternehmerische Rentabilität geradezu unrentabel. Freilich entstehen monopolistisch-oligopolistische Marktformen auch auf der Nachfrageseite (z.B. Gewerkschaften), so daß bestimmte Gruppeninteressen dort ebenso auf Kosten anderer verabsolutiert werden können. Mit einem Wirtschaftssystem, das primär durch unvollständige Konkurrenz (Marktvermachtung) bestimmt wird, ist die soziale Gleichheitsidee einer Maximalbefriedigung aller Wirtschaftssubjekte nicht so ohne weiteres vereinbar.

(2) Konzept der Globalsteuerung

Keynes kommt zu der Einsicht, daß die kapitalistische Wirtschaft - entgegen der Auffassung der klassischen Ökonomie - nicht automatisch zu einem Zustand der Vollbeschäftigung tendiert. Deshalb entwickelt er ein wirtschaftspolitisches Konzept, wie der Staat ein Abgleiten der Wirtschaft in Stagnation und Arbeitslosigkeit verhindern kann, ohne daß der marktwirtschaftliche Steuerungsmechanismus bzw. das Privateigentum an Produktionsmitteln aufgegeben werden muß. Er will zur Regulierung der Gesamtnachfrage neue Formen der Koordination zwischen Staat- und Privatsektor herbeiführen, die den Wirtschaftssubjekten den Spielraum zur Vertretung ihrer eigenen Interessen beläßt, aber die Chancen für Stabilität und Wachstum gleichzeitig vergrößert. Prinzipiell geht es um zwei Möglichkeiten: um Geld- und Fiskalpolitik.

(a) Die **Geldpolitik** setzt voraus, daß sich die Handlungsfähigkeit der Individuen in der modernen Wirtschaft erst durch Geld herstellt. Geld ist für Keynes

Abbildung 13: Bestimmung der Gesamtnachfrage

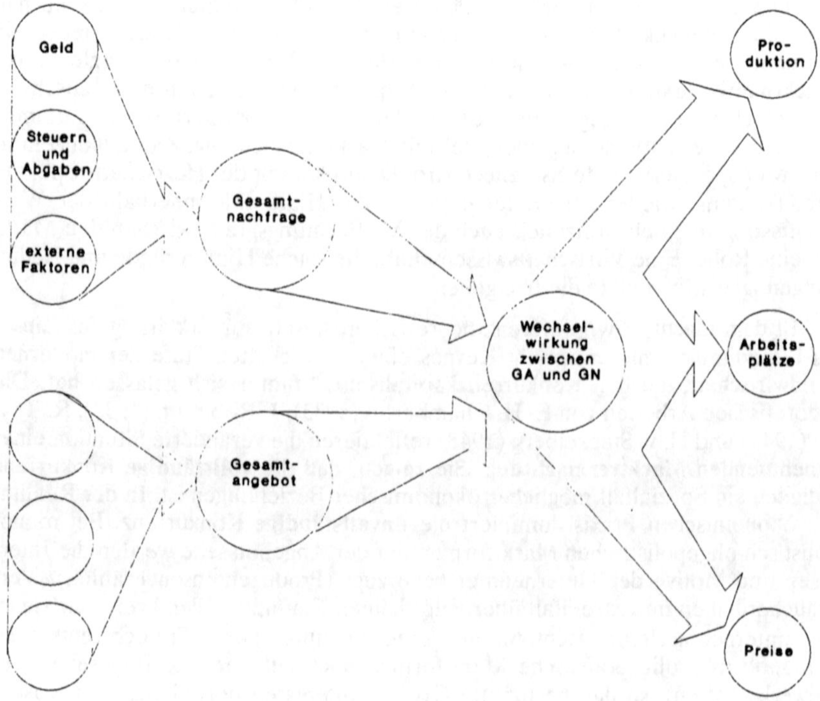

nicht ein Vermögensgegenstand, sondern ein quantifiziertes "Verfügungsrecht", ein Anspruch, der vom realen Vermögen als Waren- oder Produktionskapital zu unterscheiden ist. Als gesetzliches **Zahlungsmittel** ist Geld ein Geschöpf des Staates. Das Staatsgeld (vor allem Banknoten und Münzen) bestimmt die Geldmenge, die als Zentralbankgeld zugleich die Giralgeldschöpfung der Geschäftsbanken beschränkt. Die **Zentralbank** hat nach Keynes die Aufgabe, "sich eine unanfechtbare Kontrolle über das gesamte Volumen des von ihren Mitgliedsbanken geschaffenen Bankgeldes zu sichern"[77]. Dazu hat sie drei Möglichkeiten: erstens Ankauf und Verkauf von Gold, zweitens Diskont- und Offenmarktpolitik, drittens Gewährung von Darlehen. Auf diese Weise sei z.B. die Bank von England in der Lage, "eine absolute Kontrolle über die Kreditschöpfung seitens der Mitgliedsbanken auszuüben, und zwar in einem Grade, der in keinem anderen Währungssystem erreicht wird"[78].

Keynes vertritt das Konzept einer **Kontrollierbarkeit** des Geldes. Er unterstellt, daß das staatlich überwachte Geld seinerseits die Menge der "geldnahen" privaten Zahlungsmittel (z.B. Handelswechsel, Sichtguthaben bei Geschäftsbanken) reguliert und dabei durch nichts substituiert werden kann. **Geld** (Liquidität) wird von **Ware** (Geldbindung) streng unterschieden. Gebunden wird Geld einerseits durch **Investitionen**, die im Produktionssektor zur Wertvermehrung getätigt werden, andererseits durch **Anlagen** auf dem Finanz- und Vermögensmarkt, die an der Wertverteilung mitwirken. Dazu gehören vor allem **Staatspapiere**, die privaten Sparern eine zinsbringende Anlage bieten und öffentlichen Haushalten (Bund, Ländern, Gemeinden) die Möglichkeit geben, durch Verschuldung **nachfragepolitisch** wirksam zu werden. Sein Modell des Wirtschaftskreislaufes besteht aus einem Geld- und Güterstrom. Beide Ströme stehen nicht beziehungslos nebeneinander. Sie bilden ein System kommunizierender Röhren, in dem der Wert zwischen einzelnen Bereichen vermittelt und die Wirtschaftssubjekte aktiv am Wertausgleich mitwirken, sobald sie sich aus ihm eigene Vorteile (Zinsertrag/Einkommen) versprechen. Diese Entscheidungsprozesse bezieht Keynes primär auf die individuelle Liquidität (Sicherheit), die letztlich durch das staatliche Geld als Zahlungsmittel repräsentiert wird. Aus ihr ergibt sich die Gestaltungs- und Handlungsfähigkeit in der Wirtschaft.

Abbildung 14:

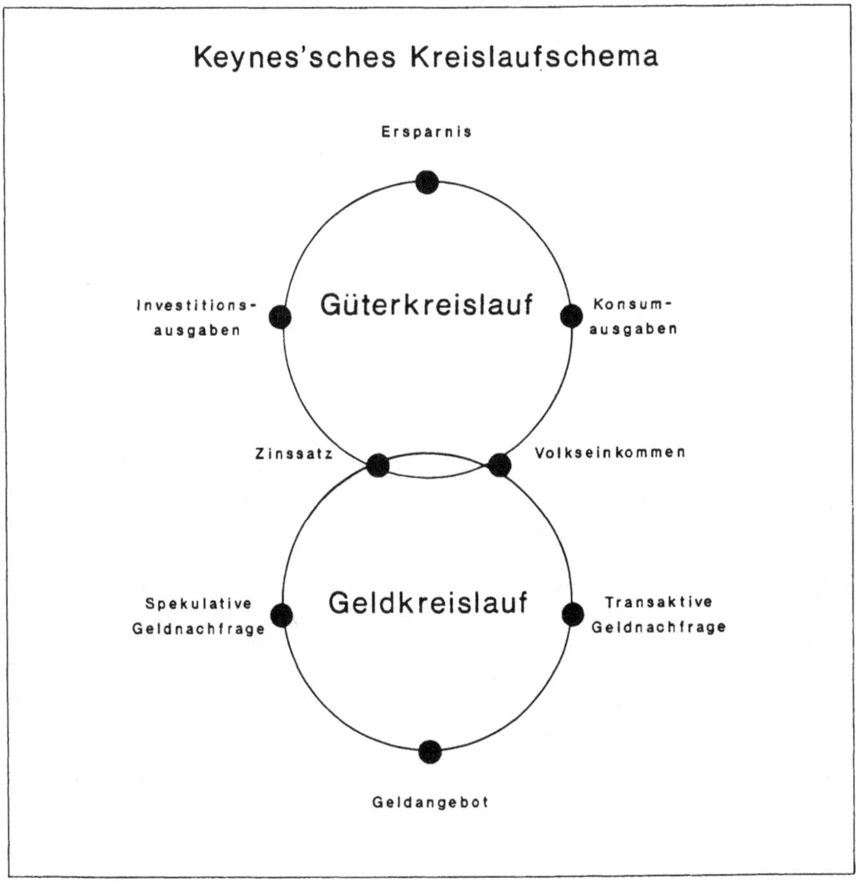

Die **finanzielle Bewegungsfreiheit** am Markt tangiert nach Keynes die Höhe der wirksamen Nachfrage. Sie korrespondiert mit dem Liquiditätsgrad der verfügbaren Aktiva und den Möglichkeiten der monetären Kreditaufnahme. Es ist nicht so sehr die Geldmenge, welche die Kaufentscheidungen beeinflußt. Entscheidend ist die Struktur bzw. der **Grad der Liquidität**[79]. Hieraus resultiert die **Macht des Geldkapitals**. Soll die Geldpolitik die wirksame Nachfrage verändern, ist nicht die Geldmenge zu regulieren, sondern die Liquidität[80]. Vorausgesetzt wird, daß die Wirtschaftssubjekte über Vermögen verfügen, das sie in liquide Formen umwandeln können, und bei einer Verringerung der Geldmenge durch Liquidierung von Aktiva ausweichen können (z.B. Verkauf von Wertpapieren, Aufnahme von Bankkrediten). Da die Menge des Giralgeldes indirekt die Umlaufsgeschwindigkeit des Zentralbankgeldes widerspiegelt, wird die Schaffung von **Kreditgeld** für Keynes zum archimedischen Punkt gesamtwirtschaftlicher Nachfragepolitik. Dazu gehört die Refinanzierung von Handelswechseln und Staatspapieren (Diskont- und Offenmarktpolitik). Die Mindestreservepolitik ist für ihn nur von sekundärer Bedeutung.

(b) Die **Fiskalpolitik** beruht auf der Erkenntnis, daß die öffentlichen Haushalte durch Ausgaben die Nachfrage stimulieren und sie durch Erhebung von Steuern vermindern. Da die Wirkung der Geldpolitik (z.B. Zinssenkung) wegen der nationalen und internationalen Finanz- und Vermögensmärkte für Keynes begrenzt ist, erwartet er eine inländische Globalsteuerung vor allem durch öffentliche **Investitionsprogramme**. Nicht die Konsumgüternachfrage ist die maßgebliche Schlüsselgröße, sondern die Nachfrage nach Investitionsgütern, die aus autononen Ausgaben der Unternehmen und des Staates hervorgehen soll (Vollbeschäftigungspolitik, notfalls durch "deficit spending", soweit es die Situation erfordert). Die Nachfrage nach Investitionsgütern verstärkt die Konsumgüternachfrage, die ihrerseits auf die Nachfrage nach Investitionsgütern zurückwirkt und so weiter etc. (Theorie kombinierter Multiplikator- und Akzeleratoreffekte). Einen anderen Ansatz bietet die **Steuerpolitik** (z.B. mit hohen Erbschaftssteuern), die den Hang zum Verbrauch vermehren. Keynes glaubt, auf die Enthaltsamkeit der Reichen verzichten zu können, weil das Wachstum durch sie aufgehalten wird. Er akzeptiert nur gewisse Ungleichheiten der Einkommen und des Reichtums, "aber nicht so große Ungleichheiten, wie sie heute bestehen"[81].

Aus der fiskalpolitischen Beschäftigungstheorie ergibt sich eine Folgerung für die Zinstheorie. Während die Klassik einen hohen Zins rechtfertigt, um zum Sparen zu veranlassen, will Keynes das Maß wirksamer Ersparnis durch die Ertragsskala der Investitionen bestimmen, und diese wird durch einen **niedrigen Zinsfuß** verbessert. Der Zins würde stetig fallen, "wenn es möglich sein sollte, Zustände von mehr oder weniger dauernder Vollbeschäftigung zu erhalten, es sei denn, daß eine übermäßige Änderung im Gesamthang zum Verbrauch (unter Einschluß des Staates) eintritt[82]. Dieser Zustand beinhaltet "den sanften Tod des Rentners". Er beseitigt die "Unterdrückungsmacht" der Banken, den Knappheitswert des Kapitals auszubeuten. Zinsen würden kassiert, "weil das Kapital knapp ist"[83]. Sie seien keine Belohnung für ein wirkliches Opfer, sondern eine "alternative Ertragsrate", die **machtpolitisch** durchgesetzt würde, weil im bestehenden System der Wirtschaft das Geld durch nichts zu ersetzen ist[84]. Keynes kämpft gegen das machtpolitische Übergewicht des Geldkapitals, soweit durch einen zu hohen Zins (der über der Rentabilität des Produktionskapitals liegt) systemnotwendige Investitionen unterbleiben, die für die Überwindung der Krise der Unterbeschäftigung unverzichtbar sind.

Institutionelle Flankierungen zur Reform der Geldökonomie erwartet Keynes **durch halbautonome Körperschaften** (z.B. Universitäten, Zentralbank, Wasser- und Elektrizitätswerke, Häfen, Eisenbahnen, Baugenossenschaften), die im Rahmen gesellschaftlich vorgegebener Ziele eigenständige Entscheidungen fällen können, obwohl sie der Kontrolle durch die Öffentlichkeit unterliegen. Auch Aktiengesellschaften (z.B. Banken, Produktionsunternehmen, Versicherungen) zählt er wegen ihres bedeutenden Einflusses dazu (Publizitätspflicht, Expertokratie etc.)[85]. Körperschaftliche Verdinglichungen im institutionellen Bereich des Rechts, der Wirtschaft, Wissenschaft und Technik erhalten bei Keynes einen instrumentellen Sinn. Was zählt, ist die Effizienz des Kreislaufs ökonomischer Prozesse. Die Objektivierung der Subjektivität ist dafür eine conditio sine qua non. Sie impliziert eine Instrumentalisierung der Vernunft. Keynes ist **gegen eine Senkung der Reallöhne**, nicht nur deshalb, weil niedrige Löhne "nicht unbedingt ein Heilmittel gegen die Arbeitslosigkeit" sind[86], sondern auch wegen der Deflationsgefahren und deren Folgen für die Produktion und Entwicklung. Indirekt rechnet er mit der **Unterstützung durch Gewerkschaften**. Daß er damit den Fordismus vorwegnimmt und dem Faschismus im Bereich der Wirtschaftspolitik konzeptionelle Hilfen bietet, wird erst später deutlich.

b) Implikationen des Denkansatzes

Während die Keynes'sche Ökonomie auf der einen Seite der mikroökonomischen Rationalität des Geldvermögensbesitzers folgt und dafür alles in Kauf nimmt, was entscheidungstheoretisch vorgegeben wird (z.B. Privateigentum, Konkurrenz, Primat der Kapitalakkumulation), geht es ihr auf der anderen Seite um einen parlamentarisch legitimierbaren Kompromiß, welcher der Geld- und Fiskalpolitik die makroökonomische Aufgabe stellt, das labile und ungerechte System der kapitalistischen Geldökonomie unter dem Primat des Staates durch interventionistische und soziale Maßnahmen zu stabilisieren und zu korrigieren. Um die Art und Struktur der öffentlichen Eingriffe zu bestimmen, verlagert Keynes das **Hauptaugenmerk von der Mikro- auf die Makroebene**. Unter diesem Vorzeichen öffnet sich sein Ansatz zur Globalsteuerung prinzipiell auch einer sozialwissenschaftlichen und ökologischen Orientierung. Die empirische Basis dafür bilden sogenannte **Aggregatgrößen** (z.B. Volkseinkommen, Gesamtersparnisse, Gesamkonsum, Gesamtinvestitionen, Beschäftigungsvolumen, Lohn- und Preisniveau etc.), hinter denen als Makrogruppen wiederum Wirtschaftssubjekte stehen (z.B. Einkommensempfänger, Sparer, Konsumenten, Investoren, Arbeitskräfte, Tarifparteien etc.), deren Verhalten und Reaktionen sich in den Beziehungen zwischen den Aggregatgrößen widerspiegeln. Einfache Funktionsgleichungen verdeutlichen, daß bestimmte Variablen empfindlich auf kurzfristige Veränderungen reagieren, die durch eine entsprechende Politik herbeigeführt werden. Weltwirtschaftliche Abhängigkeiten und internationale Abmachungen treten dabei zurück.

Im Mittelpunkt der Keynes'schen Makroökonomie steht die **Inlandswirtschaft**, von der er annimmt, daß sie durch die von ihm propagierten Heilmittel der Fiskal- und Geldpolitik zu gestalten ist. Durch diesen Optimismus hat sie den Aufschwung der ökonomischen Statistik und ökonometrischen Forschung wesentlich angeregt. Mit ihm verbindet sich ein **positivistischer Zug zur Rationalität**; er verrät Berührungspunkte mit Max Weber (1905), der im Begriff der formalen Rationalität die Vergesellschaftung sozialer Beziehungen zum Schlüsselphänomen macht und als Anhänger des Wirtschaftsliberalismus ebenfalls zutiefst an die Vitalität des kapitalistischen Systems glaubt, wenn auch nicht - wie Keynes - explizit nach dem Staat ruft. Max Weber verweist auf die weitgehende Gleichschaltung der Rationalisierungsprozesse in Wirtschaft, Politik und Verwaltung, die letztlich alle nach einer möglichst effektiven **Beherrschung bestimmter Mittel zur Erreichung bestimmter Zwecke streben** (Entzauberung der Welt). Auch Keynes folgt dieser Vorstellung, wenn er darauf baut, der Staat könne durch bestimmte Maßnahmen geld- und fiskalpolitischer Globalsteuerung den volkswirtschaftlichen Kreislaufprozeß beherrschen. Allerdings geht er darüber hinaus, indem er glaubt, durch inhaltliche Orientierung seiner öffentlichen Eingriffe in den Ablauf der Privatökonomie seine Sozialphilosophie einer gerechteren Gesellschaft verwirklichen zu können. Indem er eine **materielle** Rationalität im Sinne einer neuen **Wirtschaftsethik** vertritt, wird er prinzipiell auch ökologisch relevant. Ob und inwieweit diese Hypothese aufgeht, bleibt zu klären.

(1) Monetarisierung der Problemverarbeitung

Was bei Keynes auf dem ersten Blick als positiv erscheint, erweist sich bei näherer Betrachtung als problematisch. Stein des Anstoßes ist vor allem seine Konzeption der Geldökonomie, die genau das retten will, was auf dem Prüfstand einer kritischen Betrachtung der klassischen Tauschökonomie in bezug auf die Herstellung eines ökologischen Bezuges nicht genügt. Ihre Kategorien (z.B. Preis, Ware, Geld, Kapital, Produktionsfaktoren, Lohn, Gewinn etc.) entnimmt sie äußerlich zwar der Empirie der Wirtschaftspraxis, aber unter dem Zugriff des Geldes ignoriert sie deren sozialen und naturalen Gehalt. Selbst dort, wo sie explizit zwischen Geld- und Güterstrom unterscheidet (z.B. in der Theorie des Kreislaufs), ist sie als **Aggregatsökonomie ausschließlich monetär konzipiert** (z.B. bei der Berechnung des Bruttosozialprodukts, wo die Entstehungsseite der Werte durch Geldeinkommen und ihre Verwendungsseite durch Geldausgaben repräsentiert wird). Geld ist in der Keynes'schen Ökonomie nicht nur Tauschmittel, Recheneinheit sowie Zahlungs- und Wertaufbewahrungsmittel, sondern das **Superzeichen des ökonomischen Problembewußtseins** schlechthin. Die Eingebundenheit des Warenaustausches in den **realen** Prozeß der Produktion (Arbeit und Natur) wird aus dem inneren Zusammenhang der monetären Ökonomie selbst nicht mehr themenkonstitutiv. **Sozial- und Umweltfragen finden erst Resonanz, wenn sie in Geld ausgedrückt werden**; dann entscheiden Kalkulation und Wertrechnung darüber, ob es wirtschaftlich rational ist, dafür entsprechende Zahlungen zu leisten oder nicht. Das gilt unter Beibehaltung des Primats der Privatökonomie auch für die staatliche Geld- und Haushaltspolitik. Die Sprache der Preise und des Geldes begrenzt die Resonanz- und Lernfähigkeit der Keynes'schen Ökonomie institutionell. Als Geldkapital enthält das Geld zugleich die Potenz, die Macht des Kapitals durch Verfügung über materielle und immaterielle Ressourcen in den Produktions- und Reproduktionsprozeß der Gesellschaft zu übertragen und diese gegenüber Arbeit und Natur gemäß der immanenten Tendenz und Maßlosigkeit der Kapitalakkumulation geltend zu machen.

So gesehen ist das Geld keineswegs ein neutrales Medium. Als Geldkapital verfügt es über den institutionellen Joker, der sowohl zur Inwertsetzung natürlicher und menschlicher Ressourcen unter dem Aspekt der Kapitalakkumulation wie auch für die Regulierung des Wirtschafts- bzw. Kapitalkreislaufs planmäßig eingesetzt wird, um den Primat der Kapitalverwertung gesamtgesellschaftlich durchzusetzen. Der **Staat** tritt zum privaten Bereich individueller Aktivitäten **komplementär hinzu**, wenn das kapitalistische System aus eigener Kraft und Dynamik zeitweise nicht Vollbeschäftigung und Wachstum gewährleisten kann. Keynes betont zwar die Abhängigkeit der Produktion von der Nachfrage, aber nicht die Souveränität des Konsumenten ist für ihn entscheidend, sondern der **Standpunkt der Geldvermögensbesitzer**, der über die Struktur der Investitionsnachfrage (Gütermarkt oder Finanzmarkt) entscheidet. Nur die **Investitionsnachfrage** zugunsten des Produktionskapitals bestimmt die Höhe des Sozialprodukts und indirekt die Höhe des Konsums. Erst die Stabilisierung der Produktionsinvestitionen garantiert eine stetige Beschäftigung und ein kontinuierliches Volkseinkommen. Der Staat soll hierbei durch eigene Ausgaben die zyklischen Schwankungen und die wegen der sinkenden Grenzleistungsfähigkeit des Kapitals abnehmenden produktiven Investitionen der Unternehmen kompensieren. Die Ankurbelung der Wirtschaft vollzieht sich nicht dadurch, daß der Staat selbst ökonomische Prozesse übernimmt (Verstaatlichung), sondern der Multiplikatoreffekt der Staatsausgaben soll die private Investitions- und Konsumneigung in der Wirtschaft beeinflussen.

Damit verbleibt der politische **Kompromiß innerhalb einer Ökonomie, die** auf Grund ihres monetären Generalcodes **für die inhaltsspezifischen Probleme von Mensch und Umwelt** in der heutigen Zeit zunächst **kein systemimmanentes Resonanzorgan besitzt** und daher prinzipiell nicht wahrzunehmen vermag, was die "externen Effekte" der Privat- und Geldökonomie dort bewirken und bedeuten. Geld ist trotz der Kostenlosigkeit seiner Produktion kein freies Gut. Es unterliegt Angebotsbeschränkungen, deren **Kriterien** von der Macht des Geldkapitals im weitesten Sinne selbst festgelegt werden. Dazu gehört nach Keynes auch jene "scharfsinnige Einrichtung", die in der Praxis allgemein als **Geldwirtschaft** bezeichnet wird und das Bewußtsein der Bevölkerung institutionell prägt. Unter diesen Bedingungen böte sich zum Geld in der Gesellschaft keine Alternative. Solange es irgendeinen "dauerhaften" Vermögensgegenstand gebe, würde dieser fähig sein, "geldliche Eigenschaften zu besitzen und daher die kennzeichnenden Probleme einer geldlichen Wirtschaft hervorzurufen"[87]. Geld wird benutzt, um die ökonomische Herrschaft über den gesamten Produktions- und Reproduktionsprozeß der Gesellschaft zu vermitteln[88].

Freilich gilt dieses **Konzept der politischen Machbarkeit** nur für das Inland. Die Außenbeziehungen der Nationalökonomie klammert Keynes bewußt aus, weil er den Konflikt zwischen binnenwirtschaftlicher Beschäftigungspolitik und außenwirtschaftlichen Beeinflussungen, insbesondere durch Turbulenzen auf den internationalen Finanz- und Vermögensmärkten (Börsenspekulationen), bereits klar voraussieht. Er betont die Notwendigkeit einer Ausschaltung des Marktes zwischen In- und Ausland als Voraussetzung nationaler **Politik**. Hieraus erklärt sich sein Akzent der **Nationalökonomie**. Doch letztlich geht es ihm in der Politik um die Kontrolle und Beherrschung eines größeren Wirtschaftssystems. Im Zusammenhang mit der Neuordnung der Weltwirtschaft plädiert Keynes 1944 z.B. für eine **Weltzentralbank**, die durch eine Politik des billigen Geldes die internationalen Beziehungen so regulieren soll, daß vorgegebene Hegemonialstrukturen und Ungerechtigkeiten zunehmend abgebaut werden[89]. Die Kontrolle der Finanz-

und Vermögensmärkte wäre dafür eine notwendige Voraussetzung. Allerdings hat Keynes keinen Staat im Auge, der die kapitalistische Warenproduktion und die Freiheit des Geldkapitals aufhebt. Zum Teil sind seine Ideen seiner Zeit weit voraus. Sie kommen ansatzweise erst in der Aufschwungphase nach der Weltwirtschaftskrise zur Geltung, in der BRD während der sozial-liberalen Koalition und durch eine expansive Sozial-, Bildungs-, Wissenschafts- und Forschungspolitik, nicht zuletzt in der Erwartung, das gesellschaftliche Sein durch Veränderung des individuellen Bewußtseins und reformerische Maßnahmen durch Politik humanisieren bzw. ökologisieren zu können.

(2) Vergesellschaftungsmodell des Fordismus

Was Keynes konzipiert und durchdacht hat, korrespondiert mit gesellschaftlichen Entwicklungen, die vor allem seit den 30er Jahren in Gang kommen und im Begriff des Fordismus in charakteristischen Merkmalen diskutierbar werden. Nach J. Hirsch bezeichnet der Fordismus eine kapitalistische Formation im Sinne übergreifender Strukturen, die vorrangig unter dem Aspekt der Akkumulation und Herrschaft relevant sind[90].

Die **Akkumulation** orientiert sich an einem Modell intensiver Arbeit, in dem die Arbeitsprozesse wesentlich tayloristisch organisiert sind und eine **Massenproduktion** mit billigen Konsumgütern und hohen Löhnen zutage fördern, die einen **Massenkonsum** ermöglicht. Henry Ford erscheint als der paradigmatische Organisator des neuen kapitalistischen Produktions-Reproduktionszusammenhangs[91]. Seine unternehmens- und wirtschaftspolitische **Strategie der Rationalisierung** beinhaltet Steigerungen der Produktivität, verbunden mit einer **offensiven** Marktstrategie, die den Massenabsatz durch ein neues Konsummodell langfristiger Gebrauchsgüter (z.B. Autos, später Radios, Kühlschränke, Fernseher etc.) lösen will, auch unter Einbeziehung von Teilzahlungskrediten, die ein belastbares Einkommen (Lohnabtretung) voraussetzen[92].

Strategisch wird eine beschleunigte Durchkapitalisierung der Gesellschaft anvisiert (Industrialisierung der Landwirtschaft und des Haushalts, Zurückdrängung kleinhandwerklicher Produktionsformen und traditioneller Dienstleistungsberufe, Verallgemeinerung der Lohnarbeit), um die Reproduktion der Arbeitskraft aus der Perspektive der Konsum- und Dienstleistungsindustrie zu einer entscheidenden Anlage- und Verwertungssphäre für das Kapital zu machen. Durchkapitalisierung, Universalisierung der Lohnarbeit, Herstellung eines umfassenden inneren Marktes und gesteigerte Arbeitsproduktivität bilden die Basis des neuen Akkumulationstyps, der unter Vorherrschaft der USA realisiert und auf dem Weltmarkt ausgeweitet wird[93]. Besonders hervorzuheben ist, daß das fordistische Akkumulationsmodell eine allmähliche **Steigerung der Reallöhne** intendiert, in Anlehnung an Zuwachsraten der Arbeitsproduktivität, und da gleichzeitig angenommen wird, daß die Kapitalintensität langsamer zunimmt als die Arbeitsproduktivität, kann sich tendenziell auch die Profitrate erhöhen. Zum ersten Mal in der Geschichte des Kapitalismus wird suggeriert, das Problem der Absatzmärkte für die industrielle Wachstumsdynamik endogen lösen zu können.

Die fordistische **Herrschaft** stützt sich auf betriebliche, gesellschaftliche und politische **Formen der Regulierung** individueller Verhaltensweisen. Die taylorisierte Fabrik entsteht als geregeltes Arbeitsverhältnis im Sinne von **Disziplin.** Schon M. Weber betont die Konzentration der Betriebsmittel als Voraussetzung der Disziplin. Die Maschine tritt dem Arbeiter als fremde Macht gegenüber, indem sie das Verfügungsrecht des Unternehmers im Produktionsprozeß betrieblich durchsetzt. Durch Bewegungs- und Zeitstudien werden dem fordistischen **Fließband** die Arbeitsanforderungen derart exakt eingegeben, daß der Handlungsspielraum des daran arbeitenden Subjekts qualitativ und quantitativ aufgehoben und dessen individuelle Eigenart geradezu als störend empfunden wird. Die moderne Fabrik ist zugleich eine gesellschaftliche Veranstaltung. Sie umfaßt nicht nur betriebliche Funktionskreise (Management, Verwaltung, Organisation, Kontrolle etc.), sondern einen überaus komplexen Abstimmungsprozeß von Interessen und Machtfraktionen, dessen Grenzen und Strategien entlang der Differenzierungsrichtung der unmittelbaren Produktion verlaufen. Für das Funktionieren der Fabrik bedarf es eines hegemonialen Bündnisses, in dem alle Fraktionen und Zwischenrichtungen auf bestimmte Entwicklungen und Leistungen eingeschworen werden. Relevant sind **Apparate**, die im historischen Prozeß "geronnene Praxisformen" darstellen und eine eigene Struktur haben, die sie gegenüber anderen Apparaten relativ autonom erscheinen läßt. Durch **Ritualisierung von Praktiken** wird eine Normierung von Verhaltensweisen, Vorstellungen etc. als soziale und individuelle Existenz bewirkt[94]. Unternehmenspolitisch kommt es darauf an, die Arbeiterschaft über hohe Löhne (Mindestlohnsystem, kombiniert mit Prämienlohn und Gewinnbeteiligung) kalkulierbar, stabil und motiviert zu machen. Unter diesem Vorzeichen konstituiert sich eine "Fabrikation des zuverlässigen Menschen"[95]. Ihr Prinzip beschränkt sich keineswegs auf den Betrieb[96].

Mit der Durchsetzung des intensiven Akkumulationsregimes lösen sich parallel zur sozial-strukturellen Umschichtung alte Formen der Vergesellschaftung auf. Das Proletariat vermischt sich mit der Mittelschicht und verändert sich. Man denke an die Verbreitung geregelter Lohnarbeitsverhältnisse, die Standardisierung gesellschaftlicher Konsumnormen, den Siegeszug technologischer Mittler und die Kommerzialisierung sozialer Beziehungen. Traditionelle Zusammenhänge, Lebensformen und Milieus werden strukturell zurückgedrängt (z.B. Verstädterung der Arbeitersiedlungen und -viertel, Verbürgerlichung des Vereins- und Freizeitlebens, Zerstörung des Arbeitermilieus, Abschied vom Proletariat)[97]. Es entsteht eine weitgehend homogenisierte und individualisierte **Massengesellschaft**, die von geldvermittelten Sozialbeziehungen, fremdbestimmter Arbeits- und Funktionsteilung, Zeitökonomie und Bürokratisierung beherrscht wird. Die Kleinfamilie wird zur Sozialisationsagentur der Konsumgesellschaft. Neben dem Auto ist vor allem das Wohnen der Tragpfeiler der neuen Konsum- und Freizeitkultur. Freizeit wird zur Konsumarbeit! Die **Selbstbedienungsgesellschaft** mit ihren Regeln und Anweisungen für den Umgang mit ihr **überformt die Dienstleistungsgesellschaft**, die ohnehin schon durch Waren vermittelt ist (Funktionalisierung der individuellen Zeit-Raum-Dimension). Traditionelle Formen der Subsistenzproduktion werden hingegen zurückgedrängt.

In diesem Umfeld wird der fordistische Staat zum massendemokratischen **Wohlfahrts- und Interventionsstaat**. Er übernimmt bei der Integration von Investitions- und Konsumgüterindustrien sowie der Regulierung der Arbeitsverhältnisse und Lohnsysteme eine Schlüsselrolle. Der Sozialstaat (und davor bereits die Bismarck'sche Sozialgesetzgebung) ist eine Strategie gegen die klassenspezifische Selbstorganisation der Arbeiter bzw. ein übergreifender Mechanismus zur Integration der Lohnabhängigen in das Konsum- und Wachstumsmodell des Kapitalismus. Er beinhaltet die Teilhabe aller am verteilungsfähigen Sozialprodukt, um die Steuerung des ökonomischen Prozesses politisch abzusichern. Keynesianische Wirtschaftspolitik und 'industrial relations' sorgen dafür, daß der Klassenkonflikt stillgelegt wird bzw. seine strukturbildende Kraft historisch verliert. **Ökonomisches Wachstum wird zur Grundlage sozialer Konfliktregulierung.** Wachstum und Fortschritt bedeuten zugleich staatliche Förderung der Großtechnologien, Öffnung neuer Märkte (auch in Ländern des realen Sozialismus mit 'neuer' Ostpolitik), geschlechtliche Emanzipation, konsumvermittelte Selbstentfaltung im Kontext der Warenförmigkeit marktwirtschaftlichen Austausches, staatliche Organisation der schulischen und außerschulischen Qualifikationsprozesse (Ausbau des allgemeinen und beruflichen Bildungswesens, Durchsetzung curricularer Planungs- und Kontrollstrategien, Taylorisierung der Lern- und Lehrprozesse etc.).

Im Mittelpunkt des Fordismus keynesianischer Prägung steht ein Parlamentarismus mit fachlichen und gesellschaftlichen Eliten, der in seiner Funktionsstruktur **korporatistische** Züge zeigt[98]. Parteien und Gewerkschaften avancieren zu **Quasi-Institutionen**, die ihre Mitglieder aufgrund eigener Satzung und Interessen veranlassen, sich klassenunspezifisch bzw. gesellschaftsadäquat zu verhalten und sich gewissermaßen selbst zu disziplinieren. Ideologisches Breitbandkabel ist der Wachstums- und Fortschrittskonsens. Was die ökonomisch-politische Hegemonie des Fordismus so stark macht, sind vor allem Wachstum, Modernität, Fortschritt, Individualismus, Konsumismus, Arbeitsdisziplin, administrative Machbarkeit, etatistische Sozialreform und Egalitarismus und die Tatsache, daß die Mehrheit der Bürger sich damit identifiziert bzw. die Tendenzen eigenmotiviert mitvollzieht. Allerdings beinhaltet die korporatistische Einbindung der Wirtschaftssubjekte in den Bewegungs- und Vermehrungszusammenhang des Gesamtkapitals eine **Logik der Manipulation**, die eine Verkehrung von Zielen in Mittel herbeiführt. Instrumentelle Vernunft ist erforderlich, um mehrheitlich beschlossene Ziele zu realisieren. Deshalb muß der Staat zur Erreichung seiner Aufgaben über Natur und Menschen eine hinreichende Kontrolle gewinnen. Der Kontinuität dieser Entwicklung entsprechen vor allem zwei Argumentationen.

Erstens wird die Industrialisierung aufgefaßt als Ergebnis des Fortschritts von Wissenschaft und Technik im Sinne zunehmender Naturbeherrschung und steigender Produktivität menschlicher Arbeit, d.h. einer gesellschaftlichen Durchsetzung von Produktions-, Kommunikations-, Distributions- und Administrationsweisen, die auf dem Einsatz von wissenschaftlicher Technik und rationaler Organisation basieren. Die Instrumentalisierung von Natur als Rohstoff und Objekt ökonomischer Prozesse verschmilzt mit der Instrumentalisierung von Menschen als Produktions- und Herrschaftsmittel. Die Modernisierung des Bewußtseins bildet die Grundlage der Industrialisierung und sichert die Nutzung ihrer Früchte nach legitimen Verteilungsmustern. **Zweitens** wird der Wirtschaft trotz ihrer Komplexität und Differenziertheit eine stabile Struktur unterstellt, die bei zunehmendem Wachstum die traditionelle und ökologische Struktur der Gesellschaft überlagert und sozial ständig erneuert bzw. erweitert wird. In der Objektivierung von Natur und Mensch wird die instrumentelle Vernunft zum Objekt ihres eigenen Triumphs über eine gesellschaftliche Praxis, die einst von menschlichem Sinn und ökologischer Rücksichtnahme bestimmt war.

Der **traditionelle** Sektor deckt den wachsenden industriellen Arbeitskräftebedarf; Familienangehörige werden Lohnarbeiter. Ihre Bezüge haben überwiegend einen investiven Charakter. Entweder werden mit ihnen direkt Ausrüstungsgüter gekauft oder indirekt Steuern und Abgaben gezahlt, die zur Finanzierung der öffentlichen Infrastruktur verwendet werden. Dementsprechend spielt die "innere Landnahme" des traditionellen Sektors für die Industrialisierung eine entscheidende Rolle (Reservoir für Arbeitskräfte, Versorgungsgrund der Beschäftigten, Absatzmarkt für neue Produkte)[99]. Der **ökologische** Sektor dient der Industrialisierung ebenfalls als Ausbeutungsquelle. Die keynesianische Strategie des stetigen Wachstums führt in der Praxis zu exponentiellen Wachstumsfolgen. Während bei einer Wachstumsrate von 2% noch 35 Jahre nötig sind, um die Produktion zu verdoppeln, sind bei einer jährlichen Steigerung von 7% nur noch 10 Jahre erforderlich. Eine Wirtschaftsentwicklung auf der Basis einer staatlichen Wachstumspolitik (Stabilitätsgesetz) fördert also verstärkt Umweltprobleme zutage, wenn die natürlichen Ressourcen mengenmäßig begrenzt sind. Daß die damit zusammenhängenden Fragen am Ende der 60er Jahre zur weltweiten Umweltdiskussion führen, ist kein Zufall. Es geht um die allmähliche Erschöpfung der Rohstoffe, die zunehmenden Kosten und Gefahren der Energie-Erzeugung und die wachsende Belastung der Umwelt mit Abfallprodukten, die sich nicht oder nicht schnell genug in den natürlichen Kreislauf der Stoffe zurückführen lassen. **Die Umweltprobleme steigen um so massiver, je erfolgreicher die Wachstumspolitik wird**. Die Bundesregierung sieht sich 1970 veranlaßt, das Umweltproblem zu politisieren, d.h. auf die eigene Wachstumspolitik in der Weise zu reagieren, daß weitere politische Maßnahmen zugunsten des Wachstums ergriffen werden.

Vor allem die Krise 1974/75 zeigt, daß unter den gegebenen Verhältnissen das Paradigma der wirtschaftlichen Kontinuität eine Dauerhaftigkeit nicht beanspruchen kann. Einerseits sind ein wunder Punkt die produktiven Investitionen, die über den Multiplikatoreffekt kurzfristig zusätzliche Einkommen und zusätzliche Konsumnachfrage erzeugen, aber langfristig einen **Kapazitätseffekt** haben, der das Warenangebot auf dem Markt erhöht sowie die organische Zusammensetzung des Kapitals so verändert, daß aufgrund des steigenden Fixkostenanteils die Profitrate tendenziell sinkt. Um wettbewerbsfähig bleiben zu können, rationalisieren sich die Industriebetriebe angesichts des technologischen Gesetzes der Massenproduktion geradezu automatisch in eine übergroße Kapazität hinein, die von der Nachfrage nie oder nur selten erreicht wird[100]. Um den Output-Zuwachs überhaupt absetzen zu können, muß der Staat die ständig steigende Nachfragelücke schließen. Andererseits hat diese Entwicklung einen **Belastungseffekt** produziert, der in der Bundesrepublik dazu führte, daß die sozialliberale Koalition an der keynesianischen Wachstumspolitik zerbrach. Aus heutiger Sicht ist diese Folge weniger sozial und ökologisch zu interpretieren. Entscheidend war seine **politische** Vereinnahmung, insbesondere unter dem Aspekt der wachsenden Staatsquote und zunehmenden Staatsverschuldung, die es aus Gründen der internationalen Wettbewerbsfähigkeit des Systems und der Inflationsgefahr abzubauen galt. Sie bestätigt, daß der **Staat** in der gemischten Wirtschaft nur eine **relative Autonomie** hat. Er muß sich den Bedingungen der Verwertung des Gesamtkapitals genauso unterwerfen, wie jedes einzelne Kapital, solange er die Form der Privatgesellschaft schützt, die ihm strukturell vorausgeht und den Kapitalverwertungsprozeß in den Mittelpunkt der gesellschaftlichen Reproduktion stellt. Unter dem Primat der Politik stellt sich für den bürgerlichen Staat die **paradoxe Situation**, daß er etwas planen und steuern soll, nämlich den Wirtschaftsprozeß, der auf gesamtgesellschaftlicher Ebene ungeplant und ungesteuert zustande kommt. "Wollte die Politik hier regulierend eingreifen, so müßte sie nicht die Erscheinungsform der Krise, sondern deren Ursprung, die widersprüchliche kapitalistische Produktion selbst, beseitigen"[101].

3. Weltkonkurrenz: Friedman'sche Kapitalökonomie

Die Etappe der Friedman'schen Ökonomie beginnt in vielen Nationalstaaten mit der Infragestellung des keynesianischen Projekts, in der BRD zumindest seit dem Regierungswechsel 1982, z.T. sogar früher. Die Geldpolitik schwenkt ansatzweise bereits 1973 auf einen monetaristischen Kurs. Die Bedingungskonstellation der großen Krise zeigt, daß die Form der Vergesellschaftung auf der Basis der keynesianischen Wirtschaftspolitik die Grenze ihrer Problemverarbeitungskapazität erreicht, nicht nur durch die reduzierten Möglichkeiten der Umverteilung und Kompensation auf der Basis einer Stagflation bei tendenziellem Fall der Profitrate, sondern auch durch die Entkoppelung von monetärer und realer Akkumulation[102] sowie die Entkoppelung von Produktionswachstum und Beschäftigungsentwicklung, die impliziert, daß nur mit einem überproportionalen Investitionsaufwand der gesellschaftliche Skandal der Massenarbeitslosigkeit lösbar erscheint. Der hiermit angedeutete Bruch in der Wirtschaftspolitik geht bis zur Destruktion industrieller Beziehungen und formaler Strukturen, ohne daß bisher klar ist, welche Entwicklungen sich aus ihm konkret ergeben. Vieles deutet darauf hin, daß seit der konservativen Wende mit dem Wahlsieg der CDU/CSU-FDP-Koalition in der BRD die Friedman'sche Kapitalökonomie zur Geltung kommt.

a) Akzente der Gesamttheorie

Häufig wird die Friedman'sche Ökonomie als neoklassisch charakterisiert, was leicht dazu verleitet, sie in ihrer Grundorientierung als rückwärtsorientiert aufzufassen. In gewisser Weise ist dies auch richtig, aber unberücksichtigt bleibt, daß sie sich auf eine Stufe der wirtschaftlichen Entwicklung bezieht, die gegenüber der Keynes'schen Ausgangslage einen höheren Grad der Vergesellschaftung und Widersprüchlichkeit erreicht. Während die klassische Tauschökonomie in ihrem Wesen vorrangig die Problemkonstellation des Warenkapitals (Logik rationalen Handelns) und die Keynes'sche Geldökonomie die Hegemonie des Produktionskapitals (Steigerung wirksamer Gesamtnachfrage) widerspiegelt, repräsentiert die Friedman'sche Kapitalökonomie den aktuellen Stand einer Vorherrschaft des Geldkapitals (Optimierung monetärer Ertragsansprüche).

(1) Erneuerung der Marktwirtschaft

Während Keynes die wirksame Nachfrage in Gestalt der Gesamtausgaben zur Schlüsselgröße wirtschaftlicher Entwicklung macht sowie eine aktive Haushalts-

und Geldpolitik fordert, vertraut Friedman dem Druck der ökonomischen Sachgesetzlichkeit. Er fordert eine **passive** Haushalts- und Geldpolitik und setzt vordergründig auf eine **Marktwirtschaft**, in der sich bei Privateigentum die Unternehmer in freier Konkurrenz gegenübertreten. Staatliche Eingriffe in die Privatsphäre sind für ihn die "größte Bedrohung für diese Freiheit"[103]. In der Außenwirtschaft erstrebt er eine Liberalisierung der Handels- und Kapitalströme. Flexible Wechselkurse sollen einen Ausgleich der Zahlungsbilanzen herbeiführen. Private Macht im Bereich der Ökonomie wird allgemein zwar themenkonstitutiv, aber faktisch sind für ihn eigentlich nur die Gewerkschaften freiheitsgefährdend. Sie stellen die Lohnflexibilität infrage und sind gegen eine "natürliche" Arbeitslosigkeit, die als Mittel gegen Inflationstendenzen angesehen wird. Unter der Annahme, daß die Marktwirtschaft als Wettbewerbs-Kapitalismus immanent zur Stabilität und Machtneutralisierung neigt, führt Friedman die empirischen Instabilitäten und Marktvermachtungen explizit auf den Staat als Fiskus zurück. Selbst eine aktive Geldpolitik stört ihn. Er will die Handlungsmöglichkeiten des privaten Bankensystems stärken und dieses vor Eingriffen der Zentralbankpolitik schützen.

Wirtschaftliche Freiheit ist für Friedman eine unverzichtbare Bedingung der politischen Freiheit. Sie impliziert eine Struktur materieller Ungleichheit. Wirtschaftlich frei und unabhängig ist der Vermögende. Insofern wird die wirtschaftliche Freiheit bei Friedman durch den Kapitalismus der privaten Eigentumsverhältnisse repräsentiert. Kapital kann sich nur der verschaffen, der damit bereits ausgestattet ist. Die empirische Praxis der Kreditgewährung verifiziert diese Aussage.

Die **politische Freiheit** betrifft einerseits das, was der Markt als Allgemeininteresse aller Marktteilnehmer voraussetzt, nämlich: die formale Freiheit und Gleichheit aller Kontrahenten (Unabhängigkeitserklärung, Menschenrechte). Durch die Verfassung werden diese Momente objektiviert und unverfügbar gemacht, nicht nur für private Machthaber (Abschaffung der Sklaverei), sondern auch für den Staat (Grundrechte als Rechte gegen staatliche Eingriffe). Andererseits impliziert die politische Freiheit den Rechtsstaat und - da dieser als Form allein nicht lebensfähig ist - auch einen minimalen Fiskus, soweit der Rechtsstaat zur Wahrnehmung seiner Hoheits- und Gewaltfunktion finanzielle Mittel benötigt. Mit der politischen Freiheit verbindet sich eine für den einzelnen Bürger unverfügbare staatliche Apparatur, die keinen anderen Zweck hat, als die Privat- und Marktsphäre zu schützen. Dazu gehören die von ihm ausdrücklich erwähnten staatlichen Forums- und Schiedsrichterfunktionen, die frei von Ökonomie sein sollen (Verzicht auf Absichten eigener Gewinnerzielung), aber auch die staatliche Garantie einer Wert- bzw. Geldform, in der sich die private Warenproduktion preislich ausdrückt und die im Wechsel der Generationen bzw. Konstellationen längerfristig stabil bleibt[104].

Aus dieser Sicht wendet sich Friedman gegen relevante Teile der Keynes'schen Theorie. Vor allem stellt er den Gemeinplatz seiner Geldtheorie infrage, wonach die Geldmenge in **nominalen** Währungseinheiten bestimmt wird. Entscheidend sei die **reale** Geldmenge, die er als jene Menge an Gütern und Diensten definiert, zu deren Kauf die nominale Geldmenge ausreicht. Gerade sie habe einen "bedeutenden Einfluß auf die Wirksamkeit des ökonomischen Funktionsmechanismus, desgleichen darauf, für wie vermögend sich die Wirtschaftssubjekte halten sowie natürlich auf den tatsächlichen Umfang ihres Vermögens"[105]. Die **Preis- bzw. Geldwertstabilität** sei dafür eine institutionelle Voraussetzung. Während sich die ältere Literatur mit unerwarteten Inflationen oder Deflationen befaßt, beschäftigt sich Friedman hauptsächlich mit erwarteten **Inflationen**, vor allem deshalb, weil das Problem der Nachkriegszeit nicht in der Deflation besteht, sondern in der Inflation. Dabei sind besonders stark die Papierscheine (Finanzaktiva) der Gefahr des Wertverfalls durch inflationäre Prozesse ausgesetzt.

Die Geldpolitik hat sich nach Friedman in das Regelgebäude ihrer **Institution** zurückzuziehen. Sie soll sich so verhalten, daß immanente Stabilisierungstendenzen des Gütermarktes von ihr nicht beeinträchtigt werden. Auch der Vermögensmarkt sei in Ruhe zu lassen. Geldpolitik erschwere die individuellen Dispositionen der Geldanleger. Ihre Maßnahmen (z.B. Senkung der Mindestreservesätze) machten eine vorher als optimal angesehene Zusammensetzung des Vermögens plötzlich korrekturbedürftig und zwängen die Privatwirtschaft zu Anpassungsmaßnahmen, die vor allem das Finanzvermögen betreffen. Geldpolitik beunruhige die gesamte Seite der Papierscheine, von der die **Umlaufsgeschwindigkeit des Geldes** abhängt. Deshalb sei sie einzuschläfern, zumindest in dem Maße, daß sich die Kräfte des Warenmarktes frei entfalten können.

Hintergründig zielt Friedman auf eine **Erhaltung der Kräfte und Strukturen**, die dem Regelungsmechanismus des Marktes im heutigen Kapitalismus vorausgehen, und das sind vor allem die materiellen Eigentumsverhältnisse. Der Nutzen des Geldes ist dafür eine grundlegende Voraussetzung. Einmal ist das Geld eine **Ware**, die auf dem Geldmarkt gehandelt wird. Sein Einfluß entspricht dem Verhältnis zwischen dem Geldmarkt und den anderen Märkten. Der **Zins** spielt eine fundamentale Rolle; denn er steuert den Transmissionsmechanismus zwischen Geld- und Gütermarkt. Zum anderen stellt das Geld selbst **Vermögen** dar. Es ist eine Kraft, die in dieser Eigenschaft die Nachfrage nach und das Angebot an Gütern (einschließlich Geld) beeinflußt, ebenfalls die Preise und Mengen dieser Güter (Realkasseneffekt). Freilich üben auch andere Aktiva, sofern sie liquide sind, einen geldähnlichen Einfluß aus. Angesichts dieses Nutzens stellt sich Friedman die Aufgabe einer Bestimmung der "optimalen" Geldmenge. Die **optimale Geldmenge** hängt seines Erachtens von dem Verlauf der Nachfragekurve für reale Kassenhaltung und von der Änderung in den Kosten der Geldhaltung ab, die zur Erreichung der optimalen Menge erforderlich ist[106]. Insofern ist für die Wirkungsweise des Geldes bzw. den Realkasseneffekt sowohl die Geldtheorie wie auch die Kapitaltheorie relevant.

(2) Kapitaltheorie der Papierscheine

Geld ist für Friedman "**etwas viel Fundamentaleres als nur ein Tauschmittel**; es ist ein Faktum, das die Wirtschaftssubjekte in die Lage versetzt, den Akt des Kaufs von dem des Verkaufs zu trennen. Aus dieser Sicht besteht die Rolle des Geldes darin, als vorübergehende 'Bleibe' der Kaufkraft zu dienen"[107]. Die zeitweilige "Bleibe" der Kaufkraft (engl. "temporary abode of purchasing") darf man im Zusammenhang der Friedman'schen Kapitalökonomie nicht gleichsetzen mit Kaufkraftaufbewahrung, wie es gelegentlich geschieht[108]. Für Friedman ist Geld in erster Linie ein "Vermögensgegenstand" bzw. "ein Teil des Vermögens", dessen ökonomische Eigenschaften in der Wertaufbewahrung keineswegs aufgehen[109].

Was er am Geld immer wieder als "Vermögenseigenschaft" hervorhebt, ist **einzelwirtschaftlich** seine Funktion als **Wertvermehrungsmittel**. Gerade sie veranlaßt ihn, die Quantitätstheorie des Geldes neu zu formulieren, und zwar "in einer durch die Keynes'sche Liquiditätsanalyse stark bestimmten Form". Das Gewicht seiner Neuformulierung liegt auf der sogenannten **Portfolioanalyse**, einer Bilanzanalyse der Vermögensarten, die Wirtschaftssubjekte zu halten wünschen.

Die Frage einer optimalen Zusammensetzung der finanziellen Vermögensmassen von Wirtschaftssubjekten bei risikobehafteten Erwartungen ist ein Problem, das schwerpunktmäßig vor allem professionelle Anleger betrifft (z.B. Banken, Versicherungen). Dementsprechend wird Friedman's Geldtheorie - wie er selbst sagt - zu einem "Teil" der Kapitaltheorie oder der Vermögenstheorie[110]. Die von Papierscheinen repräsentierte Verfügungsmacht bezieht sich auf fünf verschiedene Vermögensteile: 1. Geld (M3-Menge), 2. Obligationen (bonds), 3. Aktien (equities), 4. Sachkapital (physical nonhuman goods) und 5. menschliches Leistungsvermögen (human capital). Das Verhältnis der ersten vier Vermögensteile zur menschlichen Qualifikation sieht er im Rahmen seiner Ableitungen als gegeben an. Humankapital kann sich gegen andere Vermögenswerte nur begrenzt austauschen[111]. Seine Aufteilung der ersten vier Komponenten orientiert sich an folgenden Einflußfaktoren: dem verfügbaren **Gesamtvermögen**, den voraussichtlichen **Erträgen** einer Vermögensanlage, dem vermutlichen **Risiko** der angelegten Wertsumme und den subjektiven **Präferenzen** des privaten Haushalts, der nach der Funktionsteilung des volkswirtschaftlichen Kreislaufmodells die Geldvermögensbesitzer mitumfaßt. Es führt zu weit, die Bedeutung der einzelnen Variablen für die Geldnachfrage bzw. deren Weiterbearbeitung zu einer makroökonomischen Nachfragefunktion für reale Geldbestände etc. hier genauer zu erläutern[112]. Wesentlich ist, daß Geld in seiner Vermögenseigenschaft bzw. Wertvermehrungsfunktion gesehen wird und mit anderen Vermögensteilen in bezug auf die obigen Kriterien verglichen wird, um **mikroökonomisch** die optimale Zusammensetzung der Vermögensmasse zu finden, die jeweils zur Disposition steht.

Während sich Keynes in seiner Geldpolitik zur Kontrolle und Lenkung der zusätzlichen Giralgeldschöpfung der Geschäftsbanken auf die Zentralbankgeldmenge konzentriert (**Bargeldumlauf** aus Banknoten und Münzen **plus Mindestreserve-Soll** der Geschäftsbanken, das von der Zentralbank nicht verzinst wird), verwendet Friedman eine Zielgröße, die zugleich ertragsorientiert ist. Er nimmt den **Geldmengentyp M3**, der Spareinlagen mit gesetzlicher Kündigungsfrist explizit miteinbezieht. Mit seinem erweiterten Geldmengenbegriff **verwischt** Friedman die **Grenze zwischen Geld** im engeren Sinne (Zentralbankgeld) **und geldähnlichen Papierscheinen, die zugleich Ertrag bringen** (Kapital). Er bevorzugt einen Geldmengenbegriff, der zu etwa 90% aus zinsbringendem Buchgeld und nur zu etwas mehr als 10% aus nennwertigem Zentralbankgeld besteht. Geld wird vom ihm per se als eine Vermögensform betrachtet, die mit finanz- und realwirtschaftlichen Mitteln der Wertaufbewahrung in einem Substitutionsverhältnis steht. Und als Buchgeld ist dieses Geld **einzelwirtschaftlich** zugleich **Wertvermehrungsmittel**. Wer es besitzt und gegen Zinsen verleiht, bereichert sich auf Kosten anderer.

Fachwissenschaftlich wird der Friedman'sche Denkansatz als **Geldnachfragetheorie** interpretiert, aber nach H. Riese verliert diese ihren allgemeinen Charakter. Sie betrifft nur die Geldhaltung der Vermögensbesitzer in Gestalt ihrer Spekulationskasse. Auf diese Weise rücken die **Dispositionen des Geldkapitals auf**

den Kapitalmärkten in den Vordergrund von Strategien, die sich den Interessen des Produktions- und Warenkapitals überordnen und die Wirtschaft insgesamt zu beherrschen suchen, auch die Außenwirtschaft. "**Wechselkurse** spiegeln unter diesen Voraussetzungen nur noch sehr bedingt die realen Güter- und Dienstleistungsströme wider. Sie werden zumindest im kurzfristigen Verlauf primär aufgrund reiner Finanztransaktionen gebildet und werden dann ihrerseits zur maßgeblichen Bestimmungsgröße für den internationalen Austausch von Waren und Dienstleistungen"[113].

Im Zahlungsverkehr gewinnt das **Kreditgeld** als Buchgeld gegenüber dem substantiell oder rechtlich besser abgesicherten Waren- und Bargeld zunehmend die Oberhand. Im Lohn- und Gehaltswesen ist der bargeldlose Zahlungsverkehr nahezu perfekt; elektronische Finanzinnovationen und -technologien erobern den Handels- und Dienstleistungsbereich. Und das heißt, daß das Gresham'sche Gesetz nach wie vor gültig ist. Das schlechte Geld verdrängt das gute und immer dann, wenn es dem Benutzer die größeren ökonomische Vorteile bietet. Die augenblicklich bedenklichste Form, aber vielleicht nicht die letzte Stufe in der Rationalisierung der Zahlungs- und Kreditfunktionen ist im internationalen Waren- und Kapitalverkehr das **Xeno-Geld**[114]; es ist derzeit die flexibelste und abstrakteste Form, fast nur reines **Zeichen- und Kreditgeld**, das sich vom subjektiven Verhältnis der Menschen und qualitativen Bezug zur Umwelt institutionell befreit und eine eigenständige Dynamik entfacht, die förmlich astronomische Geldmengen und Geldumlaufsgeschwindigkeiten zutage fördert.

Im Kontext der Finanzmärkte beschert das Geld den Vermögenden ständig neue Möglichkeiten der Wertvermehrung und Einflußnahme. Es beinhaltet Parteinahme für Mächte, die sich mit ihm gegen andere Mächte wenden, und es betreibt eine Vermarktung des Risikos, die das Risiko nicht abschafft oder vermindert, sondern anwachsen läßt. Als Joker aller Waren vermittelt es am Markt zwar größte Beweglichkeit, Sicherheit und Schnelligkeit in der Wahrnehmung von Chancen und Interessen, aber unter der Voraussetzung, daß es **ungleich** verteilt ist, bevorzugt es zunehmend nur diejenigen, die bereits über mehr Geld verfügen als andere bzw. ihre liquidierbaren Vermögensmassen durch Zinseszinseffekte sogar exponentiell vermehren können. Angesichts der steigenden Kluft zwischen armen und reichen Privateigentümern und Nationalstaaten entstehen gegenläufig als Nebeneffekte dieser Kapitalökonomie zugleich Unzufriedenheiten, Abhängigkeiten und Unsicherheiten, die auf den Funktionszusammenhang und das Klima der Gesamtwirtschaft insgesamt negativ zurückwirken.

Geld ist als weltwirtschaftlicher Joker für Friedman keine neutrale Karte. Sein genereller Vorteil wird als Liquidität vermarktet und schlägt sich vor allem darin nieder, daß das transtemporale Preisgefüge auseinandergerissen wird. Soll es neutral sein, darf es zusätzlich nicht auch noch Kapital sein; denn durch den Zins und Zinseszins fließen monetäre Anwartschaften auf das national- bzw. weltwirtschaftliche Sozialprodukt bzw. Vermögen unentwegt an solche Eigentümer und Nationalstaaten, für die es weitgehend überflüssige Wertmasse (z.B. Spekulationskasse und Exportüberschuß) ist, die wiederum Zinsen und Renditen sucht und sich im kapitalistischen System nicht demokratisieren läßt. Auf diese Weise wird monetäre Nachfragekapazität an falsche Stellen verschoben, d.h. dorthin, wo weder Konsumbedarf noch Investitionsbedarf besteht. Am Ende fehlt der Volks- bzw. Weltwirtschaft das Geld zur Nachfrage. Oder anders formuliert: Dem Geldkapital fehlt zur Nachfrage "der Bedarf, so daß weder der Bedarf allein noch das

Geld allein zur wirksamen Nachfrage werden können. Erst wenn beide wieder zusammengeführt werden, wenn also das Geld zum Bedarf hin zurücktransferiert wird, kommt wieder Nachfrage von Investoren nach Investitionsgütern und Nachfrage von Letztverbrauchern nach Konsumgütern und Dienstleistungen zustande. Das ist der Umweg, den das fehlgeleitete Geld einschlagen muß"[115]. Andernfalls entsteht eine Wirtschaft mit eingebauter Selbstzerstörung.

Das kapitalistische System ist institutionell so programmiert, daß derjenige, der genug Geld hat, obendrein noch einen Mehrwert erlangt, den er anderen abjagt. Deshalb ist Geld für Friedman **nicht** ein Wertvermehrungsmittel **für alle**, die am volkswirtschaftlichen Kreislauf teilhaben. Es arbeitet **mikroökonomisch** zugunsten der Geldvermögensbesitzer, an deren präferenztheoretischem Standpunkt Keynes das volkswirtschaftliche Entscheidungsproblem festmacht. Hieraus resultieren seine Bezüge zur subjektiven Werttheorie. **Makroökonomisch** ist das Geld für Friedman hingegen **kein** Wertvermehrungsmittel. Sein Wert bleibt abhängig von der Kaufkraft, die es in seiner **gesellschaftlichen** Funktion vor allem am Vermögens-, Güter- und Arbeitsmarkt auszuüben vermag und zeigt, daß auf die objektive Wertlehre zur Begründung des gesamtwirtschaftlichen Gleichgewichts im Sinne einer Identität von Einzel- und Gesamtinteresse keineswegs verzichtet werden kann. Insofern ist die **Werterhaltung** für Friedman eine fundamentale Frage. Er sieht im Geld gesamtwirtschaftlich ein Wertaufbewahrungsmittel und will den Geldwert durch eine **Indexierung** absichern, wenn auch mit dem Handikap, daß die Struktur der relativen Preise nur auf den ersten Blick mitgarantiert wird. Die Folgen und Folgeverpflichtungen der Zinsen und Zinseszinsen für den ökonomischen Verteilungsprozeß und die ökologische Infrastruktur der menschlichen Lebensmöglichkeiten bleiben bei ihm außer acht. Damit ignoriert er wichtige Probleme der heutigen Wirtschaft. Das Geldkapital greift durch seine Ansprüche in die Verteilungsfrage schon dadurch ein, daß es Märkte öffnen und zuriegeln kann, d.h. über eine ökonomische Macht verfügt, die auch gegen das Produktions- und Warenkapital rigoros eingesetzt werden kann, sofern und solange das Monopoly den Papierscheinbesitzern die Erwartung vermittelt, daß sich die Ehe mit dem Geld für sie lohnt. Ein kritischer Punkt ist erreicht, wenn der Papierschein auf dem Arbeits-, Güter- und Vermögensmarkt nicht mehr eingelöst wird, d.h. keiner mehr bereit ist, dafür etwas zu geben.

Solange diese Konstellation nicht eintritt, ist jedes Einzelkapital immer wieder darauf aus, die Zusammensetzung seines Kapitals tendenziell so zu verändern, daß bei vollständiger Liberalisierung des Kapitalverkehrs mit zunehmendem Risiko die Erträge kurzfristig als noch steigerungsfähig erscheinen. Dies ist eine logische Implikation des Idealismus des Einzelkapitals, das unter dem Druck der Konkurrenz auch den letzten Möglichkeiten einer Steigerung seines Gewinns hinterherläuft. Das **Xenogeld** repräsentiert diesen **Illusionismus der Maßlosigkeit**. Es ist auf der Basis der elektronischen Datenverarbeitung weltweit so beweglich und dynamisch, daß sich die Prozesse der Kreditgewährung und Beteiligungsfinanzierung schneller entwickeln als die Fähigkeit der Experten und Systeme, es in Grenzen zu halten oder gar zu lenken. An die Stelle der Refinanzierung bei der Zentralbank tritt zunehmend eine Wechsel- und Schuldenreiterei. Schuldzertifikate zirkulieren selbst wieder zur Übertragung von Schuldforderungen[116].

Dementsprechend ist das Geld in der Friedman'schen Kapitalökonomie **kein harmloser Schleier**, der den Warenaustausch am Markt unbeeinflußt läßt. Der

Umfang von internationalen Devisentransaktionen beträgt inzwischen allein das 20-fache des Welthandels! Ein großer Teil dieser Geldbewegungen mit Gewinninteressen geht auf Portfolio-Entscheidungen an den Aktien- und Rentenmärkten sowie auf Geschäfte zur Absicherung der Zins-, Währungs- und Kursrisiken zurück. Je stärker die Sicherungs-, Anlage-, Arbitrage- und Spekulationsmotive die Kapitalströme lenken, desto stärker werden die Märkte von Erwartungen abhängig, die in die Psychologie des Geldes gehören[117]. "Mit der enger gewordenen internationalen Verbindung zwischen den Finanzmärkten übertragen sich nicht nur Schocks, sondern auch bereits kleinere Erwartungsänderungen in bezug auf Zinsen, Wechselkurse oder andere Variable der ökonomischen Performance der beteiligten Volkswirtschaften viel kraftvoller als früher von einem Land zum anderen. Die Zahl der exogenen und endogenen Schocks, die für einen Finanzmarkt relevant werden kann, wird aufgrund des globalen Horizonts der Akteure größer"[118]. Der weltwirtschaftliche Börsenkrach mit dem Dollarsturz und der Dauerarbeitslosigkeit ist dafür ein Beispiel.

Angesichts dieser Entwicklungen wird plausibel, warum gerade **kapitaltheoretische** Überlegungen Friedman zu einer **Geldpolitik** veranlassen, die eigentlich die Negation von Politik ist. Die Marktwirtschaft wird nur **institutionell** tangiert. Die Geldpolitik zielt auf zentralbankpolitisch herbeizuführende Änderungen der Geldmenge unter Konstanthaltung von Staatsausgaben und Besteuerung[119] und soll verhindern, daß Geld den Lauf der Dinge ökonomisch stört. Dabei ist Geld selbst eine Ware, die am Markt gehandelt wird. Was daran mißfällt, ist die **Institutionalisierung des Regelmechanismus** für eine Veränderung der Geldmenge, die auf marktwirtschaftliche Bedarfsargumente gänzlich verzichtet, obwohl sie sich programmatisch der Marktwirtschaft verpflichtet fühlt. Mit ihm wird die Zinserklärung aus der Markttheorie hinauskatapultiert. Maßgebend ist der **Apparat** im Sinne eines selbsttätigen Regulierungsmechanismus. Friedman benötigt dafür einen Staat, **der weder ein menschliches noch ein ökologisches Interesse wahrnimmt**. Er glaubt, daß die große Deflation in den 20er Jahren der USA nicht eingetreten wäre, wenn der verantwortlichen Währungsbehörde durch diskretionäre (fallbezogene) Politik subjektiv keine Fehler unterlaufen wären[120]. Während der frühere Goldstandard mechanistisch für monetäre Stabilität gesorgt habe, solle diese Funktion jetzt eine nach gesetzlichen Regeln reagierende **Geldmengenpolitik** übernehmen, die von der jeweiligen Markt- bzw. Lebenssituation der Menschen völlig abstrahiert. Geld sei "eine zu ernste Angelegenheit, als daß man es den Herren von der Zentralbank anvertrauen könnte". Friedman will hiermit nicht nur persönliche Fehler und subjektive Sensibilitäten im Zentralbanksystem ausschalten, sondern auch Erkenntnisse der Wissenschaft in bezug auf eine diskretionäre Geldpolitik ins politische Abseits befördern[121]. Stattdessen gilt die institutionelle Regelbindung, welche die Zentralbank verpflichtet, "eine festgesetzte Wachstumsrate für die vorhandene Geldmenge zu erzielen" (etwa 3 bis 5% pro Jahr)[122]. Die Definition der Geldmenge und die Bestimmung der Zuwachsrate sind für Friedman die gesetzlichen Instrumentarien, welche die monetären Autoritäten der Zentralbank bändigen sollen, unbeschadet der Möglichkeit, daß diese aufgrund ihrer sachkompetenten Erkenntnisse und situativen Begegnungen mit Krisenlagen der Marktwirtschaft unter Handlungsdruck bzw. in Gewissensnöte geraten. Letztlich verlangt er, daß sie sich in ihrem individuellen Problem- und Verantwortungsbewußtsein negieren, d.h. ihre Identität aufgeben, und stattdessen einen professionellen Dienst nach Vorschrift tun, der seinem Regelungsmechanismus formal entspricht.

b) Implikationen des Denkansatzes

In seinem Buch "Der Kapitalismus von morgen" (1979) spricht H. Lepage in bezug auf die Friedman'sche Kapitalökonomie, die den Kern der Chicago-Schule bildet, von einer neuen Wissenschaftsrichtung, "deren Ideen in geistiger und wissenschaftlicher Hinsicht so revolutionär sind, daß sie die Zukunft der westlichen Demokratien zumindest ebenso stark beeinflussen könnten, wie die Keynes'sche Revolution dies in den dreißiger Jahren getan hat"[123]. Was das sein könnte, ist zu eruieren.

(1) Automatisierung der Institution

Friedman will eine **gesetzliche Regelbindung** der Zentralbankpolitik herbeiführen, um sie für menschliche Einsicht in ökonomische Problemsituationen und verantwortliche Entscheidungen geradezu unverfügbar zu machen. Sein **Mechanismus** soll **verhindern**, "daß die Geldpolitik den täglichen Launen politischer Autoritäten unterworfen ist"[124]. Das Regelwerk der Institution ist die neue Sachlichkeit eines Monetarismus, der die Entwicklung der Geldmenge verstetigen will und angesichts der Negation jeglicher Subjektivität ein **Maschinenmodell** präferiert, das in der unantastbaren Eigenschaft einer gesellschaftlichen Institution menschliche und ökologische Probleme nicht wahrnimmt. Selbst die marktwirtschaftliche Fundierung läßt auf sich warten. Im Vorwort zur deutschen Ausgabe seines Buches "Kapitalismus und Freiheit" wird von P. C. Martin als Fazit der Friedman'schen Kapitalökonomie herausgestellt, daß die Entwicklung des Sozialprodukts von der umlaufenden Geldmenge abhängig sei und Friedman dafür den **empirischen** Beweis erbringe, während die Keynesianer keine Statistik fänden, die ihnen bestätige, "daß die Konjunktursteuerung mit Hilfe staatlicher Nachfrage gelingt". Praktisch sei jeder Rezession in den USA eine Verminderung der Geldmenge vorausgegangen, und umgekehrt sei jeder Aufschwung von einer Ausweitung der Geldmenge vorbereitet[125]. Doch so plausibel die statistische Argumentation klingt, **theoretisch** ist damit nicht viel geklärt.

Folgt man der Einsicht, daß die Geldmenge nur etwas ausdrückt, was durch Produktion zustande kommt und auf dem Markt ausgetauscht wird, ist die Geldmenge nicht Ursache des Wachstums, sondern nur dessen Wirkung (was dem Friedman'schen Konzept der Regelbindung nach dessen eigener Darstellung sehr nahekommt). Geht man jedoch davon aus, daß die Geldmenge die "Ursache" wirtschaftlicher Aktivität ist, d.h. etwas veranlaßt, das ohne sie nicht da wäre, wird unterstellt, daß das Geld generell ein Befehlsmittel ist und die Ressourcen für die Ausführung solcher Anweisungen immer schon vorhanden sind bzw. ohne menschlichen Widerspruch "automatisch" aktualisiert werden (was der vorgegebenen Marktwirtschaft mit ihren psychischen und sozialen Strukturen wohl nicht entspricht, es sei denn, man antizipiert bereits die Omnipotenz des Geldkapitals).

Die aktivistischen Monetaristen scheinen dieser Utopie zu folgen; sie überbetonen den Primat der Geldmenge zur Beeinflussung der Wirtschaft. Er gilt als Erklärungsgrund für alles, wenn auch mit dem Dilemma, daß über die lupenreine Lehre in akademischen Kreisen z.T. gewitzelt wird oder wurde: "Was für die Freudianer der Sex, ist für die Monetaristen die Geldmenge". Die herrschende Lehre ist in diesem Punkt zurückhaltender. Für sie zählt nicht allein das Geld. Sie nennt eine Vielzahl von Faktoren, welche die Wirtschaft beeinflussen bzw. verweist darauf, daß die Geldpolitik erst im Zusammenwirken mit anderen Variablen (z.B. Staatsausgaben und Steuern) auf die Gesamtnachfrage bzw. Gesamtproduktion einzuwirken vermag[126]. Die Erfahrung bestätigt sie, selbst in jüngster Zeit: "Das Geldmengenziel ist kein Wert an sich. Ohne seine Verkündung bricht die Wirtschaft nicht zusammen. Die Bundesbank muß alle Einflußgrößen beachten. Die Geldmenge ist **ein** Parameter, mehr nicht"[127].

Soweit an der Festlegung von Geldmengenzielen in der BRD trotzdem festgehalten wird, ist zu beachten, daß der Regelmechanismus der Zentralbankpolitik bei Friedman selbst wieder Teil eines übergreifenden sozialen **Automatismus** ist, den er als selbsttätige "Koordination ohne Zwang" bezeichnet und nicht ohne Zynismus als "Wettbewerbs-Kapitalismus" glorifiziert[128]. Für ihn ist völlig klar, daß "die Existenz eines freien Marktes natürlich **nicht die Notwendigkeit einer Regierung (ersetzt)**. Im Gegenteil, die Regierung ist einmal wichtig als das Forum, das die 'Spielregeln' bestimmt, und zum anderen als der Schiedsrichter, der über die Regeln wacht und sagt, ob sie auch richtig ausgelegt" werden[129]. Damit unterstellt er innerhalb des Staates eine Konstellation, die der **Regierung im Regelmechanismus** der dreigeteilten Gewalt (Exekutive, Legislative, Judikative) ein institutionelles **Übergewicht** verschafft und faktisch dafür sorgt, daß das Grundrecht des privaten Eigentums im Medium und unter dem Anspruch des Geldes entsprechend der Grundüberzeugung eines "liberalistischen Anarchisten"[130] interpretiert und realisiert wird. Eine solche Situation erwartet Friedman allem Anschein nach in der großen Krise des Keynesianismus, in der die Unterbeschäftigung permanent zunimmt und zur Dauerarbeitslosigkeit degeneriert, weil gemäß einer vom menschlichen und ökologischen Bedarf völlig losgelösten institutionellen Regelbindung die Staatsverschuldung und Soziallast abzubauen sowie die Wettbewerbsfähigkeit der Unternehmen international zu verbessern ist.

Mit dem Rekurs auf die Regierungsgewalt der Mehrheit gibt M. Friedman für die Demokratie zu verstehen, daß nicht der Markt die wichtigste Institution der Ökonomie ist, sondern der **Staat**. Dieser verkörpert **ein System von Regeln**, das auf Situationen oder Handlungen anwendbar und von den Gesellschaftsmitgliedern hingenommen wird. Gegenüber dem Staat als Fiskus und Bankier bleibt er zurückhaltend bis ablehnend, aber dessen Funktion als **Hoheitsträger und Rechtsbewahrer** schätzt er unauffällig so hoch ein, daß sie geradezu das **Kernstück** seiner gesamten Markt- und Gesellschaftstheorie ist. **An dieser Position zeigt sich, daß er sich von der Neoklassik**, die speziell durch L. Walsras in ein institutionelles, motivationales und kognitives Vakuum geraten ist, **wesentlich unterscheidet** und in seinen Gedanken eine **fortgeschrittene Stufe** wirtschaftlicher Entwicklung widerspiegelt. In ihrer logischen Modellwelt kennt die Neoklassik nur die Institution des Marktes (im Gegensatz zu A. Smith und in Einklang mit

D. Ricardo). Selbst verschiedene Märkte haben keine Relevanz, weil Gleichgewichtsallokation und Pareto-Optimalität bereits völlig unabhängig von der institutionellen Regelung das Ergebnis eines allgemeinen Gleichgewichts sind, sofern nur die Modellannahmen erfüllt sind[131]. Angewendet wird diese generelle Modellvorstellung im sog. **Coase-Theorem**, nach dem unter der Annahme einer vollständigen Konkurrenz und des Wegfalls aller Transaktionskosten die Verhandlungen zur Internalisierung externer Effekte stets zu der gewünschten pareto-optimalen Allokation führen, gleichgültig, ob die Laissez-faire-Regel oder das Verursacherprinzip in Kraft ist[132].

Friedman sieht den Markt hingegen im Kontext des Staates und zugleich durch **mehrere Institutionen** bestimmt. Im Mittelpunkt stehen Eigentum, Konkurrenz und Geld. Unter diesen Voraussetzungen erwachsen aus externen Effekten der Privatökonomie stets neue Möglichkeiten zur Erweiterung des Marktes, wenn der Staat für die erforderlichen Rahmenbedingungen sorgt. Einmal wird ein zusätzlicher **Bedarf nach Umweltgütern** geschaffen (z.B. naturnahen Erholungsgebieten, gesundem Trinkwasser, ökologischer Kost etc.), dem durch Inwertsetzung bzw. Privatisierung entsprechender Ressourcen entsprochen werden kann, d.h. durch ein Angebot, das am Markt neu erscheint und geeignet ist, externe Effekte (z.B. übermäßiger Streß bzw. Urlaubsbedürftigkeit, verseuchtes Grundwasser, industrielle Lebensmittel) im Rahmen seiner Beschaffenheit zu kompensieren. Soweit damit die Umweltprobleme nicht beseitigt sind, wird empfohlen, notfalls **neue Property Rights** (Eigentumsrechte.) im Sinne institutionell sanktionierter Handlungsmöglichkeiten und Verhaltensbeziehungen zwischen Wirtschaftssubjekten zu konstituieren. Die Ausgabe staatlich vermittelter **Umweltverschmutzungsrechte auf der Basis staatlicher Grenzwert-Auflagen** für Schadstoffbelastungen oder Energiezufuhren bei entsprechenden wissenschaftlichen Meßtechniken und Kontrollapparaturen auf staatlicher Seite ist dafür ein Beispiel. Wissenschaft, Verwaltung und Recht objektivieren in diesem Fall den staatlichen Einfluß, der vom Vertragsrecht über das Steuer- und Sozialsystem bis hin zur Geldordnung reicht und gedanklich darauf hinausläuft, die **Umwelt förmlich ganz zum Wirtschaftssystem zu machen** (Prinzip der Internalisierung). Im Augenblick sind die Möglichkeiten (z.B. von Umwelt- bis zu Preissteigerungslizenzen) noch keineswegs ausgeschöpft, aber ihre Bedeutung wird durch die Theorie der Property Rights und die Neue Politische Ökonomie zunehmend betont. Schließlich will in der BRD fast keine Partei mehr ganz auf eine liberale Grundausstattung verzichten[133].

In der Krisenphase ergibt sich die Gefahr, daß der Staat die von ihm vereinnahmte Ordnung um ihrer selbst willen verteidigt, d.h. von der demokratischen Herrschaftsform in eine diktatorische Variante der Institutionen übergeht. Eine anonyme, durch Satzungen geprägte "abstrakte" **Entscheidungsinstanz** wird dann zu einem **Prozeß ohne Subjekt**, der Tod und Leben im 'objektiven' Sinne nicht unterscheiden kann; ihm sollen die Menschen folgen, obwohl er ihre existentiellen Interessen und Verantwortlichkeiten begrifflich ausklammert. Die Politik des Monetarismus setzt auf den "Lauf der Dinge", der als ökonomische Sachgesetzlichkeit bedeutet, daß soziale und ökologische Errungenschaften sofort wieder zurückgenommen werden, wenn die Kapitalrentabilität (insbesondere des Finanzkapitals) es erfordert[134]. In diesem Sinne sind wirtschaftliche Kräfte und Strukturen für Friedman stärker und wichtiger als problemorientierte Vorstellungen erfahrener Menschen. Er setzt voraus, daß das ökonomische Sein das gesellschaftliche Bewußtsein **unmittelbar** verändert. Und das heißt: Die **Struktur** der Wirtschaft (und dazu gehört die Krise als Reinigungs- und Neustrukturierungsprozeß) wird durch ihre normative Faktizität selbst zum Instrument und Vollstrecker der Politik.

(2) Flexibilisierung der Produktionsfaktoren

Die Friedman'sche Kapitalökonomie ist eine **Weltökonomie**. Sie kennt keine nationalen Grenzen. Das Kapital bewegt sich dorthin, wo die höchsten Gewinne zu erwarten sind. Krisenhafte Entwicklungen breiten sich dementsprechend weltweit aus. Der Neoliberalismus profitiert hiervon. Während das keynesianische Politikmodell intendiert, die Krise zu umgehen (antizyklische Maßnahmen), berufen sich die neuen Regierungen der neokonservativen Wende[135] explizit auf die **Sachzwänge** der Krisensituation und die Kräfte des Marktes (Sozialdarwinismus). Für den Neoliberalismus ist nur der Staat akzeptabel, der machtvoll und unparteiisch über dem Interessenkampf der Gruppen und Akteure steht, d.h. formal ihn so laufen läßt, wie er von seinen ungleichen privaten Voraussetzungen her als Konkurrenzkampf angelegt ist. Über den Markt können sich die Tauschakte nur als **Geldbeziehungen** realisieren, die über die Bewegung der Preise reguliert werden. Geld fungiert aus neoliberaler Sicht als **Mittel rationalen Verhaltens**, nicht nur der Individuen, sondern auch des Staates. Die Neue Mikroökonomie der Chicago-Schule versteht sich als Logik der Maximierung von Nutzen auf allen Gebieten menschlichen Verhaltens (z.B. der Heirat, der Gesundheit, der Sexualität, der Wohltätigkeit, der Wahlen, des Konsums, der Produktion, des Staates etc.). Dem Geld wird durch Friedman "endlich wieder die ihm gebührende Schlüsselrolle zugewiesen"[136]. Die **Gesellschaft** ist nur noch die über den Markt vermittelte **monetäre Beziehung**. Sie ist ein quantitativer Komplex.

Erst die voll entfaltete Marktwirtschaft, die alle Lebensbereiche durchdringt und im homo oeconomicus seine reinste Ausprägung findet, entspricht dem neoliberalen Begriff der Gesellschaft. Vor allem wird auf die kapitalistischen **Systemelemente** verwiesen, die als **politische** Essentials aufgefaßt werden. Es gilt, "das **strategische** Interesse der Wirtschaftswissenschaft wiederzuentdecken. Das bedeutet, daß sich die Verfechter eines politischen Liberalismus die engen Bindungen zwischen der liberalen Philosophie und dem wissenschaftlichen Unterbau der **kapitalistischen** Gesellschaft klarmachen". Sie wollen "endlich aufhören, wegen ihrer Verbindung mit dem Kapitalismus ein schlechtes Gewissen zu haben, und stattdessen viel mehr Energie auf die Wiederentdeckung der theoretischen und wissenschaftlichen Argumente verwenden, die diesem schlechten Gewissen ein für allemal ein Ende bereiten"[137]. Aus ihrem kapitalistischen Denkansatz folgt geradezu zwingend die **Reduzierung der Ökonomie auf berechenbare Geldbeziehungen**, auf eine Rationalität, die in mathematischen Kalkulationen computerisierbar und auf alle menschlichen Entscheidungen übertragbar erscheint. Unter Einbeziehung der Bedingungen kapitalistischer Konkurrenz korrelieren die Chancen existentiellen Überlebens für den einzelnen Betrieb mit den Möglichkeiten der **Akkumulation von Kapital.** Deshalb ist die Tendenz zur Konzentration und Zentralisierung ökonomischer Macht eine Implikation der Friedman'schen Kapitalökonomie, auch wenn er sie verbal bzw. auf der ideologischen Ebene der Ordnungspolitik nicht befürwortet. Empirische Erfahrungen bestätigen diesen Sachverhalt in vielen Variationen, vor allem in Richtung einer Vorherrschaft des Finanzkapitals[138].

Was sich auf der **Makroebene** der Gesellschaft als reale Abstraktion vom Gebrauchswert durch den Austauschprozeß am Markt zur Geltung bringt, wird unter dem Druck der Konkurrenz auf der **Mikroebene** im Produktions- und Reproduktionsprozeß durch den ideellen Abstraktionsprozeß von Planung, Organisation und Kontrolle realisiert, der in der neoliberalen Theorie als Maximierungsstreben der Wirtschaftssubjekte verstanden wird. Der **Taylorismus** bildet betrieblich die erste Stufe der Reaktion auf diesen im Bewußtsein verdinglichten gesamtgesellschaftlichen Mechanismus. Er gibt den Konkurrenzkampf um den gesellschaftlichen Durchschnitt von der Marktebene in den Innenbetrieb als **Nötigung zu verstärkter Rationalisierung** weiter und beginnt mit der wissenschaftlichen Betriebsführung in der Weise, daß er die Arbeitskräfte als zerlegbare Qualifikationspotentiale betrachtet und sie unter restriktiven Vorgaben eines Managements von "oben" einsetzt (Babbage-Prinzip). Inzwischen hat sich der Ansatz durch die neuen Anforderungen in der Krise weiterentwickelt. Die Angst, seinen Arbeitsplatz zu verlieren, steigert die Bereitschaft zu einem Management von "unten", das eine wissenschaftliche Betriebsführung in dem Sinne ermöglicht, daß zentralisierte Formen der Prozeßbeherrschung durch dezentralisierte Varianten ergänzt bzw. ersetzt werden.

Neue Produktionskonzepte fordern die **Flexibilisierung aller Faktoren**, weil sich der Wettbewerb **international** verschärft. Angesichts der steigenden Verdrängungskonkurrenz bei stagnierenden Märkten und veränderten Nachfragestrukturen erweist sich das Modell der starren Massenproduktion und des expansiven Massenkonsums als nicht mehr haltbar. Bei Autokäufen erhalten z.B. Unterhaltskosten ein höheres Gewicht. Kleine benzinssparende Autos werden großen Autos mit hohem Benzinverbrauch vorgezogen, ohne daß die Marktverschiebung sicher abschätzbar wird. Vorherrschend ist eine geringere Kalkulierbarkeit der Nachfrage, die wiederum begründet, starre Fertigungssysteme durch Einsatz neuer Technologien auf der Basis von Mikroelektronik zu flexibilisieren. Die Massenproduktion wird nicht abgeschafft, aber die langen Serien identischer Waren bzw. weniger Grundmodelle werden durch kleine und mittlere Serien ergänzt oder ersetzt, die ganz oder teilweise auf individuelle Kundenwünsche zugeschnitten werden können. Die **flexible Massenproduktion** intentiert die **Herstellung spezialisierter Produkte mit unspezialisierten Ressourcen**, d.h. qualifizierten Arbeitskräften, universal programmierbaren Maschinen und vielseitig verwendbaren Materialien, soweit die Werkstofftechnologie hierfür die erforderlichen Voraussetzungen schaffen kann. Der **Mikroprozessor** wird zum **Inbegriff der dritten industriellen Revolution**. Mit ihr verbinden sich neuartige Informationsverarbeitungs-, Kommunikations- und Steuerungstechniken.

Die neue Technologie bewirkt eine **Flexibilisierung der Maschinenökonomie**. Die Anzahl der hergestellten Produkte und Produktvarianten kann ohne große Mehrkosten erheblich ausgeweitet werden. Auf schnell wechselnde Anforderungen wird fertigungstechnisch reagiert (z.B. durch Dezentralisierung der Antriebe, Baukaustenprinzip, NC/NCN-Systeme), ohne daß die Kostenvorteile der Massenproduktion preisgegeben werden müssen. Das **Kanban-System** aus der japanischen Massenproduktion zielt auf die Verringerung laufender Lagerhaltung, die Verkürzung der Modellwechselzeiten, die Verbesserung der Produktqualität und die Reduzierung des Ausschusses durch **Einbeziehung der Zulieferer** in die Herstellung der Endprodukte. Es beinhaltet eine beschaffungsorientierte Dezentralisierung der Massenproduktion in Zulieferbetrieben, die immer nur so viele plangerechte Produkte ins Hauptwerk liefern, wie dort in der Montage (z.B. eines Autos) an einer bestimmten Stelle und zu einer bestimmten Zeit benötigt werden. Dieses **Just-in-time-Konzept** wird auch nach der Absatzseite hin angewendet durch **Einbeziehung der Abnehmer** in den Gang der laufenden Produktion. Kunden erhalten die Möglichkeit, aus der Modell- bzw. Variantenvielfalt eines spezialisierten Produkts genau das auszuwählen, was sie aufgrund ihrer Bedürfnisstruktur wünschen. Robotersysteme lassen sich durch Umprogrammieren einzelner Aggregate wechselnden Anforderungen relativ ökonomisch anpassen. Der Abnehmer kann über den Händler die Daten seines begehrten Produkts in das Informationsübertragungs- und -verarbeitungssystem so eingeben, daß seine Bestellung die Roboterstraße erst in Bewegung setzt, wenn klar ist, wann der Produkt ausgeliefert werden soll (Produktion auf Abruf).

Ziel dieser Flexibilisierung ist, durch **Flußoptimierung** des Produktionsprozesses eine kurzfristige Lieferfähigkeit **bei minimaler Kapitalbindung** herzustellen. Um die Bedingungen dafür zu erweitern, wird eine zunehmende **Flexibilität des Materialökonomie** angestrebt. Synthetische Stoffe (z.B. neue Keramik- und Verbundwerkstoffe, Pulvermetalle, Feinguß, Sinterwerkstoffe etc.) werden konstruiert, um durch eine Homogenisierung des Materials (z.B. gleiche Haltbarkeit, Dehnbarkeit oder Festigkeit aller Teile) vor allem die Engpaßproduktion kalkulierbarer und prognostizierbarer zu machen. Die beliebige Zerlegbarkeit und Aufteilbarkeit der Stoffe ist für die Umformungsökonomie von erheblicher Bedeutung. Ihre Reproduzierbarkeit und Berechenbarkeit verbessert neue Faktorkombinationen. Allerdings vermag die Herauslösung der Produktion aus ihren Naturzusammenhängen ihre Rückwirkungen auf die weiterbestehende Naturbindung nicht aufzuheben. Die **Bio- und Gentechnologie** wird eingesetzt, um die Materialökonomie in den Bereichen zu flexibilisieren, die kapitalintensiven Nutzungsmöglichkeiten bisher entgegenstanden. Man denke vor allem an die Tier- und Pflanzenzucht, die zunehmend zum Objekt einer gesteigerten Kapitalverwertung wird und Möglichkeiten ihres Mißbrauchs zur Destruktion ökologischer Zusammenhänge und zur Schädigung menschlichen Lebens nicht ausschließt (z.B. Kälber-Hormonskandal, siehe auch E II/4d).

Gleichzeitig wird auf eine erweiterte **Flexibilisierung der Arbeitskräfte** gedrungen. Es gilt, die Zusammensetzung der Belegschaft entsprechend der betrieblichen Kapazitätsauslastung am Gütermarkt zu variieren und zu optimieren. Eine Kernfrage ist die **Flexibilisierung der Qualifikationen** (z.B. im Prototyp eines Universalfacharbeiters). Ihr liegt ein Leistungsbegriff zugrunde, der auf eine Effizienzsteigerung **mit der gesamten Handlungskapazität** der Belegschaft hinausläuft und einen **mündigen** Arbeiter mit komplexen Fähigkeiten voraussetzt, der indirekt sowohl motivierbar wie funktionalisierbar ist. Vorbildlich ist ein Arbeiter mit Kopf und Engagement, der sich bei autonomer Handhabung aller Grundregeln rationalen Betriebsverhaltens dazu veranlaßt fühlt, in wechselnden Situationen wie "lebendiges" Kapital zu agieren. Von ihm wird nicht nur eine Reprofessionalisierung für neue Aufgabenintegrationen sowie neue Formen der raum-zeitlichen Verbindung von Mensch und Maschine erwartet, sondern auch die **Flexibilisierung der Ansprüche** am Arbeitsplatz, d.h. die Bereitschaft, bei niedrigerem Reallohn und schlechteren Bedingungen nach Möglichkeit intensiver zu arbeiten. Dazu gehört die **Flexibilisierung der Arbeitszeit** (z.B. durch zunehmendes Hervorbringen von Interessen für Schichtarbeit, bewegliche Pausen- und Gleitzeitregelungen, Arbeitsplatzteilung in Form des Job-Sharing, Ausdehnung der Zeit- und Leiharbeit, kapazitätsorientierte variable Arbeitszeit, Erweiterung der Arbeitsstätte durch neue Heimarbeit am Bildschirm etc.). Auch die **Flexibilisierung der Arbeitsorganisation** ist relevant (z.B. Job rotation, Job enlargement, Job enrichment, autonome Arbeitsgruppen, Qualitätszirkel, Abbau überkommener Abgrenzungen, Enthierarchisierung und Verlagerung dispositiver Funktionen nach unten etc.).

Schließlich steht eine **Flexibilisierung der Standort- und Raumökonomie** zur Diskussion. Die **Erhöhung der beruflichen Mobilität** wird seit langem angestrebt. Sie äußert sich in zunehmenden Bewegungen der Arbeitskräfte von einem Beruf in einen anderen, von einem Wirtschaftszweig und Wohnort zum anderen. Nicht die freiwillige Mobilität ist das vorherrschende Phänomen, sondern die unfreiwillige, die dem einzelnen abverlangt wird, weil die anwachsende Konkurrenz um die noch nicht wegrationalisierten Arbeitsplätze dazu zwingt[139]. Neu ist die ordnungspolitische Offensive zur **Steigerung der industriellen Mobilität**, die eine Flexibilisierung der Industriestandorte und Branchen impliziert (z.B. Abwanderung in Billiglohnregionen oder Länder ohne Umweltschutzgesetze). Wachstumsbranchen und -standorte werden von staatlicher Seite gefördert und gesteuert. Krisen- und Randsektoren werden hingegen erst unterstützt und dann wohldosiert, wenn unerfreuliche Antagonismen und Unruhen in den jeweiligen Situationen (z.B. Stahlkrise, Konfliktfall Rheinhausen etc.) einen anderen Ausweg nicht mehr ermöglichen. Meistens bleiben sie sich selbst überlassen. Gelegentlich werden ihnen noch Sterbehilfen verabreicht, um den Strukturbereinigungsprozeß zu beschleunigen. Was dabei außer acht gelassen wird, sind die Folgen der regionalen und sektoralen Flexibilisierung für Mensch und Umwelt. Die Umstellungs- und Sanierungsprobleme der absterbenden Wirtschaft (z.B. im Ruhrgebiet und Norden Deutschlands) liefern dafür Erfahrungen.

Im **Reproduktionsbereich** erfordert die Anpassung der Produktionsfaktoren ans Kapital eine umfassende **Flexibilisierung des Menschen als Konsum-, Bildungs- und Sozialkapital**. Im neuen Leistungs- und Gesellschaftsbegriff einer Handlungskapazität "mit" dem Menschen wird die **Identifizierung mit der Entwicklung der Wirtschaft als einem Kapitalverwertungsprozeß** zur **Voraussetzung selbstbestimmter Fremdbestimmung**. Die Kulturgesellschaft gilt als Sinnressource mit neuer Legitimationskraft. Sie wird multifunktional eingesetzt, in der Kulturpolitik der Städte[140] und Firmen[141], aber auch in anderen Bereichen[142]. Die Kulturkreditkarte begleitet und forciert diese Entwicklung[143]. Selbst die Bildungspolitik entdeckt das neue Interesse an der Kultur und fragt pflichtbewußt, "ob das bisherige kulturpolitische Instrumentarium noch den an Kunst und Kultur gerichteten Erwartungen entspricht", in dem Bewußtsein, daß "es um mehr als die Ausbildung blinder Experten mit kompensatorischem Kulturkonsum (geht)"[144]. Man unterstellt, daß sich die Fähigkeit des Sehens in der Gesellschaft bemißt an Begriffen, "über die man zur Bezeichnung der sichtbaren Dinge verfügt und die gleichsam Wahrnehmungsprogramme erstellen"[145]. Das Auge ist ein durch Erziehung reproduziertes Produkt einer Gesellschaft. Das Gleiche gilt für andere Beobachtungs- und Verarbeitungsweisen des Menschen. "Die Durchsetzung der Disziplin erfordert die Einrichtung des zwingenden Blicks: eine Anlage, in der die Techniken des Sehens Machteffekte herbeiführen und in der umgekehrt die

Zwangsmittel die Gezwungenen deutlich sichtbar machen"[146]. Computer können gezielt sehen, ohne selbst gesehen zu werden.

Im sozialen Dasein der heutigen Menschen entsteht ein Übergang von direkten zu indirekten Formen der Vergesellschaftung. Herrenzwang (z.B. durch Vorgesetzte, Aufseher, Befehle) verwandelt sich in **Sachenzwang**, auch wenn die hierfür produzierten Güter - wie die software - stetig immaterieller werden und die Verständigung darüber, was zu tun ist, im Medium subjektiv gelernter Zeichen, Regeln und Codes vor sich geht. Der klassisch-mechanische Maschinenbegriff wird obsolet. Der moderne **Computer** repräsentiert sog. "finite state machines", die nicht in einem physikalischen, sondern in einem logisch-mathematischen Sinne zu verstehen sind. Er überführt logische Strukturen von einem genau definierten Zustand in einen anderen solchen Zustand, durch Operationen, die eindeutig sind. Seine Unfehlbarkeit liegt in der **Regelhaftigkeit, die im Programm als ad hoc-Natur erscheint**. Auf dem Bildschirm erscheinen Zeichen, die beliebig austauschbar, kombinierbar und verarbeitbar sind, weil sie von dem, was sie repräsentieren, nämlich die Realität von Gegenständen und Personen, als "dritte Sache" (C. F. von Weizsäcker) völlig abgetrennt sind. Der kybernetische Begriff der Information ist aus der Sicht von Mensch und Umwelt bedeutungsleer. Er wird durch künstliche bzw. abstrakte Funktionssysteme definiert.

Die synthetische Objektivität einer **Technologisierung des inneren Menschen** richtet sich nicht nur gegen den Realitätssinn, sondern auch gegen den Eigensinn seiner Subjektivität. An die Stelle des Handgriffs tritt der **Kopfgriff**. Sozialisationstheoretisch kann die Internalisierung von Software so "hart" sein, daß der davon Betroffene zum Anhängsel eines abstrakten Funktionssystems wird. Nicht nur die Verinnerlichung von Wissenschaft und Technik ist hierfür verantwortlich, sondern auch die Handhabung des sozialen Regelwerks, das von der Bürokratie und Demokratie bis zur organisierten Arbeiterbewegung (Gewerkschaftspolitik und Betriebsratsarbeit) und schulischen Ausbildung reicht[147]. Es geht um **Qualifikationen**, die auf die Bewältigung von Anforderungen der Gesellschaft zugerichtet sind, um deren Funktionieren zu gewährleisten. Sie umfassen **Fertigkeiten** in Form äußerer Verrichtungssequenzen (Verhaltensaspekt), **Kenntnisse** in Form äußerer Gegenstandsmerkmale (Problemaspekt) und **Einstellungen** in Form äußerer Praxisbezüge (Formaspekt). Im modernen Ausbildungs- und Schulsystem entsteht in den Curricula eine Verdinglichung und Technisierung von Qualifikationen, die sich von den Bedürfnissen und Tätigkeiten des konkreten Menschen völlig ablöst und ihnen gegenüber eine fremde Macht gewinnt. Sensoren, Kameras, Mikrophone etc. fungieren als künstliche Sinnesorgane; Methoden, Kategorien, Theorien etc. als künstliche Verarbeitungsweisen. Wer diese Qualifikationen beherrscht, erhält offiziell eine Mündigkeit bzw. Hochschulreife bescheinigt, die allgemein als **Fähigkeit zur selbstbestimmten Fremdbestimmung** gilt, weil sie einerseits Lernziele und Lerninhalte säuberlich voneinander trennt, andererseits die Subsumtion der Inhalte unter die Ziele postuliert, die der Ausbildung bzw. Schule durch die staatlichen Curricula im Hinblick auf gesellschaftliche Anforderungen vorgegeben werden[148].

Worauf es der kapitalökonomischen Gesellschaft immer wieder aufs Neue ankommt, ist die **Rationalisierung des** individuellen und nationalen **Kapitalverwertungsprozesses**. Hieraus begründet sich die Notwendigkeit einer **Flexibilisierung aller Produktionsfaktoren**. Der erweiterte Kreislauf des Kapitals ist ein periodischer Prozeß. Er beginnt mit dem Vorschießen von **Geldkapital**, das zum Zweck der Wertvermehrung in **Produktionskapital** verwandelt wird (z.B. durch Einkauf und Einsatz bestimmter Produktionsfaktoren), um schließlich als produziertes **Warenkapital** (z.B. in Gestalt von Konsum- und Investitionsgütern) am Markt wieder in Geldkapital zurückverwandelt zu werden (z.B. durch Verkauf bzw. Absatz als Realisierung der produzierten Wertvermehrung). Der Kapitalumschlag dauert von der Kapital**bindung** während der Produktions- und Zirkulationsperiode bis zur Kapital**entbindung** in Form der Rückverwandlung des angelegten Kapitals in flüssige Kaufkraft. Erst eine volle Umrundung stellt die erweiterte Form des Kapitals als Geldkapital her, die für neue Kapitalumschläge eine unabdingbare Voraussetzung ist. Die Umschlagszahl der Kapitalkreisläufe bestimmt die Spirale des Kapitalakkumulationsprozesses und ist bei konstanter Gewinnquote zugleich ein Indikator für die Wertvermehrungsmöglichkeiten des Kapitals innerhalb einer Zeiteinheit (z.B. eines Kalenderjahres).

Je häufiger das Kapital in einem Jahr umgeschlagen wird, desto höher ist der Jahresgewinn und umgekehrt. Hieraus erklärt sich das Interesse des Managements, Maschinen-, Material-, Arbeits-, Standort- und Raumökonomie immer mehr in **Zeitökonomie** zu überführen. Die Zeitdimension verbirgt sich in der Wertdimension. Sie projiziert Planung, Organisation und Kontrolle auf die Ebene innerbetrieblicher Meßbarkeit, weil Kosten- und Gewinngrößen vom Kapitalumschlag abhängig sind, der sich in der Zeit vollzieht. Die Suche nach der optimalen Zusammensetzung des Kapitals (z.B. bei der Ausnutzung einer Kapazität) tangiert sowohl die Kostenebene wie auch die Liquiditätsebene. Beide Sphären sind nicht nur gegenseitig voneinander abhängig, indem Kostenveränderungen häufig mit Liquiditätsveränderungen verbunden sind und umgekehrt. Sie werden auch durch Veränderungen im Außensektor (Beschaffungs- und Absatzsektor) und Innensektor (Produktions- und Bürosektor) betroffen, soweit diese im Wege einer Kapitalbindung und Kapitalentbindung vor sich gehen.

Im Produktionsbereich werden die **Kosten** vor allem durch technisch-organisatorische Bedingungen, Preise der Produktionsfaktoren, Beschäftigungsgrad, Betriebsgröße und Fertigungsprogramm beeinflußt. Die Kostenverläufe sind hier seit langem ein betriebswirtschaftliches Problem. Es kommt darauf an, das **Betriebsoptimum** zu finden, das im folgenden Schaubild durch die Spannweite von E bis F gekennzeichnet ist und verdeutlicht, daß eine Unternehmung mit einem hohen Anteil fixer Kosten nur einen geringen Spielraum für **ökonomische** Anpassungsprozesse hat. Außerhalb der unteren und oberen "kritischen" Punkte (A bis B) gerät sie in die Verlustzone, die um so schneller erreicht ist, je höher der Fixkostenanteil ist. Treten Absatzschwankungen auf, wird jede unnötige Lagerhaltung zum Kostenproblem. Kanban-System und Just-in-time-Konzept gehen hierauf explizit ein.

In der Finanzsphäre zeigt sich, daß bei zunehmender Produktion und konstanter Umschlagszeit des Kapitals immer mehr Kapital gebunden wird. Der steigende Beschäftigungsgrad hat eine Verschlechterung der **Liquidität** zur Folge, wenn die Umschlagszeit des Kapitals nicht durch eine steigende relative Mehrwertproduktion (z.B. Einsparung von Maschinen-, Material-, Arbeitszeit) und/oder eine Abkürzung der Zirkulationsperiode (z.B. wirksame Absatzpolitik, massenhafte Konsumerziehung) reduziert werden kann. Der Begriff des Kapitals enthält den Zeitfaktor in allen seinen Formen. Kapital ist ein prozessierender Wert, der seine Akteure auf der Mikroebene der Unternehmen systemimmanent

Abbildung 15: Kostenverläufe

Entwicklung der Gesamtkosten bei verschiedenen Beschäftigungsgraden

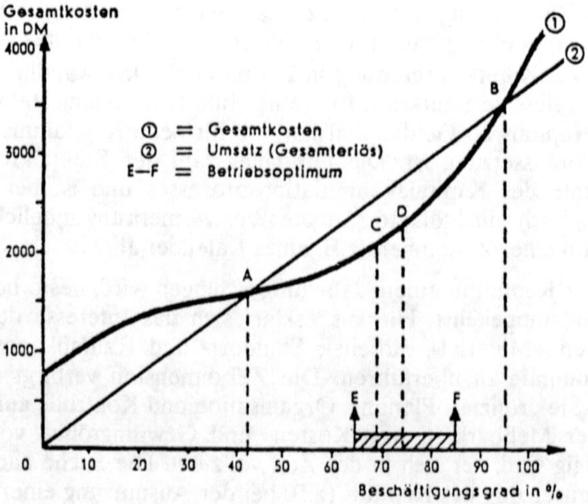

Entwicklung der Stückkosten bei verschiedenen Beschäftigungsgraden

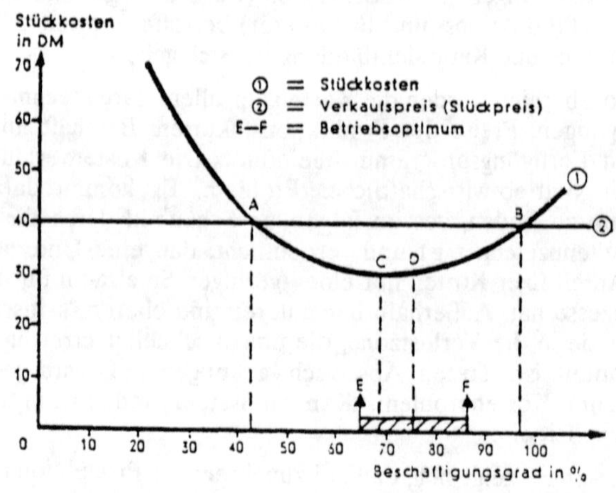

nur zu dem veranlaßt, was Friedman in seiner Kapitalökonomie in den Mittelpunkt stellt: die Selbstverwertung des Werts, die sich in der Rentabilität einzelner Unternehmungen ausdrückt. Die Rentabilität ist für die Unternehmung schon deshalb wichtig, weil aus ihr die Möglichkeit resultiert, sich durch Kapitalakkumulation in der internationalen Konkurrenz durchzusetzen.

c) Umweltbegriff der Kapitalökonomie

Die Friedman'sche Kapitalökonomie basiert auf der mikroökonomischen Rationalität der Profitmaximierung und der Kapitalakkumulation, die systemimmanent davon ausgeht, alle Prozesse technologisch beherrschen bzw. durch den Preis- und Konkurrenzmechanismus mit Hilfe des Rechts regulieren zu können. Der Flexibilisierung aller Produktionsfaktoren entspricht die **Enträumlichung, Entqualifizierung und Entsinnlichung der Ökonomie**. Maßgebend ist die quantitative Verwertungslogik des Kapitals, die sich auf nichts anderes bezieht als auf ihren eigenen Wert, der im Geld seinen weltweiten Generalnenner hat. Da das Kapital ein prozessierender Wert ist und die Möglichkeiten seiner Vermehrung von der Umschlagshäufigkeit des eingesetzten Kapitals abhängen, impliziert die Wertdimension zugleich die **Zeitökonomie** der Uhr, die durch den Computer perfektioniert wird. Man denke an Messungen, bei denen es auf Millisekunden oder Nanosekunden ankommt. Eine derartige Komprimierung der Zeit stützt sich auf systemische Funktionsbegriffe, die nur das thematisieren, was der Zweckzusammenhang der Kapitalökonomie ihnen vorgibt. Könnte die Friedman'sche Ökonomie den Zeitraum des Handelns auf Null reduzieren, würde der physikalisch-geographische Raum in der historischen Gesellschaft für sie bedeutungslos. Die **Verkürzung der Kapitalbindungsszeiten** von der Investition des Geldkapitals im Produktionsbereich bis zu seiner Rückverwandlung in monetäre Liquidität durch den Absatz des Warenkapitals auf dem Markt ist ein immanentes Prinzip der Kapitalakkumulation auf der Grundlage privater Eigentumsverhältnisse. Moderne Transport-, Finanzierungs- und Kommunikationstechniken deuten darauf hin, daß die Möglichkeiten zur Überwindung von Entfernungen im Warenverkehr ständig zunehmen. Die Kapitalökonomie impliziert tendenziell die Ignorierung des Raumes. Man denke z.B. an die Entmaterialisierung des Geldes durch elektronische Übertragungstechniken, die den Raum in Lichtgeschwindigkeit überbrücken.

Allerdings geht die Kapitalökonomie der gesellschaftlichen Praxis in der **Rationalität** ihres mikroökonomischen Bewußtseins der Kalkulation und Planung, Organisation und Kontrolle nicht auf. Weder die Produktion noch der Konsum von Waren läßt sich in der reinen Wertdimension faktisch so abbilden, daß ihre humanökologischen Implikationen miterfaßt sind. Wäre die Wirtschaft ein geschlossenes System, gäbe es für sie keine Umwelt. Alles würde sich im eigenen Kreislauf abspielen. Die Produktion von Mehrwert müßte intern stattfinden können. Eine Ausbeutung der Umwelt stände dann nicht zur Diskussion. Daran zeigt sich die Illusion der Kapitalökonomie, die der Wirklichkeit widerspricht. Das existierende Wirtschaftssystem hat eine Umwelt, aus der es Inputs (Ressourcen/Arbeitskräfte) bezieht und an die es Outputs (Schadstoffe/Energiezufuhren) abgibt[149]. Im Alltag hat die Kapitalökonomie nicht nur **eine räumliche Umgebung**, d.h. eine territoriale Dimension, weil Produktion und Konsum in der Realität "ausgedehnte" Phänomene sind, sondern auch eine **stofflich-energetische Seite** (vgl. später E II/4d). Sie beinhaltet einen Stoff- und Energieumsatz, der die Umwelt als **menschliche** Lebensgrundlage beeinträchtigt, aber auch pflanzliche und tierische Lebensräume zerstört (z.B. Algenpest). In natürlichen Öko-Systemen kommen solche gravierenden Störungen nicht vor. Jeder anfallende Stoff wird dort in einem Aufarbeitungsprozeß für seine Wiederverwendung umgesetzt[150].

Abbildung 16:

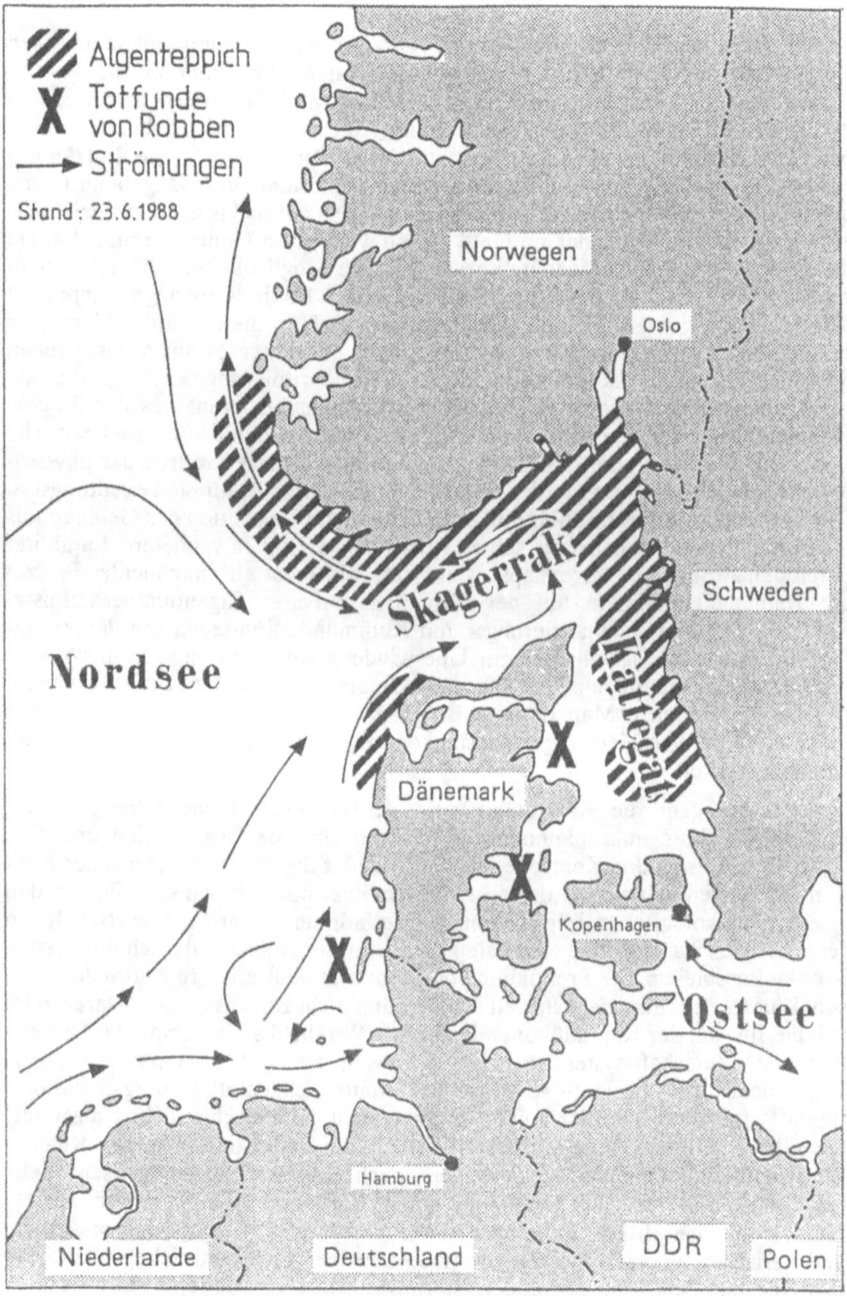

Bundesministerium für Umwelt, Naturschutz und Reaktorsicherheit
-Referat Öffentlichkeitsarbeit-

Die Realität der Kapitalökonomie ist durchweg ambivalent. Auf der einen Seite geht es um Profitmaximierung bzw. die Erwirtschaftung eines in **Geldeinheiten** gemessenen Überschusses, der die Materialität, Räumlichkeit und Zeitlichkeit der Inputs, Outputs und Throughputs vernachlässigt, weil ein institutionelles Wahrnehmungsmedium dafür fehlt (Verwertungsprozeß). Auf der anderen Seite sind **Produktion und Konsumtion** immer auch Prozesse der **Umwandlung von Stoffen und Energien**[151]. Auf diese Weise entsteht auf der Basis privater Eigentumsverhältnisse ein **Formwandel** in der Substanz der menschlichen Lebensbedingungen. **Diese Seite des Umweltproblems bleibt durch die Reduktion der Betrachtung auf die Form ökonomischer Prozesse meistens unterbelichtet.** Erst die Kontroverse zwischen H. Immler und W. D. Schmied-Kowarzik (Abschnitt D II/2b) bringt sie wieder voll zur Sprache. N. Georgescu-Roegen (1971) unterscheidet lediglich zwischen zwei Zeitbegriffen. Die Zeit "T" repräsentiert die historische und ökologische Zeit von Natur- und Gesellschaftsprozessen, die in der kontinuierlichen Abfolge ihrer Momente **irreversibel** sind. Die natürlichen Ressourcen, die in der Kapitalökonomie heute so schnell verbraucht werden (Vergeudungswirtschaft bzw. Wegwerfgesellschaft), sind dann als nichterneuerbare Ressourcen entweder endgültig verloren, oder sie stehen als erneuerbare Quellen erst im Zeitrhythmus der natürlichen Regenerationsfähigkeit der Stoffe und Energien wieder erneut zur Verfügung. Die Zeit "t" verkörpert hingegen das Funktionssystem der Ökonomie, in dem Prozeßabläufe im mechanisch-zeitlichen Sinne als exakt prognostizierbar gelten, indem alle Elemente der Zeit "T" gemäß der Störfaktorentheorie eliminierbar erscheinen. Im Reproduktionsbegriff der Kapitalökonomie wird die **Reversibilität** ökonomischer Nebeneffekte im Sinne eines finanziellen Schadenausgleichs für alle Folgen außerhalb des Wirtschaftskreislaufes explizit unterstellt. Das Verursacherprinzip bezieht daraus die Begründung für seine Anwendbarkeit.

Der Kapitalökonomie mit dem Zeitbegriff "t" entspricht im übertragenen Sinne der Uexküllsche **Umweltbegriff**, der unter Umwelt nicht die räumliche Umgebung versteht, sondern die **Merk- und Wirkwelt eines Organismus, die ihm als Beute-, Feindes-, Geschlechtskreis etc. dient**. Exemplarisch läßt sich dieser Begriffsinhalt an der **Zecke** aufzeigen[152]. Was sie nach J. v. Uexküll umgibt, "schnurrt zusammen und verwandelt sich in ein ärmliches Gebilde", das nur noch aus drei Merk- und Wirkmalen besteht: aus Buttersäure, Wärme und Weichheit. Hieraus resultiert die **Handlungssicherheit** der Zecke, die sich nur fallen lassen kann, dann krabbelt sowie Blut saugt, aber mit Hilfe dieser **Reduktion der Wahrnehmungsvielfalt** ihre Art erhalten kann; denn sie kann warten, oft jahrelang. Die heutige Umwelt umfaßt nach K. M. Meyer-Abich hingegen zugleich pragmatische Zusammenhänge. Sie resultiert aus der wirtschaftenden Behandlung der Natur durch Funktionskreise[153]. Umweltprobleme entständen, weil "der geschlossene Zusammenhang der Wahrnehmungen und Handlungen eines Systems (Merkwelt und Wirkwelt) zerfällt oder zumindest nicht mehr geschlossen ist". Nicht auszuschließen sei, "daß mit einiger Wahrscheinlichkeit unsere Sinne degenerieren und mit ihnen die eine Hälfte der Funktionskreise unserer menschlichen Umwelt, während die andere Hälfte, der Handlungsteil, der industrielle Umgang mit unserer Umwelt immer weiter auswuchert, so daß unsere Handlungen keine unmittelbare Rückmeldung an die Sinne ergeben und wir nicht sehen, was wir tun, uns also zunehmend 'im Dunkeln' fortbewegen. Dieses ist die Gefahr der 'Degeneration der Umwelt' und das eigentliche Umweltproblem"[154].

Die Kapitalökonomie, die in ihrer mathematisch-naturwissenschaftlichen Methode eine hochentwickelte Form menschlichen Bewußtseins repräsentiert, läßt sich in ihrem Verhältnis zur Umwelt von einem relativ undifferenzierten **Verhaltensbegriff** leiten. Sie folgt zunehmend nicht mehr menschlichen Maßstäben der Verantwortung und Verträglichkeit, auch nicht regionalen Normen und ökologischen Belastungskriterien, sondern immer stärker einem anonymen **Sachgesetz der Verwertung und Akkumulation** von Kapital. Ihr Bezugspunkt ist "weniger die räumliche Beschaffenheit einer konkreten Region als vielmehr der Vergleich mit anderen Regionen und mit dort fungierenden Kapitalen in ganz anderen Weltgegenden. Die Suche nach einem geeigneten 'Lokus' für die intelligente Stoff- und Energieumwandlung zur Produktion einer nachgefragten Ware vollzieht sich in planetarischen Dimensionen. Die **natürlichen Ressourcen** einer Region zählen nicht mehr als natürliche Bestände, einem in sich integralen Ambiente zugehörig, sondern als **mit einem Weltmarktpreis** (für Eisen, Kupfer, Gold, Holz, Weizen, Zucker etc.) **bewertete Reserven**, die sich als Waren mit spezifischer Qualität und Preisen auf dem Weltmarkt mit anderen Waren desselben Gebrauchswerts vergleichen"[155].

Mit der Verwandlung von Ressourcen in **Waren** verbindet sich "ein Akt der Isolierung von anderen Bestandteilen des Raumes, die nicht in Waren verwandelbar sind. Der Akt der Isolierung ist immer ein Akt der Destruktion der Integrität des konkreten Raumes. Die Ausbeutung einer Erzmine ist gleichbedeutend mit der Vernichtung einer Landschaft". Die Umfunktionierung des tropischen Regenwaldes zum Weideland zerstört ihn als Ökosystem. Die kapitalökonomische Erschließung eines geographischen Raumes impliziert die Substitution des konkreten Ortes (place) durch einen abstrakten Funktionsraum (space), der als nach ökonomischen Prinzipien geordneter und umgestalteter Bereich erkennbar wird, sobald die "künstlichen" Prozesse der Rationalisierung, Reprofessionalisierung und Inwertsetzung der verfügbaren Faktoren praktisch abgelaufen sind. Eine solche Vereinnahmung eines Raumes impliziert die Negation seiner tradierten Struktur und historischen Entwicklung. Maßgeblich ist, "ihn erstens in den 'space' des Weltmarktes, also den globalen Funktionsraum zu integrieren und ihn damit zweitens bis zur Unkenntlichkeit als konkreten place, aber bis zur Kenntlichkeit als Teil des globalen space umzuwälzen"[156]. **Die Natur im Raum wird zum Objekt der Ökonomie.** Sie verkümmert zu einer auszubeutenden Quelle. Für die Kapitalökonomie existiert nur das, was im Sinne ihrer monetären Verwertungsprinzipien "auszusaugen" ist. Die Wissenschaft erhält die Aufgabe, die ökonomische Verwertbarkeit der vorhandenen Ressourcen zu erforschen. Und Verwertbarkeit beinhaltet die **Metamorphose** der Dinge **in Waren**, ihre Verfügbarmachung für die Zwecke der einäugigen Kapitalökonomie[157].

Was sich mit der **Kapitalökonomie** an Isolierung verbindet, bleibt für den Menschen und seinen Lebensraum **nicht ohne Konsequenzen**. Seine Umgebung wird Zwecken zugänglich gemacht, die ihn in seiner humanistischen Tradition und natürlichen Existenzgrundlage bedrohen. Einmal wird mit der wirtschaftlichen Erschließung eines Raumes "der Horizont der nationalen und internationalen Kapitalzirkulation ausgeweitet". Das Gewicht der Ökonomie und der Druck der Konkurrenz verstärken sich. Zum anderen "werden mit den Waren Konsummuster und Produktionsweisen transportiert, die eine Kultur der Inwertsetzung bzw. der auf dem Wert beruhenden Produktionsweisen gegenüber traditionellen kulturellen Werten durchsetzen, also auf der einen Seite eine Dekulturierung und auf der anderen Seite eine Rekultivierung bewirken. Erschließung eines Raumes ist immer mit Urbanisierung verbunden"[158]. Ist der Raum wegen Erschöpfung der Ressourcen oder ihrer mangelnden Rentabilität hingegen uninteressant, entfernt sich das Kapital aus der Region und läßt alles zurück, was es nicht verkaufen kann. Die Geschichte der Kapitalökonomie liefert hierfür zahlreiche Beispiele. Das Rheinhausen der Stahlindustrie findet sich überall, wo die regionale Effizienz der Standortbedingungen den Durchschnitt der ökonomischen Konkurrenz langfristig nicht mehr erreicht. Das Kapital bevorzugt in seinem Umweltbezug immer wieder nur das, was sich für seine eigenen Zwecke verwerten läßt. Das Maß für diesen Selbstbezug liefert die Profitrate bzw. die Rentabilität des vorgeschossenen Kapitals. Was diesem Kriterium entspricht, wird instinktiv ausgebeutet. Alles andere bleibt außerhalb der Merk- und Wirkwelt der Ökonomie.

III. Zusammenfassung

Im Laufe der Zeit hat sich die Ökonomie aus ihrer ursprünglichen Eingebundenheit in den kosmischen, ökologischen und gesellschaftlichen Zusammenhang der agrarischen Produktionsweise immer stärker herausentwickelt. Ihre erste institutionelle Verselbständigung erfährt sie durch den Austauschprozeß am Markt, der sich als Mechanismus des Interessenausgleichs von Angebot und Nachfrage im Preis in der **klassischen Theorie** widerspiegelt. In ihrem Mittelpunkt steht die Problemkonstellation des Handelskapitals, das in seinen Entfaltungsmöglichkeiten begrenzt ist, weil die Produktion noch von der wertschöpfenden Kraft der unmittelbaren Arbeit abhängig ist, die sich in der Manufaktur und Fabrik zwar schon frühkapitalistische Formen schafft, aber über die Stufe einer handwerklich konzipierten und gefertigten Technik kaum hinausgelangt. Die Neutralität des Geldes korrespondiert mit politisch-ideologischen Rahmenbedingungen, die den Liberalismus der Kapitalakkumulation beschränken bzw. über die vollständige Konkurrenz eine gesellschaftliche Harmonie im Sinne einer Identität von Einzel- und Gesamtinteresse herbeiführen sollen. Die empirische Entwicklung führt jedoch zu nennenswerten Abweichungen von dieser Idealvorstellung des Gleichgewichts: Vermachtung vieler Märkte, Ruin großer Teile der Mittelschichten, Zerfall weltwirtschaftlicher Beziehungen, Zusammenbruch des Goldstandards und Ausbleiben eines endogenen Wiederaufschwungs.

Mit der **Keynes'schen Geldökonomie** verbindet sich eine weitere Etappe wirtschaftlicher Entfaltung, ohne daß die vorhergehende bedeutungslos wird. Sie entspricht der hegemonialen Stellung des Produktionskapitals und impliziert unvollständige Konkurrenz und industrielle Großbetriebe mit wissenschaftlicher Betriebsführung, vor allem in großen Industrieländern (namentlich England und USA), die in der Weltwirtschaftskrise 1929/33 mit einer anhaltenden Arbeitslosigkeit, einer beachtlichen Überkapazität in vielen Branchen sowie einer tiefgreifenden Veränderung der Einkommensverausgabung zu Lasten des Konsums konfrontiert werden. Keynes' Bedeutung liegt nicht allein in seiner Theorie zur Erklärung der Phase dauerhafter Arbeitslosigkeit. Entscheidend ist sein politischer Ausweg, der in der damaligen Zeit ankommt und später im fordistischen Wohlfahrtsstaat seine erweiterte Form findet. Sein Ansatz berücksichtigt, daß das

Geld nicht ein neutrales und harmloses Mittel ist, sondern sich durch Geld- und Haushaltspolitik sowohl zur Ankurbelung der Wirtschaft wie auch zur Korrektur von sozialen Ungerechtigkeiten und Ungleichheiten aktiv und planmäßig einsetzen läßt. Unter dem Primat der Privatökonomie erweist sich die Keynes'sche Geld- und Haushaltspolitik jedoch als nicht krisenfest. Sie scheitert an der Problemverarbeitungskapazität ihrer politischen Form, die auf Mehrheiten angewiesen ist und ihren Interventionismus schwerpunktmäßig auf fiskalische bzw. geldpolitische Maßnahmen beschränkt. Die ordnungspolitische hardware der Institutionen und Eigentumsrechte der Privatgesellschaft bleibt unangetastet. Deshalb werden Klassenkompromiß und Staatsverschuldung des Interventions- und Sozialstaats in der BRD vom Kapital nur so lange getragen, wie deren Rentabilität es international erlaubt.

Die **Friedman'sche Kapitalökonomie** repräsentiert den jüngsten Problemstand der Wirtschaft, insbesondere auf den Finanzmärkten und im Bereich der modernen Informationsverarbeitung und Übertragungstechnik (einschließlich Finanztechnologien und -innovationen). Sie akzentuiert die Vorherrschaft des Geldkapitals bzw. der professionellen Geldanleger (Banken, Versicherungen). Unter dem Druck der anwachsenden Konkurrenz verstärkt sich der Zwang zur beschleunigten Akkumulation von Kapital. Im Kontext der globalen Anforderungen wird das Geld **einerseits immer abstrakter und flexibler**. Seine Substanzbindung löst sich auf. In der funktionierenden Praxis ist es zunehmend nur noch ein papierloses Zeichen. Die Chipkarte wird zum elektronischen Portemonaie, der Papierschein aus Kredit- und Beteiligungsgeschäften zum Gegenstand der Vermögens- und Kapitaltheorie. Die Friedman'sche Neuformulierung der Quantitätstheorie intendiert eine Portfolio-Analyse, die das Geld **einzelwirtschaftlich** als ein Wertvermehrungsmittel betrachtet, d.h. verdeutlicht, daß das Geld indirekt in den Verteilungsprozeß auf der Ebene der rechtlichen Ansprüche (Eigentumstitel) eingreift sowie die moderne Kapitalökonomie dadurch störanfällig und widersprüchlich macht. **Andererseits bleibt die Kaufkraft des Geldes in Gestalt von Papierscheinen weiterhin vom Warenangebot abhängig. Makroökonomisch** verweist der Geldwert implizit auf Warenwerte. Friedmans Indexierung entspricht dieser Problemlage. Werden die Warenangebote nicht entsprechend der Geldmenge ausgeweitet, zeigt sich allzu schnell, daß das moderne Geld zu einem Zeichen ohne Wert wird und seine Fähigkeit als generelles Medium der Vergesellschaftung ideell und real verliert. Man denke an die beiden deutschen Inflationen im 20. Jahrhundert. Die Gefahr einer solchen Entwicklung ist auch heute nicht gebannt, da das moderne Geld in Gestalt des Buchgeldes, das etwa 90% der Geldmenge ausmacht, durch den Zins über einen eingebauten Inflationierer verfügt[159]. Dementsprechend ist das heutige Geld in allen seinen Formen, die es bisher zur Erleichterung und Förderung des privaten Waren- und Kapitalverkehrs durchlaufen hat, mit dem Wirtschaftssystem, das sich von dem objektiven Gehalt des Werts und Mehrwerts leiten läßt, auf Gedeih und Verderb verbunden.

In der Praxis wird vom Geld erwartet, daß es vor allem zur Lösung der **kapitalistischen** Probleme beiträgt. Damit werden auch Anforderungen angesprochen, die widersprüchlich sind und sich auf das Geld übertragen, sobald es seine Funktionen im Verwertungsbereich des Kapitals wahrzunehmen hat. In den Denkansätzen von Keynes und Friedman kommt die Widersprüchlichkeit des Geldes in seinen gesellschaftlichen Funktionen als Zahlungs- und Wertvermehrungsmittel zum Ausdruck. Keynes geht es vor allem um die Frage der günstigsten Geldform in bezug auf die **Zahlungsfähigkeit** (Liquiditätstheorie). Friedman betont die Frage der günstigsten Geldanlage in bezug auf die **Ertragsfähigkeit** (Transmissionstheorie). Beide Ansätze sind für sich gesehen zwar einseitig, aber zusammen spiegeln sie nicht nur das kapitalistische Entscheidungsproblem einer Gratwanderung mit vielen Fragezeichen richtig wider, sondern auch die Widersprüchlichkeit der Anforderungen, die das Geld begrifflich bestimmen. Da Form und Inhalt des heutigen Geldes in der Kapitalökonomie notwendig zusammengehören, wird die Synthese von Liquiditäts- und Transmissionstheorie zur Grundfrage der derzeitigen Volkswirtschaftslehre. Ob und wie sie im Rahmen der kapitalistischen Gesellschaft herbeizuführen ist, bleibt allerdings abzuwarten.

Als Geldkapital ist das heutige Geld immament ein **gesellschaftliches** Verhältnis, das in seiner einzelwirtschaftlichen Entwicklungslogik institutionell und strukturell auf **Wertvermehrung** angelegt ist. Daß der Geldwert makroökonomisch den Warenwert voraussetzt, um als Kaufkraft und Machtmittel überhaupt fungieren zu können, macht deutlich, daß das Geldkapital auf der Basis seiner Ansprüche allein nicht funktions- und lebensfähig ist. Es muß wegen der monetaristischen Einseitigkeit seines Funktionssystems immer wieder erneut davon ausgehen, daß ihm die nichtmonetaristische Umwelt und Mitwelt aktiv oder passiv entgegenkommen. Bisher haben sich die gesellschaftlichen und ökologischen Bedingungen dieser Entwicklung angepaßt. Historisch hat sich das Kapital zunächst des Außen- und Binnenhandels bemächtigt; dann ist es ins industrielle Produktionskapital eingestiegen, und jetzt versucht es, als Bankenkapital den Staat für sich zu gewinnen, zumindest in dem Sinne, daß sich die bisherigen Regierungen in ihrer staatlichen Funktion als Forum zur Bestimmung der 'Spielregeln' und als Schiedsgericht zur richtigen Auslegung ihrer Gehalte ihm gegenüber loyal verhalten (z.B. durch kapitalbezogene Rechts- und Wirtschaftspolitik, Übernahme von Ausfallbürgschaften bei Auslandskrediten, Steuer- und Zentralbankpolitik, Staatsverschuldung etc.). Zu dieser staatlichen Kapitalökonomie gehört, daß die nationale Konkurrenzfähigkeit der Privatwirtschaft öffentlich gefördert wird und die großen Risiken der technologischen wissenschaftlichen Entwicklung vom Staat übernommen werden. Erst dann beginnt die Herrschaft der vergegenständlichten Formen der Planungs-, Produktions-, Organisations-, Steuer- und Kontrollmittel. Mensch und Umwelt werden auf diese Weise zum Anhängsel eines Perpetuum mobile, das durch die Wahrnehmungskategorien und Meßinstrumente seiner eigenen Maschinerie weder erkennen kann, was es in seiner Umwelt menschlich und ökologisch anrichtet, noch in der Lage ist, den Entwicklungsprozeß der Kapitalökonomie aus Gründen instrumenteller Vernunft zu stoppen. Seine institutionellen Problemverarbeitungscodes und Resonanzorgane sind darauf immanent nicht eingestellt.

Die kapitalökonomische Systemprogrammierung geht bereits auf die klassische Tauschökonomie zurück. Auf der Stufe der Keynes'schen und Friedman'schen Ökonomie hat sie allerdings zunehmend mehr Lebens- und Umweltbereiche des Menschen durchdringen können, so daß der Grad ihrer Gefährlichkeit für Mensch und Umwelt mit weiterem Wirtschaftswachstum exponentiell wächst. Der Weg der Beherrschung der Natur verläuft von der griechischen Stadtkultur und neuzeitlichen Naturwissenschaft relativ geradlinig zur Atomenergie. Ihm entspricht der Uexküll'sche **Umweltbegriff**, der unter Umwelt nicht die räumliche Umgebung versteht, sondern nur die **Merk- und Wirkwelt**, die dem (hier: privatwirtschaftlichen) System als **Beutekreis** dient, sofern es nicht gelingt, durch politische Kräftekonstellationen und praktische Alternativen gegenzusteuern. Mit der kapitalökonomischen Kultur der Papierscheinansprüche und der Inflation der Zeichen verbindet sich eine bestimmte Form sozialer Beziehungen, die sich zwar verselbständigt und eine eigene Dynamik entfacht, aber letztlich ist sie von einem konkreten Lebensgrund abhängig, der als **wirkliches** Vermögen viele Dimensionen hat und sich nicht allein von Abstraktionen leiten läßt, die das institutionelle Perpetuum mobile der Kapitalökonomie bestimmen. Man denke vor allem an Abhängigkeiten des Geldkapitals von jenen realen Bedingungen, die als soziale und natürliche Minima der **menschlichen** Umwelt relevant sind sowie in den Ökologiebezügen der Reformdiskussion später nochmals angesprochen werden (Abschnitt D). Dieses lebendige Fundament begrenzt die Flexibilität des Geldkapitals und den Idealismus seiner Gewinnmaximierung. Zu seinen gesellschaftlichen Voraussetzungen gehört vor allem die Bevölkerung, die in ihrem Bewußtsein verdeutlicht, daß die Kapitalökonomie ein **soziales** Produkt ist, und es letztlich wiederum gesellschaftliche Kräfte und Verhältnisse sind, die über die Existenz der Kapitalökonomie entscheiden.

Anmerkungen

[1] P. J. Velte, in: General-Anzeiger Bonn vom 19./20.11.88, S. 20

[2] B. Hindess/P. U. Hirst 1981, S. 74

[3] "Je komplexer eine Nahrungskette ist, desto weniger wird sie unter Instabilität leiden, wenn eine oder mehrere Arten ausfallen. Von daher gewinnt die Vielfalt und Komplexität der Arten innerhalb eines Systems eine enorme Bedeutung. Schlagartige Zusammenbrüche sind Kennzeichen einfacher Ökosysteme, etwa in arktischen oder in Wüstenregionen, wenn z.B. die Wölfe, die wandernde Tierpopulationen unter Kontrolle halten, ausgerottet werden, oder wenn eine beträchtliche Zahl von Reptilien in Steppenregionen beseitigt wird, die dort die Nagetierpopulationen in Grenzen halten. Im Gegensatz dazu kann die große Vielfalt der Flora und Fauna, die die gemäßigten und tropischen Gegenden bevölkern, den Verlust bestimmter fleisch- oder pflanzenfressender Arten leichter vertragen, ohne größere Störungen zu erleiden" (M. Bookchin 1985, S. 41f).

[4] H. Ellenberg 1972, S. 25

[5] G. Bayerl 1980, S. 205

[6] Vgl. dazu ausführlich M. Bookchin 1985, S. 166ff

[7] H. Schipperges 1977, S. 224f

[8] Für Aristoteles ist die Natur technisch noch nicht angeeignet. Er spricht von der "Natur da draußen", die lebt und blüht, wächst und gedeiht, aber auch bearbeitet wird.

[9] Vgl. dazu ausführlicher G. Hobbensiefken 1978, S. 70ff

[10] Vgl. insbesondere Politik, hrsg. v. O. Gigon, München 1973, Die Nikomachische Ethik, hrsg. v. Gigon, München 1972

[11] Ausführlicher G. Hobbensiefken 1980, S. 49ff

[12] K. Polanyi 1979, S. 325

[13] H. Marcuse 1968, S. 128ff

[14] Vgl. hierzu z.B. Zensur, Niederwerfung der Bauernaufstände

[15] J. Habermas 1962, S. 88f und 1968, S. 86ff

[16] H. Mottek 1974, S. 78

[17] K.-D. Mager 1985, S. 117

[18] Vgl. K. Buchwald 1978, S. 13

[19] Mehr dazu vgl. G. Hobbensiefken 1980, S. 86ff

[20] "Handelsstädte würden schwerlich entstanden sein, wo nicht der Austausch zwischen befriedeten Herrschaftsgebieten mit entsprechender Arbeitsteilung, Regelmäßigkeit der Bedürfnisse und sozialer Ordnung dauerhafte Grundlagen für eine Zwischenbevölkerung schufen" (F. H. Tenbruck 1966, S. 124f).

[21] Vgl. M. Bookchin 1985, S. 236f

[22] Vgl. W. Wild 1986, S. 15ff

[23] B. Hindess/P. U. Hirst, S. 257f

[24] Vgl. H. Rittstieg 1975, S. 25ff; F. Wieacker 1974, S. 10ff

[25] Th. Ramm 1974, S. 11

[26] K. Marx, Grundrisse, S. 391

[27] "Die Avenue weicht nicht von ihrer Richtung ab, noch ändert sie ihre Breite um ein paar Fuß, um einen schönen Baum oder ein kostbares Bauwerk zu erhalten. Kommt es zu einem Konflikt mit menschlichen Interessen, so haben Verkehr und Geometrie Vorrang" (L. Mumford 1979, S. 455f).

[28] Vgl. A. Sohn-Rethel 1970, H.-G. Conert 1984, W.-D. Schmied-Kowarzik 1984, W. Sesink 1988

[29] "In einem entwickelten Land gibt es nur wenige Waren, deren Tauschwert ausschließlich durch Arbeit entsteht. Rente und Gewinn sind durchweg weit stärker daran beteiligt" (A. Smith [1789] 1978, S. 48).

[30] Nach H. Immler "mag der augenblickliche Nutzen eines reichen Fischfangs besonders groß sein, es kommt aber zu Schäden, wenn die Fangrate zu hoch ist und mit den natürlichen Existenzbedingungen des Fischbestandes kollidiert. Es wäre falsch, in der kurzfristigen Nützlichkeit, wie sie von Adam Smith als Kriterium für den Gebrauchswert angesehen wurde, ein geeignetes Steue-

rungsinstrument für die naturalen Produktionsbedingungen aller Gebrauchswert zu vermuten. Auch hierfür liegt die Ursache darin, daß Nutzen und Gebrauch lediglich als spezifische Begriffe der Tauschgesellschaft fungieren" (1985, S. 143).

[31] Ebenda, S. 144

[32] Ebenda, S. 145

[33] Ebenda, S. 146

[34] A. Smith (1789) 1978, S. 28

[35] H. Braverman 1977, S. 70f

[36] D. Ricardo (1817) 1959, S. 9

[37] Ebenda, S. 20

[38] Ebenda, S. 12

[39] Ebenda, S. 21

[40] Ebenda, S. 22

[41] Ebenda, S. 376

[42] H. Immler 1985, S. 191

[43] D. Ricardo 1959, S. 53

[44] Vgl. hierzu insbesondere H. Immler 1985, S. 201ff

[45] Vgl. auch G. Hobbensiefken 1980 (S. 147-158), weiterführend und naturbezogen W. Sesink 1988a

[46] Es sei hier vor allem auf die österreichische Schule (C. Menger, F. v. Wieser, E. v. Böhm-Bawerk), die angelsächsiche Schule (W. St. Jevons, A. Marshall) und die Lausanner Schule (L. Walras, V. Pareto) hingewiesen.

[47] Vgl. hierzu die Gossen'schen Gesetze, die das Prinzip des äquivalenten Tausches ins Subjektive wenden. Der dabei erzielte Vorteil ist das Ergebnis subjektiver Wertschätzung.

[48] Bei E. Böhm-Bawerk existieren die Menschen in der Ökonomie der Nutzens durchweg isoliert bzw. außerhalb jeder sozialen Bindung. Seine Beispiele: "Ein Mann sitzt neben einer Trinkwasserquelle" oder "ein Reisender, der sich in der Wüste befindet"; "ein von der Welt abgeschnittener Landwirt"; "ein Ansiedler, dessen Häuschen sich im Urwald befindet" usw. (1886, S. 9, 30).

[49] Vgl. auch H. Riese 1975, S. 196

[50] J. M. Keynes 1936, S. 252

[51] W. Hofmann 1972, S. 101

[52] W. Hofmann 1964, S. 120

[53] H. Albert 1967, S. 406

[54] Dem "Verein zur Förderung des Gartenbaues in den kgl. preußischen Staaten" gehören z.B. Alexander v. Humboldt, A. Thaer, Fürst Pückler, Annette v. Droste-Hülshoff und viele andere Persönlichkeiten an. Nachfolgerin ist die heutige Deutsche Gartenbau-Gesellschaft (Präsident: Graf Lennart Bernadotte).

[55] G. Olschowy 1978, S. 2

[56] Vgl. auch O. Renn 1985, S. 168ff

[57] Vgl. R. P. Sieferle 1983, S. 215, 224f

[58] K.-G. Wey 1982, S. 26

[59] Vgl. auch Tagungen und Vereinsgründungen

[60] G. Olschowy 1978, S. 3

[61] K.-G. Wey 1982, S. 134ff

[62] J. M. Keynes 1936, S. 19

[63] Ebenda, S. 277

[64] Ebenda, S. 287

[65] Vgl. auch E. Hödl 1986, S. 2

[66] Zumindest sind drei Interpretationsschulen bedeutsam. Die erste geht auf J. Hicks zurück, insbesondere auf seine Aufsätze "Mr. Keynes and the Classics" (1937) und "Value and Capital" (1939), in denen die Keynes'sche Makrotheorie mit dem Konzept der allgemeinen Gleichgewichtstheorie von Walras interpretiert wird. Die zweite kommt in der Ungleichgewichtstheorie bzw. der sog. Neuen Makroökonomie zur Geltung, die vor allem von Clower, Leijonhufvud und

Malinvaud vertreten wird und im Rahmen der walrasianischen Preistheorie kurzfristige Mengenanpassungen untersucht bzw. auf Tauschtransaktionen bei Ungleichgewichtspreisen mit Unterbeschäftigung hinweist. Die dritte betrifft die Fundamentalisten, zu denen insbesondere Joan Robinson, P. Davidson, H. P. Minsky, G. L. S. Shackle, S. Weintraub gerechnet werden, die das Prinzip der effektiven Nachfrage betonen bzw. darauf verweisen, daß die von Unternehmen erwarteten Verkaufserlöse die Beschäftigung determinieren.

[67] Es sei hier vor allem auf M.-M. Pörksen (1981), J. Glombowski (1982), G. Heinsohn/O. Steiger (1983), St. Krüger u. a. (1984), R. Hickel (1987) und die Memorandum-Gruppe hingewiesen.

[68] J. M. Keynes 1936, S. 314

[69] Ebenda, S. 321

[70] Ebenda, S. 275

[71] Ebenda, S. 314

[72] Ebenda im Vorwort, S. VI

[73] Ebenda, S. 249

[74] Ebenda, S. 131

[75] Ebenda, S. 189

[76] Im Konkurrenzkapitalismus ist der Preis unternehmerisch als "Datum" anzusehen. Die "vollständige" Konkurrenz steht für die Verselbständigung des Wirtschaftsprozesses im Sinne eines Mechanismus (Austauschprozeß der Arbeitsprodukte verselbständigt sich gesamtwirtschaftliche als Wertgesetz) und dieser wirkt auf die einzelnen Akteure in der Weise zurück, daß sie sich ohnmächtig vorkommen.

[77] J. M. Keynes 1930, S. 480

[78] Ebenda, S. 485

[79] Vgl. hierzu auch den Radcliffe-Report

[80] Vgl. hierzu die Instrumente der Zentralbank

[81] J. M. Keynes 1936, S. 315

[82] Ebenda, S. 316

[83] Ebenda, S. 317

[84] Ebenda, S. 248f

[85] JMK XXI, S. 130ff

[86] Ebenda, S. 15f

[87] Ebenda, S. 248f

[88] Vgl. dazu den nächsten Abschnitt

[89] Vgl. den sog. Keynes-Plan der Bretton Woods-Konferenz

[90] J. Hirsch 1985, S. 166

[91] J. Hirsch/R. Roth 1986, S. 51

[92] Vgl. G. Hobbensiefken 1960, S. 640ff, auch W. Kaminsky (1963), 4. Aufl. 1970, S. 9ff (Ghostwriter: G. Hobbensiefken)

[93] J. Hirsch 1985, S. 166f

[94] A. Blume 1981, S. 18, 31ff

[95] Vgl. hierzu den gleichnamigen Titel von H. Treiber/H. Steinert 1980

[96] Vgl. M. Foucault 1976; J. Baudrillard 1982; A. Bamme'/. G. Feuerstein u. a. 1983

[97] Vgl. A. Gorz 1980, S. 27ff; ferner E. Lucas-Busemann 1976 und 1983

[98] Vgl. auch G. Vobruba 1979, S. 491ff

[99] Vgl. insbesondere B. Lutz 1984, S. 110ff

[100] Vgl. insbesondere E. Schmalenbach 1928, S. 245; ferner G. Buchholz 1981, S. 38ff und 1983, S. 57ff

[101] E. Esser 1975, S. 159

[102] Vgl. hierzu die internationale Verschuldungs- und Kreditkrise, ferner die nationalen Inflationen und Währungsabwertungen sowie das Nord-Süd-Gefälle zur Dritten Welt. Siehe insbesondere E. Altvater 1983, S. 3ff; F. Castro 1985, S. 537ff; A. Schubert 1985; R. Hickel 1987

[103] M. Friedman 1971, S. 11ff

[104] Vgl. M. Friedman 1971, insbesondere S. 27ff; 1983, S. 14ff

[105] M. Friedman 1970, S. 9f

[106] Ebenda, S. 64

[107] Ebenda, S. 108

[108] z.B. bei E. M. Claassen 1974, S. 227

[109] M. Friedman 1970, S. 106, 109

[110] Ebenda, S. 106

[111] Mit dieser Marktbegrenzung verbinden sich bei der Geldnachfrage zwei gegenläufige Wirkungen. Einerseits ist es für das Humankapital schwierig, sich in Notfällen in liquides Vermögen umzuwandeln. Insofern wird es gegenüber anderen Vermögensteilen eine größere Geldnachfrage haben. Andererseits impliziert der unvollständige Markt für Humankapital (Arbeitsmarkt) tendenziell höhere Investitionserträge als andere Kapitalmärkte! Wer über Erträge aus einem bestimmten Humankapital verfügt, kommt mit geringerer Kasse aus, als einer, der über Erträge aus risikoreicheren Anlagen verfügt. Das Ergebnis dieser gegenläufigen Tendenzen ist "offen"; deshalb wird die Einflußgröße des Humankapitals "konstant" gesetzt.

[112] Vgl. dazu insbesondere H. J. Jarchow 1973, S. 235ff

[113] D. Hiss 1988, S. 71

[114] Xeno-Finanzmärkte sind Umschlagplätze für Fremdwährungen, insbesondere für Dollarguthaben außerhalb der USA. Sie entstehen in den 60er Jahren, als die amerikanische Politik der Zinsbegrenzung nach oben zu massiven Standortverlagerungen von US-Banken führt, zunächst nach Westeuropa (vor allem London), weil dort höhere Zinsen und geringere Refinanzierungskosten anfallen. Später verlagern sie sich mit Niederlassungen in sogenannte Billigflaggenländer für internationale Geldgeschäfte, in denen sie unter einem Minimum an Vorschriften und Bankenaufsicht, auch mit einem Minimum an Kosten, ihre Kredit- und Zahlungsgeschäfte betreiben können (z.B. Luxemburg, Vaduz, Bahamas, Cayman-Islands, fernöstliche Stadtstaaten etc.). Dort sucht und findet die zunehmende Liquidität reicher Nationen (vor allem Industrieländer, aber auch OPEC-Staaten) ihre internationale Verwendung und maximale Rentabilität).

[115] D. Suhr 1983, S. 113

[116] "Wenn aber Schulden selber aus Schulden finanziert werden (müssen), tappt der dieses Geschäft besorgende private Weltbankier ohne Zentralbankrückhalt früher oder später in seine eigene Kollabierungsfalle. Dann nämlich, wenn der Weltbankier, weil seine Kunden wegen fortschreitender Überschuldung kreditunwürdig werden, seine eigene Kreditwürdigkeit verliert, sowohl gegenüber seinesgleichen, den anderen Banken des Xeno-Finanzverbundes, wie gegenüber der Gruppe echter Einleger, den OPEC-Staaten" (W. Hankel 1984, S. 55).

[117] Vgl. hierzu insbesondere G. Schmölders und S. H. Frankel

[118] D. Hiss 1988, S. 73

[119] M. Friedman 1973, S. 58

[120] M. Friedman 1970, S. 151

[121] M. Friedman 1983, S. 283f

[122] M. Friedman 1976, S. 72

[123] H. Lepage 1979, S. 15

[124] M. Friedman 1971, S. 78

[125] in: M. Friedman 1971, S. 9

[126] Vgl. hierzu auch P. A. Samuelson/W. D. Nordhaus 1987, S. 509f

[127] R. Herlt, Geldmenge und Freud, in: Die Welt vom 15.12.1988

[128] M. Friedman 1971, S. 34

[129] Ebenda, S. 36

[130] M. Friedman über sich selbst

[131] Vgl. ausführlicher W. Blaas 1982, S. 269

[132] Dazu mehr in Teil D/I 1a

[133] Vgl. auch P. Noack 1986, H. Vorländer 1987 und H. Buhofer 1987

[134] Vgl. hierzu auch U. Höfkes 1983

[135] Vgl. hierzu die jeweiligen Regierungsumbildungen, in England 1979 durch Thatcher, in den USA 1980 durch Reagan, in der BRD Ende 1982 durch die CDU/CSU/FDP-Koalition, in Frankreich 1986 durch Chirac.

[136] H. Lepage 1979, S. 213

[137] Ebenda, S. 11f

[138] Vgl. neuerdings J. Jeske, Auf dem Weg zum Finanzkonzern. Anmerkungen zur Deutschen Bank, in: FAZ 11.5.88 sowie B. Fehr, Japans Finanzgiganten kommen nach Frankfurt, in: FAZ 12.7.88

[139] Vgl. dazu ausführlich G. Hobbensiefken 1980, S. 314ff

[140] Vgl. hierzu neuerdings F. Brüse, Kulturpolitik auf neuen Wegen, Köln 1988

[141] Vgl. insbesondere E. Heinen 1987

[142] Man spricht nicht nur von Industrie-, Fabrik- und Unternehmenskultur, sondern auch von politischer und technologischer Kultur, Demonstrations-, Kneipen-, Gesprächs-, Freizeit-, Konsum- und Sexkultur etc. Bei M. Horkheimer und Th. W. Adorno ist "Kulturindustrie" ein Synonym für Entfremdung und Eindimensionalität.

[143] Dazu FAZ v. 24.10.88

[144] Bundesminister Möllemann in: Bildung und Wissenschaft 12/1988

[145] P. Bourdieu 1987, S. 19

[146] M. Foucault 1977, S. 221

[147] Vgl. auch J. Bünnig/G. Fobbe/U. Höfkes 1984, S. 282ff

[148] Ausführlicher zur Verschulung der Leistungskonkurrenz und Entfremdung des Lernprozesses vgl. G. Hobbensiefken 1980, S. 403ff

[149] Heute ist nicht nur der Wald bedroht. 7 Prozent des Bodens gelten als verseucht. Schwermetalle, Ölrückstände, Überdüngung gefährden Grundwasser und Nahrungsmittel. Alte Mülldeponien erweisen sich als unkalkulierbare Gefahrenquellen (Zeitbomben). Verrottete Giftfässer mit Industrieabfällen beunruhigen die Bevölkerung. In den Flußmündungen sammeln sich schwer oder gar nicht abzubauende Rückstände aus Abwässern, die ausgebaggert und auf landwirtschaftliche Flächen als vermeintlicher Dünger verteilt werden (R.-D. Brunowsky/L. Wicke 1984, S. 15).

[150] K.-D. Mager 1985, S. 39

[151] Vgl. auch K. M. Meyer-Abich 1974, S. 152

[152] Die Zecke "sitzt unbeweglich auf der Spitze eines Astes, bis ein Säugetier unter ihr vorbeiläuft, dann wird sie vom Duft der Buttersäure geweckt und läßt sich fallen. Sie fällt auf den Haarpelz ihrer Beute, durch den sie sich durcharbeiten muß, um auf die warme Haut zu stoßen, in die sie ihren Stachel treibt und die Blutflüssigkeit in sich pumpt. Ein Geschmacksorgan besitzt sie nicht. Die Konstitution der Zecke, die blind und taub ist, ist einzig daraufhin komponiert, jedes Säugetier in ihrer Umwelt als den gleichen Bedeutungsträger auftreten zu lassen. Man kann diesen Bedeutungsträger als ein äußerst vereinfachtes Säugetier bezeichnen, das weder sichtbare noch hörbare Eigenschaften besitzt, durch die sich die Säugetierarten voneinander unterscheiden. Nur einen einzigen Duft besitzt dieser Bedeutungsträger der Zecke, der aus dem Schweiß der Säugetiere entstammt und allen gemeinsam ist. Außerdem ist dieser Bedeutungsträger tastbar und warm und läßt sich zur Blutentnahme anbohren. Auf diese Weise ist es möglich, alle in Form, Farbe, Lautgebung und Duftäußerung so verschiedenen Säugetiere, wie wir sie in unserer Umwelt vor uns haben, auf den gleichen Nenner zu bringen, dessen Eigenschaften beim Herannahen eines jeden Säugetieres, sei es Mensch, Hund, Reh oder Maus, kontrapunktisch einspringen und die Lebensregel der Zecke auslösen" (J. v. Uexküll 1956, S. 136f, zit. n. K. M. Meyer-Abich 1977, S. 18).

[153] K. M. Meyer-Abich 1977, S. 21

[154] Ebenda, S. 24

[155] E. Altvater 1987, S. 39

[156] Ebenda, S. 41

[157] "Wer Erze sucht, wird sich für die Naturästhetik einer Landschaft nicht interessieren. Für den Prospektor sind Berge und Flüsse Hindernisse und nicht Bestandteil eines integralen Ambiente. Wer tropische Edelhölzer verkaufen will, wird sich um den Wald nicht scheren. Wer Weizen anbaut, ist an Kornblumen nicht interessiert. Wer einen Staudamm zur Elektrizitätsgewinnung errichtet, hat mit den in den Fluten verschwindenden Kulturdenkmälern nichts am Hut. Wer Abwässer loswerden will, kann 'Vater Rhein' nur als einen Vorfluter wahrnehmen. Wenn Ressourcen des Ortes in Waren verwandelt werden, die auf dem Weltmarkt mit gleichartigen Waren aus anderen Weltgegenden konkurrieren, dann müssen die zu verwandelnden Ressourcen gerade aus dem konkreten örtlichen Kontext isoliert werden, aus einem Kontext, der für die am Ort lebenden Menschen auch Bezugssystem ihrer regionalen Identität ist" (Ebenda, S. 41).

[158] Ebenda, S. 42

[159] Vgl. die hohen Inflationsraten insbesondere in lateinamerikanischen Ländern und in Israel.

C. GEGENWARTSBEZUG
DIE UMWELTPOLITISCHEN AKTIVITÄTEN

Die umweltpolitischen Aktivitäten sind nicht unbeeinflußt von den Zielen und Mitteln der heutigen Gesellschaft, die häufig getrennt diskutiert werden. Einerseits werden die Umweltprobleme mit neuen Zielen ökonomischen Handelns konfrontiert, indem man eine neue Wirtschaftsethik fordert bzw. sie in den Studienplänen der Hochschulen verankert sehen will[1] oder von der Vorstellung ausgeht, der Staat könne sie lösen, wenn er nur wolle; notfalls müsse man durch Veränderungen des Bewußtseins oder der Koalition (Mehrheit) einen Regierungs- bzw. Kurswechsel herbeiführen. Die Diskussion in Richtung ökologischer Zielbezüge füllt bereits Bibliotheksregale. Sie wird hier in Grundzügen dargestellt, um zu erkennen, welche Problemstruktur sie hat und in welchem Kontext sich ökologische Fragen stellen. Andererseits werden zur Lösung des Umweltproblems neue Mittel verlangt, welche die Ökonomie als Geld- und Güterressource ins Spiel bringt. Man verweist auf die Notwendigkeit weiteren Wachstums, um die dafür erforderlichen Voraussetzungen zu schaffen (z.B. mehr Steuereinnahmen, innovative Verfahren, neue Produkte, moderne Technologien etc.). Das Dilemma der umweltpolitischen Aktivitäten besteht indessen in dem Implikationszusammenhang von Zielen und Mitteln, aus dem sich ergibt, daß das eine ohne das andere nicht bestimmbar bzw. realisierbar ist. Durch Ignorieren dieser Voraussetzung wird häufig etwas erwartet oder erhofft, was aufgrund der institutionellen Regeln und Formen dieser Gesellschaft nicht einzulösen ist.

I. Problemgehalt: Spektrum der Umweltdiskussion

Für viele Umweltschützer ist der im letzten Jahrzehnt thematisierte Ökologiebegriff auf eine alternative Gesellschaft hin konzipiert. Er ist ein Symbolbegriff, um den sich Erwartungen kristallisieren, die in der Gegenwart noch keine Verwirklichung gefunden haben. Allerdings geht die Inhaltlichkeit des Ökologiebegriffes darin nicht auf. Die derzeitige Umweltdiskussion läßt es zweckmäßig erscheinen, im **ökonomischen** Kontext zwischen systemimmanenten und systemtranszendenten Positionen zu unterscheiden. Ihm folgt die Gliederung im Abschnitt D zum Pluralismus der Ökologiebezüge. Allerdings implizieren die begrifflichen Denkansätze zur Bestimmung des Umweltproblems ökologische Argumentationen, die sich nicht unmittelbar auf den Kontext der Ökonomie beziehen und über ihren Teilaspekt weit hinausgehen, weil sie die wissenschaftliche Dimension der Ökologie um die lebensweltliche Thematik geistig-sozial erweitern und dieser in Verbindung mit der Sinnfrage **menschlichen** Daseins den Vorrang geben.

1. Projektion: Szientismus der Begriffsbildung

Szientistisch ist jede Art verdinglichenden Wissens, das mit anderem Wissen nicht so ohne weiteres in Beziehung gesetzt werden kann, d.h. weder in größere Sinnzusammenhänge integrierbar noch in einen Selbstbezug zum Wissenden zu bringen ist. Soweit der Szientismus mit der Ökologie verbunden wird, betrifft er den Projektionsmechanismus ihrer wissenschaftlichen Verarbeitungsweise, der in ihrer Fachsprache, ihren Kategorien und Methoden zur Geltung kommt. Er tangiert sie als Einzelwissenschaft. Als Unterdisziplin der Biologie untersucht sie "die mannigfachen Wechselbeziehungen der **Organismen** untereinander und mit ihrer Umwelt", wobei "die Dynamik der Stoffkreisläufe in den großen Lebensräumen unseres Planeten, im Meer, im Süßwasser und auf dem Lande" miteinbezogen wird[2]. Im Rahmen dieses Aspekts soll sie nach Ansicht vieler Forscher zur **biologischen** Grundwissenschaft erhoben werden. Schon im frühen 19. Jahrhundert entdecken Biologen die Existenz von Pflanzengemeinschaften und deren Einbettung in die Umwelt. 1866 gibt E. Haeckel dieser neuen Fachwissenschaft "von den Beziehungen des Organismus zur umgebenden Außenwelt" den Namen "Ökologie". Er definiert sie als **Lehre vom Haushalt der Organismen**, welche die Beziehungen sowohl zwischen anorganischer wie zwischen organischer Natur zu untersuchen hat. Der Hinweis auf den "Haushalt" der Natur läßt vermuten, daß die Ökonomie an ihrem Entwurf theoretisch beteiligt war, auch in bezug auf das **individualistische** Konzept, welches die Dynamik einer Lebensgemeinschaft als **Summe der** sie bildenden **Organismen** versteht. Mit zunehmender Verwissenschaftlichung entsteht daraus das Problem, daß mit fortschreitendem Eindringen in Details und immer besserer Isolierung des Einzelnen die Undurchschaubarkeit und Unbeherrschbarkeit des Ganzen ständig größer wird. G. Picht bemängelt am biologischen Begriff der Ökologie, daß nicht einmal die ökologische Nische der Biologie untersucht wird. Sie erfasse nicht den Menschen in seinem realen Dasein und seiner Wechselwirkung mit der Natur. In der jetzigen Phase unserer Zivilisation würde diese Beziehung weitgehend vom Logos und dessen Anwendungen bestimmt. Die Frage, wie die Rationalität der Wissenschaft behaust bzw. domestiziert werden könne, vermöge die Ökologie als Unterdisziplin der modernen Wissenschaften weder zu stellen noch zu lösen[3].

Erweitert wird der Horizont der Ökologie, als Thienemann 1918 den Begriff "**Ökosystem**" prägt[4], der von P. G. Transley (1935) aufgenommen und von E. P. Odum (1967) in der BRD populär gemacht wird. Mit ihm verbindet sich eine ganzheitliche (holistische) Betrachtung der erfaßbaren Wirklichkeit. Das Ökosystem ist mehr als die Summe seiner Teile. Es ist "ein Wirkungsgefüge von Lebewesen und deren anorganischer Umwelt, das zwar offen, aber bis zu einem gewissen Grad zur Selbstregulation befähigt ist"[5]. Verschiedentlich bezieht man sich auf "Lebensgemeinschaften (Biozönosen) von Pflanzen und Tieren in einem ganz bestimmten Lebensort, dem sogenannten Biotop"[6]. Dieser enge Begriff des natürlichen oder naturnahen Ökosystems, der seine Anwendung vor allem im Bereich des Naturschutzes findet, betont **erstens** dessen Eigenschaften als Ganzes, die aus der Kenntnis der Eigenschaften seiner Teile allein nicht abzuleiten sind. Die Kontrolle dessen, was im Ökosystem geschieht, findet nicht auf der Ebene der Organismen und Populationen statt, sondern auf der Ökosystemebene interdependenter Prozesse, die in den meisten Fällen nicht-linearer Art sind und gruppendynamische Beziehungen ansatzweise mitumfassen. **Zweitens** bildet die

Energie systemtheoretisch den Generalnenner zur Integration lebender und physikalischer Komponenten. Im Zentrum stehen Untersuchungen zur Produktivität. In ihnen wird unterstellt, daß die Natur einen Systemzusammenhang darstellt, in dem nichts ohne Wirkung auf das Ganze geschehen kann. Das Ganze gibt den Teilen ihre Richtung und setzt ihnen Grenzen, nicht umgekehrt. Zusammengehalten wird das Ganze durch Energieströme und Materiekreisläufe.

Will man den kulturell-sozialen Bereich der **menschlichen** Gemeinschaften mitberücksichtigen, umfaßt der Begriff des Ökosystems den räumlichen Zusammenhang zwischen Lebewesen, technischen und unbelebten Komponenten. Er ermöglicht dann, alle Umweltbereiche - vom Urwald bis zur Großstadt - zu analysieren, wenn man die Funktionsweisen der jeweiligen Ökosysteme bzw. die ihnen zugrunde liegenden Prinzipien kennt. Der Mensch gilt als "eingebunden" in die so beschaffene Natur, die systemtheoretisch in **Kompartimente** aufgeteilt wird (z.B. Gesamtheit der grünen Pflanzen, Fleischfresser, höhlenbrütende Vögel, Böden etc.). Auf diese Weise werden komplizierte Objekte überschaubar und einer mathematisch-quantitativen Behandlung zugänglich gemacht. Aus der Vielfalt der Tier- und Pflanzenarten und der unendlichen Zahl der Beziehungen zwischen ihnen entsteht gewissermaßen ein Schubladensystem, in dem jede Art ihren Platz findet. Im wissenschaftlichen Ökosystem sind Organismen **nicht** wegen einer **stofflichen** Gleichheit relevant, **sondern** wegen einer gleichen **Funktion**, die sie im Gefüge **austauschbar** macht. Auf sie richtet sich das gleichmachende Denken, das als Voraussetzung zur Beherrschung der Natur angesehen wird[7]. Das wissenschaftliche Konzept des Ökosystems erfaßt das Ganze nur aufgrund vorgängiger Theorien (Raster). Der Inhalt dessen, was in der Natur objektiv da ist und als Lebenswelt konkret zusammenhängt, kommt in ihm lediglich klassifiziert zur Geltung. Das Ökosystem ist keine konkrete Naturgegebenheit mit einmaligen, historisch gewachsenen Individualitäten und Qualitäten. In ihm wird alles wissenschaftlich Interessante meßbar, zählbar und vergleichbar gemacht. Sein konkreter Inhalt verflüchtigt sich zu mathematischen bzw. funktionalen Zusammenhängen. Prototypisch dafür ist das **Naturschutzmanagement**, das die Natur in ihren planungsrelevanten Merkmalen (z.B. durch Inventarisierung, Datenspeicherung, Berechnungen etc.) in sogenannten Landschaftsdatenbanken verwaltet. Dort existiert die Natur in ihrer Aufgliederung nach Kompartimenten ausschließlich als **Exemplar eines Typs**, der austauschbar erscheint (nicht als Baum an **der** Ecke, sondern als Element im Systemraster).

Neben den Vielfalts-Ökosystemen gibt es solche, die durch die Vorherrschaft weniger Arten oder nur einer einzigen Art geprägt sind. Dominanz-Ökosysteme sind anfälliger als vielfältig geprägte, in denen Schadenswirkungen durch Verteilung auf mehrere, unterschiedlich belastbare Arten und Strukturen aufgefangen und verkraftet werden. Sie ähneln z.B. den künstlich geschaffenen Strukturen im Agrar- und Siedlungsbereich der Gesellschaft. Künstlich organisierte Systeme sind empfindlicher als natürliche, da sie sich nicht selbst regenerieren und in gegenseitiger Ko-Evolution entwickeln können. Soweit sie instabil und durch umweltpolitische Maßnahmen aufrechterhalten werden, um ihre Produktionsleistung auszunutzen, wird die Selbstregelung unterbunden. Städtisch-industrielle Ökosysteme können "nur mit einer aufwendigen Versorgungsorganisation und einer komplizierten inneren Arbeitsteilung (die eine Spielart von Diversität ist)

Abbildung 17:

Fachdatenbank für den Geschäftsbereich Landesentwicklung und Umweltfragen

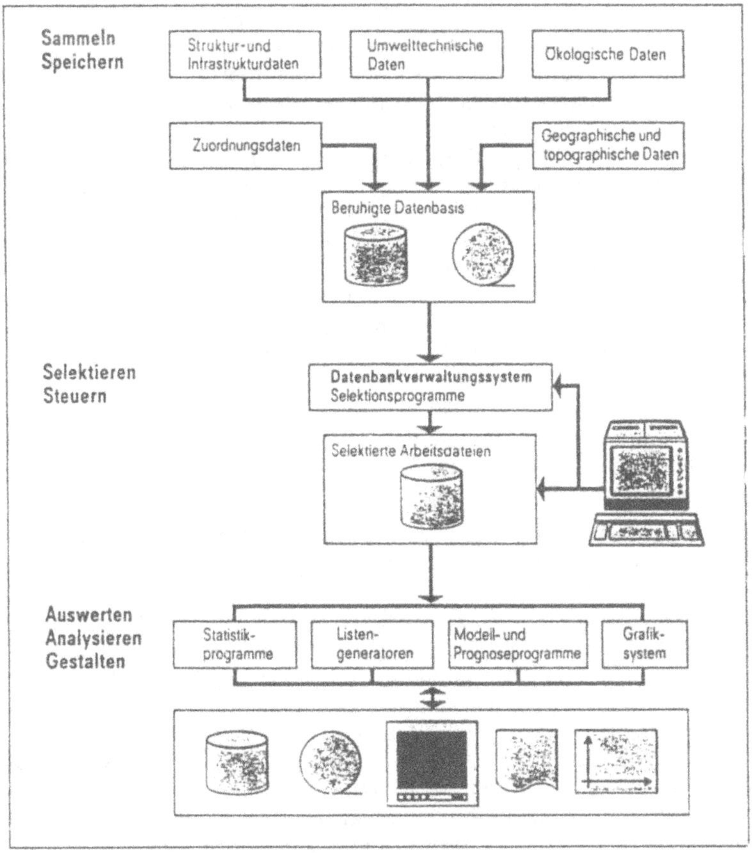

dauerhaft erhalten werden"[8]. Es ergeben sich Konsequenzen, die mit dem Entropiegesetz generell übereinstimmen. Nichtsdestoweniger ist im System-Management der Optimismus vorherrschend.

Nach F. Vester ist bei der Bevölkerungsexplosion z.B. entscheidend, "daß unsere logarithmische Phase nicht innerhalb biologischer Automatismen, sondern durch das **Denken** ausgelöst wurde, nämlich durch die Anwendung wissenschaftlicher Erkenntnisse auf die Umwelt; deshalb kann sie auch nicht automatisch, sondern nur wieder durch Denken in eine neue stationäre Phase übergeführt werden, eine Phase, deren vernetzte Dichte nunmehr die Beachtung der kybernetischen Gesetzmäßigkeiten verlangt"[9]. Damit stehen bionische Städte und Nahrungsmitteltechnologien zur Debatte, die alles bisher Geschaffene in den Schatten stellen.

Auf dem Energiesektor wird z.B. die "wahre" Aufgabe darin gesehen, "wie wir erstens bei der noch anwachsenden Bevölkerungszahl durch die Einführung von Kreisprozessen und Symbiosen möglichst mit immer weniger Energie statt mit mehr auskommen; zweitens, wie wir die bisherigen Energiequellen durch immerwährende abfallfreie, brennstofflose Quellen ersetzen können, zum Beispiel durch Sonnenenergie, verstärkt durch katalytische oder photosynthetische Prozesse, Gezeitenenergie, Höhenwindenenergie, mikrobielle Energie und andere. Nicht wir müssen uns nach einem von der Wachstumsindustrie propagierten Energiebedarf richten, sondern der Energiebedarf nach dem für das Gesamtsystem Mensch-Umwelt günstigen Optimum". Aus der Nahrungstechnologie schält sich eine Abkürzung der Nahrungskette heraus, eine "vermehrte Zuflucht zu den untersten Gliedern, zu Mikroorganismen, vor allem Hefen und Algen, die Proteine, Kohlenhydrate und Vitamine aus anorganischen Stoffen produzieren". Und das heißt: Der Hunger in der Welt ist "keine Frage der möglichen Nahrungsproduktion, vielmehr eine Frage der Nahrungsumstellung und der Nahrungsverteilung"[10]. **Alles erscheint machbar. Man muß es nur wollen.** Einige setzen auf die Religion, andere auf die Technologie und Politik. Herauskommen soll eine Kontrolle des Bevölkerungswachstums, eine Bewirtschaftung des Menschen, insbesondere der Frau, d.h. ein System, das gemäß dem technologischen Fortschritt die Netto-Reproduktionsrate der Bevölkerung plant, die Zahl der sozialverträglichen Kinder pro Elternpaar festlegt[11] und die Nutzung der Gentechnologie miteinbezieht ins Konzept[12].

Wer unter Rückbezug auf den wissenschaftlichen Begriff der Ökologie und der Ökosysteme (einschließlich ihrer Vernetzung) einen Paradigmenwechsel im menschlichen Verhältnis zur Natur erwartet, sieht sich getäuscht. Nur die **wissenschaftliche** Dimension steht zur Diskussion, nicht die soziale oder politische. Der Mensch wird als "Bestandteil" des vorgegebenen Ökosystems thematisiert, das seinen Zugang zur räumlichen Ordnung der menschlichen Gesellschaft dadurch findet, daß die biotische Balance und das soziale Gleichgewicht aufrechtzuerhalten sind, wenn sie einmal bestehen. Das strukturbildende Prinzip besteht im Wettbewerb um materielle Ressourcen und lebensräumliche Standorte. In einer symbiotischen Beziehung wird die Konkurrenz allerdings durch Kooperation ergänzt (competitive cooperation); sonst gäbe es existenzbedrohende Folgen[13]. Dementsprechend wird der **Naturbegriff** der Ökonomie nicht modifiziert. Die Natur steht stellvertretend für die Umwelt des Menschen. Sie ist wie die Arbeitskraft des Menschen ein **Produktionsfaktor**, d.h. ein "normales" Betriebsmittel, das zur Steigerung der Kapitalverwertung optimal einzusetzen ist[14]. Erkenntnistheoretisch definiert sie Kant als "Inbegriff aller Dinge, sofern sie Gegenstände unserer Sinne, mithin auch der Erfahrung sein können" und damit nach Gesetzen bestimmbar sind, welche die menschliche Vernunft als das begreift, "was sie selbst nach ihrem Entwurfe hervorbringt". Die Vernunft "(müsse) die Natur nötigen, auf ihre Fragen zu antworten"; sonst hingen zufällige Beobachtungen eben "nicht in einem notwendigen Gesetze zusammen, welche doch die Vernunft sucht und bedarf"[15]. Natur ist nicht etwas an sich Wirkliches, sondern das uns sinnlich Erscheinende, das nach den Gesetzen unserer theoretischen Erkenntnis bestimmt ist.

So gesehen sind die Bestimmungen der erfahrbaren Erscheinungen an uns als erkennende Subjekte zurückgebunden. Unsere Sinneseindrücke werden nach den Kategorien des Verstandes zu einem gesetzmäßigen Zusammenhang konzipiert, was bedeutet, daß die Natur **an sich** in ihrem **eigenen** Wirk- und Konstitutionszusammenhang noch keineswegs erschöpfend begriffen ist. Die Verengung des Blickfeldes bzw. des entsprechenden Handelns in Richtung einer **Beherrschung der Natur** beinhaltet nach M. Heidegger eine Vorstellung, die nur das "**Bewirken einer Wirkung**" kennt. Während das Wesen der Technik in der Antike noch das Hervorbringen (producere) und Überführen (Entbergen) des in der Natur liegenden Wahren in das Schöne der menschlichen Kultur umfaßte, entsteht nun nach M. Heidegger die Gefahr, daß Natur und Kultur durch die technische Vernunft auseinanderdividiert werden und verwahrlosen. "Die Herrschaft des Gestells droht mit der Möglichkeit, daß dem Menschen versagt sein könnte, in ein ursprünglicheres Entbergen einzukehren und so den Zuspruch einer anfänglicheren Wahrheit zu erfahren". Sie degradiert die Natur zum "bestellbaren Objekt", zu einem leeren "Nachstellen" bzw. einem lukrativen Raubbaugeschäft[16]. Inzwischen begegnet der Mensch nirgends mehr sich selbst. Er steht so entschieden im Gefolge der Herausforderung des Gestells, "daß er sich selber als den Angesprochenen übersieht und damit auch jede Weise überhört, inwiefern er aus seinem Wesen her im Bereich eines Zuspruchs ek-sistiert und darum *niemals* sich selber begegnen kann"[17]. Bei der Kapitalökonomie kommt hinzu, daß das menschliche Verhältnis zur Natur gesellschaftlich entfremdet ist. Es unterliegt den Mechanismen eines verdinglichten Bewußtseins, das **strukturell** deformiert ist. Die innere Übereinstimmung von Erkenntnis- und Produktionsideal kommt im Kapitalismus nicht zufällig zustande. Sie ist durch die **Form** gesellschaftlicher Beziehungen vermittelt[18]

2. Humanisierung: Philosophie der Lebensbereicherung

Soweit der Ökologiebegriff benutzt wird, um das Konzept der Kapitalökonomie durch ein **Gegenmodell** abzulösen, erfährt er eine Begründung, die den Szientismus der positivistischen Naturerkenntnis überschreitet und im Bewußtsein eine Lebenserweiterung anvisiert. Dabei ist das, was in dieser Gemeinsamkeit als Problemgehalt erscheint, differenzierter und gegensätzlicher, als es das Etikett vermuten läßt. Einerseits verweisen die hier relevanten Vorstellungen in die **Vergangenheit**, insbesondere in die Zeit der christlichen Religion und antiken Lebensführung. Andererseits werden sie zum politischen Leitbegriff der **Zukunft** erhoben und mit Zielen einer neuen Gesellschaft verbunden. Übergreifend in bezug auf diese Neuorientierung ist die **Subjektivierung eines Weltbegriffs**, der einen Paradigmenwechsel in der Umweltdiskussion unterstellt. Mit ihm verknüpft sich eine Interessenverlagerung in Richtung auf die **Geistes- und Sozialwissenschaften**, wenn Theologie und Philosophie dazugerechnet werden und ihre Konzeption so verstanden wird, daß mit der **weltanschaulichen Komponente** die Sehnsucht nach der "wirklichen Welt" mitthematisiert und als Zweckbezug ernst genommen wird.

a) Sinn der Grundlagenreflexion

Die älteste Variante dieses weltanschaulichen Ökologiebegriffes ist seine **religiöse Bestimmung**. In der Bibel ist von Umwelt im modernen Sinne nicht die

Rede. Der glaubende Mensch deutet sie als **Schöpfung**. "Die Umwelt stellt ein lebendiges Beziehungsgefüge dar. Von Verantwortung für die Umwelt kann man nur sprechen, wenn man Ethik nicht nur als Form des Selbstbezuges des Subjekts, als Selbsteinsatz des Subjekts in Freiheit und Vernunft versteht - wie beispielsweise der deutsche Idealismus -, sondern als Besinnung auf sein Leben in Bezügen und Wechselwirkungen"[19]. Verantwortung trägt derjenige, der Möglichkeiten der Gestaltung hat und der die Folgen seines Handelns zu vertreten bzw. bedenken hat. Sieht man den Menschen als Teil der göttlichen Schöpfung, trägt er nach M. Honnecker die Verantwortung für die Mitgeschöpfe, für Tiere, Pflanzen und die Natur. Die neue Macht des Menschen (z.B. durch den technischen Fortschritt) lege ihm neue Pflichten und Verantwortungen auf. Ökologische Ethik sei zugleich als Zukunftsethik und nicht allein unter der Perspektive der Gegenwart zu betrachten. Auch Fragen der Umkehrbarkeit von Entscheidungen gäbe es zu bedenken (z.B. Abholzen von Wäldern, Regenerierbarkeit von Energiequellen, Umweltverschmutzung etc.). Der Mensch müsse sich seines Eingebundenseins in einen Wechselwirkungszusammenhang bewußt werden und für sein Handeln daraus Konsequenzen ziehen. "Überleben des Menschen und Erhaltung der Natur bedingen sich gegenseitig. Das begrenzt von vornherein jede Annahme einer schrankenlosen Herrschaft des Menschen über die Natur. Der Mensch ist zum Hüter des Lebens bestellt. Ihm ist die Sorge für seine Umwelt aufgegeben"[20]. Vom Schöpfungsgedanken her ist die Natur mehr als ein zu beliebigen Zwecken frei verfügbares Material. Der Mensch hat sich für seine Eingriffe in die Natur und Umwelt, für seine Vorgriffe auf die Zukunft zu rechtfertigen. Man denke z.B. an die Diskussion um die Gentechnologie, die künstliche Befruchtung und experimentellen Tierversuche. Bloßes Nützlichkeitsdenken mißachtet den Eigenwert der Umwelt als Schöpfung.

Nach dem biblisch-christlichen Verständnis des Schöpfungsglaubens ist der Mensch selbst ein Teil der Natur. "Sein Auftrag, die natürliche Welt in ihrer Ganzheit zu hüten und zu entfalten, löst ihn nicht aus dieser Verwurzelung heraus. Er kann auch sich selbst niemals ohne oder gegen die Natur verwirklichen, sondern immer nur in der bleibenden konstitutiven Verbundenheit mit ihr"[21]. So gesehen nimmt der Mensch kraft eigener Vernunft zwar aktiv teil an der göttlichen Ordnungsvernunft (Gen 1,28), aber seine selbstverantwortliche Vernunft erhält ihr Maß durch die menschliche Gottesebenbildlichkeit (Thomas von Aquin). Er soll den biblischen Auftrag zur "Herrschaft" nicht im Sinne der Willkür mißbrauchen, sondern die Erde zu seinem "Haus" und seiner Heimat machen. Christlich kann der Mensch nur in einem **verantwortlichen** Umgang mit der Natur existieren, der gewährleistet, daß "bebaue und bewahre" (Gen 2,15) als jenes **Gärtnermodell** des Hegens und Pflegens verstanden wird, das Mensch und Natur als Schicksalsgemeinschaft faßt. Auf diesem Hintergrund ist die Trennung von System und Umwelt bereits eine Fehlform christlicher Anschauung. Es gibt nur "eine" Lebenswelt, die alles umfaßt, was als göttliche Schöpfung zur Diskussion steht und zu erhalten ist, weil es dazu für den Menschen vom Wort Gottes her keine Alternative gibt.

Doch die Krise des Naturverständnisses und des Umgangs mit der Natur trifft ebenfalls die Schöpfungslehre des christlichen Glaubens. In der evangelischen Theologie ist die Schöpfungslehre seit der Aufklärung weitgehend ein Stiefkind. Da Welt und Natur weder herrenloses Material noch Produkt des Menschen sind, wird vom Menschen die Haltung eines Verwalters bzw. Treuhänders der Natur erwartet. Erst die kosmologische Metaphysik führt die Welt wieder auf Gott als Urheber zurück. Aus der Existenz der Welt wird die Existenz des Weltschöpfers bewiesen. So lautet der kosmologische Gottesbeweis. Die moderne Naturwissenschaft und die kritische Philosophie stellen den Rückschluß vom Bestehen der Welt auf einen Schöpfer hingegen infrage. Bereits für Fichte läßt sich eine Schöpfung nicht mehr "ordentlich" denken. Schleiermacher trennt die Schöpfungslehre von der naturwissenschaftlichen Anschauung der Welt. Ihm geht es vorrangig um die Bedeutung der Welterfahrung für die Frömmigkeit und in der Frömmigkeit. Sie bestimmt in der Folgezeit die Schöpfungslehre in der evangelischen Theologie. Durch den Personalismus wird der Gegensatz von "innerer" Freiheit (im Glauben) und "äußerer" Kausalität (in der Natur) weiter verschärft[22]. R. Bultmann bezeichnet die "Entweltlichung" als Folge des Glaubens. K. Barth verdrängt die theologische Kosmologie durch eine anthropologiebezogene Christologie. Faktisch wird der Eigenwert der Natur seitens der Theologie geleugnet. Durch die Umweltkrise sieht sich die Theologie mit dem Problem ihres eigenen Naturverhältnisses konfrontiert. Sicherlich ist die Umweltmisere nicht eine Folge des biblisch-christlichen Schöpfungsverständnisses, etwa im Sinne der Entgöttlichung und Entsakralisierung der Welt (das wäre wissenschaftsgeschichtlich zu undifferenziert und nicht haltbar). Aber die Krise ist für die Theologie ein Anlaß, "sich auf die biblisch-christliche Tradition des Schöpfungsgedankens zurückzubeziehen und vor allem deren kosmologische Tradition wiederzuentdecken. Die Frage, was es heute heißt, Welt als Schöpfung zu verstehen, harrt noch einer dogmatischen Neubearbeitung"[23].

Seine **transzendentalphilosophische** Reflexion erfährt der religiöse Ökologiebegriff in der Kant'schen **Kritik der teleologischen Urteilskraft**, wo er sich dem Begriff des Ganzen der Natur als Schöpfung zuwendet. Sein erweiterter Erfahrungsbegriff begnügt sich dort nicht mehr mit dem Aufweis von Sinnesdaten, sondern unterstellt begrifflich einen **Zweck der Natur**, der überall vorausgesetzt wird, wo wir es mit **Lebewesen** (Pflanzen, Tieren und Menschen) zu tun haben, die nach ihrem inneren Telos als sich selbst organisierende Wesen verstanden werden. Lebendige Organismen sind nach Kant nicht durch physikalische Gesetze bestimmbar, sondern verkörpern einen eigenen inneren Zweckzusammenhang. Selbst ein Grashalm ist aus bloß mechanischen Ursachen nicht zu begreifen. Kant unterstellt der Natur den **Begriff einer Intention**. Seine Idee von der Natur als einem organisierten Zweckzusammenhang führt **nicht** zu einem theoretischen Begriff der **Natur an sich**. Angesichts der Tatsache, daß wir nicht nur organisierte Wesen in der Natur sind, sondern auch moralisch-vernünftige Wesen, die sich in ihrem Handeln von **sittlichen** Zwecksetzungen leiten lassen, ist der Gesamtzusammenhang der Natur in praktischer "Absicht" mitzureflektieren. Sein "praktisches" Postulat unterstellt, "daß nicht allein wir einen uns a priori vorausgesetzten Endzweck haben, sondern auch die Schöpfung, d. i. die Welt selbst ihrer Existenz nach einen Endzweck habe"[24]. Soweit wir eine Vermittlung zwischen Vernunft und Natur bzw. Freiheit und Wirklichkeit als möglich voraussetzen, handeln wir bereits in der Glaubensgewißheit des Daseins Gottes. Soweit wir also glauben, daß unser Dasein einen **Sinn** hat, wird die Vermittlung von Vernunft und Natur immer schon vorausgesetzt[25].

Eine andere Variante der heutigen Diskussion um den Ökologiebegriff geht in Richtung einer **Subjektivierung der Natur**, insbesondere dann, wenn im Umgang mit ihr "Partnerschaft", "Kooperation", "Interaktion", "Liebe", "Solidarität" etc. gefordert wird. Was hiermit ausgesprochen wird, ist weniger die Mystifizierung der Natur als "Subjekt" im Sinne eines handelnden Wesens, das in bestimmten Problemlagen "zurückschlägt", sondern der Tatbestand einer **Produktivität** der Natur, bei der angenommen wird, daß sie auf ein **Nichtobjektives** mit eigenen Potenzen zurückgeht. Vor allem Schellings Naturphilosophie unterstellt der Natur "wirkliche" Potenzen, die sich unter günstigen, z.T. widersprüchlichen Bedingungen dialektisch entwickeln. Heraus kommt eine Evolution immer differenzierter Gestaltungen und Formen. Bewußtsein ist dann etwas, das dem gesamten organischen Naturprozeß als "mögliches" Ergebnis innewohnt. Die neue Potenz dieses eigenen Verhältnisses der Natur zu sich selber konstituiert **Geschichte**.

Die naturphilosophische Bestimmung der Natur als Produktivität aus sich selbst ist etwas völlig anderes als die positivistische Erforschung der Natur. **Schellings Naturphilosophie** bedenkt die Natur in ihrem eigenen Gestaltungsprozeß, der bei der Potenz der Materie beginnt. Die Natur hat selbst ein inneres Strukturprinzip, eine Entelechie, d.h. die Gabe zur Verwirklichung des in einem Seienden angelegten Vermögens. Diese Potenz der Materie schlummert z.B. bereits im Samenkorn, dem äußerlich nicht anzusehen ist, was in ihm heranreift bzw. sich in Entwicklungen entfaltet. Das menschliche Bewußtsein aus der Natur ist für Schelling "emanzipierte Selbstheit". Es ist jene Potenz, die dem Menschen ermöglicht, sich durch Negation der Naturbestimmtheit aus der Naturbestimmtheit zu befreien. Die organisierenden Momente kulturellen Lebens und geschichtlichen Werdens sind als Möglichkeiten des Bewußtseins selbst Formen tätiger Negation einer naturhaften Bestimmtheit menschlichen Lebens[26]. Aus seinen tätigen Potenzen (insbesondere Arbeit) und in den Formen seiner Mittel (z.B. Sprache, Werkzeug, Rohstoff) organisiert das **menschliche** Bewußtsein seinen Lebenszusammenhang in Gestalt einer 'zweiten' Natur, die Hegel wesentlich als **gesellschaftliche** Tat des Menschen begreift, die durch die Natur nicht festgelegt ist[27]. An diese "gesellschaftliche" Leistung knüpft die moderne Anthropologie an, die vom Menschen als einem "offenen" Wesen ausgeht bzw. seine Instinktarmut im Sinne einer Naturenthobenheit als Möglichkeit zur Geschichte glorifiziert.

b) Stoßrichtung der Sozialethik

In der sozialethischen Diskussion des Ökologiebegriffes wird die Frage nach dem Ziel menschlichen Handelns neuerdings auf den **ursprünglichen** Sinn der Ethik zurückgelenkt, der im **Ethos** zum Tragen kommt und so viel wie "**Aufenthalt**" im Kosmos bedeutet (z.B. Weide für das Vieh, Himmel für die Sterne etc.). Beim Menschen ist damit vor allem seine Gewöhnung an etwas angesprochen, nämlich **Sitte** und **Brauch**, d.h. das, was als jeweiliges Ethos individuell und kollektiv zum Richtmaß des Handelns wird. Die aristotelische Ethik bestimmt diesen ursprünglichen Sinn von Ethos als "**Philosophie vom Menschlichen**", als praktische Lebensführung, deren Grundfrage auf den Sinn und das Wesen der Selbstverwirklichung des Menschen im ganzen seiner Lebenstätigkeiten gerichtet ist und alle großen Philosophien von der Antike bis zur Gegenwart beschäftigt, auch wenn sich die Antworten darauf historisch gewandelt haben. P. Kampits will mit der Rückkehr zum ursprünglichen Sinn von Ethos als Aufenthalt die Richtung für den Ökologiebegriff angeben. Die Sonderstellung des Menschen (Weltoffenheit, exzentrisches Wesen, Mängelwesen, Instinktarmut) beinhaltet seines Erachtens nicht notwendig eine unaufhebbare Kluft zwischen Natur und Freiheit/Geschichte. Als der "erste Freigelassene der Natur" (Herder) ist er zum Beherrscher und Unterwerfer von allem Nichtmenschlichen nicht vorprogrammiert. Er kann nach seinem Verhältnis zur Natur und damit nach sich selbst fragen, um "in diesem Fragen seinen Aufenthalt gegenüber dem Ganzen des Seins zu nehmen, ihn zu vollbringen, um den eigentlichen Sinn des Wortes **Handeln** hier wieder aufzunehmen"[28]. In dieser Selbstverwirklichung kann der Mensch die Natur als Umwelt nicht auslagern. Er muß sie respektieren; denn sie ist jenes Gegenüber, in das er selbst einbegriffen ist. Sich selbst soll er als **Subjekt** begreifen; dann verfügt er über die Voraussetzung, die sein Handeln verändern kann. Politisch-ökonomische oder technologische Maßnahmen seien zwar wichtig, aber sie brächten nur eine vordergründige Entlastung, "wenn sie nicht von einer grundlegenden Änderung unserer Grundeinstellung gegenüber uns selbst, gegenüber der Menschheit im ganzen und gegenüber der Natur getragen werden. Nur eine entscheidende Abkehr von unserer anthropozentrischen Grundhaltung kann den Boden für eine künftige ökologische Ethik bereiten, in der Umweltschutz nicht bloß Menschenschutz bleibt"[29].

Die sozialökologische Ethik zielt auf ein **umfassenderes Gemeinwohl**, soweit sie den Menschen in eine **übergreifende Ordnung** stellt. Die anthropozentrische Enge wird zur biozentrischen Verantwortung erweitert. Während die **anthropozentrische** Umweltethik die Welt als Objekt des Menschen sieht, d.h. als einen Lebensraum, der gemäß den Bedürfnissen und Wünschen des Menschen zu erhalten und zu gestalten ist, betrachtet die **biozentrische** Umweltethik den Menschen als Glied der Natur. Für sie hat der Mensch als Haushalter des Schöpfers und verantwortungsfähiges Lebewesen die Aufgabe, für die Natur als Ganzes einzustehen. G. M. Teutsch fordert z.B., "das Verhalten zu Mitmenschen, Mitgeschöpfen und zu verschiedenen Erscheinungsformen der natürlichen oder von Menschen gestalteten Materie in jeweils angemessener Weise neu zu bestimmen". Um die Vernichtung oder Beeinträchtigung der Biosphäre zu verhindern, wird von ihm eine **Beschränkung der subjektiven Ansprüche** an die Natur erwartet ("Askese", Verlangen nach "Selbstbeschränkung", "neue Formen der Mäßigung" oder "Verzichtsleistungen"). Einige Positionen beziehen diese Moral nicht nur auf Pflanzen, sondern auf **alles Natürliche**. Sie postulieren, daß wir moralische Verpflichtungen auch gegen Flüsse, Steine etc.[30] oder die Natur im ganzen haben[31]. Andere betrachten die Natur nicht nur als Mittel, sondern sehen sie als etwas "in sich Wertvolles" an, das moralische Rücksicht verdiene[32]. Letztlich ist in solchen Argumentationen immer wieder unterstellt, daß der Umgang mit der Natur - auch bei ästhetisch-kontemplativen Bedürfnissen - selbst einer unserer **menschlichen** Zwecke ist. Dieser Wert der Natur liegt **für uns** nicht unabhängig vom Menschen in ihr. Er steht in Beziehung zu "menschlichen" Bedürfnissen[33]. Soweit jemand behauptet, "daß es objektive Werte in den Dingen gibt, die unabhängig von subjektiven Bewertungen existieren, dann ist das nur verständlich vor dem Hintergrund religiöser Annahmen, wonach z.B. alle Dinge als geschaffene einen Wert haben oder wonach sie alle Anteil an der Weltseele und dadurch eine gewisse Bewußtheit haben, auch wenn wir sie nicht beobachten können"[34].

Die bisherigen Varianten des Ökologiebegriffs machen deutlich, daß seine Orientierung an der Vergangenheit zugleich auf die **Zukunft** bezogen wird, wenn auch mit der Konsequenz, daß die Bewahrung des Natürlichen in seinem Sinngehalt auf dem Hintergrund der Tradition eine konservative Position suggeriert. Eine völlig andere Variante des heutigen Ökologiebegriffes verbindet sich mit der **sozialistischen** Utopie einer intellektuellen Elite, die sich im **Umkreis der Kritischen Theorie** orientiert und eine neue Form der Gesellschaft anvisiert. Gleichwohl wäre es vereinfacht, sie auf einen einzigen Nenner zu bringen. Unter den Bedingungen der Entfremdung wird davon ausgegangen, daß die empirischen Individuen der kapitalistischen Gesellschaft "falsche" Bedürfnisse aktualisieren. Insofern existiert ein Mißtrauen gegen die Selbstheilungskräfte des Marktes. Maximierung der Produktion und des Konsums werden allgemein nicht mehr für erstrebenswert gehalten. Wichtiger erscheinen humane Arbeitsbedingungen und sinnerfüllte Beziehungen. Einige Richtungen unterstellen, daß die empirischen Individuen angesichts ihres verdinglichten Bewußtseins ihr "wahres" Interesse nicht selbst erkennen können. Deshalb sind sie bestrebt, sich zum **Anwalt** der entfremdeten Menschen zu machen und sie über die Defizite ihrer gesellschaftlichen Existenz prinzipiell aufzuklären (Kritik der politischen Ökonomie). Andere Richtungen sind theoretisch weniger ambitioniert. Sie lassen zum Teil nicht einmal erkennen, ob sie das bisherige System ablösen oder nur ergänzen wollen. Manche beinhalten einen Ausstieg aus ihm, ohne daß sich mit ihm Neuansätze einer gesellschaftlichen Theorie verbinden. Vorausgesetzt wird, daß sich Bedürfnisse durch Kommunikation verändern bzw. weiterentwickeln lassen. Unter diesem Vorzeichen sind zumindest folgende Anhaltspunkte relevant:

Einmal geht es um Ansätze zur **Wiedergewinnung der Unmittelbarkeit**, mit denen soziales Lernen in Gruppen und Aktionen verknüpft wird. In ihnen erlangt der Ökologiebegriff einen **sozialen Inhalt** im Sinne einer direkten Beziehung zwischen Menschen, die sich als **Gleichgesinnte** zusammenfinden und sich gegenseitig helfen, um in Auseinandersetzung mit den vorgegebenen Verhältnissen ihre eigene Individualität zu gewinnen bzw. besser herauszubilden. Zu diesem Adressatenkreis gehören in der BRD z.B. die neuen sozialen Bewegungen, die äußerst vielschichtig, z.T. auch bzw. sogar widersprüchlich sind[35]. Hinzu kommen neue Lebensformen im Bereich der "dualen" Wirtschaft[36], vor allem im informellen Sektor der Alternativ-Ökonomie (z.B. Landkommunen, Lebensmittelläden, Schafzüchter), mit dem Handikap, daß diese angesichts erhöhter Preise auf einen Sympathisantenmarkt angewiesen ist. Allerdings glaubt man, daß mit einer Zunahme des informellen Sektors (z.T. durch ansteigende Arbeitslosigkeit und Marginalisierung) die persönlich befriedigenden und auf kleine Gemeinschaften ausgerichteten Tätigkeiten von selbst eine Arbeits- und Naturauffassung begründen, die den Umgang der Menschen untereinander und mit der Natur allmählich sozial- und umweltverträglicher macht.

Andererseits werden Möglichkeiten zur **Wiedergewinnung der Mittelbarkeit** angestrebt, die sich auf eine theoretische Auseinandersetzung mit der gesellschaftlichen Praxis stützen und von utopischen Vorstellungen nicht frei sind. Selbst hier ist nicht alles systemsprengend. K. Haefners (1985) Mittelweg zwischen "grüner" Gesellschaft und "totaler" Überwachung zielt z.B. auf eine **Homuter-Gesellschaft**, die mehr Gefühlsleben, Intuition und Verstehen sowie mehr Fähigkeiten zur Freizeitgestaltung, Mitbestimmung und Demokratisierung der

Gesellschaft zur Geltung bringen soll, ohne auf den vermehrten Einsatz von Technik verzichten zu wollen. Andere Positionen tendieren hingegen in Richtung einer **Abschaffung der Wertökonomie**, weil in ihr eine falsche gesellschaftliche Form des Arbeitsprodukts gesehen wird. Der individuelle Gebrauchswert ökonomischen Wachstums soll von der Wertform (Form **abstrakter** Allgemeinheit) befreit werden, um sich zum **gesellschaftlichen** Gebrauchswert im Sinne eines qualitativen Wachstumsbegriffs entwickeln zu können. Diese auf alle Mitglieder der Gesellschaft bezogene Form **konkreter** Allgemeinheit auf der Basis demokratischer Willensbildung antizipiert eine durch menschlichen Sinn verbundene künftige Gesellschaft, die sich den "herrschaftsfreien" Diskurs einer rationalen Begründung ihrer Entscheidungen nicht ersparen will. Entweder wird vorausgesetzt, daß "Einsichtige" durch Erkenntnis der "wahren" Interessen aller Menschen in der ökologischen Diskussion die "Uneinsichtigen" überzeugen und sie zu einer neuen Lebensform motivieren[37]. Oder man unterstellt, daß der positive Bezugspunkt der ökologischen Debatte eine "konkrete Allgemeinheit" ist, "innerhalb derer die nötigen Organisationsformen keine formenden, sondern nur noch geformte Formen sind", soweit in ihnen der Keim zum **gesellschaftlichen** Gebrauchswert als **Sozialismus** bereits angelegt ist[38].

Obwohl damit nicht alles erfaßt sein wird, was in der Diskussion um den Ökologiebegriff als Gegenmodell zur Ökonomie relevant geworden ist, läßt sich in der Tendenz sagen, daß bei aller Gegensätzlichkeit im Bereich der ideologischen Orientierung die **Parteinahme für eine soziale und natürliche Lebenswelt** des Menschen dominiert. Die biologische Orientierung wird zwar nicht ausgeblendet, aber sie bildet nicht das Zentrum. Das ökologische Gleichgewicht stellt sich unter Rückbezug auf die historische Verantwortung des Menschen in fast allen Ansätzen als Aufgabe **aktiver** Gestaltung und nur peripher als Problem der Bewahrung dar. Maßgeblich ist die **lebenserweiternde Dimension**, die bereits in der Romantik zur Geltung kommt, aber durch Hegel und Marx gegen die Entfremdungstendenzen des kapitalistischen Industrialismus aufgeboten wird. W. Dilthey und insbesondere E. Husserl vertiefen die Thematisierung der Lebenswelt im theoretischen Sinne, bei der in Opposition zur "objektiven Welt" der Paradiesgedanke immer etwas mitschwingt. Inzwischen stellt sich die Begriffsfrage prinzipieller, weil sich das **Problem der Machbarkeit** ökologischer Verhältnisse nicht länger verdrängen läßt. Mit ihm korrespondieren Überlegungen, die sich mit Appellen an die individuelle Vernunft nicht mehr begnügen, da die Freiheit des einzelnen angesichts der **Formbestimmtheit** gesellschaftlicher Beziehungen **strukturell** vorgeprägt und eingeengt ist. Entfremdung und Verdinglichung des individuellen Bewußtseins werden auf der derzeitigen Rationalitätsstufe gesellschaftlicher Entwicklung kaum mehr infragegestellt. Deshalb wird die **gesellschaftstheoretische** Fundierung der individuellen Verantwortung zu einer unumgänglichen Aufgabe.

II. Anwendungsbeispiel: Umweltpolitik der BRD

Die Umweltpolitik, die in der Bundesrepublik ein neues Resssort darstellt, begründet sich aus der Nationalstaatlichkeit einer bestimmten Volkswirtschaft, die mit anderen Ländern auf dem Weltmarkt konkurriert und von außen beeinflußt wird. Sie entspricht einer Privatgesellschaft, die ihr **Allgemeininteresse als abstrakte Funktion an den Staat delegiert**. Der Staat kommt nach Rousseau auf der Basis eines Gesellschaftsvertrages zustande. Er hat seine Aufgabe gemäß der Verfassung zum Wohl der Gesamtgesellschaft wahrzunehmen, die sich die Satzung selbst gegeben hat. **Die Abhängigkeit der staatlichen Umweltpolitik von der vorgegebenen Privatgesellschaft** zeigt sich vornehmlich **auf zwei Ebenen**: a) auf der **Ebene der politischen Willensbildung** (Rechtsform), wo die jeweilige Regierung angewiesen ist auf die Mehrheit im Parlament, dessen Abgeordnete von den Bürgern gewählt werden und das in seinen Entscheidungen die normative Vorgabe des Grundgesetzes (mit richterlicher Kontrolle) zu respektieren hat (Mehrheitsdilemma); b) auf der **Ebene der finanziellen Mittelbeschaffung** (Geldform), soweit in der Haushaltspolitik einerseits auf Steuern/Abgaben, andererseits auf Kredite zurückgegriffen wird (Refinanzierungs- bzw. Finanzierungsdilemma). Im Kontext dieser Abhängigkeit ist sie durch Probleme, Institutionen und Zusammenhänge geprägt, die ihr privatgesellschaftlich vorausgehen, auch in der Weltwirtschaft.

Im Mittelpunkt der Privatgesellschaft steht die Erwerbswirtschaft, die sich als Funktionssystem vorrangig am Kriterium der **Rentabilität** orientiert. Mensch und Natur gehören dann zur **Umwelt**, die für die Wirtschaft eine **Ressource** darstellt, die entweder in der Form des Privateigentums vermarktet wird oder auf der **Ebene der freien oder öffentlichen Güter** (Sachform) als natürliche **Infrastruktur** zur Verfügung steht, größtenteils kostenlos und unkontrolliert, obwohl sie die Lebens-, Integrations- und Funktionsfähigkeit der **menschlichen** Gesellschaft wesentlich bestimmt. Hieran zeigt sich, daß der Staat **von** der Privatgesellschaft zugleich ein Staat **für** die Privatgesellschaft ist. In diesem Sinne wird alles auf den Markt gebracht bzw. in Geld umgewandelt, was sich privat lohnt. Soweit die Inanspruchnahme der Umwelt individuell nichts kostet, erscheint es systemimmanent geradezu rational, davon zur Steigerung des eigenen Vorteils ausgiebigen Gebrauch zu machen.

Auf staatlicher Ebene der Umweltpolitik ergibt sich hieraus paradoxerweise, daß sie **einerseits selbständig** ist, d.h. auf der Basis von Recht und Gewalt einen eigenen Steuerungs- und Zielanspruch stellt. **Andererseits** ist sie **abhängig**. Sie verfügt nur über eine **relative** Autonomie; denn sie ist eingebettet in einen übergreifenden Zusammenhang, der auf sie restriktiv zurückwirkt. Man denke z.B. daran, daß die BRD allein aufgrund ihrer Eigentumsverfassung daran gehindert ist, den **Primat der Ökonomie in der Gesellschaft zu beseitigen, der das ökologische Problem strukturell bestimmt**. Insofern ist der Gestaltungsspielraum der Umweltpolitik gesellschaftlich begrenzt, auch wenn ihr Ehrgeiz darauf abzielt, im Bereich der Umwelt der deutschen Volkswirtschaft etwas nach eigenen Vorstellungen zu bewirken bzw. zu verändern. Aus resssortspezifischem Blickwinkel ist dieses Moment noch relativ jung. obgleich das politische Interesse an Natur- und Heimatschutz - wie bereits dargelegt - sehr viel weiter zurückreicht, zumindest schon in der Romantik aufkeimt.

1. Phasen: Verstaatlichung des Umweltproblems

Das Rechtssystem in der BRD schafft individuell gesicherte Freiheitsspielräume und kalkulierbare Vergesellschaftsformen. Aber in der **gesellschaftlichen**

Bewältigung der Umweltprobleme im Sinne einer Reproduktion der Natur für den Menschen schweigt sich das Grundgesetz der Bundesrepublik merkwürdigerweise aus. Unsere Verfassung behandelt die Grundrechte des einzelnen und strukturiert die Staatsgewalt. Doch sie sagt nichts darüber, was der Sinn und die Absicht des Zusammenschlusses der Privatsubjekte zu dem Ganzen ist, dessen Ordnung das Grundgesetz festlegt[39]. Sie schützt eine Verkehrswirtschaft, die unter privaten Eigentumsverhältnissen im Kontext von Konkurrenz und Kapitalakkumulation maßstablos wird. Die Logik des ökonomischen Austauschprozesses erzwingt unter diesen Bedingungen eine **Entkoppelung des Rechts von ethischen Imperativen**. **Gerechtigkeit wird auf Rechtssicherheit im Sinne von Regelungen reduziert**, die meßbar und vollstreckbar sein müssen. E.W. Bockenförde hat diese Situation einmal mit den Worten charakterisiert: "Die pluralistische Gesellschaft lebt von den Voraussetzungen, die sie nicht garantieren kann". Sie gewährleistet nur die rechtliche **Form** der Beanspruchung von Natur und Region, nämlich die formale Freiheit und Gleichheit individuellen Handelns. Aber sie sichert nicht den **Inhalt**, der mit der Natur und der Umgebung als Lebensgrundlage für den Menschen unabdingbar verbunden ist. Lebenswichtige Fragen (wie z. B. die gesamtgesellschaftliche Erhaltung der Natur für den Menschen) überläßt das Recht in der Privatgesellschaft dem interessenpolitischen Clinch in der Arena des Parlaments und der Administration (Ethik- bzw. Entscheidungsdilemmma).

In der ersten Phase bis etwa 1959/61 ist von Umweltpolitik wenig zu hören. Im Grundgesetz wird die Neuordnung von umweltrelevanten Kompetenzen versäumt. Maßgebend ist der Förderalismus mit seinen alten Traditionen, vor allem in der Wasserwirtschaft. Die Bürger sind angesichts der verheerenden Folgen des Zweiten Weltkriegs (Stadt- und Landschaftszerstörungen, Gebietsabtrennungen, Demontagen etc.) an Umweltfragen im heutigen Sinne kaum interessiert. Der Wiederaufbau von Schlüsselstrukturen und Arbeitsplätzen (vor allem in Industrie und Bergbau) gewinnt den Vorrang. Im Mittelpunkt steht die Steigerung des Wohlstands. Parteipolitische Stellungnahmen zu Umweltproblemen fehlen fast völlig. Es gibt nur überparteiliche Initiativen. Bedeutsam ist der Zusammenschluß von Länder- und Bundesparlamentariern in der Interparlamentarischen Arbeitsgemeinschaft für naturgemäße Wirtschaftsweise (IPA), die 1952 gegründet wird. Sie befaßt sich mit der Begrenztheit und Endlichkeit des menschlichen Lebensraumes und seinen Ressourcen, dem systematischen Zusammenhang der Umweltfaktoren und der Gefährdung der menschlichen Lebensqualität in einem nichtökonomischem Sinne.

Die zweite Phase beginnt mit dem Wahlkampf 1961 und der Forderung der SPD bzw. Willy Brandts zur Erhaltung der Volksgesundheit: "Der Himmel über der Ruhr muß wieder blau werden". Der Wechsel von der Regierung Erhards (CDU/FDP-Koalition) zur Regierung Kiesinger/Brandt (CDU/SPD-Koalition) in der Rezession 1966 mit der Strukturkrise im Ruhrbergbau begünstigt die Bereitschaft zu staatlichen Interventionen, auch im Umweltbereich. Im Vordergrund der Politik steht jedoch die **Verstetigung der Wirtschaftsentwicklung** (Verabschiedung des Stabilitäts- und Wachstumsgesetzes vom 8.6.1967). Umweltpolitisch dominieren meistens reine **Absichtserklärungen**. Mit ersten Bemühungen zur Verbesserung der Gesetzgebung beginnt der Ausbau von Bürokratien, die zugleich auch bessere Planungsdaten und Kontrollmöglichkeiten im Umweltschutz herbeiführen sollen. Die große Koalition stärkt die offizielle Öffentlichkeit, die insbesondere durch die Verbände beherrscht wird (vor allem aus Industrie und Gewerkschaften). Umweltrelevant sind Änderungen im Genehmigungsrecht (GWO), verbesserte technische Anleitungen und Emissionsschutzgesetze, die den jeweiligen "Stand der Technik" zum Maßstab für die umweltschützende Ausrüstung einer Produktionsstätte fordern und das wirtschaftlich Zumutbare am Branchendurchschnitt (und nicht an der jeweiligen Wirtschaftslage des Einzelbetriebes) messen.

Die dritte Phase wird 1969 durch die SPD/FDP-Koalition eingeleitet. Sie hält am Primat der Wachstumspolitik zunächst fest. Nach einer Umfrage des INFAS-Instituts steht noch im September 1970 der Umweltschutz in der Rangliste nötiger Reformen erst an fünfter Stelle. 59% der Bevölkerung geben an, von ihm nichts gehört zu haben. Ein Jahr später (November 1971) sind es nur noch 8%. Zwischen beiden Repräsentativ-Befragungen liegen **Aktivitäten zum Europäischen Naturschutzjahr 1970**, die über Presse, Rundfunk und Fernsehen massenkommunikativ vermittelt werden. Was die sozial-liberale Koalition veranlaßt, mit den Vorarbeiten für ein Umweltproblem größeren Zuschnitts zu beginnen, ist im einzelnen noch keineswegs klar. Mögliche Erklärungen sind ein gestiegenes Umweltbewußtsein, das politisch gemanaged und durch Massenmedien wirksam verbreitet wird; dann die internationale Diskussion (namentlich in den USA und Japan sowie im Rahmen der UNO); schließlich die Schaffung eines innenpolitischen Gegengewichts gegen die virulenten Folgen der Ostpolitik (Regierung Brandt/Scheel) und last not least die Interessen des damaligen Innenministers Genscher, das FDP-Gewicht in der Koalition zu verstärken. Für unseren Zusammenhang ist wichtig, daß die damalige Bundesregierung das öffentlich diskutierte Umweltproblem in Gestalt eines Sofortprogramms (Entwürfe für das Emissionsschutzgesetz, ein neues Änderungsgesetz zum Wasserhaushaltsgesetz und ein Abfallbeseitigungsgesetz) nicht ohne Grund auf zwei Ebenen lanciert: auf die Wissenschafts- und auf die Verwaltungsebene.

Auf der **Wissenschaftsebene** wird die sog. **Picht-Kommission** relevant, die in Gestalt der Professoren Picht, Bresch, Rupp und Häfele vom Bundesministerium des Innern (BMI) im Dezember 1970 den Auftrag erhält, durch Gutachten zu klären, was die geeignete **Organisationsform für die wissenschaftliche Beratung** der Bundesregierung in Fragen der Umweltgestaltung und des Umweltschutzes sei. Grundsätzlich sollen zur Bearbeitung des Themas "alle bestehenden Bundeseinrichtungen auf ihre Eignung zum Ausbau geprüft und eventuell auch neue Einrichtungen vorgeschlagen werden"[40]. Für diese Begutachtung, die zugleich legitimatorische Funktionen hat und den institutionellen Gegenstandsbezug nicht ausblenden kann, ist die **Definition des Umweltproblems** eine notwendige Voraussetzung. Die Picht-Kommission entscheidet sich für die **ökologisch-systemare Perspektive**, d.h. die Ökologie soll als Leitwissenschaft bzw. Zentraldisziplin umweltbezogener Forschungspolitik fungieren sowie zur Steuerung politischer Maßnahmen dienen (Organisationsprinzip der Koordinierung und Prioritätensetzung). Der Szientismus (vgl. unter C I/1) wird zum Paradigma der methodischen Vorgehensweise. Umweltgestaltung und -schutz werden als **Querschnittsaufgabe mit resssortübergreifender Planung** markiert.

Die Bildung eines Umweltressorts schlägt die Picht-Kommission nicht vor. Auch die vom Bundesministerium für Forschung und Technologie (BMFT) geplante Zentralisierung der gesamten Forschungsplanung (etwa in Gestalt eines Strukturministeriums) bleibt unbeachtet. Die Picht-Kommission plädiert für eine

Abbildung 18: Politikberatungsmodell ARGUS

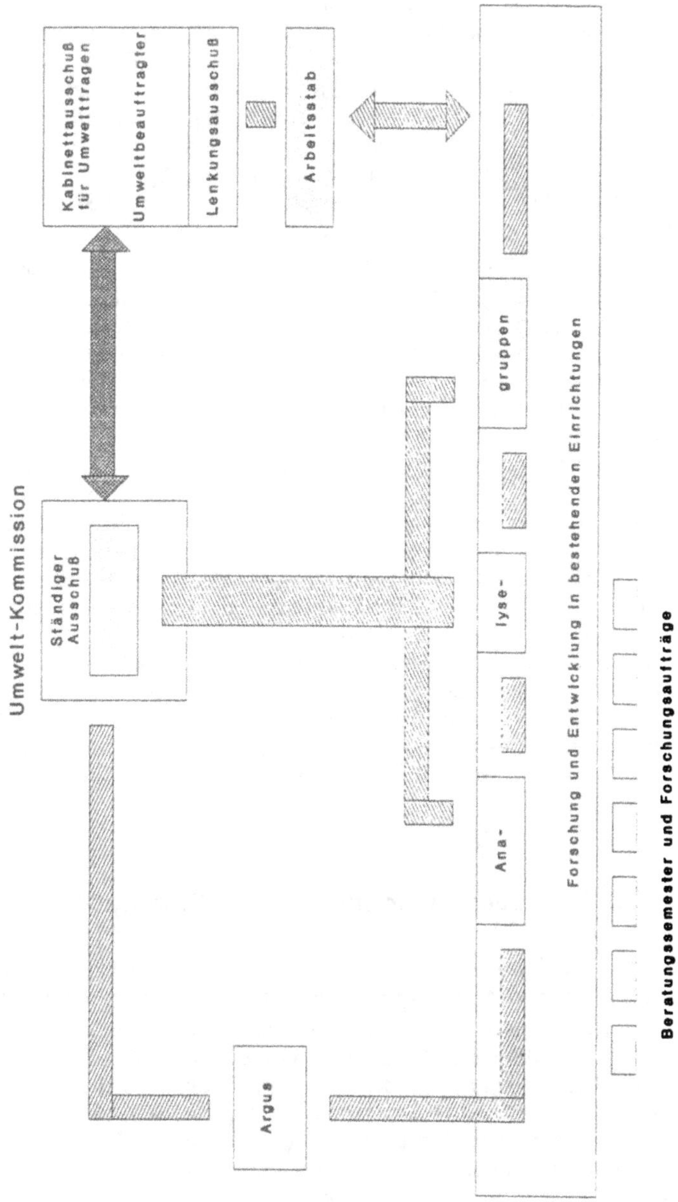

effizientere **Vermittlung** von Wissenschaft und Politik, insbesondere wegen der unterschiedlichen Parameter zur Wahrnehmung des Umweltproblems. Ohne eine **Neustrukturierung der Verwaltung** erscheint sie nicht realisierbar. Für G. Picht selbst sind die bestehenden politischen Strukturen irrational; sie sind inadäquat gegenüber den "gegenwärtigen Möglichkeiten der Konzentration von technischer Macht" und den von ihr ausgelösten Problemen". Um die politischen Strukturen "mit der Struktur unseres ökologischen Systems in Einklang" zu bringen, bedarf es seines Erachtens einer strukturellen Veränderung, vor allem im administrativen Regierungsapparat, der durch die von ihm geplanten Maßnahmen nur einen kleinen Teil der tatsächlichen Gefährdungen berücksichtigt. Eine seriöse Behandlung der Umweltprobleme sei erst zu erwarten, wenn wir "das ökologische System unserer Gesellschaft in seiner Gesamtheit zu erfassen vermögen"[41].

Was damit gemeint ist, läßt sich allgemein aus dem Problemcode der Picht-Kommission erschließen. Auffallend ist der Rückzug auf einen Ökologiebegriff, der die Probleme auf die Ebene der instrumentellen **Beweislogik** reduziert, die durch einen **technisch** kontrollierbaren Erfahrungsbegriff gekennzeichnet ist. Soziale Probleme bleiben aus pragmatischen Gründen ausgeklammert. Die methodische Manipulation des Umweltproblems wirkt sich auch auf das Konzept zur Ökologisierung der Politik aus. Denkansätze, die das Umweltproblem weltanschaulich oder gesellschaftstheoretisch bestimmen (vgl. hierzu z.B. die religiösen, ethischen, naturphilosophischen und sozialistischen Varianten), werden durch den Primat des wissenschaftlichen Verfahrens zur Problembearbeitung von vornherein ins Abseits befördert. Sie sind nicht beratungsfähig. **Vorrangig ist die Dimension des wissenschaftlichen Ökologie- bzw. Ökosystembegriffs**, der soziale und politische Bezüge bewußt hinausbugsiert. Die Verwissenschaftlichung der Fragestellung bewirkt eine Kanalisierung der Wahrnehmung des Umweltproblems, implizit auch die Tabuisierung des Wirtschaftssystems, soweit es die Umweltmisere mitverursacht. Sie ist ein politischer Kompromiß, den die Picht-Kommission zwar nicht explizit eingegangen ist, aber dem sie bei der erfolgreichen Erledigung ihres Auftrags nicht ausweichen konnte, weil dieser die Kooperation mit der Ministerialbürokratie als einer normativen Faktizität notwendig mitumfaßte.

2. Verfahren: Administrierung der Problembearbeitung

Auf der **Verwaltungssebene** gerät das Umweltproblem in das **Ressort-Management des politischen Regierungsapparates**, das daran interessiert ist, seinen Gehalt so zu definieren, daß er dort bearbeitet wird, wo er der jeweiligen Regierung bzw. ihren Ministern den größten Vorteil bietet. Durch die List der instrumentellen Vernunft, die aus der politischen Administration eine **Erkenntnismanufaktur** mit tayloristischer Betriebsführung macht, wird das Umweltproblem organisatorisch in sog. **Umweltmedien** (Luft, Wasser, Lärm, Abfall etc.) und **Umweltregionen** (Bundesländer, Regierungsbezirke etc.) zerlegt, d.h. auf verschiedene Ressorts und Ebenen so verteilt, daß es als ganzes systemimmanent unlösbar ist, aber enorm beschäftigungswirksam werden kann. Strukturell entspricht der Ressort-Ansatz einer arbeitsteiligen Berufsgesellschaft, die auf neue Aufgaben stets durch weitere **Funktionsdifferenzierungen** reagiert, d.h. nicht weniger, sondern durch Aufgabenzerstückelung nur andere oder sogar mehr Probleme schafft, wenn man die Folgeprobleme ungelöster Probleme miteinbezieht[42].

Schon früh wird die verwaltungstechnische **Abgrenzung des Umwelt- und Umweltschutzbegriffs** zum Kristallisationspunkt einer interministeriellen Kommunikation, Aufgabenplanung und Machtprobe. In der Ressortbesprechung am 31.7.1970 wird durchgesetzt, daß sich das am 6.7.1970 beschlossene Sofortprogramm der Bundesregierung zunächst nur mit "**Schädigungen** der Umwelt **als Folge der wissenschaftlichen und technischen Entwicklung** befassen soll". Nur bei Bedarf könne der Begriff der Umweltfragen ausgeweitet werden. Vorauszusetzen sei, daß umweltpolitische Maßnahmen im öffentlichen Bewußtsein dringlich erscheinen und den Rahmen der mittelfristigen Finanzplanung nicht sprengen. Obwohl eine Definition, die allgemein Gültigkeit erlangt, nicht gefunden wird, werden Umweltprobleme vor allem als technisch verursacht verstanden. Auch die Mittel zu ihrer Verhütung und Beseitigung werden in der Technik gesehen[43]. Die Technik selbst fungiert als Mittel für bestimmte Zwecke. Soweit sie durch eigene Anlagen und Wirkungen bestimmte Umweltprobleme verursacht, kommt es darauf an, entweder die Ziele der Technik zu verändern oder ihre schädlichen Varianten durch umweltfreundliche zu ersetzen. Als Herrschaftsform spielt sie keine Rolle. Das technische Problem ist letztlich ein **menschliches** Problem, das durch Politik lösbar erscheint.

a) Charakteristika der Problemformulierung

Mit dem Umweltprogramm formuliert die Bundesregierung 1971 die **Umweltpolitik** als "Gesamtheit aller Maßnahmen, die notwendig sind, um dem Menschen eine Umwelt zu sichern, wie er sie für seine Gesundheit und für ein menschenwürdiges Dasein braucht, um Boden, Luft und Wasser, Pflanzen- und Tierwelt vor nachteiligen Wirkungen menschlicher Eingriffe zu schützen und um Schäden oder Nachteile aus menschlichen Eingriffen zu beseitigen"[44]. Vom Gefährdungspotential der Wirtschaft ist in dieser Zeit offiziell nicht die Rede. **Menschen gefährden Menschen, auch deren Sachvermögen**, so daß in der Frage der Verursachung des Umweltproblems **ein subjektives** Versagen anzunehmen ist. In diesem Sinne bilden Umweltprobleme nach L. Wicke (1982) einen **behebbaren Fehler** des Systems. Er plädiert für Maßnahmen des Umweltschutzes, die notfalls vom Staat zu übernehmen sind. Für M. Jänicke (1979 und 1986)[45] sind die Umweltprobleme hingegen **systembedingt**. Seine These ist, daß das kapitalistische Industriesystem sie strukturell erzeugt und dieses die Probleme wiederum zur Quelle neuen Wachstums macht. Private Wirtschaft und staatliche Bürokratie bilden in gegenseitiger Abhängigkeit eine industriell-bürokratische Interessengemeinschaft. Staatliche Umweltpolitik impliziert dann ein Herumkurieren an Symptomen, ohne daß die Ursachen der Misere beseitigt werden können.

Aus den vorangehenden Überlegungen ergibt sich, daß die **Diagnose der Problemsituation für den Typ der Therapie nicht gleichgültig** ist. Für M. Jänicke besteht die umweltpolitische Aufgabe in der Systemveränderung, die sehr viel schwieriger ist als eine Systemregulierung auf der Basis umweltpolitischer Instrumente. Unter der Voraussetzung, daß Umweltprobleme durch **menschliches** Verhalten und Denken produziert werden, wird der Umweltschutz folgerichtig und primär als Schutz der "inneren" Sicherheit einer Privatgesellschaft aufgefaßt und schwerpunktmäßig im Bundesministerium des Innern (BMI) institutionalisiert[46]. Gleichzeitig wird der Umweltschutz als eine Form gesundheitspolitischer Vorsorge angesehen. Doch entscheidend ist die **bestehende** Kompetenzverteilung auf Ministerien, d.h. deren Ressortdenken und Ressortkonkurrenz, wodurch das **Umweltproblem sektoral aufgeteilt** wird. Zur Problemdefinition werden Projektgruppen eingesetzt, deren thematische Einteilung der Ressourtaufteilung der staatlichen Verwaltung folgt.

Abbildung 19: Ressortaufteilung in der Umweltpolitik

Luft (Reinhaltung der Luft)	– Federführung: BMI
Wasserwirtschaft	– Federführung: BMI
Offenes Meer einschl. Ölverschmutzung (Hohe See und Küstengewässer)	– Federführung: BMV
Lärm (Lärmbekämpfung)	– Federführung: BMI
Saubere Technologien und Produkte (Umweltfreundliche Technik)	– Federführung: BMBW
Biozide und Schadstoffe (Umweltchemikalien und Biozide)	– Federführung: BMJFG
Strahlenbelastung und Strahlenschutz (Umweltradioaktivität und Strahlenbelastung)	– Federführung: BMBW
Abfallbeseitigung	– Federführung: BMI
Naturschutz und Landschaftspflege	– Federführung: BML
Raumordnung und Städtebau	– Federführung: BMI

Auf der Basis der vorgängigen Ressortgliederung wird einerseits die Zerlegung des Problems in **Umweltmedien** beschlossen, unter der stillschweigenden Annahme, daß das so Aufgeteilte kontrollierbar bzw. in seinem gedanklich isolierten Bereich durch entsprechende umweltpolitische Maßnahmen beherrschbar ist. Andererseits wird das Umweltproblem für die BRD in bezug auf seine Lösung wesentlich auf den Aufgaben- bzw. Zuständigkeitsbereich einer bestimmten **Nation** (hier: der BRD) begrenzt. Was außerhalb dieses Sektors passiert oder durch eigene Maßnahmen der Umweltpolitik sogar mitbeeinflußt wird, interessiert bestenfalls am Rande Die umweltpolitische Verantwortung konzentriert sich auf den Bereich **innerhalb** der staatlichen Grenzen, und dort wird durch föderative Kompetenzaufteilungen der Umweltaufgaben nach Ländern und Regierungsbezirken, Kreisen und Gemeinden eine Abgrenzung nach **Regionen** vorgegeben bzw. so getan, als ließen sich Umweltprobleme örtlich isolieren und lokal lösen.

Die bisherigen Erfahrungen sprechen dafür, daß eine Problemisolierung nach Umweltmedien und Umweltnationen/-regionen für eine Lösung des komplexen Umweltproblems wegen der Vernetzung und Verflechtung seiner zahlreichen Komponenten nur bedingt geeignet ist. Die Politik der hohen Schornsteine bietet regional nur eine andere Verteilung bzw. größere Zerstreuung des Schmutzes, anstatt ihn durch Maßnahmen gänzlich zu beseitigen. Eine Verschärfung der nationalen Umweltauflagen führt dazu, daß verbotene Produkte/Abfälle (gegebenenfalls auch Produktionsbetriebe) ins Ausland verschoben werden bzw. sich einen neuen Markt suchen. Man denke an den Export von inländisch verbotenen Chemieprodukten und nicht entsorgbarem Giftmüll, nicht zuletzt in Entwicklungsländer. Was in der einen Nation/Region umweltpolitisch verbessert wird, stellt auf dem Hintergrund des globalen Horizonts nur eine Problemverlagerung dar. Reiche Nationen/Regionen räumen sich ihre Umweltprobleme zu Lasten solcher Länder vom Hals, die dagegen nichts tun können oder darauf eingehen, weil sie auf Devisen aus dem Mülltourismus angewiesen sind. Ähnliches gilt in bezug auf Umweltmedien. Luftreinhaltemaßnahmen (wie Entschwefelung und Entstickung von Kohlekraftwerken) gehen häufig zu Lasten anderer Medien (Gewässer oder Böden) oder begrenzter Lagerkapazitäten (z.B. in stillgelegten Salzstollen, nur vorübergehend isolierbaren Mülldeponien etc.). Die Verbrennung von Abfällen entsorgt zwar den eigenen Sektor, aber sie verursacht Engpässe in anderen Medien und Bereichen. Die Verklappung der Dünnsäure in der Nordsee verschiebt den Abfall vom Land ins Meer und belastet dort die Ökosysteme.

b) Umsetzung der Zielvorgaben

Mit der Ressortlösung einer administrativen Problembearbeitung in der Rechts- und Geldform korrespondiert die Sachform der medialen Aufteilung des Umweltproblems. Zur Umsetzung der politischen Vorgaben in Ressortmaßnahmen wurden Projektgruppen gebildet, die nahezu ausschließlich mit **Experten aus dem Verwaltungsbereich** besetzt waren. Von den 17 Mitgliedern der Projektgruppe "Lärmbekämpfung" gehörte z.B. nur ein Mitglied der Universität an. In den anderen Projektgruppen herrschten ähnliche Verhältnisse. Laien waren überhaupt nicht vertreten. Hier liegt die Schlagseite der Expertokratie, die gesellschaftliche Verantwortung als verwissenschaftlichtes und durch die Administration ausgeübtes Krisenmanagement begreift. Es gilt, für die Bestandsaufnahme und Bewirtschaftung von Umweltbelastungen quantifizierbare bzw. intersubjektiv überprüfbare Angaben zu machen, denen wiederum sog. **Oberziele** vorgegeben werden.

Letztlich wird die Reduktion des Umweltproblems auf die wissenschaftlich-technische **Ebene operationalisierbarer Aktionsformen** (Beweislogik der instrumentellen Messung und quantifizierbaren Angaben) und die durch Rechts-, Geld- und Sachformen gestaltbare **Ebene verwaltungstechnischer Regelungskompetenzen** (Ressortstruktur organisierten Wissens und abgegrenzter Zuständigkeiten) zum dominierenden Moment der Ausformulierung und Strukturierung des Umweltprogramms in der BRD. Schädigungen der Umwelt sind so zu bestimmen, daß sie dem ökonomischen Reproduktionsbegriff einer monetären Wiedergutmachung entsprechen. Gleichförmigkeit und Quantifizierbarkeit der Segmente sowie

Abbildung 20: Umweltpolitische Projektgruppen

1. Wasserwirtschaft:	Auf zukünftige Gewässerbelastung bezogene Bewirtschaftung aller Wasservorräte.
2. Reinhaltung der Luft:	Aufbau eines Frühwarn- und Informationssystems, das zuverlässig gesundheitsgefährdende Konzentration von Luftverschmutzung anzeigt.
3. Lärmbekämpfung:	Die Belastung der Bevölkerung durch Lärm ist soweit zu mindern, daß grundsätzlich niemand durch Lärm gefährdet, erheblich benachteiligt oder belästigt wird.
4. Hohe See und Küstengewässer:	Klärung der Naturvorgänge im Meer, die das Verhalten und die Verteilung von Abfallstoffen beeinflussen oder als deren Wirkung auftreten.
5. Umweltchemikalien und Biozide:	Bestandsaufnahme der ökologischen Gesamtbelastung durch Biozide und Schadstoffe.
6. Umweltradioaktivität und Strahlenbelastung:	Begrenzung der Umweltbelastung durch Radioaktivität auf das geringstmögliche Maß.
7. Abfallbeseitigung:	Schaffung von ausreichender Abfallbeseitigungs- und Aufbereitungskapazität.
8. Umweltfreundliche Technik:	Förderung der Entwicklung sauberer Technologien und Produkte.

politische Entscheidungen zur Festlegung der Grenzwerte erlaubter Umweltverschmutzung sind dafür notwendige Voraussetzungen. Jeder weiß, daß Umweltprobleme darin nicht aufgehen. Man denke nur an die gesellschaftlichen Bedürfnisse und historischen Entwicklungsmöglichkeiten der Menschen, aber auch an die stofflich-energetische Seite der ökonomischen Inanspruchnahme der Natur in ihrem eigenen Werdegang (Reproduktionsdilemma).

Das übergreifende Planungs- und Koordinierungskonzept der Picht-Kommission scheitert an den Einzelinteressen der Ministerien bzw. ihrer Minister, die mit der Festlegung von Kompetenzen einen politischen Einfluß verbinden, vor allem auf Kabinettsebene und hinsichtlich des Anteils am Budget. Der Aushandlungsprozeß hierzu verläuft kontrovers[47]. Heraus kommt ein **Sachverständigenrat**, und statt der von der Picht-Kommission angestrebten Arbeitsgruppe zur realistischen Gesamtanalyse des Umweltschutzes (ARGUS) wird 1974 das **Umweltbundesamt** gegründet. Auf der organisatorischen Basis der institutionellen Vorkehrungen ist aus der Umweltpolitik auf Bundes- und Länderebene inzwischen eine **Ressortpolitik** geworden, die vorrangig auf sog. Umweltmedien (Luft, Wasser, Boden, Lärm) bezogen wird. Aus der **Verwissenschaftlichung der Problemverarbeitung** resultieren zumindest zwei Einengungen: einmal der Rückzug auf die Ebene der "wertfreien" Tatsachen, die für den Menschen und sein Umweltbedürfnis keineswegs so neutral und interesselos sind, wie sie offiziell immer hingestellt werden (Objektivierung und Beweislogik), zum anderen die Praxis der fachdisziplinären Spezialisierung (Problemzerlegung und Aspekthaftigkeit), die sich das Mehr an Sicherheit und Kontrollierbarkeit durch zunehmende Irrelevanz der Problemstellung erkauft. Nichtsdestoweniger bleibt die staatliche Umweltpolitik ein bedeutsamer Hoffnungsschimmer.

c) Segmentierung des Regelwerks

Auf der Ebene administrativer Regelungen wird im Kontext der politischen Aufgaben zwischen inhaltlicher und instrumenteller Zielebene unterschieden. Die fehlende Geschlossenheit des Zielsystems ist in der Umweltpolitik "keine intellektuelle Mangelerscheinung, sondern Ausdruck der Geschichtsabhängigkeit und der widersprüchlichen Funktionsvoraussetzungen politischer Handlungssysteme"[48].

Abbildung 21: Zielebenen der Umweltpolitik

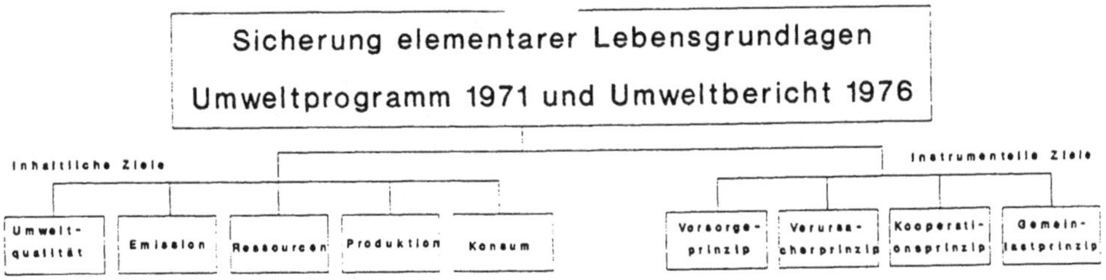

Inhaltliche Ziele beschreiben den angestrebten Zustand oder Prozeß in der **natürlichen** Umwelt (z.B. Schaffung von städtischen Grünflächen, Erhaltung der biologischen Selbstreinigung von Gewässern) und in der **sozialen** Umwelt (z.B. Anschluß aller Abwassereinleiter an vollbiologische Kläranlagen, Einrichtung von Recyclingprozessen für Altmaterialien). Sie orientieren sich an der Belastung bzw. Belastbarkeit der Umwelt, wenn auch nur unter bestimmten Gesichtspunkten (z.B. Umweltqualität, Emission, Ressourcen, Produkt[ion], Konsum etc.). Das übliche Mittel dafür ist die **Operationalisierung** von qualitativen Zielvorstellungen auf die Ebene meßbarer Daten (Grenzwerte), die sich nach Umweltbereichen, Belastungsparametern und Belastungsregionen weiter spezifizieren lassen.

Am schwierigsten ist die **Umweltqualität** zu operationalisieren, d.h. in Gütekriterien zu bestimmen, die **menschliche** Qualität in einem umfassenden Sinne ausdrücken (z.B. unter Einbeziehung genetischer, sozialer, politischer, psychischer und historischer Aspekte). Meistens wird sie in ihre medialen Bestandteile zerlegt, um dafür Grenzwerte zu bilden, die nicht überschritten werden sollen. Die Luftmeßstationen in Hessen sind z.B. mit Geräten zur Bestimmung folgender Schadstoffkonzentrationen und metereologischer Parameter ausgerüstet: Schwefeldioxid (SO_2), Kohlenmonoxid (CO), Stickstoffmonoxid (NO), Stickstoffoxid (NO_2), Kohlenwasserstoffe ohne Methan (CnHm), Ozon (O_3), Staub, Temperatur, relative Feuchte, Windrichtung, Windgeschwindigkeit. Es gibt eine Bewertungsskala für die bisher relevanten Umweltelemente bzw. -medien[49] (z.B. 140 Mikrogramm pro cbm als Grenzwert der Schwefeldioxidimmission in der TA Luft). Doch eigentlich müßten sich umweltqualitätsbezogene Ziele auf die Öko- und Sozialsysteme des Menschen als Ganzheiten und in ihrer Vernetzung unter Berücksichtigung **menschlicher** Zwecke beziehen. Die Belastungsgrenzen auf der

Basis der genannten Bewertungsskala markieren nur Minimalziele bzw. anzustrebende Systemzustände **ohne Einbeziehung sozialer Dimensionen**. Und selbst hierfür reicht das methodische Vermögen der heutigen Wissenschaft erst teilweise aus. Was zunehmend versucht wird, ist die **Aufstellung regionaler Umweltbilanzen** in bestimmten Schadstoffbereichen bzw. die Übertragung dieser Ergebnisse in kartographische Übersichten (Immissions- und Emissionskataster), damit Städtebau und Industrieansiedlung sowie umweltpolitische Entlastungsansätze ökologische Entscheidungshilfen erhalten. Die Frage adäquater Meßverfahren spielt dabei eine wichtige Rolle[50].

Instrumentelle Ziele kennzeichnen die allgemeinen Handlungsprinzipien, welche die Gestaltungsmaßstäbe für Gesetze, Programme und Einzelmaßnahmen und den Modus zur Verwirklichung der inhaltlichen Ziele bestimmen. Sie stehen in der BRD im Kontext einer **marktwirtschaftlich** orientierten Umweltpolitik, die sich vor allem von drei **Handlungsprinzipien** leiten läßt: vom Vorsorge-, Verursacher- und Kooperationsprinzip. Das Gemeinlastprinzip ist eigentlich nur für Ausnahmefälle vorgesehen. Doch Theorie (Ideal) und Praxis (Wirklichkeit) klaffen auseinander. Im Mittelpunkt des Zielkatalogs der Umweltpolitik der Bundesregierung steht das **Vorsorgeprinzip**. Nach ihm sollen umweltpolitische Maßnahmen so getroffen werden, daß sämtliche Umweltgefahren und -risiken nach Möglichkeit von vornherein entfallen. Das **Verursacherprinzip** entspricht dem Grundgedanken der Marktwirtschaft. Maßgebend ist der Grundsatz, daß die Umweltbelastungen als Kosten den Nutzern von Umweltgütern zuzurechnen sind und demgemäß sicherzustellen ist, daß die Kosten in die Wertrechnung der Wirtschaftssubjekte voll eingehen. Das **Gemeinlastprinzip** kommt zum Zuge, wenn die Verursacher von Umweltbelastungen unbekannt sind und sich stattdessen der Staat veranlaßt sieht, die Beeinträchtigungen der Umwelt durch öffentliche Mittel direkt oder indirekt zu vermindern. Darüber hinaus ist es bei akuten Notständen relevant, soweit verursacherorientierte Instrumente einen ausreichenden Schutz nicht rechtzeitig bewirken können. Das **Kooperationsprinzip** kennzeichnet das Verfahren, das auf eine möglichst einvernehmliche Verwirklichung umweltpolitischer Ziele gerichtet ist. Es unterstellt eine Mitverantwortlichkeit und Mitwirkung aller staatlichen und gesellschaftlichen Kräfte.

d) Bestimmung der Regulierungsmodi

Inhaltliche und instrumentelle Ziele der Umweltpolitik lassen sich politisch nur mit Mitteln durchsetzen, die dem Wirtschaftssystem entsprechen. Für die Bundesregierung ist die soziale Marktwirtschaft die geeignetste Wirtschafts- und Gesellschaftsordnung auch zur Bewältigung der modernen umweltpolitischen Herausforderungen[51]. Kontrovers ist nicht die Auseinandersetzung mit dem Begriff des Staates, sondern lediglich das WIE der Umweltpolitik, d. h. die Frage, ob zugunsten der Markt- und Instrumentallogik mehr nachfrageorientiert oder mehr angebotsorientiert verfahren werden soll.

(1) Keynesianische Ansätze sind stärker fiskal- bzw. prozeßpolitisch akzentuiert. Im Vordergrund steht die Kreislaufökonomie bzw. ein **Konzept geldförmiger Interventionen**, mit dem Ziel, externe Effekte der Privatökonomie auf der Basis einer Abgaben-, Steuer- und Kreditwirtschaft zu internalisieren. Die Unebenheiten des Austauschprozesses sollen **auf der Makroebene reguliert** werden, **damit**

die Marktwirtschaft in ihrer mikroökonomischen Verhaltensorientierung, insbesondere im Bereich der Investitions- und Konsumbereitschaft, **erhalten bleibt**. Neuester Hit sind Öko-Steuern[52], mit deren Mehrzweckform ihre Anhänger die ökologische Vision ökonomisch auflösen bzw. rechnen wollen[53]. Weitere **Instrumente** sind vor allem direkter staatlicher Umweltschutz (z.B. Lärmschutz an der Autobahn), Subventionen für den Verzicht auf Umweltschädigungen (z.B. Verwendung von bleifreiem Benzin), Umweltsubventionen zur Förderung umweltfreundlicher Produktionsverfahren, Produkte und Einsatzstoffe von Unternehmen und Haushalten (z.B. durch Sonderabschreibungen), staatliche Förderung umwelttechnischer Innovationen (z.B. durch Auftragsvergabe oder Investitionszulagen) und öffentliche Ausgaben zur nachträglichen Beseitigung von Umweltschäden (z.B. in der Abfallwirtschaft oder Rohstoffrückgewinnung). Insofern bleibt das Gemeinlastprinzip neben dem Verursacherprinzip relevant. Man sollte es in seinem umweltpolitischen Stellenwert (zumindest bei der SPD) nicht überbewerten.

Keynes selbst genügt ein **schwacher Staat**, d.h. ein Staat, der sich sich im wesentlichen nur als **Fiskus** verausgabt. Durch Nachfragepolitik soll eine Verbesserung des Absatzes und der Investitionsbereitschaft der Unternehmen herbeigeführt werden. Dazu dienen Beschäftigungsprogramme mit Einkommenseffekten, die nachfragewirksam und wachstumsfördernd sind. Die Verschuldung der öffentlichen Hände wird genauso wenig ausgeschlossen wie eine Umverteilung der privaten Einkommen, um eine größere soziale Gerechtigkeit und (sozialdemokratisch weitergedacht) eine ökologische Erneuerung zu erreichen. Darüber hinaus beruht der Keynes'sche Ansatz auf der Illusion, daß durch politische **Kompromisse** eine Verstetigung des Wirtschaftswachstums und eine Lösung des Umweltproblems möglich erscheint. In diesem Sinne ist die Herausbildung des parlamentarischen Beschlusses "ein wirklicher Abstraktionsprozeß und der allgemeine Wille ein wirkliches Abstraktum. Seine Verbindlichkeit mißt sich nicht an seinem Inhalt, sondern an der Quantität der unter ihm vereinigten Privatinteressen"[54]. Er ist nur noch der gemeinsame Wille der Stimmenmehrheit.

In der repräsentativen Demokratie unterliegen die Abgeordneten dem Parteimanagement (Oligarchie- bzw. Fraktionsdilemma). Ihre Trennung vom Volk, das seinen Willen nur zum Teil in die Partei einbringt und zur Wahlurne nur in größeren Zeitabständen gelangt, beschwört die Nichtidentität von wirklichen Einzelinteressen und abstraktem Gesamtinteresse herauf (Stellvertreterdilemma). Gleichzeitig wird vorausgesetzt, daß die außenwirtschaftliche Flanke gesichert ist, etwa durch Umweltaußenpolitik[55] bzw. internationale Kooperation. Die Kontrolle der Finanz- und Vermögensmärkte ist ein weiteres Desiderat[56]. Im Hintergrund steht der **Glaube an die Politik** und die Annahme, daß die Umwelt zwar nicht zu beseitigen, aber das gesellschaftliche Sein (d.h. das, was unter dem instrumentellen Kontrollschirm erscheint) durch handlungsorientierende Bewußtseinsprozesse sowie geld- und fiskalpolitische Maßnahmen zu humanisieren bzw. zu ökologisieren ist (Erziehungs- bzw. Konditionierungsdilemma).

(2) Neoliberale Ansätze sind stärker institutions- bzw. ordnungspolitisch ausgerichtet. In der BRD umfassen sie auch fiskal- und prozeßpolitische Maßnahmen, aber in der Umweltpolitik gehen sie darüber weit hinaus, soweit eigentumsrechtlich eine **Privatisierung öffentlicher Güter** gefordert wird. Es gilt, für bisher freie Umweltgüter (z.B. Luft, Wasser) neue Märkte zu schaffen sowie einen Han-

del mit Benutzerrechten an einem staatlich geregelten Produktions- und Reproduktionszusammenhang einzurichten (Umweltbörse). Hinter dem Vorsorgeprinzip versteckt sich das Verursacherprinzip, d.h. die Frage, wie die Kosten der Umweltbelastungen auf die wirklichen Schädiger zu verteilen sind, wenn das Verschmutzungsniveau durch staatliche Grenzwerte administriert wird. Häufig genannte **Instrumente** sind Umweltlizenzen und -zertifikate (z.B. Ausgabe von Umweltverschmutzungsrechten), Umweltabgaben (z.B. Erhebung von Abwasser- oder Wärmeabgaben), auch Appelle ans Umweltbewußtsein, Verhandlungen zwischen Schädigern und Geschädigten, Kooperationslösungen (z.B. Abkommen mit Branchen und Verbänden), Änderungen der Rahmenbedingungen (z.B. Erweiterung der Eigentumsrechte), direkter öffentlicher Umweltschutz (z.B. mit Gebühren- und Beitragsfinanzierung bei ökologischer Unternehmenspolitik), umweltbewußte staatliche Beschaffungspolitik (z.B. Unterstützung von Verfahren des Recycling, Nachfrage umweltfreundlicher Produkte) und vieles mehr. Soweit das Verschmutzungsniveau der Umwelt dabei heruntergebracht werden soll, ist die harte Flankierung durch **rechtsförmige Auflagen** (z.B. Emissionsstandards und Luftqualitätsstandards) zur Bestimmung der Grenzen erlaubter Umweltverschmutzung eine entscheidende Voraussetzung.

Neoliberal ist ein **starker Staat** als Hoheitsträger mit institutioneller Durchsetzungsgewalt gefragt. Die Angebotspolitik zielt auf eine Steigerung der Wettbewerbsfähigkeit der Unternehmen, insbesondere durch Technologie- und Entwicklungspolitik in der Weise, daß der Staat technologische Forschungs- und Entwicklungsrisiken übernimmt. In der BRD befinden sich mittlerweile "alle Risiken in allen Hochtechnologie-Bereichen mehr oder minder fest in Staatshand, so bei der Magnetschwebebahn, so bei Siemens-Hochtechnologien"[57]. Statt zu sparen, werden milliardenschwere Großprojekte subventioniert (z.B. Jäger 90, Schneller Brüter, Airbus, Daimler-MBB-Fusion). Sie "strangulieren die öffentlichen Haushalte und damit die Bewegungsfreiheit der Politik in den kommenden Jahren"[58]. Öffentliche Beschäftigungsprogramme zugunsten von Arbeitnehmern werden abgelehnt oder nur zögernd und vereinzelt eingesetzt. Der Sozialstaat ist unerwünscht. Insofern korrespondiert die Polarisation der Gesellschaft mit dem zyklischen Verlauf der Wirtschaft. Die Krise wird indirekt bewußt als politisches Mittel eingesetzt. Arbeitslosigkeit schwächt die Gewerkschaften und senkt die Löhne.

Das **Recht** entpuppt sich als **Instrument sozialer, ökonomischer und politischer Herrschaft**. Es dient den Interessen der Herrschenden, auch zur Legitimierung der bestehenden Ordnung. "Recht ist sprachlich vermittelte Gewalt, und das impliziert einen strategischen Gebrauch der Sprache des Rechts, die mit zunehmender Verrechtlichung alle Lebensbereiche durchdringt"[59]. Erst dann greift die Vergesellschaftung durch den Preismechanismus, mit dem eine **ökologische Marktwirtschaft** im Sinne einer zunehmenden Inwertsetzung der Natur anvisiert wird. In der Konsequenz sollen alle externen Effekte der Privatökonomie internalisiert werden. Es besteht die Illusion, daß die gesamte Umwelt durch die Privatisierung öffentlicher/herrenloser Güter sowie den Handel mit Verschmutzungsrechten an nichtprivatisierbaren Ressourcen (wie Luft, Wasser) verkauft bzw. in die Warenform umgewandelt werden kann, d.h. das Umweltproblem in der monetären Form der Ökonomie restlos aufgeht. Soweit der Schlußverkauf der Umweltreste nicht klappt (und alles spricht dafür), entsteht ein Umsetzungs- oder Systemdilemma.

(3) Beide Varianten der Umweltpolitik sind systemkonform, der keynesianische mehr fiskalpolitisch und nachfrageorientiert, der neoliberale mehr ordnungspolitisch und angebotsorientiert. Ihre gemeinsame Erfolgsformel ist das Voranschreiten im **Wirtschaftswachstum**, weil sich bisher Mehrheiten auf diese Weise am sichersten finden lassen. Umweltpolitik avanciert in gewisser Weise zu einem neuen Wachstumsfaktor. Der Gedanke der Freiheitlichkeit bleibt grundsätzlich gewahrt. Umweltpolitisch verwenden **Regierung und Opposition nahezu die gleichen Kürzel**. Während CDU/CSU sich zunächst auf die Formel stützen "So viel Markt wie möglich, so viel Staat wie nötig", lautet das Rezept der SPD im Godesberger Programm: "Wettbewerb so weit wie möglich, Planung so weit wie nötig"[60]. Und was bei CDU/CSU 1987 "Ökologische Marktwirtschaft" heißt, nennt die SPD 1989 vielversprechend "Ökologische Erneuerung". Für beide Gruppierungen ist die Umweltpolitik ein Instrument zur Bekämpfung von ökonomischen Stagnations- und Krisentendenzen, einerseits mehr am Unternehmer ausgerichtet, andererseits auch arbeitsorientiert. Der FDP fällt es nicht schwer, je nach eigener Kräftekonstellation mit beiden Lagern zu koalieren. Die Vergangenheit gibt dafür anschauliche Beispiele.

Die Große Koalition zwischen CDU/SPD umfaßt den Zeitraum 1966 bis 1969. Die FDP erlebt in ihrer Nachkriegsgeschichte zum ersten Mal, was es heißt, außerhalb der Regierung zu sein. Danach bildet sich die sozial-liberale Koalition (SPD/FDP). Sie setzt auf Markt plus Keynes plus Strukturpolitik plus Ausweitung der sozialen Sicherung für benachteiligte Personen/Gruppen. Systemimmanent zeigt sich, daß die Konsequenzen eines zu großen Sozialnetzes für die Belastung des Haushalts und der Wirtschaft nicht hinreichend berücksichtigt werden. Das Hinüberspringen der FDP zur CDU (andeutungsweise bereits im Haushaltskompromiß Sommer 1982 und etwas später wirklich) führt zur jetzigen neokonservativen Regierung (CDU/CSU/FDP). Sie lanciert das Soziale im Begriff der sozialen Marktwirtschaft in Richtung einer freien Marktsteuerung, obwohl viele Gesetzgebungen und Maßnahmen eine andere Sprache sprechen (z.B. Energiewirtschaftsgesetz, Gesetze für den Verkehrssektor, Gemeinschaftsaufgabe regionaler Wirtschaftspolitik, staatliche Programme wie Landwirtschafts- und Technologiepolitik). Unter dem präventiven Motto, "Umweltverbrechen lohnen sich nicht", wird 1989 das Umweltstrafrecht novelliert. Auf einen Gesetzentwurf hat sich die Kabinettsrunde bereits geeinigt. Boden, Wasser, Luft und Natur sollen künftig auch mit schärferen juristischen Säbeln geschützt werden, obwohl die polizeilich registrierten Umweltverstöße nur 0,4 Prozent der erfaßten Straftaten ausmachen, soweit Gesetzesdefizite und Dunkelziffer unberücksichtigt bleiben[61].

Angesichts der fast gleichlautenden Floskeln umweltpolitischer Zielorientierungen sind die äußeren Unterschiede zwischen Regierung und Opposition so gering, daß eine Alternative institutionell nicht in Sicht ist. Das Dilemma der Grünen ist geprägt durch selbstverschuldete Fehler und sonstige Defizite in der gesellschaftlichen Anerkennung bzw. parlamentarischen Arbeitsweise[62]. Für die anderen Parteien korrespondiert mit der Respektierung der Institutionen die Neukultur der **Einfallslosigkeit**. "Auch wo die Alternative für alle sichtbar vor Augen liegt, neigen Politiker dazu, jede zufällige Konstellation und jede persönliche Vorliebe als einen schicksalhaften Zwang auszugeben, dem sich auch Zweifelnde zu fügen haben. Wer sich gelegentlich die Mühe macht, Gesetze im Beratungsstadium zu lesen, der kennt das Vierer-Schema, nach dem die Pläne abgehandelt werden. Gewöhnlich wird zunächst die Zielsetzung genannt, es folgt der

Lösungsvorschlag, dann kommt die Frage nach den Alternativen, und schließlich ein Hinweis auf die Kosten. Unter Punkt drei, wo es um andere Wege zu demselben Ziel geht, heißt es so gut wie regelmäßig: Keine"[63]. Die deutsche Politik realisiert genau das, was Margaret Thatcher mit TINA (der Abkürzung von "There is no alternative") kennzeichnet. Und dieser Befund bedeutet: "Die Kunst des Möglichen, als welche Politik einmal gegolten hat, erstarrt zur Kapitulation vor sogenannten Sachzwängen, und das Bewußtsein, in der Entscheidung frei zu sein, wird verdrängt durch das unbehagliche Gefühl, das Opfer einer Nötigung zu werden. Man spielt zwar noch, doch ständig mit demselben Ball. Daß dieses Kunststück nicht mehr unterhaltsam wirkt und im Vergleich zu Bismarcks Spiel mit den fünf Kugeln nicht verträgt, braucht niemanden zu wundern"[64].

Prinzipiell toleriert die weltanschauliche Black Box des Staates auch umweltpolitische Ansätze, die eine **alternative Wirtschaftspolitik** anvisieren (z.B. Memorandum-Gruppe) und einen **Politik-Mix** beinhalten, der einen erweiterten Neo-Keynesianismus bis hin zu transformatorischen Konzepten und Strategien bezüglich Demokratisierung und Kollektivierung von Investitionsentscheidungen ins Auge faßt, verbunden mit sozialstaatlicher Reduzierung der Warenbeziehungen und verstärkter Verknüpfung der politischen Apparate auf der Ebene der Betriebe und der politischen Institutionen (vgl. auch Henderson 1981, Prior 1981, Esping-Anderson 1983). Im Augenblick finden diese Ansätze jedoch keine parlamentarische Mehrheit, z.T. übersteigen sie auch die Logik standardökonomischer Argumentation, weil ihre Zielsetzungen den Vorrang der privaten Kapitalverwertung infragestellen. Sie sind Ausdruck eines Bedürfnisses nach politischer Neustrukturierung und indizieren gesellschaftliche Entwicklungen, die über den status quo in der BRD hinausgehen. Insofern sind sie ein Opfer des institutionellen Problemreduktionismus in der herrschenden Umwelt- und Wirtschaftspolitik. Die Art und Weise, wie rechtlich und staatlich gegen bestimmte Extrem-Gruppierungen und Alternativ-Ansätze vorgegangen wird, vervollständigt das Bild.

3. Bewertung: Tendenzen der Problemlösung

Was sich an Ansätzen zur Lösung des Umweltproblems in der BRD tendenziell abzeichnet, ist nicht unbeeinflußt von übergreifenden Veränderungen. Die Theorie der nachindustriellen Gesellschaft betont allein fünf Momente: 1. Übergang von einer güterproduzierenden Wirtschaft zur Dienstleistungsgesellschaft, 2. Vorrang der professionalisierten Lohnarbeit bzw. technisch qualifizierter Berufe, 3. Priorität theoretischen Wissens als Quelle von Innovationen, 4. Zukunftsorientierung durch staatliche Steuerung des technisch-wissenschaftlichen Fortschritts, einschließlich der Bewertung von Technologien, 5. Schaffung einer intellektuellen Technologie zur weiteren Rationalisierung gesellschaftlicher Vermittlungsprozesse. Doch gleichzeitig häufen sich seit den 70er Jahren die Störungen: Rohstoffkrisen, Beschäftigungskrisen, Finanzkrisen, Umweltkrisen, Strukturkrisen, Akzeptanz- und Legitimationskrisen etc. Neu ist das Eigengewicht des Weltmarktes und der internationalen Konkurrenz. Auffällig erscheint der zunehmende Konzentrationsprozeß des Kapitals, vor allem in Richtung des Geldkapitals. Der Dienstleistungsbereich wird zum Wachstumsträger. Er ist ausbildungs- und wissensintensiv, insbesondere im Bereich der Banken und Versicherungen, der Bildung und Forschung, des Handels und Verkehrs. Auch die Entsorgung der Umwelt wird zum neuen Insich-Geschäft der Wirtschaft. Ein Teil dieser Entwicklung läßt sich an den Aktivitäten der Umweltpolitik selbst ablesen.

a) Strukturwandel der Zielbezüge

In der Anfangsphase beschränkt sich der Umweltschutz weitgehend auf politische Proklamationen[65] und die Beseitigung oder Verminderung bereits **vorhandener** Umweltbelastungen (z.B. durch Filter, Kläranlagen, Mülldeponien). Es gilt, die externen Effekte der Wirtschaft zu reduzieren. Dazu gehört auch die Rückverlagerung der Kosten in die verursachenden Wirtschaftseinheiten, soweit das privatrechtliche Verursacherprinzip dafür ausreicht. Vorrangig sind rechtliche Maßnahmen. Die zu bekämpfenden Symptome werden wiederum zurückgeführt auf **subjektives** Fehlverhalten, das unter der verfassungsrechtlichen Garantie einer formalen Freiheit und Gleichheit aller Wirtschaftssubjekte entsteht und vom Staat nicht so ohne weiteres auszumerzen ist. Man denke an den Katalog der Grundrechte, der dem Staat in der Privatgesellschaft durch seine Bürger unverfügbar vorgegeben ist. Über die Entsorgung kann erst nachgedacht werden, wenn die Versorgung nicht mehr rückgängig zu machen ist (vgl. dazu insbesondere die Debatte um die Atomkraftwerke). Aus dem anfänglichen Selektions- und Regulierungsmechanismus der staatlichen Institutionen der Umweltpolitik lassen sich folgende **Grundtendenzen** ableiten[66]:

Erstens gilt der Schutz primär der menschlichen Gesundheit, weniger der Pflanzen- und Tierwelt. **Zweitens** wird dem Schutz vor schädlichen biochemischen und biophysikalischen Umwelteinwirkungen eine größere Bedeutung eingeräumt als dem Ressourcenschutz. **Drittens** ist der Schutz überwiegend medial (durch Festlegung von medienspezifischen Grenzwerten für Boden, Wasser, Luft) sowie auf die Abwehr oder Beseitigung unmittelbarer Schäden ausgerichtet. Das Bedürfnis nach Schutz von Ökosystemen und damit nach Erfassung sektorübergreifender sowie indirekter Umwelteinwirkungen bleibt unterentwickelt. **Viertens** konzentrieren sich alle Anstrengungen zum Umweltschutz auf die Verbesserung bzw. den Erlaß von Rechtsvorschriften, weniger auf die Lösung von Vollzugsproblemen. **Fünftens** werden schwerpunktmäßig direkt wirkende Ge- und Verbote des Ordnungsrechts geschaffen; mittelbar wirkende ökonomische Anreizinstrumente werden nur vereinzelt eingesetzt. **Sechstens** gewinnen nationale Problemlösungen gegenüber internationalen Aktivitäten eindeutig das Übergewicht. Erst später werden Ressourcenschutz (z.B. Wasser-, Energieversorgung, Rohstoff-Recycling), Schutz wildlebender Tiere und Pflanzen, Ökosystemschutz (insbesondere Vorsorge vor medienübergreifenden, mittelbaren Schadwirkungen), Verbesserung des Vollzugs von Rechtsvorschriften, Erweiterung des ökonomischen Instrumentariums und Aufbau internationaler Aktivitäten (vor allem im EG-Bereich) bedeutsam.

Die weitere Phase der Umweltpolitik ist durch eine höhere Rationalität administrativer Kompetenzen gekennzeichnet. Sie beginnt, als sich im Zusammenhang einer gesteigerten Gefährdung der natürlichen Lebensgrundlage der Menschen (nicht zuletzt angesichts des industriellen Chemieskandals der Rheinvergiftung) die Notwendigkeit und **Dringlichkeit einer aktiven Umweltvorsorgepolitik** geltend macht. Mit dem Organisationserlaß des Bundeskanzlers wird am 5. Juni

1986 das **Bundesministerium für Umwelt, Naturschutz und Reaktorsicherheit** gegründet, das seitdem für folgende Bereiche allein zuständig ist: Luftreinhaltung, Lärmbekämpfung, Wasserwirtschaft und Gewässerschutz, Abfallwirtschaft, Naturschutz und Landschaftspflege, Bodenschutz, Chemikalien, gesundheitliche Belange des Umweltschutzes, Sicherheit kerntechnischer Anlagen und Strahlenschutz. Da der Umweltschutz insgesamt jedoch ein komplexes Problem ist, das viele Gebiete und Adressaten betrifft, kann auf die Einbeziehung anderer Ministerien nicht vollends verzichtet werden. Aus der Sicht der Bundesregierung ist der Umweltschutz "nicht nur eine Sache des Staates, sondern geht alle an"[67]. Für die **Koordinierung und Steuerung** der Umweltaktivitäten der Bundesressorts ist ein **Kabinettsausschuß** für Umwelt und Gesundheit zuständig, dessen beauftragter Vorsitzender der Bundesminister für Umwelt, Naturschutz und Reaktorsicherheit ist. Bei der Erfüllung seiner Aufgaben wird er fachlich durch zwei ihm unmittelbar unterstellte Bundesoberbehörden unterstützt, durch das **Umweltbundesamt** und die **Bundesforschungsanstalt für Naturschutz und Landschaftsökologie**. Am 3. September 1986 beschließt die Bundesregierung die **Leitlinien zur Umweltvorsorge**. Sie enthalten für alle Umweltbereiche **politische** Maßstäbe, an denen sich stoffspezifische Aktionsprogramme, Rechts- und Verwaltungsvorschriften und sonstige Maßnahmen zur stufenweisen Verminderung von Stoffeinträgen durch die Menschen ausrichten sollen.

In der Regierungserklärung vom 18. März 1987 kündigt der Bundeskanzlers an, daß der **Umweltschutz als Staatsziel** in das Grundgesetz aufgenommen werden soll. Seine Regierung will prüfen, "wie der Sozialen Marktwirtschaft ein ökologischer Ordnungsrahmen beigegeben werden kann. Durchgreifender Schutz der natürlichen Lebensgrundlagen erfordere erstens aufmerksame und gewissenhafte Pflege, zweitens umfassende und weitsichtige Vorsorge sowie drittens schnelle und wirksame Schadensbeseitigung und Wiedergutmachung". Und ebenso klar wird ausgesprochen: "Umweltschutz fängt zu Hause an, und verantwortete Freiheit beginnt auch immer bei den persönlichen Gewohnheiten"[68]. Es geht um eine **marktwirtschaftlich orientierte Umweltpolitik**, welche die Freiheit des einzelnen mit der Verantwortung gegenüber der Allgemeinheit verbinden will. Auf der Zielebene wird dieser Akzent als **Ergänzung** wirtschaftspolitischer Aufgaben thematisiert (z.B. Forderung qualitativen Wachstums, Einbindung der Umweltstabilität in die Wirtschaftspolitik). **Umweltstabilität** soll zur verfassungsrechtlichen Norm erhoben werden. Noch nicht ausdiskutiert ist die Frage, auf welche Weise und mit welcher Konsequenz das Ziel der Umweltstabilität in den Aufgabenkatalog der staatlichen Wirtschaftspolitik aufgenommen werden soll (Ist an ein neues Wachtstumsgesetz gedacht?) oder wie die Kontrolle rohstoffverschwendender und umweltbelastender Unternehmen zur Aufgabe der Kartellbehörde gemacht werden kann (Ist ein neues Kartellgesetz erforderlich?).

Der Bundesumweltminister steigert sich zu dem Hinweis, den Umweltschutz nicht erst beginnen zu lassen, wenn der Produktions- und Konsumprozeß bereits vollendete Tatsachen geschaffen hat. Er fordert eine **vorbeugende** Umweltpolitik im Sinne eines **integrierten** Umweltschutzes, "der die Umweltschonung an den Anfang und nicht an das Ende wirtschaftlichen Handelns stellt. Aufgabe der nächsten Jahre ist es, die technische Entwicklung verstärkt auch in den Dienst des Umweltschutzes zu stellen. Know how und schöpferische Kreativität der Wirtschaft müssen sich immer mehr darauf konzentrieren, umweltschonende Produktionsverfahren und Produkte zu entwickeln. Auch im Umweltschutz brauchen wir den 'Schumpeterschen Unternehmer', der innovative Lösungen durchsetzt. Ich sehe es als eine zentrale Aufgabe des Bundesumweltministers an, das Eigeninteresse der Wirtschaft zu mobilisieren und die Verantwortung der Wirtschaft einzufordern"[69]. Die Präzisierung des Vorsorgeprinzips bleibt allerdings ein Torso. Sein Umsetzungsdilemma beginnt bei zentralen Begriffen (z.B. der Gefahr und des Risikos) und deren Definition. Nicht ohne Grund knüpft das Mißtrauen gegenüber neuen Technologien gerade an den unsichtbaren Risiken an. die mit dem heutigen Fortschritt schlechthin verkoppelt sind. Nach K. Töpfer ist die Politik der Technik jedoch gewachsen, wenn sie "den technischen Fortschritt auch als eine ethisch-moralische Herausforderung betrachtet", eine "gründliche Risikoanalyse und konsequente Risikovorsorge betreibt" sowie "sich durch offene Aufklärung und sachliche Diskussion um höchstmögliche Akzeptanz der Technik und der damit verbundenen politischen Entscheidungen bemüht"[70].

Von den seit 1975 getätigten Umweltinvestitionen entfallen in der BRD bisher nur 25% auf den vorsorgenden Umweltschutz. 75% gehören zur Nachsorge. Nach wie vor wird der Erfolg der staatlichen Wirtschaftspolitik ausschließlich an herkömmlichen Zielen gemessen (z.B. Wachstum, Beschäftigung, Preisniveau, Zahlungsbilanz, Systemkonformität etc.). Von einer ökologischen Ausrichtung der Unternehmens- und Wirtschaftspolitik ist kaum etwas zu spüren. **Dominierend sind ökonomische Überlegungen, auch wenn ökologische Nebenabsichten mitschwingen.** Schwerpunktmäßig geht es um die Internalisierung der externen Kosten, die durch private Aktivitäten im Produktions- und Konsumbereich entstehen und in die Preisbildung am Markt nicht eingehen. Gefragt sind vor allem Ansätze fiskalischer Art. Sie basieren auf nichtfiskalischen Voraussetzungen, z.B. auf Formen rechtlicher Regelung und Durchsetzung oder auf sog. Grenzwerten, d.h. der Festlegung von Höchstbelastungen erlaubter Umweltverschmutzung. Externe Kosten werden immer dann zum Problem, wenn private Aktivitäten bestimmte andere Personen (z.B. Waldbesitzer, Elbfischer, Kirchen bei Kulturdenkmälern) oder gar die Öffentlichkeit allgemein schädigen. In solchen Fällen steht der Schadensausgleich zur Diskussion oder in der Sprache der Umweltpolitik: das **Effizienzproblem**, d.h. es ist zu verhindern, daß die Nichtberücksichtigung externer Kosten zu einem **Überangebot von Gütern führt, die sich um die Beteiligung an den Sozialkosten herumdrücken** (daher angesichts des wirklichen Aufwands zu billig sind), und ein **Unterangebot im Nutzen freier Güter** (z.B. an gutem Wasser und sauberer Luft) hervorruft, weil deren Qualität durch die Umweltverschmutzung reduziert wird. Durch den Betrieb einer chemischen Fabrik, die ein Produkt X herstellt und ihre Abfälle in einen Fluß leitet, von dem gleichzeitig die Trinkwasserversorgung abhängt, vermindert sich z.B. die Qualität des Wassers für die Bevölkerung, auch für andere Nutzungen (wie etwa Baden, Fischfang, Bewässerung). Würden die Sozialkosten internalisiert, erwartet die ökonomische Theorie eine effizientere Ressourcenverwendung. Der Preis von X wäre höher, deshalb würde von ihm weniger verkauft und produziert, die Umweltverschmutzung ginge zurück. Die moderne Ökonomie klärt den Problemkomplex für die Umweltpolitik anhand von zwei Konstellationen[71]:

(1) Einmal wird von der Annahme ausgegangen, daß die Technologie **unverändert** bleibt. Sie wird im Schaubild (a) festgehalten. Die Sozialkosten (hier: Verminderung der Wasserqualität des Flusses) steigen mit der Produktmenge X, ohne daß technisch dagegen etwas unternommen werden kann. AS ist die Angebotskurve der Chemiefabrik bei der Produktion von X; OE markiert die Grenz-

schadenskosten (Verlust an Wasserqualität, bewertet in DM pro zusätzlicher Einheit von X); AS_t repräsentiert die Summe beider Kostenkurven. Angesichts der Nachfragekurve DD beträgt bei vollständiger Konkurrenz und fehlender öffentlicher Intervention die Produktionsmenge OQ, bei staatlicher Einflußnahme reduziert sie sich hingegen auf OQ'. Die in AS_t enthaltenen externen Kosten werden zwar gedeckt, aber übrig bleibt eine Schädigung der Umwelt von OQ'F. Wird der Verschmutzungsgrad weiter begrenzt, verringert sich der Gewinn aus der verminderten Umweltschädigung stärker als der Verlust aus dem verminderten Konsum von X.

Abbildung 22a: Umweltverschmutzungskontrolle bei unveränderter Technologie

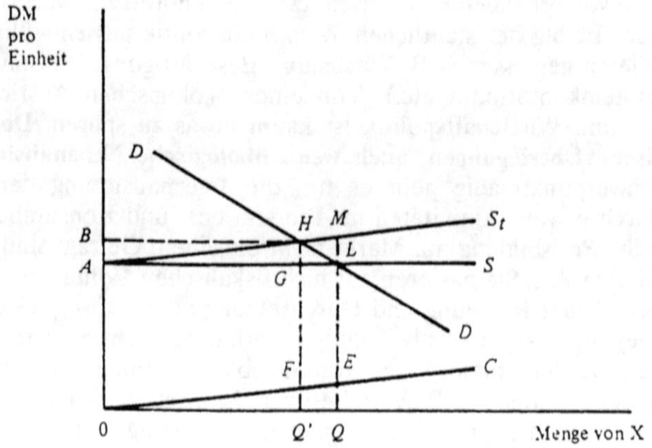

(2) Zum anderen wird der Annahme gefolgt, daß das Verschmutzungsniveau durch **veränderte** Produktionsmethoden gesenkt werden kann. Diese Konstellation kommt der heutigen Situation in der Umweltpolitik sehr nahe. Sie verändert zwar nicht das grundlegende Problem eines Ausgleichs der Umweltverschmutzung, das im Schaubild (a) zur Geltung kommt, aber berücksichtigt die Möglichkeit, den technischen Fortschritt zur Bekämpfung der Umweltschäden nutzbar zu machen, z.B. durch Anwendung neuer Technologien, die einen sparsamen Gebrauch von Energie und Rohstoffen (Umweltverbrauch) sowie eine Reduzierung der Schadstoffemission/Energiezufuhr (Umweltbelastung) bewirken. In diesem Fall muß die öffentliche Hand dafür Anreize bieten (z.B. durch Subventionierung ökologischer Investitionen), deren Wirkung in Schaubild (b) skizziert wird. Die Höhe der Umweltbelastung wird auf der waagerechten Achse abgetragen, auf der senkrechten stehen die Konsequenzen in DM. Im oberen Teil werden die Gesamtschadenskosten TDC für verschiedene Umweltbelastungen entlang der OB-Kurve skizziert (mit steigendem Belastungsniveau steigt der Verlauf). Die CA-Kurve repräsentiert bei verschiedenen Umweltbelastungen die

gesamten Vermeidungskosten TAC. Wird jegliche Umweltverschmutzung vermieden, steigen die Kosten auf OC. Umgekehrt sinken sie, wenn zunehmend mehr Umweltbelastungen zugelassen werden. Die CFB-Kurve symbolisiert die gesamten Kosten der Umweltverschmutzung (Addition von OB und CA). Sie synchronisiert die Kosten der Verschmutzungsvermeidung mit den Kosten der verbleibenden Umweltverschmutzung. Bei OE ist das Niveau der Umweltbelastung kostenminimal (Punkt des effizienten Niveaus der Umweltschmutzvermeidung bei einem gegebenen Output). Der untere Teil des Diagramms zeigt, daß dieses Niveau auch durch den Schnittpunkt der marginalen Schadenskostenkurve MDC und der marginalen Vermeidungskostenkurve MAC bestimmt werden kann. Um die Umweltbelastung um OE zu reduzieren, könnte eine Abgabe/Steuer in Höhe von OK pro Output-Belastungseinheit eingeführt werden. Im Bereich von A nach E sind die marginalen Vermeidungskosten geringer als die marginalen Abgaben/Steuerkosten, so daß die Umweltbelastung abnehmen dürfte. Jenseits dieses Punktes ist es billiger, die Abgabe/Steuer zu zahlen. Würde sich die marginale Vermeidungskostenkurve MAC auf MAC' verschieben, müßten sich bei gleichbleibender marginaler Schadenskostenkurve MDC die Abgaben/Steuern auf OK' erhöhen, um einen Ausgleich herbeizuführen.

Abbildung 22b: Umweltverschmutzungskontrolle mit Anreiz zur Verschmutzungsreduktion

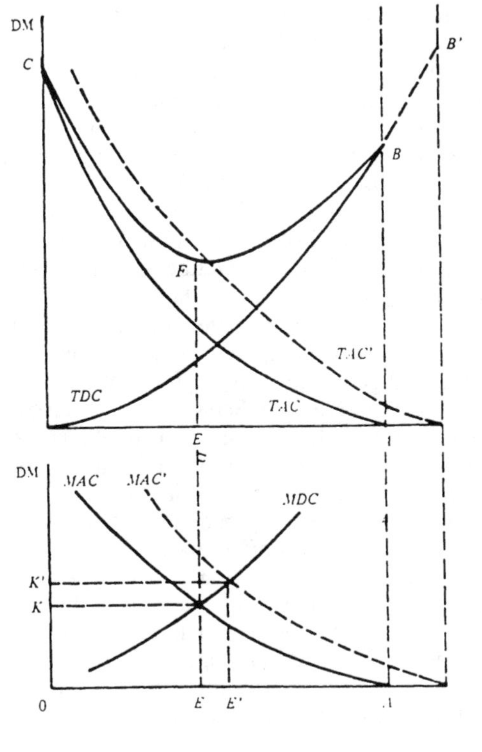

Theoretisch sind solche Modellüberlegungen schlüssig und nicht allzu schwer zu finden. Vorausgesetzt wird, daß die dafür notwendigen Daten verfügbar und die Wirkungszusammenhänge der gesellschaftlichen Realität im ökonomischen Modell reproduzierbar sind. Doch genau da liegen die **Probleme**. Die Messung der Schadenskosten der TDC-Kurve oder des Nutzens von sich verschlechternden öffentlichen Gütern ist äußerst umstritten. Größtenteils wird mit Hypothesen gearbeitet, die sich empirisch nicht prüfen lassen. Reinere Luft oder klareres Wasser führt nicht notwendig zu besserer Gesundheit. Steigende Gesundheit bedeutet wiederum mehr als niedrigere Arzt- und Krankenhausrechnungen, längeres Leben mehr als zusätzliche Löhne und höhere Wertschöpfung oder zunehmendes Vergnügen. Wissenschaftliche Modellierungen, Kategorisierungen und Klassifizierungen sind zwar nötig, aber sie klären nicht alles. Man braucht nur zu fragen, was Leben, Tod oder Gesundheit menschlich sind. Sie lassen sich nicht operationalisieren und ausdefinieren. Auch der Streß läßt sich abstrakt nicht formulieren. Man muß stets eine Verbindung zum jeweiligen Problem herstellen, und das heißt: **Das subjektive Verhältnis zu Belastungen ist mitzuberücksichtigen**. Nutzen und Schaden haben im ökologischen Sinne immer eine soziale und politische Dimension, die in Modellbetrachtungen durchweg unberücksichtigt bleibt.

Das **Konzept der ökologischen Marktwirtschaft** intendiert nicht eine Veränderung der institutionellen Mechanismen (wie Privateigentum, Preis- und Wettbewerbsordnung, Geld- und Kapitalakkumulation etc.). Es beschränkt sich auf **Maßnahmen und Stimuli, die für die Wirtschaftssubjekte die Umweltverschmutzung graduell verteuern und den Umweltschutz graduell verbilligen**. Die Erhaltung der individuellen Motivation ist systemtheoretisch eine unangefochtene Voraussetzung. "Umweltverträgliche Produktionen und Dienstleistungen müssen mit Steuervergünstigungen, Zuschüssen und billigen Krediten bedacht werden; umweltgefährdende Aktivitäten müssen finanziell belastet werden. Dieser Preismechanismus könnte zu einer ökologischen Investitionslenkung führen, die aus Eigeninteresse bei der Wirtschaft wie beim Bürger ein umweltgerechtes Verhalten zur Folge hat. Dieser ökonomische Druck ist nötig, da die Schar der von Idealismus oder Erkenntnis geprägten Menschen zur ökologischen Umorientierung nicht ausreicht"[72]. Staatliche Instrumente und Anreize sollen bewirken, daß Produzenten und Konsumenten in der Umweltbelastung zurückhaltender werden.

Ein Manipulationsinstrument marktwirtschaftlichen Typs ist die **Umweltabgabe**. In ihrer Höhe wäre sie so zu gestalten, daß es für Verursacher günstiger wird, Investitionen zur Vermeidung der Umweltbelastung durchzuführen. Bekannt ist die Abwasserabgabe; die neuere öffentliche Diskussion konzentriert sich auf die Schadstoffabgabe (z.B. für Schwefel und Stickoxyde). Bei umweltbelastenden Produkten oder Verfahren gilt es, **Umweltsteuern** einzuführen, die sich am Verursacherprinzip bzw. den negativen Effekten orientieren. Was nachweislich die größten Schäden verursacht oder die höchsten Risiken enthält, wird am stärksten besteuert. Als Anwendungsgebiete werden vor allem Verschmutzung, Landverbrauch, Energie, Rohstoffverbrauch und Müll genannt. Bei der Ermittlung der Kosten sind nicht Perfektion und völlige Gerechtigkeit gefragt, sondern Einfachheit und Plausibilität. Bürokratie und Meßaufwand sollen möglichst gering gehalten werden[73]. Schließlich bleiben **Umweltauflagen** unentbehrliche Steuerungsinstrumente. Fehlende Auflagen für Abgasverhalten von LKW's sind z.B. daran schuld, daß die LKW-Motorleistung diesel-verbrauchsoptimiert wurde. Heute tragen die LKW's zu etwa einem Drittel zur gesamten Stickoxydbelastung bei. Die Festsetzung von Abgas-Grenzwerten muß umweltverträglichere Motorkonstruktionen herbeiführen.

Neue ökologische Rahmenbedingungen, die **primär instrumenteller Art** sind und das Wirtschaftssystem institutionell weder infragestellen noch verändern, sollen umweltverträgliche **Investitionen fördern**, insbesondere technische Innovationen, die schadstoffarm sind und Ressourcen schonen. Ziel ist, "die erneuerbaren Ressourcen auf die effizienteste Art und Weise zu nutzen, die fortgesetzte Ausbeutung der erschöpflichen Ressourcen zu beenden und die Belastung der Umwelt mit Abfall- und Schadstoffen zu reduzieren. Dazu wäre erforderlich, jene wirtschaftlichen und technischen Prozesse näher zu bestimmen, die gleichzeitig umweltverträglich und entwicklungsfördernd sind: veränderte Konsummuster, bessere Ressourcennutzung, sensiblere technologische Entscheidungen"[74]. Zu den Anforderungen an eine institutionelle Reform zählen Orientierung an ökologischen Problemen (Öko-Check), Kompetenzzuwachs der Judikative (Öko-Richter), Einführung der Technologiebewertung (Öko-TÜV), ökologische Prüfung der Produkte und Produktionsverfahren (Öko-Test), Umweltverträglichkeitsprüfungen (UVP)[75]. Alle Ansätze verraten technokratische Züge der Machbarkeit, obwohl meistens ungeklärt bleibt, wie ihnen im Ziel- und Mittelbezug institutionell entsprochen werden soll. Neuerdings wird die **Umkehr der Beweislast** diskutiert. Danach muß der vermutete Schädiger gegenüber dem Geschädigten nachweisen, daß er nicht der Schädiger ist. Praktiziert wird dieses Prinzip in Japan, wo der Präventivgedanke im Umweltschutz stärker verankert ist und sich technische Lösungen für Umweltprobleme von der Nachsorge zur Vorsorge verlagern (von additiven Technologien zu emissionsarmen Technologien).

Die derzeitige Bundesregierung geht davon aus, daß die List der Umweltpolitik die institutionell angelegte Tendenz zur Umweltschädigung durch einen **Bewußtseinswandel zugunsten des Umweltschutzes** ablöst und diesen in der Produktionsfunktion der Wachstumstheorie **zu einem neuen Faktor** heranreifen läßt, wenn das Eigeninteresse der Wirtschaft am Umweltschutz - und das ist systemimmanent die Gewinnerzielung - durch eine bedingte Konditionierung des Staates **instrumentell erzeugt** wird. Die Konsensbildungsprozesse werden so stimuliert, daß die Leistungs- und Konkurrenzfähigkeit der deutschen Unternehmen international steigt. Wichtig ist auch das weitere Umfeld, das vom Staat und Bildungssystem über Unternehmenskultur und Tarifpartnerschaft bis hin zu den Einrichtungen des Kapitalmarktes und des Außenhandels reicht. Der marktökologische Erneuerungsprozeß tangiert nicht nur die Real-, Sozial- und Intellektualtechniken, sondern ebenso die sozialstrukturellen Verhältnisse. "Die Normen sollten möglichst zentral gesetzt, die Kontrolle möglichst dezentral (in der Nähe der Betroffenen) ausgeübt werden"[76]. Die **konsuale Rahmenplanung** der Bundesregierung resigniert nicht vor der Pluralität der Interessen und Werte. Ihre Strategie zur Mobilisierung des ökologischen Eigeninteresses setzt den ökonomischen Reaktionsmechanismus des Sozialsystems als intakt voraus. Soweit K. Töpfer explizit annimmt, die Politik sei "der **Technik** gewachsen"[77], bleibt zu fragen, ob er die Abhängigkeit der Politik von der Wirtschaft dabei hinreichend mitbedenkt. Nicht die Technik an sich ist der Knackpunkt, sondern die Ökonomie, die im Rahmen ihrer weltgesellschaftlich vermittelten Strukturen und Ziele die Technik zum Mittel der Gewinnsteigerung macht und der Politik durch ihren Grundrechtskatalog strukturell etwas vorgibt, das sie legal nicht außer Kraft setzen kann.

b) Ökonomisierung der Umweltpolitik

In ihrer bisherigen Phase zeigt die bundesrepublikanische Umweltpolitik das Bestreben, die mit ihr verbundenen Kosten vor allem für **Unternehmen** tragbar zu machen. Ökologische Zielbezüge werden im wesentlichen nur insoweit wahrgenommen, als sie zur Ökonomisierung der Kapitalverwertungsprozesse beitragen. **Alle institutionellen Produktions- und Politiktypen sind eingebettet in die kapitalökonomische Akkumulation.** Anders formuliert: Die Akkumulation setzt sich in ihnen um. Sie betrifft die Art und Weise ökonomischer Produktion und Reproduktion auf erweiterter Stufenleiter. Es wird ständig mehr produziert und konsumiert, weil sich unter der Voraussetzung einer ungleichen Verteilung des Eigentums, die durch die zunehmende Konkurrenz noch verstärkt wird (Segmentierung in Kern- und Randsektoren bzw. -gruppen) die Integrationsfähigkeit der Privatgesellschaft durch weiteres Wachstum begünstigt wird. "Diese Tendenz, die eine gesellschaftliche Dominanz der Ökonomie und einseitig instrumentelle Nutzung der Natur belegt, resultiert aus der Tatsache, daß die Natur und Umwelt unverändert zwar als notwendige, aber nachgeordnete Anhängsel des Wirtschaftsprozesses aufgefaßt werden. In der praktischen Umweltpolitik bleibt die Gegenposition, daß der Mensch und die Wirtschaft letztlich von der Natur leben und folglich die Ökonomie der Ökologie unterzuordnen ist, ohne den Einfluß, den die Harmonisierungsaufgabe fordert. Im Verlauf der umweltpolitischen Diskussion ist vielfach behauptet worden, daß die Unterbringung der Umweltkosten im Wirtschaftsprozeß aufgrund von Anpassungsschwierigkeiten eine entsprechende Zeitspanne erfordert, aber die eingeleitete umweltpolitische Konzeption zu einer ökologiekonformen Kontrolle von wirtschaftlichen Interessen führen würde. Die Erfahrungen zeigen dagegen, daß eine kohärente Strategie der Vermeidung von Umweltgefährdungen nicht realisierbar ist und die partiellen Erfolge vorwiegend auf Reparaturstrategien zurückzuführen sind. Soweit sich in Einzelbereichen ein Gleichlauf zwischen ökonomischen und ökologischen Zielen herstellen läßt, erfolgen - oft auch mit erheblichen Kostenbelastungen - ökologische Reorientierungen, die aber nicht die Funktionsfähigkeit des ökonomischen Systems beeinträchtigen dürfen"[78].

Auf diesem Hintergrund erscheint die Grundorientierung der herrschenden Umweltökonomie geradezu sachadäquat. Sie versucht, zur Lösung der Umweltprobleme primär ökonomisch **effiziente Strategien** zu finden. Das häufig beschworene Ziel der Politik, die Umweltqualität auf ein möglichst hohes Maß bzw. auf das sogenannte **Wohlstandsoptimum** (Pareto-Optimum) zu heben, wird immer mehr **aufgegeben und stattdessen** eine **Kostenminimierung** in kleineren und begrenzten Umweltproblembereichen angestrebt[79]. Vorherrschend wird versucht, die gesellschaftlich erforderlichen Minimalstandards der Umweltqualität mit den geringstmöglichen Gesamtkosten und dem größtmöglichen Gesamtnutzen zu erreichen. Die umweltökonomische Forschung beteiligt sich daran auf ihre Weise. Sie erbringt den "empirischen" Nachweis, daß durch Umweltpolitik **neue Wachstumspotentiale** erschlossen und **neue Arbeitsplätze gewinnbringend geschaffen** werden können[80]. Keineswegs übersehen wird, daß sich durch Internalisierung externer Effekte das Kostenniveau von umweltintensiv produzierenden Unternehmungen erhöht. In solchen Fällen wird auf die Gefahr des Verlusts von Arbeitsplätzen hingewiesen. Eine Zielharmonie zwischen Umweltschutz und Preisniveaustabilität wird prinzipiell für unmöglich gehalten[81]. "Wenn nach 1992 der kalte Wind der europäischen Binnenmarktkonkurrenz ungebremst weht, wird man mit Zusatzkosten für den Umweltschutz noch wesentlich zurückhaltender sein, zunächst in den wirtschaftlich schwächeren EG-Ländern und im Gefolge dann auch in der Bundesrepublik. Das Zwischenfazit: Der Spielraum für Umweltpolitik wird enger. Fast scheint es, als sei schon das gegenwärtig Machbare erreicht. Und das, obwohl die Umweltsituation keinerlei Anlaß zur Entwarnung bietet. Das ist das Dilemma"[82].

Abbildung 23: Ausgaben für Umweltschutz (in jeweiligen Preisen in Mio. DM

Jahr	Produzierendes Gewerbe		Staat		Insgesamt
	Investition	Betriebs-ausgaben	Investitionen	Betriebs-ausgaben	
1975	2.480	3.200	4.740	3.000	13.420
1976	2.390	3.610	5.270	3.280	14.550
1977	2.250	3.930	4.860	3.550	14.590
1978	2.150	4.240	5.860	3.920	16.170
1979	2.080	4.550	6.940	4.410	18.090
1980	2.650	5.150	8.050	4.690	20.560
1981	2.940	5.920	7.390	5.120	21.370
1982	3.560	6.550	6.500	5.390	22.000
1983	3.690	6.930	6.030	5.610	22.260
1984	3.500	7.390	5.900	5.930	22.720
Summe	27.690	51.470	61.540	44.900	185.600

Quelle: Schulz, W./Wicke, L.: Kosten und Nutzen des Umweltschutzes. In: Verbraucherpolitische Hefte 6/88, S. 56

Bislang scheinen die Ausgaben für den Umweltschutz die Rentabilität des neuen Wachstumsfaktors nicht voll zu bestätigen, auch wenn sie statistisch wachsen. Das Gesamtvolumen ist noch allzu begrenzt. Es deckt nur zum Teil die Wachstumskosten, die im Zusammenhang mit der Korrektur des BSP berechnet bzw. geschätzt werden. Obwohl die monetäre Bewertung negativer Folgen des Wirtschaftswachstums umstritten ist und lediglich annäherungsweise möglich erscheint, sprechen die bisherigen Untersuchungen dafür, daß die als Wachstumskosten interpretierbaren Umwelt- und Sozialschäden längst erheblich sind und ständig zunehmen, zum Teil sogar exponentiell wachsen (vgl. Teil A I/2b). Die Frage nach der Bedeutung der Wachstumskosten impliziert, daß dem gesamten Kostenaufwand der gesellschaftliche Nutzen des Wachstums gegenübergestellt wird, um den Nettonutzen (bzw. den Nettoschaden) zu ermitteln.

Unter dem Effizienzanspruch muß umweltökonomisch gewährleistet sein, "daß die (zumeist erforderlichen) **zusätzlichen Kosten** für die zu erreichenden Umweltverbesserungen mindestens einen **entsprechenden umweltpoltischen Nutzen** im weitesten Sinne erbringen. In einer umfassenden Abwägung für alle Poli-

Abbildung 24:

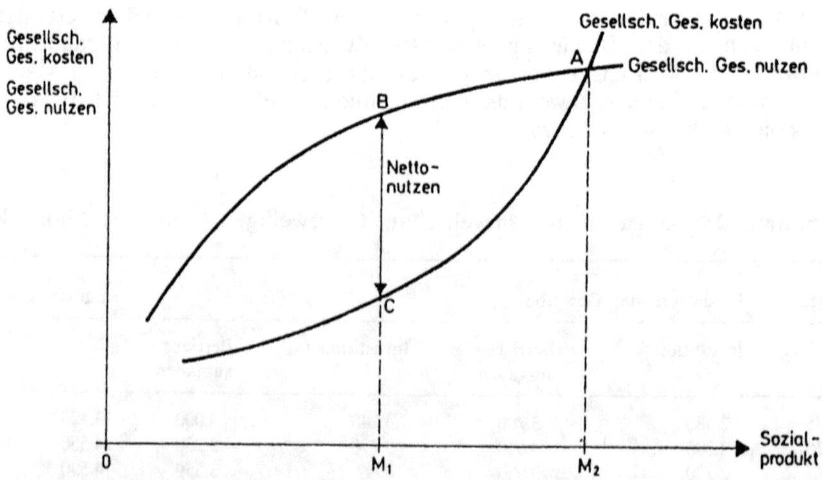

tikbereiche soll sichergestellt sein, daß der Einsatz staatlicher und privater Mittel in anderen Politikbereichen nicht einen höheren gesellschaftlichen Nutzen bringt"[83]. Die **Kosten-Nutzen-Analyse** ermittelt, welche Kosten z.B. für die Sanierung eines vom 'Umkippen' bedrohten Sees aufzuwenden sind und welcher mögliche Nutzen ihnen in Form von geringeren Trinkwasseraufbereitungskosten, nicht zurückgegangenen Fischfangergebnissen, nicht geschlossenem Badebetrieb, nicht gesunkendem Erholungswert der Landschaft etc. gegenübersteht. Allerdings ist die Aussagefähigkeit solcher Berechnungen mit verschiedenen Schwierigkeiten behaftet, z.B. mit dem Problem der Messung des Nutzens verschiedener Umweltschäden, der Messung der natürlichen Ressourcen mit einem kollektiven Charakter und der Berücksichtigung der Präferenzen zukünftiger Generationen. Die **Marktpreise** sind immer nur Indikatoren einer relativen Knappheit natürlicher Ressourcen auf der Basis privater Eigentumsverhältnisse. Sie **sagen nichts über die Knappheit der natürlichen Ressourcen im allgemeinen, d.h. in bezug auf den verfügbaren ökologischen Lebensraum**. Wichtig ist ebenfalls, welche soziale Lebensqualität für den ökologischen Raum beansprucht wird. Die entscheidende Frage, was die Natur für den Menschen im sozio-politischen oder kulturell-ästhetischen Sinne wert ist, kann die Wohlfahrtsökonomie durch ihre Meßinstrumente nicht beantworten. Und das heißt: Solange der menschliche Wert der Umwelt nicht befriedigend bestimmt ist, können die Marktpreise von Gütern, die auf Kosten der Natur produziert und konsumiert werden, nicht als Indikatoren für den Wert dieser Güter akzeptiert werden. Soweit in bestimmten Beiträgen der kritischen Theorie die Umwelt als knappes Gut aufgefaßt wird, ist damit etwas anderes gemeint als das, was sich in der Preissprache des Marktes und der ökonomischen Lehrbücher ausdrückt.

Was im Zahlenmaterial zur Korrektur des BSP, Bilanzierung der Umweltschäden und Ausgabenstruktur für die Kompensation von Umweltsünden aufgeboten wird, basiert auf der stillschweigenden Voraussetzung, daß die **Ökonomie** das grundlegende **System für die Bewertung der Umweltschäden und deren Ausgleich** ist. Die Struktureigentümlichkeiten der geschädigten Umwelt (Ökosphäre und Mensch) kommen in ihrer eigenen Genese, Zweckhaftigkeit und Objektivität darin nicht zur Geltung. Auch wenn volkswirtschaftliche Schäden (z.B. Tod eines Tieres oder Absterben eines Waldes) in Verlustrechnungen subjektiv bewertet werden, bildet der **Geldwert** der realen Umweltbeeinträchtigung immer wieder die entscheidende Maßeinheit, und er wird vom ökonomischen System bestimmt. Daß dabei zusätzlich methodische Probleme auftreten (z.B. Bedeutung des Schadens für die Konstanz der Lebensqualität, Ermittlung des Gesamtbestandes von Natur, Bezifferung der Funktionsverluste ökologischer Systeme etc.), sei hier nur am Rande erwähnt. Dennoch werden die durch die Privatökonomie hervorgerufenen volkswirtschaftlichen Schäden immer wieder nur monetär bestimmt[84].

Abbildung 25: Wert eines Vogels über eine durchschnittliche Lebensdauer von fünf Jahren

Leistungen eines Vogels	Geldwert in Mark
Materiallieferant	0,15
Augenweide und Ohrenschmaus	150,00
Insektenvertilger	300,00
Pflanzenverbreitung durch gefressene Samen	100,00
Bioindikator für Umweltbelastungen	500,00
Nutzen durch Symbiose mit anderen Lebewesen	182,50
Vorbild für die Technik (Bionik)	8,00
Nutzen für Erholung und Streßabbau	60,00
Fördert die Artenvielfalt	40,00
Entscheidungshilfe für Umweltpolitik	2,50
Hilft die Umwelt schützen	50,00
Reduziert die finanzielle Belastung des Staatshaushaltes	15,00
Unterstützt die Regeneration	7,50
Stabilisiert das Gesamtsystem Natur	91,25
Summe	1357,90

Quelle: Vester 1983

Sofern versucht wird, durch **empirische Befragungen** zu ermitteln, welchen **Preis** einzelne Menschen jeweils **für verschiedene Qualitätsstufen sauberer Luft** zu zahlen bereit sind, bleiben die Wertschätzungen ebenfalls innerhalb der Ökonomie des Marktmodells. Nach den Ergebnissen einer Untersuchung von W. Schulz sind die Bürger mehrheitlich bereit, einen relativ hohen Anteil ihres Einkommens für verbesserte Lebensqualität durch saubere Umwelt auszugeben[85]. Sie geben Antworten auf hypothetische Probleme. Auch andere Befragungen bestätigen diesen Meinungsquerschnitt, der mit der Reaktion auf reale Handlungssituationen nicht zu verwechseln ist.

Für einige Theoretiker ist der Umweltschutz eine Frage der Einkommensverteilung und damit primär ein Interessengebiet der oberen Mittelklasse. Arme Länder und Leute seien daran völlig desinteressiert. Bei steigendem Wohlstand verlagere sich unsere Nachfrage auf großzügigere Häuser, gesündere Lebensmittel und eine qualitativ bessere Umwelt[86]. Es ist deshalb nicht verwunderlich, daß W. Schulz bereits selbst auf wesentliche Schwachstellen seiner Untersuchung verweist. Psychosoziale Schäden ließen sich z.B. nicht allein über gestiegene Arzt- und Medikamentenkosten erfassen. Der Verlust ganzer Biotope mit allen Konsequenzen sei in ökonomischen Größen ebenfalls nicht adäquat darstellbar[87]. Maßgebend in allen Berechnungen der Umweltschäden und Naturverluste ist ein **Reproduktionsbegriff**, der auf der Folie dessen zu lesen ist, was die Bezugsgrundlage ist, und das ist der **Kapitalkreislauf der Wertökonomie**. Aus ihm folgt, daß eine Reproduktion nur abstrakt in **Geldeinheiten** gewährleistet wird und nicht im Sinne eines Schadensersatzes, der den "alten" Zustand der Umwelt real wiederherstellt, etwa entsprechend der vorausgegangenen ökologischen und historischen Struktur der Landschaft oder Tierwelt.

Die **Reproduktion der Arbeitskraft** wird monetär durch den **Lohn** abgegolten. Doch der Lohn sichert nur die Erhaltung der Arbeitskraft in ihren Funktionen für den Kapitalkreislauf. Die Wiederherstellung des menschlichen Lebens in seiner konkreten Individualität wird mit ihm nicht intendiert. Im Qualifikationsbegriff gerinnt die menschliche Subjektivität zum reproduzierbaren Produkt, das man als Ware vermarkten kann. Die kapitalistische Orientierung am Gebrauchswert der Qualifikation unterstellt die Zurichtung menschlichen Arbeitsvermögens. Die Individualität des Menschen verschwindet hinter der Fassade des Nachweises der Qualifikation. Die Qualifikation wird durch wissenschaftlich orientierten Unterricht in einem organisierten Lernprozeß massenhaft reproduzierbar gemacht. Ihre Maßgenauigkeit wird durch formale Fachprüfungen hergestellt, die damit einem Curriculumkonzept entsprechen, das für beliebige Anforderungselemente unterschiedlicher Niveaus und Bereiche passende Qualifikationselemente (Fertigkeiten, Kenntnisse, Einstellungen) und Qualifikationsbündel (Ausbildungsberufe) bereitstellen will.

Die **Reproduktion der Natur** wird ebenfalls monetär geregelt, und zwar durch den **Preis** für Rohstoffe und Nutzungen. Als Produktionsfaktor kommt Natur z.B. als gekaufter Rohstoff bzw. gepachteter Boden vor. Der natürliche Zusammenhang, aus dem das Element genommen wird, spielt in der Wertökonomie weder als Voraussetzung noch als Resultat eine Rolle. Als Objekt der Produktion wird Natur ökonomisch definiert als Quote bzw. Anteil am vorgeschossenen Kapital, dessen Einsatz sich lohnen soll. Ihre Inanspruchnahme wird technisch-naturwissenschaftlich bewältigt (z.B. durch Festlegung von Mengen, Sorten, Klassen, Grenzwerten, Standards etc.). Gleichförmigkeit und Quantifizierbarkeit sind dafür notwendige Voraussetzungen, die durch aspekthafte Zurichtungsweisen zur Auseinandersetzung mit der Natur hergestellt werden. Analog zum Labor-Experiment wird eine künstliche Natur unterstellt. Man tut so, als sei ihr Verhalten durch Ausschaltung von Störfaktoren wissenschaftlich kontrollierbar und beherrschbar. Die monetäre Isolierung von Umweltschäden und -sünden impliziert, daß der ökonomisch entgoltene und technisch kalkulierbar gemachte Naturverlust aus seinem eigenen Entstehungs-, Struktur- und Entwicklungszusammenhang herauszureißen und als solcher reproduzierbar zu machen ist. So

Abbildung 26: Zahlungsbereitschaft für steuerfinanzierte öffentliche Ausgaben

Ausgabengruppen	Zahlungsbereitschaft (in jeweiliger Währung)		
	D	USA	UK
Verteidigung	- 172	- 105	- 24
Öffentliche Sicherheit	14	207	50
Schulen	110	217	105
Hochschulen	36	108	47
Gesundheitswesen	110	185	115
Sport/Erholung	60	- 146	8
Wohnungswesen	204	95	79
Umweltschutz	255	227	69
Wirtschaft/Industrie	1	- 101	48
Verkehr	- 43	166	64
Versorgungsbetriebe	11	- 39	18
Entwicklungshilfe	- 102	- 440	- 60
Kunst/Kultur	- 36	- 94	- 48
Neue Energietechniken	233	431	88

Die Zahlungsbereitschaft für steuerfinanzierte öffentliche Ausgaben bei repräsentativen Bevölkerungsstichproben in der BR Deutschland (D), USA, Großbritannien (UK).

Quelle: WZB 1983, S. 10

gesehen wird durch die naturwissenschaftlich-technische Naturalrestitution der Umwelt im Sinne eines **monetären** Schadensausgleichs eine Potenzierung der ökologischen Defekte herbeigeführt. Autopoietische Systeme - wie die Wirtschaft - neigen nach N. Luhmann zur Fortsetzung der Autopoiesis ohne Rücksicht auf die Umwelt. "Es geht dann nicht um ein Mehr oder Weniger an technischer Naturbeherrschung und schon gar nicht um sakrale oder um ethische Sperren. Es geht nicht um Schonung der Natur und auch nicht um neue Tabus. In dem Maße, als technische Eingriffe die Natur verändern und daraus Folgeprobleme für die Gesellschaft resultieren, **wird man nicht weniger, sondern mehr Eingriffskompetenzen entwickeln müssen, sie aber unter Kriterien praktizieren müssen, die die eigene Rückbetroffenheit einschließen**. Das Problem liegt nicht in der Kausalität, sondern in den Selektionsprinzipien"[88] der Wirtschaft.

Im Rahmen dieser Logik konkretisieren sich die allgemeinen ökologischen Programmatiken der Umweltpolitik immer mehr zu Ansätzen der **Rationalisierung** des volkswirtschaftlichen Produktions- und Reproduktionszusammenhangs. Die bislang dominierenden juristischen Instrumente einer bürokratischen Regulierung durch **Auflagen** (z.B. durch Produktions- oder Standortauflagen) werden zwar nicht abgeschafft, aber ergänzt, weil sie die **ökonomische** Rationalität wenig fördern und vor allem nicht den unterschiedlichen Fähigkeiten der Unternehmen entsprechen. Die empirische Forschung der Umweltökonomie zeigt auf, daß durch den Übergang von einer auflagenorientierten Umweltpolitik zum **Einsatz**

von preiswirksamen Instrumenten erhebliche Kosten eingespart werden können[89]. Dementsprechend werden **Abgabelösungen** immer häufiger zu einem "interessanten" Instrument der Umweltpolitik[90]. Sie gelten als **rationellere Form der Regulierung**, zumal davon ausgegangen wird, daß die Gesetzgebung der Umweltpolitik ihren notwendigen Reifegrad bereits erreicht hat. Es ist deshalb keine Überraschung, daß das Anfang der 80er Jahre von der Bundesregierung eingeleitete "Aktionsprogramm der Ökologie" inzwischen wegen der mit ihm verbundenen Kosten und seiner möglichen Folgen für die ökonomische Praxis aus dem Verkehr gezogen ist. In der Praxis bewegt sich die **Diskussion** vom Verursacherprinzip, das in der umweltpolitischen Programmatik noch einen zentralen Stellenwert einnimmt, ansatzweise bereits **in Richtung des Gemeinlastprinzips**, über dem in der praktischen Anwendung wiederum das Damoklesschwert der öffentlichen Verschuldung schwebt.

Einerseits hört man das Argument, daß in der gesellschaftlichen Realität wegen der Interdependenz aller Vorgänge nicht zu klären ist, "wer als Verursacher gelten muß. Wenn ein Verwender von umweltfreundlichen Produkten als Verursacher von Umweltschäden zur Aufbringung der Kosten verpflichtet wird, so setzt dies voraus, daß er sich als Käufer alternative umweltfreundliche Produkte beschaffen kann. Da dies in der Regel nicht der Fall ist, sind die Hersteller der Produkte zweifellos Mitverursacher, doch läßt sich eine Zurechnung der anteiligen Kosten aus technisch-organisatorischen Gründen wohl kaum schlüssig durchführen. Die Aufbringung der ökologischen Kosten wird daher in der Regel nach den direkten Sekundäreffekten in der Produktion und beim Konsum angestrebt. Dadurch verringert sich allerdings der Anreiz für eine umweltgerechte Produktgestaltung in dem Maße, als die Mitverursachung den Herstellern nicht kostenmäßig angelastet" und stattdessen eine Umwälzung der Umweltkosten auf den Konsumenten angestrebt wird[91].

Andererseits wird der Stellenwert des Verursacherprinzips neu durchdacht, vor allem in Richtung des Vorsorgeprinzips und mit der Absicht, für den umwelttechnischen Fortschritt neue Impulse zu geben und damit einen **umweltfreundlichen Strukturwandel** (z.B. durch natur- bzw. ressourcensparende Technik und Technologie) herbeizuführen. Der Staat soll die **Entwicklung einer hochmodernen Umweltindustrie** (z.B. auf der Basis mikroelektronischer Meß- und Regeltechnik) durch finanzielle Förderung tatkräftig unterstützen, um über eine Verbesserung der Konkurrenzfähigkeit einzelner Unternehmen zugleich die internationale Wettbewerbsfähigkeit der Nationalökonomie zu erhöhen (Neomerkantilismus). So wird versucht, mit einem Schlag gleich mehrere Probleme zu lösen. Daß dies möglich ist, soll im Einzelfall nicht bestritten werden. Als Gesamtstrategie einer Umweltpolitik dürfte sie kaum geeignet sein, weil sie unter dem **Druck der Weltmarktkonkurrenz** den Pfad des ökonomischen Sachzwangs nicht verlassen kann.

III. Zusammenfassung

In ihrem Problemgehalt ist die Umweltdiskussion gespalten. Auf der einen Seite wird ihr Ertrag in den Kategorien und Theorien der Geld- und Kapitalökonomie resümiert. Die arbeitsteilige Forschungsbatterie, die hierfür aufgeboten wird und naturwissenschaftliche Methoden miteinbezieht, bevorzugt die Problemzerlegung. Sie reduziert die Unsicherheit dadurch, daß allgemein ein aspekthaftes Partialwissen ohne Einsichten in größere Zusammenhänge der gesellschaftlichen Entwicklung produziert wird. Bei zunehmender Spezialisierung wird immer mehr über immer weniger ermittelt. Die Trennung von Subjekt und Objekt impliziert in der Wirtschaftswissenschaft, daß die Umwelt zur Ressource oder Mülldeponie degradiert wird. Sie entspricht damit der Verwertungslogik der Kapitalökonomie, der die Umwelt als Objekt dient und auszubeuten bzw. zu vermarkten ist, wenn die technischen Verfahren und objektiven Bedingungen die dafür systemimmant erforderliche Rentabilität subjektiv erwarten lassen.

Auf der anderen Seite entwickelt sich aufgrund der Tatsache, daß das wertökonomische System aus sich selbst heraus nicht existenzfähig bzw. auf die Umwelt (Mensch und Ökosphäre) notwendig angewiesen ist, eine Veränderung der Situation durch subjektive **Reflexionen und Widerstände**. Nicht nur soziale Bewegungen haben hier ihre Genese, sondern auch viele Denkansätze, die im Bereich der Wissenschaften aus der **Kritik der Kapitalökonomie und der Methoden zur Naturbeherrschung** hervorgehen. Die Ökologie wird zum Symbolbegriff für Erwartungen, die auf einen anderen Umgang mit der Natur als Lebenswelt des Menschen abzielen. Die biologische Dimension bzw. Ökosystem-Perspektive wird zwar immer mitbedacht, aber sie bildet nicht das Zentrum jenes Ökologiebegriffs, der in seiner menschlichen und politischen Leitfunktion gewissermaßen als **Gegenmodell** zum bestehenden Wirtschaftssystem aufgeboten wird. Insoweit umfaßt das Spektrum der ökologischen Philosophie der Lebenserweiterung vor allem Beiträge der Theologie, Naturphilosophie, Ethik sowie der kritischen Geistes- und Sozialwissenschaften. Die Kontroverse zwischen anthropozentrischer und biozentrischer Orientierung existiert eigentlich nur auf der Oberfläche verkürzter Argumente. Letztlich implizieren alle Überlegungen zur Bestimmung des Ökologiebegriffes weltanschauliche Vorstellungen zur **Lebenswelt des Menschen**, die es zu schützen oder zu realisieren gilt. Die **Politik** ist direkt oder indirekt immer **mitbeteiligt**. Schwerpunktmäßig geht es um die **aktive** Wiederherstellung bzw. Gestaltung einer sozial- und umweltverträglichen Ökonomie. Im Rückbezug auf Vergangenes dient vor allem der antike **Oikos** als Orientierungsmodell, im Blick auf die Zukunft werden sozialistische **Utopien** beschworen.

Eine ungelöste Frage ist, wieviel ökologischer Raum uns noch verfügbar ist bzw. was er überhaupt beinhaltet. Das **Defizit ökologischen Wissens** wirkt zurück auf das Bemühen, die Verhältnisse in der Umwelt durch staatliche Umweltpolitik zu managen bzw. ihre Reproduktionsfunktionen für die Menschen zu gewährleisten. Die **Kriterien** eines ökologisch verantwortlichen Verhaltens sind **vage**. Sie basieren meistens auf Annahmen (statt auf harten Tatsachen), nicht zuletzt auch deshalb, weil das weltanschaulich-sozialethische Fundament von der ökologischen Lebensvorstellung nicht abzutrennen ist. Hieraus resultieren weitere Schwierigkeiten. Eine Umweltpolitik, die im Wissen unzureichend abgesichert und begründet ist, wird allzu leicht zum Spielball sozialer und politischer Kräfte. Ansätze zur Bestimmung und Deckung der Kosten für die Reproduktion bestimmter Umweltfunktionen (wie z.B. Maßnahmen zur Rettung des Waldes) werden ins Abseits gedrängt, sobald und solange die Frage nach den Ursachen für die Entstehung des sauren Regens ungeklärt ist. Nichtsdestoweniger sind in der Umweltpolitik der BRD zumindest **Teilerfolge** nicht ausgeblieben, z.B. haben sich die hohen Schadstoffkonzentrationen (vor allem bei Blei, Schwebstaub, Kohlenmonoxid, Schwefeldioxid) spürbar verringert. Ferner fällt der Vergleich mit anderen Industrieländern relativ gut aus.

Abbildung 27:

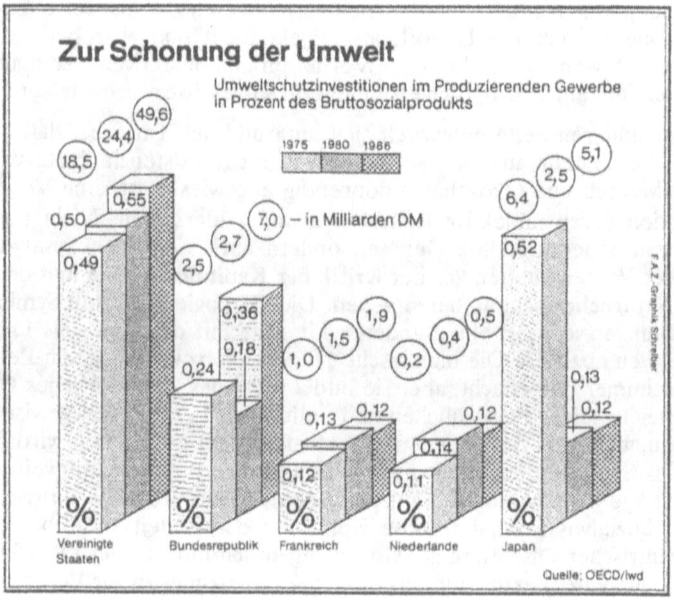

Allerdings hat die Umweltpolitik den steigenden Trend zur Vergiftung und Zerstörung menschlicher Umwelt nicht aufhalten können. Auffallend ist die **Verlagerung in der Art der Umweltbelastung,** und zwar vom relativ harmlosen Schmutz und Abfall zu relativ unverträglichen Stoffen. Aus politischer Quelle läßt sich entnehmen, daß sich die Staub- und Rußemissionen in der Luft um etwa 50% reduziert, aber die krebserregenden Verbindungen aus Kohlenwasserstoff zugenommen haben. Schlamm und Dreck zeigen in den Gewässern eine Abwärtsentwicklung, während die Schwermetallgehalte in den Flüssen steigen. Als gefährlich werden vor allem die schleichenden Umweltzerstörungen angesehen, die eskalieren. Die Energieversorgung bewirkt eine wachsende Aufheizung der Atmosphäre. Die Puffer- und Reinigungswirkung unserer Böden verringert sich durch Agro-Chemikalien, saure Niederschläge und stetige Schadstoffeinträge. Durch übermäßige Landbebauung mehren sich die Erosionserscheinungen.

In der BRD werden täglich etwa 120 ha asphaltiert oder zubetoniert. Der Flächenverbrauch ist so stark, daß das Gleichgewicht zwischen Siedlungsraum und Naturlandschaft bedroht ist. "Die Umweltbelastungen der Industriegesellschaft vernichten die lebendige Natur in einem Tempo, daß eine Anpassung der Tier- und Pflanzenwelt nicht mehr möglich ist. Jede aussterbende Art vermindert die

Stabilität des Naturhaushaltes: Krankheit und Epidemien können sich ausbreiten, wenn die natürlichen Gegenkräfte fehlen"[92]. Schließlich werden aufgrund des verengten technokratischen Blickwinkels die Teilerfolge allgemein nur dort gemessen, wo umweltpolitische Maßnahmen ergriffen werden. Häufig erweist sich die verringerte Trübung des Wassers und der Luft als optische Täuschung. Fragen der Stickoxyde, des Feinstaubs und der fotochemischen Oxydantien sind im Bereich der Luftreinhaltung weitgehend ungelöst. Ein Faß ohne Boden ist offenbar die Kernenergie, zumindest in bezug auf die Zahl der Störfälle und unter dem Aspekt, daß die Vorkommnisse immer undurchsichtiger und die behördliche Kontrolle - trotz bestehender Sicherheitsgesetze - den Entwicklungen beträchtlich hinterherhinkt[93]. Im Bereich des Gewässer- und Lärmschutzes sowie des Bodenschutzes sind ähnliche Defizite feststellbar[94]. Hier eilt die technokratische Symptombekämpfung von Schadstoff zu Schadstoff, ohne daß ursächlich vorgegangen wird. Soweit der Umweltschutz einseitig am Medium oder an der Region orientiert ist, dominieren Problemumschichtungen. Diese Scheinerfolge schaffen im Umweltschutz permanent neue Probleme, welche die Umweltpolitik gerne vor sich herschiebt, insbesondere dann, wenn sie international sind.

Gerade in der Umweltpolitik werden Politiker immer stärker dazu verführt, Versprechungen abzugeben, die sie angesichts der unternehmerischen Opposition gegen eine verschärfte Vorgehensweise oder aus Mangel an finanziellen Mitteln und geeigneten Maßnahmen nicht einhalten können. Sie sind allzu gern bereit, sich mit immer mehr zu befassen, was zum öffentlichen Problem wird, d.h. "alles zu verantworten, aber nur wenig zu entscheiden. Daraus erwächst eine bezeichnende Sündenbockrolle der Politik"[95]. Sie entsteht dadurch, "daß die zur Fiktion gewordene Kontroll- und Entscheidungskompetenz der Politik weiterhin das Argument einer Allverantwortung der Politiker für bürokratisches Versagen liefert". Hinzu kommt, "daß das Versagen unregierbar gewordener Bürokratien und Industrien zugenommen hat und eine erhöhte Nachfrage nach Verantwortlichen schafft. Die Politik wird mit beachtlichem Prestige dafür bezahlt, daß sie diese Rolle zu übernehmen bereit ist"[96]. Der Ruf nach einem starken Staat hat eine lange Tradition. In dem umweltpolitischen Bereich führt diese Tendenz jedoch dazu, daß die Umweltprobleme - soweit sie institutionell überhaupt lösbar sind - über den Staat zunehmend vermarktet werden. Die Struktur der industriellen Versorgung begünstigt die institutionalisierten "Märkte" der Entsorgung. Staat und Ökonomie werden durch Wachstumszwänge und Wachstumsinteressen funktionell zunehmend miteinander verflochten. Das Administrierungsdilemma zeigt, daß Institutionen nicht lernfähig sind und wichtige Problem- und Zielbezüge unbeachtet bleiben, wenn nicht notgedrungen neue Institutionen erfunden bzw. eingeführt werden. Die Planungszelle, die sich als Alternative zur Establishment-Demokratie versteht, scheint sich hierfür anbieten zu wollen[97].

Anmerkungen

[1] In der Harvard Business School gehört das Fach "Business ethics" bereits seit einigen Jahren zum festen Lehrprogramm. Ende 1987 wurde an der Hochschule St. Gallen sogar eine Professur für Wirtschaftsethik eingerichtet. Unter diesem Aspekt gewinnen "neue" Ziele der Wirtschaft eine grundsätzliche Bedeutung. Selbst Top-Manager, wie z.B. W. Guth der Deutschen Bank (FAZ v. 26.11.1988, S. 15) und D. Goeudevert der deutschen FORD-Werke (Interview in: Der Spiegel Nr. 6/1989, S. 99) erkennen mit aller Klarheit, daß der Markt ethische Grundsätze und moralische Überzeugungen braucht. Die Diskussion in der Wirtschaftswissenschaft geht z.T. ebenfalls in diese Richtung (zur Wiederbelebung normativer Fragen sowie deren ethisches Fundament vgl. insbesondere B. Biervert/M. Held 1987; ferner P. Ulrich 1987). Selbst empirische Wertvorstellungen der Unternehmer werden wieder thematisiert und ausgeforscht (vgl. J. Jeske, Nicht nur für den Gewinn allein, in: FAZ v. 21.5.1988, S. 15).

[2] G. Osche 1973, S. 7

[3] G. Picht 1979, S. 24f

[4] Vgl. G. Osche 1973, S. 9

[5] H. Ellenberg 1973, S. 1

[6] F. Klötzli 1980, S. 48

[7] L. Treple 1984, S. 22

[8] W. Haber 1979, S. 1 und 15ff

[9] F. Vester 1974, S. 239

[10] Ebenda, S. 240f

[11] P. A. Samuelson 1981, S. 52f

[12] Nach Auffassung von J. Lederberg (USA) können wir jetzt den Menschen definieren. "Genotypisch besteht er jedenfalls aus einer 180 Zentimeter langen bestimmten molekularen Folge von Kohlenstoff-, Wasserstoff-, Stickstoff- und Phosphoratomen - das ist die Länge des DNS, die im Kern des Ursprungseies und im Kern jeder reifen Zelle zu einer dichten Spirale gedreht ist, die fünf Milliarden gepaarte Nukleotide lang ist". Und das heißt: "Beim Menschen hat die Richtung der genetischen Revolution begonnen, ihr Vorzeichen zu ändern, vom positiven zum negativen". Eugenische Selektionsverfahren stehen zur Diskussion. Vgl. J. Albrecht, Strahlenresistente Greifschwanztypen. Wie die Genetiker darangehen sollten, die menschliche Rasse zu verbessern, in: DIE ZEIT v. 25.3.88

[13] Vgl. hierzu ausführlicher K.-D. Mager 1985, S. 27ff

[14] Umweltgüter werden wie Werkstoffe betrachtet, die zu kalkulieren sind; vgl. neuerdings E. Seidel/H. Menn 1988

[15] Kritik der reinen Vernunft, B XIIIf

[16] Der Wald wird für M. Heidegger durch die Holzverwertungsindustrie auf die "Bestellbarkeit von Zellulose" reduziert. Vom Wesen des deutschen Waldes bleibt da nicht viel übrig.

[17] M. Heidegger 1954, S. 35

[18] Vgl. dazu ausführlich K. M. Meyer-Abich 1979a, S. 140ff

[19] M. Honnecker 1984, S. 10

[20] Ebenda, S. 14

[21] A. Auer 1984, S. 223

[22] Vgl. hierzu auch Luthers Berufsbegriff, ausführlicher G. Hobbensiefken 1980, S. 58ff

[23] M. Honnecker 1984, S. 20

[24] Kritik der Urteilskraft, B 430

[25] Vgl. ausführlicher W. D. Schmied-Kowarzik 1984, S. 19ff

[26] W.-D. Schmied-Kowarzik 1984, S. 35ff

[27] Ausführlicher hierzu G. Hobbensiefken 1980, S. 72ff

[28] P. Kampits 1978, S. 69

[29] Ebenda, S. 70

[30] Vgl. K. M. Meyer-Abich 1984, S. 188f

[31] Vgl. K. E. Goodpaster 1979, S. 29ff

[32] Vgl. R. Spaemann 1980, S. 197f

[33] D. Birnbacher 1980, S. 131

[34] U. Wolf 1987, S. 167

[35] Vgl. hierzu insbesondere G. Zellentin 1979, R. Roth/D. Rucht (Hrsg.) 1987

[36] Vgl. z.B. W. Beywl 1987; J. Huber 1985 und 1988

[37] Es sei hier insbesondere an J. Habermas und K. O. Apel erinnert, deren Diskursethik unter E II/3a explizit angesprochen wird.

[38] W. Sesink 1988a, S. VIII, vgl. auch W. Sesink 1988, S. 131ff

[39] G. Böhme (1984, S. 101) glaubt solche Absichtserklärungen zur gesellschaftlichen Reproduktion eher in sozialistischen Verfassungen zu finden (z.B. in der russischen vom 10.7.1918). Er führt aber auch die Änderung der Bayerischen Verfassung mit Wirkung vom 1.7.1984 an, mit der Naturschutz als Staatsaufgabe, aber nur als Schutzaufgabe proklamiert wird (S. 104f), auch wenn der Sinn dessen, was G. Böhme im Auge hat, damit noch nicht erreicht ist.

[40] G. Küppers/P. Lundgreen/P. Weingart 1978, S. 140

[41] Ebenda, S. 151

[42] Weiterführend zu den Funktionen der Staatstätigkeit und der Eigengesetzlichkeit des Gesellschaftssystems G. Hobbensiefken 1980, S. 293ff und 327ff

[43] G. Küppers/P. Lundgreen/P. Weingart 1978, S. 131

[44] Bundesministerium des Innern, Reihe: Betrifft, Nr. 9 Umweltprogramm 1971, Bundestagsdrucksache VI/2710, S. 6; vgl. auch Zehn Thesen der Bundesregierung zum Umweltschutz, in M. Glagow (Hrsg.) 1972, S. 7

[45] aber auch für V. Ronge 1972 und 1978 sowie G. Kade 1971 und 1972

[46] Vgl. auch O. Roloff 1986, S. 157f

[47] Einerseits entsteht ein Konflikt zwischen BMI und BML um die Eingliederung des Naturschutz- und Landschaftspflegeprogramms. Der damalige Innenminister Genscher sieht in der Zuständigkeit für Umweltprobleme ein politisches Instrument, das seinen eigenen Einfluß in der Koalition stärken kann. Er gilt auch als der eigentliche Initiator des Programms. Andererseits drängt das BMA darauf, Mitglied im Kabinettsausschuß zu werden (Emissionsschutz gemäß § 16ff Gewerbeordnung, Abwehr von Lärm und Explosionsschutz). Das BMV reklamiert die Verminderung der Luftverunreinigung durch Autoabgase für sich, das BMW wendet sich gegen die Einbeziehung der Wasserversorgung ins Sofortprogramm. Dies ist nur eine sehr grobe Skizze dessen, was sich tatsächlich abgespielt hat (vgl. insbesondere G. Küppers/P. Lundgreen/P. Weingart 1978, S. 134ff

[48] G. Hartkopf/E. Bohne 1983, S. 86

[49] Vgl. E. R. Koch/F. Vahrenholt 1983, S. 46f

[50] Vgl. hierzu L. Wicke 1982, S. 58f

[51] Umweltpolitik. Bilanz des Bundesministers für UNR 1987, S. 16

[52] Gedankliche Überlegungen haben dazu vor allem E.U. von Weizsäcker 1988, H. Laistner 1986 und D. Teufel 1988 angestellt, auch wenn das Grundkonzept bereits auf A.C. Pigou (1920) zurückgeht.

[53] Man folgt der Maxime: Je schädlicher für die Umwelt, desto schädlicher für die Kasse. Die SPD will mitmachen. Auf dem Münsteraner Parteitag 1988 votierten ihre Delegierten mit großer Mehrheit für "ein gezieltes System von Schadstoffabgaben und ökologisch differenzierten Verbrauchssteuern". Umweltschutzverbände und Grüne fordern ähnliches (vgl. Der Spiegel Nr. 2 vom 9.1.89

[54] W. Sesink 1976, S. 197

[55] Vgl. V. Prittwitz 1984

[56] Vgl. E. Hödl 1988; auch die Arbeitsgruppe Alternative Wirtschaftspolitik folgt dieser Vorstellung (Memorandum 82', Köln 1982, S. 185ff)

[57] Interview mit Staatsministerin Irmgard Adam-Schwaetzer in: General-Anzeiger, Bonn, 2.8.1988, S. 3

[58] Interview mit Ingrid Matthäus-Maier (finanzpolitische Sprecherin der SPD-Bundestagsfraktion) in: General-Anzeiger, Bonn, 19./20.11.88

[59] U.K. Preuss, Selbstvergessenheit der Rechtsvernunft? Jurisprudenz in der pluralistischen Gesellschaft, in: FAZ vom 10.8.88

[60] FAZ vom 8.1.89

61 E. Kohrs, Umweltkriminalität soll sich nicht mehr lohnen, in: General-Anzeiger Bonn vom 25.1.89

62 Vgl. insbesondere G. Bannas, Das Dilemma der Grünen, in: FAZ vom 15.1.88

63 K. Adam, Bilder und Zeiten. Dazu gibt es keine Alternative, in: FAZ vom 6.8.88

64 Ebenda

65 Am 9. Februar 1984 beschließt der Deutsche Bundestag z.B. "Unsere Verantwortung für die Umwelt" und ersucht die Bundesregierung, "das Gesamtkonzept einer stufenweisen drastischen Emissionsverminderung aller vom Menschen in die Atmosphäre, Gewässer oder Boden eingebrachten Stoffe, die die Regenerationsfähigkeit des Naturkreislaufs nachhaltig stören oder zerstören, vorzulegen" (BT-Drucksache 10/870).

66 Vgl. dazu auch G. Hartkopf/G. Bohne 1983, S. 84ff

67 Umweltpolitik. Bilanz des Bundesministers für Umwelt, Naturschutz und Reaktorsicherheit (UNR), hrsg. vom Bundesministerium für UNR, Bonn 1987, S. 12ff

68 Ebenda, S. 87f

69 K. Töpfer 1988, S. 264

70 K. Töpfer 1988, S. 265

71 Vgl. R. A. Musgrave/P. B. Musgrave/ L. Kullmer 1978, S. 232ff

72 J. Leinen 1985, S. 27

73 E. U. v. Weizsäcker 1988, S. 87; vgl. auch H. Laistner 1986 und D. Teufel 1988

74 U. E. Simonis 1988, S. 83

75 Ebenda, S. 47

76 M. Jänicke 1987, S. 166

77 K. Töpfer, in: Umweltpolitik. Informationen des Bundesministers für UNR 7/1988, S. 265

78 E. Hödl 1988, S. 7

79 L. Wicke 1982, S. 18

80 Vgl. W. Meißner 1985, S. 95ff

81 Vgl. K. H. Hansmeyer 1981, S. 13f

82 E. U. v. Weizsäcker 1988, S. 86

83 L. Wicke 1982, S. 64

84 Vgl. dazu auch die ökologische Schadensbilanz in Teil A I/2b

85 W. Schulz/L. Wicke 1985, S. 125f

86 L. C. Thurow 1981, S. 96f

87 W. Schulz/L. Wicke 1985, S. 56f

88 N. Luhmann 1986, S. 38f

89 Vgl. insbesondere W. E. Oates 1984, S. 459ff

90 K. H. Hansmeyer 1981, S. 13

91 E. Hödl 1988, S. 9f

92 J. Leinen 1985, S. 23f

93 Vgl. "Wir haben sagenhaftes Glück gehabt", in: Der Spiegel vom 12.12.1988, S. 87ff

94 Vgl. Umweltgutachten 1987 des Sachverständigenrat für Umweltfragen. Allerdings hat die Bundesregierung am 8.12.1987 Maßnahmen zum Bodenschutz und Schwerpunkte des Grundwasserschutzes bereits beschlossen.

95 M. Jänicke 1987, S. 13

96 Ebenda, S. 47

97 P.C. Dienel 1978

D. POSITIONSBEZUG
DIE ÖKOLOGIEORIENTIERTE DIFFERENZIERUNG

Die Umweltmisere repräsentiert ein Defizit gesellschaftlicher Problemverarbeitung, einen Mangel, der im Kontext der Pluralität der Interessen und der Institutionen nicht nur in der Politik, sondern auch in der Wissenschaft unterschiedlich definiert, begründet und mit Lösungsstrategien verbunden wird. Dementsprechend wird ein Teil der in den vorausgegangenen Kapiteln angesprochenen Fragen nochmals thematisiert, allerdings mit dem Ziel, die ökologieorientierten Bezüge weiter zu differenzieren und in ihrem Problemgehalt schärfer zu bestimmen. Gleichzeitig ist beabsichtigt, die dafür erforderlichen Ansätze in ihren Implikationen für das existierende System der kapitalistischen Wirtschaft zu reflektieren. Ihre Spannweite reicht von systemimmanenten Reformpositionen neoklassischer Prägung bis zu den systemtranszendenten Kritikpositionen marxistischer Provenienz.

I. Systemerhaltung: Marktbezug der Internalisierung

Die systemimmanenten Reformpositionen orientieren sich im Extrembereich zwischen der Keynes'schen Geldökonomie und der Friedman'schen Kapitalökonomie, wenn auch mit dem Unterschied, daß sie sich auf dem Hintergrund der Herausforderungen durch die ökologische Bedrohung spezifizieren. Die **Kapitalökonomie von M. Friedman** stellt durch ihre fortschreitende Abstraktion von materiellen Gütern in Richtung einer immateriellen Geldkapitalakkumulation der Papierscheinbesitzer einen Kulminationspunkt der historischen Entwicklung in der Nichtbeachtung des Umweltproblems dar. Dieser Zuspitzung voraus liegt die **Etappe der Keynes'schen Geldökonomie**, die sich aus ihrer sozialen Motivation heraus (Frage der Beschäftigung bzw. Arbeitslosigkeit) die Beziehung zu ökologischen Problemen zumindest prinzipiell bewahrt hat. Aufgrund ihrer unterschiedlichen Ausgangspunkte kommen die Friedman'sche und die Keynes'sche Theorie zu recht unterschiedlichen Aussagen über die Möglichkeiten und Maßnahmen, mit deren Hilfe die Ökologieproblematik einer ökonomischen 'Verarbeitung' und Lösung zugeführt werden kann. Systematisch zusammengehalten werden beide Positionen durch die ordnungspolitische **Klammer der Marktwirtschaft** sowie die grundsätzliche Überzeugung, daß eine Integration bzw. Internalisierung ökologischer Probleme in die Ökonomie möglich ist. Methodisch ist die Ökonomie die unabhängige und die Ökologie die abhängige Variable.

1. Mehr Fiskus: Varianten keynesianischer Umwelttheorie

Die keynesianische Theorie kommt in der BRD ansatzweise vor allem in der sozial-liberalen Koalition zur Geltung. Die Kompromisse spiegeln in der Politik primär soziale Kräftekonstellation und parteipolitische Aushandlungsprozesse wider, obwohl Wissenschaftsrichtungen und Problemstellungen dabei nicht einflußlos sind. Das Umweltkonzept der SPD verrät eine relativ hohe Affinität zu bestimmten Varianten der keynesianischen Theorie. Die verschiedenen Memoranden der Arbeitsgruppe Alternative Wirtschaftspolitik repräsentieren eine eigene keynesianische Theorievariante. Sie nehmen Grundthesen der Keynes'schen Theorie auf und transformieren sie auf aktuelle Entwicklungstendenzen, denen mit Hilfe des Staates gegengesteuert werden soll. Typisch für die umweltpolitischen Optionen des Keynesianismus ist die **Verbindung von ökologischen mit ökonomischen Zielen**. In verschiedenen Bereichen wird ein **Marktversagen** unterstellt, nicht nur für den Umweltsektor, sondern auch auf anderen Gebieten (wie z.B. Arbeitsmarkt). Das Ziel keynesianischer Theorie und Politik ist daher, solche Teilbereiche der Privatökonomie durch interventionistische Maßnahmen der verschiedensten Art miteinander zu verbinden und zu harmonisieren[1].

a) Grundlagenebene: Finanz- und Nachfragepolitik

Die Notwendigkeit finanz- und nachfragepolitischer Eingriffe begründet sich vor allem aus zwei Erkenntnissen. Erstens ist ein **Gleichgewichtszustand** bei Vollbeschäftigung allgemein nur **ein Spezialfall**, der in der Gesellschaft selten vorliegt. Die ökonomische, ökologische und soziale Situation enthält immer destabilisierende Momente. Zweitens fehlt der Privatwirtschaft auf Makroebene ein **Steuerungs-** bzw. **Koordinationsinstrument**, das sicherstellen kann, daß zukünftige Entwicklungstendenzen entsprechend dem Wohlfahrtsanspruch aller verarbeitet werden. Gemäß der keynesianischen Theorie soll z.B. der Staat eine Steuerungsfunktion übernehmen. Für die Umweltökonomie bedeutet dies, daß neben einer Ergänzung des **Verursacherprinzips** durch das **Vorsorgeprinzip** das **Gemeinlastprinzip** erhalten bleibt[2]. Das klassische Instrument ist die haushaltspolitische Intervention in einen Markt privater Aktivitäten. Der Staat tritt partiell als öffentlicher 'Quasiunternehmer' auf, mit eigener Nachfrage und eigenem Angebot, aber ohne Gewinnerzielungsabsicht und für die Umweltpolitik mit der Konsequenz, daß sowohl die Einnahmen als auch die Ausgaben relevant werden.

Abbildung 28:

Umweltpolitische Instrumente

Nicht-fiskalische Instrumente	Öffentliche Ausgaben	Öffentliche Einnahmen
Umweltauflagen	Umweltschutz aus Gebühren	Umweltlizenzen
eigentumsrechtl. Rahmenbedingungen	Umweltschutz aus Steuern	Umweltabgaben
Kooperations-lösungen	staatliche Beschaffungspolitik	
zwangfreie umwelt-pol. Instrumente	Anreizpolitik	
Umweltplanung	Forschung und Entwicklung	
	institutioneller Umweltschutz	
	sonstige Maßnahmen	

(1) Öffentliche Ausgaben

Nicht nur die Rolle der öffentlichen Ausgaben in der Umweltpolitik ist wenig erforscht, sondern auch ihre Struktur. Der Versuch, für diesen Beitrag von der Bundesregierung und den Ländern in der BRD darüber statistisches Material zu erlangen, ist bisher ohne Erfolg geblieben, obwohl begründet zu vermuten ist, daß den betreffenden Ministerien solche Angaben zur Verfügung stehen. Daß die öffentlichen Ausgaben in die Öffentlichkeitsarbeit von Bund und Ländern nicht eingehen, spricht gegen das Prinzip ihrer Rechenschaftspflicht. Allem Anschein nach werden sie bewußt zurückgehalten, zumal festzustellen ist, daß staatliche Stellen mit weniger ökonomierelevantem Material in der Belieferung der Öffentlichkeit keineswegs sparsam umgehen. In der keynesianischen Theorie sind öffentliche Investitionen eine strategische Größe zur Steuerung des Wirtschaftsprozesses. Es wäre deshalb erforderlich, über den Verwendungszweck der öffentlichen Ausgaben in der Umweltpolitik genauestens Buch zu führen sowie ihre Verteilung auf Bereiche (z.B. Konsum/Produktion oder nach Branchen) und nach anderen Kriterien (z.B. Unternehmensgrößen, Einkommensschichten) statistisch zu erfassen. Für eine keynesianische Finanz- und Nachfragepolitik sind solche Daten eine notwendige Voraussetzung und Begleiterscheinung, nicht zuletzt auch deshalb, weil sie Anhaltspunkte über die soziale Gerechtigkeit der umweltpolitischen Maßnahmen liefern. Öffentliche Ausgaben sind nicht neutral, sondern mit Implikationen für die Struktur des Wirtschaftskreislaufes und den Besitzstand der Privatsubjekte verbunden. In der Literatur werden sie häufig nur auf drei unterschiedliche Bereiche bezogen. Zunächst sind **direkte Maßnahmen** zur Umweltverbesserung relevant. Sie betreffen die Kompensation externer Effekte, die von ihren Verursachern nicht beseitigt werden. Darüber hinaus sind **indirekte Maßnahmen** relevant, die innovationsfördernde Aktivitäten in der Privatwirtschaft ansteuern. Schließlich werden öffentliche Institutionen eingesetzt, die sich mit der Planung, der Durchführung und mit der Kontrolle von umweltpolitischen Zielvorgaben befassen. Dieser Aspekt beleuchtet die Rolle des Staates als **Arbeitgeber**.

(a) Der **direkte öffentliche Umweltschutz** betrifft die staatliche Vorleistung in Gestalt von Ver- und Entsorgungseinrichtungen (z.B. städtische Wasserversorgung oder Müllabfuhr), wofür die Aufwendungen auf Benutzer zurückgewälzt werden. Einmal geht es um die Refinanzierung der Aufwendungen aus **Gebühren** und **Beiträgen**, d.h. eine möglichst wirkungsvolle Durchsetzung des **Verursacherprinzips**. Langfristig intendiert die keynesianische Umweltpolitik, die externen Kosten der Produktion und Konsumtion haushaltspolitisch vollständig zu internalisieren. Die Vorleistung soll den vielschichtigen Notwendigkeiten des Umweltschutzes im Interesse der Allgemeinheit und der kollektiven Zukunftssicherung durch eine öffentliche Infrastruktur Rechnung tragen. Gleichzeitig wird die Durchsetzung des Verursacherprinzips vorangetrieben[3], damit in einer privatrechtlich verfaßten Wirtschaft jeder für das aufkommt, was er bewirkt. Insofern nimmt der Staat die privaten Wirtschaftssubjekte beim Wort. Wer den Nutzen bestimmter öffentlicher Einrichtungen hat, soll auch die Kosten dafür tragen.

Darüber hinaus werden Ausgaben für den direkten Umweltschutz aus **allgemeinen Steuermitteln** bestritten. Bei einer solchen Aufbringungsart kann das Verursacherprinzip nicht zur Geltung kommen. Es gilt das **Gemeinlastprinzip**; denn es besteht keine Koppelung der Einnahmen an die Ausgaben im Sinne einer mehr oder weniger ausgeprägten Zweckbindung. In diesen Teilbereich fallen Maßnahmen wie der verstärkte Ausbau von Lärmschutzmaßnahmen (z.B. an Autobahnen oder in besonders belasteten städtischen Wohngebieten), auch die Erhöhung der Lebensqualität durch Schaffung von Ruhezonen in Ballungsräumen, der Ausbau von Grünanlagen oder der Bau von zusätzlichen Erholungsstätten (z.B. Schwimmbädern, Sportstätten etc.). Weitere Handlungsoptionen beziehen sich auf die Bereitstellung umweltschonender Technologien (z.B. im Personennahverkehr, in der Energieversorgung[4] und klassischen Bereichen der öffentlichen Hände). Die Beschaffungspolitik betrifft die Vergabe öffentlicher Aufträge, die sich an ökologischen Kriterien orientieren. Besteht z.B. die Wahl zwischen verschiedenen Angeboten, die zwar alle den gleichen Zweck erfüllen, aber die Eigenschaft haben, daß sie mit steigender Umweltfreundlichkeit teurer werden, kann sich der Anbieter öffentlicher Güter aus der privatwirtschaftlichen Umklammerung eines möglichst rationellen Mitteleinsatzes in der Weise befreien, daß er sich trotz erhöhter Kosten für die ökologisch sinnvollste Lösung entscheidet.

(b) **Indirekte Maßnahmen** zielen darauf ab, private Aktivitäten durch nachfragewirksame Maßnahmen auf verschiedenen Ebenen in Richtung einer ausgeprägteren Ökologieverträglichkeit zu lenken. Die erste Ebene betrifft **Subventionen**, die z.B. Betrieben zugute kommen, die sich zu sehr kostenintensiven Umstellungen (wie z.B. auf umweltfreundlichere Produktionsverfahren) entscheiden. Häufig ist die Konkurrenzfähigkeit ein Argument, mit dem die Privatwirtschaft zusätzliche Investitionen im Umweltschutz abwehrt. Hier kann der Staat etwaige Wettbewerbsverzerrungen aufgrund verstärkter Umweltverantwortung ausgleichen und die Produktionsstruktur zukunftsorientiert gestalten, soweit von dem staatlichen Belohnungsansatz Gebrauch gemacht wird. Die Angebotskurve in der betreffenden Branche kann gehalten werden, obwohl zur Verbesserung der Umwelt zusätzliche Investitionen erfolgen. Die Angebotskurve für neue Umweltinvestitionsgüter dürfte sich nach rechts verschieben, weil bei zunehmender Massenproduktion die Stückkosten sinken und der Preis heruntergesetzt werden kann. Werden Subventionen hingegen zugunsten umweltfreundlicher Produkte eingesetzt (z.B. für den Kauf von Autos mit Katalysatoren), kann sich die Nachfrage nach ihnen erhöhen. Die Nachfragekurve verschiebt sich nach rechts, so daß es der betreffenden Industrie möglich wird, bei gleicher Angebotskurve einen höheren Preis zu kassieren.

Abbildung 29: Wirkung von Subventionen

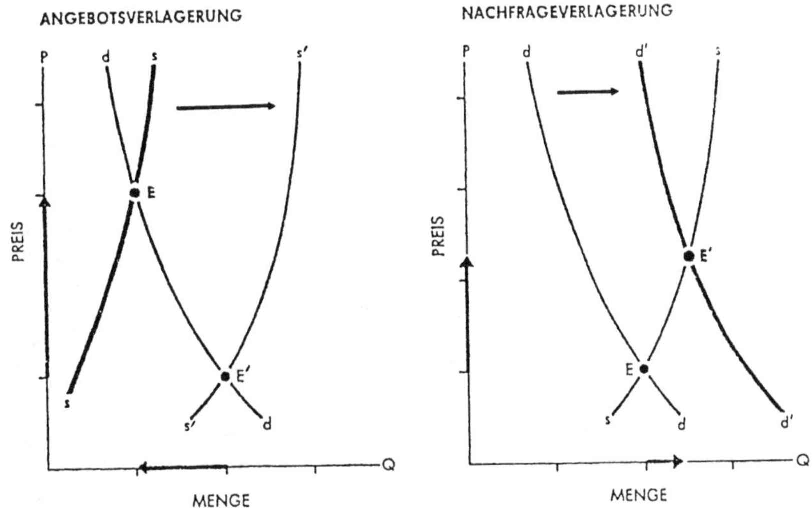

Die zweite Ebene thematisiert die **Strukturpolitik**. Die Spannweite ihrer Optionen reicht von der Förderung der Forschungs- und Technologiepolitik (z.B. gesteigerte finanzielle Unterstützung von universitären Forschungsprojekten in

Bereichen der Umweltforschung, Biologie, Sozialforschung, Hochtechnologie und Grundlagenforschung) bis hin zu strukturfördernden Maßnahmen (z.B. Steigerung der Attraktivität einer Wirtschaftsregion als Innovationsschwerpunkt).

(c) Schließlich kann sich der Staat als Institution ökologischer Dienste und Leistungen selbst ins Spiel bringen. Er hat die Möglichkeit, den Beschäftigten gemäß dem Stand der Technik zur Minimierung ökologischer Risiken optimale Arbeitsbedingungen zu bieten. Es gilt, das Kosten-Nutzen-Kalkül der Privatwirtschaft zugunsten anderer Prioritäten zu durchbrechen. Für den neoliberalen Public-Choice-Ansatz ist diese Einstellung jedoch nicht akzeptabel. Ebenso läßt sich eine quantitative Ausweitung der öffentlichen Verwaltung anstreben, die sich mit Fragen der Umwelt (z.B. Gewerbeaufsicht, TÜV, Schadstoffmessungen etc.) befaßt. Der Beschäftigungseffekt hängt vom Umfang der neugeschaffenen Planstellen ab. Der umweltpolitische Nutzen könnte jedoch groß sein, zumal sich Defizite in der Verfolgung und Bekämpfung von Umweltkriminalität beseitigen bzw. überkompensieren lassen. Doch es steht den Behörden weder ausreichend Personal zur Verfügung noch ist die Ausbildung den immer schwieriger nachzuvollziehenden Straftatbeständen angemessen. So ist es leider immer noch relativ risikolos, bei der Entsorgung problematischer Stoffe auf illegale Wege auszuweichen. Allerdings muß darauf hingewiesen werden, daß der Ausbau der Bürokratie auch Gefahren in sich birgt. Er steigert, bewußt oder unbewußt, staatliche Allmachtsphantasien ebenso wie die Tendenz, daß sich der Grenznutzen einer zusätzlichen Institution häufig nicht nur der Null annähert, sondern sogar einen negativen Wert annimmt.

(2) Öffentliche Einnahmen

Die Strategie der öffentlichen Einnahmen bildet das systematische Gegenstück zur bereits dargestellten Ausgabenpolitik. Aus den Einnahmen resultieren haushaltspolitische Spielräume, auch für aktive Umweltpolitik, soweit sie in der Konkurrenz mit anderen Ressorts aus dem allgemeinen Topf der Haushalts- und Steuermittel partizipiert (einschließlich Möglichkeiten der Kreditfinanzierung). Unter umweltpolitischen Ansprüchen inhaltlicher Art sollte jedoch nicht so sehr die Erzielung öffentlicher Einnahmen im Vordergrund stehen. Entscheidend sind die ökologisch orientierten Zwecke, deren Realisierung mit der Beschaffung der Einnahmen als Nebeneffekt verbunden wird. Unter diesem Gesichtspunkt sind vor allem Finanzierungsquellen relevant, die mit der Inanspruchnahme der Umwelt korrespondieren.

Bei **Umweltabgaben** steht der Gesichtspunkt der **Anreizfunktion**[5] im Mittelpunkt. Langfristig wird eine möglichst vollständige Internalisierung der externen Effekte der Produktion in die einzelwirtschaftliche betriebliche Kostenrechnung und ihre institutionelle Verankerung angestrebt. Durch die Höhe der Umweltabgaben ist sicherzustellen, "daß ein politisch bestimmtes **Umweltqualitätsziel** erreicht wird"[6]. In der Regel beziehen sich Umweltabgaben auf die Emissionen einer bestimmten Produktion. Sie werden gleichzeitig zur Unterstützung eines umweltpolitischen Gesamtziels in Kombination mit den verschiedenen Möglichkeiten nicht-fiskalischer Normierungen eingesetzt. Im Gegensatz zu Umweltlizenzen lassen sich Umweltabgaben in der Höhe so bemessen, daß die einzuhaltenden Höchstwerte (Einnahmen) den Kosten zur Kompensation der Umweltschäden entsprechen. Die Festsetzung des für eine Einheit Umweltverschmutzung notwendigen Preises ist allerdings schwierig. Sie kann in der Praxis nur annäherungsweise ökonomisch begründet werden. Dies liegt daran, daß sowohl die empirischen Grundlagen wie auch die geeigneten Methoden zur Berechnung einer gesamtgesellschaftlichen Grenzkostenkurve für Umweltverschmutzungen weitgehend fehlen. Der Schnittpunkt einer solchen Kurve mit der Grenznutzenkurve unter Berücksichtigung von umweltverbessernden Maßnahmen eines Unternehmens markiert theoretisch die Höhe einer Umweltabgabe.

Die Strategie der Umweltabgaben ist weitgehend **marktkonform**. Sie erfüllt das Kriterium der ökonomischen Effizienz und läßt den Unternehmungen die Entscheidungsfreiheit[7], sich entweder für die Zahlung einer Abgabe oder für die ökologische Optimierung der Produktionsverfahren zu entscheiden. Dies macht die Umweltabgabe zu einem flexiblen Instrument. Angesichts dieser Autonomie auf der Mikroebene ökonomischer Privatsubjekte ist ihre Wirkung wiederum nicht genau vorherzusagen. Systematisch verkörpert sie einen Bestrafungsansatz in der Weise, daß sie dem 'Umweltbenutzer' entsprechend der von ihm verursachten Umweltbelastung bzw. -verschmutzung eine monetäre Gegenleistung auferlegt. Häufig werden die dafür eingesetzten Preise nicht richtig bemessen. Nur wenn diese die Inanspruchnahme der natürlichen Ressourcen in der Weise widerspiegeln, daß die Naturausbeutung im Grenznutzen-bzw. Grenzkostenvergleich aller Wirtschaftssubjekte zum Ausgleich kommt, sind sie angemessen bestimmt (Pareto-Optimum); dann geht die externe Ökonomie in die Privatökonomie ein. Die Erfahrungen haben jedoch gezeigt, daß eine solche Internalisierung externer Kosten verschiedene Probleme aufwirft, z.B. die Schwierigkeit einer Messung des Nutzens vermiedener Umweltschäden, einer Einbeziehung der natürlichen Ressourcen kollektiven Charakters bzw. der individuellen Präferenzen der zukünftigen Generationen. Nicht zuletzt haben sich praktische, technisch-physikalische Probleme der Messung und Erfassung der notwendigen Daten als äußerst hinderlich erwiesen. Aus den genannten Gründen werden die Mängel der Abgabenlösung häufig dadurch verschleiert, daß sie mit bestimmten produkt- oder produktionsbezogenen Auflagen kombiniert oder durch diese ersetzt werden. Eine solche Strategie mag kurzfristig zwar helfen, das festgelegte Umweltziel zu erreichen, aber sie geht zu Lasten der für Umweltabgaben typischen Anreizfunktionen. Ökologisch ist es nicht sinnvoll, den in der Auflage geforderten Standard weiter zu unterbieten. Die Motivation zur internen Kostenminimierung sollte nach Möglichkeit erhalten bleiben.

Diesem Sinn kann auch durch **Steuern** entsprochen werden, soweit mit ihnen eine Steuerungswirkung verbunden wird. Neuerdings wird der Vorschlag gemacht, "die Staatskasse konsequent mit Steuern auf Unerwünschtes zu füllen und dafür das Erwünschte steuerlich zu entlasten"[8], ein Gedanke, mit dem sich Keynes - wenn er noch lebte - sicherlich befreunden könnte, weil er die Möglichkeit bietet, den Komplex der sozialen Gerechtigkeit mit der ökologischen Frage zu verbinden. Mit ihm würde zugleich der Vorstellung vieler Umweltschützer entgegengewirkt, mit Steuern könne sozial nicht gesteuert werden, weil sie eine Zwangseinnahme des Staates ohne spezielle Gegenleistung darstellen (Prinzip der Nicht-Zweckbindung). Auch die unternehmerische Wirtschaft hat nicht allzu viel Zutrauen in die steuerlichen Lenkungsabsichten des Staates. Aber die Bedenken beider Seiten sollten nach E. U. v. Weizsäcker zurücktreten, "wenn man den Staat gesetzlich daran hindert, mit Hilfe der neuen Steuern die Staatsquote zu erhöhen" und "sich die Vorteile von Umweltsteuern klarmacht", nämlich: Signal an alle Wirtschaftssubjekte für einen schonenden Umgang mit Umwelt und Ressourcen, Verbilligung der Arbeit durch Abbau der Lohnnebenkosten bei gleichzeitigem Steigen des Reallohnes, Aufwertung des Handwerks durch Stärkung der Reparaturtendenz zu Lasten der Wegwerfproduktion, Reduzierung des Energieverbrauchs etc., mit dem Ergebnis, daß "der Umweltschutz durch Umweltsteuern wesentlich marktkonformer und innovationsfreundlicher als das heutige Regelwerk (ist)"[9].

Abbildung 30: Öko – Steuern

Produkt	heutiger Verbrauch pro Jahr, Einheit	zusätzliche Öko – Steuer in DM/Einheit	zusätzliche Steuereinnahmen in Mrd. DM	geschätzter Minderverbrauch in %
Benzin	33.595.000.000 l	1,90	48,68	– 24
Diesel	14.800.000.000 l	1,90	21,03	– 25
Wasser	6.530.000.000 m³	2,50	14,39	– 12
Heizöl	44.000.000.000 l	0,30	10,54	– 20
Zigaretten	120.000.000.000. St.	0,10	8,90	– 26
Waschmittel	1.320.000.000 kg	3,20	3,38	– 20
Pestizide	33.000.000 kg	48,00	0,86	– 46
Batterien	450.000.000 St.	1,90	0,66	– 23
Getränke – dosen	3.400.000.000 St.	0,40	0,58	– 57
Treibgas – spraydosen	140.000.000 St.	6,00	0,34	– 60

Quelle: Der Spiegel Nr. 2 vom 9.1.89

In Teufels Rechenwerk der obigen Ökosteuern ist der Anwendungsbereich sehr weit gezogen. Bereits jetzt haben viele Verbrauchssteuern (wie z.B. Mineralöl- und Kfz-Steuer) einen eingebauten Umweltschutzmechanismus, auch wenn dieser bei ihrer Einführung nicht zur Diskussion stand. Politisch sind Ökosteuern nur schwer durchzusetzen. Durch unpopuläre Produktsteuern sinken die Wahlchancen der Parteien, die sie fordern. Soweit sie gefordert werden, darf - analog zu den gebührenfreien ersten Telephoneinheiten - die soziale Komponente nicht zu kurz kommen (z.B. steuerfreie Sockelbeträge für Einkommensschwache). "Die Rückgabe der Umweltsteuern in Form von anderweitigen Steuerentlastungen oder als Beitrag zur Rentenversicherung soll gesetzlich festgelegt werden. Im übrigen soll das System in einem behutsamen Tempo und möglichst EG-weit eingeführt werden. Das Tempo der vom Weltmarkt und der Technikentwicklung ausgelösten Erneuerungsinvestitionen dürfte aus Umweltsicht vollkommen ausreichend sein, sofern nur die Richtung stimmt"[10]. Umweltsteuern bzw. -abgaben implizieren so gesehen volkswirtschaftlich zugleich Verschiebungen der Angebots- und Nachfragekurve, je nachdem, auf welcher Marktseite sie zur Geltung kommen. Werden sie auf den Produktionsbereich angewendet, erhöhen sie die Kosten der benötigten Einsatzfaktoren, mit der Konsequenz, daß sich die Angebotskurve in den betroffenen Branchen/Firmen nach links verlagert, oder anders formuliert: der Preis wird hochgeboten, bis die angebotenen und nachgefragten Mengen in E' ihr neues Gleichgewicht finden, soweit andere Reaktionsweisen unterbleiben. Werden sie hingegen im Konsumentenbereich eingesetzt (etwa durch Verbrauchssteuern auf bestimmte Produkte, die umweltschädlich sind), verschiebt sich die Nachfragekurve für sie nach links, mit dem Ergebnis, daß die Nachfrage wegen der staatlich abgeschöpften Kaufkraft für die betreffenden Güter sinkt und in E' zu einem niedrigeren Gleichgewichtspreis tendiert, soweit Substitutionsprozesse und andere Reaktionsweise nicht hinzukommen.

Abbildung 31: Wirkung von Umweltsteuern

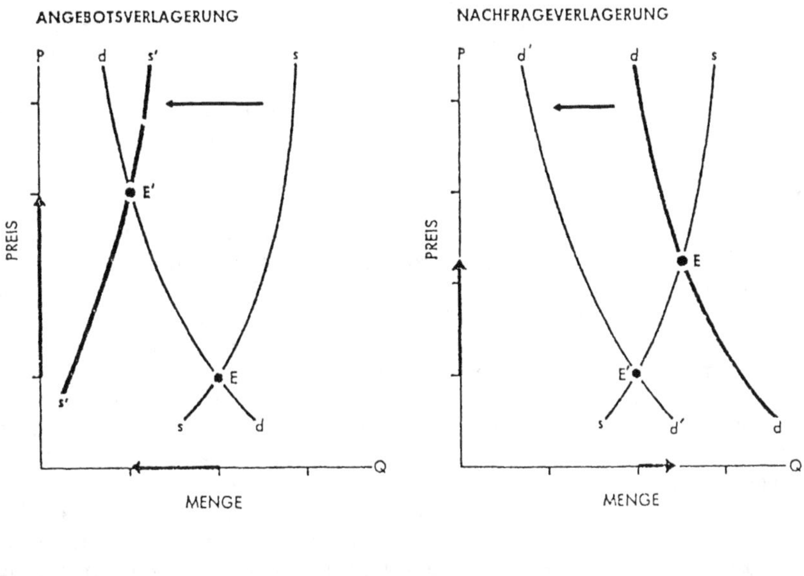

Umweltlizenzen und **Umweltzertifikate** werden in der Literatur weniger unter dem Gesichtspunkt staatlicher Einnahmen behandelt[11]. Der mit ihnen verbundene Einnahmeeffekt ist gering und zeitlich begrenzt[12], so daß der Aspekt der neoliberalen Verteilungskonzeption für Umweltkosten gegenüber dem keynesianischen Aspekt der Umwelterziehung eindeutig überwiegt. Dies gilt auch, wenn die durch den Verkauf der Lizenzen erzielten Einnahmen für Umweltschutzmaßnahmen zweckgebunden ausgegeben werden. Aus keynesianischer Sicht bilden Abgaben und Steuern den Kern fiskalpolitischer Interventionen, die sich in der Umweltpolitik mit ökologischen Zielen verbinden lassen. Unter der Voraussetzung, daß die Produktions- und Konsumfreiheit beibehalten wird, ist ihre Wirksamkeit nicht unabhängig von den individuellen Entscheidungen der Wirtschaftssubjekte. Hier liegt die Grenze des monetären Instrumentariums, dem nicht nur durch andere monetäre Möglichkeiten (auch wenn sie teurer sind) ausgewichen werden kann, sondern auch durch nicht-monetäre (z.B. durch Geschmacks- und Verhaltensveränderung, Konsumverzicht, Substitutionen im Bereich der Eigenproduktion etc.). Nichtsdestoweniger zeigen die bisherigen Erfahrungen, daß die fiskalpolitischen Maßnahmen die Privatwirtschaft tendenziell dazu motivieren, sich entsprechend der Steuerungsabsichten des Staates zu verhalten, soweit mit der Orientierung an ökologischen Erfordernissen ökonomische Vorteile verkoppelt sind.

(3) Umweltauflagen

Während die Strategien der ausgaben- und einnahmenorientierten Haushaltspolitik das quantitative Wachstum allgemein begünstigen und fördern (Bevorteilung)[13], ist dieser Antriebseffekt aus der Sicht bestimmter ökologischer Richtungen keynesianischer Umweltpolitik ein unerwünschter Effekt. Deshalb werden häufig zusätzlich nicht-fiskalische Maßnahmen vorgeschlagen, insbesondere dann, wenn die Diagnose auf systembedingte Ursachen verweist (wie bei der Memorandum-Gruppe alternativer Wirtschaftspolitik). Umweltauflagen beinhalten rechtsförmige Verwaltungsakte, die den ökonomischen Ordnungssrahmen nicht unbeeinflußt lassen, sofern sie in die Entscheidungsautonomie der Wirtschaftssubjekte eingreifen. Unter diesem Aspekt sind sie im engeren Sinne keine keynesianischen Instrumente der Umweltpolitik, sondern systematisch eher der Keynes-Plus-Richtung zuzurechnen.

Nichtsdestoweniger kann keine Wirtschaftspolitik auf rechts- und ordnungspolitische Voraussetzungen gänzlich verzichten. Das **private Eigentum** ist eine **Basisinstitution** der Ökonomie und zeigt an, daß der Rechtsstaat die Funktionsfähigkeit der heutigen Wirtschaft mitkonstituiert. Bisher hat sich die Umweltpolitik weitgehend auf das Festlegen von Grenzwerten beschränkt. Doch sie ist keineswegs unproblematisch. "Die Festlegung geschieht zuweilen im politischen Handstreich, aber die Durchführungsbestimmungen und Auslegungen füllen oft Hunderte von Seiten. Nur wenige Experten blicken noch durch. Die Grenzwerte einzuhalten kostet nicht nur Geduld beim Lesen, sondern auch Geld, und zwar um so mehr, je ehrgeiziger die Grenzwerte sind. Bei Null-Emission - dem Ziel des bei uns oft geforderten 'Minimierungsgebots' - sind die Kosten astronomisch hoch. Die Wirtschaft, die im Wettbewerb mit dem Ausland liegt, verkraftet keine extravagenten Kosten, es sei denn, sie könnte die Kosten an den Verbraucher weitergeben"[14]. Dementsprechend sind Umweltauflagen für Keynesianer bestenfalls ein notwendiges Übel. Ihre Spannweite reicht von **restriktiven Verboten** bis zur Anregung **freiwilliger Vereinbarungen**. Die Größe der direkten Intervention des Staates innerhalb beider Extreme ist unterschiedlich. Sie nimmt von staatlichen Verboten in Richtung freiwilliger Vereinbarungen beständig ab.

Bei Maßnahmen, die direkt an die Produktion gekoppelt sind, kann es sich einmal darum handeln, ein **Verbot** oder eine **mengenmäßige Beschränkung** für bestimmte Produkte zu erlassen, die in besonderer Weise zur Umweltverschmutzung beitragen. Hier kann z.B. an Auflagen gedacht werden, die es einem Unternehmen verbieten, in Smog-Situationen die Luft zusätzlich durch weiteren Ausstoß von Schwefeldioxiden zu verunreinigen. Sie werden zeitlich und räumlich meistens begrenzt. **Ebenso erscheint es möglich, mit einer Umweltverträglichkeitsprüfung** in die Standortwahl eines Unternehmens einzugreifen. Stellt sich dabei heraus, daß ein solcher neu geplanter Betrieb die Ökologie eines Standortes in nicht zu tolerierender Art beeinträchtigt (z.B. durch Luft- oder Gewässerverunreinigung), kann ein Ansiedlungsverbot ausgesprochen werden, das dann die freie Wahl des Standortes und das private Vertragsrecht zwischen einem Grundstücksbesitzer und einem potentiellen Kunden infragestellt. Dies klingt zwar radikal, aber in der heutigen Wirklichkeit existiert bereits eine Vielzahl von Vorschriften und Bestimmungen (z.B. in den Flächennutzungsplänen der Kommunen), die für die Verwendung bestimmter Flächen bestimmte Zweckbindungen mehr oder weniger vorschreiben. Allerdings ist der ökologische Aspekt nur einer unter vielen und nicht immer der bestimmende. Ferner können bestimmte **Eigenschaften** eines Produktes durch staatliche Auflagen **normiert** werden. Zu denken ist z.B. an maximale Lärmbelästigungen, die von einem Kraftfahrzeug ausgehen dürfen, aber auch an den maximalen Gehalt bestimmter Schadstoffe in einem Produkt[15].

Die staatliche Reglementierung im Bereich der **Produktion** ist wesentlich anders zu beurteilen als die Anwendung fiskalischer Maßnahmen. Das Ziel der Auflagen besteht - im Unterschied zur Umweltverträglichkeit der Produkte - hier in der **Beeinflussung des gesamten Produktionsprozesses.** Diese setzt auf seiten der staatlichen Verwaltung die genaue Kenntnis des jeweilig verfügbaren **Standes der Technik** sowie der bei einem konkreten Unternehmen angewandten Verfahren voraus. Sie erwartet von Unternehmen eine hohe **Flexibilität**, da diese ihre Technik zur Senkung der für die Volkswirtschaft entstehenden externen Effekte einsetzen sollen. Bei einigen Auflagen, die in der Regel die Input-Seite des Produktionsprozesses betreffen, sind solche Regelungen relativ unproblematisch. So kann z.B. den Betreibern von Kraftwerken vorgeschrieben werden, bestimmte Energieträger nicht und statt dessen andere, umweltfreundlichere zu verfeuern. Wenn dies nicht nur regional, sondern überregional festgeschrieben wird, entfallen sogar wettbewerbspolitische Bedenken. Bei Auflagen im Bereich der Emissionen sind Luft- Wasser- und Bodenreinhaltung angesprochen. "Die Emissionsnormen legen Grenzwerte von Verunreinigungen oder Belästigungen, das heißt in der Regel eine absolute Höhe der höchstzulässigen Menge an Schadstoffen fest, die bei der Emission ortsfester Anlagen nicht überschritten werden dürfen"[16]. Die **Grenzwerte** der TA-Luft sind ein Beispiel für eine solche **Höchstmengenverordnung.**

Als besondere Vorteile von Auflagen im Vergleich zu den fiskalischen Formen staatlichen Eingreifens in die Ökonomie sind vor allem die verkürzte Reaktionszeit auf ökologische Bedrohungssituationen sowie die verbesserte Wirkungsgarantie zu nennen. Als Beispiel sei hier an die Bestimmungen bei Smog-Alarm erinnert. In ihnen wird weder auf freiwillige Einsicht gesetzt noch auf die langsamen Umstellungen in den Unternehmen (z.B. Emissionsschutz), sondern es wird bei Bedarf eine Betriebsbeschränkung oder sogar ein **Betriebsverbot** ausgesprochen, das in Abhängigkeit von der jeweils gemessenen Luftverunreinigung erlassen, verlängert oder aufgehoben wird. Dies ist die schnellste und effektivste Möglichkeit, auf akute Situationen zu reagieren, deren Lebensgefährlichkeit allgemein anerkannt ist. Insofern haben solche Maßnahmen in der Bevölkerung eine hohe Akzeptanz. Obwohl sie von der Wirtschaft keineswegs begrüßt werden, sind sie im politischen Raum relativ beliebt.

Langfristige Erfolge sind durch bürokratische Maßnahmen staatlichen Handelns in der Umweltpolitik kaum zu erreichen, jedenfalls nicht im ökonomischen Sinne. Die **Auflagen werden meistens zeitlich und räumlich begrenzt**, d.h. sie sind nach dem Abklingen der ökologischen Bedrohung gegenstandslos; denn ökonomisch vermitteln sie nur einen geringen Anreiz, den Umweltschutz im Unternehmen aus eigenem Interesse zu forcieren. Hat z.B. ein Unternehmen große Summen in die Ökologisierung seiner Produktionsstruktur investiert, ohne daß eine Smog-Wetterlage eintritt, ist die Investition vergebens. Werden Maßnahmen im Bereich der Produktion staatlich angeordnet, ist nicht garantiert, daß ökologische Probleme mit dem geringsten Mitteleinsatz gelöst werden, da hierfür die genaue Kenntnis der jeweiligen betriebswirtschaftlichen Gegebenheiten seitens der verordnenden Behörde vorausgesetzt werden müßte, was jedoch nicht angenommen werden kann.

Ebenso ist die Orientierung am Stand der Technik nicht unproblematisch. Schließlich wäre zu klären, wer außerhalb der Unternehmen diesen Stand definiert und in welchen Zeitintervallen er erfaßt bzw. zur Norm für Produktionsprozesse erhoben werden soll. Empirisch ist unter diesem Vorzeichen ein **Trend zur Verlangsamung des technologischen Fortschritts** nicht auszuschließen. Wird eine Anpassung an neue Standards durch weitere Auflagen nötig, verbunden mit hohen privaten Investitionskosten, ist es ökonomisch sinnvoll, darauf hinzuwirken, daß nicht zu viele und zu schnelle Neuerungen entwickelt werden. Ohnehin tritt ein solches Verhalten unter den Bedingungen des weltweiten Wettbewerbs in einen Zielkonflikt mit der Wettbewerbsfähigkeit durch Innovationspotentiale, zumindest so lange, wie international die Auflagen nicht vereinheitlicht sind.

Die beschriebene Form der staatlichen Auflagenpolitik bewegt sich z.T. über den klassischen keynesianischen Rahmen hinaus[17]. Die Freiheit des Individuums wird dann durch Auflagen stärker eingeschränkt, als es Keynes in seiner ökonomischen Theorie plant. Doch die hemmungslose Inanspruchnahme der Umwelt hat auf der Makroebene ökonomischer Nebeneffekte inzwischen ein Gefährdungspotential geschaffen, das Eingriffe ins Heiligtum privater Eigentumsverhältnisse notwendig macht. **Umweltauflagen für die private Wirtschaft** bestätigen diesen Befund. Rechtsmaßnahmen, die im vorökonomischen Raum greifen sollen (z.B. Verbot einzelner Produkte) werden von ökonomischen Theorien liberalen Zuschnitts jedoch abgelehnt. Auch der keynesianische Ansatz im engeren Sinne favorisiert Lösungen, welche die Entscheidungsfreiheit des einzelnen respektieren und die **Abgaben- und Steuerpolitik** mit umweltpolitischen Steuerungsimpulsen gegenüber der Auflagenstrategie vorziehen, weil sie das **flexiblere wirtschaftspolitische Instrument** ist und die Marktwirtschaft mit geringeren Staatseingriffen belastet.

b) Anwendungsebene: umweltpolitische Programme

Die programmtheoretischen Positionen keynesianischer Umweltpolitik orientieren sich an der Einsicht, daß der Markt die Umweltprobleme alleine nicht löst. Vom **Marktversagen**[18] ist die Rede. Deshalb soll der Staat den Markt stützen, überall dort, wo die Interessen der Allgemeinheit in der kapitalistischen Konkurrenz nicht zur Geltung kommen.

(1) Zielsetzungen der SPD

Im sozialdemokratischen Keynesianismus wird der Fiskus zum Funktionsträger gesellschaftlicher Reproduktion. Mit dem modernen Konzept des Sozialstaats verbindet sich die Regulierung der Arbeitskraft zu einer politischen Angelegenheit. Staatliche Arbeitsmarktpolitik und **Sozialversicherung** sollen verhindern, daß Menschen massenhaft arbeitslos werden bzw. in Notlagen geraten. Dazu kommt eine umfassende staatliche Organisierung der Qualifikationsprozesse. In der Entwicklung zum 'erweiterten Staat' ist die Tendenz zur **Bürokratisierung** und **Etatisierung** von Parteien (und Gewerkschaften) ungewollt mitangelegt. Der sozialdemokratische Korporativismus beinhaltet einen 'Klassenkompromiß' zwischen Kapitalfraktion, Facharbeitern und Neuer Mittelklasse. Er stützt sich auf einen materiell abgesicherten Konsens, in dem die Interessen der verschiedenen Sektoren homogenisiert werden.

Ihre Tradition als Reformpartei läßt vermuten, daß die SPD für den Bereich der Umweltschutzpolitik eine Vorreiterrolle einnimmt. Historisch findet diese Annahme wenig Bestätigung. Im Godesberger Programm aus dem Jahr 1959 wird der Grundwiderspruch zwischen der kapitalistischen Produktivkraftentfaltung und und seinen Folgen zwar angesprochen, aber er wird auf negative Auswirkungen für das menschliche Leben beschränkt. Auch während der Zeit der Regierungsverantwortung bleiben die Positionen der SPD einzelnen Phänomenen verhaftet und gewinnen nicht die Konturen eines ökologischen Grundsatzprogramms. Der Wahlkampfslogan 'blauer Himmel über der Ruhr' weckt Erwartungen, die das allein auf menschliche Bedürfnisse und menschliche Gesundheit bezogene Programm der SPD nicht umfassend erfüllen kann. Allerdings gibt es in der SPD auch Stimmen, die schon früh ökologischen Weitblick und umweltpolitisches Problembewußtsein verraten. E. Eppler, ebenso H. J. Vogel und andere, haben schon zu Beginn der 70er Jahre fortschrittliche ökologische Positionen vertreten. Dennoch sind sie für das Gesamterscheinungsbild der Partei nicht repräsentativ. Die Orientierung am Ziel des quantitativen Wachstums ist vorherrschend[19].

Wachstum und **Fortschritt** implizieren für die SPD staatliche Förderung der Großtechnologien, Öffnung neuer Märkte (einschließlich der neuen Ostpolitik), geschlechtliche Emanzipation und konsumvermittelte individuelle Entfaltung. Arbeiterinteressen und nationale Interessen werden miteinander versöhnt. Die sozialdemokratische Devise der Umweltpolitik lautet: Die Industriegesellschaft muß unter ökologischen Gesichtspunkten umgebaut werden. Die Umstrukturierung ist mit einem **Abbau der Massenarbeitslosigkeit**[20] verkoppelt! Da die Privatwirtschaft versagt, die ökologische Herausforderung anzunehmen, muß der Staat in die Bresche springen, nicht nur mit **gesetzgeberischen Maßnahmen** sondern vor allem mit einer gezielten **Einnahmen- und Ausgabenpolitik.** Dies muß er tun, wenn er seiner Verpflichtung zu **staatlicher Vorsorge** in vollem Umfang nachkommen will. Vorsorgepolitik bleibt nicht auf die klassischen Bereiche der Kranken- und Sozialversicherung beschränkt, sondern wird auf eine allgemeine Zukunftssicherung durch den Erhalt lebenswerter Umwelt und konkurrenzfähiger Wirtschaft erweitert. Die Umweltpolitik der SPD steht in der **Tradition des Reformismus**, der den Primat des Handelns beim Staat verortet sieht.

Im sozialdemokratischen Konzept der **ökologischen Modernisierung** der Volkswirtschaft verbindet sich das Interesse der Allgemeinheit an gesunder und intakter Umwelt mit dem Ziel, die Wirtschaft aus einer Phase der **Stagnation** (dies gilt besonders für die frühen achtziger Jahre) in eine sich selbst tragende **Aufschwungphase** überzuleiten. Der vermeintliche Zielkonflikt staatlicher Ausgabenpolitik, sich entweder auf den Umweltschutz oder die Schaffung von Arbeitsplätzen zu konzentrieren, wird aufgelöst zu einem Regulierungsansatz, der gerade durch den verstärkten Ausbau des Umweltsektors Arbeitsplätze erhalten und neue schaffen will. "Das Konzept der ökologischen Modernisierung bietet die Chance, durch strukturpolitische Veränderungen unserer Volkswirtschaft auch neue und zukunftsorientierte Arbeitsplätze zu schaffen. Schon heute gibt es eine beachtliche Öko-Industrie mit mehreren 100.000 Arbeitsplätzen. Diese gilt es zu fördern und auszubauen"[21]. Das ökologische Rahmenziel der SPD ist durch folgende Aspekte gekennzeichnet:

- Wiederherstellung einer **lebensfähigen Umwelt**, die den Schutz der Gesundheit und der natürlichen Lebensgrundlagen sicherstellt.
- **Umgestaltung der Wirtschaftsprozesse** in eine umweltverträglichere Form, mit der eine Humanisierung der Arbeitswelt einhergeht.
- **Berücksichtigung der ökologischen Verhältnisse**, um das soziale Leben wie den Austausch der Menschen mit der Natur solidarischer zu gestalten.
- Einbindung der nationalen Ökologiepolitik in einen **internationalen Zusammenhang**, der die Auswirkungen in der Dritten Welt einbezieht[22].

Das Mittel zur Erreichung dieser weitgesteckten Zielsetzung ist die **ökologische Strukturpolitik**. Sie tritt so an die Stelle anderer staatlicher Maßnahmen der Vergangenheit. Ihre Aufgabenfelder liegen, ebenso wie bei anderen Parteien, auf den klassischen Schwerpunkten der Luftreinhaltung, Bodensanierung, Walderhaltung und der Stadterneuerung[23]. Für V. Hauff begründet sie sich nicht nur aus empirisch-inhaltlichen Aspekten, sondern auch aus systematisch-methodischen. Seine Analyse zeigt, daß es aus theoretischen Gründen unrealistisch ist anzunehmen, daß eine ausschließlich in Privatbesitz befindliche und in privater Verantwortung handelnde Ökonomie in der Lage ist, die Herausforderung der Zukunft zu **antizipieren** und die ökologische Anpassung im Rahmen der Marktwirtschaft unter strikter Wahrung **neoklassischer Paradigmen** zu bewältigen. Seine zentralen Thesen sind:

- Der Markt muß immer dort versagen, wo zukünftiger Bedarf nicht erkennbar ist. Es gibt am Markt keine Form der Information, die zukünftigen Bedarf signalisiert, weil ein solcher Bedarf logischerweise noch nicht mit Kaufkraft ausgestattet ist.
- Weder ein 'freier' Markt noch eine totale Lenkung können die Strukturprobleme lösen. Wo immer eine Unsicherheit über den zukünftigen Bedarf besteht, ist staatliches Handeln gefordert[24].
- Das Risiko der Entscheidungen für die Zukunft muß aus der privatwirtschaftlichen Entscheidung und Verantwortung herausgenommen werden (Legitimationsfrage)[25].

- Die ökonomischen Rahmenbedingungen sind auf Dauer nicht so stabil und kalkulierbar, daß die alleinige Orientierung an der gegenwärtigen Nachfrage für die Zukunft Krisensicherheit garantieren kann.
- Staatliches Handeln ist nicht zuletzt deshalb gefragt und legitim, weil der Staat auf vielen Marktsektoren selbst der wichtigste Abnehmer ist[26].

Die Konsequenz aus den dargestellten Überlegungen heißt für die SPD, daß der Staat durch direkte und indirekte **Technologieförderung** in die Privatwirtschaft steuernd eingreifen muß, um Zukunftsperspektiven zu eröffnen. Technologieförderung ist ökologische Strukturpolitik. Damit verbunden ist der gleichzeitige Abbau der Massenarbeitslosigkeit. Mittel- und langfristige Strukturpolitik ist für die Sozialdemokraten die einzige Chance, der Massenarbeitslosigkeit als einer "Dauererscheinung reifer Volkswirtschaften"[27] zu entgehen. Die Strukturpolitik zur ökologischen Erneuerung ist eingebettet in ein wirtschaftspolitisches Gesamtkonzept keynesianischer Prägung, zu dem z.B. die **Erweiterung betrieblicher Mitbestimmung**, eine **beschäftigungsorientierte Geldpolitik**, **Arbeitszeitverkürzung** und anderes mehr zählen.

Mit der ökologischen Strukturpolitik verknüpfen sich gesetzgeberische Aktivitäten der unterschiedlichen **Legislativen**. Sie ist mit dem systematischen 'Konzept nichtfiskalischer Normierungen' des theoretischen Keynesianismus verzahnt. Das umweltpolitische Instrumentarium der SPD ist breit gefächert. Es setzt auf die Einsicht, daß neue ökonomische Steuerungs- und Anreizsysteme etabliert werden müssen, die sowohl Produzenten als auch Konsumenten veranlassen, sich aus ökonomischer Rationalität ökologisch sinnvoll, d.h. sparsam und schonend gegenüber den Umweltressourcen zu verhalten[28]. Im einzelnen faßt die SPD folgende Bereiche ins Auge:

Durch **Umweltverträglichkeitsprüfungen** im **öffentlichen und privaten** Investitionsbereich sollen mögliche Negativwirkungen auf die Umwelt schon in der Planungsphase eines Projektes erkannt und rechtzeitig verhindert werden, ehe das bereits investierte Kapital zur Durchsetzung der Planung zwingt. **Freiwillige Absprachen** mit der Industrie können in Einzelfällen staatliche Ge- oder Verbote überflüssig machen. Ermutigende Beispiele (Asbest) müssen verstärkt aufgegriffen werden. **Umweltabgaben** sollen sicherstellen, daß die Natur nicht länger zum Nulltarif als Produktionsmittel zur Verfügung steht. Neben die bisherige Entlohnung der Faktoren Arbeit und Kapital tritt die Entlohnung des Faktors Natur. Abgaben sind kein originäres staatliches Finanzierungsinstrument; der Anreizcharakter steht eindeutig im Vordergrund. **Umweltauflagen** in Form von Ge- und Verboten bleiben unverzichtbares Instrument staatlicher Umweltschutzpolitik. Sie greifen immer da, wo sowohl freiwillige Vereinbarungen als auch ökonomische Anreize nicht den erwarteten Erfolg bringen. **Umweltplanung** soll überregionale und branchenübergreifende, aber auch interdisziplinäre Aspekte der Umweltpolitik zu einem Gesamtziel koordinieren. Die Veränderung des Rechtssystems in verschiedenen Teilbereichen (Eigentums- und Verfügungsrecht) ist dafür eine Voraussetzung. Ein neues **Umwelthaftungsrecht** soll die Schadensregulierung im Umweltbereich praktikabler machen. Damit verbunden ist die **Verschärfung des Umweltstrafrechts** und die Erweiterung der Strafverfolgungsmöglichkeiten.

Die Finanzierung zur Bewältigung der einzelnen Aufgaben wird zum einen aus zu errichtenden **Branchenfonds** bestritten, zu denen sich z.B. die chemische Industrie zusammenschließen soll, zum anderen aus dem **Sondervermögen Arbeit und Umwelt**. Die Schwerpunkte ökologischer Strukturpolitik, die durch das Sondervermögen unterstützt werden sollen, sehen die Sozialdemokraten in den bereits angesprochenen Bereichen[29].

Ökologische Stadterneuerung wird nötig, weil in keinem anderen Subsystem' die ökologischen Probleme so offensichtlich sind und in so geballter Form auftreten wie in den **urbanen Massenansiedlungen**. Die Luftverschmutzung erreicht hier häufig kritische Werte (Smog-Alarm), die Beeinträchtigung der Lebensqualität durch Lärm ist bedrohlich fortgeschritten (Schlafstörungen, Konzentrationsschwierigkeiten etc.), es fehlt allerorten für Kinder und Jugendliche an geeigneten Spiel- und Freizeitstätten. Die in den Städten produzierten **Müllberge** drohen sich von außen wieder in die Städte hineinzufressen, und das Abwassersystem mancher Großstadt ist eine ökologische Zeitbombe. Die Liste der Aufgaben, die durch Investitionen der öffentlichen Hand übernommen werden könnten, ist beinahe beliebig zu verlängern.

Ökologische Energiepolitik erstrebt eine **Verringerung des Energieverbrauchs** ohne Einbußen an Komfort und Produktivität (also nicht zurück in die Steinzeit, wenn die Lichter ausgehen!). Dafür bieten sich zum einen legislative Möglichkeiten an (wie z.B. die obligatorische Prüfung eines Energieträgers auf seine jeweilige Eignung). Es muß sichergestellt und nachgewiesen werden, daß der eingesetzte Energieträger nicht der kostengünstigste, sondern der ökologisch sinnvollste ist. Er muß gegenüber den möglichen Alternativen entweder einen höheren Wirkungsgrad oder eine geringere Umweltschädlichkeit besitzen (z.B. Reduzierung der Kohleverstromung zur Bereitstellung von Strom für Heizungen). Darüber hinaus sind steuerliche Förderungen von Wärmeisolationsmaßnahmen an Bauten (Doppelverglasungen und Fassadenisolation) sowie Neuauflagen des mit Bundesmitteln geförderten Ausbaus der Fernwärme denkbar.

Ökologische Erneuerung des Verkehrssystems zielt auf Einschränkung des **Individualverkehrs** und Ausbau eines attraktiven öffentlichen **Personennahverkehrs**. Dabei sind auch Aspekte der Verkehrsstruktur relevant. Es sollen zusammenhängende Beförderungswege für Güter und effektive **Transportketten** begünstigt werden (z.B. Containerbahnhöfe und Häfen). Ein weiterer Gesichtspunkt ist die Reduktion der Kosten, die der Volkswirtschaft durch die hohe Zahl der Verkehrsunfälle entstehen. Die SPD schätzt die jährliche Entlastung der Volkswirtschaft auf ca. 15-20 Mrd. DM. Um dieses Ziel zu erreichen, soll z.B. das unfallfreie Fahren stärker belohnt werden als bisher. In der Summe dieser und ähnlicher Maßnahmen würde sich ein weiterer Effekt als **Kuppelprodukt** ergeben. Der enorme Landschaftsverzehr des Straßenausbaus könnte - zumindest teilweise - zurückgedrängt werden.

Die Umgestaltung der Chemie gehört zu den schwierigsten und komplexesten Aufgaben der ökologischen Strukturpolitik. Sie wird durch den Umstand behindert, daß sich die chemische Industrie nicht in staatlichem Besitz befindet und der direkte Zugriff entfällt. Deshalb wird weniger an finanzielle Beteiligungen bei der Umstrukturierung als vielmehr an eine **staatliche Auflagenpolitik** gedacht. Die Möglichkeiten für Ge- und Verbote müssen voll ausgeschöpft werden (Verbot krebserregender Substanzen, Zulassungsbeschränkungen für Pestizide etc.). Der

Gesichtspunkt der **europäischen Harmonisierung** erweist sich als besonders dringlich, da nach Einführung des europäischen Binnenmarktes die Beschränkung einzelner Produkte oder Stoffklassen nur in Übereinstimmung mit allen anderen Partnerländern vorgenommen werden kann.

Mit dem Sondervermögen Arbeit und Umwelt sind **haushaltspolitische Maßnahmen** angesprochen, sowohl auf der Einnahmen- wie auch auf der Ausgabenseite. Das Sondervermögen soll den öffentlichen Händen ermöglichen, die ihnen aus der ökologischen Strukturpolitik erwachsenden Aufgaben zu finanzieren. Die SPD will darauf achten, daß der Staat nicht in eine kurzatmige Abhängigkeit von den Konjunkturzyklen gerät. Das Sondervermögen wird über einen Zeitraum von 10 bis 15 Jahren in der Höhe von etwa 1% des jährlichen BSP in der Form von **zinsverbilligten Darlehen** über die Kreditanstalt für Wiederaufbau den öffentlichen Händen und privaten Investoren zur Verfügung gestellt. Diese Maßnahme soll ohne eine Erhöhung der **Neuverschuldung** geschehen. Die Funktionsweise des privaten Bankenapparates bleibt erhalten. Die notwendigen finanziellen Mittel hat sich die Kreditanstalt für Wiederaufbau auf den nationalen und internationalen Geldmärkten zu beschaffen. Ihre Kredite gibt sie zu etwa 2% unter dem marktüblichen Vergleichszins schnell und unbürokratisch an die Interessenten weiter[30]. Im Dezember 1987 hat die SPD den Antrag für ein Sofortprogramm 'Arbeit, Umwelt und Investitionen'[31] im Bundestag eingebracht, der die wesentlichen Grundzüge des Sondervermögens noch einmal betont. Mit zusätzlichen Vorschlägen reagiert die SPD auf aktuelle Entwicklungen, wie die zunehmende Verschmutzung der Meeresküsten und der Nordsee.

Der Ökologiebegriff der SPD ist kein instrumenteller, wie bei der F.D.P., auch wenn auf Wachstum gesetzt wird. Er ist kein emotionaler und historischer, wie bei der CSU. Die SPD sieht Ökologie als etwas an, das einen Eigensinn und Eigenzweck hat, als etwas, das auch außerhalb menschlicher Zusammenhänge existiert. Dennoch wird die Umwelt auf den Menschen konzentriert, d.h. für menschliche Zwecke definiert. Ökologisches Bewußtsein ist nicht Zweck an sich, sondern menschlich vermittelt. Die SPD erstrebt den **Frieden mit der Natur**[32]. Sie unterstellt, daß Ökonomie und Ökologie miteinander konfligieren, deren unterschiedliche Interessen und Bedürfnisse - auch struktureller Art - einer Versöhnung bedürfen und ihr prinzipiell zugänglich sind. Dabei wird die Dritte Welt explizit miteinbezogen. Sie "braucht einen steigenden Anteil an den verfügbaren Ressourcen, da sonst das Leben für eine weiterhin wachsende Bevölkerung nicht zu sichern ist"[33]. Auch die soziale Frage im Inland ist für die SPD keineswegs erledigt. Der 1988er Parteitag von Münster enthält in seinem Wirtschafts- und Umweltprogramm gewisse Wiederannäherungen an die Gewerkschaften, nachdem die alte Allianz durch die These Oskar Lafontaines[34] zur Mitverantwortung der Tarifparteien für die Arbeitslosigkeit kurzzeitig ins Wanken geriet. H. Ehrenberg vertritt Ideen eines "aufgeklärten Keynesianismus"[35]. Im Streit um das Grundsatzprogramm im Januar 1989 ist die SPD unübersichtlich geworden. Ihr politisches Koordinatensystem ist durcheinandergeraten. Dies ist das Bild der letzten Monate[36].

(2) Zielsetzung der Gewerkschaften

Die Gewerkschaften sind in ihrem Handeln und Selbstverständnis immer von einer bestimmten Wachstumsvorstellung der Wirtschaft ausgegangen. Das **organische Wachstum**[37] eines kapitalistisch strukturierten Betriebes bezeichnet die Erwartung eines **angemessenen stetigen Gewinnes** auf der Unternehmerseite wie auch die Erwartung von **Vollbeschäftigung** und **sozialer Sicherheit** auf der anderen Seite. Ihre traditionellen Aufgabenfelder liegen folgerichtig in der Regelung der Einkommensverteilung mit dem Akzent der **Umverteilung.** Im Rahmen der Tarifautonomie spielen Lohnverhandlungen bzw. die konkrete Verbesserung der sozialen Situation der Arbeitnehmer die entscheidende Rolle.

Ökologische Probleme werden im Rahmen der Einzelgewerkschaften immer nur punktuell und auf ein begrenztes Feld bezogen wahrgenommen. Sie ergeben sich aus der jeweiligen betrieblichen Situation bzw. den generellen Schwierigkeiten, die mit einer bestimmten Produktionstechnologie verbunden sind. Der DGB stellt als Gewerkschaftsdachorganisation erst 1972 seine 'Leitsätze zum Umweltschutz' vor, welche die Ergebnisse des vorausgegangenen Lebensqualität-Kongresses zusammenfassen. Ein Umweltschutzprogramm wird erst 1974 verabschiedet; es beinhaltet wenig konkrete Positionen . Der Zielkonflikt zwischen Umweltschutz und Sicherung der Arbeitsplätze ist in ihm schon angelegt.

Die Positionen der Gewerkschaften sind denen der Sozialdemokraten prinzipiell angenähert. In vielen inhaltlichen Aussagen ist sogar eine Übereinstimmung feststellbar[38]. Ähnlich wie die SPD fordert der DGB-Bundesvorstand in seinem Umweltprogramm 'Umweltschutz und qualitatives Wachstum'[39] eine Abkehr von der allgemeinen Politik des Sozialabbaus hin zu einer an Vorsorgeaspekten orientierten Umweltschutzpolitik[40]. Auch die konkreten Ansatzpunkte sowie Strategien entsprechen sich. Das Spektrum der vom DGB vorgeschlagenen Prioritäten im Umweltschutz ist breit gefächert: **Wirksame Luftreinhaltung** durch Maßnahmen in Industrie, Kraftwerken und Verkehr, **Wasserreinhaltung** durch Kläranlagen und Gewässersanierung, **rationeller Umgang mit Primärenergien** durch verstärkten Ausbau des Fernwärmenetzes, Abwärmeverwertung und Wärmedämmung. **Moderne Abfallbeseitigung** durch ein Programm zur Altlastensanierung sowie Bau von Abfallbeseitigungs- und Wiederverwertungsanlagen, **Natur- und Landschaftsschutz** durch Erhaltung der natürlichen Artenvielfalt und gezielte Rekultivierungsmaßnahmen, **Förderung von Umwelttechnologien** in verschiedenen Branchen durch Unterstützung von Forschung und Entwicklung. **Umweltüberwachung und Umweltplanung** durch Verstärkung der Überwachungskräfte und Ausbau der öffentlichen Verwaltung und schließlich **Wohnumfeldverbesserung** durch Verkehrsberuhigung, Lärmschutzanlagen und Errichtung von zusätzlichen Grünflächen[41]. Alle diese Maßnahmen erfordern hohe Investitionen. Zur Anregung von Umweltschutzinvestitionen schlägt der DGB zugleich politische Instrumente vor.

Das **Verursacherprinzip** soll einen Vorrang vor anderen Alternativen erhalten. Wer die Umwelt belastet, hat für die Folgen bzw. ihre Beseitigung aufzukommen. Das **Vorsorgeprinzip** ist ebenfalls wichtig. Durch frühzeitige Umweltschutzmaßnahmen lassen sich in vielen Fällen bestimmte Schäden noch eingrenzen bzw sie entstehen erst gar nicht.

Das Verursacherprinzip bildet die Finanzierungsgrundlage für die vom DGB vorgeschlagenen Maßnahmen. **Abgabenlösungen** und **Steuerpläne** vervollständigen den umweltpolitischen Maßnahmenkatalog[42]. Sie sollen die Erzeugung von umweltbelastenden Produkten befreien. Das **Gemeinlastprinzip** tritt an die Stelle privater Investitionsmaßnahmen, wenn marktwirtschaftliche Konzepte versagen (z.B. Altlastensanierung).

Die Verbindung des Umweltschutzgedankens mit dem Ziel der Arbeitsplatzschaffung bzw. der Förderung der Umweltschutzindustrie und -technologie als **Wachstumsmotor** ist offensichtlich. Allerdings haben die Gewerkschaften programmatische Vorstellungen entwickelt, deren Umsetzung in den jeweiligen Branchen und Industrien noch Schwierigkeiten bereiten. Das **Kostenargument** der Arbeitgeber verdeutlicht, daß die Grundsatzbeschlüsse des DGB 'vor Ort' nicht so ohne weiteres durchsetzbar sind. Auch treten vereinzelt **Interessenkonflikte** zwischen Einzelgewerkschaften und Dachverband auf, die den prinzipiellen Dissens zwischen DGB-Beschlüssen und unternehmerischen Betriebserfordernissen differenzieren. Die Gewerkschaften unterliegen eher als die SPD dem Zwang, die Tragfähigkeit ihrer Forderungen täglich beweisen zu müssen. Der Druck, unter dem die Gewerkschaften in der Bekämpfung der Massenarbeitslosigkeit stehen, ist weit stärker als der, den die SPD auf den zwar unbequemen und harten, aber recht ruhigen und sicheren Bänken der Opposition erfährt. Die Kritik an der durch die Privatwirtschaft mitverursachten ökologischen Krise verliert in der Öffentlichkeitsarbeit der Gewerkschaften einiges an Schärfe und Präzision. Das Bemühen um die Schaffung neuer, zusätzlicher Arbeitsplätze steht eindeutig im Vordergrund. So wird die Forderung nach ökologischen Strukturreformen und einer ökologischen Umgestaltung der Volkswirtschaft in den Gewerkschaften 'gefiltert' und zugunsten einer Verstärkung des **ökologischen Reparaturbetriebes** umgebogen.

Die Prüfung einiger Einzelvorschläge der Gewerkschaften bestätigt die Befürchtung, daß die enge Anbindung an die private Produktion den Blick auf die großen Zusammenhänge verstellt. Die von allen Umweltschutzverbänden kritisierte TA Luft wird zum Ausgangspunkt von großzügigen **Investitionsmaßnahmen** gemacht, ohne daß geklärt wird, ob der beschrittene Weg in die richtige Richtung weist. Der Bau von Lärmschutzwällen an den Autobahnen wird gefordert, ungeachtet der Tatsache, daß die Landschaft an der generellen Überlastung durch den Straßenbau leidet. Zu stark scheinen die Anbindungen an die Interessenlagen der großen Konzerne im Bereich der Energieversorgung, der Bauwirtschaft und der Automobilindustrie zu sein, um nur einige Branchen herauszunehmen. Die Schaffung eines **gesamtwirtschaftlichen industriellen Reparaturbetriebes** für die Umwelt unter arbeitsplatz- und einkommensschaffenden Kriterien scheint das höchste Ziel gewerkschaftlicher Zukunftsvorstellungen zu sein. Ein Bemühen, aus dem Kreislauf der erweiterten Reproduktion und der zunehmenden **Geldkapitalakkumulation** herauszukommen, ist strukturell nicht erkennbar. In der Kritik an der ökologischen Krise dominiert der pragmatische Aspekt, der Wachstum und Arbeitsplätze nicht aus den Augen verliert, nicht zuletzt wegen eigener Probleme (z.B. Finanzklemme, Mitgliederentwicklung, Neubestimmung des Verhältnisses zu neuen meinungsbildenden Gruppen, Tendenzen der Individualisierung und Dezentralisierung etc.)[43].

2. Weniger Staat: Neoklassische Theorievarianten

Die neoklassische Ökonomie beinhaltet in ihrer theoretischen Zuspitzung die Ignorierung der den Menschen umgebenden Lebenswelt. Praktisch kennt sie jedoch Umweltprobleme. Ihre Vorschläge bewegen sich entsprechend ihrer Theorie im **mikroökonomischen Rahmen**. Der makroökonomische Bezug, der in keynesianischen Ansätzen der geld- und fiskalpolitischen Globalsteuerung dem Staat anvertraut wird, ist in ihm allenfalls für eine **pareto-optimale Verteilung** relevant.

a) Grundlagenebene: Institutionen- und Angebotspolitik

Der einzige Vermittlungscode zwischen den verschiedenen Interessen der Wirtschaftssubjekte und den Belangen der menschlichen Umwelt ist der Preis. Der geld- und fiskalpolitische Handlungsspielraum des Staates wird bewußt reduziert. Im Mittelpunkt stehen die **Institutionen des Marktes und des Eigentums** sowie deren Funktionsfähigkeit, die durch ordnungspolitische Maßnahmen des Rechtsstaates hergestellt und abgesichert wird. Anvisiert wird eine **vollständige Privatisierung und Ökonomisierung** der natürlichen Lebensumwelt. Die umweltpolitische Institutionen- und Angebotspolitik entspricht dieser Intention.

(1) Preistheoretische Allokation

Die preistheoretische Allokation stellt sich die Aufgabe, alle mit der Ökologie verbundenen Probleme über den **Preismechanismus** zu integrieren. Durch Vermittlung des Preismechanismus soll auf dem Markt ein Interessenausgleich herbeigeführt werden, der als pareto-optimal bezeichnet wird, sofern an ihm alle Wirtschaftssubjekte unter gleichen Bedingungen beteiligt sind (Identität von Einzel- und Gesamtinteresse). Unter effizientestem Mitteleinsatz wird die Befriedigung der Konsumbedürfnisse mit dem Wunsch nach intakter Umwelt harmonisiert. Dazu bedarf es der Stärkung des Marktsystems und seiner Funktionsprinzipien in bezug auf die Umwelt. Im Gegensatz zur keynesianischen Wirtschaftstheorie wird im Umweltbereich von der These des Marktversagens ausgegangen und ein Weg gewählt, der in Richtung einer **Markterweiterung** zeigt. Der Neoklassik wird vorgehalten, der Markt habe bisher eher **kontraproduktive Ergebnisse** für den Umweltschutz gebracht. Wie läßt sich dieser negative Eindruck erklären und wie kann erreicht werden, daß er in Zukunft anders wird? Auf den ersten Blick erscheint die Marktwirtschaft in Verbindung mit **dem harten Konkurrenzmechanismus** als natürlicher Feind ökologischer Zusammenhänge, die nach **sanften Lösungen** suchen[44].

Die Hauptursache für das 'Versagen' marktwirtschaftlicher Modelle in der Umweltökonomie liegt nach Ansicht der Neoklassik jedoch nicht darin begründet, daß der Marktmechanismus in seiner abstrakten Form für die Verarbeitung ökologischer Probleme untauglich ist, sondern darin, daß sich nicht alle Bereiche mit ökologischen Defiziten dem Markt öffnen. Erst die vollständige Allokation über **Marktpreise** bietet die Gewähr, daß der größte gesamtwirtschaftliche Nutzen sich aus der Summe der einzelwirtschaftlichen Nutzenmaximierungen ergibt. Dieser Satz der Neoklassik gilt auch für den Umgang mit den natürlichen Grundlagen des Lebens. Nach ihm ist sichergestellt, daß die größte ökonomische Effizienz mit dem geringsten Verzehr an Umwelt erreicht wird.

Bisher zahlen private **Einzelkapitale** bei der Verfolgung ihrer Interessen für entscheidende Voraussetzungen ihrer Produktion keinen oder nur einen sehr geringen Marktpreis. Den Inputs der Produktion wird oft ein Preis zugemessen, der vom ökologischen Stellenwert des tatsächlichen Verbrauchs der Umweltressourcen erheblich abweicht. Dies hat zweierlei Ursachen: Einmal wird für viele Güter, welche die Umwelt zur Verfügung stellt, weder ein **Preis** gefordert noch gezahlt. Nicht immer ist ein konkreter **Eigentümer** erkennbar. Die Natur gehört oft niemandem und kann daher kostenlos in Anspruch genommen werden. Ein typisches Beispiel ist der verschwenderische Umgang mit der Luft. Ein zweiter Grund ist, daß die mit dem Verbrauch an Umweltressourcen entstehenden Kosten nicht dort bezahlt werden, wo sie anfallen. Die Verteilung der Sozialkosten auf die private Produktion ist nicht einmal in Ansätzen realisiert, weder methodisch noch inhaltlich. **Umweltkosten der Produktion** werden **nicht** über die vollständige Berechnung externer Kosten in den Produktionsprozeß internalisiert und für den Verursacher **privatisiert, sondern** sie werden in der Regel fast vollständig über das Gemeinlastprinzip **sozialisiert**. Solange dies so ist, versagt nicht der Markt im Umweltbereich. Die einzelnen Subjekte verhalten sich im Rahmen ihrer privaten Kosten-Nutzen-Kalküle durchaus rational, wenn sie Kostenvorteile exzessiv nutzen. Die Neoklassik schließt hieraus, daß der Markt auf bisher nicht oder nur unvollständig erfaßte Bereiche (hier speziell für Umweltressourcen) ausgedehnt werden muß. Zugespitzt darf sich kein Bereich des Lebens der umfassenden Bewertung durch Marktpreise entziehen. Dies bedeutet die **vollständige Privatisierung und Ökonomisierung aller Lebenszusammenhänge** einschließlich der natürlichen Umwelt. Wachstum bewirkt eine tendenzielle Verknappung von Ressourcen. Erst wenn ein Gut im Sinne privatrechtlicher Aneignung knapp ist, hat es einen Preis. Allerdings ist der Preis in seiner Allokationsfunktion nur optimal, wenn er sich auf einem **freien Markt** bildet. Ein freier Markt setzt die **freie Verfügungsgewalt** über Güter voraus (**Privateigentum**). Dies sind die wesentlichen Grundzüge der neoklassischen Umweltpolitik, die im folgenden konkretisiert werden soll.

Die neoklassische Umweltökonomie geht von der Annahme aus, daß der Markt nicht nur das geeignetste Instrument zur Bewältigung der ökologischen Krise ist, sondern zugleich ein **universelles Prinzip** verkörpert. Die Forderung, den Markt abzuschaffen und durch ein administratives System von Ge- und Verboten bzw. ein ausgeklügeltes Steuer- und Abgabenmanagement zu ersetzen (wie im Kapitel über die keynesianische Umweltpolitik) wird gegenstandslos, weil sich das 'Prinzip Markt' nicht abschaffen läßt[45]. Diese Auffassung geht noch über den Standpunkt von H. Bonus hinaus, der darauf hinweist, daß angesichts der **internationalen Arbeitsteilung** ein isolierter Ausstieg nicht zu kalkulieren und auch nicht zu verantworten sei[46]. Deshalb werden Voraussetzungen formuliert, die für eine **totale Privatisierung** der Umweltressourcen innerhalb des Marktsystems notwendig sind. Wesentlich dafür sind: die Freiheit des Preisbildungsmechanismus und die Privatheit der Eigentumsverhältnisse.

Der erste Punkt beinhaltet, daß der Staat nur in Ausnahmefällen in das Marktgeschehen eingreifen soll. Prozessuale bzw. prozeßpolitische Interventionen sind grundsätzlich abzulehnen, da sie mit einer ausufernden **Bürokratie** und einem ineffizienten Mitteleinsatz assoziiert werden. "Staaten, die ihre Volkswirtschaften im Übermaß bürokratisch lenken, verschaffen ihren Bürgern Einbußen an Lebensqualität und Wohlstand. Dies rührt daher, daß Bürokratie zwei Eigenschaften hat, die sie für die Lösung wirtschaftlicher Problem ungeeignet machen. Erstens können Bürokratien nicht sparsam mit knappen Ressourcen umgehen. ... Zweitens sind die Motivationslagen innerhalb von Bürokratien so, daß sich Kreativität vorzugsweise in Ideen darüber dokumentiert, wie Umfang und Einfluß der jeweiligen Behörde ausgedehnt werden können"[47]. Die an Pigou orientierten Vorschläge zur Internalisierung externer Kosten in Form geeignet hoher Steuern werden ebenfalls abgelehnt. "Externe Effekte drücken sich allgemein darin aus, daß in den Kostenfunktionen von Unternehmungen und den Nutzenfunktionen von Individuen Größen enthalten sind, auf die diese keinen Einfluß haben - und die häufig auch unerwünscht sind (negative externe Effekte)"[48]. Dieser Zustand kann in der Sichtweise der Neoklassik nur dadurch aufgehoben werden, daß alle externen Effekte über den jeweiligen Preis ausgedrückt und am Markt gehandelt werden. Mit dem Kaufpreis einer Ware wird dann nicht nur der Gegenstand oder die Dienstleistung erworben, sondern auch das ganze Bündel der mit ihnen **direkt oder indirekt verbundenen Folgekosten**. Man kauft das Produkt und den mit ihm verkoppelten Abfall; dieser wird, selbst wenn er erst in Zukunft anfällt, das Eigentum des Käufers, der dafür verantwortlich ist. Bisher kostenlose Umweltressourcen werden nach diesem Konzept privatisiert. Die aus einem Schornstein entweichende verschmutzte Luft gehört zum Eigentumsbereich des Unternehmens und geht in die Kostenrechnung seines Verursachers ein.

Damit ist der zweite Aspekt der preistheoretischen Allokation angesprochen. Zu seiner Umsetzung bedarf es eines **veränderten und erweiterten Rechtssystems**[49]. Die augenblickliche Regelung der **Eigentums- und Verfügungsrechte** reicht dafür nicht aus. Für weite Bereiche der Umweltökonomie existieren institutionell keine **justitiablen Eigentumstitel**. "Ein Marktsystem kann seine Eignung, sparsamen Umgang mit knappen Gütern und Ressourcen zu gewährleisten, nur dann auch bei neu entstandenen Verknappungen erweisen, wenn an den neu verknappten Gütern und Ressourcen Eigentumstitel in Form exklusiver Verfügungsrechte institutionalisiert werden, die tauschbar sind. Die Weiterentwicklung und Verfeinerung des Marktsystems setzt also die Weiterentwicklung und Verfeinerung des Rechtssystems voraus"[50]. Damit sind Gesetze angesprochen, die allgemein gültig seien müssen und deren Übertretung gegebenenfalls in geregelter Form geahndet werden kann[51].

Die neoklassische Variante der Umweltökonomie will bei größtmöglicher Freiheit des einzelnen ihr Ziel einer Entschärfung der ökologischen Krise dadurch erreichen, daß sie den rationalen Umgang mit den als knapp definierten Ressourcen durch eine **Erweiterung des Preismechanismus** unter gleichzeitiger **Anpassung des Rechtssystems** fördert. Die Motivation zum schonenden und umweltverträglichen Wirtschaften soll über den Preis vermittelt werden. Ökologisches Verhalten wird sinnvoll, wenn der Markt dafür sorgt, sich entsprechend dem Preis zu verhalten. Dadurch soll ein **Fließgleichgewicht**[52] zwischen dem ökonomischen und dem ökologischen System installiert werden, das nicht gleichbedeutend mit Nullwachstum ist, sondern **Wachstumschancen** beinhaltet und eröffnet. Das methodisch-systematische Bindeglied zwischen beiden Systemen ist die

dezentrale Steuerung der einzelnen Abläufe und Entscheidungen. Sowohl die Ökosphäre als auch die neoklassische Ökonomie sind nach diesem Prinzip strukturiert.

Unterstellt wird, daß die kausalen Bezüge beider Systeme identisch oder sich zumindest sehr ähnlich sind. Anders läßt sich nicht gewährleisten, daß eine sinnvolle Entscheidung in dem einen System eine kalkulierbare und erwünschte Reaktion in dem anderen auslöst. Allerdings ist zu bezweifeln, daß das Modell der neoklassischen Ökonomie von seinen Strukturannahmen her geeignet erscheint, diese Voraussetzung zu erfüllen. In der Wirtschaft sind Zusammenhänge selten kybernetisch organisiert. Ein weiterer Aspekt verstärkt den Zweifel. Die Neoklassik unterstellt prinzipiell die **Teilbarkeit aller Ressourcen** für die eigentumsrechtliche Verfügung. Bei vielen Gütern mag dies praktikabel erscheinen, aber gerade bei den heute problematischen Bereichen der Luft- und Gewässerverschmutzung stößt das System an seine Grenzen; weder Luft noch Wasser sind vollständig privatisierbar. Schließlich sei darauf verwiesen, daß neoklassische Theorien stillschweigend und implizit von der **Gleichverteilung der Macht** im ökonomischen System ausgehen. Macht kommt als Kategorie nicht vor. Angenommen wird, daß sie entweder nicht vorhanden oder völlig gleich verteilt ist, so daß sie sich gegenseitig neutralisiert. Diese Annahme stimmt mit der ökonomischen Realität nicht überein.

(2) Ökologische Marktwirtschaft

Die Neoklassik betont den Primat der Ökonomie, die gegenüber der Politik souverän ist, auch wenn diese institutionell für die notwendigen Rahmenbedingungen der Wirtschaft zu sorgen hat. Der **Staat** garantiert lediglich die **Form**. Die Inhalte der ökonomischen Praxis sind den **Wirtschaftssubjekten** und deren **privater Rationalität** überlassen. Grundsätzlich sind zwei Strategien relevant, mit deren Hilfe die zuvor gewonnenen theoretischen Erkenntnisse in die praktische Konzeption einer **ökologischen Marktwirtschaft** integriert werden sollen. Zum einen ist die ökologische Unternehmenspolitik zu nennen, zum anderen die ökologische Verbraucherpolitik. Die erste Variante setzt auf der Produzentenseite an, die zweite auf der Konsumentenseite. Beide ergänzen sich in der **mikroökonomischen Problemverarbeitung**. Der theoretische **Makrorahmen**, in dem sich beide Ansätze bewegen, wird durch das Coase-Theorem begründet.

(aa) Grundvoraussetzung: Das Coase-Theorem

Das Coase-Theorem betrifft die Internalisierung externer Effekte in einer Privatwirtschaft. A. C. Pigou folgert aus dem Vorhandensein externer Effekte, daß die Bedingungen der vollständigen Konkurrenz auf allen Märkten nicht ausreichen, um eine pareto-optimale Situation herzustellen. Nicht alle wirtschaftlichen Aktivitäten werden vom Preismechanismus erfaßt. Die Summe der **privaten** Kosten und Erträge ist nicht identisch mit der Summe der **sozialen** Kosten und Erträge. Die Bedingungen für einen **pareto-optimalen Zustand** einer Volkswirtschaft sind somit **nicht gegeben**. Es entsteht die Frage, wie dieser Mangel behoben werden kann, ohne daß das Gesamtsystem der Wirtschaft zerrüttet wird. **Pigou** sieht als **Wohlfahrtsökonom** den Ausweg in einer verstärkten **Staatsinter-**

vention. Er glaubt nicht, daß die Kräfte des Marktes in 'freier Konkurrenz' zwischen Privat- und Sozialökonomie einen Interessen- bzw. Saldenausgleich herbeiführen können. Pigou verzichtet zwar nicht auf den Preismechanismus, aber der **Staat** erhält die Aufgabe, durch gezielte Steuern gegenüber Verursachern von Umweltschäden die pareto-optimale Situation wiederherzustellen und sie im Gleichgewicht zu halten[53].

R. Coase vertritt eine entgegengesetzte Meinung. Für ihn stellen nicht staatliche Interventionen, sondern **Verhandlungen** zwischen den an externen Effekten Beteiligten die Lösung des Konflikts dar. Fundamental ist die Erkenntnis, daß der **gemeinsame Gewinn** der Beteiligten in einer nicht korrigierten bzw. nicht paretooptimalen Situation keineswegs maximal ist. Insofern sind sowohl Verursacher als auch Betroffene daran interessiert, diesen Zustand zu verändern und ein (gemeinsames) Gewinnmaximum zu erzielen. Der durch Verhandlungen erzielte Gewinn (Zusatzgewinn) könnte dann verteilt werden und stellt sicher, daß nicht nur einer Gruppe die Internalisierung der externen Effekte nützt.

Aus dieser Sicht sind **Interventionen des Staates** nicht nur überflüssig, sie sind sogar **schädlich** und **kontraproduktiv**. Es besteht die Gefahr, daß solche Eingriffe am falschen Ort geschehen und in die falsche Richtung wirken, da allein die privaten Wirtschaftssubjekte ihr Vorteilsinteresse mit maximalem Erfolg durchsetzen können[54]. Bei freiwilliger (weil gewinnversprechender) Internalisierung der externen Effekte beschränkt sich die Rolle des Staates auf die Setzung und Garantie von **Rahmenbedingungen**. Dabei gibt es zwei äußere Pole und beliebig viele Abstufungen im Zwischenraum der Extrempunkte. Folgende Positionen markieren diese beiden Punkte:

Der erste ist gekennzeichnet durch die prinzipielle Möglichkeit und Freiheit des Verursachers von externen Effekten, diese ohne die Zustimmung eines oder mehrerer Betroffener beliebig zu erhöhen, auf einem bestimmten Niveau zu halten oder sie zu senken. Will ein potentiell Geschädigter Einfluß auf den Verursacher ausüben, kann er sich nicht der Hilfe irgendwelcher Institutionen versichern, sondern muß über monetäre Anreize versuchen, eine Motivation beim Verursacher zur Verhaltensänderung zu schaffen. Er muß **Kompensationszahlungen** leisten. Diese erste Spielregel für Verhandlungen wird als '**Laissez-faire-Regel**' bezeichnet. Den entgegengesetzten Pol bildet die Regelung, daß der Verursacher eines externen Effektes nichts ohne die Zustimmung des oder der Betroffenen tun darf. Er muß für das Entstehen von Externalitäten eine Art **Genehmigung** besitzen. Diese wird wiederum nicht von staatlichen Stellen, Behörden etc. ausgestellt, sondern sie kommt durch einen **Vertrag** zwischen zwei privaten und souveränen Wirtschaftssubjekten zustande. Hier handelt es sich um die sogenannte '**Verursacherregel**'[55]. Das gemeinsame Bindeglied beider Fälle ist, daß monetäre Leistungen (Ausgleichszahlungen) zwischen den direkt Beteiligten vereinbart werden, ohne daß andere Institutionen einen Einfluß ausüben, weder auf die Höhe solcher Zahlungen noch darauf, ob solche Zahlungen überhaupt geleistet werden. Als weitere systematische Annahmen für das Funktionieren dieses Ansatzes müssen folgende Voraussetzungen berücksichtigt werden:

Das Aushandeln der Ausgleichszahlungen (egal, ob sie von einem durch externe Effekte Betroffenen wie im ersten Fall, oder von einem Verursacher externer Effekte im zweiten Fall geleistet werden) erfolgt nicht ohne zusätzliche Kosten. Den Verhandlungspartnern entstehen '**Transaktionskosten**', deren genaue Höhe im voraus schwer zu beziffern ist. Coase abstrahiert bewußt von diesen Kosten, deren Existenz er im einzelnen nicht leugnet, um das Prinzip seines Verhandlungsansatzes nicht zu verschleiern. Er setzt den Wert dieser Kosten mit Null an, um sie als 'Störfaktoren' aus seinem Konzept ausblenden zu können[56]. Seine Gegner haben ihm häufig unterstellt, daß durch diese Setzung der Staat quasi durch die Hintertür als 'stiller Akteur' wieder ins Spiel gebracht wird; er soll die objektiv anfallenden Transaktionskosten am Markt zur Steigerung oder Erhaltung des Gemeinwohls übernehmen. Diese These ist indes kaum zu halten, wenn man den Grundtenor des Aufsatzes von Coase berücksichtigt. Er kennt das Phänomen der Transaktionskosten z.B. in Form der **Informationskosten.** An anderer Stelle ist er der Meinung, daß die Kompetenz bzw. die Effizienz staatlichen Handelns in den meisten Fällen überschätzt wird[57].

Darüber hinaus wird am Markt **vollständige Konkurrenz** vorausgesetzt[58]. Diese ist bei Verhandlungen nicht gleichbedeutend mit der Vorstellung, daß ein Preis pro Einheit der externen Effekte vom Markt vorgegeben ist. Allgemein wird das Coase-Theorem so verstanden, daß unter Einhaltung der Rahmenbedingungen (Vernachlässigung der Transaktionskosten am Markt, vollständige Konkurrenz) und unter Berücksichtigung der Verhaltensnormen (Laissez-faire-Regel oder Verursacherregelung) Verhandlungen zwischen den Beteiligten stets zu einem pareto-optimalen Zustand der Allokation führen. Das Niveau des durch Verhandlungen erzielten Ergebnisses liegt stets **über** dem des ungeregelten Zustandes. Die vollständige **Privatisierung der Umwelt** ist eine unumgängliche Bedingung. Erst wenn sich sämtliche Umweltgüter und Ressourcen in Privatbesitz befinden, ist das von Coase vorgeschlagene Verhandlungskonzept durchführbar. Da sich der Staat mit seinen Aktivitäten auf die Einhaltung der Rahmenbedingungen beschränkt und selbst nicht als Verhandlungspartner auftritt, ist es konzeptionell ausgeschlossen, daß einige Teilbereiche nicht der privaten Verfügung unterstellt sind.

Die Privatisierung ist somit die **ordnungspolitische Rahmenbedingung**, welche die Annahmen des **allokationstheoretischen Ansatzes** mit den verschiedenen Formen **externer Effekte** verbindet. Die Verhandlungen können zwei verschiedene Ausrichtungen haben. Die **angebotsorientierte** Form setzt im Bereich der Unternehmen an, die **nachfrageorientierte** betrifft die Organisation der Verbraucherinteressen. Streng genommen handelt es sich in beiden Fällen um die gleiche mikroökonomische Variante des Problems. Sie wird nur aus unterschiedlicher Perspektive betrachtet. Im ersten Fall wird die Integration der ökologischen Anforderungen in die Wirtschaft beim Produzenten anvisiert, im zweiten Fall beim Konsumenten. Beiden Varianten gemeinsam sind folgende Grundvoraussetzungen: Erstens herrscht das **Prinzip der Freiwilligkeit**, d.h. Produzenten und Konsumenten können nicht zu einem bestimmten Marktverhalten gezwungen werden, weder durch Zwangsmitgliedschaft in einer Organisation noch durch gesetzliche Auflagen. Zweitens gilt die **private Verfügungsgewalt** uneingeschränkt auch für bisher noch nicht privatisierte Bereiche der Umwelt. Drittens wird angenommen, daß der Nutzen der an solchen Verhandlungen Beteiligten größer ist, als wenn kein Interessenausgleich stattfindet, und viertens ist unterstellt, daß der ökonomische Nutzen der Einzelakteure den ökologischen Nutzen der Gesamtheit automatisch mitausdrückt.

(bb) Erste Variante: Ökologische Unternehmenspolitik

Der ökologischen Unternehmenspolitik liegt die Vorstellung zugrunde, daß die **betriebswirtschaftliche Praxis der Bilanzierung** erweitert werden muß, wenn sich die Erfordernisse ökologischer Erkenntnisse in ihr niederschlagen sollen. Dazu ist die monetäre Bewertung der am Produktionsprozeß beteiligten Faktoren so auszudehnen, daß bisher nichtbewertete Größen externer Effekte in die **private Kosten-Ertragsrechnung** eines Unternehmens eingehen können. Die traditionelle Form der Bilanzierung gibt über die ökologischen Konsequenzen einer Produktion hingegen keine Auskunft. Sie informiert lediglich über den Gewinn oder Verlust der Produktion im engeren Sinne. Die betriebswirtschaftliche Sichtweise soll durch das **Konzept der ökologischen Unternehmenspolitik** ergänzt werden, indem eine neue Form der Bilanzierung vorgeschlagen wird, die Auswirkungen auf die Umwelt einbezieht und sie monetär bewertet. Negative Folgen werden vom Ertrag abgezogen, positive Effekte erhöhen den Gewinn. Anzunehmen ist, daß der erste Fall der Regelfall ist und der zweite die Ausnahme bildet. Dennoch glaubt man, daß der **präventive** Umgang mit der Natur durch ein solches Konzept wesentlich gefördert werden kann, sofern die Prämissen eingehalten werden. Dies würde eine Verlagerung der bisherigen Umweltpolitik **von der nachträglichen Reparatur und Schadensbekämpfung zur Vorbeugung** bedeuten. Allerdings müssen die **Informationssysteme** und der **Informationsgehalt** des betrieblichen Rechnungswesens verändert werden. In der Literatur werden dafür verschiedene Strategien diskutiert:

Erweiterte Wirtschaftlichkeitsrechnungen, die gegenüber der herkömmlichen Bilanzierung neue Größen aufnehmen, sollen genauere Angaben über die tatsächlich mit einem Produkt verbundenen Kosten ermöglichen. Beispiel wäre die Bezifferung des Aufwandes, den ein Unternehmen zu leisten hätte, wenn es sich wegen seiner schädlichen Emissionen an neuer Stelle ansiedeln müßte. Ferner sind Kosten relevant, die den Betreibern kerntechnischer Anlagen durch Überwachung und Schutz vor Sabotage etc. entstehen. Sie werden jetzt monetär erfaßt.

Wesentlich sind zwei Unterschiede: Erstens wird durch die exakte Aufstellung und Aufschlüsselung sozialer Umweltkosten der **kausale Zusammenhang** zum jeweiligen Produkt deutlicher. Zweitens werden Kosten **öffentlicher Ertragsrechnungen** ins **private** Rechnungswesen überführt. Das Beispiel der Kernkraft zeigt, daß die Kosten für die spätere Entsorgung und Lagerung der Brennelemente bisher nicht im aktuellen Strompreis enthalten sind. Soweit die Kosten für diese Vorgänge neu anfallen, wird der Preis wieder erhöht. Noch hat kein Energieversorgungsunternehmen ausgerechnet, was die Kilowattstunde Atomstrom real kosten müßte, wenn solche in der Zukunft auftretenden Kosten schon heute auf den Strompreis umgelegt würden. Etwas anderes wird ebenfalls deutlich: Bisher werden z.B. die Kosten für die Polizeieinsätze, die zum Schutz von Kernkraftwerken bzw. deren Baugelände nötig sind, vom Steuerzahler bezahlt. Unter den Kriterien der erweiterten Wirtschaftlichkeitsrechnung wäre der Besitzer solcher Anlagen für diese Kosten selbst haftbar zu machen. Hierin liegt aber auch der Schwachpunkt der Konzeption. Die Beziehungen zwischen Ursache und Wirkung sind nicht in jedem Fall eindeutig beweisbar. Deshalb stehen Fortschritte auf diesem Gebiet noch aus.

Umweltindikatoren, die **stoffliche Auswirkungen** eines Produktionsvorganges auf die Umwelt erfassen und bewerten sollen, vermitteln den Eindruck wissenschaftlicher Exaktheit und Überprüfbarkeit. Allerdings verschweigen sie die Probleme der Voreinstellung und der Messung, die bislang keineswegs befriedigend gelöst sind. Weder gibt es gesicherte Grenzwerte, deren Überschreitung vermieden werden muß, noch sind die gegenseitigen Einwirkungen und Beeinflussungen verschiedener Umweltschädigungen hinreichend bekannt (**Synergieeffekte**). Der **Entropieansatz** berücksichtigt thermodynamische Zusammenhänge bzw. diejenige Energiemenge, die nicht mehr in Arbeit umgewandelt werden kann (ausführlich dazu Abschnitt E II/4d). Für H. Chr. Binswanger folgt daraus, daß "eine Produktionsfunktion, die nur Arbeit und Kapital als Produktionsfaktoren enthält (also die Natur und damit Rohstoffe und Abfälle ausklammert), wie sie heute der Makroökonomie zugrundeliegt, ein Unding (ist)"[59]. Die **einzelwirtschaftliche Transformation** dieser Überlegungen ist jedoch mit dem Handikap behaftet, daß die Bewertung des Energieverbrauchs, der mit einem Produktionsvorgang verbunden ist, außerordentlich kompliziert ist, vor allem dann, wenn nicht nur der absolute Betrag ermittelt werden soll, sondern auch die Auswirkung des Energieumsatzes auf die Biosphäre[60].

Checklisten für umweltfreundliches Verhalten von Unternehmen, die in verschiedenen Bereichen eines Unternehmens ökologische Korrekturen ermöglichen sollen, erstrecken sich nach einem Vorschlag der **Ökologie-Kommission des Bundesverbandes Junger Unternehmer**[61] auf insgesamt acht Bereiche: 1. Umweltgerechte Materialbeschaffung, 2. Umweltgerechte Entsorgung, 3. Entwicklung umweltgerechter Produkte, 4. Entwicklung umweltgerechter Fertigungsverfahren, 5. Energie- Wasser- und Rohstoffeinsparungen im Betrieb, 6. Umweltgerechter Fuhrpark, 7. Umweltgerechte Arbeitsbedingungen für die Mitarbeiter, 8. Förderung des Umweltbewußtseins der Mitarbeiter. Das Checklisten-Konzept läßt sich als **privatwirtchaftliche Ergänzung** der schon 1975 durch die damalige Bundesregierung beschlossenen **Umweltverträglichkeitsprüfung** verstehen, die für öffentlich finanzierte Großprojekte zwingend vorgeschrieben ist.

Nutzen-Kosten-Analysen tangieren die **monetäre Transformation** der Checklisten. Ihre Problematik liegt darin, daß einem monetären Kostenfaktor ein möglicherweise **nicht-monetärer Nutzenfaktor** gegenübergestellt wird. Die Bemühungen müssen dahin gehen, auch den nicht-monetären Nutzen einer Maßnahme monetär meßbar zu machen, um so die Entscheidung zwischen verschiedenen Alternativen möglich zu machen. Ein Ansatz in diese Richtung ist die **Technologiefolgenabschätzung** (ausführlich in Abschnitt E I/3c). **Stoff- und Energiebilanzen**, die eine grundsätzlichere Betrachtung des Problemzusammenhanges ermöglichen, sollen an die Stelle der bisherigen Finanzbuchhaltung treten. Sie berücksichtigen unter anderem auch Faktoren (wie z.B. die Giftigkeit eines Stoffes), die außerhalb des Unternehmens entstehende Folgewirkungen der Abfallbeseitigung oder innerbetriebliche Störfälle (nicht nur im engeren Sinne des damit verbundenen Produktionsausfalls) betreffen. Ihr Ansatz orientiert sich an der **verfahrenstechnischen** und nicht primär an der **kostenorientierten** Planung und Durchführung der Produktion. Die **Operationalisierung** des dafür erforderlichen Vorgehens ist noch keineswegs gelungen.

Eine Kombination aus den oben beschriebenen Verfahren ist die **ökologische Buchhaltung**. Sie ist "ein Meßsystem, welches die von einzelnen Unternehmen ausgehenden Umwelteinwirkungen umfassend, kontinuierlich und nach verbindlichen Verfahrensvorschriften erfaßt. Die ökologische Buchhaltung mißt die einzelnen Kategorien der vom buchführenden Unternehmen ausgehenden Einwirkungen (Energieverbrauch, Materialverbrauch, Abwasserabgabe, Abgabe von Abwärme etc.) je separat in den entsprechenden physikalischen Maßeinheiten wie Gewicht, Volumen, Energiemenge. Innerhalb der Kategorien wird getrennt gemessen nach Art des Rohmaterials, nach Art der Gewässerbelastung etc. Darauf werden aber die einzelnen gemessenen Mengen dadurch addierbar und vergleichbar gemacht, daß die jeweilige Einheitsmenge mit einem Gradmesser der ökologischen Knappheit der betreffenden Einwirkungsart (Erschöpfungsgrad bei Rohstoffreserven, Beanspruchungsgrad des Aufnahmevermögens der Umwelt bei Emission) gewichtet wird. Dieser Gradmesser wird Äquivalenzkoeffizient (AeK) genannt; die zahlenmäßige Berechnung der Aek bildet ein zentrales Element der ökologischen Buchhaltung. Aus der Multiplikation der gemessenen Mengen pro Einwirkungsart mit dem zugehörigen Aek ergibt sich eine allgemeine Meßzahl an Umwelteinwirkung, ausgedrückt in Rechnungseinheiten (RE). Addiert man die RE über alle Einwirkungsarten oder Konten der ökologischen Buchhaltung, so resultiert eine Maßzahl der Gesamteinwirkung eines Unternehmens auf die natürliche Umwelt während der entsprechenden Periode. Mit Hilfe der in Rechnungseinheiten (RE) ausgedrückten Gesamteinwirkung pro Abrechnungsperiode wird es nun möglich, die gesamten Umwelteinwirkungen verschiedener Unternehmen miteinander zu vergleichen oder bei ein und demselben Unternehmen die Entwicklung der gesamten Umwelteinwirkung von Jahr zu Jahr zu verfolgen"[62].

Die ökologische Buchhaltung nutzt den **neoliberalen Rahmen** für die Einführung von sogenannten **Umweltzertifikaten** bzw. **Umweltlizenzen**. Gemeint ist der Verkauf von bestimmten Verschmutzungsrechten durch den Staat an private Eigentümer. Eine maximal zu tolerierende Verschmutzungsmenge wird zu einem festgesetzten 'Marktpreis' als Recht zur Inanspruchnahme der Umwelt den Wirtschaftssubjekten angeboten. Zur Unterstützung des privaten Handels mit Verschmutzungsrechten ist die Einführung einer **Umweltbörse** vorgesehen, die in ein **Umweltbankensystem** integriert ist. Jedes Unternehmen erwirbt - etwa analog zur Erstausgabe von Aktien - ein Quantum an Verschmutzungsrechten, die bei Nicht-Inanspruchnahme weiterverkauft werden können, z.B. an andere Unternehmen, die Emissionsrechte der entsprechenden Art nachfragen, weil sie die vorgegebenen Grenzwerte oder Umweltauflagen nicht einhalten wollen oder können. Insofern stellen die Emissionszertifikate einen aktiven Bilanzposten (Wertpapiere) dar, der entweder veräußert werden kann oder für die Zukunft als Umweltbelastungsreserve 'gehortet' wird. Voraussetzung für ihren Verkauf ist, daß das Unternehmen, das ein Teilkontingent seiner Verschmutzungsrechte an einer Umweltbörse anbieten will, die umwelttechnischen Voraussetzungen zur Einhaltung der Grenzwerte/Auflagen erfüllt. Es muß entweder weniger produzieren bei gleichgebliebenem Schadstoffanteil der Produktion, oder es muß seine Produktionsmethoden derart verbessern, daß weniger umweltbelastende Schadstoffe anfallen. Auf die letzte Variante zielt die Strategie der Umweltlizenzen. H. Chr. Binswanger macht den Vorschlag, nach gerade noch zulässigen Schadstoffhöchstmengen nicht lange zu suchen, da die methodischen Verfahren zu deren Festsetzung ohnehin ungesichert sind. Stattdessen seien die zur Zeit legitimen Emissionen ganz pragmatisch zu addieren und zur Ausgangsgröße zu machen[63].

Er vertraut darauf, daß bereits das Vorhandensein eines verbindlichen Standards die Unternehmen dazu veranlaßt, ihr 'Umweltkapital' pfleglich zu behandeln und nach Möglichkeit zu vermehren. Der Druck zur Verbesserung der jeweiligen Produktionsverfahren ließe sich noch dadurch steigern, daß die Umweltzertifikate künstlich inflationiert werden. Der Staat könnte auf diese Weise bestimmen, daß sich ihr Wert jährlich z.B. um 5% verringert bzw. nur dann konstant bleibt, wenn eine 5%ige Schadstoffminderung erzielt würde[64].

Dieses Konzept hat gegenüber freiwilligen Vereinbarungen den Vorteil, daß je Stoff oder Stoffgruppe ein verbindlicher maximaler Verschmutzungswert festgeschrieben wird und die Funktionen des Marktes nicht vollständig außer Kraft gesetzt werden. "Der Staat gibt der Wirtschaft bzw. den Umweltverschmutzern nur die umweltpolitischen Rahmenbedingungen vor, bewahrt aber weitgehend die einzelwirtschaftliche Verantwortung und Dispositionsfreiheit. Es handelt sich deshalb weitgehend um eine marktwirtschaftskonforme Lösung"[65], sofern die vorhergehenden ordnungspolitischen Maßnahmen (z.B. Einführung neuartiger Verschmutzungsrechte, Bestimmung der Grenzwerte für Luft, Wasser, Boden, Lärm, Abfall etc. in Rechtsakten) in die Beurteilung nicht eingehen. Hieran zeigt sich, daß die neoliberalen Ansätze - wie die keynesianischen - ihre jeweils konzipierten Ökonomiemodelle ohne den Staat nicht funktionsfähig machen können.

Schließlich sind mit der ökologischen Marktwirtschaft strukturelle Nachteile verbunden. Zunächst ist nicht sichergestellt, daß potentiell neue Anbieter auf einen Markt gelangen können, wenn die einmal ausgegebenen Umweltzertifikate von ihren jeweiligen Eigentümern aus wettbewerbsstrategischen Gründen zurückgehalten und nicht neuen Interessenten zum Kauf angeboten werden. Ebenfalls wirft die Einführung einer **Umweltbank** oder **Umweltbörse** praktische Probleme auf. Ein möglicher Ausweg könnte sein, daß der Staat selbst einen Teil der Verschmutzungsrechte kauft oder gar nicht erst ausgibt, um sie später irgendwo als Mittel zum Ausgleich von Wettbewerbsverzerrungen einzusetzen. Allerdings würde diese Methode nur für eine begrenzte Zeit durchführbar sein und einen großen administrativen Aufwand erfordern, der die im Bereich der Umweltzertifikate ansonsten günstige Relation zwischen Bürokratie und Erfolg umkehren könnte. H. Siebert sieht im Instrument der Umweltzertifikate einen staatlichen Motor für Monopolisierungstendenzen[66]. In verschiedenen Bereichen des Umweltschutzes stellt sich trotz eventueller Regionalisierung bestimmter Verschmutzungsrechte die Schwierigkeit, daß es nur sehr unvollkommen möglich ist, den tatsächlichen Verschmutzungsgrad der Umwelt auf konkrete Verursacher zurückzuführen und ihn genau zu kontrollieren. Dieses Dilemma wird am Beispiel der Luftverschmutzung deutlich. Da die Luftverschmutzung weder an regionalen noch an nationalen Grenzen haltmacht, müssen theoretisch weit entfernte Verschmutzungsquellen in die Gesamtrechnung miteinbezogen werden. Daher ist weder der pragmatische Ansatz von H. Chr. Binswanger umsetzbar noch die Kontrolle möglicher Überschreitungen der zulässigen Höchstwerte sicherzustellen. Das langfristige Ziel der Reduzierung der Belastung in einzelnen Teilbereichen der Umwelt wird dadurch verfehlt.

Die grundsätzliche Schwäche der ökologischen Buchhaltung liegt darin, daß der Staat die Voraussetzungen für die Einführung der Umweltzertifikate (z.B. Festlegung der Grenzwerte für Umweltqualitätsstandards) in der Bundesrepublik noch nicht geschaffen hat. Deshalb äußert R. Müller-Wenk selbst gewisse Zweifel, ob sein Ansatz im Zusammenhang des Marktes und dem dort herrschenden Konkurrenzmechanismus durchsetzungsfähig bzw. realisierbar ist. "Falls ein Unternehmen den Willen hat, bei seinem Handeln nebst den üblichen betriebswirtschaftlichen Gesichtspunkten (in einem gewissen Umfang) auch freiwillige Vorkehren zur Limitierung oder Senkung der von ihm ausgehenden Umwelteinwirkungen zu treffen, so ist die ökologische Buchhaltung eine wertvolle Entscheidungshilfe: Sie vermittelt die informationsmäßige Grundlage für einen zweckoptimalen Einsatz ökonomischer Mittel im ökologischen Interesse"[67]. Damit wird suggeriert, daß sich ein 'ökologisches Interesse' dem ökonomischen System mitteilen kann. Das ist im **Konkurrenzzusammenhang** aber nur bedingt der Fall.

Ein privatwirtschaftlich kalkulierender Einzelunternehmer handelt systemimmanent nicht rational, wenn er die Folgen seiner Produktion kostenmäßig in sein Unternehmen zurückverlagert. Er verdient mehr, wenn er die Folgen, die von seinem Produkt oder seiner Produktion ausgehen, weiter von der Allgemeinheit tragen läßt. Erst die Einbettung aller Unternehmen in den gleichen Zusammenhang dessen, was unter dem Stichwort des **Coase-Theorems der Privatisierung** behandelt ist, würde solches Verhalten sinnvoll machen und belohnen. Dies kann R. Müller-Wenk allerdings nicht gemeint haben, wenn er von dem **Wunsch** (also völlig freiwillig) eines (vereinzelten!) Unternehmers spricht, seine Umwelteinwirkungen zu reduzieren. Die Motivation hierfür erhält dieser nicht durch den **Markt** (neoliberal die einzige Möglichkeit), sondern durch **sein individuelles Gewissen**, also eine **ethische Kategorie**, die im ökonomischen System durch den Preismechanismus nicht beachtet wird. Der Erwartung, daß sich ein solches Gewissen auf breiter Basis ohne Marktanreiz durchsetzen könnte, widerspricht dem Wörtchen 'falls' in dem oben zitierten Abschnitt.

Darüber hinaus bleiben die Schwierigkeiten der **Operationalisierung der ökologischen Kategorien** ungelöst. Ganze Belastungsarten (wie z.B. Strahlung, Lärm, Stofftoxizitäten) werden nicht berücksichtigt[68]. Dieses Defizit läßt sich gerade an dem Begriff der **ökologischen Knappheit** bzw. der Beanspruchung von natürlichen Systemen verdeutlichen, insbesondere angesichts Erfahrungen, die wir in jüngster Zeit z.B. mit einem Öko-System wie der Nordsee gemacht haben. Alle Warnungen über ein 'Umkippen' der Nordsee sind bisher ungehört verhallt. Viele glauben, daß die Grenze der Belastbarkeit noch lange nicht erschöpft ist[69]. Niemand kann mit wissenschaftlicher Exaktheit die Belastungsgrenzen von Öko-Systemen genau vorhersagen. Es ist zu befürchten, daß die **Regenerationsfähigkeit der Natur** allgemein überschätzt wird. Solange keine verläßlichen (überprüfbaren und operationalisierbaren) Werte gefunden sind, wird sich eine **Akzeptanz** für eine ökologische Buchhaltung oder ähnliche Vorschläge kaum erreichen lassen, weil sie dem Vorwurf der **Zufälligkeit** und **Willkür** ausgesetzt ist.

Eine gemeinsame Konzeption in der Umweltpolitik über die Grenzen einzelner Unternehmen hinaus liegt auf der Arbeitgeberseite nicht vor. Der BDI als die durchsetzungsstärkste Vereinigung der Industrie hat es bis heute nicht vermocht, eine den Gewerkschaften ebenbürtige Umweltschutzkonzeption vorzulegen. Die **Strategie des BDI** war immer **zweigleisig** angelegt. Zum einen sollten erhöhte **betriebliche Kosten** durch Umweltschutzausgaben unter allen Umständen **vermieden werden**. An Beteuerungen, daß die heimische Industrie durch Umweltschutzauflagen ihre Wettbewerbsfähigkeit verlieren würde und damit Arbeitsplätze bedroht seien, hat es in der Vergangenheit nicht gefehlt, wenngleich der Beweis für diese Behauptung nicht eindeutig erbracht ist (siehe Umweltschutz als Wachstumsbranche). Zum anderen sollte eine akzeptable **Qualität der natürlichen Rohstoffe** für die Produktion (insbesondere des Wassers) **sichergestellt werden.** Die Kosten dafür sollten aber nicht nach dem Verursacherprinzip internalisiert werden, sondern nach dem Gemeinlastprinzip sozialisiert werden. Ausdruck für diese Strategie ist die Betonung des Begriffs des '**allgemeinen Wohls**' in Abgrenzung zu Versuchen, unter Bezug auf den '**Stand der Technik**' die jeweils effizienteste Form des Umweltschutzes gesetzlich zu verankern[70]. Die verbalen Bekenntnisse zum Umweltschutz werden im BDI durch die Gleichordnung der Ziele 'Umweltschutz' und 'Erhalt der Arbeitsplätze' relativiert, insbesondere unter dem Vorbehalt, daß staatliche Interventionen das labile und komplizierte Gleichgewicht zwischen diesen beiden Zielgrößen eher stören als erhalten.

(cc) Zweite Variante: Ökologische Verbraucherpolitik

Die **ökologische Verbraucherpolitik**, die neben der ökologischen Unternehmenspolitik die zweite **mikroökonomische Variante des Coase-Theorems** repräsentiert, geht ebenfalls von der Annahme freier Verhandlungen zum gegenseitigen Interssenausgleich aus. Allerdings wird von ihr die Notwendigkeit einer Zusammenführung der vielen Käufer in **Verbraucherorganisationen** stärker betont, als es z.B. bei Unternehmerverbänden festzustellen ist. Indirekt wird damit eingestanden, daß die neoklassische **Idealvorstellung der vollständigen Konkurrenz und Transparenz** in der Realität nicht vorhanden und wohl auch nie zu erreichen ist. In organisierter Form wird Verbraucherpolitik vorwiegend von den **Verbraucher-Zentralen** betrieben, die jeweils unabhängig voneinander und als eingetragene Vereine in einzelnen Bundesländern eine Verbraucheraufklärung betreiben. Als Ansprechpartner kommen nicht nur **Konsumenten** in Betracht, sondern auch **Produzenten** und der **Staat**. "Da Verbraucher zu einem großen Teil an der Umweltverschmutzung beteiligt sind, werden sie einerseits direkt von der Verbraucher- und Umweltberatung angesprochen: Sie sollen durch ihr Verhalten, ihre Kaufentscheidungen und ihr umweltpolitisches Engagement den Umweltschutz fördern. Andererseits sind auch Staat, Industrie und Handel gefordert, ihre Beiträge zu leisten. Folglich zählen sie ebenfalls zu den Adressaten umweltorientierter Verbraucherarbeit"[71]. In bezug auf die Rolle des Staates überschreitet das Konzept der ökologischen Verbraucherpolitik den vom **neoklassischen Marktparadigma** gesteckten Rahmen (vermutlich aus der Erkenntnis, daß ohne Unterstützung durch den Staat wirkungsvolle Konsumpolitik nicht zu verwirklichen ist).

Das Fernziel der ökologischen Verbraucherpolitik ist die Umorientierung vom **quantitativen** zum **qualitativen** Kriterium. In der Vergangenheit will die Arbeit der Verbraucherorganisationen den Konsumenten bei ihren Kaufentscheidungen dadurch helfen, daß sie für ihr Einkommen ein **maximales Konsumergebnis** erhalten. Es werden Informationen über einzelne Marktsegmente gesammelt und dem Verbraucher zugänglich gemacht, z.B. in Form der Zeitschrift 'Test', die von der Stiftung Warentest in regelmäßigen Abständen herausgegeben wird. Solche Maßnahmen dienen dazu, den für den einzelnen Verbraucher undurchsichtig gewordenen Markt transparenter zu machen. Er kann so in Einklang mit der neoklassischen Markttheorie bei einer Kaufentscheidung das für ihn günstigste Ergebnis erzielen. Er verhält sich **marktkonform**, indem er seinen **vorgefaßten Konsumwunsch** am Markt zum niedrigsten Preis realisiert mit einem Produkt, das in **vorgegebener Form** vorhanden ist. Dieser Vorgang wird als **quantitativer Konsum** bezeichnet. Ihm wird in der neoklassischen Theorie unter rein mengenmäßigen Gesichtspunkten eine pareto-optimale Verteilung unterstellt.

In jüngster Zeit ist die Position der Verbraucher-Zentralen in einem Wandel begriffen. An die Stelle des quantitativen Konsums soll der **qualitative Konsum** treten. Hierfür sind völlig andere Arten von **Informationen** nötig. Der Preis einer Ware ist jetzt nur noch ein Moment einer möglichen Kaufentscheidung. Unter dem neuen Paradigma der umweltorientierten Verbraucherarbeit wird versucht, "Verbrauchern ökologische und sozio-ökonomische Kriterien für Kauf- bzw. Kaufverzichtsentscheidungen zu geben. Oberste Ziele sind hier der Gesundheitsschutz und der Umweltschutz der Verbraucher"[72]. Hierdurch relativiert sich auch die Rolle der Produzenten und des Handels. Beide sollen angehalten werden, die **Interessen der Verbraucher** in einem umfassenderen Maße als bisher zu befriedigen. Das Angebot an Waren und Dienstleistungen allein reicht nicht mehr aus. Dieses Angebot soll so beschaffen sein, daß es dem Bedürfnis des Verbrauchers nach unzerstörter Umwelt entspricht. Damit ist im Einzelfall die Möglichkeit verbunden, daß ein solches Angebot einen **höheren Preis** hat, als wenn es diesen Anforderungen nicht genügen würde. Langfristig will die Politik der Verbraucherberatung am Markt nur noch solche Anbieter bestehen lassen (durch gezielte Nachfrage der Verbraucher), die umweltgerechte Produkte anbieten. **Tendenziell** wird ein **Sinken des Preises** erwartet, da nicht mehr einzelne Anbieter allein die notwendigen Informationskosten, Entwicklungskosten etc. zu tragen haben. Ebenso wird der mögliche **Extragewinn** wegfallen, den heute einige Produzenten aufgrund ihres **Produktimages** erzielen.

Im folgenden werden einige Aspekte der qualitativen Konsumpolitik an den Vorstellungen der Verbraucher-Zentrale Nordrhein-Westfalen dargestellt, die den Schwerpunkt und die Zielsetzung der Verbraucherorganisation exemplarisch verdeutlichen. Um **rational** begründbar zu sein, setzt die qualitative Konsumentscheidung zusätzlich Informationen über den Gebrauchswert der Waren voraus. Die Verbraucher-Zentrale NRW hat dieser Konzeption entsprochen[73]. Sie bezieht ihre Aufklärungsarbeit explizit auf folgende Aspekte bzw. arbeitet an der Verwirklichung dieser Zielsetzung:

Berücksichtigung ökologischer Aspekte bei Kaufentscheidungen beinhaltet, daß über die in der Werbung vermittelten Produktinformationen weitere gesammelt und verbreitet werden. Damit sind Einwirkungen auf die Umwelt gemeint, die über die Funktion eines Produktes für den Käufer hinausgehen. Als Beispiel können hierfür die verschiedenen und unterschiedlich schädlichen Bestandteile bei Wasch- und Reinigungsmitteln etc. dienen. Die Verbraucherberatung geht davon aus, daß eine langfristige Sensibilisierung der Konsumenten für umweltfeindliche Implikationen ihrer Warenkäufe eine Veränderung der Produktstruktur herbeiführen kann[74]. Andere Fälle (wie z.B. der Hormonskandal in der Kälbermast) zeigen, daß den Versprechungen der Werbung ohne wirksame Kontrolle nicht mehr immer geglaubt werden kann. Gerade deshalb ist eine funktionsfähige **Qualitätskontrolle**, wie sie den Verbraucherorganisationen mit der Berliner Stiftung Warentest zur Verfügung steht, außerordentlich wichtig.

Umweltbewußtes Verhalten im Haushalt gibt dem Konsumenten die Chance, seinen **persönlichen Beitrag** zur Verringerung der Umweltzerstörung zu leisten. Er kann den Einsatz von chemischen Produkten im Haushalt reduzieren, er hat diverse Möglichkeiten der Energieeinsparung, er kann unnötige Abfallberge vermeiden und sich auch durch umweltbewußtes Verhalten z.B. im Straßenverkehr oder in der Freizeit (Ernährungsgewohnheiten etc.) umstellen.

Umweltpolitisches Engagement der Verbraucher geht über die Arbeit der Verbraucher-Zentralen, die primär bei den individuellen Möglichkeiten des einzelnen ansetzt, insofern hinaus, als der **gesamtgesellschaftliche Bezug** des Umweltschutzes themenkonstitutiv wird. Durch Aufklärungsarbeit über die großen Zusammenhänge der Wirtschaft und deren staatliche Regelungen soll dem Verbraucher die Resignation genommen werden, er könne als einsamer Rufer in der Wüste gegen die mit gewaltiger Kapitalmacht ausgestatteten Produzenten oder die zähflüssigen Abläufe staatlicher Institutionen nichts ausrichten. Man will ihn ermuntern, sich zu engagieren und sich mit anderen zusammenzuschließen, deren Interessenlage gleich ist, um Ansatzpunkte für erfolgreiches Handeln realistisch einzuschätzen und anwenden zu lernen.

Umweltpolitische Einflußnahme auf Industrie, Handel und Gesetzgeber zielt auf deren bewußteren Umgang mit **externen Effekten** der Produktion bzw. ihres Handelns. Um die **Durchsetzungschancen** dieser Forderung zu erhöhen, wird von staatlichen Interventionen in den Markt nicht abgesehen.

Internationalität der Aufgabenstellung betrifft den Aspekt der internationalen Verflechtungen des Umweltproblems, der erst in jüngster Zeit zunehmend diskutiert wird und z.B. mit der Verschmutzung der Nordsee eine neue Stufe erreicht hat. Die komplizierten Zusammenhänge verschiedener Teilbereiche, die sich zu einem 'ökologischen Problemherd' verdichten, sind erst in Ansätzen erkannt, doch so viel steht fest: Die Verbraucher sind sowohl **direkt** als auch **indirekt** betroffen und involviert. Einerseits tragen sie durch den Gebrauch nicht umweltgerechter Waschmittel zu einer ständigen Überdüngung der Gewässer bei, obwohl es Alternativen am Markt bereits gibt (die bei fast gleichem Preis vielleicht nur nicht so bequem sind). Andererseits sind sie indirekt beteiligt, weil sie durch ihr Konsumverhalten dazu beitragen, daß umweltfeindliche Produkte ständig weiter produziert werden (z.B. in der Landwirtschaft durch Intensivierung der Anbau- und Massentierhaltungsmethoden, aber auch in der chemischen Industrie etc.). Die Summe der Effekte verursacht bzw. verstärkt das ökologische Problem, ohne daß aus der Sicht des einzelnen Verbrauchers eine 'persönliche Schuld' erkennbar wäre. Dennoch kann dessen Verhalten im Konzert mit anderen etwas dazu beitragen, die Probleme zu entschärfen. Die internationale Zusammenarbeit der einzelnen Verbraucher-Zentralen ist allerdings noch nicht angemessen ausgebaut.

An einigen Punkten zeigen sich die Verbindungslinien zur ökologischen Unternehmenspolitik besonders deutlich. Mit der Forderung, auch **sozio-ökonomische Aspekte** der Warenproduktion in die Kaufentscheidung miteinzubeziehen, sind z.B. die konkreten Bedingungen am Arbeitsplatz bei der Herstellung von Gütern und Dienstleistungen gemeint, die bei der Darstellung der ökologischen Unternehmenspolitik (nur aus umgekehrter Blickrichtung, aber inhaltlich gleichlautend) eine Rolle spielen. Durch ihre **Zukunftsperspektiven** entfernt sich die Arbeit der Verbraucherzentralen zunehmend vom neoklassischen Ansatz der Privatisierung der Umwelt. Bisher ist im Modell der freien Konkurrenz der Kauf bzw. der Kaufverzicht des Kunden die einzig mögliche Verhaltensvariante, das Mittel der Wahl. Neuerdings verlagert sich das Interesse vom Markt in den **politischen Raum**, in dem im weitesten Sinne **dirigistische Mittel** (Gesetzgebungsmaßnahmen) die Funktionen des Marktes ersetzen sollen. Hinzu kommt der Wunsch, in der Finanzierung von Spenden unabhängiger zu werden, z.B. durch **direkte Subventionen** der Kommunen. Beide Standpunkte sind verständlich. Die Macht der Verbraucher stößt angesichts der sich verändernden Struktur des Marktes (Monopolisierungstendenzen und internationale Verflechtungen) auf ihre Grenzen. Die notwendige Verbraucheraufklärung und die Verbandsarbeit sind kostenintensiv, so daß eine **gesicherte Finanzierung** im Interesse kontinuierlicher Arbeit wünschenswert erscheint. Allerdings darf nicht vergessen werden, daß öffentliche Finanzierung keineswegs Unabhängigkeit garantiert. Mögliche Konflikte mit ortsansässigen Unternehmen sind vorprogrammiert.

b) Anwendungsebene: Umweltpolitische Programme

Aus den programmtheoretischen Positionen neoklassischer Prägung spricht grundsätzlicher **Marktoptimismus**. Die Kräfte des Marktes sollen überall dort gestärkt werden, wo sie durch bürokratische Überwucherungen an ihrer Entfaltung gehemmt werden. Privatisierung entläßt den Staat aus Aufgabenbereichen der allgemeinen Daseinsvorsorge.

(1) Zielsetzungen der F.D.P.

Die F.D.P. hat als erste Partei 1971 ein Umweltprogramm erarbeitet. Der damalige Bundesinnenminister H. D. Genscher, in dessen Zuständigkeit die Umweltschutzpolitik bis zur Einrichtung eines eigenen Umweltministeriums fiel, interpretierte die umweltpolitischen Aussagen der Freiburger Thesen von 1971 stets als die ökologische Definition des Artikels 2 des Grundgesetzes, in dem das Recht auf eine menschenwürdige Umwelt postuliert wird. Der Erhalt der natürlichen Grundlagen dieser Umwelt wird zur Staatsaufgabe.

Die Fortsetzung der Freiburger Thesen bildet das Ökologische Aktionsprogramm, das die Umweltpolitik mit liberalen Grundüberzeugungen durchdringen soll. Ihm entspricht eine Erweiterung der Eigenverantwortlichkeit des Bürgers und nicht die bürokratische Intervention des Staates[75]. Das Programm definiert **umweltpolitische Ziele** und **ökologische Eckwerte** und macht anhand der wichtigsten Problembereiche deutlich, wie die Umsetzung des Zielrahmens auf der Maßnahmenebene in liberaler Vorstellung aussieht. Die umweltpolitischen Ziele werden durch drei Prinzipien markiert: das **Vorsorgeprinzip**, das **Verursacherprinzip** und das **Kooperationsprinzip**. Vorsorge meint, daß es nicht genügen kann, bereits entstandene Umweltschäden zu beseitigen, sondern daß deren Entstehung selbst verhindert werden muß. Das Verursacherprinzip meint die Rückführung der externen Kosten des Umweltschutzes auf einen konkreten Urheber, und mit dem Kooperationsprinzip ist die Verantwortung des einzelnen für die soziale Gemeinschaft angesprochen. Die ökologischen Eckwerte sind das Ergebnis politischer Abwägeprozesse, die auf der Grundlage wissenschaftlicher

Erkenntnis verschiedene Politikbereiche miteinander harmonisieren sollen. Die Eckwerte beziehen sich auf die zentralen Aufgabenfelder der Ökologiepolitik. Zu ihnen gehören u.a. der Bodenschutz, der Gewässerschutz, die Luftreinhaltung, der Lärmschutz sowie der Klima- und der Artenschutz.

Zur Umsetzung dieser Aufgaben denkt die F.D.P. zunächst an die **Erweiterung des Umweltrechts**. Dem Umweltschutz soll Verfassungsrang gegeben werden. Die Erweiterung des Umweltrechts bezieht sich vor allem auf die Verbesserung von Möglichkeiten, entsprechend dem Verursacherprinzip gegen Umweltverschmutzer vorzugehen bzw. auf dem Weg über die Internalisierung von Umweltkosten in die betriebliche Kostenrechnung den Umweltschutz ökonomisch attraktiv und sinnvoll zu machen. Als flankierende Maßnahme wird die Erweiterung der Öffentlichkeitsbeteiligung sowie der Ausbau des **Verbandsklagerechts** angestrebt. Ein weiteres Instrument liberaler Umweltschutzpolitik ist der konsequente Ausbau der **Umweltverträglichkeitsprüfungen**. Diese Prüfungen sind notwendige Voraussetzung für die Vergabe von öffentlichen Mitteln zur Förderung bestimmter Investitionen. Die Durchführung solcher Umweltverträglichkeitsprüfungen liegt bei den Umweltbehörden. Im Falle eines Interessenkonflikts zwischen einer Umweltbehörde und der jeweils für ein Projekt zuständigen Fachbehörde wird das Verfahren auf die politische Ebene gehoben. Soweit in den verantwortlichen Parlamenten noch keine entsprechenden Umweltausschüsse existieren, müssen sie eingerichtet werden. Auch der **internationale Aspekt des Umweltschutzes** wird betont. Umweltgefährdung hat grenzüberschreitende Ursachen und Wirkungen. Ökologische Eckwerte sind international zu vereinbaren, vor allem im Rahmen der Europäischen Gemeinschaft. Die Rolle der **Entwicklungspolitik** wird in diesem Kontext nicht übersehen.

Die liberalen Standpunkte zur Umweltökonomie lassen sich exemplarisch an den Standpunkten des wirtschaftspolitischen Sprechers und Parteivorsitzenden der F.D.P., Graf Lambsdorff, verdeutlichen. Er ist ein radikaler Verfechter der These, daß der Staat sich aus möglichst vielen Bereichen des Umweltschutzes zurückziehen soll, um **privaten Investitionen** Platz zu machen. Seiner Meinung nach sind Marktwirtschaft und Umwelt keine entgegengesetzten Begriffe, die in einem antagonistischen Verhältnis zueinander stehen. Im Gegenteil. Die Marktwirtschaft der Bundesregierung hat für Lambsdorff bereits bewiesen, daß sie auf neue Herausforderungen reagieren kann. Voraussetzung dafür ist, daß es grundsätzlich keine freien Güter gibt, deren Ausbeutung jedermann kostenlos gestattet ist. Konsequent zu Ende gedacht, wird ansatzweise die Utopie eines Systems ohne Umwelt ausgesprochen. Durch Privatisierung wird die natürliche Umwelt zur ökonomischen Welt. "Wenn Umwelt nicht länger als 'freies' (kostenloses) Gut mißverstanden wird, sondern realistischerweise als ein Gut, das unter erheblichem Aufwand in Ordnung gehalten werden muß, lassen sich auch die damit verbundenen Kosten kalkulieren und ihrem Verursacher zurechnen"[76]. Theoretisch ist die Umwelt als Störfaktor auszuschalten. Es gilt, alles zu verkaufen, was überhaupt in Wert zu setzen ist. Dies ist die Strategie der Privatisierung, von der erwartet wird, daß sie durch das Eigeninteresse der Individuen am jeweiligen Eigentum der restlos 'verhökerten' Umwelt diese zugleich schonend behandelt.

Auf dem Hintergrund der Theorie der externen Effekte argumentiert Lambsdorff gemäß einer abgeschwächten **Variante des Coase-Theorems**. Sie ist 'linientreu', weil wesentliche Merkmale der Coase'schen Vorstellungen erhalten bleiben (z.B. die vollständige Überführung vormals freier Güter in **Privatbesitz** und die prinzipielle **Handelbarkeit** dieser Güter, verbunden mit der Notwendigkeit einer **preistheoretischen Allokation**). Auch seine Ansicht, daß der Markt durch Interessenausgleich im Preis effektiver und kostengünstiger operiert als eine Administration, liegt auf seiner neoklassischen Linie. Abgeschwächt ist sie insofern, als Lambsdorff dem Staat eine 'Nachtwächterfunktion' zubilligt und darauf verweist, daß es jenseits des **privatwirtschaftlichen Regelungspotentials** noch Aufgaben gibt, die letztlich der öffentlichen Hand zufallen. Einer dieser Bereiche ist die **Grundlagenforschung**, die in die Zuständigkeit der Bundesländer und des Bundes gehört[77]. Es entsteht allerdings der Eindruck, daß die Risiken der Grundlagenforschung dem Staat überlassen werden. Der Nutzen, der eventuell aus solchen Forschungen entsteht, soll der Allgemeinheit zugänglich gemacht werden, d.h. die privaten Produzenten können das entstandene **know how** für ihre Zwecke einsetzen. Diese Auffassung bezieht sich nicht nur auf die Grundlagenforschung; sie wird prinzipiell auf Sektoren übertragen, in denen Zukunftsinvestitionen mit hohem Risikogehalt erforderlich sind. Die Kosten (Risiken) werden **sozialisiert** und der Nutzen (Gewinn) wird **privatisiert**. Dies ist die **liberale Variante staatlicher Vorsorgepolitik.**

Die hauptsächlichen Erfolge der Politik der Bundesregierung sieht Lambsdorff in der **gesetzlichen Verankerung des Verursacherprinzips**. Dadurch sei es möglich, **exogene Faktoren** (solche, die in der traditionellen Kostenrechnung der Betriebe ebensowenig wie in der gesamtwirtschaftlichen Bilanzierung des BSP auftauchen) zu **endogenen Faktoren** zu machen, deren Effekte dem Wirtschaftssystem angelastet werden. Gleichzeitig wird die Frage der **sozialen Gerechtigkeit** berührt. "Wir dürfen vom Markt nicht fordern, was er nicht leisten kann. Die qualitative Beeinträchtigung von Umweltgütern läßt sich nicht in Marktwerten und Geldeinheiten ausdrücken und geht ohne besondere Vorbedingungen nicht in die Wirtschaftsrechnungen der Unternehmen und Haushalte ein. Der Umweltschutz muß deshalb von außen in unser Wirtschaftssystem eingebaut werden. Das ist auch ein Gebot der sozialen Gerechtigkeit. Denn wir müssen klar erkennen, daß eine Abwälzung der Umweltkosten auf unbeteiligte Dritte, deren Lebensqualität verschlechtert wird, ohne daß sie sich dagegen wehren können, nichts anderes ist als eine sekundäre Verteilung der Realeinkommen zu Lasten der Allgemeinheit. Es liegt nahe, nach dem Verursacherprinzip vorzugehen und dem die Kosten anzulasten, der die Umweltbelastung veranlaßt hat"[78].

Die bereits angesprochenen Schwächen der BSP-Rechnung sollen dadurch umgangen werden, daß der ökonomische Aufwand, den bisher die öffentlichen Haushalte zur Umwelterhaltung beitragen, in die privaten Kosten-Nutzen-Kalküle der Wirtschaftssubjekte zurückverlagert wird. Somit kann der Automatismus zwischen der Steigerung der Umweltschutzausgaben im regenerativen Bereich und der damit verbundenen Steigerung des BSP als Wohlstandsindikator aufgelöst werden. Der eigentliche Motor für die innovative Haltung im Bereich der Umweltpolitik ist der **Mittelstand**. Nur ihn hält Lambsdorff für genügend anpassungsfähig, die Herausforderungen der Zukunft zu antizipieren und sie in vernünftige unternehmerische Entscheidungen umzusetzen. An ihm entscheidet sich, ob die Marktwirtschaft insgesamt vital bleibt. Nur eine dezentral organisierte Wirtschaftsform erlaubt, schnell und ohne **administrativen 'Reibungsverlust'** auf neue Situationen zu reagieren. "Wettbewerb und Markt sind die notwendigen Korrelate unserer demokratischen Staatsverfassung. Der Schutz der Märkte vor

Vermachtung ist daher zentrales Ziel einer liberalen Wirtschafts- und Wettbewerbspolitik. Ausgewogene Wettbewerbsverhältnisse sind zugleich die Grundvoraussetzung dafür, daß auch kleine und mittlere Unternehmen, die für die Leistungs- und Funktionsfähigkeit der Wettbewerbsordnung insgesamt von konstitutiver Bedeutung sind, im Wirtschaftsprozeß eine Chance haben und nicht Opfer einer fortschreitenden Unternehmenskonzentration werden"[79].

Die zentrale Bedeutung des Mittelstandes begründet sich auch aus dem **internationalen Wettbewerb**, der technologisch durch Unternehmen aus Japan und den USA angeführt wird. Wollen bundesdeutsche Unternehmen ihren Anschluß an moderne Entwicklungen nicht verlieren, müssen sie sich nicht nur dem Trend der Produkte (Informationstechnologie, Mikroelektronik etc.) anpassen, sondern auch die Markt- und Produktionsstrukturen der Konkurrenten übernehmen. Vor allem wird das japanische Beispiel von Lambsdorff bemüht. Bei der Auswahl der Belege für die besondere Leistungsfähigkeit einzelner Länder entsteht der Eindruck, daß neben den Argumenten für eine strukturelle Veränderung der deutschen Wirtschaft ein damit verbundener **Sozialabbau** quasi durch die Hintertür zur unausweichlichen Konsequenz wird, wenn die internationale Wettbewerbsfähigkeit erhalten werden soll. Die jüngste Entwicklung in Fernost belegt indessen, daß selbst die japanische Wirtschaft gegen die Konkurrenz nicht immun ist, vor allem nicht aus sogenannten Billiglohnländern, wie z.B. Korea und Taiwan.

Der wirtschaftspolitische Ansatz der F.D.P. kennt **keine eigenständige Umweltpolitik.** Diese ist eingebettet in den Gesamtzusammenhang einer Wirtschaftspolitik, die den Markt bevorzugt und folgende Akzente setzt: Zur **kalkulierbaren Wirtschaftspolitik als liberales 'Essential'** gehört die möglichst freie Entfaltung der Marktkräfte, die nur in begründeten Ausnahmenfällen (z.B. durch das **Kartellgesetz**) eingeschränkt werden sollen. Durch **strikte Einhaltung des Verursacherprinzips** soll der institutionelle Rahmen zur Integration externer Kosten in den marktwirtschaftlichen Prozeß sichergestellt werden. Die **Stärkung des Mittelstandes** geschieht zum einen durch staatliche Existenzgründungsdarlehen, die im Höchstfall 100.000 DM betragen und zum haftenden Eigenkapital des Unternehmens gehören. In bezug auf **steuerpolitische Instrumente** muß vor allem die geplante Abschaffung der Gewerbesteuer erwähnt werden. Dadurch soll gerade den mittelständischen Unternehmen die Kapitaldecke für Zukunftsinvestitionen gestärkt werden. In der liberalen Wirtschaftstheorie bilden diese Optionen den Rahmen, der von der **privaten Initiative** ausgefüllt werden muß. Über die Überwachung dieser Bedingungen hinaus wird der Staat nicht aktiv. Der **Marktoptimismus** der neoklassischen Ökonomie begründet die Zuversicht, daß die Ausgestaltung dieses Rahmens, in Anlehnung an das Coase-Theorem der Privatisierung, für alle am Markt Beteiligten einen höheres Niveau der pareto-optimalen Verteilung bewirkt, als wenn der Staat mit dirigistischen, nicht marktkonformen Maßnahmen eingreifen und sich selbst zum handelnden Wirtschaftssubjekt erheben würde.

In manchen Bereichen entsteht der Eindruck, daß der Mittelstand als liebstes Kind liberaler Wirtschaftspolitik der Hauptnutznießer dieser Politik ist. Es ist schwer einzusehen, warum gerade dieser Wirtschaftszweig anderen vorgezogen werden soll, z.B. bei steuerpolitischen Maßnahmen. Wenn schon der institutionelle Rahmen der Marktwirtschaft an manchen Stellen gesprengt wird (wie dies z.B. im Bereich der staatlichen Förderung der Grundlagenforschung), ist nicht zu verstehen, warum gerade mit nicht-marktkonformen Mitteln die Marktwirtschaft wieder gefestigt werden soll. Offenbar gehören Institutionen zu jenen Systemelementen, die einer marktwirtschaftlichen Rechtfertigung nicht mehr bedürfen. Lambsdorff geht auf diesen **systematischen Knackpunkt** nicht **ein**. Sein Festhalten an der neoliberalen Wirtschaftsverfassung **gewinnt einen ideologischen Charakter**, wenn er die Reflexion auf die unökonomischen Voraussetzungen ausblendet. Die seit 1985 in Baden-Württemberg, Schleswig-Holstein und im Januar 1989 in Berlin machen deutlich, daß der Bedarf an Lambsdorffs Partei schwindet. Die Freien Demokraten kämpfen wieder ums Überleben[80].

Der Ökologiebegriff der F.D.P. verrät instrumentelle Vernunft. "Die ökologischen Eckwerte sind das Ergebnis politischer Entscheidungen, die auf der Grundlage wissenschaftlicher Erkenntnisse und nach Abwägung mit den Zielen anderer Politikbereiche getroffen werden". Sie "müssen so festgesetzt werden, daß die Gesundheit des Menschen, die Leistungs- und die Nutzungsfähigkeit der Naturgüter sowie die Funktionsfähigkeit des Naturhaushaltes langfristig gesichert sind"[81]. Unterstellt wird, daß die ökologische Dimension in der "Lehre vom Haushalt der Natur"[82] aufgeht. Ökologie ist "die Wissenschaft, die das Zusammenwirken und die wechselseitigen Abhängigkeiten der Umweltfaktoren einschließlich der Bedingungen menschlichen Lebens untersucht und dabei die Grenzen der Belastbarkeit der Umwelt insgesamt aufzeigt"[83]. Die politisch-soziale Dimension des Ökologiebegriff wird genauso wenig thematisiert wie die Frage der systembedingten Ursachen des Umweltproblems. Unterstellt wird, daß die marktwirtschaftliche Konzeption zur Lösung des Umweltproblems befähigt ist. Die Natur ist Objekt. Sie muß sich den ökonomischen Interessen prinzipiell unterordnen bzw. bleibt ein klassischer Produktionsfaktor. "In der ökologischen und sozial verpflichteten Marktwirtschaft gewinnt der Produktionsfaktor Natur viel stärker an Bedeutung. Er ist mindestens ebenso wichtig wie die Produktionsfaktoren Arbeit und Kapital"[84]. Geringe Einschränkungen[85] können diesen grundsätzlichen Eindruck nicht verwischen.

(2) Zielsetzungen der CDU

Für die CDU hatte praktische Politik lange Zeit den Vorrang vor progammatischen Grundsatzaussagen. Einige Autoren stellen sogar die Frage, ob die CDU ohne die umweltpolitischen Anstöße der sozial-liberalen Koalition zu eigenen Standpunkten in der Umweltdiskussion überhaupt gefunden hätte[86]. Erste Hinweise auf ökologisches Bewußtsein finden sich im Berliner Programm von 1971, in dem verschiedene Forderungen an Umweltpolitik formuliert werden, auch wenn sie allesamt additiv nebeneinander stehen und einen systematischen Rahmen vermissen lassen. Im Mannheimer Programm aus dem Jahre 1975 findet sich zu Standpunkten in der Umweltschutzpolitik nichts Substanzielles. Diese ökologische 'Unterbelichtung', sei sie nun in der Rolle der Opposition begründet oder aber in der Fixierung auf andere Politikfelder (Ostpolitik), hat sich bis in die jüngste Zeit fortgesetzt.

Die vom CDU-Bundeskanzler Kohl geführte Regierung hat 1986 in der Bundesrepublik zum ersten Mal ein eigenes Ressort für den Umweltschutz geschaffen. Dies rechnet sich die CDU als entscheidenden Durchbruch auf dem Feld der Umweltpolitik an. Daß sich die einzelnen Umweltschutzmaßnahmen nicht immer so wirkungsvoll wie erwartet durchgesetzt haben, sieht die CDU in verschiedenen

Umständen begründet. Zunächst wird festgestellt, daß den möglichen **Wechselwirkungen** zwischen den unterschiedlichen Gegenstandsfeldern in der Umweltpolitik nicht genügend Rechnung getragen wird. Dies gilt vor allem für den zentralen Bereich des **Umweltrechts**. Dort zersplittern sich die vom Gesetzgeber intendierten Wirkungen in die Bereiche Boden-, Luft- und Gewässerreinhaltung, Strahlenschutz, Abfallbeseitigung etc., ohne daß die **Austauschprozesse** zwischen diesen Sphären hinreichend berücksichtigt werden. Neue Umweltprobleme können ihre Ursachen in umweltpolitischen Erfolgen der Vergangenheit haben (z.B. wenn riesige Gipsmengen bei der Rauchgasentschwefelung der Kraftwerke anfallen), indem sich die Probleme lediglich verlagern. Daher sieht die CDU eine wesentliche Aufgabe der Zukunft im Umweltschutzbereich in der "inneren Harmonisierung des Umweltrechts"[87], um "medienübergreifende Zusammenhänge und Wechselwirkungen besser in den Griff zu bekommen"[88]. Eine **Harmonisierung des Umweltrechts** wird auch aus anderen Gründen angestrebt. Die CDU bemängelt die langen Genehmigungsverfahren, die ihre Ursache in einer "Überbürokratisierung"[89] des Umweltschutzes haben. Sie folgt hier der Argumentation der Public-Choice-Theorie[90].

Mit ihrer neoliberalen Kritik des Staatsversagens wird ein weiterer Aspekt **mangelnder Effizienz der Umweltpolitik** verbunden. Die bestehenden Gesetze würden ungenügend angewandt bzw. die Einhaltung der bestehenden Bestimmungen sei nicht hinreichend kontrolliert. Wer sich den Auflagen bewußt entziehe, würde durch einen illegal erreichten Kostenvorteil am Markt sogar noch belohnt. "Diese Defizite müssen in Zusammenarbeit mit den für Vollzugsfragen zuständigen Bundesländern in einer Offensive der CDU zum Abbau der Vollzugsdefizite in Bund und Ländern beseitigt werden"[91]. Die **Eigenverantwortung** aller Bürger in Fragen des Umweltschutzes soll gefördert werden. Ihr steht gegenwärtig ein "Wildwuchs von Ge- und Verboten, von direkter und indirekter Verhaltenssteuerung, von marktwirtschaftlichen Anreizen und bürokratischen Hemmnissen"[92] im Wege. Die **Eigendynamik der privaten Wirtschaft** sowie das **Eigeninteresse des Verbrauchers** müssen so synchronisiert werden, daß sie sich zu einem Gesamtkonzept **marktwirtschaftlich orientierter Umweltschutzpolitik** zusammenfügen.

Der **internationale Aspekt** des Umweltschutzes soll verstärkt berücksichtigt werden. Damit ist nicht nur die Erkenntnis gemeint, daß Umweltverschmutzungen längst grenzüberschreitendes Ausmaß angenommen haben. Auch der Gesichtspunkt der internationalen Zusammenarbeit auf den Gebieten der Legislative und der Exekutive sind angesprochen. Die CDU will ihre Bemühungen zur internationalen Zusammenarbeit in dieser Richtung intensivieren. Besondere Bedeutung hat in diesem Zusammenhang die **europäische Gemeinschaft** sowie die inhaltliche Ausgestaltung des gemeinsamen **europäischen Binnenmarktes**, vor allem ab 1992. Ferner geraten die Länder des **Ostblocks** ins Blickfeld (z.B. Elbeverschmutzung etc.). Es kommt darauf an, die **Sensibilität** gegenüber den Fragen des Umweltschutzes sowie der Umweltverschmutzung zu steigern. Man will von irrationalen Ängsten und Vorbehalten wegkommen und eine rational begründete Haltung einnehmen. Dies ist zum einen eine **Aufgabe für die Wissenschaft**, speziell die **Naturwissenschaften**, und zum anderen eine **bildungspolitische Aufgabe**. Die Naturwissenschaften müssen verbesserte und gesicherte Verfahren entwickeln, mit deren Hilfe eindeutige und zuverlässige Aussagen über eventuelle Gefährdungspotentiale in der Umwelt möglich sind. Erst auf ihrer Basis kann unbegründetes Mißtrauen abgebaut werden.

Die CDU will der Marktwirtschaft einen "ökologischen Rahmen"[93] geben. Die **Marktwirtschaft** ist für sie nicht nur eine sozial verpflichtete, sondern auch eine **ökologisch** zu orientierende Institution. Die marktwirtschaftlichen Strukturen müssen da, wo sie nur ungenügend ausgebaut sind, gestärkt werden und dort, wo sie noch nicht existieren, neu geschaffen werden. Die CDU **erstrebt mehr Umweltschutz für alle**. Durch eine Kombination "marktwirtschaftlicher Komponenten und strenger Auflagen"[94] soll das **Eigeninteresse Motor für umweltpolitische Erfolge** werden. Umweltschutz wird nicht gegen, sondern durch den Markt erreicht. Der **Förderung des Eigeninteresses** (das kann in diesem Zusammenhang nur das ökonomische, nicht ein moralisches oder anders motiviertes Handeln sein) kommt dabei zentrale Bedeutung zu. Der Rahmen der marktwirtschaftlichen Instrumente ist weit gesteckt. Er reicht von der **Verbraucheraufklärung** über **freiwillige Vereinbarungen** bis zu **Steuererleichterungen**[95] und **öffentlich finanzierten Krediten** zur Förderung umweltschonender Investitionen. Die CDU macht allerdings klar, daß sie sich nicht scheut, den Rahmen marktwirtschaftlicher Mittel zu verlassen und zu **Zwangsmaßnahmen** (Gesetze und Verordnungen) zu greifen, wenn der Markt nicht die beabsichtigten Verhaltensweisen zeigt.

Die CDU setzt in ihrem umweltpolitischen Konzept auf **wirtschaftliches Wachstum**. Nur ein stetig **steigendes BSP** stellt diejenigen ökonomischen Ressourcen zur Verfügung, die zur Bewältigung der ökologischen Herausforderung notwendig sind[96]. So wird eine notwendige Verbindung von gesteigerter Wettbewerbsfähigkeit und Sicherung von Arbeitsplätzen mit den Zielen der Umweltpolitik hergestellt. Erst moderne Produktionsanlagen bieten die Möglichkeit, nicht nur kostengünstiger, sondern auch umweltschonender zu erzeugen. Folglich setzt die CDU auf die **Förderung der Grundlagenforschung** und die **Weiterentwicklung der bestehenden Technologien** und nicht auf den gezielten Ausstieg aus risikoreichen Sektoren der Wirtschaft (Kernkraft). "Technischer Fortschritt und qualitätsorientiertes Wachstum sind unverzichtbar und stehen in keinem unüberbrückbaren Gegensatz zum Schutz unserer natürlichen Reserven und Umwelt"[97]. Das 1988er Programm 'Politik auf der Grundlage des christlichen Weltbildes' betont vor allem drei Leitmaximen: Freiheit in der Lebensgestaltung, Gerechtigkeit und Freiheit, Solidarität im Sinne eines ausgewogenen Nebeneinander von Individuum und Gruppe. Zur Erneuerung der Marktwirtschaft werden folgende Akzente gesetzt: Sicherung des Industriestandorts BRD (Reform der Unternehmensbesteuerung, Begrenzung der Lohnnebenkosten, Förderung neuer Technologien), staatliche Eingriffe in das Marktgeschehen (indirekt durch institutionelle Rahmenbedingungen und Wirtschaftsprogramme), Bekämpfung der Arbeitslosigkeit (Differenzierung der Arbeitslosen, Zeitverträge, keine Spitzenlöhne für Krisenbranchen, Flexibilisierung der Arbeitszeitregelung, Sonderprogramme für Langzeitarbeitslose), berufliche Qualifizierung (Chancenverbesserung der Arbeitslosen durch Weiterbildung). Das umweltpolitische Konzept der CDU versteht sich als eine "Querschnittsaufgabe"[98], die in einem Gesamtzusammenhang steht und mit dem Begriff der **Lebensqualität** belegt wird. Die Verbesserung der Lebensqualität ist durch verschiedene Aspekte gekennzeichnet. Der Umweltschutz ist einer davon. Der von der CDU abgesteckte Rahmen für umweltpolitische Aufgaben ist sehr weit und allgemein gehalten. Er wird konkreter, wenn er von einzelnen Persönlichkeiten der Partei vorgetragen und ausgestaltet wird. Dabei zeigen sich zugleich Unterschiede in den Betonungen einzelner Fragen. Exemplarisch dafür stehen hier die Positionen von K. Biedenkopf und L. Späth.

(a) K. Biedenkopf sieht in der Integration des Umweltschutzes in die Marktwirtschaft eine **ordnungspolitische Aufgabe**. Auf der einen Seite steht für ihn fest, daß Umweltschutz prinzipiell mit **marktwirtschaftlichen Mitteln** erreichbar ist, wobei der Option des geringsten staatlichen Eingriffs jeweils der Vorrang zu geben ist. Auf der anderen Seite ist Umweltschutz Aufgabe **staatlicher Daseinsvorsorge**[99]. Unter diesem Vorzeichen baut sich zwischen den Positionen einer neoklassischen und keynesianischen Umweltpolitik ein Widerspruch auf. In der Vorstellung von Biedenkopf löst er sich jedoch auf. Der Staat hat lediglich die Rahmenbedingungen allgemeinverbindlich festzusetzen. "Die Integration des Umweltschutzes in die Soziale Marktwirtschaft setzt dreierlei voraus: die Grundsatzentscheidungen, die Entwicklung geeigneter Instrumente und die sachgerechte Gestaltung der politischen Rahmenbedingungen für die Einbeziehung des Umweltschutzes in die Marktwirtschaft"[100]. Der Staat soll sich auf das veränderte Umweltbewußtsein der Bevölkerung stützen und beachten, daß Umweltschutz "Solidarität mit den künftigen Generationen"[101] bedeutet. Die Rolle des Staates stimmt mit dem **neoklassischen Paradigma** nur insoweit überein, als er für die Rahmenbedingungen zu sorgen hat. Für einige Bereiche befürwortet Biedenkopf sogar, daß der Staat den **Wettbewerb unterläuft** (Katalysatorauto), insbesondere durch **Auflagen- und Steuerpolitik**. Aktivität im Sinne verstärkter Ausgabenpolitik im öffentlichen Sektor des BSP soll hingegen explizit unterbleiben[102]. Zusätzlich orientiert er sich an der Methode der **ökologischen Buchhaltung**, welche die Allokation der Umweltschäden (auch in bezug auf zu zahlende Preise) auf den einzelnen zu unterstützen hat[103].

Die Abweichungen von der 'reinen' Lehre der Neoklassik werden durch Bemühungen ausgeglichen, für die Umwelt einen Markt zu institutionalisieren, auf dem die Bedürfnisse des privaten Nachfragers durch das Angebot privater Anbieter befriedigt werden. Dennoch bleibt festzuhalten, daß die Festsetzung von Preisen für Umwelt-Ressourcen den marktwirtschaftlichen Rahmen sprengen; dies läßt sich nur durch die Betonung des **sozialen Prinzips** und mit einem versteckten **Marktpessimismus** erklären. "Die Grundsatzentscheidung muß lauten: Der Staat beschränkt sich im Umweltschutz - von der Bewältigung der Altlasten abgesehen - prinzipiell auf die Festsetzung des Preises für die Inanspruchnahme der Umwelt-Ressourcen. Das heißt zugleich: Der Staat wird keine Vorschriften zur technischen Umsetzung des Umweltschutzes erlassen"[104]. Stattdessen soll der Staat **Nutzungsrechte für Umweltressourcen** ausgeben. Die Position zur Beseitigung der **Altlasten** ist deckungsgleich mit der der Sozialdemokraten[105]. Der Grund hierfür ist einfach: Sowohl die CDU als auch die SPD setzen auf das **Verursacherprinzip**. Im Bereich der Altlastensanierung greift dieses Prinzip aber häufig nicht, da die Unternehmen, auf deren Produktion die heutigen Altlasten zurückgehen, oft nicht mehr existieren, folglich auch für die bei der Schadensbeseitigung entstehenden Kosten nicht mehr **haftbar** gemacht werden können[106]. Die Betonung der marktwirtschaftlichen Instrumente in der Umweltpolitik bedeutet systematisch die Absage an Auflagenkonzepte und andere, nicht originär ökonomische Steuerungsmechanismen[107].

(b) L. Späth verkörpert einen gleitenden Übergang in das 'Lager' der **Keynesianer**, aber in seinem wirtschaftspolitischen Ansatz ist er stärker an Großunternehmen orientiert (Monopolkapitalismus) als Biedenkopf, der sich eher dem Mittelstand verbunden fühlt (Konkurrenzkapitalismus). Sowohl die Definition dessen, was im marktwirtschaftlichen Verständnis der Ökonomie als staatlich gesetzte Rahmenbedingungen zu verstehen ist, als auch die Haltung zu direkten monetären Eingriffen (Subventionen von Zukunftsindustrien) weichen z.T. ganz erheblich von der vorherigen Position ab. Dennoch vertritt Späth **angebotsorientierte Lösungen**. Seine Thesen zum Verhältnis von Staat und privater Wirtschaft in bezug auf den Umweltschutz lassen sich folgendermaßen zusammenfassen:

Der Staat war noch nie ein reiner **Nachtwächterstaat**. Insofern ist staatliche Intervention in die Privatwirtschaft nicht aus prinzipiellen Erwägungen abzulehnen. Die Aufgabe **staatlicher Strukturpolitik** unter angebotsorientierten Aspekten besteht in Förderung von **Zukunftsinvestitionen** (Subventionsansatz) und beschleunigtem Abbau nicht mehr existenzfähiger Branchen (Segmentation der Gesellschaft)[108]. Sie soll sich nicht am Ziel einer kurzfristigen Arbeitsplatzerhaltung oder -schaffung orientieren. Der eingeschlagene Weg der **Rationalisierung** und der **Spezialisierung** sei konsequent weiterzuverfolgen. "Die Höhe der Lohnkosten und der Lohnfolgekosten in der Bundesrepublik machen diese Entwicklung zwangsläufig. Das wird für die Zukunft zu einer strukturellen Arbeitslosigkeit führen, die sich qualitativ von der wesentlich konjunkturell begründeten Arbeitslosigkeit unterscheidet"[109]. Die Förderung der Zukunftsindustrien ist **kein staatlicher Interventionismus**. Es sollen damit lediglich günstige Rahmenbedingungen für den ansonsten weitgehend freien Markt geschaffen werden. Dem Staat stehen dafür grundsätzlich zwei Mittel zur Verfügung: (1) **Steuerentlastungen**, (2) verbesserte Zugangsfähigkeit zum Kapital (**Risikokapital**).

Die erste Möglichkeit sieht Späth weitgehend ausgereizt, in der zweiten Methode liegt für staatliche Aktivitäten noch erheblicher Spielraum. Es zeigt sich, daß sein Begriff des Umweltschutzes weiter definiert ist. Umweltschutz ist kein politisches oder wirtschaftpolitisches Einzelziel. Er ergibt sich als logische Konsequenz aus der Einhaltung der geforderten ökonomischen Rahmenbedingungen und Prinzipien, in gewissem Sinne ohne besonderes Zutun quasi automatisch. Der letzte Punkt beinhaltet eine Annäherung an keynesianische Positionen, zumindest in bezug auf **fiskalische** Maßnahmen (z.B. Steuerentlastungen). Aber gleichzeitig fordert L. Späth eine Zurückhaltung der Regierung in der Beschäftigungspolitik. Eine aktive staatliche Arbeitsmarktstrategie sei langfristig konjunkturschädlich. Wichtiger sei die Förderung der Spitzentechnologien, eine stärkere Verbreitung der Kommunikationstechnologien im Bildungswesen und die Bewältigung der Strukturprobleme durch Einrichtung eines besonderen Strukturministeriums auf Bundesebene. Auch der Akzent des Risikokapitals verweist auf ein neoliberales Politikverständnis.

Insgesamt stützt die CDU ihr Umweltschutzprogramm auf den **Primat wirtschaftlichen Wachstums**. Sie konzentriert sich auf die klassischen Bereiche der Luft-, Wasser- und Bodenreinhaltung, den sorgsamen Umgang mit natürlichen Ressourcen, den Lärmschutz, die Artenerhaltung und den Landschaftsschutz, den Strahlenschutz sowie die Klimaerhaltung. Der Mitteleinsatz wird durch **Orientierung am marktwirtschaftlichen Rahmen** bestimmt, der nur in Ausnahmefällen überschritten wird. Das zentrale Prinzip der Umweltpolitik ist das **Verursacherprinzip**, das in den Marktmechanismus eingebettet ist bzw. ihn fördert. Der Privatwirtschaft gehört der Vorrang im Umweltschutz. **Mit ihm verbindet sich der Rückzug des Staates** aus öffentlichen Umweltschutzaufgaben und **ein Abbau der Umweltbürokratie**. Eine Abgrenzung zu neoliberalen Vorstellungen ist in der Umweltpolitik nur ansatzweise erkennbar, denn die CDU fordert explizit die

Stärkung und den Ausbau des marktwirtschaftlichen Instrumentariums. Allerdings vertraut sie dieser Politik nicht bedingungslos und uneingeschränkt. In bestimmten Bereichen der Umweltpolitik kann staatliche Verantwortung nicht auf private Träger übergehen. Die CDU betont stärker als die F.D.P. den Aspekt der zwingenden umweltpolitischen Auflagen bzw. der Ge- und Verbote für den Fall, daß freiwillige Vereinbarungen zwischen der Regierung und der Wirtschaft nicht eingehalten werden oder sich der Markt anders als erwartet verhält. Ein ökologisches Zielbewußtsein im theoretisch-begrifflichen Sinne ist im CDU-Programm zur Umweltpolitik kaum feststellbar. Vorherrschend sind pragmatische Akzente mit ökonomischem Einschlag. Nicht nur die Konflikte innerhalb der CDU nehmen zu, sondern auch die Reibungen mit der CSU und F.D.P.[110].

(3) Zielsetzungen der CSU

Die Vorstellungen der CSU weichen nur graduell von den Positionen der CDU ab. **Zur sozialen Marktwirtschaft** sieht auch die CSU **keine Alternative.** Umweltschutzpolitik ist nur auf der Basis von Wachstum denkbar[111]. Wie sich das Verhältnis von quantitativem zu qualitativem Wachstum unter dem Eindruck der ökologischen Krise genau verhalten soll, wird nicht gesagt. Allerdings verschieben sich gegenüber der CDU einige Akzente. Die Orientierung am Ideal des von staatlichen Einflüssen freien Marktes sind stärker herausgestellt. Der Begriff der **Selbsthilfe**[112] kommt explizit hinzu. Er findet seine Ergänzung in der angestrebten Förderung der **Entstaatlichung**. Die Möglichkeiten der **Privatisierung von Dienstleistungen** sind angesprochen. In der Tendenz ist damit die Abkehr vom Gedanken der öffentlichen Güter gemeint.

Die CSU befürwortet die **Förderung der Hochtechnologie**[113], doch scheinen **bei ihr regionale Argumente** oft eine entscheidende Rolle zu spielen. Nicht umsonst kommt der Ruf nach Förderung und staatlicher Unterstützung von Spitzentechnologien am nachdrücklichsten aus den Bundesländern, deren Industrien am stärksten in diesem Sektor engagiert sind: Bayern und Baden-Würtemberg[114]. Der regionale Aspekt wird noch an einem anderen Gesichtspunkt deutlich. Umweltschutz ist für die CSU nicht nur Schutz einer 'unpersönlichen' Öko-Sphäre, sondern Schutz einer **Kulturlandschaft** mit Tradition sowie Schutz von **Heimat.** Der Landwirtschaft wird zur Pflege und zum Erhalt dieser Kulturlandschaft besondere Bedeutung beigemessen[115]. Der Ökologiebegriff erfährt so eine deutliche Uminterpretation und hebt sich besonders stark von der Position der F.D.P. ab, die Umwelt vorrangig durch die wissenschaftliche Brille des biologisch orientierten Ökologiebegriffes definiert. Die CSU hat einen **historisch-kulturell angereicherten Umweltbegriff.** Die besondere Bedeutung, die F.J. Strauß dem Waldsterben zukommen ließ, ist nicht zuletzt auf diesem Hintergrund zu verstehen. Auch der **räumliche Aspekt der** Landesentwicklung und Landschaftspflege ist relevant. Die CSU geht von dem grundsätzlichen Gegensatz urbaner und ländlicher Regionen aus. Sie möchte hier ein ausgewogenes Verhältnis wahren und den begrenzten Raum so nutzen, daß die Vermehrung des materiellen Wohlstandes mit dem Erhalt der natürlichen Lebensgrundlagen einhergeht[116]. **Raumordnungspolitik** nimmt eine zentrale Stellung im Zusammenhang mit Umwelt- und Naturschutz ein[117], ein Begriff, der in anderen Parteien eher am Rande behandelt wird. Last not least wird im Bayerischen Landtag (ohne Gegenstimmen) beschlossen, den Umweltschutz in der Bayerischen Staatsverfassung zu verankern. Der Volksentscheid vom 17.6.1984 hat den Beschluß mit großer Mehrheit gebilligt[118].

II. Systemüberwindung Nonkonformität der Kritikansätze

Systemtranszendenten Kritikpositionen ist gemeinsam, daß sie sich aus der als beengend empfundenen Klammer der marktwirtschaftlichen Konzeptionen eines Umganges mit der ökologischen Krise befreien wollen. In ihren Richtungen reichen sie von ökologistischen Überbetonungen im Sinne eines diffusen 'In-Eins-Werdens' mit der Natur bis zu fortschrittlichen Varianten marxistischer Diskussion. Dominierend ist, daß wertökonomische Modelle zur Lösung des Umweltproblems als unzureichend angesehen werden, ganz gleich, ob sie unter neoklassischen, keynesianischen oder marktökologischen Aspekten zustande kommen. Der Grund für diese gemeinsame Opposition liegt nicht allein in der pessimistischen Beurteilung einzelner Theorieversatzstücke oder vorgeschlagener Praxisalternativen, sondern in der Annahme, daß die umweltzerstörende Allianz zwischen **profitorientierter Marktwirtschaft** und **quantitativem Wachstum** systematisch angelegt ist. Die Einbeziehung ökologischer Kriterien - wie immer sie erfolgt - ist dann unter Beibehaltung des Wirtschaftssystems allenfalls in guten Zeiten der Konjunktur praktikabel. Aber sie kann nicht dauerhaft sein, weil der marktwirtschaftliche Preismechanismus, die systemimmanente Konkurrenz der Wirtschaftssubjekte und die Gesetze der wertökonomischen Kapitalakkumulation dagegen sprechen. Freilich sind auf der Erkenntnisebene mit dieser Grundauffassung noch nicht gleichgeartete Vorgehensweisen und Resultate verbunden.

1. Zurück zur Natur: Ökologistische Überbetonungen

Mit der Formel, die **Natur als Selbstzweck** zu betrachten, wird der **ökologistische Standpunkt** thematisiert, der die 'reine' Natürlichkeit zum umweltpolitischen Ziel erhebt. Natur wird nicht mehr auf menschliche Zwecke zurückbezogen und dementsprechend definiert (was einem anthropozentrischen Weltbild entspricht), sondern in ihrem eigenen Zusammenhang betrachtet und in diesem Selbstbezug so verabsolutiert, daß sich der Mensch der Natur unterzuordnen hat bzw. in seinen Machtgelüsten relativiert wird (was einem bio-zentristischen Weltbild entspricht). Auf den Beitrag der **Arbeit** zur Vermenschlichung der Natur wird kaum eingegangen. Was zur Geltung kommt, ist ein Pädoyer für die Natur '**an sich**', deren begriffliche Bestimmung den Menschen zwar miteinbezieht, aber ihn in seiner **Subjektrolle** und Vormachtstellung gegenüber Tieren, Pflanzen oder sonstiger Natur nicht anerkennt. Von der **gesellschaftlichen Vermittlung** der Natur '**für uns**' wird stillschweigend abgesehen. Eine solche Position gerät in die Nähe eines **Bio-Zentrismus**. P. Singer (1975) plädiert z.B. für eine Befreiung der Tiere. Auch der Paragraph 4 der UN-Prinzipien und die Novelle zum Pflanzenschutzgesetz enthalten ökologistische Elemente, die in einer Rechtsordnung der Natur nicht unterzubringen sind. K.M. Meyer-Abich (1982) vertritt die Idee einer "Rechtsgemeinschaft mit der Natur". Aus einem christlich fundierten Verständnis von Mitkreatürlichkeit wird dem naturhaft Seienden (von Tieren und Pflanzen bis zu Steinen und Flüssen) eine Gleichberechtigung der Interessen zugestanden. Selbst die bestehenden Tierschutzgesetze unterstellen, daß Tiere um ihrer selbst willen zu schützen sind, d.h. eigene Rechte haben.

Im allgemeinen ignorieren die Ökologisten die **historische Dimension** der menschlichen Entwicklung, die durch die **tätige Auseinandersetzung** mit der Natur gekennzeichnet ist und ihn aus der Natur herausgehoben hat. Sie setzen sich der Gefahr aus, die eigenen Möglichkeiten menschlicher Lebensgestaltung zu vernachlässigen und einem schwärmerischen Romantizismus zu erliegen. Ausgeblendet wird die 'Natur des Menschen', die als '**zweite**' Natur in der 'ersten' genetisch angelegt ist und in Auseinandersetzung mit den objektiven Anforderungen des Lebens als eine in ihm schlummernde Möglichkeit aktualisiert werden kann. Dieser Aspekt beschränkt sich nicht auf die **Naturgeschichte** des Menschen; seine **Geistes- und Sozialgeschichte** ist miteinbezogen. Von zentraler Bedeutung ist die **Arbeit als Medium der Vergesellschaftung**. Nicht nur aktive Reaktionen der Menschen auf Herausforderungen und Bedrohungen durch die Natur, sondern auch auf gesellschaftliche Situationen der **Herrschaft** (z.B. Revolutionen, Kriege), bleiben bei Ökologisten unberücksichtigt. Die alternative Öko-Bewegung verweist immer wieder auf den Gegensatz von Gesellschaft und Natur, von Stadt und Land. Aber sie unterschätzt die wechselseitigen Beziehungen beider Momente, aus denen **dialektische Entwicklungen** resultieren[119]. Nach O. Ullrich muß "die Öko-Logik der oberste und unabdingbare Bezugspunkt jeder Wirtschaftsweise und Technologie sein"[120]. Seines Erachtens können die sozialen Kräfte für eine Reform der industriellen Gesellschaft nur in einer schmalen Gruppierung sozialer Bewegungen gefunden werden, vornehmlich in der ökologischen und feministischen Szene. "Die bis jetzt zu beobachtende Gegenbewegung gegen das Industriesystem steht 'quer' zu den vorhandenen Institutionen, Klassen, Schichten und Berufen und geht doch durch sie alle hindurch". Der Klassenkampf ist für ihn keine künftige Perspektive; denn er führt nicht zur Veränderung bzw. zum Austausch der industriellen Produktionsweise[121].

Eine andere Variante ökologistischen Denkens unterstellt dem Christentum, die ökologische Krise geistig verursacht zu haben. Vor allem C. Amery (1972) und U. Krolzik (1979) sehen in der Umweltmisere eine Folge des Christentums. Bei L. White jun. gipfelt diese These in dem Vorwurf, die Natur sei ihres religiösen Schutzes beraubt worden. Einen Baum, in dem ein Gott wohne, dürfe man nicht fällen. Das Christentum habe der Natur den Charakter des Heiligen genommen. Folgerichtig wird die Abkehr vom Christentum gefordert und empfohlen, sich der ökologischen Religion des Buddhismus mit seiner Wiederverkörperungslehre zuzuwenden. Das Christentum habe über Generationen hinweg den Gegensatz zwischen Mensch und Natur gepredigt, nicht die Liebe zur Natur (wie etwa ausnahmsweise Franz von Assisi). Nach D. Degenhardt dominiert im Christentum der Haß gegenüber der Natur "bei weitem". Einfache Völker würden ihre natürliche Umgebung (auch Tiere, Bäume oder Flüsse) hingegen so behandeln, als hätten sie menschliches Bewußtsein. Ihre primitive Mythologie sei in ihrer Konsequenz wesentlich "lebenserhaltender als die christliche Mißachtung der Natur"[122]. Ob das Christentum die geistige Ursache der ökologischen Krise ist, kann hier nicht weiterverfolgt werden. Die Naturvergessenheit im Christentum trifft nicht alle Konfessionen in gleichem Maße. Die orthodoxe Ostkirche hat mit ihrer Theologie der Vergöttlichung und ihrem sakramentalen Naturverständnis die protestantische Abkehr vom Natürlichen nie geteilt und verstanden.[123].

Insgesamt gesehen sind die Standpunkte der Ökologisten recht vielfältig. Sie alle einzubeziehen, wäre ein hoffnungsloses Unterfangen. Schließlich gibt es auch

Positionen, die **Naturbeherrschung als Selbstbeherrschung** fordern[124]. Sie sind für die Erfassung des Problems der ökologischen Bedrohung der Menschen durch die Produkte ihres eigenen Handelns zwar nicht unerheblich, aber sie übersehen allzu gern die Systembedingtheit des Umweltproblems in der heutigen Weltgesellschaft, worauf in Teil E I/1 und II/4 explizit eingegangen wird. Ökologistische Positionen verschleiern, daß es letztlich im Interesse des Menschen selbst liegt, das Eigenrecht der Natur zu erhalten und zu fördern. "Natürlich sind Tierschutzgesetze und Gesetze zum Schutze der Wildtiere zu begrüßen. Sie sind jedoch nur als ein partieller Ausdruck zu verstehen und erhalten ihre Legitimation erst aus der Einsicht, die sich mit dem Anspruch auf Natur als einer menschlichen Grundforderung durchsetzt. Ein ähnlicher Ausdruck dieser Einsicht zeigt sich in den ästhetischen Ansprüchen auf Natur: Die Forderung 'Natur' erfahren zu können, ist die Forderung des Menschen, das Andere seiner selbst zu erfahren, etwas, das ihn anspricht, und doch von ihm unabhängig ist, ein Eigenleben hat. Rechte der Natur und das ästhetische Bedürfnis nach Natur sind festzuhalten als Stufen in einem Prozeß, der zu einer Reorganisation des Mensch/Natur-Verhältnisses führen muß. Die Forderung einer Reproduktion von Natur als gesellschaftlicher Aufgabe schließt eine Anerkennung der Abhängigkeit des Menschen von der Selbsttätigkeit der Natur ein, verlangt deshalb, daß die Selbstreproduktion des Menschen zugleich eine Reproduktion der Natur sein soll"[125].

2. Mehr Sozialismus: Marxistische Denkmuster

Die marxistische Theorie ist von ihrer **Struktur** her geeignet, ökologische Krisenphänomene aus dem Gesamtzusammenhang einer Gesellschaft zu erklären, d.h. sie kategorial zu verarbeiten. Ihr **ganzheitlicher Aspekt** thematisiert den in natürliche Zusammenhänge eingebetteten **Produktionsprozeß** des Menschen. Er berücksichtigt die enge Verbindung zwischen **theoretischer Analyse** und **praktischer Veränderung** der bestehenden Verhältnisse und überbrückt die systematische Lücke, an deren Überwindung marktwirtschaftliche Theorien noch arbeiten. Die **philosophische Orientierung** ermöglicht eine grundsätzliche Diskussion des Mensch-Natur-Verhältnisses. Sie stützt sich auf bereits entwickelte **Begrifflichkeiten** (z.B. **Entfremdung, Wertlehre, Arbeitswertlehre**), welche die Frage nach der Entstehung der ökologischen Probleme in der modernen Gesellschaft prinzipiell stellen.

Die Beiträge der marxistischen Theorie zum Verhältnis von Ökonomie und Ökologie sind längst nicht so zahlreich, wie es scheint. Auch "fehlen die philosophischen Voraussetzungen, um die hier immer deutlicher zutage tretenden Entfremdungen zwischen Mensch und Natur theoretisch aufdecken und praktisch bewältigen zu können. Was wir benötigen ist eine grundsätzliche Kritik der industriellen Produktionsweise und der mit ihr verknüpften wissenschaftlichen Rationalität, eine Kritik, die sich aus dem grundlegend zu klärenden Verhältnis von menschlicher Praxis und Natur zu begreifen hat und die daher sowohl die fortschreitende Entfremdung der gesellschaftlichen Entwicklung gegenüber der Natur analytisch aufzudecken als auch einer praktisch dieser Tendenz entgegentretenden revolutionären Bewegung zuzuarbeiten vermag. Daß wir eine solche kritische Philosophie der gesellschaftlichen Praxis im Verhältnis zur Natur noch nicht haben, ist bekannt. Gegenwärtig werden allenfalls erste Bruchstücke hierfür zusammengetragen; einer der wichtigsten Ausgangspunkte wird dabei der Rückgriff auf die Marx'sche Theorie und ihre praxisphilosophische Fortschreibung darstellen"[126].

Die Gründe für dieses Defizit sind vielfältig. Wesentlich ist, daß sich die marxistische Praxis völlig anders und z.T. entgegengesetzt entwickelt hat als ihre Theorie. Das Ökologieproblem ist in den Ländern des real existierenden Sozialismus mindestens ebenso fortgeschritten wie in kapitalistischen Gesellschaften. In jüngster Zeit hat sich die Schere zwischen beiden Blöcken auf der Maßnahmenebene ökologischer Umweltpolitik noch weiter geöffnet. Westliche Länder geben innerhalb einer gewissen Schwankungsbreite einen erheblich höheren Teil ihres BSP für Umweltschutz aus. Diese Unebenheit besteht auch dann noch, wenn man den Vergleich auf die öffentlichen Ausgaben eingrenzt. In der gesellschaftlichen Praxis verstößt der Sozialismus gegen die natürlichen Grundlagen des Lebens noch stärker als der Kapitalismus. Die marxistische Theorie hat das Handikap, daß sie von ihrer eigenen Praxis widerlegt wird. Im Zentrum ihrer Überlegungen steht die **soziale Frage**, nicht die ökologische.

a) Orthodoxe Richtung

Die orthodoxen Problemlösungsstrategien haben im Marxismus bereits eine lange Tradition. Dogmatisch orientieren sie sich an den Texten von **Marx**, **Engels** und deren Nachfolgern, wobei versucht wird, neu auftretende Phänomene auf der Folie der vorgegebenen Erklärungsmuster zu interpretieren. Die Grundthese ist, wenn auch ein wenig verkürzt: Marx habe bereits alle im Bereich der Ökologie existierenden Probleme prinzipiell erkannt bzw. mit seinen Begrifflichkeiten so widergespiegelt, daß sie gesellschaftlich erklärbar und lösbar erscheinen. Exemplarisch für diese Sichtweise ist die Feststellung, "daß die Ökologie als Wissenschaft zur gleichen Zeit entstand wie der Marxismus - in den frühen Stadien des Kapitalismus. Schon Marx und Engels haben sich ausführlich mit dem Verhältnis zwischen Mensch und Natur und zwischen Produktion und Natur befaßt. So beschäftigt sich Engels mit dem Problem der Umwelt für den Menschen in seiner Beschreibung über die Lage der englischen Arbeiterklasse. Eine heute fast unvorstellbar stinkende Kloake, der Herd für vielerlei Seuchen, war seinerzeit in den Arbeitersiedlungen anzutreffen... Diese Beispiele früher ökologischer Katastrophen sind von Marx und Engels nicht nur gesehen worden, sondern sie haben auch versucht, die Ursachen dafür in den jeweiligen gesellschaftlichen Verhältnissen zu suchen"[127].

In der Logik dieser Argumentation ist die ökologische Krise lediglich eine **vorübergehende** Phase auf dem Weg zum Sozialismus sowie **eine notwendige Erscheinung** des Industriekapitalismus. Die strukturelle Begründung für die Widersprüchlichkeit der ökonomischen und ökologischen Entwicklung findet sich in dem Hinweis, daß der **wissenschaftlich-technische Fortschritt** allein keine negativen Folgen für die Umwelt produziert, er ist **neutral**. Erst der Einsatz dieses Fortschritts unter den Gegebenheiten der **kapitalistischen** Produktion ruft die **Widersprüche** hervor[128], die sich inzwischen zuspitzen. Das Vertrauen in den wissenschaftlich-technischen Fortschritt korrespondiert mit dem grenzenlosen Glauben an eine **mathematisch-naturwissenschaftlich** begründete **Beherrschbarkeit**

der Natur, d.h. mit der Annahme, daß die **Zweck-Mittel-Relation** des Menschen zur Natur linear und eindeutig geklärt ist. Die Natur dient der Befriedigung menschlicher Bedürfnisse. Sie ist dafür beliebig formbar. Das handelnde **Subjekt** ist der Mensch, der seine Handlungsanleitung auf den jeweiligen gesellschaftlichen Entwicklungsstand bezieht. Die Natur ist das zu bearbeitende unbelebte **Objekt**, das außerhalb menschlicher Einflußmöglichkeiten keine Eigengesetzlichkeit besitzt. Allerdings wird erkannt, daß die Natur dem Menschen feindlich gegenübertreten kann und er seinen Lebensraum der Natur geradezu abtrotzen muß.

Die Naturwissenschaften ermöglichen diesen Zweck. Fortentwicklung der Produktivkräfte und Ausbau industrieller Technologien werden selbst zum Entwicklungsgesetz. In bezug auf komplexe und umstrittene Technologien (wie Kernkraft) lesen sich offizielle Verlautbarungen aus sozialistischen Ländern relativ unbekümmert. Man glaubt, die Gegner der Atomenergie im eigenen Land ließen sich z.B. "ahnungslos in den Konkurrenzkampf jener Monopole einspannen, die verschiedene Energieträger erzeugen. Insbesondere sei es eine falsche Vorstellung, daß die beim Betrieb von Reaktoren entstehenden radioaktiven Abfälle ein 'unabwendbares Unheil' seien. Die wichtigsten Fragen des Schutzes der Menschen und der Umwelt vor schädlichen Einwirkungen des Atommülls seien in wissenschaftlich-technischer Hinsicht vollständig gelöst. Wenn alle Vorsichtsmaßnahmen eingehalten würden, sei die absolute Reinhaltung der Natur und die Sicherheit der Menschen vor radioaktiven Strahlen garantiert"[129]. Nicht erst die Erfahrungen von Tschernobyl haben gezeigt, daß dies eine unverantwortliche Haltung gegenüber dem Problem ist.

Freilich wird erkannt, daß das bloße Vertrauen in die Weiterentwicklung der Technik allein nicht ausreicht[130]. Die zurückliegende Entwicklung macht deutlich, daß die realen Tendenzen problematisch verlaufen. Hier liegt der wesentliche Schwachpunkt der orthodoxen Argumentation. Niemand kann heute übersehen, daß auch und gerade sozialistische Gesellschaften ökologische Probleme produzieren. Es kann nicht so einfach stimmen, daß lediglich die nationale oder blockförmige **Gesellschaftsform** (sozialistisch oder kapitalistisch) darüber entscheidet, ob ein und derselbe neutrale Fortschritt sich zum **Segen der Menschheit** entwickelt oder ob er sich **gegen Mensch und Natur** wendet. In jüngster Zeit verschiebt sich die Argumentation in diesem Zusammenhang. Nicht mehr der Kapitalismus ist die Ursache für die ökologische Bedrohung, sondern es ist die **historische Auseinandersetzung**, in der sich der Sozialismus mit dem Kapitalismus befindet. Die wechselseitigen Beziehungen zwischen Natur und Gesellschaft "verschärfen sich besonders in gesellschaftlichen Umbruchszeiten" und "spitzen sich auch heute zu, da weltweit der Übergang vom Kapitalismus zum Sozialismus erfolgt. Diese Zuspitzung ergibt sich aus den gegenläufigen Tendenzen in der Übergangszeit, die zum einen durch den Verfall des Kapitalismus und zum anderen durch die Vervollkommnung und weitere Ausbreitung des Sozialismus gekennzeichnet sind". In den Entwicklungsreserven des Kapitalismus "liegen zugleich Quellen einer weiteren Verschärfung der vom Kapitalismus verursachten Konflikte im Verhältnis zwischen Mensch und Natur"[131].

Daß der Sozialismus über den Kapitalismus siegen wird, darüber besteht bei den meisten Autoren des orthodoxen Marxismus nicht der geringste Zweifel[132]. Ihr Optimismus stützt sich auf die marxistische Gesellschaftstheorie, welche die

revolutionäre Überwindung des Kapitalismus durch das **revolutionäre Potential der Arbeiterklasse** voraussagt. Zwar gibt es graduelle Unterschiede in der Beurteilung dieses Potentials, doch der Grundtenor ist eindeutig: die **Arbeiterklasse** ist der einzige historisch legitimierte Träger des Übergangs vom Kapitalismus zum Sozialismus; denn "die Geschichte tut nichts, sie 'besitzt keinen ungeheuren Reichtum', sie 'kämpft keine Kämpfe'! Es ist vielmehr der Mensch, der wirkliche lebendige Mensch, der alles tut, besitzt und kämpft; es ist nicht etwa die 'Geschichte', die den Menschen zum Mittel braucht, um ihre - als ob sie eine aparte Person wäre - Zwecke durchzuarbeiten, sondern sie ist nichts als die Tätigkeit des seine Zwecke verfolgenden Menschen"[133]. Andere Autoren wie etwa W.-D. Schmied-Kowarzik oder auch E. Altvater - beide keine Verfechter eines orthodoxen Marxismus - stimmen mit der Beurteilung der Frage des revolutionären Potentials der Arbeiterklasse weitgehend überein, vor allem angesichts der ökologischen Krise. Sie eröffnet "den weitesten und in manchen Punkten den radikalsten Horizont der revolutionären Emanzipationsbewegung"[134]. E. Altvater sieht insbesondere in den industriellen Ballungszentren eine günstige Voraussetzung für die Herausbildung einer "revolutionären Bewußtseinslage"[135].

b) Fortschrittliche Diskussion

Die fortschrittliche Diskussion will die orthodoxe Position im Marxismus überwinden. Sie führt die ökologische Krise auf Strukturen der kapitalistischen Produktionsweise zurück, die weltweit dominieren und in der Tendenz immer mehr Länder bestimmen. Unter Einbeziehung der Umweltzerstörungen im real existierenden Sozialismus hat die ökologische Krise **globale Ausmaße** angenommen. Eine auf ein nationales Gesellschaftsmodell und das mit ihm verbundene Wirtschaftssystem beschränkte Analyse muß unter diesen Umständen als verkürzt und unglaubwürdig erscheinen. In der jüngsten Zeit versucht die marxistische Theorie, die Naturproblematik in der Kritik der politischen Ökonomie explizit zu behandeln[136]. Kristallisationspunkt dieser Bemühungen ist die **objektive Wertlehre.** Intendiert ist, die Rolle der Natur im Prozeß der Wertbildung allgemein zu bestimmen und gesellschaftspolitisch zu thematisieren.

Bisher wird in der objektiven Wertlehre allein die Arbeit als Erklärung des Wertes der Waren und des Mehrwertes der Produktion angegeben. Nun wird dieses Ergebnis hinterfragt und geprüft, ob die Natur ebenfalls ein Teil des Wertbildungsprozesses ist. Richtungsweisend für solche Überlegungen ist die Kontroverse zwischen W.-D. Schmied-Kowarzik und H. Immler[137]. Ihre Beurteilung wird für den Leser dadurch erschwert, daß sich beide auf die philosophischen und ökonomischen Texte von Marx beziehen, aber unterschiedliche Akzente setzen. Damit der zugrunde liegende Argumentationsstrang dem Leser deutlich wird, werden die jeweiligen Positionen durch Marx'sche Zitate belegt. Es fällt tendenziell auf, daß diejenigen Aussagen bei Marx, die als Beweis für dessen ökologische Weitsicht angeführt werden, fast ausschließlich aus seinem philosophischen Frühwerk stammen. Die Belege, die den Bezug dieser philosophischen Erkenntnisse zur Ökonomie als mangelhaft kennzeichnen, sind hauptsächlich der 'Kritik der politischen Ökonomie' entlehnt, einem Spätwerk von Marx. Dieser Umstand, der auf das unterschiedliche methodische Vorgehen von Marx zurückgeht, macht deutlich, daß es bei dem umfangreichen Quellenmaterials schwierig ist, eine gesicherte Position zu finden.

(1) Thesen von Schmied-Kowarzik

Nach W.-D. Schmied-Kowarzik sind in der Marx'schen Kritik der politischen Ökonomie die notwendigen Begrifflichkeiten und Zusammenhänge der heutigen Ökologiedebatte entweder bereits ausgearbeitet oder in ihrer Struktur erkennbar. In seinem Diskussionsbeitrag zu den Kasseler Philosophischen Schriften macht er den Versuch, die **Überwindung der gesamten Wertlehre** zu begründen. Er entwickelt seine Argumentation in fünf Thesen. Sie führen zu der Behauptung, daß mit einer weiterentwickelten marxistischen Theorie der heute als lebensbedrohend empfundene Konflikt zwischen Ökonomie und Ökologie lösbar ist[138].

Die erste These beleuchtet den Charakter des **dialektischen Verhältnisses** des Menschen zur Natur. Demnach ist der Mensch einerseits seiner Naturhaftigkeit ausgeliefert, andererseits stützt er sich auf seine schöpferische Potenz, die sich im geschichtlichen Prozeß herausgebildet hat und der Natur gestalterisch gegenübertritt. Er macht sich zum Beherrscher der Natur, und er schafft sich durch seine Arbeit eine jeweils veränderte 'eigene' bzw. 'zweite' Natur, die zum Ausgangspunkt erneuter Naturbeherrschung wird. "Das praktische Erzeugen einer gegenständlichen Welt, die Bearbeitung der unorganischen Natur ist die Bewährung des Menschen als eines bewußten Gattungswesens, das sich zu der Gattung als seinem eigenen Wesen oder zu sich als Gattungswesen verhält. ... Eben in der Bearbeitung der gegenständlichen Welt bewährt sich der Mensch daher erst wirklich als ein Gattungswesen. Diese Produktion ist sein werktätiges Gattungsleben. Durch sie erscheint die Natur als sein Werk und seine Wirklichkeit. Der Gegenstand der Arbeit ist daher die Vergegenständlichung des Gattungslebens des Menschen"[139]. Natur ist nach diesen Aussagen in der Konsequenz nicht nur ein der menschlichen Tätigkeit und damit letztlich seiner Existenz als Gattungswesen vorausliegendes Etwas, das den Menschen im negativen Falle sogar bedrohen kann, sondern sie lebt in seiner praktischen Tätigkeit quasi fort.

Entsprechend der zweiten These ist dieses Verhältnis nicht mehr natürlich, sondern als Ergebnis der Menschheitsgeschichte und der damit zusammenhängenden Fortentwicklung der gesellschaftlichen Produktivkräfte ein **entfremdetes Verhältnis**, und zwar in mehrfacher Hinsicht. Zunächst ist die entfremdete Arbeit Ursache für die Entfremdung von der Natur, darüber hinaus entfremdet sie den Menschen von sich selbst und damit von seiner Bestimmung als Gattungswesen.

Die dritte These postuliert in Anlehnung an die kritisch-emanzipatorische Gesamtabsicht bei Marx, daß die so beschriebene Entfremdung keineswegs naturgegeben ist. Sie ist von den konkreten gesellschaftlichen Verhältnissen abhängig und gleichzeitig Voraussetzung für erneute Entfremdung. Da die Entfremdung das Ergebnis einer bewußtlosen gesellschaftlichen Praxis ist, muß folgerichtig angenommen werden, daß eine bewußte gesellschaftliche Praxis solidarisch handelnder Individuen eine **revolutionäre Veränderung** dieser gesellschaftlichen Praxis herbeiführen kann. "Der Kommunismus als positive Aufhebung des Privateigentums als menschlicher Selbstentfremdung ... ist die wahrhafte Auflösung des Widerstreits zwischen dem Menschen mit der Natur und mit dem Menschen"[140]. "Also die Gesellschaft ist die vollendete Wesenseinheit des Menschen mit der Natur, die wahre Resurrektion der Natur, der durchgeführte Naturalismus des Menschen und der durchgeführte Humanismus der Natur"[141]. Denkbar erscheint eine solche bewußte Praxis im Hinblick auf den Umgang mit der Natur nur als eine "bewußte Allianz mit der Natur"[142].

Mit der vierten These wird ein für die Stringenz der Argumentation von Schmied-Kowarzik problematischer Aspekt berührt. Schmied-Kowarzik setzt sich mit der Annahme auseinander, nur eine Fortentwicklung der Produktivkräfte sowie der Naturwissenschaften könnte den Weg in Richtung auf die beschriebene Idealform eines bewußten menschlichen Lebens ebnen. In der Tradition der marxistischen Theorie ist dies nach seiner Auffassung aber stets in einer unzulässig verkürzten Form geschehen. Der **Fortschrittsglaube** der Vergangenheit sei **unkritisch** gewesen; er habe nicht die Tatsache berücksichtigt, daß Marx niemals die unveränderte Fortentwicklung der bestehenden industriellen Produktivkräfte gemeint habe, da diese dem Menschen nur in ihrer entfremdeten und entfremdenden Form gegenübertreten. Es müsse eine Form der Produktivkräfte antizipiert werden, in der dieser Entfremdungscharakter aufgehoben würde. Schmied-Kowarzik sieht hierin den Schlüssel zu dem Problem, daß der ungehemmte Ausbau der industriellen Produktion auch unter sozialistischen Bedingungen zur ökologischen Krise führt. "Man sieht, wie die Geschichte der Industrie das aufgeschlagene Buch der menschlichen Wesenskräfte ... ist, die bisher nicht in ihrem Zusammenhang mit dem Wesen des Menschen, sondern immer nur in einer äußeren Nützlichkeitsbeziehung gefaßt wurde .... In der gewöhnlichen, materiellen Industrie ... haben wir unter der Form sinnlicher, fremder, nützlicher Gegenstände, unter der Form der Entfremdung, die vergegenständlichten Wesenkräfte der Menschen vor uns"[143]. Nach Marx' Worten ist es offensichtlich, daß die Industrie ebenso wie die Naturwissenschaften unter dem Diktat des Kapitals "die wirkliche Verachtung, die praktische Herabwürdigung der Natur"[144] betreiben. Diese These stellt für Schmied-Kowarzik den zentralen Ansatzpunkt für seine Auffassung dar, eine Weiterentwicklung der Marx'schen Theorie ermögliche die Einbeziehung ökologischer Krisenphänomene in die Ökonomie.

Die letzte These verweist noch einmal auf den grundsätzlichen Dissens in der Diskussion mit Immler. Schmied-Kowarzik geht davon aus, daß eine weiterentwickelte Marx'sche Theorie die ökologische Krise als einen grundlegenden **Widerspruch zwischen wertbestimmter Industrieentwicklung und Naturvermitteltheit allen menschlichen Lebens** bedenkt. Er zitiert Marx mit der Aussage, daß die Arbeit nicht die einzige Quelle allen Reichtums ist. "Die Natur ist ebensosehr die Quelle der Gebrauchswerte (und aus solchen besteht doch wohl der sachliche Reichtum! Anm. des Verf.) als die Arbeit, die selbst nur die Äußerung einer Naturkraft ist, der menschlichen Arbeitskraft"[145]. Einerseits sieht Schmied-Kowarzik in dem Bestreben, Arbeits- und Naturkraft als Elemente der Wertbildung miteinander zu verknüpfen, eine schlechte Synthese zwischen Wertökonomie und Naturproduktivität. Andererseits betont er die von Marx in der Kritik der politischen Ökonomie gezogene Konsequenz, "daß die bestehende kapitalistische Ökonomie aufgrund ihrer verkehrten Logik die lebendige Arbeit und die lebendige Natur ignorieren, ja negieren muß, wenn die revolutionäre Aufhebung dieser verkehrten ökonomischen Basis überhaupt einen Sinn erhalten soll". Doch er gibt zu, daß Marx wegen seiner Zwittergestalt (halb Ricardo, halb marxistische Ökonomie) der Bewältigung der ökologischen Krise im Wege steht, wenn man den authentische Marx nicht zu Hilfe nimmt, d.h. jenen Marx, dem es im Grunde um die radikale Kritik jeglicher politischer Ökonomie geht, "die auf dem Wertgesetz gründet".

Nach Schmied-Kowarzik fundiert Marx seine Ökonomie keineswegs mit der Arbeitswertlehre. "Er beruft sich auch nicht positiv auf das Wertgesetz, um daran die gesellschaftliche Produktion zu orientieren, sondern all dies dient ihm nur zur **Nachzeichnung der Fundamente der kapitalistischen politischen Ökonomie, um deren grundlegende immanente Widersprüchlichkeit aufzuweisen**. Es geht also Marx gerade um das Gegenteil dessen, was die Marxisten daraus gemacht haben, indem sie auf seine Kritik der politischen Ökonomie erneut eine politische Ökonomie aufbauten; es geht ihm darum zu zeigen, daß jede Ökonomie auf das Basis des Wertgesetzes - der quantitativ verdinglichten Wertverrechnung - notwendig zu einer sich mit ihrer Entfaltung steigernden Widersprüchlichkeit steht, die verheerende Auswirkungen für Mensch und Natur hat. Durch diesen immanent in der Logik des Kapitals, der Rationalität der Wertgesetze, geführten negativen Beweis möchte Marx deutlich machen, daß **keinerlei Reformen** - politisch-staatliche oder wissenschaftlich-technische Eingriffe - **uns aus diesen Widersprüchen befreien können, sondern nur eine grundlegende Revolutionierung jeglicher wertbestimmter Ökonomie**"[146]. Den Nachweis für die Marx'sche Problemlösungsstrategie ins Praktisch-Revolutionäre hat Schmied-Kowarzik in vielen seiner Schriften ausführlich erbracht[147].

Erst unter diesem Vorzeichen ist die **Marx'sche Kritik** der politischen Ökonomie eine **negative Kritik**. Sie schlüpft in die Logik des Kapitals, um deren Widersprüchlichkeit immanent aufzudecken. Zu diesem Zweck übernimmt Marx nicht nur die Arbeitswertlehre und Werttheorie von Ricardo. Er formuliert sie logisch sogar noch strenger aus, so daß er geradezu als Gipfelpunkt der ökonomischen Klassik anzusehen ist. Aber er tut dies nicht, "weil er affirmativ auf der Werttheorie eine neue kritische Ökonomie aufbauen will, sondern weil er den absolut gesetzten Wahnsinn des Wertgesetzes mit seinen mörderischen Konsequenzen aufzudecken versucht"; denn das Wertgesetz "fungiert als Negation der lebendigen Arbeit und der lebendigen Natur"[148]. Insofern trifft Immler nicht ins Zentrum der Marx'schen Kritik, wenn er herausstellt, daß ihr kritisches Potential im Aufweis der Arbeit als Fundament der Wertbildung liege. Für Schmied-Kowarzik besteht Marx' Verdienst darin, "daß die auf der Fiktion der abstrakten Arbeit gründende kapitalistische Produktionsweise in einem notwendigen und für sie unaufhebbaren Widerspruch zur lebendigen Arbeit - wie ebenfalls zur lebendigen Natur - steht". Das letzte Ziel seiner Kritik ist also nicht eine neue ökonomische Theorie, sondern "der Aufweis der Notwendigkeit einer grundsätzlichen Revolutionierung der gesamten wertbestimmten Ökonomie". Wer die Kritik auf weniger zurückbezieht als auf den Aufweis der Notwendigkeit einer radikalen Umwälzung der wertgetriebenen Ökonomie, mündet für Schmied-Kowarzik zwangsläufig in einen Revisionismus. Immler rückt für ihn in die Nähe eines Öko-Revisionisten[149].

Für Schmied-Kowarzik ist sonnenklar, daß Marx den **Gebrauchswert** der Arbeit und der Natur nur in ihrem Ausgebeutetsein bzw. als Produktivitätsquelle thematisiert. "Nicht Marx hält die Natur für ein unerschöpfliches Reservoir von Stoffen, sondern er zeigt, daß unter dem Wertgesetz der herrschenden Ökonomie die Natur nur diesen stofflichen Stellenwert hat. Deshalb kann auch die wertgetriebene industrielle Produktionsweise nicht eher in ihrer Naturausbeutung und Naturzerstörung gebremst werden, bis sie an Grenzen stößt - die absolute Grenze erschöpfter Rohstoffquellen oder die politisch erkämpften Grenzen des Umweltschutzes -, die allerdings das Wertgetriebe nicht aufzuhalten vermögen, sondern die industrielle Produktionsweise nur von den jeweils ärgsten ökologischen Krisenpunkten ablenken, ohne dabei jedoch der prinzipiellen Negation der Natur und dem daraus notwendig resultierenden katastrophalen Ende letztlich Einhalt gebieten zu können"[150]. Daß Marx die Natur in dieser negativen Weise immer als 'Opfer' der wertgetriebenen Produktionsweise herausstellt, läßt sich nach Schmied-Kowarzik durchgängig feststellen. Seine Kritik der politischen Ökonomie beinhaltet bereits einen völlig anderen positiven Naturbegriff. **Dem Kapital gelingt die Einverleibung der Kräfte der lebendigen Arbeit und der Natur im Verwertungszusammenhang des Kapitals immer nur ideell im Sinne des privaten Rechnungswesens.** Real kann "weder die lebendige Arbeit noch die Natur im Wertsystem aufgehen; im Gegenteil, als die eigentlichen Quellen alles gesellschaftlichen Reichtums offenbart sich gerade hieran die ganze Verkehrtheit der Logik des Wertsystems, des Kapitals, aus der alle immanente Widersprüchlichkeit und alle realen Konflikte der Menschen und der Natur mit der wertbestimmten industriellen Produktionsweise erwachsen". Deshalb plädiert Schmied-Kowarzik mit Nachdruck dafür, "das wertgetriebene Industriesystem abzuschaffen, bevor es uns abschafft"[151].

Unter diesem Vorzeichen empfiehlt er Immler, nicht gegen, sondern mit Marx die ökologische Problematik des heutigen kapitalistischen Industriesystems herauszuarbeiten. Die Marx'sche Theorie impliziert für ihn bereits von ihren Fundamenten her "eine soziale und ökologische Ökonomie, die die gesellschaftliche Produktion von der Verwirklichung menschlicher Verhältnisse in Allianz mit der Natur her bedenkt und betreibt". Marx übertrage der Emanzipationsbewegung die Aufgabe, aus der negativen Analyse der Kritik der politischen Ökonomie "ihre revolutionäre Gegen- und Befreiungsstrategie zu entwickeln"[152]. Freilich beinhaltet die revolutionäre Praxis der Emanzipationsbewegung für Schmied-Kowarzik niemals bloß die Eroberung des Staatsapparates oder die Umwälzung der Eigentumsverhältnisse. Sie intendiert auch den bewußten und gemeinsamen Neubeginn gesellschaftlicher Lebensgestaltung auf der Grundlage der lebendigen Arbeit der Menschen und der lebendigen Natur. Dazu sei es nötig, die Marx'sche Theorie in der **Einheit aller drei Theoriestücke** zu vergegenwärtigen: der philosophischen Grundlegung als Dialektik der Produktion mit der Natur, der Kritik der politischen Ökonomie als Rekonstruktion der widersprüchlichen Logik des Kapitals und last not least der revolutionären Praxis der Emanzipationsbewegung als positiver Lösung. Für Schmied-Kowarzik ist es prinzipiell ausgeschlossen, mit einem der drei Theoriestücke eine neue Ökonomie zu begründen, welche die Antagonismen im menschlichen Verhältnis zur Natur nicht mehr kennt. Die bestehenden Widersprüche sind notwendiger Ausdruck der kapitalistischen Produktionsweise, deren Analyseinstrument die Marx'sche Wertlehre ist, wenn auch nur für den ökonomischen Teil, soweit er in der ökologischen Krise in Erscheinung tritt.

(2) Gegenthesen von Immler

H. Immler steht hier für diejenige Argumentationslinie, die unter Rückbezug auf die Marx'sche Theorie davon ausgeht, daß eine **Revision** der Marx'schen Kritik der politischen Ökonomie nötig ist. Er begründet seinen Ansatz mit der Überzeugung, daß die Marx'sche Analyse zwar das Verhältnis zwischen Mensch und Natur richtig wiedergibt und den Bezug auf die Menschseite gut herausgearbeitet hat, daß aber eine vergleichbare Analyse im Hinblick auf die Naturseite dieses

Verhältnisses bei Marx weitgehend unterblieben ist. Daß der reale Sozialismus am Ökologieproblem scheitere, sei nicht auf eine verkürzte Marx-Interpretation zurückzuführen, sondern der Marx'schen **Theorie selbst anzulasten**[153]. Seines Erachtens vernachlässigt die marxistische Ökonomie "mit ihrer einseitigen Konzentration auf Wert und Wertanalyse" die physisch-naturale Sphäre (Gebrauchswert, Natur, Sinnlichkeit) prinzipiell. Sie sei gegenüber den ökologischen Problemen der Gesellschaftspraxis analyseunfähig geblieben. In seinen philosophischen Schriften habe Marx die Naturfrage zwar weitsichtig dargestellt, aber in seiner Kritik der politischen Ökonomie, insbesondere in der Wertanalyse, habe er das Problem konsequent gemieden. Immler fragt deshalb, ob nicht bereits in der radikalen Trennung von Natur und Wert die Schwäche der Marx'schen Ökonomie im Ansatz enthalten ist. Er entwickelt seine Position in drei Gedankensträngen, die sich mit dem Begriff des Reichtums, der Arbeitswertlehre bzw. Wertlehre im allgemeinen sowie mit den Auswirkungen der 'Kritik der politischen Ökonomie' als einer negativen Kritik befassen.

Marx nennt in seinem oben zitierten Text den Arbeiter und die Erde gleichgeordnet als Springquellen allen Reichtums. In seiner Kritik der politischen Ökonomie findet sich folgerichtig eine sehr detaillierte Analyse des Wesens der Arbeit, insbesondere bezüglich der Wertschaffung. Ein zentraler Kritikpunkt Immlers an Schmied-Kowarzik und an Marx selbst besteht darin, daß beide die Rolle der Natur bei der Produktion von gesellschaftlichem Reichtum nicht in ausreichendem Maße reflektieren. Immler behauptet, daß die Natur am Wertbildungsprozeß jeder einzelnen Ware "direkt oder indirekt" mitwirkt. Sie sei nicht nur eine allgemeine Bedingung gesellschaftlicher Produktion - also allen Gesellschaftsformationen gemeinsam -, sondern zugleich eine spezifische Produktionsbedingung, d.h. eine kapitalistische. Da Wert und Wertgröße direkt oder indirekt von der physischen Natur abhängig seien, bestände ein innerer, wenn auch nicht bewußter Zusammenhang zwischen kapitalistischer Wertsphäre und physischer Natursphäre. In der bürgerlichen Ökonomie würde dieser Zusammenhang von Wert und Gebrauchswert der Natur ebenso mystifiziert wie der Zusammenhang von Wert und Gebrauchswert der Arbeit. Klar ist für ihn: "**Marx hat die Kritik an der politischen Ökonomie nur auf eine Säule gestellt**, nämlich auf die Kritik an der mystifizierten Produktivkraft der Arbeit mit all ihren Konsequenzen. Er hat eindringlich davor gewarnt, die Natur selbst als die andere Säule, d.h. als spezifische Produktionsbedingung und als spezifische Wertbildnerin zu sehen"[154]. Für Immler liegt der Gebrauchswert der Natur bei Marx jenseits der Betrachtungsweise seiner Kritik der politischen Ökonomie.

Über die bürgerliche Ökonomie sagt Immler, daß sie die **Natur** außerhalb der Warenform als kostenlos und unbegrenzt verfügbar ansieht und daher als **konstante Voraussetzung** aller Produktion und aller Wertbildung zugrunde legt. Soweit die physische Natur in der Warenform existiert, wird sie ökonomisch nutzbar gemacht, ohne daß es gelingt, "den Tauschwertanteil der Natur zu berechnen". Seit Ricardo sei die Annahme der Naturkonstanz eine "Bedingung der klassischen und marxistischen Wertlehren", die in ihrer Arbeitswertlehre die physische Natur als Wertbildnerin prinzipiell ausschließen. Der Natureingriff in die Produktion bewirke keine Veränderung der Natur, selbst wenn die Nutzer hierdurch einen "Extrawert" zu ihren Gunsten realisieren. Nach Immler ist "in jedem Tauschwert eine bestimmte, spezifische Naturqualität enthalten", die seine

Wertgröße mitbestimmt. Weitergehend heißt dies: "**Wert, Wertbildung und Wertgröße erweisen sich als von der physischen Natur abhängig**. Zwischen gesellschaftlicher Entwicklung und den Naturverhältnissen in der Gesellschaft besteht ein innerer ökonomisch-wertmäßiger Zusammenhang"[155].

Gegen Marx macht Immler geltend, daß er den Naturstandpunkt von Ricardo übernimmt und "nur den Gebrauchswert der Arbeit als wertbildend" ansieht bzw. darauf seine gesamte Wert-, Mehrwert- und Gesellschaftstheorie aufbaut. Er kommt zu dem Ergebnis, daß Marx außerhalb der Ökonomie-Kritik der Natur durchaus einen hohen Rang einräumt. Aber aus der Kritik der politischen Ökonomie verbanne er sie. In ihr sei logisch angelegt, "was im weiteren historischen Verlauf zum Bruch zwischen Naturfrage und politischer Ökonomie führen mußte"[156]. Der Kritik der politische Ökonomie blieb die reale Mitwirkung der Natur an der gesellschaftlichen Wertentstehung nach Immler nicht nur verborgen, sie verdeckte sie geradezu. Zugegeben wird, daß **Ricardo Produktivitätsunterschiede berücksichtigt und die Logik der Arbeitswertlehre nicht aufgehoben ist, wenn man die Naturproduktivität als untergeordnete Komponente der Arbeitsproduktivität betrachtet**. Qualitative Veränderungen der Natur würden dann als qualitative Veränderungen der Arbeit gedeutet, was heißt, daß das Wert-Natur-Problem "in eine immanente Angelegenheit der Arbeitswertlehre transformiert wird. Dieser Aspekt erhält bei Marx eine wesentliche Bedeutung"[157].

Im Begriff der gesellschaftlich notwendigen Arbeit wird die Annahme einer unbegrenzt vorhandenen physischen Natur nach Immler "zum affirmativen Bestandteil der Kritik der politischen Ökonomie gemacht. Die werttheoretisch tragende Aussage, daß nur das Quantum gesellschaftlich notwendiger Arbeit die Wertgröße einer Ware bestimmt, hat diese Annahme zur unbedingten Voraussetzung". Soweit Veränderungen infolge unkontrollierbarer Naturverhältnisse auftreten (z.B. durch die Gunst oder Ungunst der Jahreszeiten), müßten sich die Wertverhältnisse insgesamt verschieben. Jeder Einfluß bedeute hier "eine axiomatische Korrektur der Bedingungen, auf denen die Marx'sche Arbeitswertlehre steht"[158]. **Das Problem des Extramehrwerts und der Grundrente wird von Immler primär unter dem Aspekt der Veränderungen der natürlichen Produktivkräfte angesprochen.** "Bei großer natürlicher Produktivität muß man entschieden weniger arbeiten, um satt zu werden. Zeigt sich die Natur also reich, muß wenig gesellschaftliche Arbeit zur Reproduktion der Arbeitskraft aufgewendet werden, und der Wert der Arbeit ist folglich geringer. Verarmt die Natur dagegen, dann muß eine Gesellschaft allein für's physische Überleben bzw. für die Herstellung der physischen Arbeitsfähigkeit viel Arbeitszeit aufwenden. Die Folge ist ein hoher Wert der Arbeitskraft und - bei sonst gleichen Bedingungen - eine entsprechend niedrigere Quantität an Mehrwert. Indem also die Reproduktion der Arbeitskraft unmittelbar von den physischen Naturbedingungen abhängig ist, zeigt sich ein unmittelbarer und direkter Zusammenhang von Wertgröße und Naturqualität"[159].

Nach Immler wird trotz der Annahme einer allgemeinen Naturkonstanz durch den Natureingriff der Arbeit ein "**Produktivitätsgefälle der Natur**" hervorgebracht. Die Naturfrage zwinge die wissenschaftliche Ökonomie, die Probleme der gesellschaftlichen Wertbildung neu zu durchdenken. Beide physischen Quellen materieller Produktion, Arbeit und Natur, seien von der gesellschaftlichen Wertbildung nicht zu lösen. "Eine Ökonomie, die die direkte oder indirekte Einwirkung der Natur auf die Tauschwertbildung leugnet, wird weder als positive noch als kritische Ökonomie in Zukunft ernst genommen werden können"[160]. Die Realität der ökologischen Konflikte würde diese Korrektur ihr abfordern; denn zwischen der ökonomischen Theorie der Natur und ihrer Praxis bestände heute ein tiefer Graben. Dies gelte auch für die Kritik der politischen Ökonomie. Sie befände sich in einer Verfallsphase, weil sie ihre theoretisch-wissenschaftliche Analyse nicht mehr in überzeugender Weise aus der gesellschaftlichen Wirklichkeit ableite. Sie vernachlässige das ökologische Krisenproblem bzw. das zweite Fundament gesellschaftlicher Wertbildung, nämlich die physische Natur und ihre Produktivkräfte. Immler selbst votiert für den **Entwurf einer qualitativen ökonomisch-gesellschaftlichen Wertlehre**, welche die Qualitäten von Arbeit und Natur zu begreifen und sie als "Kräfte der realgeschichtlichen Entwicklung der Gesellschaften zu analysieren und zu kritisieren" hat[161].

Man würde die Position von Immler mißverstehen, wenn aus dem bisher zum Wertbegriff Gesagten gefolgert wird, daß die quantitative Seite der Arbeitswertlehre um eine ebensolche quantitative Wertlehre der Natur erweitert werden müsse. Im Gegenteil, durch das Zusammenbringen beider Teile soll gerade der Schritt von einer quantitativen zu einer qualitativen Ökonomie theoretisch vorbereitet werden. Wie sich die Form dieser neuen Ökonomie bestimmen läßt, ist noch nicht in Sicht. Bei Marx fehlt nach Immler durch Vernachlässigung der ökonomischen Aspekte der Natur in bezug auf ihre wertschaffende Potenz im Rahmen kapitalistischer Produktion das analytische Instrumentarium, das einen Zugriff auf die unsichtbaren ökologischen Faktoren und Bedingtheiten möglich machen könnte. Insofern folgt Immler der Argumentation von Schmied-Kowarzik nur bis zu der Stelle, an der er eine Weiterentwicklung bzw. Rekonstruktion der Marx'schen Theorie unter dem Eindruck der ökologischen Krise fordert. Unumgänglich sei, über die Grenzen des bei Marx Angelegten und Gesagten hinauszugehen und die Produktionskostentheorie um eine Wertlehre der Natur zu ergänzen und zu erweitern.

Dieses Anliegen bezeichnet Immler mit dem Begriff der **Revision** der 'Kritik der politischen Ökonomie', die sich von der These der logischen und bruchlosen Weiterentwicklung bei Schmied-Kowarzik ausdrücklich abhebt. Das Fehlen eines Denkansatzes in die skizzierte Richtung wird von Immler nicht allein als Ergebnis der negativen Kritik bei Marx gesehen, sondern als eine theoretische Schwäche, die gewollt oder ungewollt bis heute äußerst negative Folgen für das Verhältnis von Mensch und Natur legitimiert hat[162]. Die Annahme, daß zwischen dem Wertbegriff und der Natur ein mystifizierter Zusammenhang besteht, hat für Immler zur Folge, daß die Kritik einer solchen Ökonomie die Aufgabe beinhaltet, "dieses Geheimnis der nur vermeintlichen Unabhängigkeit von Wert und Physis aufzudecken, das heißt, sie hätte zeigen müssen, worin die Beteiligung der Natur an der Wertbildung und an der Verwertung von Wert besteht und welche Folgen dies für die gesellschaftliche Praxis und Theorie hat"[163]. Nach Schmied-Kowarzik hat die Natur ökonomisch nur etwas mit Reichtum, aber nicht mit Wert zu tun; es könne nicht die Aufgabe einer negativen Kritik sein, etwas nicht Vorhandenes (nämlich den von Immler unterstellten Zusammenhang von Wert und Natur) zu thematisieren. Möglicherweise sieht sich Schmied-Kowarzik hier mehr oder weniger ungewollt in die Rolle des Verteidigers von Marx gedrängt, den er nicht 'verraten' will, obwohl die 'Demontage' von Marx sicher nicht das Anliegen von Immler ist.

3. Anwendungsebene: Die GRÜNEN

Die GRÜNEN sind z.Zt. die einzig erkennbare **parteipolitische Gruppierung**, deren programmatische Aussagen über den Horizont systemimmanenter Ansätze hinausweisen. Zwar sind die GRÜNEN eine Partei und als solche in den institutionellen Rahmen der Gesellschaft eingebettet, aber sie verstehen sich gleichzeitig als Zusammenschluß von Bürgerinitiativen und anderen Interessengruppen, als verlängerter Arm von **Basisinteressen**, die nicht notwendigerweise an institutionelle Handlungsmuster gebunden sind. Der **Deutsche Naturschutzring** oder in jüngster Zeit der **Bund für Umwelt und Naturschutz** sind Beispiele für die Verankerung der GRÜNEN in außerinstitutionellen Bezügen. Obwohl solche Organisationsformen theoretisch über den institutionellen Rahmen hinausweisen und entsprechend hochgesteckte Erwartungen auslösen, zeigt sich in der Praxis das Gegenteil. Eine wesentliche Aufgabe besteht in der **Politik-Beratung** und **Politik-Begleitung**. Alternative Vorschläge werden zur Erhöhung ihrer Akzeptanz und Durchsetzungschance auf das institutionell strukturierte politische System bezogen.

Für die GRÜNEN ist der **Staat nicht das einzige legitime Handlungssubjekt** auf politischer Ebene, seine Funktionen können weitgehend **eigenverantwortlich** von den Bürgern übernommen werden. Bei der Durchsetzung umweltpolitischer Gesamtinteressen wird der Staat selbst Gegenstand von Reformvorstellungen. Insofern hat das Politikkonzept der GRÜNEN zwar **einen instrumentell-institutionellen Charakter**, aber es beinhaltet auch **systemtranszendente Züge** im Blick auf eine utopische Gesellschaft, die ökologisch-sozial konzipiert ist. Chr. Leipert beschreibt die Position der GRÜNEN als Forderung nach einer "ökologischen Begrenzung der Wirtschaft" und als Kritik an der "Deformierung und Unterdrückung der menschlichen Bedürfnisse durch die kapitalistische Ökonomie"[164]. Damit wird zugleich der grundsätzlich neue Ansatz im Vergleich zu anderen Parteien deutlich. Die **ökologische Krise** ist **nicht Folge** einer konjunkturellen Fehlentwicklung, **sondern** sie ist **Ausdruck einer fundamentalen Entwicklungskrise** der kapitalistischen Industriegesellschaft[165]. Erkennbar ist, daß die Kritik der GRÜNEN den Staat einschließt, der die ökologische Begrenzung der Ökonomie durchsetzen muß. Gleichzeitig weist sie über ihn hinaus, indem sie ihn selbst zum Gegenstand einer Auseinandersetzung mit dem Kapitalismus macht.

Das Material der GRÜNEN in der eigenen Öffentlichkeitsarbeit ist sehr facettenreich. Die Standpunkte pendeln zwischen den beiden äußeren Polen systemimmanenter und systemtranszendenter Umweltpolitik hin und her. Das Bundesprogramm ist für die GRÜNEN selbst kein endgültiges Konzept. Es versteht sich als vorläufige Zusammenfassung und als Anstoß zur Diskussion. Die Umweltpolitik ist für die GRÜNEN in den Gesamtkanon einer **ökologischen, sozialen, basisdemokratischen** und **gewaltfreien Politikkonzeption** eingebettet. Sie berücksichtigt, daß in einem begrenzten 'System Welt' **kein unbegrenztes Wachstum** möglich ist. Ökologische Politik bedeutet "eine umfassende Absage an eine Wirtschaft der Ausbeutung und des Raubbaus an Naturgütern und Rohstoffen sowie zerstörerische Eingriffe in die Kreisläufe des Naturhaushalts"[166]. Die Wirtschaftspolitik der übrigen Parteien ist nach Meinung der GRÜNEN letztlich nur darauf gerichtet, durch zunehmende Konzentration, unterstützt von staatlicher Steuer- und Subventionspolitik, das **zerstörerische Wachstum der Wirtschaft** zu fördern[167]. Die Konsequenz ist die Forderung nach vermehrter **Mitbestimmung** des einzelnen über ökonomische Prozesse und Entscheidungen. "Es geht im Kern darum, daß die Betroffenen selbst Entscheidungen darüber treffen, WAS, WIE oder WO produziert wird"[168]. Eine ökologisch und sozial ausgerichtete Wirtschaft (dynamische Kreislaufwirtschaft) muß aus **kleineren und überschaubareren Einheiten** bestehen. Nur so ist die Kontrolle durch den Bürger zu gewährleisten. Die GRÜNEN fordern die **Entflechtung von Großkonzernen** und den **Ausbau dezentraler Produktionsstrukturen**.

Die Zielsetzung korrespondiert mit der Struktur der GRÜNEN, die in einer veränderten Wirtschaftsordnung vor allem folgende ökologische Ziele anstreben: sparsamer Umgang mit Energie und Rohstoffen, Herstellung dauerhafter, reparaturfähiger Gebrauchsgüter, Verarbeitung wiederverwertbarer Naturprodukte, Wiederverwertung gebrauchter Waren und Abfälle, Verzicht auf Stoffe und Verfahren, die das ökologische Gleichgewicht nachhaltig stören und Leben und Gesundheit bedrohen, volle Ausschöpfung und Erweiterung bestehender Umweltschutzgesetze[169]. Die Ansatzpunkte der Umweltschutzpolitik liegen in ähnlichen Bereichen, wie bei den anderen Parteien. Auch hier sind in erster Linie die Reinhaltung von Luft, Wasser und Boden angesprochen. Hinzu kommt eine ökologisch orientierte Raumordnungs- und Siedlungspolitik, eine ökologische Verkehrspolitik sowie der Aspekt der partnerschaftlichen Wirtschaftsbeziehungen zur Dritten Welt[170]. Der internationale Aspekt der Ökologiepolitik erfährt bei den GRÜNEN eine neue Wendung. Nicht nur die transnationalen Zusammenhänge der Umweltverschmutzung werden thematisiert, sondern auch der Aspekt der strukturellen Verbindungen zwischen der Dritten Welt und den Industrienationen. Die GRÜNEN sprechen sich für eine Wirtschaftspolitik aus, die weniger auf die Bedürfnisse des Weltmarktes abhebt (Rohstofflieferant Dritte Welt) und stattdessen die lokalen und regionalen Entwicklungspotentiale in den Ländern der Dritten Welt betont (Rückgang auf kleine Einheiten). Die letzten Programmpunkte sind den Positionen der SPD stark verwandt.

Ein originäres Thema der GRÜNEN ist die strikte Ablehnung aller nukleartechnologischen Betriebe sowie deren Warenexport (einschließlich Ausfuhr von entsprechendem know-how) in Drittländer. In der Energiepolitik wird der **sofortige Ausstieg aus der Atomernergie** gefordert. Der Einsatz fossiler Brennstoffe, die das thermodynamische Gleichgewicht des Ökosystems bedrohen soll ebenfalls verringert werden. Alternative (sanfte) Technologien der Energiegewinnung (Wind- Sonnen- oder Wasserkraft) gelten als förderungswürdig. Generell ist Energie einzusparen. In der Landwirtschaft soll die chemische Behandlung von Kulturen nur noch Ausnahmefall sein, um eine bessere Qualität der erzeugten Lebensmittel (weniger Giftrückstände etc.) zu erreichen und den Eintrag von Giften über das Grund- oder Oberflächenwasser in den ökologischen Kreislauf zu verringern. Integrierter Pflanzenbau und Rücknahme land- und forstwirtschaftlicher Monokulturen sind weitere Akzente.

Die Instrumente, die zur Erreichung der ökologischen Zielperspektive der Umweltpolitik eingesetzt werden sollen, sind vielfältig. Ein geschlossenes umweltökonomisches Konzept liegt nicht vor[171]. Im **Klimaschutzprogramm** der GRÜNEN aus dem Frühjahr 1988 finden sich Hinweise auf steuerpolitische Vorstellungen. Unter dem Stichwort "Mit Steuern steuern"[172] streben die GRÜNEN für den Bereich der Fluorchlorkohlenwasserstoffe (Ozonschicht) eine **Besteue-**

rung der Emissionen in einer Höhe, daß der Einbau von Filteranlagen bzw. das Recycling **wirtschaftlich attraktiv** wird. Die Maßnahmen werden mit einem Katalog von Ge- und Verbotsmaßnahmen gekoppelt, sofern sich die erwünschten Tendenzen mit Hilfe steuerlicher Mittel nicht allein erreichen lassen. Ein **erweitertes Umweltrecht** soll mit **Emissionsgrenzwerten** dafür sorgen, daß ökologische Rahmenziele eingehalten werden. Als Ergänzung werden **Sofortprogramme** entwickelt, um den bedrohlichsten ökologischen Entwicklungen situationsgerecht entgegentreten zu können. Für den Bereich der kerntechnischen Anlagen und andere sicherheitsrelevante Betriebe sollen **verschärfte Störfallverordnungen** erlassen werden. Im Umweltrecht wird eine wirkungsvolle Vorschrift zur **Umwelt-Verträglichkeits-Prüfung** anvisiert, nicht nur für öffentliche, sondern auch für private Investitionsvorhaben in bestimmten Branchen[173].

Obwohl die ökologischen Vorschläge der GRÜNEN den institutionellen Rahmen im allgemeinen nicht sprengen, fallen die Reglementierungen für die Wirtschaft bei ihnen stärker aus als bei anderen Parteien. Unklar ist, mit welchen Mitteln eine dezentralere Wirtschaftsform bzw. eine demokratischere Aufsicht über Produktionsbetriebe angestrebt werden soll. Einige Perspektiven weisen **über institutionelle Möglichkeiten hinaus** (z.B. Veränderungen im Eigentumsrecht). Reformen im Umweltrecht reichen dafür allein nicht aus. Doch der **systemtranszendente Aspekt** der GRÜNEN bleibt **undeutlich**, auch wenn er implizit immer wieder angesprochen ist. Erkennbar ist, daß der **Ökologiebegriff** der GRÜNEN auf den Maßstab der Natur selbst zurückverweist. Die Umwelt setzt die Normen des Handelns, nicht der Mensch mit seinen Bedürfnissen. Insofern heben sich die GRÜNEN vom Wachstums-Standpunkt der anderen Parteien wohltuend ab. Umwelt ist nicht nur in ihrer Stofflichkeit für den Menschen relevant, etwa in dem Sinne, daß sie die Voraussetzungen zur Befriedigung von natürlichen Bedürfnissen bereitstellt. Aber generell besitzt die Natur für die GRÜNEN keine Subjektivität oder Eigenheit, die als unberührte oder reine Natur um ihrer selbst willen zu erhalten bzw. im Natur- und Umweltschutz ökonomisch nicht reproduzierbar wäre.

Die grüne Ökologiepolitik stützt sich relativ nüchtern auf statistische und technokratische Normen der Systemwissenschaften. Demzufolge können Veränderungen von außen am Ökosystem nur negativ als Störung des Gleichgewichts aufgefaßt werden. Individuelles, Besonderes und Einzigartiges wird nicht zum Problem. Stattdessen wird von der beliebigen Ersetzbarkeit von Systemkomponenten ausgegangen, wenn sie die gleiche Funktion einnehmen können. Vorherrschend ist der Standpunkt, "daß bei der Zerstörung oder Beeinträchtigung von Naturschutzgebieten Ausgleichsmaßnahmen zu leisten bzw. Ausgleichsflächen zu schaffen sind. So als ob sich Naturschutzgebiete einfach ersetzen oder verpflanzen ließen. Einer systemwissenschaftlich orientierten Umweltpolitik ist es letztlich egal, ob eine bestimmte biologische Art ausstirbt oder nicht. Entscheidend ist, daß das Ökosystem selbst dadurch nicht gefährdet wird"[174]. **Umwelt** ist für die GRÜNEN im Zielkatalog **ein natürliches System**, das es zu erhalten gilt, auch dadurch, daß die moderne Technik in ihrer Entwicklung abzubremsen ist. Doch so sympathisch diese Konzeption der 'sanften' Partnerschaft mit der Natur auch ist, in der Ursachenanalyse gibt es im eigenen Lager noch beachtliche Differenzen. Man vergleiche dazu vor allem die Flügelkämpfe zwischen den Fundamentalisten und Realisten[175], die zudem die Stoßkraft der GRÜNEN schwächen. Ihre Ideen sind freilich nicht ohne Einfluß geblieben, auch im Hinblick auf die Programmatik der etablierten Parteien[176].

III. Zusammenfassung

Die **nachfrageorientierte Theorie** des Keynesianismus ist **marktpessimistisch**. Krisen sind keine Ausnahmeerscheinung, sie sind die Regel. Den 'geheimen' Kräften des Marktes kann kein Vertrauen geschenkt werden, schon gar nicht im Hinblick auf lebenswichtige Fragen, wie sie sich mit unserer ökologischen Zukunft stellen. Stattdessen soll der Staat als **Durchsetzungsinstanz** gesellschaftlicher Gesamtinteressen die vom Markt nicht angebotenen Güter der öffentlichen Daseinsvorsorge entweder selbst zur Verfügung stellen (**Gemeinlastprinzip**) oder dafür den notwendigen Anreiz schaffen bzw. die notwendigen Auflagen erlassen (**Verursacherprinzip** in Verbindung mit dem **Vorsorgeprinzip**). Prinzipiell stehen ihm auch hoheitliche Mittel zu Gebote. Doch am **Eigentumsrecht** soll nicht gerüttelt werden. Die Gewerkschaften favorisieren ein **Mitbestimmungsmodell**, das über den keynesianischen Rahmen hinausgeht. In der Keynes-Plus-Konzeption wird eine Art gesamtgesellschaftlicher Verantwortung im Produktionsprozeß angestrebt, die durch eine dem Gemeinwohl verpflichtete Mitbestimmung und Sozialpartnerschaft erreicht werden soll[177]. Individuelle Freiheit (vor allem in der Verfügung über Kapital) erfährt dann eine andere Definition als im konservativen Keynesianismus. Sie ist in Verbindung mit dem Eigentumsbegriff nicht mehr das unantastbare Fundament der Gesellschaft, sondern kann im Interesse des Gemeinwohls (auch eines antizipierten Allgemeinwohls) eingeschränkt werden.

Die **angebotsorientierte Theorie** einer neoliberalen Umweltpolitik ist **marktoptimistisch**. Sie impliziert weniger Staat, namentlich auf dem Gebiet der Geld- und Haushaltspolitik. Ihre Politikkonzeption, die einen Abbau der Globalsteuerung des Wirtschaftsprozesses intendiert, soll mehr Marktwirtschaft ermöglichen. Bürokratische Hemmnisse gilt es zu beseitigen. Steuern, Beitragslasten und Subventionen sollen gesenkt werden, um insbesondere die Gewinnsituation von Unternehmungen zu verbessern[178]. Unterstellt wird, daß der Markt von sich aus zum **Gleichgewicht** tendiert bzw. institutionell auf Stabilität programmiert ist. Doch die Konkurrenz um den gesellschaftlichen Durchschnitt geht zu Lasten der Randsektoren zurückgebliebener Branchen und Regionen. Massenarbeitslosigkeit und Massenkonkurse werden zum Problem **individuellen Versagens** gemacht. Und wer versagt, ist unter dem Leistungsprinzip zurückzustufen oder auszusondern. Der Segmentation der Gesellschaft in Tüchtige und Untüchtige entspricht die **Polarisierung** aufgrund der **Marginalisierung** am Markt. Mit dem fortschreitenden Abbau des Sozialstaates korrespondiert die Reaktualisierung des **Subsidiaritätsprinzips**. Die angebotsorientierte Politik schlägt zwei Fliegen mit einer Klappe: Sie hebt die Investitionsquote durch **regressive Umverteilung** zugunsten der Unternehmensgewinne und durch Umstrukturierung des bestehenden Produktionsapparates in Richtung einer technologischen Modernisierung[179].

Die parteipolitische Trennungslinie zwischen Anhängern der Neoklassik und Befürwortern des Keynesianismus läßt sich nur selten mit der erwarteten Schärfe ziehen. Die Übergänge zwischen den Positionen der Liberalen, der CDU/CSU und den Sozialdemokraten sind relativ fließend. Die vielfältigen Koalitionen untereinander bestätigen diesen Befund. Unter pragmatischen Gesichtspunkten haben die neoklassischen Varianten im parteipolitischen Anpassungsgeschäft einen gewissen Vorsprung. Sie verändern nicht die bisherige Politik bzw. bieten für Kompromisse einen großen Legitimationsspielraum, weil sie sich mit dem

Wirtschaftssystem im engeren Sinne am besten vereinbaren lassen. Die sozialen und ökologischen Probleme werden damit freilich noch nicht gelöst bzw. nur in dem Maße angegangen, wie es die ökonomische Lage erlaubt. Die theoretischen Positionen ökologistischer Überbetonungen wie marxistischer Denkmuster finden in der BRD keine wirkungsvolle Deutungs- und Durchsetzungsinstanz. Lediglich die GRÜNEN machen deutlich, daß ein programmatischer Übergang von systemimmanenter zu systemtranszendenter Umweltpolitik denkbar erscheint. Allerdings geraten sie dabei in einen gewissen Widerspruch mit sich selbst, der nicht nur für ihre Aussagen sondern auch für ihre organisatorische Struktur weitreichende, oft negative Konsequenzen hat. Sie wollen auf der einen Seite basisdemokratisch sein und stehen so dem in festen Formen institutionalisierten Staat skeptisch gegenüber, auf der anderen Seite benötigen sie aber den Staat zur Durchsetzung ihrer eigenen Perspektiven; er ist Ziel von Veränderungen und gleichzeitig Mittel ihrer Politik.

Die Herausforderungen, die sich durch die Ökonomie aus der ökologischen Krise ergeben, sind nicht zufälliger Natur, sondern haben einen systembedingten Grund. Die Herleitung dieses Zusammenhanges aus der **historischen** Entwicklung der ökonomischen Theorie und **den institutionellen Verarbeitungsmechanismen** der Wirtschaftspraxis in den ersten beiden Kapiteln hat das hinreichend verdeutlicht. Allerdings wird der Verzahnung der Ökonomie mit gesellschaftlichen Bedingungen und Prozessen in den Therapievorschlägen nur wenig Rechnung getragen. Die formalen und inhaltlichen Zusammenhänge des ökonomischen Systems, deren Widersprüchlichkeit in der ökologischen Krise einen sichtbaren Ausdruck findet, werden nicht aufgedeckt bzw. unter einer **systemtheoretischen Klammer** kaum diskutiert. Verschiedene Paradigmen existieren **beziehungslos nebeneinander**. Was bleibt, sind **resignierende** Verweise auf Sachzwänge oder die normative Kraft des Faktischen im Rahmen institutioneller Konzeptionen oder die Hoffnung auf revolutionäre Veränderungen der Gesellschaft, die **utopischen** Charakter haben.

Doch die gesellschaftliche Praxis ist durch die institutionelle Verarbeitungsweise der Ökonomie geprägt und beschrieben. Diese wertökonomische Formbestimmtheit ist für **systemtranszendente Ansätze** der Ausgangspunkt einer systematischen Kritik. Die Ökologisten betonen stärker den Aspekt menschlichen Eingebundenseins in natürliche Prozesse, deren Sinngebung nicht oder nicht allein menschlich bestimmt ist. Die marxistischen Denkmuster stellen mehr den ganzheitlichen Charakter des Ökologieproblem am Begriff der Vergesellschaftungsformen bzw. der Form gesellschaftlicher Austauschprozesse heraus. Für Ökologisten liegt das Gesetz umweltpolitischen Handelns beim **Individuum**, das seinen Einklang zur Natur selbst suchen muß. In marxistischen Ansätzen trifft es entweder die **revolutionäre Arbeiterklasse** (orthodoxe Variante), oder es **bleibt offen**, wer Träger der gesellschaftlichen Veränderungen sein soll (fortschrittliche Diskussion). Eine Demokratisierung des **Gemeinwesens** und **die Verabschiedung der kapitalistischen Wertökonomie** sind für systemtranszendente Ansätze eine notwendige Bedingung. Allerdings stehen ihnen die sozio-ökonomischen Grundvoraussetzungen in der Bundesrepublik und auf internationaler Ebene gegenüber, so daß die **Durchsetzbarkeit** und Machbarkeit ihrer Alternativen als noch nicht gegeben anzusehen ist.

Insgesamt zeigt sich, daß die Beschränkung von Theorien und Maßnahmen auf nationale Grenzen der weltweiten Problemlage nicht angemessen ist. Weder wird so die **Grenzenlosigkeit ökologischer Zusammenhänge** erfaßt, noch wird den Sachgesetzlichkeiten **des Kapitals** auf **Weltmarktebene** entsprochen. Beides sind Gesichtspunkte, die auf eine notwendige Erweiterung des Begriffs- und Reflexionsrahmens der traditionellen Volkswirtschaftslehre hinweisen. Weder der keynesianische noch der neoliberale Politikansatz haben es in der Umweltökonomie bisher vermocht, die ökologische Krise zu verhindern oder sie zu entschärfen. Im Gegenteil. Beide Ansätze deuten darauf hin, daß sie durch ihre **strukturelle Eingebundenheit** in den bestehenden **Konsens der Wertökonomie** und der Individualisierung gesamtgesellschaftlicher Bezüge wesentliche Defizite in der Bewältigung der ökologischen Herausforderung aufweisen. Sie bleiben im Umweltschutz stets nur **nachsorgend**, d.h. sie können nur auf bereits entstandene Umweltschäden **reagieren** statt vorausschauend und **vorsorgend** zu agieren. Den systemtranszendenten Ansätzen, die diese Schwäche nicht haben, fehlt wiederum die **Durchsetzungsstrategie** gegen diesen Konsens. Die These der qualifizierten Minderheit verträgt sich nicht mit der Vorstellung einer demokratischen Gesellschaft.

Anmerkungen

[1] Vgl.: Memorandum '85 und Memorandum '87 der Arbeitsgruppe Alternative Wirtschaftspolitik

[2] Vgl.: Memorandum '87, S. 170. "Diejenigen, die wie der Sachverständigenrat mit dem Bekenntnis zum Verursacherprinzip staatliche ökologische Ausgabenprogramme ablehnen, geht es im Grunde mehr um 'Deregulierung' und 'weniger Staat' als um wirksamen Umweltschutz".

[3] Vgl.: Memorandum '87, S. 166ff. Die Stärkung des Verursacherprinzips ist hier nicht die einzige Möglichkeit der Internalisierung externer Effekte. Das Gemeinlastprinzip bleibt als Ergänzung unverzichtbar, vor allem in klassischen Bereichen öffentlicher Versorgung wie etwa der Wasserwirtschaft.

[4] Vgl.: Memorandum '87. Hier wird sogar eine Verstaatlichung der Energiewirtschaft gefordert, da diese eine Schlüsselstellung in der Ökonomie einnimmt und zugleich durch starke Monopolstrukturen gekennzeichnet ist. Somit können nach Ansicht der Memo-Gruppe marktwirtschaftliche Konzepte, die immer auf die Wirkung des Konkurrenzmechanismus setzen müssen, nicht mehr greifen.

[5] L. Wicke 1982, S. 221

[6] Ebenda, S. 221

[7] L. Wicke 1982 weist in diesem Zusammenhang darauf hin, daß durch diese Flexibilisierung die ökonomische Existenzgefährdung solcher Unternehmen weitgehend ausgeschlossen werden kann, deren Investitionsaufwand für Umweltschutzmaßnahmen aufgrund individueller Gegebenheiten z.B. der Produktionsstruktur gegenüber den Konkurrenten ungleich höher ist.

[8] E. U. v. Weizsäcker 1988, S. 86

[9] Ebenda, S. 86

[10] Ebenda, S. 87

[11] Vgl. L. Wicke 1982

[12] In der bisherigen Diskussion überwiegt die Skepsis. Man glaubt, daß sich die Knappheitspreise für Umweltpapiere, die der Staat zunächst unentgeltlich überträgt, nur unter bestimmten Bedingungen bilden. Ebenso sei die Koppelung der Lizenzen an den letzten Stand der Technik fragwürdig. Schließlich könnten sich durch Hortung von Zertifikaten Monopole bilden. Bei der Festlegung der Emissionsmengen, bei administrativen Kontrollen sowie der Bewertung der Zertifikate im Zeitablauf fehle dazu der marktwirtschaftliche Anreiz. Vgl. neuerdings E.M. Wenz/O. Issing (Hrsg.) 1987

[13] Vgl. L. Wegehenkel 1983, S. 222. Wegehenkel ist zwar erklärtermaßen kein Befürworter keynesianischer Wirtschaftspolitik, doch ist seine Analyse in diesem Punkt zutreffend. Unter Konkurrenz- und Kapitalverwertungsaspekten neigen Unternehmen stets dazu, dem Druck durch Steuern oder Abgaben durch eine Ausweitung der Produktion zu entgehen. Andererseits sind auch mit der staatlichen Ausgabenstrategie ganz unbestreitbar quantitative Wachstumsimpulse verbunden, sowohl direkt (öffentliche Hand als Arbeitgeber) als auch indirekt (durch innovative Impulse in der Privatwirtschaft) durch die Schaffung von zusätzlicher konsumwirksamer Nachfrage.

[14] E. U. v. Weizsäcker 1988, S. 86

[15] Hier existieren bereits einige Regelungen oder treten nach einer begrenzten Übergangszeit in Kraft. So soll der Anteil an giftigen Schwermetallen wie Cadmium und Blei in Farben und Lacken begrenzt werden; der asbestfreie Bremsbelag und die flourchlorkohlenwasserstoffreie Spraydose sind andere Beispiele dafür, daß staatlich gesetzte Umweltziele durch zwingende Auflagen erreicht werden können.

[16] L. Wicke 1982, S. 93

[17] Vgl. St. Krüger u. a. 1984, Kapitel 15. Unter bezug auf den Keynes-Plus-Ansatz der Gewerkschaften wird hier auf die Mitbestimmung als Basis für Auflagenpolitik hingewiesen. Wirtschaftsräte, die paritätisch aus mit Arbeitgebern und Arbeitnehmern besetzt sein sollen, übernehmen die gesamtwirtschaftliche Mitbestimmung unter Berücksichtigung ökologischer Erfordernisse.

[18] Vgl. H. Riese 1985, S. 50. Riese weist darauf hin, daß die angebots- bzw. nachfrageorientierten Varianten der Wirtschaftspolitik das Problem des zunehmend offenkundig werdenden Marktversagens (auch in bezug auf ökologische Probleme) lediglich von zwei verschiedenen Seiten betrachten. "Das aber bedeutet, daß der Stabilitätsoptimismus der neoklassischen Ökonomie und der Interventionsoptimismus der keynesianischen Ökonomie nur zwei Seiten einer Medaille sind, der Medaille, die der Stabilisierungsmöglichkeit des Marktsystems vertraut". Allerdings sind die Konsequenzen bei Riese nicht so weitreichender Natur wie bei Schmied-Kowarzik oder

Immler. Obwohl Riese den Optimismus hinsichtlich der Staatsinterventionen im keynesianischen Wirtschaftsverständnis ablehnt, beläßt er es bei dem Versuch des Nachweises, daß sowohl angebots- als auch nachfrageorientierte Modelle jeweils spezifische Schwächen aufweisen. Somit ist jede Politik, die sich ausschließlich auf eine der beiden Varianten verläßt, zum Scheitern verurteilt.

19 Vgl. K.-G. Wey 1982, S. 158f

20 Vgl. Memorandum '85, S. 178 und Memorandum '87, S. 185ff

21 Politik Nr. 7, Juli 1985. Aktuelle Informationen der Sozialdemokratischen Partei Deutschlands, S. 5

22 Vgl. ebenda, S. 3

23 "In den fünfziger Jahren war es der Wiederaufbau. Dann fand in den sechziger Jahren die umfassende Integration in die Weltwirtschaft statt. In den siebziger Jahren stand die Krisenbewältigung im Vordergrund allen wirtschaftlichen Handelns, um die Ölpreisschocks zu überwinden und die erschütterten Wachstumshoffnungen neu zu beleben. Die achtziger Jahre stehen unter dem Zeichen des ökologischen Umbaus unserer Volkswirtschaft, einer ökologischen Erneuerung, damit verbunden ist der Kampf um die Wiedererlangung der Vollbeschäftigung" (W. Roth 1985, S. 113).

24 Vgl. V. Hauff 1975

25 Vgl. ebenda, S. 48

26 Vgl. ebenda, S. 51

27 W. Roth 1985, S. 141

28 Vgl. Politik, Nr. 7, Juli 1985. Aktuelle Informationen der Sozialdemokratischen Partei Deutschlands, S. 6

29 Vgl. W. Roth 1985, S. 120ff

30 Vgl. ebenda, S. 117ff

31 Vgl. Politik, Nr. 4, Dezember 1987. Informationsdienst der SPD

32 Vgl. Materialien der Kommission für Ökologie und Umweltfragen beim SPD-Parteivorstand, 1984

33 Ebenda, S. 3

34 Zur Diskussion seiner Thesen vgl. insbesondere E. Martens, Großer Knall - kleine Wirkung. Wissenschaftler widersprechen Oskar Lafontaine, in: DIE ZEIT Nr. 12 v. 18.3.88 sowie C. Chr. v. Weizsäcker, Platon, Marx und der Ministerpräsident. Die Gefahren der Technologiezensur. Anmerkungen zu Lafontaines Entwurf einer Zukunftsgesellschaft, in: DIE ZEIT Nr. 19 v. 6.5.88

35 H. D. Barbier, Ratlos vor der gespaltenen Gesellschaft. Die SPD sucht ihre Wirtschaftspolitik, in: FAZ vom 29.8.88

36 E. Fuhr, Godesberg II, in: FAZ v. 18.1.89, ebenfalls H.D. Barbier, kDie SPD sucht ihre Zukunft, in: FAZ v. 9.1.89

37 Vgl. E. Hildebrandt 1985, S. 50f

38 "Wenn eine sozialistisch fixierte Partei sich der Einheitsgewerkschaft DGB zuwendet und diese Einheitsgewerkschaft sich in dieses Bündnis einschließen läßt, dann verschwimmt der Gedanke einer parteipolitischen Unabhängigkeit der Gewerkschaft ins Zwielicht. Umgekehrt muß eine Volkspartei, die sich so vehement an eine große Interessengruppe bindet, den Gedanken fallenlassen, für alle Schichten der Gesellschaft wählbar zu sein" (E.G. Vetter, Ein fatales Bündnis, in: FAZ v. 25.7.88).

39 Vgl. DGB-Bundesvorstand (Hrsg.), Umweltschutz und qualitatives Wachstum

40 Vgl. auch H. Rappe 1985

41 Vgl. W. Schneider 1986, S. 21f

42 Vgl. E. Breit 1985, S. 20

43 Man spricht von einer "Midlife-Krise" des DGB im Jahr seines 40. Geburtstages. Er muß sich gegenüber neuen Schichten öffnen, wenn er mit dem Wandel von der Arbeiter- zur Angestelltengesellschaft Schritt halten will (vgl. H. Jürgensen, DGB in der Klemme, in: FAZ v. 16.1.89).

44 Vgl. O. Roloff 1986, S. 159. "In der ökonomischen Theorie ist unbestritten, daß das Konkurrenzpreissystem diese negativen externen Effekte bzw. Umweltschäden endogen, d.h. aus seinen Funktionsbedingungen selbst hervorbringt".

45 Vgl. L. Wegehenkel 1983, S. 205f. "Angenommen, wir ringen uns innerhalb eines sozio-kulturellen Systems wie der Bundesrepublik Deutschland zu der Absicht durch, intern aus irgendwelchen - etwa sozialpolitischen - Erwägungen den Wettbewerb abzuschaffen. Nun gut, die Absicht

können wir kultivieren. Aber: der Wettbewerb findet trotzdem statt, ob wir wollen oder nicht. Nur dokumentiert sich der Wettbewerb dann unter Umständen auf der nächsthöhergelegenen Ebene des Gesellschaftssystems. ...Das heißt, man kann sich Wettbewerb auf Dauer nicht entziehen. Wettbewerb ist in diesem Sinne nichts anderes als Ausdruck eben evolutionärer Selektion".

[46] Vgl. H. Bonus 1983, S. 28

[47] L. Wegehenkel 1983, S. 205f

[48] Ebenda, S. 209

[49] Vgl. O. Roloff 1986, S. 184. "Durch externe Effekte der Produktion und Konsumtion vor allem in der Dynamik wirtschaftlicher Expansion wird der Rechtsfriede in der Gesellschaft und die öffentliche Sicherheit und Ordnung immer wieder durch die Verletzung von Eigentumsrechten und die Gefährdung von Gesundheit und Leben massiv gestört".

[50] L. Wegehenkel 1983, S. 210

[51] Vgl. G. Hohloch 1983

[52] Vgl. H. Bonus 1983. Vgl auch: Wegehenkel, L. 1983

[53] Vgl. A. C. Pigou 1946, S. 224

[54] Vgl. D. A. Worcester 1972, S. 58. Hier wird das Mißtrauen gegenüber staatlichen Eingriffen in die ökonomische Sphäre besonders deutlich. Worcester ist der Meinung, solche Eingriffe bedeuteten "the risk of proscribing drugs for a patient who is not ill".

[55] Vgl. E. Endres 1977

[56] Vgl. R. Coase 1960

[57] "In order to carry out market transaktion it is necessary to discover who it is that one wishes to deal with, to inform people that one wishes to deal and on what terms, to conduct negotiations leading up to a bargain, to draw up the contract, to undertake the inspection needed to make sure that the terms of the contract are beeing observed, and so on" (Ebenda, S. 15). Und später: "All solutions have costs and there is no reason to suppose that government regulation is called for simply because the problem is not well handled by the market or the firm. Satisfactory views on policy can only come from a patient study of how, in practice, the market, the firms and government handle the problem of harmful effects. ... It is my belief that economists, and policymakers generally, have tended to over-estimate the advantages which come from governmental regulation. But this belief, even if justified, does not more than suggest that government regulation should be curtailed. It does not tell us, where the boundary line should be drawn" (Ebenda, S. 18).

[58] Vgl. ebenda, S.3

[59] H. C. Binswanger, Ökologisch orientierte Wirtschaftswissenschaft, S. 142

[60] Eine ausführliche Diskussion des Entropieansatzes erfolgt in Abschnitt E II/4d

[61] Vgl. R. Pfriem (Hrsg.) 1986a, S. 256ff

[62] R. Müller-Wenk 1983, S. 17

[63] Vgl. Diskussionsbeitrag von H. Chr. Binswanger, in: L. Wegehenkel 1983

[64] Vgl. H. Bonus 1983

[65] L. Wicke 1982, S. 211

[66] Vgl. H. Siebert 1976

[67] Ebenda, S. 24

[68] Vgl. R. Pfriem (Hrsg.) 1986a, S. 221

[69] Vgl. dazu auch die langsame Gangart bei der Beseitigung der Dünnsäureverklappung oder Müllverbrennung auf hoher See. Die ökonomischen Kriterien erhalten stets den Vorrang.

[70] Vgl. K.-G. Wey 1982, S. 165f

[71] U. Niesbach, P./Schell 1988, S. 83

[72] Ebenda, S. 83

[73] Vgl. ebenda, S. 85ff

[74] Das Beispiel der Waschmittel scheint dies zu bestätigen. Heute ist fast kein Waschmittel mehr am Markt, das nicht mit den besonderen Vorzügen seiner Umweltverträglichkeit wirbt.

[75] Vgl. Präambel des Ökologischen Aktionsprogramms der F.D.P.: "Liberale Umweltpolitik verlangt mehr Verantwortlichkeit des Bürgers, Kooperation und Marktwirtschaft als staatliche, bürokratische Kontrolle".

[76] O. Graf Lambsdorff 1980, S. 159

[77] Vgl. ebenda, S. 164

[78] Ebenda, S. 169f

[79] Ebenda, S. 195

[80] Vgl. neuerdings C. Gennrich, Wieder einmal geht es für die Freien Demokraten ums Überleben, in: FAZ v. 31.1.89

[81] F.D.P. 1981, S. 7

[82] Ebenda, S. 50

[83] Ebenda, S. 7

[84] Liberale Dokumente Juli 1985/Beschlüsse des Bundeshauptausschusses der F.D.P.. Ökologische Marktwirtschaft

[85] Vgl. F.D.P. 1981, S. 7. Ökologische Eckwerte "sollen in besonderen Fällen die Grenze markieren, an der eine Abwägung zwischen Ökologie und konkurrierenden Politikbereichen, vor allem der Ökonomie, nicht mehr zulässig ist".

[86] Vgl. K.-G. Wey 1982, S. 162

[87] CDU-Bundesgeschäftsstelle (Hrsg.) 1987, S. 5

[88] Ebenda, S. 5

[89] Ebenda, S. 5

[90] Diese Theorie der kollektiven Entscheidung, die vor allem auf J.M. Buchanan/G. Tullock und ihre Schüler zurückgeht, betrachtet es als einen grundlegenden Irrtum, dem Realmodell des Marktes ein Idealmodell des Staates gegenüberzustellen. Der Staat sei keine neutrale Institution, sondern bestehe aus Menschen mit Vorzügen und Schwächen. Jeder Mensch, der im Staatsapparat tätig würde, verfolge - wie in der Wirtschaft - eigene Interessen. Je größer seine Abteilung, desto mehr Macht habe der Beamte, desto höher sein Prestige, sein Etat und sein Gehalt. Deshalb wachse der Staatsapparat unaufhörlich und entwickele eine Eigendynamik, die aus der Sicht der neoliberalen "Theorie des Staatsversagens" zu stoppen ist.

[91] CDU-Bundesgeschäftsstelle (Hrsg.) 1987, S. 5

[92] Ebenda, S. 5

[93] Ebenda, S. 7

[94] Ebenda, S. 7

[95] Vgl. CDU 1978. "Die notwendige Konsolidierung der öffentlichen Haushalte erfordert eine wachstumsfördernde Steuerpolitik. Sie muß die Investitionsfähigkeit und die Investitionsbereitschaft stützen, die internationale Wettbewerbsfähigkeit der deutschen Wirtschaft berücksichtigen und Wettbewerbsverzerrungen vermeiden. Der indirekten Förderung von Forschung und Entwicklung - insbesondere bei mittelständischen Unternehmen - ist hohe Priorität einzuräumen". Die Mittelstandsförderung, die hier angesprochen ist, verkehrt sich in der Realität allerdings zur Förderung der Großunternehmen. Das ist auch nicht verwunderlich, da die finanziellen Aufwendungen im Bereich der Umweltschutzinvestitionen und der Grundlagenforschung auf diesem Gebiet sehr hoch sind. Die zunächst vermutete Nähe zu den Positionen der F.D.P. ist so nur eine theoretische.

[96] Vgl. ebenda, S. 8. "Moderner Umweltschutz, der auf neueste und in der Regel teuere Technologien angewiesen ist, benötigt die Grundlage einer leistunsfähigen Wirtschaft. Nur so bleibt Umweltschutz bezahlbar".

[97] CDU 1978, S. 32

[98] Ebenda, S. 8

[99] Vgl. K. Biedenkopf 1985b

[100] Ebenda, S. 53

[101] Ebenda, S. 23

[102] Vgl. ebenda, S. 56. Am Beispiel des Katalysatorautos verdeutlicht Biedenkopf seine Position zu staatlichen Subventionen: "Daraus folgt vor allem, daß der Staat darauf verzichten sollte, die Umrüstung zu subventionieren oder auf andere Weise die vom einzelnen verursachten Umweltkosten zu übernehmen. Die Subvention der Umrüstung wird in mehrfacher Hinsicht negative Wirkungen auf die Grundsätze der ökologischen Marktwirtschaft haben. Sie wird die Bevölkerung in der noch immer weit verbreiteten Auffassung bestärken, der Schutz von öffentlichen Gütern in der Gestalt der Umwelt sei nicht nur eine Aufgabe der Gemeinschaft, sondern müsse auch kollektiv finanziert werden".

[103] Vgl. ebenda, S. 50f

[104] Ebenda, S. 54

[105] Vgl. Sondervermögen 'Arbeit und Umwelt', das im vorhergehenden Abschnitt über die Positionen der SPD näher betrachtet wurde.

[106] Vgl. CDU-Bundesgeschäftsstelle (Hrsg.) 1987. Gefährdungshaftung und obligatorische Umwelthaftpflichtversicherung sollen das hohe Kostenrisiko, das durch Umweltverschmutzungen auftreten kann (Chemieunfälle etc.) absichern und das Verursacherprinzip so weit wie möglich privatisieren, damit nicht länger der Staat die Kosten tragen muß.

[107] "Die CDU will die Umwelt mit marktwirtschaftlichen Mitteln schützen. Sie will, daß unser Land eines der umweltfreundlichsten Industrieländer wird. Sie will damit eine ökologische Neuorientierung und eine ökologische Umrüstung der bestehenden realen Aktivitäten der Wirtschaft und der Privathaushalte. Sie gibt marktwirtschaftlichen Instrumenten gegenüber direkten staatlichen Eingriffen den Vorzug. Das gilt nach der programmatischen Ebene auch für das Handeln der Regierung...Allerdings ist Eile geboten. Denn die Erfahrungen der letzten Jahre zeigen an, daß wir im Begriff sind, auch im Bereich des Umweltschutzes die alten Fehler zu wiederholen. Die interventionistische Besetzung des Neulandes ist in vollem Gange" (K. Biedenkopf 1985a, S. 433f).

[108] "Angenommen, die Bundesregierung entschlösse sich in einem 'Gewaltakt', sämtliche Subventionen für Kohle, Stahl und Werften zu streichen, so bleiben trotzdem noch zwei Milliarden Mark ungedeckt. Steuerpolitische Strohfeuer verlöschen, wie auch ausländische Beispiele zeigen, wenn sich an den übrigen wirtschaftsstrukturellen Mängeln nichts ändert" (L. Späth 1985, S. 188).

[109] L. Späth 1976, S. 118

[110] Nach C. Gennrich beschäftigt sich die Koalition vorwiegend mit sich selbst. "Die F.D.P. fürchtet den Abwärtssog und wirft dem größeren Partner vor, er habe die Aufgabe vernachlässigt, einer Partei zu seiner Rechten nicht entstehen zu lassen". CDU-Generalsekretär Geißler suche "Zuflucht bei Beschwerden über Darstellungsmängel; er möchte Regierung und Regierungssprecher verantwortlich machen". Kohls Amtschef Schäuble hält Geißler und dessen Mannschaft für "die gefährlichste Klippe der Union", weil Parteizentrale und Regierung nicht zusammenarbeiten. Die CSU drückt auf die CDU wegen Innen- und Rechtspolitik, Ausländer- und Asylantenfragen sowie Schutz des ungeborenen Lebens. Die F.D.P. kollidiert wiederum um damit. Sie will "ihren Kurs nicht ändern, allenfalls den Ton" (FAZ v. 1.2.89).

[111] Vgl. CSU 1976, S. 40. "Für die Christlich Soziale Union sind angemessenes reales Wachstum, Vollbeschäftigung und Preisstabilität unerläßliche Voraussetzungen für den Bestand der sozialen Sicherheit und Leistungsfähigkeit".

[112] Vgl. ebenda, S. 18. "Der Grundsatz der Subsidiarität besagt, daß umfassendere und weitergreifende Organisationsformen staatlicher und gesellschaftlicher Art jeweils nur zur Bewältigung solcher Aufgaben herangezogen werden sollen und dürfen, mit deren Lösung die Initiative des einzelnen oder freier Vereinigungen überfordert ist".

[113] Vgl. F.J. Strauß 1985

[114] Vgl. CSU 1976, S. 63f. Die Förderung der Spitzentechnologie ermöglicht der CSU ebenso wie der CDU die Verbindung von umweltpolitischen Gedanken mit der Forderung nach Arbeitsplatzsicherung, internationaler Wettbewerbsfähigkeit und allgemeinem Wirtschaftswachstum.

[115] Vgl. I. Kiechle 1985

[116] Vgl. CSU 1976, S. 59

[117] Vgl. 9. Raumordnungsbericht 1985/86 der Bayerischen Staatsregierung, München 1988

[118] Vgl. dazu ausführlich Umweltpolitik in Bayern. Fortschreibung des Umweltprogramms der Bayerischen Staatsregierung, München 1986, S. 14ff

[119] Vgl. K. Binder 1983

[120] O. Ullrich 1979, S. 99

[121] Ebenda, S. 156

[122] D. Degenhardt 1979, S. 119 und 121

[123] "Den Glauben haftbar zu machen für die ökologische Krise, das ist sicherlich zu einfach. Man kann sich aber fragen, ob der christliche Glaube sich in seiner Einstellung zur Natur in den letzten Jahrhunderten viel zu sehr dem Zeitgeist ausgeliefert hat" (M. Honnecker 1985, S. 7).

[124] Vgl. A. Buch/J. Splett 1982

[125] G. Böhme 1985, S. 99

[126] W.-D. Schmied-Kowarzik 1984

[127] Buntbuch 1980, Vorwort S. 5

128 Vgl. K. Marx, Zirkulationsprozeß und bürgerliche Gesellschaft, S. 313f. "Die Natur wird erst rein Gegenstand für den Menschen, rein Sache der Nützlichkeit; hört auf als Macht für sich anerkannt zu werden; und die theoretische Erkenntnis ihrer selbständigen Gesetze erscheint selbst nur als List, um sie den menschlichen Bedürfnissen, sei es als Gegenstand des Konsums, sei es als Mittel der Produktion zu unterwerfen. Das Kapital treibt dieser seiner Tendenz nach ebensosehr hinaus über nationale Schranken und Vorurteile, wie über Naturvergötterung und überlieferte, in bestimmten Grenzen selbstgenügsam eingepfählte Befriedigung vorhandener Bedürfnisse und Reproduktion alter Lebensweise. Es ist destruktiv gegen alles dies und beständig revolutionierend, alle Schranken niederreißend, die die Entwicklung der Produktivkräfte, die Erweiterung der Bedürfnisse, die Mannigfaltigkeit der Produktion und die Exploitation und den Austausch der Natur- und Geisteskräfte hemmen". Marx' Folgerung aus diesen Beobachtungen war aber nicht, daß die Natur in diesem Prozeß unwiederbringlich zerstört wird, sondern daß das Kapital sich im Laufe der Entwicklung selbst aufheben würde.

129 Bericht der DDR-Zeitschrift 'Freie Welt', zitiert nach: 'Frankfurter Rundschau vom 30.03.1979

130 Vgl. L. Breschnew 1972. "Bei der Durchführung der Maßnahmen zur Beschleunigung des wissenschaftlich-technischen Fortschritts müssen wir alles tun, um ihn mit dem Schutz der Natur zu verbinden; der wissenschaftlich-technische Fortschritt darf nicht zum Ausgangspunkt einer gefährlichen Verschmutzung der Luft und des Wassers, der Bodenerschöpfung werden".

131 H. Paucke 1985, S. 215. Prof. H. Paucke ist Mitglied der Berliner Akademie der Wissenschaften, und insofern hat diese Veröffentlichung schon halboffiziellen Charakter

132 Vgl. ebenda, S. 215

133 F. Engels/K. Marx, MEW 2, S. 98

134 W. Schmied-Kowarzik 1983, S. 138

135 E. Altvater 1980, Editorial zur Prokla Nr. 39, S. 6. In bezug auf die Bewußtseinslage der Arbeiterklasse weist Altvater darauf hin, daß das Vorhandensein einer "revolutionären Infrastruktur" und eines "Netzwerks alternativer Projekte" günstige Voraussetzungen für das Entstehen eines revolutionären Potentials bilden.

136 Vgl. neuerdings hierzu H. Immler/W.-D. Schmied-Kowarzik 1988

137 Vgl. Kasseler Philosophische Schriften Bd. 10, 1983

138 Vgl. W.-D. Schmied-Kowarzik 1983, S. 41

139 MEW, E1, S. 516f

140 Ebenda, S. 536

141 Ebenda, S. 538

142 W.-D. Schmied-Kowarzik 1983, S. 8

143 MEW, E1, S. 542f

144 MEW, 1, S. 375

145 MEW 19/15

146 W.-D. Schmied-Kowarzik 1983. S. 45

147 Neuerdings in seinem Buch "Kritische Theorie und revolutionäre Praxis. Konzepte und Perspektiven marxistischer Erziehungs- und Bildungstheorie" (Bochum 1988), aber auch in "Bruchstücke zur Dialektik der Philosophie. Studien zur Hegel-Kritik und zum Problem von Theorie und Praxis (Ratingen 1974), "Die Dialektik der gesellschaftlichen Praxis. Zur Genesis und Kernstruktur der Marx'schen Theorie" (Freiburg/München 1981) oder "Das dialektische Verhältnis des Menschen zur Natur. Philosophiegeschichtliche Studien zur Naturproblematik bei Karl Marx" (Freiburg/München 1984).

148 W.-D. Schmied-Kowarzik 1983, S. 46

149 Ebenda, S. 47

150 Ebenda, S. 51

151 Ebenda, S. 54

152 Ebenda, S. 56f

153 Vgl. H. Immler 1983, S. 15f

154 Ebenda, S. 19

155 Ebenda, S. 21f

156 Ebenda, S. 23f

157 Ebenda, S. 27

[158] Ebenda, S. 29f

[159] Ebenda, S. 31

[160] Ebenda, S. 34f

[161] Ebenda, S. 38

[162] Vgl.W-D. Schmied-Kowarzik 1983, S. 42

[163] H. Immler 1983, S. 19

[164] Chr. Leipert 1985a, S. 20

[165] Vgl. ebenda, S. 20

[166] Die Grünen 1987, S. 4

[167] Vgl. ebenda, S. 6

[168] Ebenda, S. 7

[169] Vgl. ebenda, S. 7

[170] Vgl. Chr. Leipert 1985a,S. 28f

[171] Vgl. Die Grünen 1987, S. 10. Das Kapitel Steuern, Währung und Finanzen des Bundesprogramms der Grünen befindet sich noch in Arbeit. Aussagen über die steuerpolitischen Grundsätze der Grünen in bezug auf die Umweltökonomie sind deshalb nur anhand einzelner Versatzstücke möglich.

[172] Klimaschutzprogramm der Grünen, S. 11

[173] Vgl. Antrag der Fraktion der Grünen vom 07.05.87 im Deutschen Bundestag

[174] Vgl. A. v. Gleich 1984, S. 10

[175] Vor Jahresfrist konstituierte sich zu allem Überdruß noch die Gruppe "Grüner Aufbruch 88" um Antje Vollmer und Lukas Beckmann. Sie will die Blockkonfrontationen der GRÜNEN abbauen und die Hauptquartiere der Realos und Fundis "schleifen" bzw. das Monopol ihrer Wortführer brechen (G. Bannas, Die Grünen sehen alt aus, in: FAZ v. 21.12.88).

[176] Ausführlich E.P. Müller, Wirtschaften jenseits der Utopie. Die gesellschafts- und wirtschaftspolitischen Vorstellungen der Grünen, in: FAZ v. 20.2.88, S. 13

[177] Vgl. St. Krüger u.a. 1984

[178] Vgl. L. Wegehenkel, Umweltprobleme, Marktsystem und technisches Wissen[179] "Wenn aufgrund der entwickelten Technologien die Kapitalintensität sprunghaft angestiegen ist, gleichzeitig die Arbeitsproduktivität wegen der unzureichenden Kapazitätsauslastung nicht hoch genug ist, um den Anstieg der Kapitalintensität zu kompensieren, dann können tatsächlich die Profitrate und damit auch die Akkumulationsrate nur angehoben werden, indem die Verteilung der Einkommen zugunsten der Profite verbessert wird. In der Logik des Systems ist dies nur konsequent" (E. Altvater, in: Leviathan, Nr. 4, 1983, S. 590).

E. ZUKUNFTSBEZUG

DIE REFLEKTIERTE GRATWANDERUNG

Was sich im heutigen Bewußtsein ankündigt, ist die Infragestellung einer Privatökonomie, welche die ökologischen und menschlichen Bedingungen ihrer gesellschaftlichen Möglichkeit nicht mitbedenkt. Während die Ökonomie in der Weltwirtschaftskrise der 30er Jahre dadurch erschüttert wird, daß sie mit der Arbeitslosigkeit nicht zu Rande kommt, besteht ihre jetzige Krise darin, daß ihr angesichts der Umweltmisere außer der Bewältigung des Beschäftigungsproblems noch eine **Wende von der quantitativen zur qualitativen Makroökonomie** abverlangt wird. Damit stehen auch Maßnahmen zur Diskussion, welche die Autonomie der Wirtschaftspraxis einschränken bzw. modifizieren, weil diese an der Entstehung des Umweltproblems wesentlich beteiligt ist. Die Antizipation der Zukunft basiert auf widersprüchlichen Entwicklungstendenzen, die in das Ökologieproblem miteinzubeziehen sind[1].

Einige Propheten sehen bereits das Ende einer Vorrangstellung des Kapitals heraufziehen, trotz des gegenwärtigen Machtschwundes der Gewerkschaften. Im gesellschaftlichen Bewußtsein macht sich ein Wertewandel bemerkbar. Soziale Bewegungen ergänzen diesen Befund. Die Unzufriedenheit mit dem Konflikt zwischen Ökonomie und Ökologie wächst und damit die vielfach erhoffte Möglichkeit, daß sich etwas ändert. Freilich ist die **subjektive** Programmatik ökologischer Reflexionen nur die eine Seite der Medaille. Die andere Seite bildet die **objektive** Struktur der Gesellschaft. Sie behindert die Erneuerung der vorgegebenen Praxis, weil sie einer Entwicklungslogik folgt, die nicht so ohne weiteres zu bändigen ist. Deshalb beinhaltet eine ökologische Orientierung der Volkswirtschaft notwendigerweise eine stärkere Beachtung systemtheoretischer und gesellschaftspolitischer Voraussetzungen. Würde dem Ökologieproblem der soziale und politische Gehalt seiner Genese und Verallgemeinerung entzogen, bliebe der bereits mehrfach angesprochene Implikationszusammenhang zwischen Zielen und Mitteln einer Gesellschaft sowie zwischen Ökonomie und Politik unerörtert.

I. Barrieren: Trägheiten der VWL-Erneuerung

Der heutige Mensch übernimmt in einem historischen Lernprozeß eine Wissenschaft, in der sich die Gesellschaft schon eingerichtet hat, indem sie darauf besteht, daß sie in ihrem Dasein anerkannt sowie in Theorie und Praxis befolgt wird. Sozialisation und Erziehung fungieren als Einführung des Individuums in diese objektive Form der Gesellschaft. Die Wissenschaft gehört zu den Institutionen, die außerhalb der Person da sind und wirken, unabhängig davon, ob wir sie leiden mögen oder nicht[2].

1. Institutionen: Regelwerk der Gesellschaft

Die Objektivität von Institutionen ist gesellschaftlich vermittelt. Sie ist das Produkt tätiger menschlicher Selbstentäußerungen, aber sie gewinnt für uns keinen ontologischen Status, der von dem menschlichen Tun, aus dem sie hervorgeht, unabhängig wäre. Sie ist und bleibt von Menschen produziert, obgleich sie als menschliches Produkt subjektiv häufig anders erlebt wird, z.B. als Macht der Wissenschaft oder der Ökonomie, der man nicht entgehen kann. Externalisierung (Entäußerung), Objektivation (Vergegenständlichung) und Internalisierung (Verinnerlichung) sind drei Momente menschlichen Daseins, die in der gesellschaftlichen Wirklichkeit aufeinanderbezogen existieren. "Jedes von ihnen ist ein wesentliches Merkmal der sozialen Welt. Gesellschaft ist ein menschliches Produkt. Gesellschaft ist eine objektive Wirklichkeit. Der Mensch ist ein gesellschaftliches Produkt"[3].

Die Institution bildet in der sozialen Wirklichkeit ein **objektives** Bezugssystem. Viele Anthropologen und Pädagogen glauben hieraus ableiten zu können, daß der Mensch in seiner biologischen Sonderstellung zum Überleben auf soziale Institutionen notwendig angewiesen ist. Den anthropologischen Aspekt der Institution hat vor allem A. Gehlen[4] herausgearbeitet. Er geht davon aus, daß der Mensch als biologisches Wesen unfertig ist. Seine physisch-organische Ausstattung sei unspezifisch, insbesondere seine Triebstruktur; sie lege ihn nicht fest (Unterschied zur übrigen Natur, insbesondere zum Tier). Für den Menschen stelle das Leben eine Aufgabe dar, die er in Kooperation mit anderen zu bewältigen habe. Er sei einer sozial erzeugten Welt **objektiv** verpflichtet, um überhaupt leben zu können. Die Institution avanciere zur Überlebensbedingung des Menschen. Sie verkörpere seine **gesellschaftliche** Geburt, seine 'zweite' Natur, die seine biologische Verhaltensunsicherheit kompensiere[5].

Da in solchen Theorien und Denkansätzen nicht nur die Trennung von menschlicher Subjektivität und objektiver Lebenswelt herausgestellt, sondern deren Gewichtung auch zugunsten der Soziabilität verschoben wird, tritt mit ihnen die **Abhängigkeit** des Menschen von der Objektivität zutage, die er selbst geschaffen hat. Individuelle Freiheiten des Menschen werden mit einer gewissen Zwangsläufigkeit standardisiert. Institutionen repräsentieren normativ bewußt gemachte **dauerhafte Regelmäßigkeiten** des sozialen Handelns. In der Theorie kommen wesentliche Begriffe der ökonomische Praxis nur noch formalisiert zur Geltung. Sie werden von ihren sozialen, biologischen, psychischen Inhalten etc. abstrahiert. Ob der Begriff des Bedürfnisses dann bestimmte Instinkte, Triebe, psychische Impulse, soziale Gewohnheiten oder Perversitäten etc. zum Gegenstand hat, ist relativ gleichgültig. Die moderne Theorie geht nicht den Weg der historischen Analyse. Sie folgt den Linien eines objektivierten Individuums und eines formalisierten Bedürfnis- und Interessenbegriffes, ohne darüber nachzudenken, worauf deren **Formbestimmtheiten** zurückzuführen sind. Unterdessen verdichtet sich der Eindruck, daß die **geregelte** Gesellschaft überhaupt nicht mehr oder nur noch im Rahmen ihrer institutionalisierten Mechanismen lernfähig ist.

Die **Systemtheorie** übersetzt den Begriff der Institution ins Prozeßhafte. Nicht die Institution interessiert, sondern die Institutionalisierung. Relevant ist, was eine Institution leistet und wie sie ihre **Funktion** wahrnimmt· Ihre Funktion erfüllt sie **in sozialen Systemen**, und diese bestehen aus "Handlungen verschiedener Personen, die durch ihren Sinn aufeinander bezogen und durch diesen Sinnzusammenhang abgrenzbar sind gegenüber einer Umwelt, die nicht zum System gehört"[6]. Die **Gesellschaft** ist für N. Luhmann "das umfassendste Sozialsystem, das alle möglichen Kommunikationen zwischen Menschen ordnet". Sie ist heute "durch einen Primat funktionaler Differenzierung mit der Folge einer immensen Steigerung hochspezialisierter Kommunikationen und Kommunikationserfolge gekennzeichnet. Damit kann das menschliche Handlungspotential wie nie zuvor organisiert, spezialisiert und koordiniert werden". Resultat dieser Entwicklung ist eine **Vielzahl von Teilsystemen** (z.B. Wirtschaft, Religion, Recht, Wissenschaft, Erziehung, Politik), die eine "hohe Sensibilität für bestimmte Sachfragen mit Indifferenz für alles übrige verbinden". An ihnen nehmen Menschen teil, aber sie gehen "in keinem dieser Systeme und auch nicht in der Gesellschaft selbst ganz auf. **Die Gesellschaft besteht nicht aus Menschen, sie besteht aus Kommunikationen zwischen Menschen**". Menschen und Natur gehören zur **Umwelt**, die immer komplexer ist als das gesamte Bündel der Systeme, das entsprechend seiner Sinnkriterien die Umweltkomplexität auf abstrakte Funktionssysteme reduziert. Die Systeme strukturieren gesellschaftliche Kommunikation durch einen binären Code, "der unter dem Gesichtspunkt der jeweils spezifischen Funktion universelle Geltung beansprucht und dritte Möglichkeiten ausschließt"[7].

a) Kopflosigkeit der Systemdifferenzierung

Die Theorie **funktionaler** Systemdifferenzierung hat zur bestehenden Gesellschaft einen Bezug insofern, als sie verdeutlicht, daß die **Formen**, in denen Kontingenz ausgeschaltet und Komplexität reduziert wird, darüber entscheiden, wie sich eine Gesellschaft als reines Beziehungsgeflecht seiner Teile zu konstituieren vermag. Eine Gesellschaft, die in Funktionssysteme gegliedert ist, verfügt nach N. Luhmann über **keine Zentralorgane**. Sie ist "ohne Spitze und ohne Zentrum", ein "System ohne Sprecher und ohne innere Repräsentanz". Man kann eine funktional differenzierte Gesellschaft, die letztlich **Weltgesellschaft** ist, "nicht auf Politik zentrieren, ohne sie zu zerstören"[8]. Alle Versuche, den Staat auf der Basis privater Eigentumsverhältnisse als Steuerungszentrum der Gesellschaft zu begreifen, sind damit zum Scheitern verurteilt. Mit der Systemtheorie einer kopflosen Gesellschaft tritt N. Luhmann vor allem jenen Ansätzen entgegen, für die Geschichte und ihr Wandel durch zielgerichtete Maßnahmen als planbar gilt. Sie ist für ihn ein weitreichendes ökonomisches Erklärungsinstrument für positive und negative Aspekte der modernen Gesellschaft, aber sie sieht von allem ab, was in den sinnhaft wahrnehmenden Funktionssystemen keine Resonanz findet.

Der Resonanzbegriff beschreibt bei N. Luhmann das Verhältnis von System und Umwelt in einer Gesellschaft mit hoher Komplexität. Das politische System hat einerseits eine **gesellschaftsinterne** Umwelt (Teilsysteme, wie Wirtschaft, Recht, Religion, Erziehung etc.), andererseits eine **gesellschaftsexterne** Umwelt (Natur, konkrete Menschen). Analoges gilt für die anderen Teilsysteme der Gesellschaft, bei denen angenommen wird, daß sie sich "durch Prozesse der Autokatalyse oder Selbstselektion im Hinblick auf eine Differenz zur Umwelt konstituieren. Dadurch ist die Richtung der Spezifikation vorgezeichnet. Sie erfordert den Einbau besonderer Annahmen über Prozesse der Grenzziehung und des Strukturaufbaues. Daran schließt sich die Typenbildung an. Durch Konstruktion von nur drei Typen sozialer Systeme: Interaktion, Organisation und Gesellschaft, und durch Annahme von nur zwei Relativierungen, nämlich Evolution der Typendifferenzierung und jeweils systemspezifische Umweltperspektiven, entsteht ein bereits hochkomplexes Gesamtbild der sozialen Wirklichkeit, das vorstellungsmäßig nicht mehr kontrolliert werden kann". Die Differenzierung ist ein Produkt sozio-kultureller Evolution und zeigt, "wie unter wechselnden Bedingungen und bei zunehmender Komplexität des Gesellschaftssystems diese Systemtypen auseinandertreten, sich spezifizieren und sich wechselseitig funktional entlasten". Das auf der Organisationsebene oktroyierte Prinzip der Mehrheitsentscheidung verhindert z.B. nicht, daß auf der Interaktionsebene noch moralisch argumentiert wird. Es gilt immer nur die "Einheit in der Mannigfaltigkeit", ohne daß die Mannigfaltigkeit beseitigt wird[9]. Der gegenwärtige Zustand der Weltgesellschaft ist daher aus den Funktionen, Erfordernissen und Konsequenzen funktionaler Differenzierung selbst zu begreifen.

Für N. Luhmann ist die Gesellschaft ein frequenzreiches System, dessen Resonanzfähigkeit auf den **Modus der Informationsverarbeitung** abgestimmt ist: auf die Eigentümlichkeiten von **Sinn**, der "eine aktualitätsfähige Repräsentation von Weltkomplexität im jeweiligen Moment (ist)". Ein durch Sinn geschlossenes System hat nur eine "sehr begrenzte Resonanzfähigkeit". Vorrangig ist immer, die eigene Autopoiesis (Selbstorganisation) zu sichern. Das System existiert nur, "wenn und solange die sinnhafte Verarbeitung von Informationen fortgesetzt wird", und **Information** ist nur "eine rein systeminterne Qualität". Systeme "sehen" die Umwelt mit eigenen Kategorien und Unterscheidungen. Sie reduzieren deren Komplexität und "setzen die Möglichkeit voraus, sich selbst von der Umwelt unterscheiden zu können"[10].

b) Resonanzgrenze des Wirtschaftssystems

Die **Wirtschaft** gehört für N. Luhmann zu den Teilsystemen, deren Bedeutung in der gesellschaftlichen Entwicklung ständig gewachsen ist. Während im Mittelalter die allgemeinen Interessen noch als "politische" Probleme formuliert werden, vollzieht sich im 18./19. Jahrhundert eine Wende zur "bürgerlichen" Gesellschaft. Der Primat der Politik wird durch den Primat der Wirtschaft abgelöst. Was jetzt als bürgerliche Gesellschaft bezeichnet wird, ist "ein Gesellschaftssystem neuen Typs, in dem jede Struktur einen höheren Grad an Selektivität und Unwahrscheinlichkeit erhält und damit neu bestimmt werden muß". Niemand kann beanspruchen, allein für die Wirtschaft zu handeln. Das **Wirtschaftssystem** ist "eine sich selbst regulierende Ordnung individuellen Handelns, die niemanden braucht und niemanden hat, der sie als System vertritt und verpflichtet". Die Geldwirtschaft impliziert den Verlust der Handlungsfähigkeit, auch für das Gesellschaftssystem. Sie ist die Inkarnation eines neuen Begriffs von Rationalität[11].

Ursprünglich ist die Wirtschaft durch **Eigentum** codiert, durch den binären Code: **Haben oder Nichthaben.** "Das Eigentum des einen ist zwangsläufig das Nichteigentum aller anderen. Nur so kann Eigentum tauschfähig sein, und nur so kann es gewisse ökologische Funktionen erfüllen". Das Eigentum schont zugleich den Umgang mit der Natur, weil man andere abwehren oder schadenersatzpflichtig machen kann. In seiner prämonetären Form (Grund und Boden) ist es Grundlage politischer Macht (Feudalismus) und wenig ausdifferenzierbar. Die moderne **Geldwirtschaft** ergänzt die Eigentumscodierung. Sie codiert durch Geld im Sinne von Liquidität, nämlich durch den binären Code: **Zahlen oder Nichtzahlen.** Geld ist hierbei "ein vollständig wirtschaftseigenes Medium: es kann weder als Input aus der Umwelt eingeführt noch an die Umwelt abgegeben werden; es vermittelt ausschließlich die systemeigenen Operationen. Diese Operationen bestehen, da das System über Negationsmöglichkeiten verfügt, in Entscheidungen"[12].

Was die Grundoperation anbelangt, so unterscheidet N. Luhmann zwischen Code und Programm. Der **Code** fragt ab, "ob man (Verfügungsrechte über) bestimmte Geldsummen hat oder nicht hat" und ist für sich genommen "sinnleer", wenn nicht Gründe hinzu kommen, die den Vollzug motivieren (z.B. Bedürfnisse, die man befriedigen will). Insofern ist es wichtig, das System "lernfähig" zu halten. Es soll auf Veränderungen in sich selbst und in seiner Umwelt reagieren können, d.h. auch auf menschliche Bedürfnisse, die zu den "Gegebenheiten" der Umwelt gehören. Um sich solchen Veränderungen "richtig" anzupassen, ist das System auf **Programme** angewiesen, und diese sind in der Wirtschaft die **Preise**. "Anhand von Preisen kann man sehr rasch beurteilen, ob Zahlungen richtig sind oder nicht. Das erfordert nur einen quantitativen Vergleich". Die Preise ergeben sich "selbstregulativ aus dem Wirtschaftsgeschehen selbst". Sie bedürfen keiner "externen" (moralischen, politischen oder gar menschlichen) Rechtfertigung. Ihre Beschränkungen liegen in der "Durchsetzbarkeit" am Markt, die ihrerseits im Medium der Konkurrenz durch die verfügbare Geldmenge beeinflußt wird. Da Politik und Wirtschaft funktional differenzierte Teilsysteme sind, kann die Ökonomie "die am Markt durchsetzbaren Preise durchsetzen, ohne in der Preisgestaltung auf die Wahrung des Friedens Rücksicht nehmen zu müssen", und wenn die Politik daraufhin in den Preisbildungsprozeß eingreift (was auch geschieht), "transformiert sie wirtschaftliche Probleme in politische Probleme; aber die Differenz bleibt erhalten"[13].

N. Luhmann erkennt mit aller Klarheit, daß eine steuernde Intervention des Staates in die organisierte Komplexität des Marktes nicht so einfach möglich ist. Ebenfalls sieht er die Abkoppelung des Geldmarkts von der Umwelt des Systems und seinen Einfluß auf alle anderen Märkte. Schon die Größenordnungen des Geldmarktes geben ihm zu denken. Kapitalistisch ist für ihn eigentlich nur die Produktionswirtschaft, wenn und soweit sie "über Investitionen unter dem Gesichtspunkt ihrer Rentabilität entscheidet". In ihr ist Kapital erforderlich, weil zwischen der Zahlung zur Ermöglichung der Investition und der Wiederherstellung der Zahlungsfähigkeit durch Verkauf der Produktion aus der Investition immer eine Zeit vergeht, die überbrückt werden muß. "Je mehr Kapital zur Verfügung steht, desto größer und desto indirekter sind deshalb die Produktions/Konsum-Zusammenhänge". Um rentabel zu bleiben, muß die Kapitalinvestition wirtschaftlich kalkuliert und im Hinblick auf die Erhaltung und Vermehrung des Kapitals rationalisiert werden. Hierfür ist die Geldwirtschaft unverzichtbar. Sie ermöglicht eine "kapitalistische" Selbstkontrolle, indem die Zeit in das System eingebaut wird, und offenbar unter der Annahme, daß die Wirtschaft das Geld nur in seiner Funktion als **Zahlungsmittel** nutzt. Die kapitalistische Wirtschaft als System, das die spekulativen Turbulenzen auf dem Geldmarkt dann nicht als Widerspruch zu seiner "ökonomischen" Entwicklungstendenz registriert, bemüht sich ständig um Zeitgewinn. Sie bildet **Kapital**, "um Zeit in der Form von Jederzeitigkeit zur Verfügung zu haben" und entwickelt "eigene Zukunfts/Vergangenheits-Perspektiven, eigene Zeithorizonte und eigenen Zeitdruck". Man kann dabei nicht voraussetzen, "daß diese Systemzeit mit der Zeitlichkeit der Prozesse in der ökologischen oder auch in der gesellschaftlichen Umwelt des Systems abgestimmt ist". Dementsprechend hat die Ökonomie nur eine begrenzte Resonanzfähigkeit. Nimmt z.B. der Vorrat an fossilen Brennstoffen rasch ab, erscheint es möglich, daß sich die Wirtschaft auf andere Energieträger nicht rechtzeitig umstellt, wenn und solange die Rentabilität von Kohlenkraftwerken noch gewährleistet ist[14].

Prinzipiell wird die Resonanzfähigkeit der Wirtschaft auf Umweltgegebenheiten und -ereignisse durch **Preise** beschränkt. Die ökonomische Theorie geht davon aus, "daß die Selbstregulierung allein durch die Preise bestimmt ist und daß dies die bestmögliche Verteilung von Informationen auch über die Umwelt ermögliche". Genau gesagt erfolgt die Verteilung durch Preise, die am Markt durchgesetzt werden können. Insofern sind Konkurrenzmechanismen und Machtkonstellationen im Spiel, vermittelt durch Eigentum und Geld. Umweltbedingungen kommen systemimmanent nur als "Schranken des zur Zeit technisch Möglichen und wirtschaftlich Rentablen" zur Geltung. Der Ausgleich von Grenznutzen und Grenzkosten des Umweltschutzes kennzeichnet die Resonanzfähigkeit des Wirtschaftssystems auf der Basis privater Eigentumsverhältnisse. Eine gesamtökonomische Entscheidungsregel, die sich auf den Umgang mit der Umwelt bezieht, ist hingegen nicht auszumachen. "Das Wirtschaftssystem selbst hat keine Ziele, weil es als geschlossenes autopoietisches System sich nicht an einem zu erzielenden Output orientiert". Denkbar ist höchstens, daß sich einzelne Manager und/oder einzelne Konsumenten aus privaten Gründen umweltfreundlich gebärden und damit das ökonomische Verhalten in einem ökologisch gewünschten Sinne verändern, allerdings mit Auswirkungen auf die relevanten Größen des Wirtschaftskreislaufs[15].

Insgesamt kommt N. Luhmann zu dem Ergebnis, daß die heutigen Umweltprobleme durch das Funktionssystem der gegenwärtigen Wirtschaft nicht "angemessen" verarbeitet werden können. Es besteht die Gefahr, daß gleichzeitig zu viel Resonanz in öffentlichen Ritualen der subjektiven Betroffenheit und zu wenig Resonanz im politischen System erzeugt wird[16]. Die selbstreferentielle Art des Systems führt dazu, daß Probleme in die Form von Kosten gebracht und damit zum Bestandteil einer Kalkulation gemacht werden, "die darüber entscheidet, ob es wirtschaftlich rational ist, die entsprechenden Zahlungen zu leisten oder nicht". Eine solche Theorie ist seines Erachtens für Beurteilung ökologischer Gefährdungen unseres Gesellschaftssystems nicht kompetent. Sie ist sogar unzureichend für die politische Beratung; denn sie kennt nur das Prinzip "Was wirtschaftlich nicht geht, geht wirtschaftlich nicht". Angesichts dieses Zirkels liegt der Schlüssel des ökologischen Problems in der Sprache der Preise. "Auf Störungen, die sich nicht in dieser Sprache ausdrücken lassen, kann die Wirtschaft nicht reagieren - jedenfalls nicht mit der intakten Struktur eines ausdifferenzierten Funktionssystems der Gesellschaft. Die Alternative ist: Destruktion der Geldwirtschaft mit unabsehbaren Folgen für das System der modernen Gesellschaft"[17].

2. Wissenschaftslogik: Instrumentalisierung der Sinne

Am Anfang dieser Grundlagenreflexion steht nicht das Denken, das sie vollzieht, sondern der Inhalt, den das Denken denkt und auf den es sich als Bestimmung seines Gedankens bezieht. Die ökonomische **Praxis** geht als unvermittelte Wirklichkeit ihrer Theorie in der Form des sie ermöglichenden Sinns immer schon voraus. Als Gemeintes ist sie in dem von der Wissenschaft Gesagten nie ganz einzuholen. Angesichts der Komplexität von Praxis wäre es jedoch inadäquat, das Erkenntnisinteresse auf die sinntheoretische Thematik ihrer normativen Gehalte (Zwecksetzungen) von vornherein zu beschränken. Mittel und Zwecke bilden in der Ökonomie einen Implikationszusammenhang. Die Bestimmung ökonomischer Ziele setzt die Kenntnis der Mittel voraus, die geeignet sind, sie zu erreichen. Und umgekehrt erhalten die Mittel erst dann ihre Bestimmung, wenn ihr Verwendungszusammenhang durch Festlegung der Ziele abgeklärt ist. Die gegenseitige Fundierung beider Seiten findet in der Theorie ihren Ausdruck nicht nur im ökonomischen Prinzip (mit gegebenen Mitteln eine größtmögliches Ziel oder ein vorgegebenes Ziel mit geringsten Mitteln zu erreichen), sondern auch im allgemeinen Gebrauchswert der Wirtschaftswissenschaft für die vorgegebene Praxis, d.h. in einer Nützlichkeit, die sich im historischen Wandel ihrer theoretischen Fragestellung ausdrückt und jetzt eine neue Problemstufe signalisiert.

Die empirischen Erfahrungen zeigen, daß viele Menschen einer zügellosen Entwicklung der Wirtschaft ihre Akzeptanz verweigern bzw. für eine **Unterlassungsethik** im Sinne einer defensiven Einstellung zum Wirtschaftswachstum plädieren[18]. Es gilt alles zu vermeiden, was in den Nebenfolgen als negativ eingeschätzt wird oder bei dem über die Nebenfolgen mit Sicherheit etwas Genaueres nicht gesagt werden kann. Die Beispiele einer friedlichen Nutzung der Atomenergie, Gentechnologie oder Computerisierung demonstrieren, daß bei Zukunftsprojekten wegen der Verantwortung vor nachfolgenden Generationen alles zu unterlassen ist, was den Bereich individueller Verantwortung zeitlich und räumlich durch mögliche Nebenfolgen und Folgeverpflichtungen übersteigt. Eine defensive und ökologische Ethik hat auch Konsequenzen für die politische Praxis, vorausgesetzt, sie begründet sich **demokratisch** und ermöglicht folgerichtig eine **Kontrolle durch Laien**. "Die Verantwortung für die Wissenschaft ist nicht die Verantwortung der Wissenschaftler, sondern bleibt eine **öffentliche Verantwortung** für die Wissenschaft"[19]. Doch wer in der verwissenschaftlichten Gesellschaft von heute für eine demokratische Kontrolle der Wissenschaft ist, muß im Interesse des Laien seinen Erfahrungsbegriff erweitern, zumindest in dem Sinne, daß dieser als letztlich Betroffener begreifen und bestimmen kann, was die Wissenschaft ihm durch ihren Erfahrungsbegriff existentiell abverlangt. In einer Demokratie ist wissenschaftliche Erfahrung zwar notwendig, aber sie ist für demokratische Kontrolle nicht hinreichend. In ihrer Struktur ist sie deformiert, soweit sie Naturprozesse mit Meßgeräten wahrnimmt, die anstelle konkreter Empfindungen sog. Meßdaten setzt, die durch keine Subjektivität getrübt sein wollen.

Eine Instrumentalisierung der Sinne ist in allen Wissenschaften festzustellen, auch in der vergesellschafteten Praxis. Die Abstraktion vom subjektiven Bedürfnis auf der Basis instrumenteller Messungen ist mit der Entwicklung der modernen **Naturwissenschaft** und **Technik** verbunden. Die Technik wird zur Naturwissenschaft, sobald sich in ihren Geräten und Apparaten deren Theorien vergegenständlichen; und die Naturwissenschaft wird zu Technik, sobald sie die Naturvorgänge nur noch mit Hilfe von Meßtechnik quantifiziert und im Experiment labortechnisch verfügbar macht. Auf diese Weise löst sich der von der Naturwissenschaft vertretene technisch kontrollierte Erfahrungsbegriff von den praktischen Problemen der täglichen Lebenserhaltung. An die Stelle des Nützlichkeitskriteriums tritt das sogenannte **Wahrheitskriterium**, das in seiner technisch-wissenschaftlichen Gestalt als **Meßgerät** für viele so kompliziert ist, daß oft nur noch Eingeweihte wissen, was in ihm zur Geltung kommt. Computersysteme und Großtechnologien sind in ihrer wissenschaftlich-technischen Genese, aber auch in ihren "stillen" Nebenwirkungen und Folgeverpflichtungen nur noch einem kleinen Kreis von Experten transparent (und selbst hier melden sich zunehmend Zweifel). Doch das aktuelle Bedürfnis nach Beherrschung und Gestaltung von Technik hat die theoretische Auseinandersetzung mit ihnen wiederbelebt, weil deren Klärung dafür eine notwendige Voraussetzung ist.

a) Subjektivität der Interessen

Für W. v. Humboldt (1809) ist die Universität ein "Zufluchtsort", an dem Wissenschaftler "die einschränkenden Bedingungen der Gegenwart vergessen und sich ungestört allein dem Nachdenken und der Forschung hingeben können"[20]. Sein Hinweis auf das Refugium des bürgerlichen Geistes macht deutlich, daß er die Freiheit der Wissenschaft ausdrücklich in ihrer institutionellen Abkapselung von Politik und Ökonomie definiert, obwohl die korporative Verfassung der "freien" Universität in Wirklichkeit genauso obrigkeitlich vermittelt ist wie die Selbstverwaltung der Zünfte. Nichtsdestoweniger entwickelt sich in der universitären und städtischen Enklave ein qualitativ neues Verhältnis zur vorgegebenen Wirklichkeit des Feudalismus. Sie wird nicht mehr als unverrückbar und schicksalhaft empfunden, sondern angesichts der eigenen Arbeit und Initiative immer deutlicher als ein Werk der Menschen erfahren, die unter bestimmten Bedingungen (z.B. Produktionsgrundlagen, Marktverkehr, Gesetzgebung) ihren eigenen Willen durchsetzen. Die Erfahrung der Subjektivität innerhalb der Objektivität gesellschaftlicher Verhältnisse konstituiert ein individuelles **Selbstbewußtsein**, das zur Reflexion seiner Inhalte fähig ist. Erste Ansätze dieser Ich-Metaphysik lassen sich vor allem in der Renaissance, der Mystik, dem Humanismus und Protestantismus feststellen.

Die Entwicklung der modernen **Wissenschaft** beginnt mit der kopernikanischen Wende, welche die Sonne zum Mittelpunkt unseres Planetensystems macht. Den methodischen Beweis hierfür liefert zuerst G. Galilei, indem er es wagte, "die Welt so zu beschreiben, wie wir sie nicht erfahren. Er stellte Gesetze auf, die in der Form, in der er sie aussprach, niemals in der wirklichen Erfahrung gelten, und die darum niemals durch irgendeine einzelne Beobachtung bestätigt werden können, die aber dafür mathematisch einfach sind. So eröffnete er den Weg für eine mathematische Analyse, die die Komplexität der wirklichen Erscheinung in einzelne Elemente zerlegt"[21]. Die neue Methode impliziert die Nötigung, der Einbildungskraft des Forschers freien Lauf zu lassen bzw. "die Phänomene so zu idealisieren und gegebenenfalls hypothetisch zu komplementieren, daß sich die methodischen Postulate bei der Lösung der sich stellenden Probleme erfüllen"[22]. Sie ist eine "Revolution der Denkart". Nach Kant besteht sie darin, daß die Wissenschaften die Gegenstände ihrer Erkenntnis durch ihre Kategorien und Methoden selbst konstitutieren und einer technischen Manipulation verfügbar machen. Es gilt der **Primat der Subjektivität**. Er beinhaltet handlungstheoretische Positionen, die in Technik und Wissenschaft allgemein nur ein **Hilfsmittel** sehen, das für verschiedene Interessen beliebig einsetzbar und subjektiv beherrschbar ist. Ihre jeweilige Funktion erhält das Hilfsmittel erst in dem praktischen Verwendungszusammenhang, der durch **Zwecksetzungen** sozialer Akteure individuell bestimmt ist. Auf der Mikroebene der Gesellschaft erscheinen Technik und Wissenschaft als Funktionsverstärker bei vorgegebenen Zielen voluntaristisch gebändigt oder umgekehrt so geöffnet, daß die Bedürfnisse der Subjekte in ihnen zur Geltung kommen können. Technik und Wissenschaft erscheinen als nützliche und harmlose Angelegenheit. Sie erleichtern die Auseinandersetzung des Menschen mit der Natur und machen sie ökonomisch ergiebiger. Beide bilden eine sinnvolle Produktivkraft, solange und soweit die Zwecke ihres Gebrauchs individuell geregelt sind bzw. durch den Menschen vorentschieden werden.

Ein solches Verständnis setzt bei der Anwendung von Technik und Wissenschaft stillschweigend eine **subjektive** Aktivität voraus, die nicht defensiv, sondern offensiv und gestaltend ist. Technik und Wissenschaft sind das, was Subjekte aus ihnen machen, und deren **Bedürfnisse** entscheiden über ihren Stellen- und Gebrauchswert in einem menschlich geregelten Handlungszusammenhang. Eine gewerkschaftlich orientierte Arbeitspolitik wäre ein Beispiel dafür, Technik und Wissenschaft gemäß den Interessen der Arbeitnehmer anzuwenden. Umgekehrt signalisiert die bisherige Praxis, daß die subjektive Dimension des Technik- und Wissenschaftseinsatzes zur Erklärung dessen, was in der Praxis geschieht, allein nicht ausreicht. Strukturelle Mechanismen (z.B. Konkurrenz, Kapitalakkumulation) modifizieren oder verdrängen den "guten" Willen der einzelnen Akteure. In der Öffentlichkeit zeigt sich, daß die gedankliche Reduzierung von Technik und Wissenschaft auf ein bescheidenes Hilfsmittel, das von seinem Zweck begrifflich abgetrennt wird, eine Vorstellung ist, die häufig dazu dient, die verstärkte Anwendung von Technik und Wissenschaft als **sozialen** Fortschritt auszugeben (z.B. als Möglichkeit zur Produktivitätssteigerung, die für jeden etwas Positives abwirft), und zwar gerade dann, wenn sich in der Praxis schon Wirkungen zeigen, die ihren gesellschaftlichen Nutzen infragestellen. Die postulierte **Neutralität** und **Offenheit** von Technik und Wissenschaft sowie der Primat der Subjektivität geraten unter diesen Bedingungen zu Idealen einer ihnen widersprechenden Realität, ohne diesen Widerspruch auflösen zu können. Hinter dem Fortschrittsoptimismus verbirgt sich so die Ideologie des Sozialutilitarismus, nach dem das wohlverstandene Interesse des einzelnen dem "ganzen" Volk durch bestmögliche Versorgung zugute kommt, d.h. man glaubt, soziale Probleme durch weiteres Wachstum lösen zu können.

Treten in diesem Rahmen ökonomische Krisen auf, werden sie vorzugsweise auf **subjektives** Versagen - insbesondere der Politiker - zurückgeführt. Diese übernehmen die Protagonistenrolle, weil sie häufig "mit viel Prestige dafür bezahlt werden, daß sie die Verantwortung tragen und gegebenfalls ihren Hut nehmen", obwohl sie kaum etwas entscheiden können[23]. Nichtsdestoweniger erweckt die Trennung von Ergebnis- und Maßnahmenverantwortung den Eindruck, daß sich die betreffenden Probleme durch qualifiziertere Kräfte bzw. bessere Maßnahmen bewältigen lassen. Aus der Subjektperspektive erscheinen

Technik und Wissenschaft selten als etwas, dem man nicht gewachsen wäre. Im Gegenteil, sie stärken das Selbstbewußtsein der Individuen und Nationen, indem sie Souveränität und Tüchtigkeit suggerieren. Man geht davon aus, daß sie durch "richtige" Entscheidungen beherrschbar sind. Kritische Ansätze zur Bewußtseinsbildung und arbeitsorientierte Organisationsmodelle verweisen sogar auf die Möglichkeit einer **emanzipatorischen** Gestaltung von Technik und Wissenschaft zugunsten der Arbeitnehmer. Den makroökonomischen Prozeß verlieren sie durch die Verabsolutierung der Subjektperspektive allerdings aus dem Auge.

b) Mächtigkeit der Objektivität

Strukturtheoretische Positionen betonen den Primat der Objektivität. Sie betrachten Technik und Wissenschaft nicht bloß als Hilfsmittel für beliebige Zwecke, sondern identifizieren sie mit **Herrschaft** über Natur und Menschen schlechthin, d.h. mit methodischer, berechneter und berechnender Manipulation. Der Zweck dieser Herrschaft wird Technik und Wissenschaft nicht erst nachträglich und von außen auferlegt. Er ist ihrer Konstruktion bereits inhärent. Technik und Wissenschaft sind nicht neutral, obwohl zwischen der Logik eines Handwerkszeugs, bei der die Tätigkeit des Menschen in die Auseinandersetzung mit der Natur selbst noch einbezogen ist, und der Logik eines Mechanismus/Automatismus (Maschine, Apparat, EDV-System etc.) natürlich ein Unterschied zu machen ist. Herrschaft konstituiert sich vor allem als **Technologie** oder dann, wenn sie als Technokratie eigengesetzlich und in gigantischen Investitionsprojekten der Wirtschaft undurchschaubar wird. In ihrer technokratischen Gestalt läßt sie einen verfahrensimmanenten Ausbruch aus ihrer Logik nicht zu, es sei denn, man riskiert es, sich wissenschaftlich für unfähig erklären zu lassen.

Die Eigengesetzlichkeit des technisch-wissenschaftlichen Rationalismus ist eine **objektive** Gedankenform, die vornehmlich in Unternehmungen und Staatsapparaten ihre Anwendungs- und Vollzugsorgane findet bzw. sich von der Devise leiten läßt: **Teile und herrsche!** Alles erscheint machbar und kontrollierbar. Das **subjektive** Verhältnis des Managers, Funktionärs oder Forschers zum jeweiligen Gegenstand wird explizit ausgeblendet. Vorherrschend ist die Tendenz zur Entqualifizierung, Entsinnlichung, Entindividualisierung, Entmenschlichung der technisch machbaren und wissenschaftlich kontrollierbaren Erfahrung. Wer zu den Gegenständen und Resultaten der Erkenntnis sein eigenes Verhältnis herstellt, wird als **unsachlich** abqualifiziert bzw. stört die Reinheit der wissenschaftlichen Wahrheit, die eine Negation der Individualität des Menschen impliziert, auch in bezug auf die natürlichen Bedingungen seines Wahrnehmens und Denkens, soweit an deren Stelle technische Meßgeräte (Sensoren) und künstliche Denkautomaten (Computer) treten[24].

Mit dem technisch-wissenschaftlichen Rationalismus verbindet sich die Quantifizierung, Formalisierung, Verdinglichung und damit die Enthumanisierung des menschlichen Geschehens im Sinne einer **Ideologie** zur Entideologisierung des gesellschaftlichen Bewußtseins. Wo sich eine solche Mentalität breitmacht, verlieren ethische Normen, menschliche Bedürfnisse und subjektive Wertmaßstäbe ihre Anerkennung. Das Ideologische liegt auch im **Tatsachenfetischismus**, dessen Macht nicht zuletzt deshalb so groß ist, weil das Effektivitäts- und Sicherheitsdenken im Rahmen empirisch überprüfbarer Hypothesen durch die **Methode des Beweises** so ungemein sicher, überzeugend und unangreifbar erscheint. Der Mensch fühlt sich entlastet, nicht nur von der Reflexion über die mit dieser Technik und Wissenschaft verbundenen Interessen und Zwecke, sondern auch vom Nachdenken über sich selbst, den Sinn seines Tuns und seine gesellschaftliche Zukunft. In der gesellschaftlichen Praxis wird die Einengung auf programmierbare Denkstrukturen, kontrollierbare Verhaltensformen sowie kalkulierbare Kultur- und Sozialtechniken bewußt als politisches **Instrument zur Entpolitisierung** der Massen eingesetzt. Sie wird immer dann aktuell, wenn es um die Restauration von Herrschaftsverhältnissen geht, die in eine Krise geraten und mit Hilfe struktureller Gewalt überleben wollen.

Hinzu kommt unterdessen, daß der Zugang zur Herrschaftsform von Technik und Wissenschaft zunehmend einer ständig kleiner werdenden Expertengruppe vorbehalten wird, d.h. einer Priesterschaft aus Wissens- und Schlüsselträgern, die sich dafür demokratisch nicht legitimiert. Diese Elite schafft mit Hilfe von Technik und Wissenschaft eine Arbeits- und Freizeitwelt, die sich dem Zugriff demokratischer Willensbildungsprozesse in hohem Maße entzieht. Auf diese Weise konstituiert sich eine gesellschaftliche Kern- bzw. Infrastruktur, die für Laien immer undurchschaubarer wird und tendenziell unveränderbar ist, weil nur noch wenige über das Produktions- und Organisationswissen verfügen, das die Herrschaftsform impliziert. Der Trennung von Profis und Laien entspricht die Kluft zwischen Wissenschaft und Arbeiterschaft. Zur Zeit der industriellen Revolution konnte noch "eine Verbindung zwischen der Arbeiterklasse und den Naturwissenschaften durch Handwerker hergestellt werden. Seit es der wissenschaftlichen Betriebsführung jedoch gelungen ist, dem Management mit der Monopolstellung über das Produktionswissen auch jenes über das immer wichtiger werdende naturwissenschaftlich-technische Wissen zu sichern, ist die damals noch denkbare Art der Beherrschung der Produktion durch die Arbeiter verunmöglicht worden. Je wichtiger die Wissenschaft für die Tätigkeit des Arbeiters wird, umso weniger versteht er von ihr und umso leichter kann sich die rasche Veränderung von Produktion und Produkten über seinen Kopf hinweg, nach den ausschließlichen Kriterien der kapitalistischen Unternehmensleitung, entfalten"[25].

c) Abschätzung der Technologiefolgen

Die moderne Technikbewertung stellt sich die Aufgabe, durch methodisches Vorgehen den Stand einer Technik und ihre Entwicklungsmöglichkeiten zu analysieren, unmittelbare und mittelbare Folgen dieser Technik und mögliche Alternativen abzuschätzen, aufgrund definierter Ziele und Werte diese Folgen zu beurteilen oder auch weitere wünschenswerte Entwicklungen zu fordern sowie Handlungs- und Gestaltungsmöglichkeiten daraus herzuleiten und auszuarbeiten[26]. Es gilt, die Technik nicht als Selbstzweck, sondern als Mittel zur Erreichung von Zielen zu betrachten, die zueinander in einer hierarchischen Beziehung stehen, aber auch miteinander konkurrieren können. Die Anwendung eines Mittels hat neben der Verwirklichung des angestrebten Zieles gegebenenfalls auch unerwünschte Folgen. Indem man solche Folgen identifiziert, entdeckt man u.U. weitere Ziele, die dadurch verwirklicht oder verfehlt sind. Kriterium für die Auswahl von Mitteln ist vor allem die Tauglichkeit zur Verwirklichung der Ziele. Doch die

Mittel sollen nicht nur in bezug auf ihre erklärten Zweckbezüge beurteilt werden, sondern auch hinsichtlich ihrer ungewollten Nebenfolgen, welche die Umweltqualität und andere Werte negieren.

Abbildung 32:

Beziehungen zwischen Zielen und Werten (dargestellt am Beispiel des Pkw-Verbrennungsmotors)

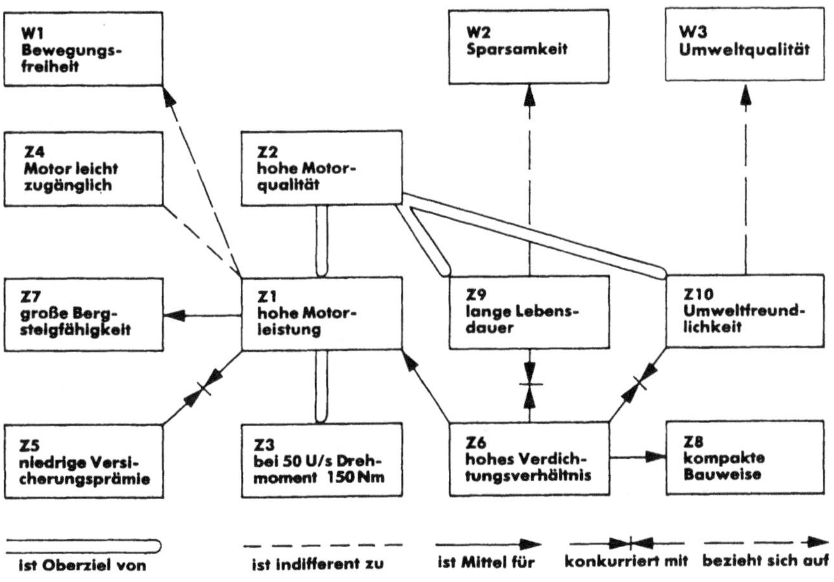

In dem Beurteilungsraster des VDI spielen die Werte eine zentrale Rolle. Sie sind "bestimmend dafür, daß etwas anerkannt, geschätzt, verehrt oder erstrebt wird; sie dienen somit zur Orientierung, Beurteilung oder Begründung bei der Auszeichnung von Handlungs- und Sachverhaltsarten, die es anzustreben, zu befürworten oder vorzuziehen gilt". Aus dieser Problemstellung heraus definiert der VDI die wichtigsten Werte, die in ihren Merkmalen kurz aufgelistet werden: a) **Funktionsfähigkeit** (Brauchbarkeit, Machbarkeit, Wirksamkeit, technische Intelligenz und Perfektion in bezug auf Einfachheit, Robustheit, Genauigkeit, Zuverlässigkeit, Lebensdauer), **Wirtschaftlichkeit** (Mikroaspekt: Kostenminimierung, Rentabilität, Unternehmenssicherung und Entwicklungsfähigkeit), **Wohlstand** (Makroaspekt: Bedarfsdeckung, quantitatives bzw. qualitatives Wachstum, internationale Konkurrenzfähigkeit, Vollbeschäftigung, Verteilungsgerechtigkeit), **Sicherheit** (Körperliche Unversehrtheit, Lebenserhaltung des einzelnen Menschen, Lebenserhaltung der Menschheit, Minimierung des Risikos in bezug auf Schadensumfang und Eintrittswahrscheinlichkeit des Betriebs-, Versagens-

und Mißbrauchsrisikos), **Gesundheit** (körperliches Wohlbefinden, psychisches Behagen, Steigerung der Lebenserwartung, Minimierung von unmittelbaren und mittelbaren gesundheitlichen Belastungen in der Berufsarbeit und privaten Lebensführung sowie durch umweltbelastende Produkte und Produktionsprozesse), **Umweltqualität** (Landschaftsschutz, Artenschutz, Ressourcenschonung, Mimimierung von Immissionen und Deponaten), **Persönlichkeitsentfaltung und Gesellschaftsqualität** (Handlungsfreiheit, Informations- und Meinungsfreiheit, Kreativität, Privatheit, Beteiligungschancen, soziale Kontakte und Anerkennung, Solidarität und Kooperation, Geborgenheit und soziale Sicherheit, kulturelle Identität, Minimalkonsens, Ordnung, Stabilität und Regelhaftigkeit, Transparenz und Öffentlichkeit, Gerechtigkeit).

Abbildung 33:

Werte im technischen Handeln

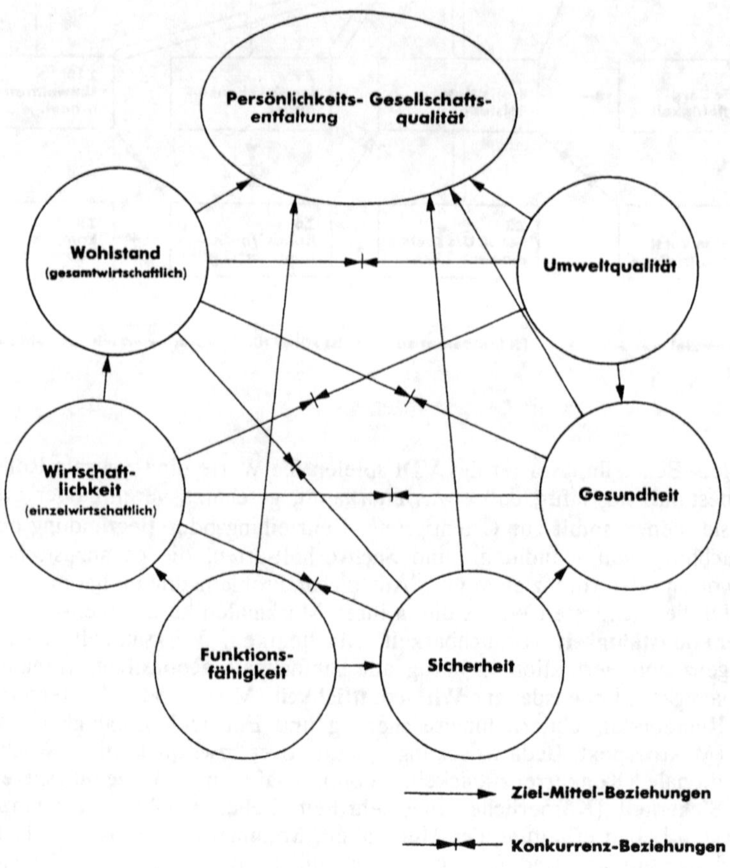

Auffallend ist, daß alle Werte im VDI-Modell direkt oder indirekt auf den Zielkomplex "Persönlichkeitsentfaltung-Gesellschaftsqualität" verweisen bzw. zu ihm in einer Ziel-Mittel-Beziehung stehen. Obwohl zwischen **Wohlstand** und Umweltqualität-Gesundheit-Sicherheit sowie zwischen **Wirtschaftlichkeit** und Umweltqualität-Gesundheit-Sicherheit eine Konkurrenzbeziehung angenommen wird, ist ein **Konflikt zwischen Gesamtwirtschaft** (Wohlstand) **und Einzelwirtschaft** (Wirtschaftlichkeit) **nicht angedeutet**. Sieht man von der Verschwommenheit ab, daß unter Wohlstand von quantitativem "bzw." qualitativem Wachstum gesprochen wird, ist der Primat der "Persönlichkeitsentfaltung und Gesellschaftsqualität" in seinen Merkmalen so gefaßt, daß ebenfalls kein Widerspruch erkennbar wird. Privatheit, Kreativität, Handlungsfreiheit etc. stehen neben Solidarität, Kooperation und Beteiligungschancen, ohne daß sich Unverträglichkeiten oder Reibungsmöglichkeiten ergeben. In der Argumentation des Gesamtentwurfs der "Empfehlungen zur Technikbewertung" dominiert jedoch der **Mikroaspekt der Akteure**; die Vorbedingung der Persönlichkeitsentfaltung ist die Handlungsfreiheit. Dabei weiß der VDI auch, daß die Emanzipation des Individuums seit der Aufklärung "zur Auflösung allgemeinverbindlicher Werte beigetragen (hat)"[27]. Die Frage, ob die Vieldimensionalität des Werte-Systems dann noch erhalten bleibt bzw. ihren hierarchischen Aufbau bewahrt, wird wiederum nicht gestellt. Im Schaubild wird die Mikro-Wirtschaftlichkeit unter den Makro-Wohlstand subsumiert, weil offenbar angenommen wird, daß alle einzelnen Akteure dem Wohlstand einer Privatgesellschaft dienen. Das Problem eines Widerspruchs zwischen Mikro- und Makroökonomie ist kein Thema.

Im Konzept des NRW-Landesprogramms "Mensch und Technik" überwiegt demgegenüber der **Makroaspekt**. Beabsichtigt ist, die Technologie-, Forschungs- und Wirtschaftspolitik mit dem Umweltschutz, der Umweltvorsorge und der Sozialverträglichkeit zu verbinden. Dabei ist nach den Worten des Ministerpräsidenten "auf eine kritische Folgenabschätzung nicht zu verzichten, weil angesichts der technischen Entwicklung viele, viele Arbeitsplätze bedroht sind"[28]. Mit dem Projekt einer sozialverträglichen Technikgestaltung und der Errichtung des Instituts "Arbeit und Technik" wird in NRW der Zweck verfolgt, "auf der Basis wissenschaftlicher Erkenntnisse eine fundierte gesellschaftliche Diskussion über die Folgen des technologischen Wandels zu führen und **neue Handlungsmöglichkeiten** zu eröffnen"[29]. Der Arbeitsminister hält es "für kurzsichtig und unhistorisch zu glauben, man könnte eine Politik der ökonomischen Erneuerung betreiben, wenn man nicht gleichzeitg die notwendigen Vorsorgemaßnahmen zur Bekämpfung negativer sozialer Folgen und zur Vorbeugung gegen Konflikte ergreift"[30]. Im Kern des NRW-Konzepts steht die Aufgabe, "die Durchsetzungschancen derjenigen gesellschaftlichen Bedürfnisse und Interessen zu stärken, die von der technischen Entwicklung besonders betroffen sind und die über keine oder nur sehr unzureichende Möglichkeiten verfügen, sich mit geeigneten Mitteln an der Auseinandersetzung um die Verteilung der Nutzen und Kosten der technischen Entwicklung zu beteiligen"[31].

Der Bundestag hat zur **Abschätzung der Technologiefolgen** eine Enquete-Kommision eingesetzt. Sie soll technische Neuerungen vorausschauend beurteilen und ihre geplanten Folgen gegen unerwünschte Nebenwirkungen abwägen. Ihr Auftrag erklärt sich aus der **Tendenz, daß die Gestaltung der Lebensumstände vom Glauben an das Wissen der Experten immer abhängiger wird**. Letztlich hat sie den Auftrag, "sachverständig über den Sachverstand der Sachverständigen zu befinden", um der Politik eine Entscheidungsgrundlage dafür zu liefern, wie sie sich gegenüber dem zunehmenden Einsatz von Technologien und ihren Folgen verhalten soll. In diesem Kontext wird das Technology Assessment zu einem **Macht- und Legitimationsinstrument**. "Es schmückt die politische Herrschaft mit dem Nimbus der Wissenschaftlichkeit, der einzigen Instanz, die zwischen legitimem und illegitimem Bewußtsein bis heute autoritativ unterscheiden darf. Auch ohne nähere Begründung ist die Behauptung, etwas sei wissenschaftlich erwiesen, dazu angetan, einer Ansicht, einer Technik oder einem Vorhaben die allgemeine Zustimmung zu sichern, und wie nicht sonst sind Zweifel an der Wissenschaftlichkeit für Ruf und Chancen einer Sache schädlich. Der Wissenschaftler, dem es gelingt, die richtigen Politiker vor sein Projekt zu spannen, kommt mit der gleichen Sicherheit ans Ziel wie ein Politiker, der sich 'die' Wissenschaft als Eideshelfer dienstbar macht. Wo sich politische Entschlossenheit und wissenschaftliches Know-how verbünden, kennt ihre Macht, wie das Manhattan-Projekt, der Atombombenbau im Zweiten Weltkrieg, beispielhaft bewiesen hat, keine Grenzen"[32].

Soweit - namentlich in der Sicherheitstechnik - vorgeschlagen wird, sich in der Umweltforschung auf das zu beschränken, was meßbar und beweisbar ist, glaubt man, daß Wissen und Meinung im Erkenntnisprozeß strikt zu scheiden sind, und zwar mit der Konsequenz, daß nur jenes Wissen als wissenschaftlich gilt, das empirisch überprüft bzw. durch technische Meßgeräte verifiziert wird[33]. Folgt man diesem **Wissenskonzept technischer Sicherheit**, bleiben Reflexionen über die gesellschaftlichen Zusammenhänge, in denen das jeweilige Umweltproblem zustande kommt, außerhalb der Diskussion. Dazu gehört auch die Wirtschaftspraxis, die durch ihre einseitigen Codes und Programme auf das Handeln der Gesellschaftsmitglieder in der Weise einwirkt, daß die Schädigung der Umwelt systemimmanent rational erscheint. Die Erkenntnis dieses Komplexes fällt weder unter die sicherheitstechnische Kategorie des Wissens noch unter das, was die Sicherheitstechnik als Meinung deklariert. Sie folgt aus einer Gesellschaftstheorie, die den Implikationszusammenhang von Zielen und Mitteln, von Politik und Ökonomie, von Makro- und Mikroprozessen im Kontext bestimmter Institutionen (z.B. Privateigentum, Konkurrenz, Warenaustausch, Kapitalakkumulation) untersucht und dabei erschließt, was diese für das Handeln der Individuen bedeuten. Würde ein solches Zusammenhangswissen explizit ausgeschlossen, wäre es nicht einmal möglich, das Postulat der Widerspruchsfreiheit empirischer Befunde in Richtung übergreifender Theorien sachlogisch zu realisieren.

Was im Wissenskonzept technischer Sicherheit zur Geltung kommt, ist ein naiver **Empirismus**, der unterstellt, man könne das Allgemeine der Umwelt auf der Basis von staatlichen Vorschriften (Zielen) und technischen Meßgeräten (Mitteln) induktiv ermitteln. Doch dazu müßte sich das Induktionsprinzip als empirisch gültiger allgemeiner Satz ableiten lassen. Und das heißt: Es wäre ein Induktionsprinzip höherer Ordnung usw. erforderlich, so daß ein infiniter Regreß eine induktive Ableitung unmöglich macht. Würde dieser Weg vom Einzelnen zum Allgemeinen konsequent verfolgt, käme man nicht umhin, dem Induktionsprinzip eine Gültigkeit a priori zuzusprechen, was wiederum den Grundannahmen des Empirismus widerspräche. Werden dennoch allgemeine Aussagen gewagt, bleibt der Implikationszusammenhang subjektiven Erkennens außerhalb der Reflexion. Eine Abbildtheorie liefert nur eine Objektivation im Sinne einer

Kopie der Umwelt. Sie wäre der Unmittelbarkeit sicherheitstechnischer Erfahrung ausgesetzt und könnte weder eine allgemeine Bestimmung der wirklichen Umwelt leisten noch die Prinzipien ihrer Erfahrbarkeit aufdecken (etwa durch Einbeziehung vorausgehender Theorien, die sich in den technischen Meßgeräten und rechtlichen Vorschriften stillschweigend verdinglichen).

Geht die Sicherheitstechnik hingegen den Weg vom Allgemeinen zum Besonderen, muß sie notgedrungen mit einer begrifflichen Setzung dessen beginnen, was sie untersuchen will. Hier demonstriert die Technologiefolgenabschätzung, daß die Unterscheidung zwischen Wissen und Meinung, zwischen den sogenannten Tatsachen und ihre Bewertung, nicht durchzuhalten ist. **Man kann nicht abschätzen, ohne selbst irgendwie Stellung zu nehmen**. Beispiele dafür liefern zahlreiche Gutachten, Prognosen und Risikenstudien (wie z.B. zu Kernenergie, Neuen Medien, Gentechnik etc.). Sie strotzen von Wertangaben, "weil ohne sie der Zweck, politische Entscheidungen vorzubereiten oder zu begründen, nicht erreichbar ist. Die geläufigen Floskeln, bestimmte Maßnahmen seien geboten, empfehlenswert oder zu vermeiden, sind deutliche, aber noch harmlose Indizien für die übermächtige Neigung, im Namen der Wissenschaft zu werten"[34]. Doch nicht nur das Technology Assessment lebt von der Verbindung aus politischem und wissenschaftlichem Sachverstand. Auch die ökonomischen Begriffe (z.B. Wachstum, Fortschritt, Ertrag, Leistung, Nutzen etc.) implizieren Präferenzen und Werteinstellungen, die umso gefährlicher sind, je häufiger sie nicht offengelegt werden. Soweit behauptet wird, in der Sicherheitstechnik sei nur das akzeptabel, was sich rechnen lasse im Sinne der Ökonomie[35], ist zu berücksichtigen, daß sich Sicherheit unter der Hand allzu leicht in ein Problem der Versicherung transformiert, d.h. in ein Bedürfnis, das sich kaufmännisch verwerten läßt, und zwar um so besser, je mehr Angst und Schrecken verbreitet wird.

Einerseits läßt sich aus der Verschmelzung von Sachwissen und Werturteil oder von Wissenschaft und Politik ableiten, daß Technology Assessment eine Angelegenheit von Fachleuten allein nicht bleiben kann. Soweit es um langfristige, zum Teil noch unsichtbare und von Spezialisten nicht erkannte Folgewirkungen technischer Neuerungen geht, sind bei futuristischen Prognosen und gesellschaftlichen Antizipationen auch wissenschaftliche Kompetenzen begrenzt. In solchen Fällen ist nach K. Adam der **Laie** "genauso kompetent, wahrscheinlich weitaus kompetenter als ein Fachmann, der sich dem Vorhaben, das zu bewerten ist, als Interessent verbunden fühlt und schon aus diesem Grunde auf Neutralität kaum Anspruch erheben darf". Er spielt damit auf korrupte Verflechtungen zwischen Expertentum und Lobbyismus an. Je offensichtlicher der Wissenschaftler zum Parteigänger von Industrie und Parteipolitik wird, desto wichtiger ist es für ihn, auf das Votum der Dilletanten zurückzugreifen. In einer Demokratie habe die souveräne Macht das Volk.

Andererseits ist Technology Assessment nur sinnvoll, wenn es nicht zur Errichtung einer anonymen Forschungsbürokratie führt. Erst dann kann ein kleiner Kreis von unabhängigen Personen, der keiner Partei und keinem Verband angehört, der alten Vorstellung gerecht werden, **Wissen mit Gewissen** zu verkoppeln. In seiner Stellungnahme zu K. Adams Thesen macht D. Schäfer wiederum darauf aufmerksam, daß man der wissenschaftlichen Beweiskraft nicht immer geglaubt habe[36] und der Sinn des Technology Assessment nicht zu eng ausgelegt werden dürfe. Man müsse sich "alle anderen, auch nichttechnische Wissenschaften anhören". Wissenschaft bliebe offiziell und öffentlich gefordert, weil sie die langfristigen Folgewirkungen aktueller Handlungen und Entscheidungen eben "besser" beurteilen könne als politische Prophezeiungen und Propagandismen. Das heißt weitergedacht, daß eine Umweltpolitik, die in ihren Erkenntnissen unzureichend abgesichert ist, nicht selten zum Spielball sozialer Kräfte wird. Gerade deshalb kann auf human- und sozialwissenschaftliche Reflexionen genauso wenig verzichtet werden wie auf die alltägliche Arbeit der freien Presse im Bereich der Interpretation und Moderation ökologischer Kommunikation, einer Journalistik, die immer wieder zeigt, daß sie durch hervorragende Analytiker und scharfsinnige Denker bestritten wird, deren Problemhorizont über das Wissenskonzept der Sicherheitstechnik hinausgeht.

II. Hoffnungen: Möglichkeiten der Umorientierung

Auf der einen Seite resultieren die gesellschaftlichen Entwicklungen aus der Anwendung einer Rationalität, die Berechenbarkeit und Beherrschbarkeit des menschlichen Verhältnisses zur Natur und zu sich selbst unterstellt. Planung, Organisation und Kontrolle suggerieren in der heutigen Praxis das Gefühl, daß durch Wissenschaft und Technik umso mehr Sicherheit und Voraussehbarkeit herbeizuführen sind, je größer der ökonomische Aufwand dafür ist. Auf der anderen Seite erfahren wir trotz aller Anstrengungen, daß die theoretischen Annahmen von Wissenschaft und Technik im Alltag nicht aufgehen. Das wissenschaftlich-technische Zeitalter löst weder die sozialen noch die ökologischen Probleme so, daß Angst und Unsicherheit gesellschaftlich beseitigt sind. Nach N. Luhmann wird Angst sogar zum funktionalen Äquivalent von Sinn, soweit dieser in der pluralistischen Gesellschaft nur noch pragmatisch verwendet werden kann. Angst wird dann zur authentischen Kommunikation, und sie nimmt zu, wenn man ihr abzuhelfen versucht. Dementsprechend entstehen mit zunehmendem Wirtschaftswachstum sowie vermehrtem Wissenschafts- und Technikeinsatz neue Ungereimtheiten und Unebenheiten. Von einer Mächtigkeit der Subjekte über die Objektseite ihres Tun kann weder in der Wirtschaft noch in der Politik die Rede sein. Aus dieser Aporie ergeben sich zwei Möglichkeiten: **Entweder** ist die Verwissenschaftlichung und Technisierung der gesellschaftlichen Verhältnisse noch nicht weit genug vorangetrieben; dann müßte ihre Entwicklung verstärkt gefördert und in ihrem Zugriffshorizont erweitert werden. **Oder** sie ist mit unserem menschlichen Verhältnis zur Welt prinzipiell unvereinbar; dann wäre die wissenschaftlich-technische Entwicklung sowie die Monopolisierung von Expertenwissen zu stoppen oder zu unterlaufen. Hier soll nur grundlagentheoretisch darüber nachgedacht werden.

1. Illusion: Verallgemeinerung der Professionalisierung

Aus der These, daß die Objektivierung und Kalkulierbarkeit gesellschaftlicher Verhältnisse zu verbessern und zu erweitern ist, ergibt sich die Konsequenz, die Qualifikationen zur Gewinnung und Verbreitung technisch und wissenschaftlich kontrollierter Erfahrungen **allen** Menschen zu vermitteln, z.B. durch obligatorischen Unterricht. Damit könnte zugleich die Verfügung über die verwissenschaftlichte Produktions- und Lebenswelt verbunden werden. Zielführend wäre die Aufgabe, der Bevölkerung und vor allem der jungen Generation durch Bildung die überall gefragte **Planungs-, Organisations- und Kontrollkompetenz des modernen Erfahrungsbegriffs** beizubringen, nach Möglichkeit mit der Gewißheit, daß vorhandene Apparaturen und Systeme sicher beherrscht werden, auch im Bereich der Privatökonomie.

Freilich impliziert eine solche generalisierte **Professionalisierung** erstens ein systematisches Aspektwissen, das sogenannten Berufsexperten erwerbswirtschaftlich dazu dient, für technisch formulierte Probleme technische Lösungen zu finden, ohne daß die Ursachen für die Entstehung der Probleme abgeschafft werden. Man kann von einer arbeitsteiligen Berufsgesellschaft nicht erwarten, daß sie ihre geschäftliche Lebensgrundlage zerstört. In der Regel werden Probleme so angegangen, daß Arbeit nicht überflüssig wird, auch wenn die bezahlte gelegentlich schrumpft. Aufgaben werden organisatorisch in der Weise zerlegt, daß ihre Erkenntnis bzw. Beherrschung zwar immer perfekter wird, aber institutionell ist gesichert, daß durch die ausgeblendeten Aspekte bzw. ungewollten Nebenwirkungen spezialisierten Handelns auch neue Probleme und damit neue Berufe entstehen. Die bisherige Entwicklung bestätigt diese Richtung einer weiteren Ausdifferenzierung der Funktionen und Berufe, vor allem im Bereich der Organisations- und Kommunikationstechniken, der Automations- und Steuerungstechniken, der Bearbeitungs- und Verfahrenstechniken sowie der Material- und Werkstofftechniken. In den USA gibt es geradezu eine Inflation neuer Berufe bzw. Spezialisierungen[37].

Zweitens ist eine Verallgemeinerung formalisierter Ausbildungsprozesse zu gewährleisten. Dazu gehört ein Verhaltenskodex, der die Anwendung des Wissens in der Praxis als Selbstkontrolle bzw. gegenseitige Kontrolle (unter Kollegen und Konkurrenten) vereinheitlicht und sicherstellt. Hieraus ergibt sich, daß das Handikap einer Generalisierung des Professionalisierungsmodells in der **Zirkelhaftigkeit** seiner Kontrolle liegt. Ein System, das den Menschen methodisch aus sich herausdefiniert, kann ihn durch wissenschaftliche Kontrolle nicht wieder hineindefinieren. Hier liegt die Crux aller Versuche, dem Menschen auf der Basis wissenschaftlich-technischer Produktion durch wissenschaftlich-technische Kontrolle mehr Einsicht in die Gefahr seines Machwerks zu geben.

Die Professionalisierung aller Gesellschaftsmitglieder ist aus bisheriger Erfahrung ein Totalexperiment mit vielen Fragezeichen, nicht zuletzt auch deshalb, weil sie die **Sachlichkeit** der modernen Wissenschaft überbetont, mit der die Welt verfügbar gemacht werden soll, und mit der Konsequenz, daß der Mensch seine Geborgenheit in ihr verliert. Wissenschaftlichkeit ist in diesem Kontext die Auflösung des natürlichen Lebens- und Weltverhältnisses, die **Beseitigung der subjektiven Beziehung zum Dasein und die Ignorierung der Signalfunktion der natürlichen Sinneswahrnehmung**. Sie beinhaltet die Suspension aller Bedeutsamkeit, d.h. jeder über die nackte Positivität des Gegebenen hinausweisenden Frage- und Interessenhaltung. In seiner Beschränkung auf Wissenschaftlichkeit nimmt der Mensch alle seine eigenen Züge aus der Welt heraus. Er mißt sich an einem Planbild, in dem er sich selbst nicht wiederfindet.

Kant und Dilthey sind die Bahnbrecher dieses modernen Paradigmas. Sie legitimieren den Positivismus der Natur- und Geisteswissenschaften, der sie als **Erkenntniswissenschaften** konstituiert. Deren Wissen ist für beliebige Zwecke einsetzbar. Daher macht J. Derbolav mit Nachdruck auf die Ambivalenz des bloßen Sachverstandes zum Guten und Bösen aufmerksam. Er sieht bereits früh das Problem des Positivismus mit seiner Schlagseite zur Expertokratie, die Weltverantwortung als wissenschaftliche Betriebsführung auffaßt. Das Management von "oben" kann die Zustimmung der Betroffenen an der Basis bestensfalls immer erst nachträglich gewinnen, wenn es sie überhaupt bekommt. Nicht ohne Grund unterscheidet J. Habermas zwischen dem in Wissenschaft und Technik praktizierten zweckrationalen Handeln und dem kommunikativen Handeln gesellschaftlicher Interaktion. Technik und Wissenschaft vermitteln dem Menschen berufliche Fertigkeiten zur Weltbeherrschung, aber nicht Fähigkeiten zur umgangssprachlichen Kommunikation bzw. zur Verständigung mit Mitmenschen. Zwischenmenschliche Kommunikation stützt sich auf Interaktion. Menschen müssen die Welt in der Spannung von Möglichkeit und Gefährdung zu sich selbst bemeistern. Sie bedürfen der Orientierung.

Praktische Wissenschaften reflektieren unmittelbar die gesellschaftliche Praxis. Sie fragen nach deren normativen Bezügen. Mit ihren regulativen Prinzipien wollen sie die aspekthaften Erkenntniswissenschaften mit der Sinnstruktur der ihr vorgegebenen Praxis konfrontieren. Durch transzendentale Reflexion fragen sie hinter das Gefragte der Fachdisziplinen auf das im Gesagten je Gemeinte zurück, auf die unvermittelte Wirklichkeit, die der jeweiligen Wissensvermittlung als sie ermöglichender Sinn vorausgeht[38]. Ökologische Verantwortung läßt sich nicht einseitig am zweckrationalen Handeln von Wissenschaft und Technik orientieren. Sie muß die Spontaneität und Selbsttätigkeit gesellschaftlicher Interaktionen mitberücksichtigen. Durch wissenschaftliche Methoden und Bedienungsanweisungen läßt sie sich nicht wegdefinieren. Sie muß die Akzeptanz von Wissenschaft und Technik explizit mitberücksichtigen, weil diese von ihrem Zweck institutionell und begrifflich abgetrennt sind, so daß es darauf ankommt, ihren Gebrauch durch vernünftige Zweckorientierungen zu regulieren.

2. Postulat: Neufundierung der Umweltökonomie

Aus der Rückwendung des ökonomischen Denkens auf die gesellschaftlichen Bedingungen seiner selbst ergibt sich, daß die Praxis als unvermittelte Wirklichkeit nicht bloß Erkenntnisobjekt ist, sondern auch sein unausweichlicher Ermöglichungsgrund. Alle Theorien verkörpern unter diesem Aspekt das Reflexivwerden einer Gesellschaft. Sie bringen zum Ausdruck, was sich Menschen im Zusammenwirken miteinander zutrauen, welchen neuen Aufgaben sie sich zur Verbesserung ihrer eigenen Daseinsform zuwenden wollen und wie sie ihre Lösung anzugehen gedenken. Eine ständisch-feudale Gesellschaft gelangt zu einem anderen Bewußtsein als eine moderne kapitalistische Gesellschaft mit formaler Freiheit und Gleichheit. Die augenblickliche Umbruchsituation beinhaltet eine Veränderung des Bewußtseins mit verschiedenen Akzenten und Fragezeichen. Der bereits behandelte Wertewandel (A II/2) signalisiert Verlagerungen auf der empirischen Ebene. Hier geht es um grundsätzliche Überlegungen.

a) Vorrangigmachung praktischer Maßstäbe

Unter dem Anspruch der praktischen Wissenschaften (Philosophie) begründet sich das Bedürfnis nach einem Ökologiebegriff, der über den Horizont einer technisch kontrollierten Erfahrung hinausgeht. Doch wissenschaftliche Erfahrung im Sinne des **Positivismus** ist nicht gänzlich abzuschaffen. Die Erkenntniswissenschaften verkörpern eine Rationalität, die im heutigen Bewußtsein noch vorherrschend ist und durch eine Denkweise, die sich erst entwickeln muß, nicht einfach ausgetauscht werden kann. Was zur Diskussion steht, ist ein dialektischer Vermittlungsprozeß zwischen der Subjekt- und Objektseite gesellschaftlicher Entwicklung, der das Leben erhält und bereichert. Die Erkenntniswissenschaften bleiben in ihrer positivistischen Form vorerst noch beteiligt. Auf ihre Methoden ist abrupt nicht zu verzichten, insbesondere nicht dort, wo es darum geht, bestimmte Probleme genauer zu erfassen und zu durchdenken. Aber sie sind als **offizielle** Beweisgrundlage zu relativieren, wenn es gilt, die ökonomische Entwicklung **demokratisch** zu legitimieren, vor allem in Bereichen, in denen das Menschheitsinteresse durch den maßlosen Kapitalzweck in seiner natürlichen und historischen Dimension unmittelbar verletzt wird. Die bloße Ergänzung oder Komplettierung des Positivismus durch Anhängung einer Sinn-Norm ist abzulehnen. Ein solcher Weg würde ihn in seinem Recht weiter fertigen. Was gefragt ist, läßt sich allerdings nicht eindeutig formulieren. Es ist weder mit dem Begriff der **alternativen** Erfahrung (D. Benner) noch mit dem Begriff der **ontologischen** Erfahrung (E. Schütz) und **ästhetischen** Erfahrung (E. Seiffert) für sich zu beschreiben. Doch es scheint, daß die genannten Begriffe als Momente eines übergreifenden Ökologiebegriffes alle bedeutsam sind, soweit eingesehen wird, daß die Unverfügbarkeit des Lebens praktisch nicht wegzuwischen ist.

Die Erneuerung des ökologischen Bewußtseins beginnt mit der **Einübung des Wahrnehmens** und mit der Kenntnis der natürlichen Umwelt. Es kommt darauf an, für die Umwelt sensibel zu werden. Mit ihren eigenen Kategorien erfaßt die Ökonomie die Umwelt im menschlichen Sinne nicht oder nur unzureichend. Wer die Anforderungen und Zusammenhänge der Natur in ihrer strukturellen Eigentümlichkeit jedoch außer acht läßt, ist dafür kaum zu motivieren. Unkenntnis und Gleichgültigkeit sind Gründe eines Fehlverhaltens gegenüber der Natur. Gleichzeitig sollte man die Lösung des Umweltproblems nicht vertrauensselig von der Politik erwarten. Jeder einzelne ist unmittelbar mitbetroffen, auch wenn er sich als einzelner zur Veränderung des Ganzen ohmächtig vorkommt. Zur Wahrnehmung der Natur gehört die Frage, ob mit der Natur nicht anders als bisher umzugehen ist, etwa dadurch, daß die Naturverschwendung reduziert wird. Allerdings ist das Problem vom einzelnen allein nicht zu lösen. Die Gesellschaft ist mit ihren Verantwortungsträgern im makropolitischen Bereich mitgefragt. Das Problem ist keineswegs einfach, nicht zuletzt deshalb, weil sich die ökologische Frage nicht lokalisieren oder regionalisieren läßt. Sie resultiert aus dem Strukturzusammenhang der Weltgesellschaft, deren Umweltverträglichkeit erst herzustellen wäre. Dementsprechend ist der einzelne Bürger nicht nur potentielles Objekt und Anhängsel prozessualer Entwicklungen, sondern auch potentielles Subjekt einer künftigen Umweltökonomie, deren Verhaltensdimension neu auszuloten ist.

Einerseits kommt es darauf an, die **Natur** als eine übergeordnete Individualität anzuerkennen, in der der Mensch selbst nur leben kann, wenn er sie als seinen **Ermöglichungsgrund** bewahrt. Eine schrankenlose Ausbeutung und Zurichtung der Natur für die Zwecke der Kapitalverwertung ist nicht mehr akzeptabel, nicht allein aus moralischen Gründen, sondern weil sie die menschliche Lebensgrundlage zerstört und dem Menschen unmißverständlich klarmacht, daß er damit sein Lebensrecht **objektiv** verliert. Es sei nur daran erinnert, "wie schnell gewisse Viren sich verändern und ausbreiten. Alles spricht dafür, daß wir künftig all unser Wissen und Können aufbringen müssen, um mit der **Gegenrevolution** zurechtzukommen. Denn der von uns herbeigeführte Umweltwandel übt rückwirkend einen ungeheuer wirkungsvollen, vielfältigen und kaum vorstellbaren Selektionsdruck auf zahllose andere Lebensformen aus". Das Problem der Gegenrevolution wird noch dadurch verschärft, daß wir das Angebot an Wirten für Parasiten etc. immer umfangreicher und einheitlicher machen[39].

Andererseits kann im Interesse menschlicher Emanzipation auf Naturbeherrschung und Naturverfügung wiederum nicht so ohne weiteres verzichtet werden. Schließlich besteht die Notwendigkeit, das Überleben von mehreren Milliarden Menschen zu sichern. **Technik und Naturwissenschaft** sind für die gegenwärtige Menschheit eine **notwendige** Bedingung, um bei gegebenen Ansprüchen überhaupt überleben zu können, solange und soweit prinzipielle Alternativen im Sinne realisierbarer Konzeptionen unverfügbar sind. Technik und Wissenschaft existieren nicht ausschließlich in den kapitalistischen Gesellschaften westlicher Länder. Sie dienen auch den Wirtschaftssystemen östlicher Regimes, die mit sozialistischen Zielsetzungen z.T. sogar erheblich stärker die Umwelt verschmutzen, weil sie sich durch wirtschaftliche und politische Systemkonkurrenz auf Weltebene dazu veranlaßt sehen[40].

Berücksichtigt man beide Seiten des Problems, ist nicht unbedingt eine andere Form von Naturwissenschaft und Technik gefragt, sondern "eine Einordnung ihrer Naturauffassung als einer für die praktische Philosophie nur teilweise maßgeblichen"[41]. Hieraus ergibt sich, daß die Suche nach alternativen Technologien keineswegs sinnlos ist. Die Schaffung einer umwelt- und sozialverträglichen Technologie bleibt für H. Ottmann eine der großen Aufgaben unserer Zeit. Sie kann "ihren Ort nur im Rahmen der modernen Technik und Naturwissenschaft finden, die als solche nicht ersetzbar sind". Wichtig erscheint, daß die Praxis der notwendigen Technik und Naturwissenschaft ihren Ort anweist, wenn sie sich selbst durch praktische Maßstäbe bestimmt und klärt, wieviel Technik und Naturwissenschaft "nötig" und wieviel Praxis "möglich" ist[42]. Welche gesellschaftlichen und politischen Voraussetzungen dabei zu beachten sind, läßt sich im einzelnen schwer sagen.

Grundsätzlich muß die Praxis einen **neuen Begriff von Freiheit** entwickeln, der eine schrankenlose Naturverfügung nicht mehr zuläßt. Im praktischen Sinne hat sich die Freiheit **an der Natur zu beschränken, wenn sie sich von der Natur nicht selbst beschränken lassen will**. H. Ottmann nennt dies die "Anerkennung einer nicht-verfügbaren Natur, vor der Freiheit sich beschränkt". Eine solche Auffassung widerspricht einer Vielzahl herrschender Freiheitsvorstellungen, auch einer objektlosen transzendentalen Freiheit, die Natur in formale Ethik auflöst. Praxis ist nur möglich, wenn Natur und Freiheit weder materialistisch noch idealistisch ineinander aufgehen, sondern eine offene Dialektik zustande kommt, die ihren Gegensatz aushält. Praxis ist "ein Handeln, das zwischen notwendiger technischer Naturverfügung und praktisch möglicher Anerkennung einer verfügungstranszendenten Natur einen Ausgleich sucht. Anerkennung der nichtverfügbaren Natur heißt Freilassen der Natur und Sich-Einlassen auf Natur, die sowohl Zweck für uns als Endzweck ist"[43].

b) Begrenztheit der Privatperspektive

Erkenntnistheoretisch sind ökonomische Kategorien und Theorien bestimmte Verarbeitungsformen der gesellschaftlichen Realität, und als solche sind sie subjektive Wahrnehmungsformen der ökonomischen Praxis, bei denen der Katalog der privaten Grund- bzw. Menschenrechte bereits vorausgesetzt wird. Marx bezeichnet sie als versachlichte Formen der gesellschaftlichen Verhältnisse, die unter den Bedingungen der entfremdeten Arbeit und des darauf gegründeten Privateigentums zustande kommen. Er gelangt zu dem Schluß, daß diese Formen, die in den Kategorien der bürgerlichen Ökonomie ihren theoretischen Ausdruck finden, nicht nur das Verhalten der Menschen zu den Dingen und damit das Sein für den Menschen kennzeichnen, sondern auch die gesellschaftlichen Produktionsverhältnisse als Beziehungen der Menschen im Produktionsprozeß einer bestimmten Form des Verwertungsprozesses (Eigentum und Aneignung der Resultate fremder Arbeit, Markt- und Geldvermittlung dieser Prozesse, Arbeitskraft als Ware).

In der **Akteurtheorie** kommt diese übergreifende Fragestellung kaum zur Geltung. Selbst in einer ihrer fortschrittlichsten Varianten[44] dominiert die **"private"** Handlungsperspektive. Zuzustimmen ist ihr in der Absicht, den strukturtheoretischen Ansatz durch die Akteurperspektive zu ergänzen, weil erst sie einen Zugang zum Vermittlungsproblem eröffnet. Doch W. Rammert meint mit "Strukturen" den Pluralismus der Teilsysteme, der durch offene Interdependenzbeziehungen, unsichere Handlungskalküle und unzuverlässige Strukturvorhersagen gekennzeichnet ist. Sie beinhalten - wie er meint - nicht bloß "**eine**" Strukturlogik. Vielmehr seien für die historisch ausdifferenzierten Handlungssysteme (wie bei N. Luhmann) **mehrere** Strukturlogiken relevant, die sich voneinander unterscheiden, weil historische Akteure unterstellt werden, die durch ihre "praktische Handlungsfähigkeit" die Strukturen schaffen und variieren. Als handlungsfähige Teilsysteme sind diese "Strukturen" (z.B. Wirtschaft, Politik, Wissenschaft etc.) begrifflich gleichbedeutend mit "kollektiven Akteuren", zu denen z.B. Unternehmen, Parteien, Behörden, Forschungsinstitutionen wie auch die durch kulturelle Orientierungsmodelle verbundenen Netzwerke gezählt werden (z.B. Bildungssystem, Fernsehen).

Eine Auflösung der Strukturen in "kollektive Akteure" heißt wiederum, daß sie weder Objektivität verkörpern noch objektive Formationen bilden, die sich von Subjektivität dadurch unterscheiden, daß sie ihr als Nichtidentisches entgegenstehen. Im Gegenteil, sie sind als Produktions-, Organisations- und Interpretationsfähigkeiten der Akteure auf der **Subjektseite** der Gesellschaft lokalisiert. Die Frage der gesellschaftlichen Vermitteltheit der Handlungspotentiale wird umgangen, obgleich ihre Klärung für deren inhaltliche Differenzierung eine notwendige Voraussetzung ist. Eigentlich findet W. Rammert nur heraus, welche Akteure mit welchen "Logiken" an der Herstellung bestimmter Produkte (z.B. Brutreaktor, NC-Technologie) beteiligt sind, um angesichts der Tatsache, daß stets mehrere Logiken einfließen und keine dominiert, schließlich bei der für ihn wesentlichen Erklärung "durch die spezifischen Interdependenzen der Handlungspotentiale und der jeweiligen Strategien der Akteure" zu landen. So gesehen vertritt er einen Ansatz, der den Blick für Interessenunterschiede, Handlungsspielräume und Emanzipationsmöglichkeiten öffnet. Unreflektiert bleibt aber, daß sich das

Machwerk menschlicher Arbeit unter bestimmten gesellschaftlichen Bedingungen verselbständigt und als verallgemeinerte Techno-Logik, Kapital-Logik, Psycho-Logik, Demokratie-Logik etc. auf das Verhalten der Akteure infrastrukturell zurückwirkt. Probleme der Technik werden z.B. bereits im Ansatz so definiert, daß sie durch Technik lösbar sind, und dieses Regelwerk einer technologischen Rationalität bringt dann den Eigensinn der Objektivität in der Weise zur Geltung, daß sich die Subjektivität nur noch innerhalb ihrer Form darstellen kann.

Handlungstheoretisch entspricht der Akteurtheorie der **Begriff einer "privaten" Emanzipation**, der in der Wirtschaftspraxis vor allem die interessenpolitische Auseinandersetzung zwischen Arbeitgeber- und Arbeitnehmerseite beinhaltet. Diese privatwirtschaftliche Perspektive wird von der Akteurtheorie verabsolutiert. Die Freiheit der Wirtschaftssubjekte ist zwar der Schlüssel zur Erklärung der für die moderne Ökonomie charakteristischen Trennung von Mikro- und Makrotheorie. Doch gesellschaftstheoretisch bilden beide Momente einen unlösbaren, wenn auch widersprüchlichen Zusammenhang. Andernfalls ist nicht zu erklären, wodurch sich die Entfremdungsstufe der "Verrücktheit des Privaten" (Marx) in der Ökonomie konstituiert. P. A. Samuelson macht mit Nachdruck darauf aufmerksam, "daß das, was für das Individuum zu stimmen scheint, für die Gesellschaft als Ganzes noch lange nicht gilt, und umgekehrt, daß das, was für alle wichtig erscheint, für den einzelnen völlig falsch sein kann"[45]. Wer von der Gültigkeit einer Aussage für einen Teil bereits auf die Gültigkeit dieser Aussage für das Ganze schließt, produziert den sogenannten Trugschluß der Verallgemeinerung.

c) Makrokontext der Handlungstheorie

Der Gegenstand der modernen Umweltforschung impliziert, daß seine theoretische Analyse mikroökonomisch und gleichzeitig makroökonomisch zu fundieren ist. Die **Makroökonomie** umfaßt nicht bloß die Aggregation von Mikroeinheiten bzw. -größen, sondern stellt die Aufgabe, die Eigengesetzlichkeit der bestehenden Produktionsverhältnisse **auch** in ihrer **Vergesellschaftungslogik** zu erschließen. Ein solcher strukturtheoretischer Ansatz zur Erklärung des individuellen Handelns einer Vielzahl von Wirtschaftssubjekten im Rahmen gesamtwirtschaftlicher Prozesse stützt sich auf Verhaltenshypothesen im Sinne eines funktionalen Rollenkonzepts. Unter Profitmaximierung ist dann die **Beachtung des strukturellen Primats** der Tauschwertorientierung gegenüber der Gebrauchswertorientierung durch den Regelungsmechanismus der Konkurrenz zu verstehen. Unter diesen Annahmen verhalten sich Marktsubjekte wie Charaktermasken, die bewußt oder blind die Gesetze der kapitalistischen Produktion aktualisieren. Marx bestimmt diesen Sachverhalt als Subjekt-Objekt-Verkehrung.

Mikroökonomisch entwickelt das Einzelkapital unter dem Druck der Konkurrenz eine rationale Beschaffungs-, Produktions- und Absatzstrategie, die an der Realisierung von Mehrwert orientiert ist und die Entwicklung der Produktivkräfte zur entscheidenden Voraussetzung für kostengünstige Faktorkombinationen macht. Der zunehmende Einsatz von moderner Produktions- und Steuerungstechnologie ist eine notwendige Voraussetzung dieses Ansatzes. Doch das genügt nicht. Die Motivationstheorie versucht, "das Individuum an die Anforderungen der Massengesellschaft mit Produktions- und Konsumsystemen anzupassen" und reduziert ihn auf einen Homunculus mit der Folge, "daß der Mensch sich selbst mehr und mehr als eines seiner ausgeklügelten Produkte sieht, indem er sich wie eine Maschine und als Produkt versteht"[46]. Der Job ist das, was durch künstliche Motivation angereichert werden muß. Der Begriff des Job Design entspricht ihm unter dem Konditionierungsaspekt. Inzwischen rufen Unternehmen nach einer neuen **Unternehmenskultur.** Der Betrieb soll zum Systemintegrator werden. Die Palette technischer Neuerungen wird um ein Paket sozialer Neuerungen ergänzt, mit dem Ziel, indirekt eine konsensuale Rahmenplanung herbeizuführen, die Initiative neu stimuliert, aber die gesellschaftliche Form der Handlungsorientierung wiederum nicht aus dem Blick verliert. Die Beratung von Kunden spielt eine besondere Rolle; denn die Firma braucht sie, um ihren produzierten Mehrwert am Markt realisieren zu können[47]. Der Kulturbegriff wird dabei bis zur Unkenntlichkeit erweitert und vermarktet[48].

Makroökonomisch haben die mikrorationalen Methoden zur Steigerung der Rentabilität und Produktivität wiederum das Handikap, daß sie irrational werden. Zwischen einzelwirtschaftlich forcierter Mehrwertproduktion und gesamtwirtschaftlich begrenzter Mehrwertrealisation entstehen mit fortschreitender Wirtschaftsentwicklung zunehmend Widersprüche bzw. Diskrepanzen, die in zyklischen Krisen als Überproduktion/Überakkumulation in Erscheinung treten. Sie sind nicht nur ein innerökonomisches Problem, sondern betreffen auch das Verhältnis von ökonomischem Kapitalkreislauf und sozialer (einschließlich natürlicher) Reproduktion des Menschen. Damit wird das Verhältnis zwischen wirtschaftlichem System und menschlicher Lebenswelt zum Kernthema einer ökologieorientierten Diskussion, die ohne Einbeziehung der Politik als Regulierungs- und Koordinierungsinstanz kaum auszuloten ist.

Die Objektivität der gesellschaftlichen Strukturen und Entwicklungen kommt unter privaten Eigentumsverhältnissen zustande, weil sich das gesamtgesellschaftliche Arbeitsprodukt durch die Austauschprozesse einer Vielzahl von Wirtschaftssubjekten in der Wertform am Markt verselbständigt bzw. durch das über die Konkurrenz vermittelte Sachgesetz der Kapitalverwertung und Kapitalakkumulation als systemimmanente Notwendigkeit auf das Verhalten der einzelnen infrastrukturell zurückwirkt. Allerdings ist sie ohne die Vermittlungsleistung der Subjektivität (hier insbesondere der Arbeiterschaft) wiederum nicht lebensfähig. Die Frage nach der Bedingung der Möglichkeit gesellschaftlicher Objektivität reaktiviert Einsichten der Akteurtheorie, wenn auch mit der Konsequenz, daß die vorgegebene Subjektivität als politische Gestaltungspotenz durch strukturelle Sozialisationsprozesse und Entwicklungstendenzen in bezug auf revolutionäre Veränderungen qualifikatorische Schäden erlitten hat und in ihren Aktionsmöglichkeiten strukturell eingeschränkt ist.

W.-D. Schmied-Kowarzik orientiert sich in seinen Überlegungen einer Vermittlung von Subjektivität und Objektivität an dem **Kritikkonzept einer dialektischen Erfahrung** von Sein und Bewußtsein. Gemeint ist eine Variante von Ideologiekritik, die in der Veränderung der Wirklichkeit praktisch werden kann, aber das Bedürfnis der Mehrheit nach einer anderen Praxis bereits voraussetzt; bei Marx existiert dieses in der Arbeiterbewegung, welche die Entfremdung an sich selbst erfährt. Die Ideologiekritik wird zur Gesellschaftskritik im Sinne dialektischer Erfahrung, wenn das Zusammentreffen der Bedürfnisse der breiten Masse und der Bedürfnisse der kritischen Intelligenz eine praktische Voraussetzung für das Praktischwerden ideologiekritischer Ideologie konstituiert. Ihr geht die Erfahrung der Entfremdung voraus. Insofern liegt dem Begriff der dialektischen Erfahrung ein **handlungsorientierendes** Substrat zugrunde, das unter dem Primat der Praxis nicht idealistisch über vernünftige Motivation individueller Gesinnungen vermittelt wird, sondern am dialektischen Praktischwerden der Theorie in **Veränderungen** der gesellschaftlichen Praxis festgemacht ist[49].

Die Dialektik des sich bildenden Bewußtseins ist ein Teil der übergreifenden Prozesse gesellschaftlicher Entwicklung. Sie erweitert den individualgenetischen Ansatz. Der soziale Lernprozeß der Gesellschaft wird themenkonstitutiv. Er führt Solidarisierungen und Kräftekonstellationen herbei, die vorgegebene Verhältnisse praktisch infragestellen. Unter diesem Aspekt ist die Dialektik des Geistes gesellschaftlich keineswegs nur ein **Reflexionsmoment**. Sie kann auch als **Entwicklungsmoment** fungieren, soweit das überschießende Potential der Produktivkraft in Gestalt von Produktions-, Organisations- und Interpretationsfähigkeit sozialer Akteure zugleich neue Strukturen schafft und alte verändert. Nötig ist jedoch, daß die Anforderungen auf der Objektseite der Gesellschaft dazu veranlassen. Kontinuität und Diskontinuität in der Dialektik des Bewußtseins erklären sich aus Widersprüchlichkeiten bzw. Anstößen, die in gesellschaftlichen Problemlagen zum Ausdruck kommen und einer Makrofundierung bedürfen, soweit sie erklärt werden sollen. Damit schlägt die Stunde der Gesellschaftstheorie.

Erst die Makrofundierung der Praxis beseitigt die Gefahr einer Bindung an illusionäre Orte. **Nichtpraktische Philosophien** täuschen die Massen mit unerreichbaren Versöhnungen bzw. unerfüllbaren Versprechungen. Sie postulieren Freiheit, anstatt für ihre Realisierung tatkräftig zu streiten und sich an der Freiheit des anderen Menschen, an der Natur und der Geschichte wirklich zu beschränken. **Praktische Philosophien** beinhalten hingegen gegenseitige Anerkennung, und diese bedeutet ein Handeln, "welches das Ziel seines Tuns im Vollzug der Tätigkeit besitzt und nicht erlaubt, daß sich ein Ergon, ein Zustand oder eine Wirkung von der Tätigkeit lösen ließe. Praxis als Anerkennung vollendet sich in ihrem Vollziehen"[50]. Soweit die Wechselseitigkeit der Anerkennung behindert wird und dadurch ein Kampf um Anerkennung heraufbeschworen wird, soll diese unter dem Ziel einer prinzipiell erreichbaren Versöhnung so ausgerichtet bzw. gemäßigt werden, daß die kämpfenden Parteien die prinzipielle Achtbarkeit des Gegners praktisch vorwegnehmen bzw. seine potentielle Würde im Kampf selbst zur Geltung bringen. Eine Freund-Feind-Lehre widerspricht einem Handeln nach dem Prinzip erreichbarer Versöhnung fundamental. Unter der Voraussetzung eines Sich-Immer-Wiedervertragen-Müssens ist ein Praxisabbruch nie endgültig. Aber "mit der Vertröstung einer nur versprochenen Versöhnung, die mit der Freiheit oder dem Glück der Nachgeborenen die dem Lebenden verweigerte Anerkennung rechtfertigt, läßt sich diese Praxis nicht vereinen"[51].

Allgemein setzt dieses Konzept einer praktischen Philosophie voraus, daß nicht nur die gesellschaftliche Seite der Subjektivität lernfähig ist, sondern auch die objektive Seite der gesellschaftlichen Institutionen veränderungsfähig wird. Nach H. Schelsky "(braucht) die Frage, ob die modernen Subjektivitäts- und Freiheitsbedürfnisse des Individuums mit dem Wesen der überkommenen Institutionen versöhnbar sind, nicht so beantwortet zu werden, daß aus ihrer Widersprüchlichkeit die Vernichtung des einen oder des anderen, der Institutionen oder der Subjektivität, gefolgert oder gefordert werden muß. Diese Frage kann umgewendet werden in die Forderung, daß in dieser Versöhnung, dieser Stabilisierung einer grundsätzlichen Bewußtseinsspannung, genau die institutionelle Aufgabe unseres gegenwärtigen Kulturzustandes liegt und daß die einzige Lösung, die uns zur Verfügung steht, eben die Institutionalisierung dieser Spannung ist"[52]. Damit wird eine **Politik** unterstellt, die sich nicht nur als Krisenmanagement zur Erhaltung des alten Systems versteht, sondern eine Gesellschaftlichkeit anvisiert, die für die Zukunft neue Perspektiven eröffnet. Recht kann dann nicht den Horizont dessen definieren, was öffentlich noch zu sagen erlaubt ist oder nicht. Es muß ein gleichberechtigter Gesprächspartner werden. Doch bislang ist das Recht vorrangig ein Steuerungsmedium und dient einer komplexen Gesellschaft, die sich selbst nicht mehr versteht. Es ermöglicht die Selbstregulierung von Teilsystemen und stellt Verfahren bereit, in denen diese ihre Interaktionen abstimmen können, um ein gemeinsames öffentliches Interesse ohne innere Identität äußerlich zu bekunden. Der Rückgriff auf die praktische Philosophie ist am Bundesverfassungsgericht zwar nicht vorbeigegangen, aber er hat "kaum mehr erbracht als - zuweilen höchst subtile - Rechtfertigungen des status quo des demokratischen Verfassungsstaates"[53].

3. Wegweiser: Transformation der Subjekttheorie

Die ökonomischen und politischen Aktivitäten legitimieren sich in der BRD durch das Grundgesetz. Die Begriffe 'Umwelt' und 'Umweltschutz' kennt das Grundgesetz nicht. Es enthält nur einige Regelungen, die sich auf Einzelbereiche des Umweltschutzes beziehen[54] und dem Staat die Möglichkeit geben, auf diesem Gebiet tätig zu werden. Hinter der Auffassung, daß dem Umweltschutz der Verfassungsrang einer Staatsaufgabe bislang abgesprochen wird, steht unausgesprochen ein Mißtrauen gegenüber dem Anwachsen staatlicher Aktivitäten[55]. Hierüber braucht man sich nicht zu wundern; denn dieses Bewußtsein hat eine längere Vorgeschichte.

a) Horizonterweiterung der Verantwortung

Die Menschheitsidee des Kant'schen kategorischen Imperativs gilt allgemein als der gemeinsame Nenner aller weltanschaulichen und politischen Positionen. Sie fordert, die Menschheit in der eigenen Person - wie in der eines jeden anderen - stets als Zweck und niemals bloß als Mittel zu gebrauchen. Auf der transzendentalen Ebene der philosophischen Reflexion stellt sich damit die Frage nach der Bedingung der Möglichkeit von **Freiheit**[56]. Kant's Begriff der Freiheit beinhaltet **unbedingte** Freiheit, weil deren Bedingungen keinem fremden Willen, sondern allein dem eigenen guten Willen unterliegen sollen. Er faßt ihn so, daß **Autonomie** mit der ethischen Lebensführung des Menschen in eins fällt, nämlich so zu handeln, daß die eigene Absicht jedermanns Absicht sein kann. Seine Ethik ist keine konkrete Pflichtenlehre, sondern eine Pflichtenlehre aus dem Grundsatz der Freiheit, keine Belehrung über konkrete Tugenden, sondern eine allgemeine Regel bzw. Maxime der Moralität. Autonom ist sie dadurch, daß sie das, wozu sie verpflichtet, unabhängig von den Außenbedingungen, unter denen der Mensch lebt, zur Verpflichtung macht[57]. Hieraus wird allgemein abgeleitet, die Kant'sche

Ethik habe einen **monologischen** Charakter. Alle einzelnen hätten jeweils für sich ihre Überlegungen zur Moralität ihres Handelns durchzuführen. Jeder sei für sich selbst zuständig, "ein für alle Personen verbindliches moralisches Urteil über eigene und fremde Handlungen mit Hilfe des Verallgemeinerungskriteriums oder der Zweckformel zu fällen"[58].

Nach Kant ist dieses Gesetz nicht auf natürliche Voraussetzungen zurückzuführen. Es ist ein **Produkt gesellschaftlicher Verhältnisse**. Er sieht im transzendentalen Bewußtsein das "Bewußtsein seiner selbst", und dies ist das Bewußtsein der Identität eines Individuums mit allen anderen Individuen. Es ist das klassenlose Bewußtsein des neuen Bürgertums. Dessen Selbstbewußtsein ist durch eine **allgemeine** Erfahrung bestimmt, die für alle Individuen gleich ist und die allen besonderen Erfahrungen vorhergeht. Bei Kant führt diese allgemeine Erfahrung zu dem Urteil, daß Individuen besondere **Privatwesen** sind, die von anderen Individuen getrennt sind. Daß sie dies sind und sich als Einzelwesen behaupten können, verdanken sie nicht ihrer Individualnatur, "sondern dem Umstand, daß sie allesamt durch eine übergeordnete transzendentale Erfahrung geprägt sind, durch eine Erfahrung, die alle Privaterfahrungen dominiert und die in den Individuen trotz aller Besonderheit identische Denkformen ... erzeugt"[59].

Der Ursprung des transzendentalen Bewußtseins liegt weder in der Natur noch im Individuum. Er ist auf **gesellschaftliche** Bedingungen zurückzuführen, die historisch entstanden sind und in dem reinen Subjektbegriff nicht aufgehen. Kant unterstellt in seinen Überlegungen zur Durchsetzung seines kategorischen Imperativs, daß zwischen Subjekt- und Objektseite durch die **List der Vernunft** in gewisser Weise eine offene Dialektik zur Geltung kommt. Er fragt nicht nur, was den Menschen durch das Sittengesetz auferlegt wird, sondern auch danach, was die Natur dazu beiträgt, daß der Mensch tut, was er tun soll. Diese List der Vernunft, die den Menschen keine moralischen Pflichten auferlegt, sondern durch das wirkt, was naturwüchsige Mechanismen (auch Eigennutz und Konkurrenz) zustande bringen, geht stillschweigend davon aus, daß die gesellschaftlichen Verhältnisse und die Natur es selbst sind, die den Menschen durch ihre Objektivität **unmittelbar** zur Vernunft bringen, ob sie es wollen oder nicht.

Im Vergleich zu Lebzeiten Kants signalisieren die gesellschaftlichen Verhältnisse heute eine höchst bedrohliche Entwicklungsrichtung. Viele sprechen von einer Risikogesellschaft, in der das blinde Vertrauen in die List der Vernunft geradezu unverantwortlich sei. In der Risikogesellschaft handele der Mensch nicht aus Unwissenheit heraus, sondern in vollem Bewußtsein dessen, was getan wird. "In der bewußten Entscheidung für das Risiko liegt die Verantwortungslosigkeit der Risikogesellschaft für die jetzt und später (?) in ihr lebenden Menschen. Dem Bürger, der das Risiko nicht eingehen will, wird die Entscheidungsfreiheit weggenommen - darin liegt der diktatorische Charakter der Risikogesellschaft"[60]. Insofern hat die gegenwärtige Risikogesellschaft eine wesentlich andere Qualität als die naive "bürgerliche" Gesellschaft zur Zeit Kants[61]. H. Jonas macht deshalb mit allem Nachdruck auf die ungeheure **Maßstabsveränderung** aufmerksam, welche die Verantwortlichkeit des Menschen inzwischen kennzeichnet.

In der Phase des frühen Bürgertums ist die Natur noch kein Gegenstand menschlicher Verantwortung. Das jetzige Zeitalter von Technik und Ökonomie beinhaltet dagegen eine neue Dimension der Verantwortung, auf die Philosophie, Ethik und Politik keineswegs vorbereitet sind: Menschliches Tun wird zu einem kausalen Faktor in der Natur. Eingriffe in das genetische Material bewirken langfristige und vor allem unabsehbare Folgen für die gesamte Menschheit. Zwar hat der Mensch immer schon Wälder gerodet, Abwässer in Flüsse geleitet und Landschaften zerstört, aber die Natur korrigierte solche Eingriffe aus ihrem eigenen Haushalt so, daß auf die Menschheit in ihrer Ganzheit keine globalen und totalen Gefährdungen (wie z.B. Klimakatastrophe, atomare Verseuchung und anderes) zukamen. In der Risikogesellschaft ergeben sich hierfür jedoch Anhaltspunkte. Deshalb ist die Frage einer ethischen Neurorientierung von der künftigen Umweltökonomie nicht einfach auszublenden. In der Diskussion sind vor allem zwei Bezugspunkte aktuell:

(1) Für H. Jonas besteht das ethische Novum in der extraordinären Gefahrendimension, die mittlerweile die **Existenz der menschlichen Gattung wie des Planeten** betrifft. Die gegenwärtige Generation sei vor die Frage gestellt, ob und warum es eine Menschheit überhaupt noch geben soll. Technik und Ökonomie produzierten einen übermäßigen Negativeffekt. Hinzu komme das "quasi-zwanghafte Element in seinem Voranschreiten, das sozusagen unsere eigenen Weisen der Macht zu einer Art selbsttätiger Kraft hypostasiert". In der Vergangenheit habe eher die Macht der Trägheit als die des Fortschritts gegolten. Unsere heutige Würde verlange hingegen. "daß wir uns selbst besitzen" bzw. den "technologischen Galopp unter außertechnologische Kontrolle bringen"[62]. Die Frage nach neuen Werten unterstelle, daß eine neue Vergesellschaftung gefragt ist. Deshalb sei der Kant'sche kategorische Imperativ zu erweitern: "Handle, so daß die Wirkungen deiner Handlung verträglich sind mit der Permanenz echten menschlichen Lebens auf Erden". Im Hinblick auf seinen philosophischen Stellenwert muß H. Jonas freilich zugeben, daß sein Imperativ "theoretisch gar nicht leicht und vielleicht ohne Religion überhaupt nicht zu begründen" ist. Die neue Ethik müsse neue Tabus aufstellen und eine "Wiederherstellung der Kategorien des Heiligen" bewirken, um der Anwendung von Technik unter ökonomischen Bedingungen eine Grenze zu ziehen[63]. Dieser Orientierung an traditionellen Werten und Ordnungen folgen inzwischen nicht wenige Philosophen und Theologen. Nicht selten verbindet sie sich mit einem Rückzug auf die Schumacher'sche Maxime eines "Small is beautiful", die eine eigene Läuterung und Heilung miteinschließt.

(2) Einen moderneren Weg skizzieren J. Habermas und K. O. Apel in ihrer **Diskursethik**. Ihr Vorgriff auf eine ideale Kommunikationsgemeinschaft ist zugleich der Vorschein einer Lebensform[64], die zur Zielvorstellung einer neuen Gesellschaft werden kann. Sie entwickeln ihr Konzept vom "herrschaftsfreien" Diskurs im Rahmen der politischen Ethik und in Verbindung mit der Frage, wie die Tradition der **Politik** als Theorie "richtigen" Lebens gegen die Zwänge technisch-wissenschaftlicher Rationalisierung neu zur Geltung gebracht werden kann. J. Habermas unterscheidet zwischen zweckrationalem Handeln (Positivismus) und sprachlich vermittelter Interaktion (Gewissen). Letztere verlangt nach einer Entschränkung der Kommunikation im Sinne einer "uneingeschränkten und herrschaftsfreien Diskussion"[65]. Die sprachliche Kommunikation wird zum Ort für die Präsenz des Guten. Sie soll Einsicht in die Zusammenhänge und Zwecke einer Gemeinschaft vermitteln. Handeln impliziert als Miteinandersprechen auch die Zuwendung der Menschen zueinander. Insofern wird der **Begriff der Identität** bedeutsam, der für J. Habermas sehr viel anspruchsvoller und reicher ist als das Modell der Autonomie, das ausschließlich die Moralität betrifft. "Eine Autonomie, die das Ich eines kommunikativen Zugangs zur eigenen inneren Natur

beraubt, signalisiert auch Unfreiheit. Ich-Identität meint eine Freiheit, die sich in der Intention, die Würde mit dem Glück wenn nicht zu identifizieren, so doch zu vereinbaren, selber begrenzt"[66].

In der Kommunikationsgemeinschaft wird die wechselseitige Anerkennung **aller** Mitglieder als gleichberechtigte Diskussionspartner vorausgesetzt[67]. Insoweit vermeidet sie die monologische Struktur der Kant'schen Ethik. Bei J. Habermas tritt das prozessuale Prinzip einer **Universalisierung** von Normen an die Stelle des kategorischen Imperativs. "Gültige" Normen müssen der Bedingung genügen, daß "Ergebnisse und Nebenfolgen, die sich aus einer allgemeinen Befolgung für die Befriedigung der Interessen eines jeden ergeben, von allen zwanglos akzeptiert werden können"[68]. Ein solches Verfahren ermöglicht Diskurse über die Zumutbarkeit von Auswirkungen der Gentechnologie oder von atomaren Mülldeponien für kommende Generationen. Allerdings ergibt sich aus ihm noch kein Prinzip für das Handeln des einzelnen. Er liefert ein Beurteilungskriterium für **öffentliche** Normenlegitimationen, die für die Bewältigung des ökologischen Problems von zentraler Bedeutung sind, sobald die Umweltpolitik auf qualitative Standards zurückgreifen muß bzw. Grundlagen für die Gesetzgebung und Kontrolle benötigt.

K. O. Apel unterscheidet sich von J. Habermas in der Weise, daß sein prozedurales Prinzip nicht den kategorischen Imperativ ersetzt. Er will den kategorischen Imperativ in bezug auf Handlungsmaximen lediglich modifizieren bzw. ihn so transformieren, daß das **Normenbegründungsprinzip** als Kriterium mitberücksichtigt wird, und das heißt: "Handle nur nach der Maxime, von der du im Gedankenexperiment unterstellen kannst, daß die Folgen und Nebenwirkungen, die sich aus ihrer allgemeinen Befolgung für die Befriedigung der Interessen jedes einzelnen Betroffenen voraussichtlich ergeben, in einem realen Diskurs - wenn er mit den Betroffenen geführt werden könnte - von allen Betroffenen zwanglos akzeptiert werden können"[69]. In dieser Problemwende liefert die Diskursethik zugleich ein Prinzip für das Handeln der einzelnen. Allerdings leben die für Selbstbehauptungssysteme (z.B. Familien, Staat etc.) verantwortlichen Personen nicht in einer Welt, "in der sie damit rechnen könnten (dürften!), daß alle stets den diskurstheoretisch transformierten kategorischen Imperativ befolgen"[70]. K. O. Apel kann nicht ausschließen, daß die Anwendung der Diskursethik am Nullpunkt der Geschichte beginnen muß, obwohl ein vernünftiger Neuanfang möglich ist.

Es kann hier nicht der Frage nachgegangen werden, inwieweit die transzendentalpragmatische Argumentation K. O. Apels eine Dimension grundsätzlicher erscheint als die propositionale Vorgehensweise von J. Habermas und ob die Sprachpragmatik beider von der traditionellen Vernunftphilosophie überhaupt so weit entfernt ist, wie sie es selber glauben[71], entscheidend ist, daß die Diskursethik die zentrale Bedeutung der Sprache für das Denken und die Vergesellschaftung erkennt und thematisiert. Obgleich nicht immer klar ist, was mit Argumentation gemeint ist, wird im **Kommunikationskonzept des Miteinandersprechens** davon ausgegangen, daß prinzipiell jeder Gesprächspartner die Chance zur Meinungsäußerung erhält, die man für sich selbst in Anspruch nimmt, sobald man etwas behauptet. Damit wird **der andere als autonomes Subjekt anerkannt**, nicht nur in seiner Verantwortungsfähigkeit für das, was er sagt, sondern auch in bezug auf das, was aus dem Gesagten folgt (z.B. Gleichberechtigung, Solidarität). In der idealen Sprechsituation bzw. **im Modell des herrschaftsfreien Dialogs werden kontrafaktisch bereits gerechtere Verhältnisse unterstellt als in der vorgegebenen Realität.** Der Begriff der sprachlichen Vernunft geht über die aporetische Alternative von repressiv-instrumenteller und utopisch-versöhnender Vernunft hinaus. Fraglich bleibt allerdings, "ob ein rein systematisch begründeter Paradigmenwechsel ausreicht, um zu einer radikalen neuen Bewertung von Kommunikation zu führen. Man ist versucht, nach historischen und lebensgeschichtlichen Erklärungen zu suchen"[72].

b) Unersetzlichkeit der Alternativen

Soweit über die ideale Kommunikationsgemeinschaft eine neue Lebensform anvisiert wird, ist diese im menschlichen Interesse nur sinnvoll, wenn sie sich **demokratisch** legitimiert. J. Habermas versteht sich als Demokratietheoretiker, der einer sprachlichen Verständigung vertraut. Die Bewältigung der Gegensätze und Widersprüche in unserer Gesellschaft ist eine Herausforderung und Chance unserer Demokratie. 1966 kommt die Bundesregierung zu der Erkenntnis, daß der Alltag des politischen Lebens durch Konflikte der verschiedensten Art bestimmt wird und die Menschen versuchen müßten, "gemeinsam und auch im Gegeneinander, das zu einer demokratischen Auseinandersetzung gehört, damit fertig zu werden". Bürger sollen befähigt werden, "sich auf Grund **eigener** Einsichten zu politischen Fragen ein kritisches und selbständiges Urteil zu bilden und sich für die Durchsetzung dessen, was sie als richtig erkannt haben, in demokratischer Weise einzusetzen"[73]. Damit wird ein Demokratiemodell proklamiert, das nicht nur die Partizipation der Bürger an Regierungsfunktionen bis zur Identität mit den Regierenden anstrebt, sondern auch Meinungen und Denkansätze zuläßt, die sich mit dem System kritisch auseinandersetzen bzw. es in die Würde einer Frage stellen, um es tatkräftig zu verbessern.

Auf der Ebene der **institutionalisierten** Formen der Konfliktaustragung und -regelung folgen alternative Ansätze im allgemeinen dem **Modell der privaten Emanzipation.** Danach werden Entscheidung und Verantwortung für das, was die Praxis gesellschaftlich bestimmt, prinzipiell den Individuen bzw. einzelnen Gruppen überlassen, die sich in Konkurrenz gegeneinander zu bewähren haben. "Private" Emanzipation zielt nicht auf Vermenschlichung der Gesellschaft, sondern auf eine Menschwerdung des Individuums innerhalb der Formbestimmtheit der bürgerlichen Welt. Gefragt ist vor allem die **Mündigkeit** im Sinne eines Könnens, das die Konkurrenzfähigkeit im Vergleich mit anderen Individuen und Gruppen sicherstellt. Dementsprechend impliziert private Emanzipation interessenpolitische Auseinandersetzungen, nicht zuletzt zwischen Arbeitgeber- und Arbeitnehmerseite und in der jetzigen Krisenphase mit dem Ergebnis, daß die Arbeitnehmerseite der wettbewerbsfähigen Beschäftigten gegenüber der Arbeitgeberseite der wettbewerbsfähigen Betriebe immer mehr Zugeständnisse macht bzw. machen muß, weil strukturelle Benachteiligungen im System sie dazu veranlassen (existentielle Angewiesenheit auf Arbeitsplätze bzw. Einkommensquellen, um den Lebensunterhalt in der "Umwelt" des Systems legal bestreiten zu können). Das Moment der Wettbewerbsfähigkeit beider Seiten betont, daß private Emanzipation den Konkurrenzkampf im eigenen Lager einschließt, d.h. eine Tendenz, nach der die stärkeren Wirtschaftssubjekte die schwächeren verdrängen, was bei zunehmender Arbeitslosigkeit und zunehmenden Konkursen zur Entstehung wettbewerbsunfähiger Problem- und Randgruppen führt, die außerhalb des Kapitalkreislaufs (systemtheoretisch in der Umwelt) ein soziales Dilemma darstellen. Auf diese Weise erhält private Emanzipation einen fragwürdigen Sinn, den Makel einer eigenen Befreiung bzw. Mündigkeit auf Kosten anderer.

Auf der Ebene der **außerparlamentarischen** Formen des Protests und der Meinungsbildung sympathisieren alternative Ansätze nicht selten mit dem **Modell der gesellschaftlichen Emanzipation**. Es geht um Akzente zur Befreiung von der Eigendynamik und Eigengesetzlichkeit der ökonomischen Praxis, die als dominierendes Funktionssystem nicht nur alle Teilbereiche der Gesellschaft institutionell beherrscht, sondern als Privatwirtschaft in der Wahrnehmung ihrer Erwerbsinteressen inzwischen so viele Nebeneffekte erzeugt, daß Mensch und Umwelt ernsthaften Gefährdungen ausgesetzt sind. Die Auseinandersetzung mit dieser Bedrohung zeigt sich sowohl in theoretischen wie auch praktischen Stellungnahmen.

Theoretische Stellungnahmen in **Form der Kritik** kommen insbesondere aus dem Bereich der Wissenschaft und des Journalismus. Sie beschränken sich auf Analysen und Bewertungen, welche die **subjektive** Seite der Emanzipation durch Bildung des Bewußtseins verändern wollen. Themen der Wachstumskritik und der exponentiellen Schädigung von Umwelt und Lebenswelt des Menschen sind ihr einigendes Band. Neben der Betrachtung gesellschaftlicher Zusammenhänge interessiert vor allem die längere Zeitperspektive. Einigen Kritikern geht es um Entwürfe einer zukünftigen Gesellschaft, deren Voraussetzungen in der ökonomischen Praxis herzustellen sind, z.T. durch einen revolutionären Prozeß. Vertreter der marxistischen Ökonomie plädieren für die Umwälzung des Wirtschaftssystems. Die ökologische Problematik eröffnet für sie "den weitesten und in manchen Punkten den radikalsten Horizont der revolutionären Emanzipationsbewegung"[74]. Doch ganz so einfach und theoretisch stringent stellt sich die Situation im Anschluß an Marx heute nicht mehr dar. Zunächst ist das Proletariat, das Träger eines revolutionären Prozesses sein soll, aus der ursprünglichen Form eines unterdrückten Lohnarbeiters mit sozialem Elend gesellschaftlich herausgewachsen. Der "Abschied vom Proletariat" (A. Gorz) ist in aller Munde. Darüber hinaus ist die Arbeiterschaft mittlerweile so aufgespalten und differenziert, daß sich die vielen Partikularinteressen keineswegs mehr so nahtlos zu einem revolutionären Klassenbewußtsein zusammenbringen lassen. Eigentlich ist die Arbeiterschaft selbst ein Opfer der kapitalistischen Sozial- und Versöhnungstechnik, die vor dem Raubbau ihrer traditionellen Lebensformen nicht Halt macht.

Praktische Stellungnahmen in **Form des Protests** sind gesellschaftlich an bestimmten Gruppen kaum festzumachen. Sie betreffen durch politische Aktionen die **objektive** Seite der Emanzipation, auch wenn die subjektive Seite daran beteiligt ist. In der Umweltbewegung kulminieren verschiedene Strömungen gesellschaftlicher Unzufriedenheit: Antikernkraftgegner, Friedensbewegung, Bürgerinitiativen, emanzipatorische Arbeiterbewegung, Alternativszene mit Hausbesetzern, Landkommunen und Schattenwirtschaft, Minderheiten (Alte, Homosexuelle, Behinderte etc.), Psychobereich mit Selbsthilfegruppen und Jugendsekten, Frauenbewegung, religiöser Fundamentalismus etc. Nach E. Altvater gibt es zwischen Ökologie- und Arbeiterbewegung noch Gemeinsamkeiten. "Sowohl eine emanzipatorische Arbeiterbewegung wie auch die Ökologiebewegung setzen an Problemen der Reproduktion des Menschen an; beide Bewegungen sind oder werden deshalb gezwungen, zur kapitalistischen Form der Produktivkraftentwicklung, zur Technologie als Mittel der Profitproduktion, ein kritisches Verhältnis zu entwickeln"[75].

Was sich in den theoretischen und praktischen Stellungnahmen zum Ökologieproblem systematisch herausbildet, ist weniger ein Konflikt, der die materielle Reproduktion betrifft bzw. in den institutionellen Formen der Parteien- und Verbandsdemokratie zu kanalisieren und durch systemkonforme Entschädigungen zu beschwichtigen ist. Es ist eine Auseinandersetzung mit dem **gesellschaftlichen** Verhältnis der Ökonomie zu Mensch und Umwelt, mit einer Frage, die in den herkömmlichen Medien (Geld und Recht) defizitär oder allzu einseitig behandelt wird. Primär tangiert sie nicht Verteilungsprobleme, sondern die "**Grammatik von Lebensformen**" (J. Habermas), d.h. das Verhältnis von System und Mensch in einem prinzipiellen Sinne, das pauschal weder als progressiv oder regressiv zu verstehen ist. Es geht um die negativen Folgen einer instrumentell verkürzten Vernunft (Totalitarismus, Terror, verwaltete Welt, Naturzerstörung etc.), aber im positiven Sinn auch um Lebens- und Arbeitsqualität, Gleichberechtigung, Selbstverwirklichung, Partizipation, Menschenrechte und vieles mehr. Diese Probleme sollen nicht tabuisiert, sondern zum gesellschaftlichen Thema erhoben werden. Ökologisierung beinhaltet Auseinandersetzung mit der Systementwicklung, den äußeren Gefahren und inneren Unterdrückungen seiner Sachgesetzlichkeit. Man kann den Schwarzen Peter nicht personifizieren oder ihn bestimmten Gruppen zuschieben.

Angeklagt wird die Syntax der Industriegesellschaft. Insoweit stehen formbestimmte Unzulänglichkeiten in der Wahrnehmung und Verarbeitung des gesellschaftlichen Verhältnisses zu Natur und Mensch im Brennpunkt der Kritik[76]. **Die inoffiziellen Alternativen bieten erste Anhaltspunkte über die soziale und ökologische Unverträglichkeit der offiziellen Ordnung.** Für das System fungieren sie unbestellt als Frühwarnzellen, deren Fragen, Meinungen und Vorstellungen durch die herrschenden Verhältnisse inhaltlich vermittelt sind und darüber informieren, ob die Rückwirkungen der wirtschaftlichen Zusammenhänge auf die menschlichen Lebensbedingungen individuell oder gruppenspezifisch noch akzeptiert bzw. ertragen werden. Sie sind nicht totzuschweigen oder auszusitzen, sondern theoretisch aufzunehmen und institutionell zu unterstützen; denn ihr Handikap besteht darin, daß sie "eine bestimmte Politik inspirieren oder anstoßen, aber nicht selbst praktisch durchführen können". Dieser Nachteil wird gesellschaftlich häufig so gewendet, daß den alternativen Bewegungen eine "doppelte Sozialmoral" vorgeworfen wird. Sie würden sich zu demokratischen und ökologischen Idealen bekennen, aber sich in Wirklichkeit und ohne Not undemokratisch und unökologisch verhalten[77]. Der Befund läßt jedoch außer Acht, daß viele Verhaltensweisen der Alternativen durch die mangelnde Sensibilität und Flexibilität der vorgegebenen Strukturen entstehen.

Eine demokratische Gesellschaft ist erst ernst zu nehmen, wenn sie nicht nur über sich selbst aufklärt und ihre eigene Natur mitbedenkt, sondern aus dem Resultat ihrer Aufklärung auch politische Konsequenzen zieht. Neue Gefahr signalisiert die zweite Unmündigkeit des Menschen im elektronischen Zeitalter der Massenkultur und Geldwirtschaft: Subjektmüdigkeit, Gedächtnisschwund, Sprachzerfall, Realitätswahrnehmungsverlust mit Symptomen eines zynischen Umgangs mit Krisen. Institutionen fungieren als Einrichtungen zur Wirklichkeitsausblendung. **Das Niemandsland zwischen ökonomistischer Technokratie und fundamentalistischer Opposition verstärkt die institutionell angelegten Unfähigkeiten zur Verständigung**[78]. Was nötig ist, nennt U.E. Preuss "die sprachliche Vermittlung von sozialen Konflikten". Recht ist für ihn "unhintergehbar an Sprache gebunden, und seine säkularen rationalisierenden Leistungen lagen darin, die stumme Gewalt von Unterdrückung und Ausbeutung durch Bedingungen der Sprachlichkeit aufzuheben. Allein dies erklärt die historischen Erfahrungen des Leidens am Recht wie der Leidenschaft fürs Recht, von denen in der heutigen Rechtswissenschaft so wenig zu spüren ist - nichts von den großen Gegenwartsthemen des Rechts, dem Zusammenhang von Macht, Ordnung, Angst, Unterdrückung und Vereinzelung, von der selbstzerstörerischen Dynamik des Kapitalismus und seines Bündnisses mit einer Technologie, die sich anschickt, ihren Herrschaftsanspruch auf die innere Natur des Menschen auszudehnen"[79].

4. Gestaltungskorridor: Ökologisierung der Wirtschaft

Die bisherige Bilanz der Umweltpolitik zeigt an, daß ihre Wirksamkeit unter den vorgegebenen Bedingungen und Zusammenhängen begrenzt ist. Was in den politischen Zielformeln und Absichtserklärungen zur Sprache kommt, ist größtenteils nur schwer zu realisieren. Ideologie und Wirklichkeit klaffen in der Umweltpolitik auseinander, selbst in Bereichen, in denen der Umweltschutz eine lange Tradition hat, wie etwa im Wasserrecht, wo es teilweise nicht mehr möglich erscheint, die zur Befriedigung menschlicher Grundbedürfnisse erforderliche Qualität in der Trinkwasserversorgung von krebserregenden Schadstoffen (wie z.B. Pestiziden) völlig freizuhalten. Mit diesem Dilemma steht zugleich die Glaubwürdigkeit von Politikern zur Diskussion, die uns immer wieder weismachen wollen, sie könnten die anstehenden Umweltprobleme mit politischen Mitteln lösen. Nicht nur das Verhältnis der Einzelökonomie zur Gesamtökonomie ist inzwischen erschüttert, sondern auch das Verhältnis der Politik zur Öffentlichkeit. Deshalb kommt die Wissenschaft nicht umhin, im Interesse der Öffentlichkeit die Möglichkeiten der Politik selbst nüchtern einzuschätzen bzw. ihre gesellschaftlichen Voraussetzungen kritisch aufzudecken.

a) Blackbox der Systemtheorie

N. Luhmann hat mit großem Scharfsinn und argumentativer Eloquenz herausgearbeitet, was die Friedman'sche Kapitalökonomie folgerichtig ist, nämlich ein geldwirtschaftliches Funktionssystem, das sich immanent an den Kriterien der Rentabilität orientiert und auf der Basis der Kapitalakkumulation eine Eigendynamik entwickelt, die durch den Preismechanismus als Meß- und Verknappungsinstrument und den Konkurrenzmechanismus als Durchsetzungs- und Sortierungsinstrument geregelt wird. In diesem (durch Institutionen) vorprogrammierten Wirtschaftssystem vollziehen sich individuelle Entscheidungsprozesse nach zwei binären Codes, die sich gegenseitig ergänzen: nach dem Eigentumscode (Haben/Nichthaben) und dem Geldcode (Zahlen/Nichtzahlen). Vom Krisenmechanismus als dem Reinigungs- und Angleichungsinstrument ist relativ wenig die Rede, ebenso vom Akkumulationsmechanismus. Der Kapitalvermehrungscode (Plus/Minus) ist nur peripher angesprochen, aber im Rentabilitätsprinzip unterstellt. **Umwelt** sowie natürliche und menschliche Ressourcen werden **erst geschont, wenn es sich ökonomisch lohnt.** Das Rechtssystem schafft durch positives Recht zwar Freiheitsspielräume und in Konfliktfällen überschaubare Erwartungen. Doch für die rechtlich kaum faßbaren Umweltprobleme gibt es keine zentrale Regelungsinstanz. Die Gesellschaft ist kopflos, weil die Politik in der Systemtheorie als Teilsystem neben anderen existiert, auch wenn - wie bereits ausgeführt - der Primat des Wirtschaftssystems faktisch dominiert[80].

Der Schlüssel für dieses kybernetisch rekonstruierte Wirtschaftssystem ist das Verhältnis von System und Umwelt. **Mensch und Natur gehören zur Umwelt.** Das Wirtschaftssystem orientiert sich an den monetären Beziehungen seiner Funktionseinheiten, die - vereinfacht gedacht - aus privaten Unternehmungen (Produktionsfunktion) und Haushalten (Konsumfunktion) bestehen, was den herrschenden Denkmodellen in der heutigen Volkswirtschaftslehre übrigens entspricht. Insofern ist N. Luhmann nicht der Vorwurf zu machen, er würde die Situation in der ökonomischen Theorie falsch darstellen oder das Problem des heutigen Menschen nicht erkennen. Im Gegenteil, er macht verständlich, warum es keine einfachen Lösungen gibt, obwohl alle wissen, was angesichts der inzwischen eingetretenen ökologischen Selbstgefährdung der Gesellschaft getan werden müßte. Doch angesichts der ökonomischen Freiheit mit ihrer Tendenz, alle Probleme in reine Funktionsbeziehungen aufzulösen bzw. sie wertneutral und das heißt, sie subjektiv bedeutungsleer bzw. gleichgültig zu verarbeiten, fühlt sich **für das Ganze individuell niemand verantwortlich.** Jeder versucht, die ökologischen Schäden bei der Suche nach dem eigenen Vorteil den anderen aufzubürden. Und aus der Erkenntnis, daß kollektive bzw. aggregierte Lösungen erforderlich sind, bleiben spontane bzw. individuelle Maßnahmen völlig wirkungslos, solange sie durch die verschiedenen Funktionssysteme der Gesellschaft nicht institutionalisiert bzw. nicht in Kollektivverhalten übergeführt werden.

In seiner Kritik des Anthropozentrismus spielt N. Luhmann mit dem Gedanken, die "Humanität bis in ihre Sollwerte hinein zu sozialisieren und zu historisieren"[81]. Sie könne angesichts der zunehmenden Anonymität gesellschaftlicher Beziehungen nur noch "kontrafaktisch" gegen das bestehende System gesetzt werden. Implizit bestreitet N. Luhmann jedoch die unmittelbare Verknüpfung von sozialer Moral und Verwirklichung der moralischen Person. "Die Einzelpersonen bleiben im Verhältnis zueinander, aber auch im Verhältnis zu dem sich bildenden Sozialsystem Umwelt. Sie verschmelzen sich weder miteinander noch mit dem sozialen System"[82]. Personale und soziale Systeme sind von vornherein unvergleichbare Größen, deren Koordination und gegenseitiges Durchdringen jeweils organisatorisch verarbeitet werden müssen. Die Organisation ist "eine besondere Form der Reduktion sozialer Komplexität. Ihr besonderes Anliegen besteht darin,. daß die Anerkennung und Befolgung bestimmter Verhaltenserwartungen zur Bedingung der Mitgliedschaft in einem Sozialsystem gemacht wird, derart, daß nur eintreten kann, wer diese Mitgliedschaftsbedingungen akzeptiert, und austreten muß, wer gegen sie rebelliert"[83]. Auf diese Weise entsteht die "Fiktion zweier Welten: einer Businesswelt der Organisationen, in der die Menschen jenseits aller Individualität eher als Rädchen im Getriebe zu funktionieren haben (oder austreten müssen, G.H.), und einer Privatsphäre, in der es nicht nur niemanden nichts angeht, was darin passiert, sondern in der die Menschen sich anscheinend auch aller Rollen entledigt verhalten"[84].

Methodisch ist die Trennung beider Sphären zweifellos legitim, um bestimmte Momente in der sozialen Wirklichkeit in ihren Konsequenzen genauer erfassen und durchdenken zu können. Voraussetzung ist allerdings, daß man aus dem, was durch gedankliche Analyse ermittelt wird, nicht den Schluß zieht, es würde auch für die vorgegebene Realität gelten. Zumindest in einem Punkt erzeugt N. Luhmann gewisse Irritationen. An einigen Stellen spricht er von Gesellschaft und meint nur das **abstrakte** Funktionssystem, dessen Leistungsfähigkeit in einzelnen Teilsystemen auf deren Einseitigkeit beruht, wodurch insgesamt der hohe Komplexitätsgrad, die interne Strukturierung und deren Effizienz für die Gesellschaft ermöglicht wird. An anderen Stellen verkörpert die Gesellschaft für ihn jedoch unausgesprochen auch die **konkrete** Daseinsweise der Menschen in ihrem Miteinander und Gegeneinander. Ansonsten wäre seine Schlußfolgerung unverständlich, die wegen der ökologischen Gefährdung der Gesellschaft auf zwei Möglichkeiten hinausläuft: Entweder entsteht "zu wenig Resonanz" (wenn die "gesellschaftliche" Kommunikation zu Überaktivität führt, ohne sich in die Sprache der Funktionssysteme übersetzen zu können) oder "zu viel Resonanz" (wenn "interne" Überforderungen eintreten, was rein funktional eigentlich nicht denkbar ist). Da N. Luhmann beim letzten Extrem zugibt, daß Arbeitslosenzahlen, inflationäre oder deflationäre Entwicklungen etc. "etwas für Politik (besagen)", z.B. Ängste oder Gefahren ausdrücken, d.h. den existierenden Politikern **subjektiv** etwas bedeuten, scheint er zu unterstellen, daß es zwischen den funktional abgegrenzten Teilsystemen in der sozialen Wirklichkeit doch noch "schwarze Löcher" oder unerschlossene Verbindungen gibt, die kommunikative Interdependenzen bzw. **menschliche** Reaktionen zulassen. Er räumt ein, daß sich "Turbulenzen" eines Teilsystems auf andere übertragen können und Störfälle nicht auszuschließen sind[85]. Insoweit scheint die "autopoietische" Geschlossenheit der Funktionssysteme keineswegs so hermetisch zu sein, wie es die Systemtheorie suggeriert. Hieran zeigt sich, daß deren Ansatz zur Erklärung der Gesellschaft bei Einbeziehung der widerspenstigen Subjektivität bzw. der Subjekt-Objekt-Dialektik immanent in Schwierigkeiten gerät. Schließlich wird unter der Voraussetzung des in die Umwelt vollends abgeschobenen Anthropologieproblems der Stellenwert ihres Sinnbegriffs fragwürdig, auf den sie bei der Abgrenzung ihrer Teilsysteme prinzipiell nicht verzichten kann[86].

b) Optimismus der Nationalstaatlichkeit

Viele glauben, daß die territoriale Politik des Nationalstaates eigene Gestaltungsmöglichkeiten hat, die sich vor allem binnenwirtschaftlich zeigen. Zugrunde liegt das anachronistische Konzept der Souveränität, das als Recht der inneren und äußeren Selbstbestimmung des räumlich fest umrissenen Herrschaftsverbandes ausgegeben wird. Der Nationalstaat erscheint als unentbehrliches Instrument zur Sicherung eines reibungslosen Ablaufs der nationalen Kapitalverwertung und als politische Möglichkeit, auf die Entfaltung der Weltmarktzusammenhänge regulierend einzuwirken, etwa durch eine Umweltaußenpolitik[87]. Die Weltwirtschaft ist dann das Produkt der wechselseitigen Beziehungen politisch und ökonomisch voneinander abgegrenzter Länder, was bedeutet, daß die Reichweite des jeweiligen Nationalstaates "nicht vorrangig an einer arbeitsteiligen Verflechtung, nicht an Abhängigkeiten und Interdependenzen der Länder im Rahmen der

Weltwirtschaft und nicht am Umfang der handelsmäßigen Integration dieser Länder festgemacht werden kann, sondern an der Reichweite der bestimmenden Regulierungsgesetze des ökonomischen Systems gemessen werden muß"[88]. Das Nationalkapital ist durch eine relative Vereinheitlichung seiner Verwertungsbedingungen gekennzeichnet[89].

Ein wichtiger Punkt ist das nationale **Geldwesen**. Es befriedigt den politischen Regulierungsbedarf, der sich für die Theoretiker der Nationalstaatlichkeit aus dem Zusammenbruch des Goldstandards ergibt. "Eine **nationale** Wachstums-, Konjunktur-, Beschäftigungs- und Einkommenspolitik erfordert die Kontrolle über das Geldwesen"[90]. Steigende Staatsquoten und nationale Gesetze und Vorschriften führen zur weltweiten Differenzierung der kapitalistischen Verwertungsbedingungen und zur Herausbildung von länderspezifischen Wirtschaftsstrukturen und -prozessen. H. Elsenhans sieht im Rohstoffbereich eine rapide Zunahme von Nationalisierungen ohne wesentliche Entschädigungen und eine Ausweitung des nationalstaatlichen Instrumentariums zur Kontrolle ausländischer Unternehmen[91].

Die Memo-Gruppe plädiert unter diesem Vorzeichen[92] für ein **qualitatives Wachstum**, das mittelfristig auf folgende Ziele ausgerichtet sein soll: Vollbeschäftigung, Humanisierung der Arbeitsbedingungen, Ökologisierung der Produktion und Produktionsverfahren, Entmilitarisierung der Produktion, Abbau geschlechtsspezifischer Arbeitsteilung, Verbesserung der Versorgung mit Gütern und Dienstleistungen des Grundbedarfs sowie mit kollektiven Gütern. Unterstellt wird, daß der Staat dafür die Voraussetzungen schafft; dazu gehören Eingriffe in die Struktur ökonomischer Entscheidungsprozesse. Keynes 'plus' umfaßt hier nicht nur Einkommensumverteilung, Beschäftigungsprogramme und Auflagenpolitik, sondern auch Produktionsstrukturpolitik. Die Eigentumsfrage wird sekundär. Maßgebend ist die Veränderung der Verfügungsmacht. Dazu bedarf es des Ausbaus der gewerkschaftlichen Mitbestimmung. Hieraus begründen sich wiederum Preiskontrollen und Arbeitszeitverkürzungen, Investitionslenkung und Vergesellschaftung zur Einengung der Autonomie des Kapitals. Außenwirtschaftlich wird die Kontrolle von Kapitalbewegungen anvisiert. Die Geldpolitik avanciert zum dominierenden Faktor der Zinsentwicklung[93].

In neuester Zeit betont E. Hödl für die BRD die **Notwendigkeit einer ökologischen Wirtschaftsordnung**. Er sieht, daß die ökologischen Zielsetzungen bisher keine Eigenständigkeit gewonnen haben und die eingeleitete Umweltpolitik angesichts der steigenden Umweltbelastungen unter den derzeitigen Bedingungen langfristig nicht erfolgreich sein kann. Seines Erachtens muß sich der Rahmen der Ordnungspolitik ändern. Dazu bedürfe es **institutioneller** Vorkehrungen. Bei steigenden Umweltbelastungen und erkennbaren Grenzen in der Absorptionsfähigkeit der Ökosysteme seien "gravierende Legitimationsprobleme" zu erwarten. Es stelle sich die Frage, ob eine "lineare" institutionelle Fortentwicklung des gegenwärtigen Wirtschaftsprozesses überhaupt noch eine ökonomische **und** ökologische Effizienz sichern könne. Da die Handlungsspielräume vom Regulativ der Märkte vorgegeben würden, müsse eine ökologische Wirtschaftsordnungspolitik bei den Rahmenbedingungen der Märkte ansetzen[94].

Erkenntnisleitend ist für E. Hödl, daß staatliche Setzungen von Umweltstandards, welche die Kosten der Produktion erhöhen bzw. die Gütermärkte negativ tangieren (Reduzierung der Rentabilität), durch Ausweichmanöver des Kapitals auf die Finanzmärkte oder ins Ausland konterkariert werden. Unter der Voraussetzung, daß der Zins des Geldkapitals höher sei als die Profiterwartung des Produktionskapitals, sinke die Investitionsbereitschaft im Unternehmenssektor. Soweit Umweltpolitik mit verstärkten Finanzinvestitionen verbunden sei, ergäbe sich hieraus zwischen Ökonomie und Ökologie eine handfeste Unverträglichkeit. Für die Umweltpolitik bedeute diese Konstellation "nicht allein eine prozeßpolitische, d.h. geld- und währungspolitische Beeinflussung des Zinssatzes, sondern auch eine ordnungspolitische Anpassung der Finanzmarktorganisation". Durch eine Einschränkung des Handlungsspielraums des Geldkapitals könne isoliert keine effiziente Umweltpolitik herbeigeführt werden. Sie schaffe lediglich "die Bedingungen für eine ökologiekonformere Herstellung und Verwendung von Gütern". Hinzu kommen müßten Maßnahmen zur "Herstellung von vollkommeren Konkurrenzbedingungen", nicht nur auf den Märkten für Güter und Dienstleistungen, sondern "vor allem in bezug auf die Produktionsmittel". Für die Dispositionen auf den Finanzmärkten seien vor allem die Produktionsmittelbesitzer verantwortlich. Auf jeden Fall würden die Aussichten auf eine ökologische Reorientierung "in dem Maße verbessert, wie die Ungleichheiten in der Vermögensverteilung verringert werden"[95].

c) Pessimismus der Weltökonomietheorie

In den Ansätzen zum Handlungsprimat des Nationalstaates bleibt mehr oder weniger ausgeblendet, daß er zur Realisierung der ökologischen Strukturpolitik einen gewaltigen Apparat an Planung, Organisation und Kontrolle aufbieten muß, mit dem sich eine Kette von Folgeproblemen verbindet, die erst ansatzweise überschaubar sind[96]. Gleichzeitig wird unterstellt, daß der Nationalstaat über eine relativ unabhängige politisch-administrative Steuerungskapazität verfügt, nicht nur in der Geld- und Haushaltspolitik, sondern auch in der Ordnungs- und Rechtspolitik. Unter demokratischen Verhältnissen ist dafür eine Mehrheit erforderlich, die erst einmal vorhanden sein muß und nicht stillschweigend vorausgesetzt werden kann. Seine innere Unabhängigkeit "steht weithin unter dem Druck (über)mächtiger, in zunehmendem Maße auch in der transnationalen Gesellschaft verankerter, meist ökonomischer Interessengruppen; die äußere Unabhängigkeit wird angesichts der weiträumig angelegten Ursachen und Wirkungen zahlreicher zivilisatorischer Erscheinungen illusorisch. Die Fähigkeit der Nationalstaaten, ihre ideologischen, wirtschaftlichen und militärischen Grenzen zu schließen, ist zusehends geschwunden. In besonderem Maße gilt dies auch für die sozusagen 'ökologischen Landesgrenzen'. Luft und Wasser haben wirklich keine Grenzen"[97].

Darüber hinaus ergeben sich grundsätzliche Vorbehalte aus der **Theorie der Weltökonomie**, wie sie vor allem von I. Wallerstein vertreten wird. Nach ihr ist zur Erklärung gesellschaftlicher Prozesse, die in offenen Volkswirtschaften weltwirtschaftlich vermittelt sind, der Rekurs auf verschiedene nationale Prozesse nicht nur inhaltlich unzureichend, sondern auch methodisch bedenklich. "Von sozialen Systemen kann man nur dort reden, wo diese ihre Entwicklungsdynamik im wesentlichen aus sich selbst beziehen. Und das gilt für die heutigen Nationalstaaten wegen ihrer Abhängigkeit vom Weltmarkt, der ihnen bestimmte Funktionen zuweist und sie dadurch auch in ihrer Struktur bestimmt, gerade nicht"[98].

Für I. Wallerstein fällt die einheitliche Weltökonomie zusammen mit der Entstehung des Kapitalismus, der in Europa mit ersten Ansätzen bis ins 16. Jahrhundert zurückreicht und im 19. und 20. Jahrhundert den Charakter eines Weltsystems im Sinne der kapitalistischen Weltwirtschaft annimmt. Der Kapitalismus ist für ihn "von Anfang an eine Sache der Weltwirtschaft, nicht eine Sache der Nationalstaaten"[99]. Die Weltökonomie ist ein soziales System, das aus "einer" Arbeitsteilung und aus "mehreren" kulturellen Systemen besteht[100]. Die grundlegenden ökonomischen Mechanismen leiten sich - wie bei N. Luhmann - aus der Tatsache ab, daß eine übergreifende politische Struktur gesellschaftlich fehlt, "so daß jene Produzenten, die den Imperativ der unbegrenzten Kapitalakkumulation zur Grundlage ihres Handelns machen, langfristig jene vom Markt verdrängen, die auf der Basis irgendwelcher anderer normativer Prinzipien wirtschaften. Produzenten/Unternehmer haben somit ihre Produktions- und Investitionsentscheidungen daran zu orientieren, wie sich mit mittelfristiger Wahrscheinlichkeit der individuelle Profit vergrößert"[101].

Die "eine" **Arbeitsteilung** besteht darin, daß die verschiedenen Länder "auf wirtschaftlichen Austausch mit anderen angewiesen sind, um die Bedürfnisse der eigenen Gebiete zu befriedigen"[102]. Sie äußert sich in dem weltumspannenden Waren- und Kapitalverkehr, der jedoch nicht identisch ist mit dem statistisch gemessenen Welthandel. Die wirklichen Transaktionen umfassen auch den Waren- und Kapitalverkehr zwischen ein und demselben Unternehmen, das über die ganze Welt verstreut ist[103]. In steigendem Maße werden internationale Konzerne relevant, die aufgrund weltweiter Dispositionen den Nationalstaaten die ökonomische Basis entziehen und als "vaterlandslose Gesellen" mit ihren Niederlassungen und Tochterunternehmen dort hingehen, wo es am meisten zu verdienen gibt. Inzwischen besteht die hierarchisierte Weltökonomie aus zentralen, semiperipheren und peripheren Ländern. Sozialistische Länder gehören zum Weltsystem, auch wenn ihnen spezifische Merkmale nicht abzusprechen sind[104]; sie sind ein Teil der Weltarbeitsteilung. Ihre innere Dynamik ist nicht autonom, sondern - wie bei jedem Land - von der Dynamik des kapitalistischen Weltsystems bestimmt. Insofern werden alle Länder unter das Kategorienschema der dreigeteilten Welt (Zentrum, Semiperipherie und Peripherie) subsumiert. Wesentlich für die Weltökonomie ist die Antinomie zwischen dem universellen ökonomischen System und der Zersplitterung des politischen Systems durch die Fortexistenz der Nationalstaaten.

Der Zersplitterung des politischen Systems entspricht die ökonomische **Konkurrenz** der Nationalstaaten untereinander, die bei staatlich geförderten Exporten eine **Politisierung** der internationalen Wettbewerbsfähigkeit impliziert (Neomerkantilismus) und die bestehenden Ungleichheiten verschärft (vor allem gegenüber den peripheren Ländern der Dritten Welt). Bei zunehmender Exportabhängigkeit steigt die **Abhängigkeit** von Rezessionen im Ausland[105]. **Mit ihr reduzieren sich die Möglichkeiten einer alternativen Wirtschaftspolitik.** Bei 50%iger Exportabhängigkeit vieler Branchen (z.B. Stahl, Chemie, Maschinenbau) ist ein außenwirtschaftlicher Nachfragemangel durch binnenwirtschaftliche Ausgabenprogramme **kaum kompensierbar**. Die internationale Konkurrenz sorgt dafür, daß sich westliche Industrieländer in ihren nationalen Ausgangsbedingungen durch zunehmende Industrialisierung tendenziell angleichen. Die **Weltwirtschaftskrise** 1974/75 ist Ausdruck einer solchen **Synchronisation**, auch der Konjunkturverläufe und z.T. unter Einbeziehung der semiperipheren Nationalökonomien der Schwellenländer. Neben der Preiskonkurrenz werden zunehmend auch qualitative Faktoren relevant (wie z.B. Qualität der Produkte, technologische Standards des Exportgüterangebots, Zahlungs- und Liefermodalitäten, Service, Möglichkeiten der Ersatzbeschaffung etc.). Der **zyklische** Mechanismus, den I. Wallerstein 500 Jahre zurückverfolgt und in Anlehnung an den sog. Kondratieff-Zyklus vor allem auf den technischen Fortschritt zurückführt, beinhaltet Zwänge, die jene Ungleichheiten in der Weltökonomie erhält und verstärkt, die sich in Staaten, Klassen, Statusgruppen und Haushalten ausdrücken[106].

Abbildung 34:

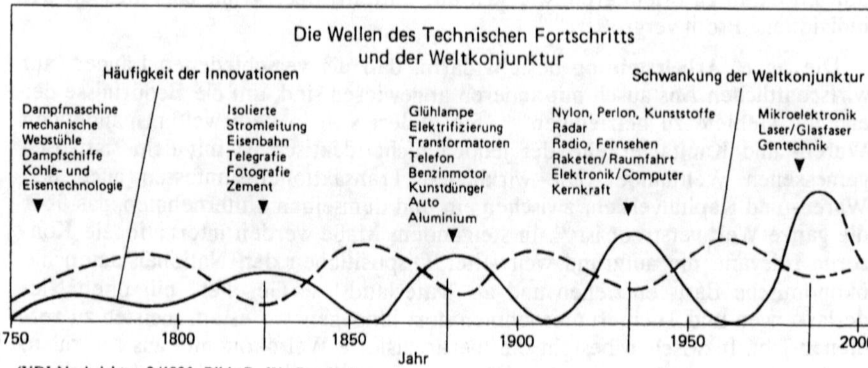

(VDI-Nachrichten 9/1986, Bild: R. W. Goering)

Die Behinderung der ökonomischen Entwicklung durch staatliche Grenzen spielt für die innere Logik der Systementwicklung nach I. Wallerstein nur eine sekundäre Rolle. Sie entfällt bei freiem Waren- und Kapitalverkehr. Die heutigen Xenofinanzmärkte beinhalten tendenziell eine **Entstaatlichung** der Geldverfassung[107]. Sie verkörpern die Weltökonomie **in der höchsten Form ihrer zyklischen Eigengesetzlichkeit** (z.B. Börsenfieber und -spekulation, Kurssturz und Börsenkrach im Oktober 1987) **und verdeutlichen deren ökologische Resonanzunfähigkeit**. Mit ihnen verbinden sich weitere zyklische Prozesse, nicht zuletzt Prozesse der Reorganisierung der Haushalte (Proletarisierung) und der Einbindung neuer Regionen (Marktexpansion), die einerseits zwar eine Erneuerung des Weltsystems ermöglichen (z.B. durch soziale Bewegungen), andererseits aber Faktoren der Selbstzerstörung darstellen. "Je erfolgreicher sie sind, desto weniger wahrscheinlich ist ihr Nutzen als Instrumente einer zukünftigen Erneuerung"[108]. Bisher mußten sich alle Bewegungen - sozialistische und nationalistische - nach I. Wallerstein "dem Wertgesetz unterwerfen, das den Mechanismen der kapitalistischen Weltökonomie zugrunde liegt. Es ist einfach eine Tatsache, daß ein einzelner Staatsapparat weder das zwischenstaatliche System noch die Weltökonomie umwandeln kann, und daß es nicht so einfach ist, den Rest der Welt als unwesentlich zur Seite zu schieben"[109].

d) Realismus qualitativen Wachstums

Unter dem Primat der Ökonomie und ihrer Entwicklungsgesetze ist aus dem Implikationszusammenhang von Zielen und Mitteln der Umweltpolitik abzuleiten, daß der Bestand der Erwerbsgesellschaft bzw. die notwendige Integration der Bevölkerung in das Wirtschaftssystem nur bei permanentem Wirtschaftswachstum sicherzustellen ist. Bei zunehmender Ungleichheit können dann auch die Armen am BSP partizipieren. So gesehen bleibt der Umweltpolitik bei Beibehaltung des derzeitigen Wirtschaftssystems lediglich ein schmaler Gestaltungskorridor für ein **qualitatives** Wachstum, soweit ihre fiskalischen und nichtfiskalischen Maßnahmen bei weiterer Entwicklung eine Verbesserung der Umweltqualität im ökologischen Sinne überhaupt herbeiführen können (Umsetzungsdilemma). Das Ziel eines qualitativen Wachstums wird in der Umweltpolitik in vielen Variationen beschworen, meistens mit Schlagworten, wie z.B. Lebensqualität, Streben nach ökologischem Gleichgewicht, Herstellung sozialer Gerechtigkeit, Erhaltung menschlicher Entwicklungspotentiale usw. Nicht einfach ist herauszufinden, was damit prinzipiell gemeint ist. Im wesentlichen geht es um zwei Bezugspunkte:

(1) Am häufigsten wird der Begriff des qualitativen Wachstums auf eine Gebrauchswertorientierung zurückbezogen, die primär von **subjektiven** Wertschätzungen ausgeht und relativ **pragmatisch** ist. Unterstellt ist, daß die heutigen Probleme der Umweltverschmutzung keine zwangsläufige Folge der Industriegesellschaft sind. "Wenn wir auch in Zukunft in Frieden mit der Natur leben wollen, dürfen wir nicht aussteigen aus der Industriegesellschaft, sondern müssen einsteigen in den Kampf um ihre umweltverträgliche Gestaltung", und das heißt, "über neue Anreiz- und Steuerungssysteme die Anpassungsfähigkeit von Wirtschaft und Gesellschaft an das umweltpolitisch Notwendige zu erhöhen. Der Staat hat hier eine ganz wichtige Anstoß- und Durchsetzungsfunktion. Aber auch jeder einzelne ist aufgefordert, die Auswirkungen seines tagtäglichen Verhaltens auf die Umwelt immer wieder zu prüfen"[110]. Innerhalb der Ökonomie wird mit dem staatlichen Anreiz- und Steuerungssystem die **Forderung nach neuen Meßinstrumenten** verbunden[111]. Der Begriff des Bruttosozialprodukts müsse eigentlich in Bruttosozialkosten umbenannt werden, da der als Wachstum ausgewiesene Ressourcenverbrauch in der Zukunft nicht mehr verfügbar sei (Natur- bzw. Vermögensverlust). Der Nulltarif für die Umweltbelastung bewirke volkswirtschaftlich eine gigantische Einkommens- und Vermögensverteilung. Betroffen seien z.B. Waldbauern und Elbfischer. Deshalb käme es darauf an, in die Wirtschaftsrechnung künftig alles aufzunehmen, was an Umwelt verbraucht oder belastet wird, um zu **prüfen, wie die Sozial- und Umweltverträglichkeit des nationalen Gesamtprodukts (BSP) strukturell verbessert werden kann.**

Was in qualitativen Wachstumskonzeptionen relativ oft beschworen wird, ist eine **Wiederverwertungsgesellschaft**, die in ökologischen Kreisläufen denken soll, natürliche Rohstoffe schont, umwelt- und gesundheitsgefährdende Stoffe vermeidet und ein Gleichgewicht zwischen Mensch und Natur erstrebt. Dazu gehören Einfachheit und Genügsamkeit[112]. Nach U. Simonis stellt sich die **Aufgabe, "die erneuerbaren Ressourcen auf die effizienteste Art und Weise zu nutzen, die fortgesetzte Ausbeutung der erschöpflichen Ressourcen zu beenden und die Belastung der Umwelt mit Abfall- und Schadstoffen zu reduzieren.** Dazu wäre erforderlich, jene wirtschaftlichen und technischen Prozesse näher zu bestimmen, die gleichzeitig umweltverträglich und entwicklungsfördernd sind: veränderte Konsummuster, bessere Ressourcennutzung, sensiblere technologische Entscheidungen"[113]. Allerdings ließen sich Konsummuster und Lebensstile nur langsam ändern. Sie seien mit ökonomischen, sozialen und kulturellen Bedingungen verwurzelt. Eine Harmonisierung von Entwicklung und Umwelt müsse vor allem durch Nachhaltigkeit und Solidarität herbeigeführt werden[114]. Zunehmend gefordert wird die **Prüfung der Umweltverträglichkeit**, vor allem neuer Herstellungsverfahren und neuer Produkte, um die Übereinstimmung der Ökonomie und Ökologie durch legitimierbare und objektivierbare Kontrollmuster herbeizuführen. Ihr stehen nicht nur Probleme der Etat- und Vollzugsebene entgegen, sondern auch Unklarheiten auf der Kriterien- und Zielbildungsebene[115].

Störend ist, daß der Umweltschutz über die institutionellen **Wirkungsmechanismen der kapitalistischen Wirtschaft** nicht verfügen kann. Seine Möglichkeiten werden durch die Verfassung (Grundrechte) begrenzt. Deshalb beziehen die meisten Ansätze das Eigeninteresse der Unternehmer und Verbraucher am Umweltschutz mit ein. Durch ökologische Rahmenbedingungen (z.B. Emissionsabgaben, Ökosteuern, Subventionen, zinsgünstige Kredite) sollen umweltverträgliche Investitionen staatlich gefördert werden (insbesondere Innovationen, die schadstoffarm sind und Ressourcen einsparen). Die Ökonomie orientiert sich am Preis, der für Produkte oder Verfahren zu zahlen ist. "**Umweltschutz muß deshalb billiger werden als Umweltverschmutzung**"[116]. Dieser Kernsatz, der politisch recht werbewirksam ist, tangiert jedoch genauso zentrale Essentials der heutigen Wirtschaftsordnung wie die Forderung nach dem Umweltschutz als Staatsziel, so daß seine Realisierung auf sich warten läßt.

Hochentropische Konzepte (z.B. materieller Fortschritt um jeden Preis) lassen sich unter diesem Vorzeichen vermeiden, soweit die politischen Kräfte dafür gegeben sind. Technologische **Optimisten** haben hingegen Vorbehalte. Sie setzen ihre Hoffnungen auf neue Technologien, insbesondere Informations-, Bio-, Sonnen- und Wasserstofftechnologien, in der Annahme, daß sie ökologisch unbedenklicher sind als die alten. Auch die Atomenergie wird dafür ins Feld geführt[117]. Sie erscheint Experten und Politikern plötzlich umweltfreundlich und geeignet, als Mittel gegen die Klimakatastrophe eingesetzt zu werden. Als besonders zukunftsträchtig werden die **Gen-Technologien** angesehen, die eine Beschleunigung der biologischen Evolution ermöglichen und uns mit einem gesteigerten Durchfluß von Materie-Energie versorgen wollen[118]. Die Gentechnologie überträgt das Konzept der Hochleistungsgesellschaft auf den menschlichen Körper. Pflanzen, Tiere und Menschen sollen an technologischen Standards orientiert bzw. umgemodelt werden[119]. Richtungweisend ist der Übergang zur Molekularbiologie. Hintergründige Legitimationsmuster vermittelt die **Theorie dissipativer Strukturen**[120] von I. Prigogine (1977). Er vertritt die These, daß mit zunehmender Komplexität und steigendem Energieverbrauch das System flexibler und anpassungsfähiger wird. Komplexität mache das System zwar anfälliger gegenüber Fluktuationen, insofern erzeuge sie größere Instabilität, aber sie sei die Bedingung der Möglichkeit für umfassendere Neuordnungsprozesse und eine Beschleunigung der evolutionären Entwicklung. In der wissenschaftlichen Diskussion ist diese Theorie, die ein Wachstumsparadigma für eine Umwelt mit erneuerbaren Energiequellen schaffen will, allerdings nicht unumstritten. Kritiker wenden gegen sie ein, sie würde die Flexibilität des Systems verringern und die Wahrscheinlichkeit eines allgemeinen Kollapses sogar erhöhen.

(2) Schließlich wird dem Begriff des qualitativen Wachstums ein Maßstab gegeben, der sich stärker an **objektiven** Prozessen festmacht und in seiner

Begründung **grundsätzlicher** fundiert ist. Im Bereich der harten Fakten stützt er sich auf den Stoffwechselprozeß, der im **Entropiegesetz** die äußersten Grenzen der Möglichkeiten organischen Lebens bestimmt. Für Pessimisten ist das Entropiegesetz das "einzige wissenschaftliche Gesetz, das uns die Zusammenhänge in unserer Welt sinnvoll erklärt und uns Hinweise gibt, wie wir in ihr überleben können"[121]. Es geht um die Messung des Ausmaßes, in dem verfügbare Energie in einem beliebigen Subsystem des Universums in eine nichtverfügbare Form umgewandelt wird[122]. Soweit auf der Erde eine geordnete Struktur geschaffen wird, geschieht dieser Vorgang auf Kosten einer größeren Unordnung in der jeweiligen Umgebung. Den Gehalt dieses Sachverhalts, der seit Beginn der Zivilisation bekannt ist und vor etwa 120 Jahren ausformuliert wird (vor allem von R. Clausius 1822-1888), übertragen N. Georgeşcu-Roegen (1971) und J. Rifkin (1982) auf die qualitative Betrachtung des Wirtschaftswachstums. Sie wenden sich damit gegen die aspekthaft abgegrenzte Problemverarbeitung der Standardökonomie. Am Modell der thermodynamischen Gesetze thematisieren sie allgemein Problemverlagerungen innerhalb eines Systems.

Das Entropiegesetz zerstört die Vorstellung von der Geschichte als einem stetigen Fortschritt. Es richtet sich gegen die Utopie einer Beherrschung der Natur und gegen das Konzept einer sicheren Kalkulierbarkeit ökonomischer Entwicklungen. Wissenschaft und Technologie wollen zwar eine geordnete Welt schaffen, aber in der Realität geht ihre Idee nicht auf. Alles was in der Welt geschieht, ist dem ersten und zweiten Hauptsatz der Thermodynamik unterworfen. Das Entropiegesetz betrifft die **physische Welt**, "in der alles endlich begrenzt ist und wo alles Lebendige seinem Weg folgen muß und schließlich aufhört zu existieren". Es betrifft Raum und Zeit, aber es verstummt, wenn es um geistige Transzendenz geht. **Die geistige Welt untersteht nicht dem Entropiegesetz.** Der Geist entfaltet sich in immateriellen Dimensionen, d.h. dort, wo es keine Schranken oder feste Grenzen gibt[123]. Deshalb ist es wichtig, ob und inwieweit die Menschen mit ihm ein Bezugssystem zur Bewältigung der Umweltprobleme aufbauen können. Die Kenntnis der wirklichen Welt ist dafür eine unabdingbare Voraussetzung.

Der erste Hauptsatz der Thermodynamik besagt, daß die **Energie des Universums konstant** ist. Das gesamte Universum bildet ein geschlossenes System. Ihm kann weder etwas hinzugefügt noch genommen werden. Was verändert werden kann, ist lediglich die Erscheinungsform der Energie. Wärme läßt sich in Arbeit umwandeln. Die Energie im Benzin ist z.B. gleich der Arbeit, die der Benzinmotor verrichtet, zuzüglich der erzeugten Wärme und der Energie in den Auspuffgasen. Was geschieht, ist die Umformung von Energie aus einem Zustand in einen anderen. Alles Existente ist nur eine Verkörperung der verschiedenen Zustands- und Konzentrationsformen von Energie. Wäre nur der erste Hauptsatz bedeutsam, bestände die Möglichkeit, Energie unbegrenzt zu verwenden, ohne daß sie jemals abnimmt oder ganz verschwindet. Erfahrungsgemäß trifft dies nicht zu. Wird z.B. ein Stück Kohle verbrannt, bleibt die Energiemenge konstant, aber sie wird transformiert in Schwefeldioxyd und andere Gase, die entweichen. Obwohl im Universum keine Energie verlorengeht, zeigt sich in der irdischen Wirklichkeit, daß ein Stück Kohle nur einmal zu verbrennen und dieselbe physikalische Arbeit nicht zu wiederholen ist. Die Erklärung dafür gibt der nächste Schritt.

Der zweite Hauptsatz der Thermodynamik lautet: **Die Entropie im Universum tendiert zu einem Maximum.** Für N. Georgescu-Roegen nimmt die Entropie des

Universums (oder eines isolierten Gebildes) ständig zu. Er spricht von einem "fortwährenden unwiderruflichen Übergang von freier in gebundene Energie", von Ordnung in Unordnung. Während freie (verfügbare) Energie eine geordnete Struktur hat, ist die gebundene (unverfügbare) Energie chaotisch und ungeordnet verteilt[124]. Da dieser Vorgang[125] nicht umkehrbar ist und bei jedem praktisch vorkommenden Energieumsatz eintritt, nimmt die Entropie dauernd zu und die 'freie', d.h. in andere Energieformen beliebig verwandelbare Energie, dauernd ab. **Die verfügbare (freie) Energie bildet jene Energieform, die das Leben auf der Erde aufrechterhält.** Die unverfügbare (gebundene) Energie ist hingegen dafür nicht mehr nutzbar. Das Entropiegesetz markiert die Richtung der Energieumwandlung vom Zustand hoher Energiekonzentration zu einem Zustand zerstreuter Energie, in einem geschlossenen System vom Zustand der Ordnung zu einem Zustand der Unordnung (Desorganisation). Mit dem Zustand minimaler Entropie verbindet sich höchste Energiekonzentration, so daß die verfügbare Energie zur Verrichtung mechanischer Arbeit maximal ist und ein Zustand bestmöglicher Organisation erreicht ist. Umgekehrt zeigt der Zustand maximaler Entropie überhaupt keine Konzentration mehr an; alle Energie ist dann maximal zerstreut, so daß alle verfügbare Energie vollständig unverfügbar wird und das System infolge restloser Desorganisation abzusterben droht. Nimmt die Entropie an einem bestimmten Ort ab, führt sie zu einer Entropiesteigerung in der Umgebung. Abfall ist verschwendete bzw. zerstreute Energie. Sie entsteht bei jedem Arbeitsprozeß. Die Umweltverschmutzung bestimmt im System also das Ausmaß an nichtverfügbarer Energie.

N. Georgescu-Roegen kommt letztlich zu einem vierten Hauptsatz der Thermodynamik (zum dritten und "nullten" Gesetz): **Unverfügbare Materie ist nicht wiederzugewinnen. Ein geschlossenes System kann nicht ad infinitum Arbeit mit konstanter Rate leisten.** Unter diesem Vorzeichen konfligiert das Entropie-Paradigma mit der Standardökonomie. Nicht der Überfluß erklärt die Übergänge zwischen den Entwicklungsstufen der Gesellschaft, sondern der Mangel. Die Not macht erfinderisch. Sie stimuliert das Experimentieren. Das Entropie-Gesetz besagt, daß jeder qualitative Wechsel größere Ansprüche an die Energiegewinnung stellt als der vorausgegangene. Auf jeder Entwicklungsstufe sinkt der Vorrat an verfügbarer Energie auf ein niedrigeres Niveau. Die Unordnung innerhalb der politischen, sozialen und ökologischen Strukturen nimmt zu, während die verfügbare Energie ständig abnimmt. Soweit auf die verfügbare Energie Bezug genommen wird, sind zwei Quellen relevant: erneuerbare und nichterneuerbare Ressourcen. Grundlegend ist, daß auf der Erde die Entropie der Materie kontinuierlich wächst und ihren maximalen Grad erreichen muß, weil die Erde im Verhältnis zum Universum ein geschlossenes System insofern bildet, als sie zwar Energie, aber nicht Material mit ihrer Umgebung austauscht (mit Ausnahme der Meteoriten und kosmischen Stäube, die auf die Erde fallen). Materie läßt sich nicht produzieren. Umgekehrt können riesige Mengen Materie in Energie verwandelt werden. **In geschlossenen Systemen ist die Entropiesteigerung unvermeidlich, in offenen Systemen kann hingegen eine "entropy migration" stattfinden.** Letzteres betrifft alle lebenden Systeme, die der Umwelt Energie entziehen[126]. Zu ihnen gehört wahrscheinlich auch die Erde, die unter diesem Aspekt als **offenes** System angesehen wird. Allerdings ist der Punkt kontrovers[127]. In einzelnen Biotopen ist die Entropie anzutreffen, und von diesem Bereich hängt das Leben auf der Erde unmittelbar ab[128]. Gleichzeitig ist zu berücksichtigen, daß die Bekämpfung der Entropiezunahme neue Energie erfordert, und ihr Einsatz verursacht wiederum weitere Abwärme.

Inzwischen ist die durch die moderne Technologie geschaffene **Unordnung nicht mehr ein harmloser Nebeneffekt**. Die Technologie wird zur **Herrschaftsform**, die sich in ihrer Ordnung auf Kosten einer größeren Unordnung ihrer Umgebung ständig ausbreitet. Es gilt, alles voraussagbar und synchron zu machen, damit sich der ökonomischen Planung, Organisation und Kontrolle nichts entzieht. Doch je mehr wir versuchen, "die Technik über die gesamte Kultur auszubreiten, desto mehr zerfällt die Gesellschaft. Der ganze Prozeß der Komplexität, wachsender Probleme, wachsender Entropie und wachsender Unordnung schreitet exponentiell voran, und das macht die moderne Weltkrise so beängstigend"[129]. Historiker behaupten, "daß auf einer bestimmten Stufe in der Entwicklung einer Kultur oder Zivilisation ein **Prozeß der Universalisierung** einsetzt. Das heißt, es wird der Versuch unternommen, die verschiedenen wirtschaftlichen und politischen Aktivitäten zentral zu kontrollieren"[130]. Selbst **Institutionen** (z.B. Eigentum, Konkurrenz, Geld, Kapital, Beruf, Inflation, Staat etc.) sind Energietransformatoren. Sie **leiten den Energiestrom leichter und schneller durch das Kultursystem**. Spezialisierung und Dezentralisierung gehen Hand in Hand mit steigender Generalisierung und Zentralisierung.

In der Ökonomie erreicht die Entropie mittlerweile ein Niveau, auf dem die erzeugten Transaktionskosten dem produktiven Potential der Gesellschaft entsprechen oder es sogar übersteigen (z.B. steigende Probleme durch Verhaltensstörungen, Verbrechensbekämpfung, Schlichtung von Konflikten, Raubbau an der Umwelt etc.), d.h. der positive Effekt des Wachstums negativ zu werden droht[131]. Technologische und institutionelle Transformatoren werden zur Beseitigung der Schwierigkeiten **immer komplexer und konzentrierter, aber auch einseitiger und störanfälliger**. Für die Biologen ist Überspezialisierung eines der Hauptgründe für das Aussterben einer Art. In der gegenwärtigen Gesellschaft ist vieles so überspezialisiert, daß das Maß an Flexibilität und Umstellungsfähigkeit nicht mehr gewährleistet wird, das für den Übergang auf eine neue Stufe qualitativer Entwicklung erforderlich wäre.

In der Tendenz bewirken die ökonomischen Produktionsprozesse in der menschlichen Umwelt **irreversible Entwicklungen**, durch die in geschlossenen Systemen früher oder später der Wärmetod eintritt. Die zunehmende Belastung der Organismen durch Schadstoffe bzw. Energiezufuhren oder die spürbare Ausrottung von Pflanzen- und Tierarten beinhalten eine **Entropiezunahme** bzw. klimatische Veränderungen, unter denen die Lebensbedingungen der menschlichen Gattung ständig ungünstiger werden. Da das Überleben von der verfügbaren Energie abhängt, bedeutet der vierte Hauptsatz der Thermodynamik, daß die Aufrechterhaltung menschlichen Lebens **in Zukunft mit mehr und nicht mit weniger (mechanischer) Arbeit** verbunden sein wird. Deshalb werden entsprechend der ökonomischen Logik wiederum Maschinen und Maschinensysteme eingesetzt, um aus der Umwelt weitere Energie zu gewinnen. **Technologien und Institutionen** fungieren in der bisherigen Geschichte der Gesellschaft als **Transformatoren**, die den Energiefluß durch die menschlichen und sozialen Systeme beschleunigen und vermehren. "Da es immer kostspieliger wird, die weniger leicht ausbeutbaren Vorräte an verfügbarer Energie zu gewinnen, steigen die Kosten, die mit den Transformations-, Austausch- und Ablagerungsprozessen verbunden sind, auf der ganzen Energieflußlinie weiter an. In der Folge klettern auch die Preise sowohl für die Produzenten als auch für die Verbraucher in die Höhe. Die Unordnung, die sich inzwischen aus dem vergangenen Durchfluß akkumuliert hat, verursacht zusätzliche wirtschaftliche und soziale Kosten, was die Preise für Produzenten und Konsumenten weiter steigen läßt. Die **Inflationsspirale** dreht sich immer schneller, während die Energieumgebung immer stärker ausgelaugt wird"[132].

Die Kapitalökonomie ist - wie bereits erwähnt - nur in der idealisierenden Abstraktion ihrer kategorialen Verwertungs- und Funktionslogik ein geschlossenes System. Der Wirtschaftsalltag bildet wegen der Nichtisolierbarkeit wertökonomischer Akkumulationsprozesse ein offenes System. Ungewollt entsteht durch die ökonomische Praxis (Unternehmer, Haushalte) ein '**throughput**' (Durchlauf), der in Form **externer** Effekte jenseits ihres Zeit- und Raumhorizonts wirksam wird. Die Kapitalökonomie hat für die Messung des Throughputs systemimmanent weder ein Resonanzorgan noch ein Interesse. Sie orientiert sich an der Profitmaximierung und dem Code der Kapitalakkumulation. Ihre Investitionen fließen langfristig immer dorthin, wo sie am meisten einbringen. Die Kapitalökonomie hat weder ein Vaterlandsgefühl noch eine Sensibilität für soziale, regionale, historische und ökologische Traditionen. Die "friedliche" Konkurrenz aller gegen alle - ob individuell oder national - erzwingt eine **Angleichung** an die durchschnittlichen Bedingungen, die sich im Wertgesetz bzw. in der makroökonomischen Tendenz zum Gleichgewicht in Form eines Interessenausgleichs im Preismechanismus ausdrückt. Individualitäten, Partikularitäten und Spezifitäten räumlich gebundener Produktion und Konsumtion werden tendenziell gleichgemacht[133].

Betrachtet man das jährliche Sozialprodukt als Ergebnis von Arbeit und Natur, impliziert eine tendenzielle **Abnahme der Naturproduktivität** bei gleichbleibender Technik einen höheren Arbeitsaufwand der Bevölkerung, um das Niveau zu halten. Wertmäßig kann ein Plus herauskommen, soweit sich das verringerte Angebot in höheren Preisen niederschlägt. Im Querschnitt der Einzelkapitale sinkt die Mehrwertrate eines privat angeeigneten Naturbereichs (z.B. eines Sees), dessen Naturproduktivität (Fischreichtum) zurückgeht. Das Interesse des Kapitals an solchen Projekten schrumpft (Extraverluste). Soll die Naturproduktivität erhalten oder regeneriert werden, ist die Region zu schonen (z.B. Stillegung der Produktion/Fläche). Ist extensiv weiter zu wurschteln, müssen zusätzliche Nutzflächen eingesetzt werden (absolute Mehrwertproduktion). Wird die Fläche intensiv genutzt, ist ein weiterer Arbeitsaufwand unökonomisch. Wird hingegen eine **Zunahme der Naturproduktivität** unterstellt, verringert sich der Aufwand an lebendiger und mechanischer Arbeit. Wertmäßig kann sich ein Minus ergeben, falls das erhöhte Angebot den Preis herunterdrückt. Im Querschnitt der Einzelkapitale vergrößert sich die Mehrwertrate (z.B. einer ertragreichen Mine), weil im Vergleich mit der Konkurrenz die Abweichung vom Durchschnitt entscheidet. Das Kapitalinteresse steigt (Extraprofite). Bei absoluter Mehrwertproduktion einer extensiven Nutzung werden mehr Flächen eingesetzt (z.B. durch Rodung, Trockenlegung von Sümpfen). Wird im Rahmen einer relativen Mehrwertproduktion intensiv gewirtschaftet, sollte sich der Arbeitsaufwand (für produzierte Produktionsmittel und Menschen) nur noch bis zu dem Punkt vermehren (Erschöpfung der Naturkraft), an dem ein zusätzlicher Input (z.B. Dünger) den Output (z.B. Erntemenge) nur noch unterproportional steigert und bei weiterer Nutzung sogar auf Null sinken kann, wenn die Naturproduktivität blockiert wird (z.B. bei Überdüngung oder Kippen eines Gewässers). Bei zunehmender Nachfrage besteht bei sinkender Naturproduktivität die Gefahr, daß angesichts des tendenziellen Falls der Profitrate die Naturstabilität mit exponentieller Beschleunigung zerstört wird[134].

Angesichts der gegenwärtigen Umweltkrise und ihrer Verursachung durch strukturelle Zwänge im kapitalökonomischen System ist die **qualitative Umstrukturierung des Wirtschaftsprozesses** inzwischen nicht primär eine technische Aufgabe (hier sind viele Lösungen relevant), "sondern ein politisches Problem: Sie muß auf breiter Front durchgesetzt werden, die Signale müssen so gesetzt werden, daß alle mitmachen. Hier und heute muß damit begonnen werden, um die Klimakatastrophe einzudämmen"[135]. Während im industriellen Zeitalter der technologische Fortschritt die Quelle dauerhaften Reichtums ist, verweisen die Gesetze der Thermodynamik auf ein anderes Bezugssystem. Der Übergang zum Solarzeitalter erfordert nach J. Rifkin eine **komplette Neuorganisation** der wirtschaftlichen Strukturen und Verhältnisse. Sonnenenenergie sei für eine hochzentralisierte Industrieproduktion ungeeignet. Mit ihren Techniken (z.B. thermische Sonnenenergieprojekte, Solarzellen, Wind-Energie, Konversion von Biomasse) verbinde sich die Vorstellung, einen zerstreuten Energiefluß anzuzapfen. Im industriellen und städtischen Bereich sei Sonnenenergie so gut wie überhaupt nicht verwendbar[136]. So gesehen ist der amerikanische Traum ausgeträumt und eine andere politische Kultur gefragt.

Nach C. F. von Weizsäcker besteht ein **Zusammenhang zwischen Sozialverträglichkeit und Friedensschaffung**, zwischen Wirtschaftsstil und politischem Stil. Von Galilei führe ein gerader Weg zur Atomenergie. Der **Weg der Kernenergie** beinhalte die Konzentration von Macht. Seine weltweite Durchsetzung erfordere als Konsequenz eine radikale Veränderung der politischen Struktur aller heutigen Kulturen, auch die Überwindung des Krieges. Der Weltstaat wäre unausweichlich. Das **Modell der Solarenergie und des Sparens** bedeute hingegen Dezentralisierung und Verteilung der Macht. Es ermögliche die Ausdehnung der Demokratie auf alle Völker und die Abschaffung der partikularen Souveränitäten, obwohl unklar bliebe, wie die notwendige Rechtsordnung und organisatorische Regelung der gemeinsamen Interessen zu erreichen sei[137]. Das Solarzeitalter beinhaltet auch eine **Verschiebung in der Art und Menge unseres Energieverbrauchs.** Allerdings hat die partielle Abkehr vom mechanistischen Weltbild (z.B. Hobbygärtnerei, Nahrungsproduktion in nachbarschaftlicher Gemeinschaft in Städten, florierende Farmmärkte, Holzöfen, Fahrradverkauf, ökologischer Häuserbau) bisher noch keine grundlegende philosophische Alternative ins Leben gerufen, nicht zuletzt deshalb, weil das **Zukunftsbild** einer nieder-entropischen Gesellschaft **bedrückend** ist[138].

Erst wenn wir lernen, die endliche Natur der Welt anzunehmen, begreifen wir, wie kostbar die Gaben dieser Erde in Wirklichkeit sind. Bis jetzt ist die menschliche Geschichte durch den Widerstand gegen den natürlichen Fluß der Dinge geprägt. Der Kolonisierungsmodus einer Phase zunehmender Herrschaft über die Natur zielt auf Eroberung und Unterwerfung. Wir verwechseln den Fortschritt mit der Entwicklung einer idealen Zukunft, mit der Utopie einer ökonomischen Denkweise. Das Entropiegesetz gibt eine Antwort: "Schutz und Vermehrung des Lebens in allen seinen Erscheinungsformen erfordern verfügbare Energie. Je mehr Energie verfügbar ist, desto größer sind die Aussichten, Leben auch für die Zukunft zu gewährleisten. Aber der zweite Hauptsatz sagt uns auch, daß der Vorrat an verfügbarer Energie in der Welt mit jedem Ereignis abnimmt. Alle Energie, die wir brauchen, wird zukünftigem Leben in allen seinen Erscheinungsformen unwiderruflich entzogen. Der höchste moralische Imperativ ist daher, so wenig Energie wie möglich zu verschwenden"[139]. Es gilt zu erkennen, daß jeder von uns ein untrennbarer Teil des gesamten Lebensstromes ist. Liebe wird zum Akt der Verpflichtung gegenüber der Entfaltung aller Lebewesen. Sie ist die Bereitschaft, Entbehrungen auf sich zu nehmen, wenn nötig, sogar sein Leben einzusetzen, um das Leben aller zu schützen. Sie ist die zarte Kraft, die den Prozeß des Werdens vermittelt.

e) Interdisziplinarität der Umweltforschung

In der Umweltdiskussion gibt es Positionen, die den Natur- und Technikwissenschaften eine **Mitschuld** am Umweltproblem geben. In der Tendenz wird hieraus geschlossen, daß sie **entweder abzuschaffen oder zu verändern** sind. Der letzte Weg wird hier vertreten, da auf der jetzigen Entwicklungsstufe der Gesellschaft ohne die Natur- und Ingenieurwissenschaften bei der Lösung des Umweltproblems nicht auszukommen ist. Selbst die "sanfteren" Techniken (z.B. zur Einsparung von Energie) werden von ihnen entwickelt. Allerdings ist zu bedenken, daß mit Wissenschaft und Technik dann jene Probleme zu lösen sind, die wir ohne sie nicht hätten[140].

1. Einmal verweist die Umweltforschung auf den **Gegenstand**, den es zu erkennen gilt. Es ist die Umwelt, und genauer formuliert: die **Umwelt des Menschen** in ihrer gesellschaftlichen Vermittlung. Es ist die Natur, aber nicht die reine Natur, sondern die **Natur, die sich sozial herausgebildet hat**. Sie ist nicht bloß das Ergebnis eines menschlichen Eingriffs, der als zufällige bzw. gelegentliche Störaktion in natürlich verlaufende Prozesse anzusehen ist und als subjektives Versagen ausgelegt wird. Dominierend ist seit Beginn der modernen Natur- und Technikwissenschaften die bewußte und normative Gestaltung von Naturzuständen gemäß einem Erkenntnisideal, das mit dem Produktionsideal des kapitalistischen Industrialismus strukturell übereinstimmt[141]. Darüber hinaus ist diese Naturbearbeitung und -beherrschung im Sinne eines organisierten Naturprozesses durch Arbeit, Technik und Wissenschaft das **Produkt einer makroökonomischen Sachgesetzlichkeit**, die nicht so einfach abzustellen ist. Die Natur ist überformt und beeinflußt von einem weltgesellschaftlichen Zusammenhang von Produktions- und Konsumstrukturen, von Erhaltungs- und Vernichtungsstrukturen, die auf einen freien Warenaustausch am Markt zurückgehen. Umgekehrt ist die Gesellschaft wiederum eingebettet in den übergreifenden Zusammenhang der Natur und des Universums. Sie steht in ihrem tätigen Dasein zu ihm in einer materiell-naturalen Abhängigkeitsbeziehung. Folgt man diesem Gedanken, ist die Gesamtnatur als ein komplexes Regelsystem von Energieflüssen und Stoffkreisläufen aufzufassen, das eigene Gesetzlichkeiten verrät und in dem die Teilsysteme Atmosphäre, Hydrosphäre und Lithosphäre mit biologischen Prozessen verknüpft werden. Für die Gesellschaft, in deren Verbund die Menschen existieren, ist diese Umwelt die natürliche Lebensgrundlage. Auf sie ist nicht zu verzichten. Das Entropiegesetz verdeutlicht diesen Sachverhalt.

2. Zum anderen hat die Umweltforschung eine **methodische Dimension.** Was bisher vorherrscht, ist die Zerstückelung des Umweltproblems in aspekthafte Teilausschnitte, die **in den Einzelwissenschaften** experimentell oder gedanklich verwaltet werden, aber mit dem Handikap behaftet sind, daß, je sicherer ihre Isolierungen sind, desto irrelevanter ihre Aussagen werden und umgekehrt. Unter Rückbezug auf die Komplexität der Umwelt stellt sich die Frage, wie eine Wissenschaft institutionell aussehen müßte, die ihrem Gegenstand im Sinne der sozial konstituierten Umwelt und der stofflich-naturalen Gesellschaftsabhängigkeit des Menschen angemessen wäre.

Einerseits steht eine **soziale Natur- und Technikwissenschaft** zur Diskussion. Erste Anhaltspunkte vermittelt die Sozialmedizin, die durch Rudolf Virchow bereits 1848 erkennt, daß sozialökonomische Verelendung und Erkrankung an Typhus etwas miteinander zu tun haben. Dementsprechend wird zur Therapie ein sozialpolitischer Vorschlag gemacht. Der medizinische Aspekt spielt zwar hinein und ist keineswegs unbedeutend, aber er kann sich nicht selbständig machen. Bei weiterer Reflexion wird die sozial konstituierte Natur in Richtung der Formbestimmtheit und Sachgesetzlichkeit der heutigen Gesellschaft relevant. Es zeigt sich, daß Technik und Wissenschaft unter dem Primat der Ökonomie als Produktions- und Erkenntnismittel planmäßig eingesetzt werden. Sie sind nicht harmlose Werkzeuge, sondern Bestandteile von übergreifenden Vergesellschaftungs- und Herrschaftsformen. Der Reichtum der Industrieländer ist ohne die Natur- und Ingenieurwissenschaften kaum zu erklären. Allerdings erfordert die jetzige Stufe ihrer Entwicklung, daß über die ungewollten Nebeneffekte ihrer Mittel und die Maßstablosigkeit ihres Einsatzes im Kontext des Wirtschaftssystems auch gesellschaftstheoretisch nachgedacht wird. Besonderes Augenmerk verdienen die Vorarbeiten von A. Sohn-Rethel, der auf ältere Ansätze (z.B. bei Max Scheler und Karl Mannheim) und vor allem Karl Marx zurückgreift. In neuerer Zeit beschäftigen sich B. von Greiff und W. Müller mit diesen Fragen. Einen ersten Ansatz leistet die Arbeitsgruppe "Soziale Naturwissenschaft" an der Technischen Hochschule Darmstadt, die sich durch G. Böhme/E. Schramm zu Wort meldet, aber bereits auf der Tagung im MPI Starnberg 1979 einige Arbeitshypothesen vorgestellt hat.

Andererseits sind umgekehrt **naturbezogene Defizite der Wirtschafts-, Sozial- und Humanwissenschaften** aufzufüllen. Es geht um eine Zusammenarbeit mit den Natur- und Technikwissenschaften im Sinne eines holistischen Wissens von Naturzusammenhängen. Der Stoffwechselbegriff ist Ausdruck der Tatsache, daß das Mensch-Natur-Verhältnis objektiv geregelt wird. Vor allem Schellings Naturphilosophie unterstellt der Natur "wirkliche" Potenzen, d.h. Kräfte, die für ihre fortwirkende Reproduktion bestimmend sind und sich in einem selbsttätigen Prozeß entwickeln. Aus dem dialektischen Prozeß der Natur auf der Basis ihrer eigenen Strukturen, die durchaus widersprüchlich sind, resultiert eine **Evolution** immer differenzierterer Gestaltungen und Formen, die letztlich **Bewußtsein** herbeiführen[142]. Die **Evolutionsbiologie**, die vor allem mit Darwins "Entstehung der Arten" beginnt, löst die vorher klar abgegrenzten Organisationsformen des Tier- und Pflanzenreichs in ein Kontiuum von Entwicklungsprozessen auf. Höher entwickelte Formen werden aus einfachen erklärt, und nichts spricht dagegen, dieses auch für die Entfaltung des menschlichen Geistes anzunehmen. Der Mensch bildet sich durch evolutionäre Prozesse im Sinne einer Dialektik zwischen Natursubjektivität und Objektivität heraus. A. Hastedt (1988) vertritt eine **Theorie, wel-**

che die Einheit von Körper und Geist mit der Verschiedenheit körperlicher und geistiger Merkmale in einem Schichtenmodell verbindet. Die Zuständigkeit der Naturwissenschaft bleibt erhalten, auch für die Erforschung des Geistigen. Aber für die Erkenntnis der Gesamtheit der geistigen Phänomene (einschließlich der Selbstevidenz des Geistes) ist es unerläßlich, andere Erkenntnisformen mitheranzuziehen (z.B. Literatur, Kunst, Ethik, Bildung und Alltagserfahrung).

Aus der Auseinandersetzung mit der Natur ergibt sich, daß der Mensch sowohl Teil des Stoffhaushalts der Natur ist wie auch durch Arbeit eine humanisierte Natur schafft. "Durch das mehr oder weniger bewußte Eingreifen der Gesellschaft in Materialzyklen, natürliche Energiekreisläufe, Ökosysteme und Landschaften wird den natürlichen Prozessen ein sozialer Stempel aufgedrückt. Die Vorgänge der Natur werden zerstört, beeinflußt und durchbrochen durch den gesellschaftlich veranstalteten Stoffwechsel". Gesellschaftliche Regelungen werden den Naturgesetzen übergestülpt. Letztere bewirken, "daß strikt herauskommt, was gesellschaftlich eingeregelt ist". Freilich ist die Natur hierbei immer noch größer und stärker als der Mensch. **Die regelnde Bestimmung der Natur durch die Gesellschaft gilt nur für den "mittleren" Bereich.** "Weder können Naturprozesse auf der Molekülebene noch die Natur im großen, d.h. in kosmischen Dimensionen vom Menschen reguliert werden. Er (der Mensch, G.H.) bleibt in seiner Konstruktion oder Rekonstruktion von Natur stets angewiesen darauf, daß es fundamentale Gesetze gibt und daß es den umgebenden Horizont der Natur im ganzen gibt. Nur im mittleren Bereich der Systeme kann der Mensch konstruktiv Naturgeschehen zusammenstellen (im technischen Gerät und bei den chemischen Synthesen) bzw. modifizieren (z.B. in ökologischen Kreisläufen). Dies ist der Bereich, in dem die Normen, nach denen dies geschieht, für den faktischen Bestand der Natur bedeutsam werden, so daß man hier von einer normativen Natur reden kann"[143].

Die neuere Diskussion verlangt "nach einer sozialen Rekonstruktion der Natur, nach einem Entwurf von Reproduktionszusammenhängen, in denen gesellschaftliche Ziele mit den Möglichkeiten der Natur abgestimmt werden". Insgesamt ragt die normative Betrachtung in die Stoffwechselbeziehung an zwei Stellen hinein: "Auf der einen Seite sind die normativen, die gesellschaftlichen Faktoren die unabhängigen Variablen, die bestimmen, was in der bereits angeeigneten Natur geschieht. Auf der anderen Seite muß wegen der quantitativ nicht zu vernachlässigenden Rückwirkung des Natursystems auf die Existenz der Gesellschaft, die Stoffwechselbeziehung mit der Natur selbst unter normative Regeln gestellt werden"[144]. So gesehen sind für den regionalen und globalen Stoffwechsel Reproduktionsniveaus gefragt, die sowohl mit den Bedürfnissen der Menschen wie auch mit den ökologischen Regelvorgängen verträglich sind.

Was vom Darmstädter Arbeitskreis zum wissenschaftlichen Programm erhoben wird, ist in der bisherigen Praxis jedoch nicht Thema der Wissenschaft, sondern Gegenstand politischer Entscheidungsprozesse (wie z.B. die Bestimmung der Grenzwerte erlaubter Umweltverschmutzung). Die Wissenschaft glaubt sich auf wertfreie Forschung beschränken zu können, ohne die Normen ihrer sog. Tatsachen mitreflektieren zu müssen. Und die Politik glaubt über wichtige Lebensfragen anhand ihrer Wertvorstellungen entscheiden zu können, ohne über deren Entstehungs- und Wirkungszusammenhänge hinreichend Bescheid zu wissen. Sie bedient sich der Wissenschaft (z.T. durch Gutachten), um sich abzusichern. Aber keine Gesellschaft kann bei falschen Dispositionen den Stoffwechsel mit der Natur außer Kraft setzen. Deshalb ist **nicht nur eine soziale Naturwissenschaft zu fordern, sondern auch eine naturbezogene Wirtschafts-, Sozial- und Humanwissenschaft**. Die Interdisziplinarität wird damit zum Kernpunkt einer Neuorientierung der Umweltforschung.

Interdisziplinarität vollzieht sich nicht nur in der kritischen Wissenschaftstheorie (früher war es die Philosophie) im Sinne einer methodischen Prüfung der gemeinsamen Voraussetzungen für einen kooperativen Wissenschaftsakt, sondern auch in der praktischen Anwendung von Wissenschaft sowie in Lehr- und Lernprozessen, die auf Wissenschaft vorbereiten. Alle **drei Vollzugsformen** hängen miteinander zusammen, sie ergänzen sich bzw. ermöglichen untereinander eine Korrektur. Kommunikation und Kooperation, Konvertibilität und Mobilität zwischen den Wissenschaften bedürfen vor allem der Weiterentwicklung bestimmter vordisziplinärer Lernprozesse und übergreifender Problemstellungen. Die Kooperation und Kommunikation zwischen den Wissenschaften läßt sich insbesondere im **Projekt** realisieren, das die Basis für eine neue Lehr- und Lernorganisation bilden kann, indem die Vermittlung von Theorie und Praxis anvisiert wird.

Das Projekt ist zeitlich begrenzt. Es steht und fällt mit dem Interesse der Teilnehmer, die es methodisch und inhaltlich bestimmen. Diese Diskontinuität kann Interdisziplinarität zusätzlich anregen. Alte Erkenntnisse sind neuen Mitarbeitern mitzuteilen, und man kann nicht damit rechnen, daß der gewohnte Apparat bereits zu einem gemeinsamen Besitz geworden ist. Das Projekt beinhaltet eine komplexe Aufgabe. Komplexität entsteht durch Zunahme der Elemente und Beziehungen, aber sie ist z.T. auch die Folge von mehr und detaillierteren Erkenntnissen über das, was zum Problem wird. Sie expandiert in einer Welt, deren Prinzipien verdeckt und deren Erscheinungstendenzen nicht nur durch Gesetz, Ordnung und Proportion bestimmt werden, sondern auch durch Individuation, Evolution, Ausgleich und Umbruch. Aspektbetrachtungen sind zwar Erkenntnisweisen, die für die Lösung eines Problems nützlich sein können, soweit die Analyse für den Umgang mit der Lösung nicht hinderlich ist. Doch in der Realität selbst gibt es kaum aspekthafte Probleme, die nur das fachspezifisch Relevante in Gestalt eines begrenzten Ausschnitts unserer Wirklichkeit repräsentieren, sondern zunehmend Probleme, die sich durch Komplexität, Interdependenz und Ganzheitlichkeit auszeichnen. Die praktische Tätigkeit verdeutlicht, daß die Volkswirtschaft eine höchst vielfältige und verflochtene Wirklichkeit ist, die im ökonomischen Aspekt allein nicht aufgeht.

Projektforschung und Projektstudium sind Möglichkeiten zur Korrektur des disziplinären Wissenschaftssystems. Sie sollten zumindest für eine beschränkte Zeit den Studenten binden. Intendiert sind Gruppen- und Diskussionsprozesse, die vieldimensionale Untersuchungen ökologischer Probleme und daher die Einbeziehung interdisziplinärer Zusammenhänge erlauben. **Das Projekt ist eine Form von wissenschaftlicher Praxis für eine Praxis, die der Wissenschaft bedarf.** Es ermöglicht, auf Aktualitäten einzugehen und stellt für Lernende und Lehrende potentiell eine themenspezifische **Aktivierungsform** dar, die auf zeitlich befristeten Gruppenarbeitsprozessen beruht und darauf abzielt, die Beteiligten zu sozialem und politischem Engagement zu bewegen. Die Rückbeziehung des Erkenntnisprozesses auf die Projektteilnehmer selbst nimmt diese ernst in dem, was ihre Subjektivität inhaltlich und formal ausmacht, nämlich: sich Ziele zu setzen, Praxis nach eigenen Vorstellungen zu thematisieren und mit anderen kooperativ zu reflektieren, wie selbstgestellte Aufgaben wissenschaftlich zu bewältigen sind; hier liegt eine wichtige Differenz zu technologischen Lehrkonzeptionen.

Angesichts dieser Möglichkeit stellt der interdisziplinäre Lernprozeß im Projekt für die Beteiligten eine **selbstbestimmte Form gesellschaftlicher Integration** dar. Er integriert den einzelnen in die Form der Wissenschaft, in ihre Kategorien und Methoden. Die Aneignung dieser Mittelbarkeit ist erforderlich, weil die unmittelbaren Formen der Arbeit im Kontext der privaten Warenproduktion in einem Maße revolutioniert werden, daß eine auf Erfahrungswissen und Nachahmung allein beruhende Ausbildung nicht mehr funktional ist. Gleichzeitig können Studenten auch ihre eigenen Erfahrungen ins Projekt einbringen. Sie haben die Möglichkeit einer interessenbezogenen Themenwahl; dabei sind auch Verbindungen zu anderen Fächern herstellbar, insbesondere zu solchen, die den geistigen Horizont der Projektteilnehmer erweitern. Bedauerlich ist, daß der gegenwärtige Studentenandrang auf die Universitäten die Möglichkeiten für ein Projektstudium erheblich einengt und die Finanzierung der Umweltforschung schwerpunktmäßig den Natur- und Ingenieurwissenschaften zugute kommt[145]. Allerdings steht im Bundesministerium für Forschung und Entwicklung (BMFT) eine Aufarbeitung von Rückständen im Problemwissen der Umwelt- und Vorsorgeforschung an[146].

Prinzipiell ist die Umweltforschung nur dann eine Forschung **für** die Umwelt, und das heißt: für die **Umwelt des Menschen**, wenn deren Komplexität im Sinne stofflich-energetischer Prozesse wie auch politischer, sozialer, ökonomischer, kultureller und philosophischer Bezüge methodisch nicht wegdefiniert, sondern durch interdisziplinäre Forschung und Lehre zum ökologischen Thema für uns alle gemacht wird. Dazu gehören **Problemgemeinschaften mit den Betroffenen**, nicht nur mit der Industrie, deren Kooperation mit der Wissenschaft in eigenen Forschungsabteilungen und in Form der Drittmittelforschung bereits eine längere Tradition hat. Nun ist darauf zu achten, daß der Umweltforschung "im Kontext menschlicher Reproduktionsinteressen das ihr Eigene zukommt und gelassen wird. Das ist das für uns ganz und gar Ungewohnte. Die vom Menschen auszuübende Anwaltschaft zugunsten der Natur setzt eine Sensibilität voraus, die sich in die Situation und Interessenlage der 'sprachlosen' Natur zu versetzen vermag. Dazu bedarf es 'sympathischer' Wahrnehmungsweisen"[147]. Neu betont werden sollte angesichts der zunehmenden Maßstablosigkeit von Wissenschaft und Wirtschaft die **Gesamtverantwortung der Umweltforschung**, vor allem im Hinblick auf künftige Generationen und wegen der gesellschaftlichen Voraussetzungen von Ökologie. "Der Weg der Versöhnung von Mensch und Natur ist der noch nicht beschrittene dritte Weg, der zwischen dem technokratischen Kapitalismus des Westens und dem sozialistischen Industrialismus des Ostens gegangen werden muß. Voraussetzung für eine ökologische Vernunft, die das Ungefundene in der Versöhnung von Mensch und Natur theoretisch wie praktisch als noch kommend zu respektieren in der Lage ist, bildet die Bereitschaft, die Reproduktion von Natur als gesellschaftliche Aufgabe anzuerkennen"[148].

III. Zusammenfassung

Die Gratwanderung der Ökonomie hat ambivalente Züge. Die ökologische Selbstgefährdung der heutigen Risikogesellschaft hat mittlerweile ein Problemniveau erreicht, das in der Bevölkerung mit Sorge und Betroffenheit zur Kenntnis genommen wird. Es gilt, Wege zu finden, die aus der Misere herausführen. Auffallend ist, daß viele noch gar nicht wissen oder glauben wollen, wohin die Entwicklung tendenziell zeigt. Was auf der einen Seite als Vertrauen in die Sicherheit der Wissenschaft und des Fortschritts erscheint (z.B. als Beherrschung großtechnischer Anlagen und ökonomischer Prozesse), wird auf der anderen Seite (z.B. in bezug auf die Implikationen der wirtschaftlichen Entwicklung wegen der Nebenwirkungen für Mensch und Umwelt) als unwissenschaftlich, ideologieverdächtig oder gesellschaftskritisch verteufelt, damit die Loyalität zum Gesamtsystem nicht verloren geht, obwohl sich die Methoden der Beweisführung in beiden Ansätzen prinzipiell gleichen.

Die Rückbesinnung auf die Barrieren der VWL-Erneuerung macht deutlich, daß wir von dem sozialtechnischen Automatismus der Regel- und Maschinensysteme ständig mehr beherrscht werden, nicht nur in den Mikrobereichen der menschlichen Arbeits- und Lebensprozesse, sondern auch in den Makrobereichen der gesellschaftlichen Vermittlungs- und Krisenprozesse. Die Logik rationalen Handelns verkehrt sich in ein Konzept irrationalen Handelns, soweit einer Entwicklungsgesetzlichkeit gefolgt wird, die das langfristige Interesse der Menschen und deren ökologische Nische im Weltenraum negiert. In vielen Jahrhunderten hat sich eine menschliche Lebenstüchtigkeit herausgebildet, die technisch und sozial einen gewaltigen Fortschritt darstellt, solange dieser durch die Eigendynamik des ökonomischen Systems nicht zum Selbstläufer wird. Inzwischen mehren sich mit zunehmendem Wirtschaftswachstum dessen Rückwirkungen auf die natürliche und gesellschaftliche Lebensgrundlage des Menschen exponentiell. Sie entpuppen sich als systemimmanent vermittelte Selbstzerstörungsprozesse. Das dunkle Gefühl, dieses Ablaufgeschehen sogar durch Politik nicht mehr stoppen oder mildern zu können, findet seine konsequenteste Reflexion in der System- bzw. Weltökonomietheorie. Eine kopflose Gesellschaft ist angesichts ihrer vielfältigen Mechanismen zur Problemzerlegung und zur Selbstorganisation der Subsysteme als Gesamtsubjekt handlungunfähig, ob man es will oder nicht. Wer als Einzelsubjekt oder Einzelstaat nicht mehr mitmachen will, kann zwar aussteigen oder seine eigene ökologieorientierte Wirtschaft betreiben, aber er setzt sich der Gefahr aus, von Ökonomien ohne Umwelt- und Menschenfreundlichkeit in der harten Konkurrenz des gesellschaftlichen Alltags überholt bzw. vereinnahmt zu werden.

Was sich auf der Objektseite der Gesellschaft sachgesetzlich anbahnt, wird von der Subjektseite nicht widerspruchslos hingenommen. Es gibt institutionell und darüber hinaus Ansätze einer Gegensteuerung und Korrektur der Entwicklung. Die Alternativbewegung wächst mit zunehmender Bedrohung und steigendem Bewußtsein. Ihr Defizit an Reflexion und Theorie verringert sich zusehends, weil in vielen Bereichen und auf verschiedenen Ebenen das ökologische Problem erfaßt und ausgelotet wird. Wie kaum zuvor hat die Disziplinarität und Interdisziplinarität des Denkens eine Auseinandersetzung hervorgebracht, die an Breite und Tiefe kaum noch zu übertreffen ist. Philosophie, Ethik und Theologie sind dabei, sich wieder politisch zu profilieren und gesellschaftsbezogen zu argumentieren. Der Diskurs über öffentliche Ärgernisse und aktuelle Ereignisse gehört keineswegs mehr zu den Seltenheiten. Selbst in Ökonomie und Politik bleiben die gesellschaftlichen Tabus nicht mehr alle ausgespart. Das ist nicht unerheblich und verdient Beachtung. Auch der praktische Widerstand und Protest gegen den Lauf der Dinge beginnt sich zu regen. Er speist sich aus zahlreichen Gruppen und Schichten, und wer das ökologische Engagement mit Kommunismus assoziiert, findet wenig Widerhall.

Kaum zu übersehen ist wiederum, daß das Unbehagen und die Unzufriedenheit mit den negativen Begleiterscheinungen der wirtschaftlichen Entwicklung bestenfalls der **Keim** einer neuen Lebenform ist. Sein Vorschein ist keineswegs so klar, daß erkennbar wäre, was in ihm steckt. Kritiker und Akteure dieser Gesellschaft sind in ihrem Verhalten nicht immer widerspruchsfrei. Sie protestieren und argumentieren mit der vernünftigen Seite ihrer Möglichkeiten, aber sie bleiben unvernünftig in ihrem Restverhalten, soweit sich dieses von den scheinbar angenehmen Seiten des wirtschaftlichen Wohlstands und der Bequemlichkeit des privaten Lebens nicht zu trennen vermag.

Theoretisch ist eine **menschliche** Gestaltung des Verhältnisses der Ökonomie zur Ökologie denkbar. Der Mensch ist die Bedingung der Möglichkeit seiner gesellschaftlichen Verhältnisse. Praktisch ist jedoch einzuwenden, daß ihm die Produkte seiner Arbeit und seines Handelns längst über den Kopf gewachsen sind. Die provisorische Skizze zur Neufundierung der Umweltökonomie macht deutlich, daß ein umfassendes Problem grundlagentheoretischer Forschung auf Bearbeitung wartet und dazu sowohl eine stärkere Einbeziehung der spezialisierten Ökonomie erforderlich ist wie auch deren Entspezialisierung im Sinne sozial- und naturwissenschaftlicher Orientierung sowie philosophischer Reflexion. Immerhin ist die Logik der Kapitalökonomie als Logik der Entfremdung und des Widerspruchs ein Produkt des Menschen auf der Basis gesellschaftlicher und kultureller Beziehungen. Systematisch ist sie erst zu entfalten, wenn die Gründe für die Möglichkeit der Entfremdung gesellschaftlicher Praxis sowie die Chance ihrer Aufhebung weiter geklärt werden als in den eigenen Ausführungen angedeutet ist.

Für eine ökologieorientierte Volkswirtschaftslehre ist die Mikrofundierung gesellschaftlicher Entscheidungen nur die eine Seite des Umweltproblems. Die ungeplanten und unbeabsichtigten Nebeneffekte der Privatökonomie in Gestalt der Eigengesetzlichkeit des Waren-, Geld- und Kapitalverkehrs ist die andere Seite der Medaille. Aus diesem Grunde ist die Makrofundierung der Subjekt-Objekt-Verkehrung die Voraussetzung dafür, daß Menschen gesamtgesellschaftlich begreifen, was sie privatwirtschaftlich - oft unbewußt und unwissend - zutage fördern. Der Zweck der heutigen Ökonomie läßt sich erst im Kontext jener Mittel und Strukturen bestimmen, die als ökonomische Tatbestände den Zusammenhang der sozialen und politischen Bedingungen durch ihre objektiven Wirkungen konstituieren und ohne Gesellschaftstheorie nicht zu explizieren sind. Sie verdeutlichen, daß die einzelne Praxis aufgrund vorhandener Beziehungen mit anderen Bereichen an den rechtlichen Grenzen einer Privat- oder Volkswirtschaft nicht haltmacht. Der Utopismus der privaten Autonomie und des nationalen Kapitals kann den Pessimismus der Weltökonomietheorie nicht einfach ignorieren, wenn die noch vorhandenen Möglichkeiten einer Ökologieorientierung für den heutigen Menschen praxisgerecht und systemimmanent beurteilt werden sollen.

Was übrig bleibt, ist der relativ schmale **Gestaltungskorridor eines qualitativen Wachstums**, der in seinen umweltpolitischen Zielformulierungen von den vorgegebenen Verhältnissen nicht abzutrennen ist, solange diese nicht zur Disposition stehen. Soweit darüber hinaus das Entropiegesetz angesprochen wird, vermittelt das **Leitprinzip** des nieder-entropischen Wachstums die Einsicht, nicht schneller zu produzieren und zu konsumieren, als es die Natur uns erlaubt. Die thermodynamischen Überlegungen markieren das begriffliche Rahmenwerk für eine Analyse, die dazu ermutigt, die politischen, kulturellen und ökonomischen Perspektiven für den Übergang ins solare Zeitalter mitzuthematisieren. Eine Horizonterweiterung unserer Verantwortung ist dafür eine notwendige Voraussetzung. Das Privatinteresse ist dem Gesamtinteresse aller Bürger unterzuordnen. Nicht die Mikroebene, sondern die Makroebene, welche die internationale Szene miteinzubeziehen hat, bestimmt die politischen Entscheidungen und Konflikte, die im Interesse der Menschen demokratisch zu bewältigen sind.

Anmerkungen

[1] Zu der methodischen Seite dieses Problems vgl. G. Hobbensiefken 1986, S. 61ff

[2] P. L. Berger/ Th. Luckmann 1970, S. 61

[3] Ebenda S. 64f

[4] Vgl. hierzu insbesondere sein Buch "Urmensch und Spätkultur" (1965) und als Auseinandersetzung damit F. Jonas 1966

[5] Vgl. u. a. W. Brezinka 1961

[6] N. Luhmann 1970, S. 28

[7] N. Luhmann 1981, S. 19ff; 1986, S. 75f

[8] Ebenda, S. 22f

[9] N. Luhmann 1975, S. 18, 20

[10] N. Luhmann 1986, S. 44, 46

[11] N. Luhmann 1975, S. 63f, 79f

[12] N. Luhmann 1986, S. 102f

[13] Ebenda, S. 104ff

[14] Ebenda, S. 109, 124f

[15] Ebenda, S. 116ff

[16] Ebenda, S. 7

[17] Ebenda, S. 122

[18] Vgl. W. Ch. Zimmerli 1981, S. 193ff

[19] K. M. Meyer-Abich 1979a, S. 137

[20] W. v. Humboldt 1964, S. 82f

[21] C. F. v. Weizsäcker 1969, S. 107

[22] J. Simon 1977, S. 110

[23] M. Jänicke 1987, S. 13

[24] Höchst interessant hierzu ist der ökonomisch-philosophische Essay von W. Sesink (1988b), der die Wertform des Geistes mit Marx'schen Kategorien deutet.

[25] L. Hieber 1981, S. 58, vgl. auch ebenda 1984, S. 79ff

[26] Richtlinien zur Technikbewertung, Verein Deutscher Ingenieure (VDI), Ausschuß Grundlagen der Technikbewertung, Düsseldorf 1988

[27] Ebenda S. 16

[28] J. Rau zur Eröffnung der Landesinitiative Zukunftstechnologien am 3.10.1984 in Oberhausen

[29] H. Heinemann am 25.3.1987 vor dem Landtag NRW

[30] Ebenda

[31] Zwischenbilanz des Landesprogramms "Mensch und Technik", MAGS Düsseldorf 1988, S. 7

[32] K. Adam, FAZ vom 17.12.87

[33] B.H. Müller auf dem Symposion Umweltforschung Wuppertal 1989 in der Podiumsdiskussion "Umweltforschung: Forschung für die Umwelt?"

[34] K. Adam, FAZ vom 17.12.87

[35] B.H. Müller auf dem Symposion Umweltforschung Wuppertal 1989 in der Podiumsdiskussion "Umweltforschung: Forschung für die Umwelt?"

[36] "Architekten, Stadtplaner und Soziologen haben uns vor den Gefahren der angeblich so fortschrittlichen Hochhausarchitektur für familiale Strukturen, psychische Stabilität der Bewohner solcher Silos und kindliche Entfaltungsmöglichkeiten schon vor Jahrzehnten gewarnt; aber man hat der wissenschaftlichen Beweiskraft ihrer Thesen nicht geglaubt, sondern man reagiert erst jetzt auf neue Moden des Wohnungsbaus. Bevölkerungswissenschaftler haben uns schon lange prophezeit, daß die Wellenbewegungen im generativen Verhalten sowohl die Familien- als auch die Beschäftigungs- und die Altsicherungspolitik auf lange Frist völlig deroutieren werden; aber man hat nicht die Jugend- und Familienpolitik gestärkt, sondern dem einschlägigen Ministerium eine Frauenabteilung zugebilligt, die alle Bemühungen unternimmt, die demographischen Probleme unserer arbeitsmarkt- und sozialpolitischen Situation zu verstärken. Gesundheitsökonomen haben die Reaktionen auf sogenannte Selbstbeteiligungs- und andere Sparmodelle in der

gesetzlichen Krankenversicherung intensiv untersucht; aber die Programme zur 'Strukturreform im Gesundheitswesen', die derzeit diskutiert werden, greifen vorwiegend solche Vorschläge auf, die immer wieder als wirkungslos oder sogar kontraproduktiv nachgewiesen worden sind". FAZ vom 30.1.88

[37] Vgl. F. Stooß 1987, S. 22f

[38] Vgl. J. Derbolav 1957, S. 61f, auch 1976, ferner F. Fischer 1975 und 1980

[39] H. Markl, Die Natur schlägt zurück, in: DIE ZEIT vom 4.12.87

[40] Vgl. hierzu WZB-Mitteilungen 34, Dezember 1986, S. 13ff und neuerdings J. Hénard, Schmutz und Schutz unter sozialistischem Himmel, in: FAZ vom 30.7.88 sowie F. K. Fromme, Eine deutsche Gemeinschaftsaufgabe. Zum Beispiel Umweltschutz, in: FAZ vom 8.8.88

[41] H. Ottmann 1980, S. 172

[42] Ebenda S. 172

[43] Ebenda S. 173f

[44] W. Rammert 1986, S. 27ff

[45] P. A. Samuelson 1981, S. 29

[46] B. Sievers 1984, S. 2, ebenfalls 1987, S. 159ff

[47] Nixdorf: Wir müssen kämpfen wie noch nie, in: Der Spiegel vom 28.11.88

[48] Vgl. dazu insbesondere E. Heinen 1987, U. Pleiß 1987 und P. Halbe 1987

[49] In diesem letzten Punkt unterscheidet sich W. D. Schmied-Kowarzik von J. Habermas, der ansonsten einen ähnlichen Ansatz vertritt. Vgl. dazu insbesondere seinen Aufsatz zu Heinrich Heine und die Rolle der Intellektuellen in Deutschland, in: Merkur 40. Jg. 1986, S. 453ff

[50] H. Ottmann 1980, S. 176

[51] Ebenda S. 177f

[52] H. Schelsky 1970, S. 24

[53] U.K. Preuss, Selbstvergessenheit der Rechtsvernunft? Jurisprudenz in der pluralistischen Gesellschaft, in: FAZ vom 10.8.88

[54] Nach Art. 74 Nr. 24 GG kann der Bund z.B. Abfallbeseitigung, Luftreinhaltung und Lärmbekämpfung gesetzlich regeln. Art. 75 Nr. 3, 4 GG gibt ihm die Möglichkeit, für den Schutz der Natur, die Pflege der Landschaft und die Erhaltung eines funktionsfähigen Wasserhaushalts einen rechtlichen Rahmen vorzugeben, der von den Bundesländern durch spezielle Landesgesetze auszufüllen ist. Auch kann der Bund gemäß Art 74 Nr. 11a GG die Erzeugung und Nutzung der Kernenergie gesetzlich regeln. Ebenso werden Küstenschutz sowie Aspekte der Landwirtschafts-, Forstwirtschafts- und Fischereipolitik erwähnt. Auf weitere Einzelheiten soll hier nicht eingegangen werden.

[55] Vgl. hierzu ausführlicher G. Hartkopf/E. Bohne 1983, 74f

[56] Kant verwendet im Grundgesetz der praktischen Vernunft hierfür die Formel: "Handle so, daß die Maxime deines Willens jederzeit zugleich als Prinzip einer allgemeinen Gesetzgebung gelten könne" (Erstes Buch, § 7 der Kritik der praktischen Vernunft)

[57] T. Rendtorff 1981, S. 110ff

[58] W. Lüttersfeld 1986, S. 95

[59] B. von Greiff 1977, S. 90

[60] F. v. Cube, Blick durch die Wirtschaft v. 23.12.87, S. 7

[61] Vgl. auch U. Beck 1986 und 1988

[62] H. Jonas 1986, S. 51f

[63] "Unsere so völlig enttabuisierte Welt muß angesichts ihrer neuen Macharten freiwillig neue Tabus aufrichten. Wir müssen wissen, daß wir uns weit vorgewagt haben, und wieder wissen lernen, daß es ein Zuweit gibt. Das Zuweit beginnt bei der Integrität des Menschenbildes... Wir müssen wieder Furcht und Zittern lernen... Aber versuchen wir nicht, an der Wurzel unseres Daseins, am Ursitz seines Geheimnisses, Schöpfer zu sein". J. Jonas 1979, S. 163

[64] J. Habermas 1971, S. 141

[65] J. Habermas 1968, S. 48ff, 98

[66] J. Habermas 1976, S. 88

[67] K. O. Apel 1973, S. 330

[68] J. Habermas 1986, S. 104

69 K. O. Apel 1986, S. 19

70 Ebenda, S. 21

71 Vgl. dazu neuerdings W.R. Köhler u.a. (Hrsg.) 1987 sowie H. Schnädelbach 1987

72 A. Kuhlmann, Nach dem Verstummen. Zum Wandel der Sprachauffassung in der Kritischen Theorie, in: FAZ v. 9.11.88

73 Protokoll der 196. Sitzung des Deutschen Bundestages vom 15.11.1966, S. 10566ff

74 W. D. Schmied-Kowarzik 1983, S. 138

75 E. Altvater 1980, S. 11

76 Im Augenblick verlieren wir den Überblick über das, was mit uns geschieht. "Der Natur vollständig entfremdet, erleidet unser Intellekt einen starken Realitätsverlust. Tatsächlich hat die Hoch-Energie-Kultur unseren Verstand so stark geprägt, daß wir zu einem Leben im Einklang mit den Gesetzen der Natur nicht mehr fähig sind. In dieser isolierten Situation haben wir verlernt, was die Menschen früherer Geschichtsepochen wußten. Es trifft zu, daß unsere Vorfahren keine wissenschaftlichen Erklärungen für die Erscheinungen unserer Umwelt hatten, dafür aber verstanden sie instinktiv vielleicht besser, worauf es im Leben wirklich ankommt" (J. Rifkin 1982, S. 283).

77 J. Huber 1988, S. 145

78 Neuerdings hierzu R. Rüsen/E. Lämmert/P. Glotz (Hrsg.) 1988

79 U.K. Preuss, Selbstvergessenheit der Rechtsvernunft? Jurisprudenz in der pluralistischen Gesellschaft, in: FAZ vom 10.8.88

80 N. Luhmann 1975, S. 79

81 N. Luhmann 1978, S. 37

82 Ebenda, S. 43

83 N. Luhmann 1969, S. 393

84 B. Sievers 1982, S. 8

85 N. Luhmann 1986, S. 220f

86 Vgl. J. Derbolav 1976 und dazu G. Hobbensiefken 1980, S. 134ff

87 Vgl. V. Prittwitz 1984

88 B. Roth 1984, S. 18

89 Hinweise auf 'japanische' Autos und 'deutschen' Anlagenbau machen deutlich, daß sich in solchen Produkten ein ganzes Bündel von ökonomischen, sozialen und politischen Voraussetzungen vergegenständlicht, "das in seiner Gesamtheit nur in Japan bzw. der BRD reproduzierbar ist und das die jeweilige besondere Wettbewerbsposition der japanischen bzw. westdeutschen Unternehmen markiert" (B. Roth 1985, S. 6)

90 B. Roth 1985, S. 12

91 "75 Prozent der US-Investitionen in Rohstoffbereichen der Dritten Welt sind verstaatlicht worden. Auflagen für Betriebe erschweren effektiv Gewinnrücküberweisungen und erzwingen die Integration von Töchtern ausländischer Konzerne in die nationalen Wirtschaften". H. Elsenhans 1983, S. 142

92 Die Dominanz internationaler Konzerne wird ebenso bestritten wie die Weltmarktabhängigkeit nationaler Wirtschaften. Aus der zunehmenden Substitutionskonkurrenz wird weltwirtschaftlich eine abnehmende Arbeitsteilung geschlossen. Bei der BRD wird darauf hingewiesen, daß zwei Drittel des simultanen Imports/Exports aus relativ ähnlichen Industriewaren bestehen. Dementsprechend gäbe es für eine alternative Wirtschaftspolitik erhebliche Handlungsspielräume, weit mehr als die hohe Exportquote andeute (Arbeitsgruppe Alternative Wirtschaftspolitik, Memorandum'86, Köln 1986, S. 121)

93 Vgl. insbesondere Arbeitsgruppe Alternative Wirtschaftspolitik, Memorandum '82, Köln 1982, S. 185

94 E. Hödl 1988, S. 17

95 Ebenda, S. 18

96 Die ökonomischen Forderungen der Memo-Gruppe implizieren eine fast endlose Kette von Ausgangsproblem, Lösung, Folgeproblem, Folgelösung usw.; Ausgangsproblem ist die hohe Arbeitslosigkeit, zu deren Abbau eine Erhöhung der privaten und öffentlichen Nachfrage nötig wird. Seine Lösung produziert wiederum ein Folgeproblem, nämlich Inflation anstelle von Produktions- und Beschäftigungseffekten. Um die Inflation zu verhindern, werden als erste Folgelö-

sung ein genereller Preisstopp sowie Beschäftigungsauflagen verlangt. Da Kapital ins Ausland fließen kann (zweites Folgeproblem), müssen notgedrungen Kapitalverkehrskontrollen durchgeführt werden (zweite Folgelösung). In einer solchen Situation reduzieren Unternehmen unterdessen ihre Investitionsbereitschaft (drittes Folgeproblem), deshalb müssen demokratisch legitimierte öffentliche Stellen die Investitionen lenken (dritte Folgelösung) usw. (vgl. K. E. Lohmann 1980, S. 45).

[97] P.C. Mayer-Tasch 1987, S. 109

[98] Vgl. G. Hauck 1985, S. 343

[99] I. Wallerstein 1982, S. 47

[100] "The only kind of social system is a world-system, which we define quite simply as a unit with a single division of labor und multiple cultural systems" (I. Wallerstein 1979, S. 5f).

[101] I. Wallerstein 1983, S. 216

[102] I. Wallerstein 1982, S. 34

[103] Vgl. auch F. Fröbel/J. Heinrichs/O. Kreye 1973, S. 26

[104] "Aus der Tatsache, daß alle Wirtschaftsunternehmen in diesen Ländern verstaatlicht sind, folgt nicht, daß die Beteiligung dieser Unternehmen an der Weltwirtschaft nicht der Funktionsweise eines kapitalistischen Marktsystems entspricht - womit wir das Bestreben meinen, die Produktionsleistung ständig zu steigern, um beim Verkauf Höchstpreise zu erzielen und damit eine günstigere Verteilung des Welt-Surplus zu erreichen". I. Wallerstein 1982, S. 61

[105] In der BRD beträgt der Exportanteil am BSP 1950 etwa 14%, 1979/81 etwa 24% und 1984 etwa 32%.

[106] I. Wallerstein 1983, S. 218ff

[107] Xenofinanzmärkte sind internationale Geld- und Kreditmärkte, die sowohl für Anbieter wie auch für Nachfrager sog. Fremdwährungen sind (xeno = fremd).

[108] I. Wallerstein 1983, S. 222

[109] Ebenda S. 225

[110] V. Hauff 1985, S. 40

[111] Beispielhaft erinnert sei hier an den von J. Tobin/W. Nordhaus vorgeschlagenen Maßstab für wirtschaftlichen Wohlstand (MWW), den aus Japan importierten Begriff des Nettosozialwohlstandes (NSW), den Indikator der materiellen Lebensqualität (IML) sowie einen solchen für menschliche Grundbedürfnisse (MGB). Bemängelt wird, daß das Wirtschaftswachstum allein in Geldeinheiten (Ausgaben und Einkommen) ausgewiesen wird und sein ökologischer Nutzen ausgeblendet bleibt. In der Volkswirtschaft entständen zunehmend Sozialkosten, die nichts anderes als eine notwendige Kompensation von Schäden (defensive Ausgaben), aber keinen Wertzuwachs darstellen.

[112] Durch Recycling wird etwa die Hälfte des jährlichen Bedarfs an Antimon, ein Drittel des Bedarfs an Eisen, Blei und Nickel sowie ein Viertel unseres Bedarfs an Quecksilber, Silber, Gold und Platin gewonnen. Allerdings erfordert es zusätzlich Energie, um das verstreute Material zu sammeln, zu transportieren und umzuformen. Dementsprechend verschafft es uns in bezug auf die Rohstoffzufuhr nur eine geringe, fast zu vernachlässigende Zeiteinsparung von ein paar Jahrzehnten (im Höchstfall 50 Jahre). Nach J. Rifkin zeigen die bisherigen Zahlen, daß kaum mehr als ein Prozent unseres gesamten Rohstoffbedarfs durch Recycling gedeckt werden kann. Deshalb muß die gegenwärtige Gesellschaft seines Erachtens notgedrungen den Übergang von einer nichterneuerbaren Energiebasis zu erneuerbaren Energiequellen vollziehen. Er schätzt, daß der Welt in etwa vierhundert Jahren die nichterneuerbare Rohstoffbasis ausgeht.

[113] U. E. Simonis 1988, S. 83

[114] Ebenda S. 96ff

[115] J. Leinen 1985, S. 25

[116] Ebenda S. 26

[117] H. J. Sinn/W. Ch. Zimmerli, Ist die friedliche Nutzung der Kernenergie moralisch verantwortbar?, VDI-Vortrag 1988

[118] "Wenn uns die für die mechanisierte Landwirtschaft notwendigen, auf petrochemischer Basis hergestellten Kunstdünger ausgehen, wird die Gen-Technologie eine Pflanze entwickeln, die ihren Stickstoffbedarf direkt aus der Luft deckt. Wenn uns das Öl ausgeht, wird man Mikroorganismen genetisch verändern und in Massenproduktion herstellen, die uns die erschöpften nichterneuerbaren Vorräte ersetzen". Soweit die zunehmende Umweltverschmutzung mit Krebs, angeborener Mißbildung und niedrigen Intelligenzquotienten bei Kindern verbunden ist, will uns

die moderne Technologie dadurch helfen, daß sie unsere Gene neu ordnet (J. Rifkin 1982, S. 274)

119 Nobelpreisträger J. Lederberg, der den Gen-Austausch bei Bakterien entdeckte, denkt z.B. auch an die Verbesserung des menschlichen Erbgutes. Er schließt nicht aus, daß wir "in zweihundert Jahren die DNA maschinell herstellen können, dann könnten wir genau entscheiden, welchen Menschen, nach welchem genetischen Vorbild, wir haben wollen". Die politische Entscheidung soll die staatliche Gesundheitsbehörde treffen, "weil sie den größten Teil der Grundlagenforschung finanziert" (DIE ZEIT v. 13.3.1988).

120 Dissipative Strukturen beziehen sich auf offene Systeme bzw. alle Lebewesen, die mit ihrer Umwelt Energie austauschen und sie durch ihren kontinuierlichen Energiefluß erhalten. Sie sind um so zusammenhängender, je komplexer sie sind. Ihr Energiefluß erzeugt Fluktuationen. Werden sie zu groß, um vom System absorbiert zu werden, wird das System gezwungen, sich zu reorganisieren. Die Reorganisation tendiert zu einer höheren Ordnung von Komplexität, Integration, gegenseitiger Verbundenheit und höherem Energiefluß. Demnach wird jede neue Ordnung komplexer als die vorhergehende.

121 J. Rifkin 1982, S. 259

122 Entropie (wörtlich: nach innen gewandt) heißt thermodynamisch Umwandlung bzw. Transformation.

123 "Während das Entropiegesetz die Welt von Raum, Zeit und Materie regiert, wird es selbst von der ursprünglichen geistigen Kraft beherrscht, die es hervorgebracht hat" (J. Rifkin 1982, S. 18).

124 N. Georgescu-Roegen 1971, S. 141ff

125 Hierbei geht es nicht nur um den qualitativen Zerfall in Verbindung mit der mechanischen Arbeit, sondern unter Rückbezug auf die Sonnenenergie auch darum, daß der entropische Prozeß unabhängig davon abläuft, ob die freie Energie für die Produktion genutzt wird oder nicht (Ebenda S. 6).

126 "Dieser Tendenz zur Zunahme der Entropie wirkt die Bildung lebender Materie in der Ökosphäre entgegen, da dazu ständige Zufuhr von Energie erforderlich ist. Solange die Entropiezunahme geringer ist als die Abnahme durch die Entstehung neuen organischen Materials, bleibt das Ökosystem produktiv" (K. H. Kreeb 1973, S. 754f).

127 Es sei hier nur auf die Kontroverse um das Buch von I. Prigogine/I. Stengers (1981) hingewiesen (vgl. dazu G. Altner 1986).

128 G. Zellentin 1979, S. 212

129 J. Rifkin 1982, S. 98

130 Ebenda S. 102

131 Vgl. H. Henderson 1985, S. 102

132 J. Rifkin 1982, S. 138

133 "Länder und Landschaften verlieren ihre unverwechselbare Charakteristik und verwandeln sich in ein Segment der Weltmarktzirkulation und somit von globaler Kommunikation. Die lokalen, regionalen oder nationalen Besonderheiten der Kommunikation (von Eßgewohnheiten über Rechtsformen des gesellschaftlichen Verkehrs, wozu banalerweise auch die Regeln des Straßenverkehrs gehören, bis zum Medium einer lokalen oder regionalen Sprache) sind eher hinderlich. Die durch den Zirkulationsprozeß und die Konkurrenz auf dem Weltmarkt transportierten Konsummuster drücken einer spezifischen räumlichen Realität ihren Stempel auf. Bei der Produktion gilt Analoges" (E. Altvater 1987, S. 37f).

134 Zur ökologischen Horizonterweiterung der Kritik der Politischen Ökonomie unter dem Aspekt der konkreten und abstrakten Natur vgl. insbesondere W. Sesink 1989

135 Prof. Dr. K. Traube, Signale setzen, daß alle mitmachen, in: Der Spiegel vom 14.11.1988, S. 43

136 Unsere gegenwärtige Gesellschaftsstruktur ist einfach zu kompliziert und zu energiehungrig, um die industrielle Superstruktur aufrechterhalten zu können. Auch nach E. Schumacher (1977) sind industrielle Massenproduktion und modernes Großstadtleben mit solarer Energiegewinnung nicht vereinbar. Für ihn werden ältere Wirtschaftsformen wieder aktuell. Dazu gehört, daß sich der Großteil der Transformationsarbeit auf menschliche und tierische Arbeitskraft zurückzuverlagern hat.

137 C. F. von Weizsäcker 1983, S. 13f

138 "Wir können die Tatsache nicht akzeptieren, daß diese Welt eines Tages aufhören wird zu existieren; ebensowenig wie wir die Tatsache unseres eigenen Todes akzeptieren wollen. Das Entropiegesetz sagt uns, daß jede Existenz einzigartig ist; und es ist diese Einmaligkeit eines jeden Ereignisses, die uns bewußt macht, daß wir allem, was uns umgibt, Respekt schulden. Die

Welt existiert nur vorübergehend. In ihrer Begrenztheit erfahren wir unsere eigene. In ihrer Verwundbarkeit erfahren wir unsere eigene Fragilität" (J. Rifkin 1982, S. 288).

[139] Ebenda S. 291

[140] Vgl. hierzu ausführlich K.M. Meyer-Abich 1988, S. 9, 23

[141] Vgl. ausführlich K.M. Meyer-Abich 1979, S. 140ff

[142] Aus dem Gedanken der Natursubjektivität entwickelt W. Sesink in seiner Habilitationsschrift 1988 eine neue Grundlegung der Dialektik des Menschseins, eine Bildungstheorie, die zugleich ein verändertes Verhältnis des Menschen zur Natur impliziert.

[143] G. Böhme/J. Grebe 1985, S. 32f

[144] Ebenda S. 33f

[145] Ohnehin werden Forschung und Entwicklung in der BRD nicht in erster Linie vom Staat finanziert, sondern im Verhältnis 5:2:1 von Wirtschaft, Bund und Ländern. Der Haushalt des Bundesministeriums für Forschung und Technologie umfaßt nur ein Achtel (12,4%) der gesamten Forschungs- und Entwicklungsmittel. Auf die Grundlagenforschung entfallen 1989 etwa 38% des BMFT-Haushalts. Das Gewicht der gesamten Forschung, gemessen am Bruttosozialprodukt, beträgt 2,7% (in USA und Japan 2,7%).

[146] Der Regierungsentwurf sieht für Unwelttechniken eine überproportionale Steigerung der Ansätze (+3,6%) auf hohem Niveau vor (BMFT-Journal Nr. 4/Oktober 1988). K.M. Meyer-Abich verlangt, daß jeweils 5% der Mittel für naturwissenschaftliche und technische Forschungsprojekte einer kultur- und sozialwissenschaftlichen Begleitforschung ausgegeben werden sollen (D. Wetzel, Es wird dunkel auf dem Planeten, in: Der Spiegel Nr. 44/1988, S. 130)

[147] G. Altner 1984, S. 14f

[148] Ebenda S. 14

F. AUSBLICK

In der Auseinandersetzung mit dem Umweltproblem der heutigen Gesellschaft geht es nicht nur um wirtschaftliche, technische und wissenschaftliche Fragen. Es treffen auch unterschiedliche Vorstellungen von Werten und Zielen unseres Lebens aufeinander. Die ökologische Krise beinhaltet zugleich eine Erschütterung der herrschenden Normen, Leitbilder und Lebensweisen der modernen Zeit. Vertieftes Naturverständnis zielt auf eine Veränderung der Inhalte und Formen menschlichen Daseins. Eine solche Umwälzung setzt voraus, daß die vorherrschende Mentalität der Naturbeherrschung zurückgedrängt wird und Ordnungen aufgegeben werden, die der maßlosen Expansion der Wirtschaft zugrunde liegen. Die Anhänger und Akteure der alternativen Wirtschaft geben dafür erste Beispiele. Sie verweigern bestimmte Leistungen und entwickeln gebrauchswertorientierte Produktionen, die weniger arbeitsteilig, nicht zentral geleitet, sondern im Mikrobereich ihrer Aktivitäten selbstbestimmt und genossenschaftlich organisiert sind. In gewisser Weise verkörpern sie eine Kulturrevolution, die um so bedeutsamer ist, je deutlicher es wird, daß wir uns selbst Grenzen der Machtausübung, der Produktion und des Konsums auferlegen müssen, wenn der ökologische Zusammenbruch verhindert und dem Menschen seine Umwelt nicht weggewirtschaftet werden soll.

Langfristig ist eine grundlegende Umgestaltung unseres Wirtschaftssystems kaum zu umgehen. Auch die Wirtschaftstheorie hat sich methodisch umzuorientieren. Ihre bisherigen Kategorien und Instrumente können die sozialen und ökologischen Implikationen der ökonomischen Praxis nicht länger tabuisieren. **Das Entropiegesetz wirtschaftlicher Entwicklung markiert ein neues Paradigma.** Grundlegend ist die physikalische Koordinate des Mangels. **Einen ausgeglichenen Haushalt mit der Natur kann es erst geben, wenn die Gesellschaft nicht schneller produziert und konsumiert, als es die Natur verkraften kann.** Die Richtung ist klar. Das Interesse an der Umwelt wächst. Dennoch reißen die Hiobsbotschaften nicht ab: Zyankali in der Mosel, Listerien im Käse, Plutonium in falsch deklarierten Fässern, Formaldehyd in Kindergärten, Salmonellen im Milchpulver, Ölpest in der Bretagne, Pinguinsterben in der Antarktis usw. usw. usw. In aller Regel gibt es auch Schuldige, zumindest Verantwortliche. Die Betroffenheit des einzelnen beschränkt sich darauf, möglichst wenig betroffen zu sein. Ebenso wichtig ist das lautlose, oft unsichtbare Dahinsterben der Natur unterhalb der Wahrnehmungsschwelle. Man hat sich bereits daran gewöhnt, daß in Flüssen nicht mehr zu baden oder zu angeln ist, daß Pilze aus der freien Natur oder die Leber des Wildes nicht mehr zu genießen sind. Im vergangenen Jahr flossen allein 14 Mio t Salz die Werra und Weser hinab (9 Zehntel davon aus der DDR). Der Rhein befördert als Schmutzfracht in die Nordsee Jahr für Jahr fast eine halbe Mio t Stickstoff, 37000 t Phosphor, 450 t Kupfer, 250 t Blei, 160 t Arsen usw. usw. usw.[1]. Eigentlich sind diese täglichen Dauerbelastungen der Umwelt noch folgenschwerer als die spektakulären Unfälle, von denen in der Presse meistens ausführlich berichtet wird.

Erst in der Summe der vielen kleinen Schritte gegen die Natur entsteht jene fatale Wirkung, die den Menschen zum Opfer seiner eigenen Taten werden läßt. Obwohl es unterschiedlich gefährliche Substanzen gibt, bleibt die **Frage der**

Menge nach wie vor die Kernfrage der Umweltpolitik. Werden Umweltverbrauch und -belastung stärker betrieben, als es Absorption und Recycling der Ökosphäre zulassen, nimmt die Unordnung bzw. Verschmutzung der Umwelt weiter zu, mit der Folge, daß sich die natürlichen Lebensbedingungen des Menschen verschlechtern bzw. der Aufwand an (mechanischer) Arbeit zur Erhaltung des gleichen Niveaus steigern wird. Gelänge es der Wirtschaftswissenschaft, die externen Effekte der ökonomischen Praxis bei zunehmender Konkurrenz vollends zu erfassen und im privaten Rechnungswesen der Unternehmungen gänzlich zu internalisieren, erscheint es nicht ausgeschlossen, daß sich das Marx'sche Gesetz vom tendenziellen Fall der Profitrate in späten Tagen noch bewahrheitet. Doch es geht hier nicht um eine Reaktualisierung des Wertgesetzes, sondern um die Begründung einer Umweltpolitik, die alle Schäden an Natur und Mensch sowie deren Bedrohung global berücksichtigt und eine ökologische Katastrophe langfristig durch vorbeugende Maßnahmen verhindert. Eine solche Politik hat die Stoff- und Energieströme so zu beeinflussen, "daß die Funktionen, insbesondere der ökologischen Teilsysteme und deren Zusammenwirken, gewahrt bleiben und damit die Leistungsfähigkeit der Naturpotentiale materiell und immateriell erhalten oder gefördert wird". Dazu gehören längs- und querschnittsorientierte Planungen und Maßnahmen, die vor allem die Wirtschafts-, Energie-, Agrar-, Verkehrs- und Siedlungspolitik betreffen[2].

Die weltweite Vernetzung ökologischer Probleme spricht für eine Internationalisierung der Umweltpoltik. Mit einer raschen Umstellung der Weltwirtschaft auf umweltfreundliche Energie-, Produktions-, Konsum- und Verteilungsformen ist freilich kaum zu rechnen. Im Vordergrund stehen Maßnahmen zur Verschärfung und Vereinheitlichung der Sicherheits- und Emissionsstandards sowie zum Schutz der Meere und Gewässer. Sie implizieren einheitliche Meßverfahren und Überwachungssysteme. Die Europäische Gemeinschaft (EG) leistet dafür Entwicklungsarbeit, obwohl gerade sie zeigt, daß die Verwirklichung des Prinzips einer guten Nachbarschaft relativ schwer ist und der Umweltschutz zu den Stiefkindern des Binnenmarktes eines künftigen Europas gehört[3]. Die größten Fortschritte liegen im kleinräumlichen Bereich, in Planungsregionen wie der Euregio, der Regio Basiliensis, der Argealp und der Bodensee-Konferenz. Doch sogar hier erweist sich die Kooperationsbereitschaft in vielen Fällen als äußerst brüchig und oberflächlich. Bisher sind die Aussichten auf eine internationale Umweltpolitik mit einheitlichen Richtlinien und Kompetenzen unter dem Strich recht dürftig. Gelegentlich wird der potentielle Vorbildcharakter der nationalen Umweltpolitik herausgestellt, von dem indirekte Auswirkungen auf die internationale Umweltpolitik erwartet werden[4].

Ökologische Politik muß von vornherein nicht wirtschaftsfeindlich sein. Es gilt, die naturgegebenen Voraussetzungen der Wirtschaft zu erhalten und zu erweitern. Sie dient der Reproduktion und Sicherung der unersetzbaren Ressourcen, auf die der Mensch nicht verzichten kann. Als präventive Maßnahme zum Überleben ist sie auch Vorsorge für die Ökonomie. Dabei muß sich ihre Wirtschaftsethik in ökologische Ethik transformieren. Die ökonomische Praxis hat sich vorrangig in den Dienst der menschlichen Bedürfnisbefriedigung zu stellen. In diesem Punkt ist der Konflikt mit der Optimierungsstrategie der Kapitalverwertung vorprogrammiert. Das erforderliche **Gleichgewicht** zwischen ökonomischen Bedürfnissen und natürlichen Ressourcen ist **nur herstellbar, wenn die Vorrangigkeit der ökologischen Umweltpolitik in der Politik überhaupt anerkannt wird.**

Erst so läßt sich der von C. F. von Weizsäcker erkannte Zusammenhang zwischen Wirtschaftsstil und Politik, zwischen Umwelt- bzw. Sozialverträglichkeit einer Praxis und Schaffung eines weltweiten Friedens positiv realisieren. Und das heißt: Wirtschaftspolitik und Wirtschaftspraxis müssen dazu gebracht werden, die Naturgüter als knappe Güter zu behandeln[5]. Das gegenwärtige Markt- und Preissystem ist dazu nicht in der Lage. Die Kosten und Schädigungen der Umwelt werden preislich überhaupt nicht oder nur unzureichend ausgewiesen. Ziel der künftigen Umweltpolitik sollte sein, "die Wirtschaft in den von der Natur gesteckten Grenzen zu entwickeln, Ökologie und Ökonomie in eine adäquate Rangordnung zu bringen". Sie müßte sich von einer Fixierung auf Wachstumsraten lösen. Anzustreben ist eine Wirtschaftsentwicklung "ohne Mehrbedarf an Energie, Rohstoffen, Landschaftsräumen und anderen Naturressourcen, ohne erhöhte Umweltbelastungen"[6]. Naturkonformes Wirtschaften wird gefragt. Produktion und Konsum müssen dem Naturhaushalt langfristig entsprechen. Sie dürfen nicht einem durch Kapitalverwertungsinteressen und -strategien künstlich aufgeputschten Bedarf dienen.

In einer naturgerechten Marktwirtschaft darf es nicht eine von ökologischen und sozialen Kosten losgelöste Rentabilität geben. Soweit die private Wirtschaft aus eigener Vernunft dazu nicht kommt, muß der Staat den erforderlichen ökologischen Rahmen abstecken und durchsetzen. Damit wird zugleich einiges von dem wiederbelebt, was in der Nachkriegszeit als soziale Errungenschaft gefeiert wurde: "**Die Marktwirtschaft ist - was die Rahmengebung anbelangt - eine staatliche Veranstaltung**"[7]. Die Liberalen haben es immer gewußt, und unter ihnen keiner besser als M. Friedman, obwohl er vordergründig mit dem Markt argumentiert. Allerdings ist zu berücksichtigen, "daß umfassender Umweltschutz nur im Rahmen einer wirtschafts- und gesellschaftspolitischen **Gesamtkonzeption** erreichbar ist, die nicht auf eine nachträgliche Minderung eingetretener Fehlentwicklungen, sondern auf einen ökologischen und sozialen Umbau abzielt"[8]. Unterstellt wird, daß die alte Wachstumsformel nicht mehr praktikabel ist, weder beschäftigungspolitisch (es wären 5 bis 6%ige Wachstumsraten nötig, um die bestehende Arbeitslosigkeit zu beseitigen) noch umweltpolitisch, weil die Umweltbelastung und das Tempo ihrer Beschleunigung für das menschliche Ökosystem tödlich wird. Fraglich bleibt nur, wie diese Umorientierung vor sich gehen soll und ob sie unter den gegebenen Bedingungen überhaupt durchsetzbar ist.

Die Gesamtaussichten sind ambivalent. Während die Keynesianer ein Integrationskonzept (Politik erweiterter Bündnisse) verfolgen, um sich politische Akzeptanz zu verschaffen und potentielle Widerstände frühzeitig zu absorbieren[9], bevorzugen die Neoliberalen ein Segmentationskonzept (Politik verstärkter Konkurrenz), das alles zu Geld machen will, was überhaupt privatisierbar ist und sich individuell lohnt, aber umgekehrt das Nichtverwertbare oder bereits Ausgeschöpfte rigoros marginalisiert. Die Keynesianer vertrauen noch dem berühmten Homo-mensura-Satz des Protagoras (Der Mensch ist das Maß aller Dinge!), den Platon immer zurückwies. Im Denken M. Friedmans reflektiert sich die Marx'sche Figur der Subjekt-Objekt-Verkehrung: Die Produkte der Arbeit verselbständigen sich in der Kapitalakkumulation, vor allem auf der Seite des Geldkapitals. Der Automatismus der Institutionen wirkt zurück. Aus Macht wird Ohnmacht! Für die ökologieorientierte Volkswirtschaftslehre impliziert diese Entwicklung, daß ihre Stunde noch längst nicht gekommen ist. Allerdings kann ihre interdisziplinäre Blickweise dazu beitragen, daß vor allem die Bewohner der

Industriestaaten bewußt mitregistrieren, wohin die kapitalistische Wirtschaft ihre naive Gesellschaft treibt.

Unter diesem Vorzeichnen dürfte die **Frage nach dem Sinn und der Vernünftigkeit wirtschaftlichen Fortschritts** eine gesteigerte Aktualität erlangen. Die alte Kontroverse um Markt- und Planwirtschaft steht nicht mehr zur Debatte. Im Ostblock wird längst marktorientiert gedacht, und im Westen ist der Trend zum Interventionsstaat kaum mehr zurückzunehmen. Es gibt keinen Zweifel, daß das industrialistische System der Kapitalverwertung weltweit unter einen Rechtfertigungsdruck gerät. Es muß sich neu präsentieren. Seine Ziele und Werte müssen vorzeigbar sein. Die augenblickliche Phase der Kulturkampagne (von der Unternehmenskultur bis zur Stadt- und Politikkultur) signalisiert, daß man sich neu legitimieren will. Selbst Top-Manager großer Firmen betonen die Notwendigkeit und Dringlichkeit dieser Strategie. Die Krise der Ethik ist inhaltlich eine Krise der Wirtschaft. Selbst die instrumentelle Wirtschaftswissenschaft entdeckt, daß sich die Frage nach dem Wie einer wirkungsvollen Globalsteuerung von der Frage nach dem Was und Warum kaum ablösen läßt. Antworten auf existentielle Grundthemen sind wieder begehrt. Dabei stellt sich auch die Frage nach dem Sinn der maßlosen Wohlstandsmehrung und gewaltigen Materialverschwendung. Es geht in vielen Bereichen und auf verschiedenen Ebenen um die Suche nach einem Ausweg aus einem Dilemma, bei dem die ökologieorientierte Volkswirtschaftslehre mithelfen kann, über den Tellerrand der Kapitalökonomie zu schauen.

Einerseits wird der Umweltpolitik aufgrund bestimmter Instrumente und eigener Kompetenzen/Ziele die Fähigkeit zur Steuerung bzw. Regulierung des Verhältnisses von Allgemein- und Privatinteresse, von menschlicher Umwelt und ökonomischem System zugetraut. Im Prinzip sind die Menschen die Bedingungen ihres eigenen Tuns, auch in der Politik. Die Entwicklung des menschlichen Könnens von der Antike bis heute bestätigt diese Auffassung, in gewissem Sinne sogar so stark, daß Arbeits-, Stadt-, Technik-, Wissenschafts- und Staatskultur für viele Menschen geradezu zum Inbegriff einer gesicherten Herrschaft werden. Andererseits ist die Umweltpolitik trotz ihrer rechtlichen und ökonomischen Gestaltungskraft innerhalb der nationalen Grenzen eingebettet in den weltwirtschaftlichen Zusammenhang, in dem die BRD als einzelne Nationalökonomie durch die Konkurrenz zu anderen Staaten so genötigt und geformt wird, daß sie den **Primat der privaten Ökonomie** in ihrem eigenen Land nicht beseitigen kann, der die ökologische Misere strukturell bestimmt.

Der Optimismus hinsichtlich des nationalen Handlungsspielraums für immer längere und unübersichtlichere Handlungsketten wird inzwischen von skeptischen bis pessimistischen Vorbehalten durchdrungen. Gesellschaftlich sind Ökonomie und Staat genauso wenig voneinander zu trennen wie Ziele und Mittel. In der Diskussion und Analyse ist diese Trennung methodisch zwar möglich und legitim. Aber wenn es darum geht, die Realität der Umweltpolitik in ihrer gesellschaftlichen Vermittlung zu begreifen, muß man das gedanklich und analytisch Getrennte wieder zusammenführen. Ökonomie und Staat stehen in einem Implikationszusammenhang, aus dem sich ergibt, daß das eine ohne das andere nicht bestimmbar ist und daß seine jeweilige Verabsolutierung nicht selten unberechtigte Illusionen erzeugt. Für die Erfassung der politischen Möglichkeiten zur Herstellung eines neuen menschlichen Verhältnisses zur Umwelt ist diese Erkenntnis von fundamentaler Bedeutung. Allerdings steht die grundlagentheoretische Erforschung der gesellschaftlichen Bestimmung des heutigen Staates erst am Anfang. Für die Beziehung zur Umwelt endet sie nicht selten mit der Feststellung, daß die Politik nur so gut sein kann wie das Bewußtsein der Menschen, die sie machen oder beeinflussen. Daß eine solche Binsenweisheit wenig hilft, sollte namentlich kommende Generationen dazu ermuntern, über die Beziehung von Staat und Ökonomie in der heutigen Gesellschaft gründlich und grundsätzlich nachzudenken. Dazu gehört die gesellschaftstheoretische und philosophische Reflexion, die in der Wirtschaftswissenschaft leider viel zu stark zurückgedrängt und im Rahmen der staatlichen Umweltforschung kaum noch gefördert wird.

Anmerkungen

[1] Vgl. hierzu C. Möhring, Die kleinen Schritte gegen die Natur, in: FAZ v. 3.3.1988

[2] K. Buchwald 1980, S. 74f

[3] Vgl. neuerdings P. Hort, Umweltschutz - Stiefkind Europas, in: FAZ v. 16.6.1988

[4] "Ein Staat, der statt Rohstoffverschwendung eine konsequente Kreislaufwirtschaft betreibt, schädigt nicht die internationalen Verkehrswege - den Luftraum, die Meere, die Landverbindungen - durch kontinuierliche Herbeischaffung dieser Rohstoffe unter Freisetzung von Abgaben etc. Ein Staat, der mittlere oder Kleintechnologie herstellt und exportiert, schädigt nicht fremde Staaten, indem er ihnen lebensfeindliche Produktionsformen aufdrängt, nahelegt oder doch ermöglicht. Ein Staat, der ungiftige Produkte und Produktionsweisen bevorzugt fördert, gerät nicht in die Versuchung, seine Abgase und Abwässer mit Wind und Wellen über die Grenzen zu drängen bzw. seinen Giftmüll durch andere zu schleusen oder unter Ausnutzung ihrer Armut oder Devisengier diesen Müll anderen Staaten ins Land zu lotsen. Ein Staat, der umweltfreundlich produziert, distribuiert und konsumiert, schont sein eigenes Territorium wie das Territorium seiner Nachbarn. Im Medium einer wirksamen nationalen betreibt er zugleich indirekt auch eine wirksame internationale Umweltpolitik" (P. C. Mayer-Tasch 1987, S. 118).

[5] Vgl. auch W. L. Bühl 1981

[6] E. Guhde 1984, S. 130f

[7] Ludwig Erhard 1962, Soziale Marktwirtschaft. Manifest 72, S. 242

[8] M. Müller 1985, S. 45

[9] Mit J. Habermas (1981) zu sprechen, ist Integration ein "verdeckt strategisches Handeln" (S. 445). Es vermittelt den Beteiligten das Gefühl eigener Einflußmöglichkeit, auch einen Bereich subjektiver Kompetenz, aber tatsächlich werden die wichtigen Entscheidungen andernorts ohne sie getroffen.

Literaturverzeichnis

Adler, U./**Unsinn**, S., Problemskizze zur Entwicklung einer Theorie ökologischer Technikwissenschaft, Nr. 83 Arbeitspapiere des Fachbereichs Wirtschaftswissenschaft der Bergischen Universität, Wuppertal 1984

Afheld, H. (Hrsg.), Bilder einer Welt von morgen - Modelle bis 2009. Stuttgart 1986

Akerman, J., Das Problem der sozialökonomischen Synthese, Lund 1938

Albert, H., Ökonomische Ideologie und politische Theorie, Heft 4, Monographien zur Politik, hrsg. v. Forschungsinst. f. Sozial- und Verwaltungswiss. a. d. Universität Köln, Göttingen 1954

Albert, H., Nationalökonomie und Soziologie. Zur sozialwissenschaftlichen Integrationsproblematik, in: Kyklos, Vol. 13/H. 1, 1960

Albert, H., Marktsoziologie und Entscheidungslogik. Ökonomische Probleme in soziologischer Perspektive, Neuwied/Berlin 1967

Albert, H., Modell-Platonismus. Der neoklassische Stil des ökonomischen Denkens in kritischer Beleuchtung, in: Logik der Sozialwissenschaften, hrsg. v. E. Topitsch, Berlin/Köln 1967

Altner, G., Anthropologische und theologische Überlegungen zum Mensch-Natur-Verhältnis, in: Was bleibt den Enkeln? Die Umwelt als politische Herausforderung, Graz/Wien/Köln 1978

Altner, G., Wahrnehmung der Interessen der Natur. Bestimmung des Eigenrechts der Natur und Möglichkeiten, dieses im Zivilisationsprozeß zur Geltung zu bringen, in: Frieden mit der Natur, hrsg. v. K. M. Meyer-Abich, Freiburg/Basel/Wien 1979

Altner, G., Ökologisierung der Technik? Über die Begründbarkeit von Wertmaßstäben und daraus abzuleitender Zielvorstellung für Technologiefolgenbewertung und Technologieentwicklung, Berlin 1984

Altner, G. (Hrsg.), Die Welt als offenes System. Eine Kontroverse um das Werk von Ilya Prigogine, Frankfurt/M. 1986

Altvater, E., Ökologiebewegung und Arbeiterbewegung. Ein Widerspruch?, in: Prokla Nr. 39 1980

Altvater, E., Umbau oder Abbau des Sozialstaats? - Überlegungen zur Restrukturierung des 'Welfare State' in der Krise, in: Prokla 49/1982

Altvater, E., Der Teufelskreis der Auslandsverschuldung - Der Weltmarkt auf dem Weg in eine Kreditkrise?, in: Prokla 52/1983

Altvater, E., Ökologische und ökonomische Modalitäten von Zeit und Raum, in: Prokla 67/1987

Altvater, E., Sachzwang Weltmarkt, Hamburg 1987a

Altvater, E./**Hübner**, K./**Stanger**, M., Alternative Wirtschaftspolitik jenseits des Keynesianismus. Wirtschaftspolitische Optionen der Gewerkschaften in Westeuropa, Opladen 1983

Altvater, E./**Hickel**, R./**Hoffmann**, J./u.a. (Hrsg.), Markt, Mensch, Natur. Zur Vermarktung von Arbeit und Umwelt. Hamburg 1986

Amery, C., Natur als Politik. Die ökologische Chance des Menschen, Reinbek 1978

Apel, K. O., Das Apriori der Kommunikationsgemeinschaft und die Grundlagen der Ethik (1973), gekürzt abgedruckt in: Philosophische Arbeitsbücher 2. Diskurs: Sittliche Lebensformen, hrsg. v. Oelmüller/Dölle/Piepmeier, Frankfurt/M. 1978

Apel, K. O., Grenzen der Diskursethik. Versuch einer Zwischenbilanz, in: Zeitschr. f. philosoph. Forschung 1/1986

Arbeitsgruppe Alternative Wirtschaftspolitik, Memorandum '85. Köln 1985

Arbeitsgruppe Alternative Wirtschaftspolitik, Memorandum '87. Köln 1987

Aristoteles, Die Nikomachische Ethik, übers. und hrsg. von O. Gigon, München 1972

Aristoteles, Physikvorlesung, übers. v. H. Wagner, Darmstadt 1967

Aristoteles, Politik, übers. und hrsg. von O. Gigon, München 1973

Armanski, G., Überlegungen zum Verhältnis von Mensch, Natur und Gesellschaft. In: Prokla (1979), Nr.34, S. 109ff

Auer, A., Umweltethik. Ein theologischer Beitrag zur ökologischen Diskussion, Düsseldorf 1984

Bamme, A./**Feuerstein**, G. u. a., Maschinen-Menschen, Mensch-Maschinen. Grundrisse einer sozialen Beziehung, Reinbek 1983

Bartölke, K. u.a. (Hrsg.), Möglichkeiten der Gestaltung von Arbeit und Technik in Theorie und Praxis, Bonn 1986

Baudrillard, J., Der symbolische Tausch und der Tod, München 1982

Baumol, W. J./**Oates**, W. E., The Theory of environmental Policy. Externalities, public Outlays and die Quality of Life, Englewood Cliffs/New Jersey 1975

Bayerl, G., Materialien zur Geschichte der Umweltproblematik, in: Demokratische und autoritäre Technik, Technologie und Politik, hrsg. v. F. Duve, Bd. 16, Reinbek 1980

Bärsch, J./**Frank**, J., Kollektive Verwaltung der Umwelt versus ökologische Selbstbestimmung?, in: Ökonomie und Gesellschaft. Jenseits von Staat und Kapital, Jahrbuch 3, Hamburg 1985

Bätzing, W., Ökologische Stabilität und menschliche Arbeit, in: Wechselwirkung 21/1984

Beck, U., Risikogesellschaft, Frankfurt/M. 1986

Beck, U., Gegengifte. Die organisierte Unverantwortlichkeit, Frankfurt/M. 1988

Beckenbach, F., Grüne Wirtschaftspolitik - machbare Utopien. Köln 1985

Beckenbach, F., Möglichkeiten und Grenzen einer Ökologisierung der Ökonomie. In: Prokla (1987), Nr. 67, S. 55ff

Beckermann, W., Naturwissenschaftler, Wirtschaftswissenschaftler und Umweltkatastrophe. Tübingen 1972

Behrens, R./**Steiger**, O., Keynesianische Fundamentalisten und die Krise der herrschenden Keynes-Interpretation, in: Staatsgrenzen, Argument-Sonderband 89, Berlin 1982

Bell, D./**Kristoll**, I. (Hrsg.), Die Krise in der Wirtschaftstheorie. Berlin, New York 1984

Bender, D., Makroökonomik des Umweltschutzes, Göttingen 1976

Benner, D., Theorie, Technik, Praxis, in: Zeitschr. f. Päd., 15. Beih. 1978

Berger, P. L./**Luckmann**, Th., Die gesellschaftliche Konstruktion der Wirklichkeit. Eine Theorie der Wissenschaftssoziologie. Frankfurt/M. 1970

Bergsdorf, W., Über die Macht der Kultur. Kommunikation als Gebot der Politik, Stuttgart 1988

Bernholz, P./**Breyer**, F., Grundlagen der politischen Ökonomie. Tübingen 1984

Beywl, W., Alternative Ökonomie - Selbstorganisierte Betriebe im Kontext neuer sozialer Bewegungen, in: Neue soziale Bewegungen in der Bundesrepublik Deutschland, Bundesz. f. pol. Bildung Schriftenreihe Band 252, hrsg. v. R. Roth/D. Rucht, Bonn 1987

Biedenkopf, K. H., Die neue Sicht der Dinge. Plädoyer für eine freiheitliche Wirtschafts- und Sozialordnung. München 1985a

Biedenkopf, K. H., Wegzeichen für die Soziale Marktwirtschaft zum Zielpunkt einer ökologischen Marktwirtschaft. In: Buddenberg, H. (Hrsg.): Rettet die Umwelt!. Herford 1985b

Biervert, B./**Held**, M. (Hrsg.), Ökonomische Theorie und Ethik, Frankfurt/New York 1987

Binder, K., Naturalisierung der Politik oder Politisierung des Naturumganges, in: Wechselwirkung 16/1983

Binswanger, H. Chr., Natur und Wirtschaft. Die Blindheit der ökonomischen Theorie gegenüber der Natur und ihrer Bedeutung im Wirtschaftsprozeß, in: Frieden mit der Natur, hrsg. v. K. M. Meyer-Abich, Freiburg/Basel/Wien 1979

Binswanger, H. Chr./**Bonus**, H./**Timmermann**, M., Wirtschaft und Umwelt. Möglichkeiten einer ökologieverträglichen Wirtschaftspolitik. Stuttgart 1981

Binswanger, H. Chr./u.a., Der NAWU-Report. Wege aus der Wohlstandsfalle. Frankfurt a.M. 1987

Birk, M./**Eggerstedt**, H./**Tegtmeier**, A. P. (Hrsg.), Politik gegen die Krise. Beiträge zu einer alternativen Wirtschaftspolitik. Marburg 1985

Birnbacher, D. (Hrsg.), Ökologie und Ethik, Stuttgart 1980

Blaas, W., Zur Rolle der Institutionen in der ökonomischen Theorie, in: Konzepte einer humanen Wirtschaftslehre. Beiträge zur institutionellen Ökonomie und zur Integration der Sozialwissenschaften, Offene Welt, hrsg. v. Chr. Leipert, Frankfurt/M. 105/1982

Blume, A., Die Fabrik. Zur Kritik betrieblicher Macht, Kooperation, Hierarchie und Disziplin, Gießen 1981

Bonus, H., Über Schattenpreise von Umweltressourcen, in: Jahrbuch für Sozialwissenschaft, Bd. 23/1972

Bonus, H., Ökonomische Strategien des Umweltschutzes und die Verteilung von Nutzen und Kosten. In: Engelhardt, H. D./u.a. (Hrsg.): Umweltstrategie. Materialien und Analysen zu einer Umweltpolitik der Industriegesellschaft. Gütersloh 1975, S. 393-408

Bonus, H., Öffentliche Güter und der Öffentlichkeitsgrad von Gütern, in: Zeitschr. f. d. ges. Staatswissenschaft 136/1980

Bonus, H., Wirtschaftswachstum, Umweltressourcen und umweltpolitische Instrumente. In: Wegehenkel, L.: Symposium Umwelt als Herausforderung der Marktwirtschaft - Neue Ideen Jenseits des Dirigismus. Stuttgart 1983, S. 19-44

Bonus, H., Marktwirtschaftliche Instrumente im Umweltschutz. In: Wirtschaftsdienst Bd. 64 (1984), S. 169-172

Bonus, H., Marktwirtschaftliche Konzepte im Umweltschutz. Auswertung amerikanischer Erfahrungen im Auftrag des Landes Baden-Würtemberg. Stuttgart 1984

Bonus, H., Zwei Philosophien der Umweltpolitik: Lehren aus der amerikanischen Luftreinhaltepolitik. List Forum Bd. 12, 1984

Bookchin, M., Die Ökologie der Freiheit. Wir brauchen keine Hierarchien, Weinheim/Basel 1985

Bourdieu, P., Die feinen Unterschiede, 4. Aufl., Frankfurt/M. 1987

Böhm-Bawerk, E. v., Grundzüge des wirtschaftlichen Güterwerts, in: Jahrb. f. Nat. Ök. u. Statistik 1886

Böhme, G., Die Reproduktion von Natur als gesellschaftliche Aufgabe, in: Soziale Naturwissenschaft. Wege zu einer Erweiterung der Ökologie, hrsg. v. G. Böhme/E. Schramm, Frankfurt/M. 1985

Böhme, G./**Grebe**, J., Soziale Naturwissenschaft - Über die wissenschaftliche Bearbeitung des Stoffwechsels Mensch-Natur, in: Soziale Naturwissenschaft. Wege zu einer Erweiterung der Ökologie, hrsg. v. G. Böhme/E. Schramm, Frankfurt/M. 1985

Böhme, G./**Schramm**, E., Soziale Naturwissenschaft. Wege zu einer Erweiterung der Ökologie, Frankfurt/M. 1985

Brand, K. W., Ökologiebewegung und technisch-industrielle Entwicklung, in: Technik und Gesellschaft, Jahrbuch 2, Frankfurt/New York 1983

Braverman, H., Die Arbeit im modernen Produktionsprozeß, Frankfurt/New York 1977

Breit, E., Umweltschutzinvestitionen als Grundlage des qualitativen Wachstums. In: Hauff, V./Müller, M. (Hrsg.): Umweltpolitik am Scheideweg. Die Industriegesellschaft zwischen Selbstzerstörung und Aussteigermentalität. München 1985, S. 13-20

Breschnew, L., Rechenschaftsbericht des ZK der KPdSU, gegeben auf dem XXIV. Parteitag der KPdSU. In: Prawda (20.9.72)

Brezinka, W., Der erziehungsbedürftige Mensch und die Institutionen, Festschrift für F. Schneider, 1961

Brezinka, W., Wertwandel und Erziehung in der Schule, in: Pädagogische Rundschau 1/1986

Brunowsky, R.-D./**Wicke**, L., Der Öko-Plan. Durch Umweltschutz zum neuen Wirtschaftswunder, München/Zürich 1984

Brüse, F., Kulturpolitik auf neuen Wegen, Köln 1988

Buch, A./**Splett**, J., Wissenschaft - Technik - Humanität. Beiträge zu einer konkreten Ethik, Frankfurt/M. 1982

Buchanan, J. M., Die Grenzen der Freiheit, Tübingen 1984

Buchholz, G., Geschichte und Begriff der Rationalisierung, Nr. 53 Arbeitspapiere des Fachbereichs Wirtschaftswissenschaft der Universität-Gesamthochschule Wuppertal, Wuppertal 1981

Buchholz, G., Rationalisierung im Konjunkturverlauf, Spardorf 1983

Buchwald, K., Umwelt - Mensch - Gesellschaft. Die Entstehung der Umweltproblematik, in: Handbuch für Planung, Gestaltung und Schutz der Umwelt, Bd. 1, hrsg. v. K. Buchwald/W. Engelhardt, München 1978

Buchwald, K., Umweltpolitik, Bd. 4, München 1980

Buddenberg, H. (Hrsg.), Rettet die Umwelt!. Herford 1985

Buhofer, H. (Hrsg.), Liberalismus als Verjüngungskur. Freiheit und Selbstverantwortung, Zürich/Wiesbaden 1987

Buntbuch, Droht uns der gemeinsame Untergang? Marxismus und Ökologie. Hamburg 1980

Bühl, W. L., Ökologische Knappheit. Gesellschaftliche und technologische Bedingungen ihrer Bewältigung, Göttingen 1981

Bünnig, J./**Fobbe**, G./**Höfkes**, U., Zur aktuellen Neustrukturierung des Kapital- und Klassenverhältnisses. Der Betrieb als Formationsbasis sozialökonomischen Strukturwandels, in: Marxistische Studien, Jahrbuch des IMSF 7/1984

Campbell, B., Ökologie des Menschen. Unsere Stellung in der Natur von der Vorzeit bis heute, Berlin 1987

Capra, F., Das neue Denken. Aufbruch zum neuen Bewußtsein, 1. Aufl., Bern/München/Wien 1987

Castro, F., Die Verschuldungskrise der Weltwirtschaft und die aufhaltsame Zerstörung des Kapitalismus durch die Banken, in: Leviathan 4/1985

Chamberlin, E. H., The Theory of Monopolistic Competition, Cambridge/Mass. 1933

Christlich Demokratische Union (Hrsg.), Humanität im Arbeitsleben. Bonn 1975

Christlich Demokratische Union (Hrsg.), Freiheit - Solidarität - Gerechtigkeit. Grundsatzprogramm der Christlich Demokratischen Union Deutschlands. Bonn 1978

Christlich Demokratische Union (Hrsg.), Umweltpolitik der CDU in der 11. Legislaturperiode. Neue Phase für Umwelt- und Naturschutz. Bonn 1987

Christlich Soziale Union (Hrsg.), Grundsatzprogramm der Christlich Sozialen Union. München 1976

Claassen, E. M., Probleme der Geldtheorie, Berlin/Heidelberg/New York 1970

Claassen, E. M., Die Definition der Geldmenge, in: Wisu 5/1974

Coase, R., The problem of social cost. In: The Journal of Law and Economics (1960), S. 1-44

Commoner, B., Wachstumswahn und Umweltkrise, München/Gütersloh/Wien 1973

Commoner, B., Energieeinsatz und Wirtschaftskrise. Die Grundlagen für den radikalen Wandel, Reinbek 1977

Conert, H., Ökologie und Gesellschaft. Eine Einführung in das Problem "Mensch-Natur-Gesellschaft" aus marxistischer Sicht. Hamburg 1984

Conrad, J., Risikoforschung und Ritual - Fragen nach den Kriterien der Akzeptabilität technischer Risiken. In: Lutz, B. (Hrsg.): Technik und sozialer Wandel - Verhandlungen des 23. Deutschen Soziologentages in Hamburg 1986. Frankfurt a.M. 1987, s: 455-463

Dean, J. W., Der Zerfall des Keynesianischen Konsenses. In: Bell, D./Kristoll, I. (Hrsg.): Die Krise in der Wirtschaftstheorie. Berlin, New York 1984

Degenhardt, D., Christentum und Ökologie, Starnberg 1979

Derbolav, J., Das Exemplarische im Bildungsraum des Gymnasiums. Versuch einer pädagogischen Ortsbestimmung des exemplarischen Lernens, Düsseldorf 1957

Derbolav, J., Pädagogik und Politik. Eine systematisch-kritische Analyse ihrer Beziehungen, Stuttgart 1975

Derbolav, J., Kritik und Metakritik der Praxeologie, im bes. der politischen Strukturtheorie, Wuppertal 1976

Die GRÜNEN (Hrsg.), Das Bundesprogramm. Bonn 1987

Dienel, P.C., Die Planungszelle. Der Bürger plant seine Umwelt. Eine Alternative zur Establishment-Demokratie, Opladen 1978

Dierkes, M./**Fietkau**, H. J., Umweltbewußtsein - Umweltverhalten, in: WZB-Mitteilungen 39/1988

Drewermann, Der tödliche Fortschritt. Von der Zerstörung der Erde und des Menschen im Erbe des Christentums, Regensburg 1981

Dubos, R., Die Wiedergeburt der Welt. Ökonomie, Ökologie und ein neuer Optimismus, Düsseldorf/Wien 1983

Dudek, P., Naturwissenschaftliche Denkformen und ökonomische Struktur. In: Prokla (1979), Nr. 34

Duwendag, D., Geldmengenpolitik: Eine schwierige Gratwanderung, in: Wirtschaftsdienst II/1988

Eisenbart, C., Äußere und innere Grenzen. Die politische Antwort des Club of Rome auf die Krisen der technischen Welt, in: Humanökologie und Frieden, hrsg. v. C. Eisenbart, Stuttgart 1979

Ellenberg, H., Belastung und Belastbarkeit von Ökosystemen, in: Belastung und Belastbarkeit von Ökosystemen. Tagungsbericht der Gesellschaft für Ökologie, hrsg. v. L. Steubing/C. Kunze/J. Jäger, Gießen 1972

Ellenberg, H. (Hrsg)., Ökosystemforschung. Ergebnisse von Symposien der Deutschen Botanischen Gesellschaft und der Gesellschaft für Angewandte Botanik in Innsbruck, Berlin/Heidelberg/New York 1973

Elsenhans, H., Handlungsspielräume für reformistische Entwicklungsstrategien, in: Auf dem Weg zu einer Neuen Weltwirtschaftsordnung? - Bedingungen und Grenzen für eine eigenständige Entwicklung, hrsg. v. H. D. Evers u. a., Baden-Baden 1983

Endres, A., Die Coase-Kontroverse. In: Zeitschrift für die gesamte Sozialwissenschaft (1977), S. 637-651

Endres, A., Umwelt und Ressourcenökonomie, Darmstadt 1985

Engelhardt, H. D./u.a. (Hrsg.), Umweltstrategie. Materialien und Analysen zu einer Umweltpolitik der Industriegesellschaft. Gütersloh 1975

Engels, F./**Marx**, K., MEW 2. Berlin ohne Jahr

Engels, W., Bankenbeteiligung an Industrieunternehmen, Berlin 1978

Engels, W., The Optimal Monetary Unit. Real-asset Currency, State Monetary Sovereignty, and the Private Issue of Bank Notes, Frankfurt 1981

Eppler, E., Ende oder Wende. Von der Machbarkeit des Notwendigen, Stuttgart/Berlin/Köln 1975

Eppler, E., Wachstum, Politik oder Kapitulation vor Sachzwängen?, in: Vorgänge 16/1977

Erhard, L., Wohlstand für alle, Gütersloh 1962

Ernst-Pörksen, M., Neue Aufgaben für eine alternative Wirtschaftspolitik. In: Projektgruppe Grüner Morgentau (Hrsg.): Perspektiven ökologischer Wirtschaftspolitik. Ansätze zur Kultivierung von ökonomischem Neuland. Frankfurt a.M. 1986, S. 17-26

Esping-Anderson, G., Social-Democratic Roads to Power, Cambridge/Mass. 1983

Esser, J., Einführung in die materialistische Staatsanalyse, Frankfurt/M. 1975

Faber, M./**Niemes**, H./**Stephan**, G., Entropie, Umweltschutz und Rohstoffverbrauch. Eine naturwissenschaftlich ökonomische Untersuchung, Lecture Notes in Economics and Mathematical Systems 214, hrsg. v. M. Beckmann/W. Krelle, Berlin/Heidelberg/New York/Tokio 1983

Faber, M./**Niemes**, H./**Stephan**, G., Umweltschutz und Input-Output-Analyse. Mit zwei Fallstudien aus der Wassergütewirtschaft, Tübingen 1983a

Ferguson, M., Die sanfte Verschwörung. Persönliche und gesellschaftliche Transformation im Zeitalter des Wassermanns, Basel 1982

Finck, H.-F./**Haase**, K., Nitratbelastung des Grundwassers. Schriftenreihe des BMfELF, Münster-Hiltrup 1987

Fischer, F., Darstellung der Bildungskategorien im System der Wissenschaften, Ratingen 1975

Fischer, F., Philosophie des Sinnes von Sinn, Kastellaun 1980

Fisher, I., 100% Money, 2. Aufl., New York 1936

Focault, M., Über Strafjustiz, Psychiatrie und Medizin, Berlin 1976

Focault, M., Überwachen und Strafen. Die Geburt des Gefängnisses, Frankfurt/M. 1977

Forschungsgruppe Soziale Ökologie (Hrsg.), Sozialökologische Arbeitspapiere 23. Frankfurt a.M. 1987

Forsthoff, E., Lehrbuch des Verwaltungsrechts, 1. Bd.: Allgemeiner Teil, München/Berlin 1958

Frank, M./**Raulet**, G./**Reijen**, W.v., Die Frage nach dem Subjekt, Frankfurt/M. 1988

Frankel, S. H., Geld: Die Philosophie und die Psychologie des Geldes, Wiesbaden 1979

Freie Demokratische Partei (Hrsg.), Umweltpolitik für die 80er Jahre - Ökologisches Aktionsprogramm. Bonn 1981

Frey, B. S., Umweltökonomie. Göttingen 1985

Frey, R. L., Umweltschutz als wirtschaftspolitische Aufgabe. In: Schweizerische Zeitschrift für Volkswirtschaft und Statistik (1972), Nr. 108

Frey, R. L./**Gysin**, Chr. H./**Leu**, R. E./**Schmassmann**, N., Energie, Umweltschäden und Umweltschutz in der Schweiz. Grüsch 1985

Friedman, M., The Basic Postulates of the Demand Theory, in: Economic Studies Quarterly 14/1963

Friedman, M., Die optimale Geldmenge und andere Essays, München 1970

Friedman, M., Kapitalismus und Freiheit, Stuttgart 1971

Friedman, M., Die Gegenrevolution in der Geldtheorie, in: Der neue Monetarismus, hrsg. von P. Kalmbach, München 1973

Friedman, M. und R., Chancen, die ich meine. Free to Choose. Ein persönliches Bekenntnis, Frankfurt 1983

Fritsch, B., Die Geld- und Kredittheorie von Karl Marx, Frankfurt/Wien 1968

Fritsch, B., Wir werden überleben. Orientierungen und Hoffnungen in schwieriger Zeit. München, Wien 1981

Fröbel, F./**Heinrichs**, J./**Kreye**, O., Die neue internationale Arbeitsteilung - Strukturelle Arbeitslosigkeit in den Industrieländern und die Industrialisierung der Entwicklungsländer, Reinbek 1979

Fünftes Kaiserslauterner Gespräch, Ökologische Bilanzierung ökonomischer Tätigkeit. In: Simonis, U. E. (Hrsg.): Ökonomie und Ökologie. Auswege aus einem Konflikt. Karlsruhe 1983

Fürst, D./**Nijkamp**, P./**Zimmermann**, K., Umwelt-Raum-Politik. Ansätze zu einer Integration von Umweltschutz, Raumplanung und regionaler Entwicklungspolitik, Berlin 1986

Gehlen, A., Der Urmensch und die Spätkultur, 1965

Georgescu-Roegen, N., The Entropy Law and the Economic Process. Cambridge/London 1971

Georgescu-Roegen, N., The Entropy Law and the Economic Problem, in: Economics, Ecology, Ethics. Essays toward a steady-state Economy, edited by H. E. Daly, San Francisco 1973

Gijsel, P. de, Ökonomie und Gesellschaft. Frankfurt a.M. 1983

Gijsel, P. de/**Haslinger**, F., Geld und Erwartungen: Keynessche Themen in der neueren Theorie. In: Ökonomie und Gesellschaft 5: Keynessche Fragen im Lichte der Neoklassik. 1987, S. 163-186

Glagow, M. (Hrsg.), Umweltgefährdung und Gesellschaftssystem, München 1972

Gleich, A. v., Natur als Grenze oder Partner? Überlegungen zu einem möglichen Naturbegriff der Grünen, in: Wechselwirkung 21/1984

Global 2000. Bericht an den Präsidenten, Frankfurt a.M. 1980

Glombowski, J., Marx und Keynes: Krisentheorie und 'alternative Wirtschaftspolitik', in: Staatsgrenzen, Argument-Sonderband 89, Berlin 1982

Glotz, P., Die Arbeit der Zuspitzung. Über die Organisation einer Regierungsfähigen Linken. Berlin 1984

Goodpaster, K. E., From Egoism to Environmentalism, in: Ethics and Problems of the 21st Century, hrsg. v. K. E. Goodpaster/K. M. Sayre, Notre Dame 1979

Goralczyk, D., Die Marx'sche Theorie der Weltmarktbewegung des Kapitals und die Rekonstruktion des Weltmarktes nach 1945, in: Europäische Wirtschaftsgemeinschaft (EWG). Zur politischen Ökonomie der westeuropäischen Integration, hrsg. v. F. Depppe, Reinbeck 1975

Gorz, A., Abschied vom Proletariat. Jenseits des Sozialismus, Frankfurt/M. 1980

Gorz, A., Wege ins Paradies. Thesen zur Krise, Automation und Zukunft der Arbeit, Berlin 1983

Graf Ferraris, L.V., War Schmidt ein erfolgreicher Bundeskanzler?, in: Vierteljahreshefte für Zeitgeschichte 4/1988

Greiff, B. v., Gesellschaftsform und Erkenntnisform. Zum Zusammenhang von wissenschaftlicher Erfahrung und gesellschaftlicher Entwicklung,, 2. Aufl., Frankfurt/New York 1977

Grießhammer, R., Der Öko-Knigge, Reinbek 1984

Grosser, D./**Lange**, Th. u.a., Soziale Marktwirtschaft. Geschichte, Konzept, Leistung, Stuttgart/Berlin/Köln/Mainz 1988

Gruhl, H., Ein Planet wird geplündert. Die Schreckensbilanz unserer Politik, Frankfurt/M. 1975

Guhde, E., Natur und Gesellschaft. Einführung in ökologisches Denken und Handeln, Essen 1984

Gutenberg, E., Die Unternehmung als Gegenstand betriebswirtschaftlicher Theorie, Berlin/Wien 1929

Gysin, Chr. H., Externe Kosten der Energie in der Schweiz. Grüsch 1985

Haber, W., Raumordnungskonzepte aus der Sicht der Ökosystemforschung, in: Akademie für Raumforschung und Landesplanung. Die ökologische Orientierung der Raumplanung, Hannover 1979

Habermas, J., Strukturwandel der Öffentlichkeit, Neuwied 1962

Habermas, J., Technik und Wissenschaft als Ideologie, Frankfurt/M. 1968

Habermas, J., Vorbereitende Bemerkungen zu einer Theorie der kommunikativen Kompetenz, in: Theorie der Gesellschaft oder Sozialtechnologie, hrsg. v. J. Habermas/N. Luhmann, Frankfurt/M. 1971

Habermas, J., Zur Rekonstruktion des Historischen Materialismus, 1. Aufl., Frankfurt/M. 1976

Habermas, J., Moral und Sittlichkeit. Hegels Kantkritik im Lichte der Diskursethik, in: Merkur 39. Jg. 1985

Habermas, J., Heinrich Heine und die Rolle des Intellektuellen in Deutschland, in: Merkur 40. Jg. 1986

Haefner, K., Die neue Bildungskrise. Lernen im Computerzeitalter, Reinbek 1985

Halbe, P., Was ist eigentlich 'Unternehmenskultur'?, in: Blick durch die Wirtschaft, Nr. 199/1987

Hankel, W., Gegenkurs. Von der Schuldenkrise zur Vollbeschäftigung, Berlin 1984

Hansmeyer, K. H., Ökonomische Anforderungen an die staatliche Datensetzung für die Umweltpolitik und ihre Realisierung, in: Marktwirtschaft und Umwelt, hrsg. v. jL. Wegehenkel, Tübingen 1981

Hartje, V. J., Umwelt- und Ressourcenschutz in der Entwicklungshilfe: Beihilfe zum Überleben?, Frankfurt/New York 1982

Hartje, V. J., Zur Erhaltung genetischer Ressourcen. Eine ökonomische Analyse von Institutionen und Instrumenten, in: Zeitschr. f. Wirtschafts- und Sozialwissenschaften 106/1986

Hartkopf, G./**Bohne**, E., Umweltpolitik I. Grundlagen, Analysen und Perspektiven, Opladen 1983

Hastedt, H., Das Leib-Seele-Problem. Zwischen Naturwissenschaft des Geistes und kultureller Eindimensionalität, Frankfurt/M. 1988

Hauck, G., Zur Diskussion um Wallersteins Weltsystem-Perspektive, in: Das Argument 27/1985

Hauff, V., Umweltpolitische Konzeptionen aus politischer Sicht. In: Wirtschaftsdienst Bd. 64 (1984), S. 163-166

Hauff, V., Für eine ökologische Modernisierung der Volkswirtschaft, in: Umweltpolitik am Scheideweg, hrsg. v. V. Hauff/M. Müller, München 1985

Hauff, V./**Müller**, M. (Hrsg.), Umweltpolitik am Scheideweg. Die Industriegesellschaft zwischen Selbstzerstörung und Aussteigermentalität. München 1985

Hauff, V./**Scharpf**, F. W., Modernisierung der Volkswirtschaft. Technologiepolitik als Strukturpolitik. Frankfurt a.M. 1975

Härtel, H.-J./**Mathies**, K./**Mously**, M., Zusammenhang zwischen Strukturwandel und Umwelt. Veröffentlichungen des HWWA-Instituts für Wirtschaftsforschung, Hamburg 1987

Heidegger, M., Vorträge und Aufsätze, Tübingen 1954

Heidegger, M., Die Technik und die Kehre, Tübingen 1962

Heinen, E., Unternehmenskultur. Perspektiven für Wissenschaft und Praxis, München/Wien 1987

Heinen, E./**Picot**, A., Können in betriebswirtschaftlichen Kostenauffassungen soziale Kosten berücksichtigt werden?. In: Betriebswirtschaftliche Forschung und Praxis (1974), S. 345-366

Heinsohn, G., Privates Grundeigentum, patriarchalische Monogamie und geldwirtschaftliche Produktion. Eine sozialhistorische Rekonstruktion zur Antike, Diss. Bremen 1983

Heinsohn, G./**Steiger**, O., Marx und Keynes - Privateigentum und Geld, Tagungsmanuskript, Neukirchen 1983

Henderson, H., Das Ende der Ökonomie, München 1985

Herr, H.-J., Geld - Störfaktor oder Systemmerkmal, in: Prokla 63/1986

Herr, H.-J., Zentralbank und Spielräume alternativer Geldpolitik. In: Projektgruppe Grüner Morgentau (Hrsg.): Perspektiven ökologischer Wirtschaftspolitik. Ansätze zur Kultivierung von ökonomischem Neuland. Frankfurt a.M. 1986, S. 462-486

Herr, H.-J., Die Sozialdemokraten und das Schuldenmachen. In: Frankfurter Hefte (1987), Nr. 12, S. 1128-1133

Herr, H.-J., Einige kritische Thesen zu Silvio Gesells Freiwirtschaftslehre aus Keynesscher Sicht. In: Zeitschrift für Sozialökonomie (1987), S. 10-14

Hickel, R., Ein neuer Typ der Akkumulation. Anatomie des ökonomischen Strukturwandels - Kritik der Marktorthodoxie, Hamburg 1987

Hieber, L., Ist der naturwissenschaftlich-technische Fortschritt noch demokratisch kontrollierbar?, in: Prokla 39/1981

Hieber, L., Aufklärung über Technik, Frankfurt/New York 1983

Hieber, L., Technisierung von Umwelterfahrung, in: Prokla 2/1984

Hildebrandt, E., Unsere Produkte fallen uns auf den Kopf. Die Gewerkschaften vor der ökologischen Herausforderung. In: Hildebrandt, E./Schmidt, E./Sperling, H. J.: Arbeit zwischen Gift und Grün. Kritisches Gewerkschaftsbuch 1985. Berlin 1985, S. 49-64

Hildebrandt, E./**Schmidt**, E./**Sperling**, H. J., Arbeit zwischen Gift und Grün. Kritisches Gewerkschaftsbuch 1985. Berlin 1985

Hilferding, R., Das Finanzkapital, Berlin 1947

Hillmann, K. H., Umweltkrise und Wertwandel. Die Umwertung der Werte als Strategie des Überlebens., Frankfurt/M. 1981

Hindess, B./**Hirst**, P. O., Vorkapitalistische Produktionsweisen, Frankfurt/Berlin etc. 1981

Hirsch, J., Fordismus und Postfordismus. Die gegenwärtige gesellschaftliche Krise und ihre Folgen. In: Politische Vierteljahresschrift (1985), Nr. 2, S. 160-182

Hirsch, J./**Roth**, R., Das neue Gesicht des Kapitalismus. Vom Fordismus zum Post-Fordismus, Hamburg 1986

Hiss, D., Geld- und währungspolitische Implikationen einer Globalisierung der Finanzmärkte, in: Wirtschaftsdienst 1988/II

Hobbensiefken, G., Kreditpolitik der Teilzahlungsbanken, in: Handbuch der Teilzahlungswirtschaft, hrsg. v. Wirtschaftsverband der Teilzahlungsbanken, Frankfurt/M. 1959

Hobbensiefken, G., Absatzpolitik durch Teilzahlungsfinanzierung, in: Die Absatzwirtschaft, H. 12, 3. Jg., Düsseldorf 1960

Hobbensiefken, G., Unterrichtsvorbereitung in wirtschaftsberuflichen Schulen, Meisenheim am Glan 1968

Hobbensiefken, G., Berufsforschung. Ansätze und Kritik, Teil 2: Traditionelle Berufstheorie, Nr. 28 Arbeitspapiere des Fachbereichs Wirtschaftswissenschaft der Universität-Gesamthochschule Wuppertal, Wuppertal 1978

Hobbensiefken, G., Zur Methode der Antizipation von Kern/Schumann, in: Möglichkeiten der Gestaltung von Arbeit und Technik in Theorie und Praxis, hrsg. v. K. Bartölke u. a., Bonn 1986

Hobbensiefken, G., Berufsforschung. Einführung in traditionelle und moderne Theorien, Opladen 1980

Hobbensiefken, G., Wirtschaftswachstum und Umweltgefährdung - Unveröffentlichtes Skriptum. Wuppertal 1987

Hobbensiefken, G., Geld und Ökonomie. Eine problemhistorische Skizze, Nr. 117 Arbeitspapiere des Fachbereichs Wirtschaftswissenschaft der Bergischen Universität-Gesamthochschule Wuppertal, Wuppertal 1988

Hobbensiefken, G./**Bremer**, W./**Laube**, H., Programmierte Instruktion in der Berufsausbildung der USA. Ergebnisse einer Studienreise, Weinheim 1967

Hobbensiefken, G./**Klement**, W./**Sesink**, W., Kritische Anmerkungen zu J. Derbolavs praxeologischem Entwurf, in: Päd. Rundschau 34. Jg. 1980

Hobbensiefken, G./**Rock**, R., Konzeption des integrierten Studiums der Wirtschaftswissenschaft, Nr. 100 Arbeitspapiere des Fachbereichs Wirtschaftswissenschaft der Bergischen Universität-Gesamthochschule Wuppertal, Wuppertal 1988

Hofmann, W., Wert- und Preislehre, Bd. 1: Sozialökonomische Studientexte, Berlin 1964

Hofmann, W., Zum Gesellschaftsbild der Nationalökonomie heute, in: Universität, Ideologie, Gesellschaft. Beiträge zur Wissenschaftssoziologie, Frankfurt/M. 1972

Hohloch, G., Umweltprobleme und Weiterentwicklung des Rechtssystems. In: Wegehenkel, L.: Symposium Umwelt als Herausforderung der Marktwirtschaft - Neue Ideen Jenseits des Dirigismus. Stuttgart 1983, S. 224-244

Honnecker, M., Verantwortung für die Umwelt als Auftrag des Menschen, in: Vorsorge für die Umwelt, hrsg. v. G. Hosemann/E. Finckh, Erlangen 1984

Honnecker, M., Verantwortung für die Umwelt - Verantwortung für die Schöpfung, Vortrag am 5.10.1985 im Jakob-Andreä-Haus in Waiblingen, in: Samstagsfrühstück, Waiblingen 1985

Horkheimer, M., Zur Kritik der instrumentellen Vernunft, Frankfurt/M. 1974

Horkheimer, M./**Adorno**, Th. W., Dialektik der Aufklärung - Philosophische Fragmente. Amsterdam 1947

Hödl, E., Der Staat in der Keynes'schen Theorie, Nr. 101 der Arbeitspapiere des Fachbereichs Wirtschaftswissenschaft der Universität-Gesamthochschule Wuppertal, Wuppertal 1986

Hödl, E., Sozial-ökonomische Grundsatzprobleme der Umweltpolitik, in: Umweltökonomie und Umweltpolitik. Verbraucherpolitische Hefte der Verbraucherzentrale NRW Nr. 6/1988

Hödl, E./**Müller**, G. (Hrsg.), Die Neoklassik und ihre Kritik. Diskusssionsband zu Ökonomie und Gesellschaft, Jahrbuch 1, Frankfurt/New York 1986

Höfkes, U., Die schwierige Solidarität. Westdeutsche Gewerkschaften in Boom und Krise, Duisburg 1983

Huber, J., Die verlorene Unschuld der Ökonomie. Neue Technologien und superindustrielle Entwicklung, Frankfurt/M. 1982

Huber, J., Die Regenbogen-Gesellschaft. Ökologie und Sozialpolitik, Frankfurt/M. 1985

Huber, J., Umweltpolitik und neue Bewegungen, in: Umweltökonomie und Umweltpolitik. Verbraucherpolitische Hefte der Verbraucherzentrale NRW Nr. 6/1988

Humboldt, W.v., Schriften zur Anthropologie und Bildungslehre, hrsg. v. A. Flitner, 2. Aufl., Düsseldorf/München 1964

Husserl, E., Phänomenologische Psychologie. Vorlesungen Sommersemester 1925, hrsg. v. W. Biemel, Tübingen 1962

Husserl, E., Die Krisis der europäischen Wissenschaften und die transzendentale Phänomenologie. Eine Einleitung in die phänomenologische Philosophie, hrsg. v. W. Biemel, 2. Aufl., Tübingen 1976

Hutchison, T. W., Theoretische Ökonomie als Sprachsystem, in: Zeitschr. f. Nationalökonomie 1937

Hübler, K.-H., Zum Stand einer ökologisch orientierten Umweltpolitik in der Bundesrepublik Deutschland, dargestellt an den Veränderungen von Landschaften, in: Zeitschr. f. Umweltpolitik 3/1979

Ifo-Institut für Wirtschaftsforschung (Hrsg.), Mehr Arbeit durch Umweltschutz?. München 1985

IG Metall (Hrsg.), Aufgabe Zukunft. Qualität des Lebens Bd. 4. Frankfurt a.M. 1972

Illich, I., Die Nemesis der Medizin, Reinbek 1975

Illich, I., Fortschrittsmythen, Reinbek 1978

Immler, H., Marx und die Naturfrage - ein Wissenschaftsstreitzum Verhältnis von politischer Ökonomie und ökologischer Krise. In: Kasseler Philosophische Schriften Bd. 10: Kassel 1983

Immler, H., Natur in der ökonomischen Theorie, Teil 1: Vorklassik - Klassik - Marx, Opladen 1985

Inglehart, R., Wertwandel in den westlichen Gesellschaften: Politische Konsequenzen von materialistischen und postmaterialistischen Prioritäten, in: Wertwandel und gesellschaftlicher Wandel, hrsg. v. H. Klages/P. Kmieciak, Frankfurt/M. 1979

Issing, O., Hat der Keynesianismus noch eine Chance? Bilanz und Perspektiven Keynesianischer Wirtschaftspolitik. In: Vogel, O.: Wirtschaftspolitik der achtziger Jahre. Leitbilder und Strategien. Köln 1982

Jarchow, H. J., Theorie und Politik des Geldes, I. Geldtheorie, Göttingen 1973

Jänicke, M., Wie das Industriesystem von seinen Mißständen profitiert, Opladen 1979

Jänicke, M., Staatsversagen. Die Ohnmacht der Politik in der Industriegesellschaft, München/Zürich 1986, . 2. Aufl. 1987

Jänicke, M./**Simonis**, U.E./**Weigmann**, G., Wissen für die Umwelt. 17 Wissenschaftler bilanzieren, Berlin/New York 1985

Jonas, F., Die Institutionenlehre Arnold Gehlens, 1966

Jonas, H., Das Prinzip Verantwortung, 1979

Jonas, H., Technik, Medizin und Ethik. Zur Praxis des Prinzips Verantwortung, Frankfurt/M. 1986

Jung, L./**Röschke**, R., Thesen zur Sozialistischen Konferenz im Mai 1980. In: Materialien zur 1. Sozialistischen Konferenz vom 02.-04. Mai 1980 in Kassel: Berlin 1980

Jungk, R., Schwierige Aussichten für andere Technologien, in: Freibeuter 9/1981

Kade, G., Umwelt. Durch das Profitmotiv in die Katastrophe, lin: Kontakt-Studium der Wirtschaftswoche/Der Volkswirt 40/1971

Kade, G., Ökonomische und gesellschaftspolitische Aspekte des Umweltschutzes, in: Umweltgefährdung und Gesellschaftssystem, hrsg. v. M. Glagow, München 1972

Kalmbach, P., Wachstum und Verteilung in neoklassischer und postkeynesianischer Sicht. Berlin 1972

Kalmbach, P., Zur Privatisierung öffentlicher Dienstleistungen. Stuttgart 1981

Kaminsky, W., Die Teilzahlungsbanken, Frankfurt/M. 1962

Kampits, P., Natur als Mitwelt. Das ökologische Problem als Herausforderung an die philosophische Ethik. In: Schatz, O.: Was bleibt den Enkeln? Die Umwelt als politische Herausforderung. Graz, Wien, Köln 1978

Kants Werke, Akademie Textausgabe, III bis V, Berlin 1968

Kapp, K. W., Soziale Kosten der Marktwirtschaft, Frankfurt/M. 1979 (1950 erschienen als "The Social Costs of Private Enterprise")

Kapp, K. W., Volkswirtschaftliche Kosten der Privatwirtschaft, Tübingen/Zürich 1958

Kapp, K. W., Umweltzerstörung und soziale Kosten - eine Herausforderung an die Ökonomie. In: Glagow, M. (Hrsg.): Umweltgefährdung und Gesellschaftssystem. München 1972

Kapp, K. W., Für eine ökosoziale Ökonomie. Entwürfe und Ideen. Frankfurt a.M. 1987

Kasseler Philosophische Schriften Bd. 10, Kassel 1983

Keil, G., Der sanfte Umschwung. Neue Lebens- und Arbeitsformen für eine menschliche Welt, Düsseldorf/Wien 1982

Kessel, H./**Tischler**, W., Umweltbewußtsein. Ökologische Wertvorstellungen in westlichen Industrienationen, Berlin 1984

Keynes, J. M., Vom Gelde, erstea Auflage 1930, Berlin 1955

Keynes, J. M., Allgemeine Theorie der Beschäftigung, des Zinses und des Geldes, erste Auflage 1936, Berlin 1966

Kiechle, I., Ohne die Landwirtschaft gibt es keine wirksame Naturschutz- und Umweltschutzpolitik. In: Buddenberg, H. (Hrsg.): Rettet die Umwelt!. Herford 1985

Kleinewefers, H., Wirtschaftspolitische Konzeption der Umweltproblematik: Das Beispiel der Agrarpolitik. In: Schweizerische Zeitschrift für Volkswirtschaft und Statistik (1972), Nr. 108

Klipstein, M. v./**Strümpel**, B., Wertewandel und Wirtschaftsbild der Deutschen. Einstellungen der Bürger zu Technik und Wachstum, in: Politik und Zeitgeschichte, Beilage zum Parlament B 42/1985

Klötzli, F., Unsere Umwelt und wir. Eine Einführung in die Ökologie, Basel/Stuttgart 1980

Knapp, G. F., Staatliche Theorie des Geldes, München/Leipzig 1923

Koch, E. R./**Vahrenholt**, F., Die Lage der Nation. Umwelt-Atlas der Bundesrepublik - Daten, Analysen, Konsequenzen, 1. Aufl., Hamburg 1983

Kommunistische Liga, Marxismus und Ökologie. Ein Diskussionsbeitrag. In: Materialien zur 1. Sozialistischen Konferenz vom 02.-04. Mai 1980 in Kassel: Berlin 1980

Konieczky, V./**Kunz**, N./**Scherer**, K.-J., Sozialismus zwischen Ökonomie und Ökologie, Berlin 1984

Kreeb, K. H., Ökologie und menschliche Umwelt. Geschichte - Bedeutung - Zukunftsaspekte, Stuttgart/New York 1979

Krell, G., Das Bild der Frau in der Arbeitswissenschaft, Frankfurt/New York 1984

Krüger, St. u. a., Keynes contra Marx? Darstellung und Kritik der General Theory, Hamburg 1984

Küppers, G./**Lundgreen**, P./ **Weingart**, P., Umweltforschung - die gesteuerte Wissenschaft? Eine empirische Studie zum Verhältnis von Wissenschaftsentwicklung und Wissenschaftspolitik, 1. Aufl., Frankfurt/M. 1978

Lafontaine, O., Die Gesellschaft der Zukunft. Reformpolitik in einer veränderten Welt. Hamburg 1988

Laistner, H., Ökologische Marktwirtschaft, Stuttgart 1986

Lambsdorff, O., Bewährung. Wirtschaftspolitik in Krisenzeiten. Düsseldorf 1980

Landeszentrale für politische Bildung (Hrsg.), Ziele für die Zukunft - Entscheidungen für morgen. Köln 1982

Laum, B., Heiliges Geld. Eine historische Untersuchung über den sakralen Ursprung des Geldes, Tübingen 1924

Leinen, J., Den Tanker 'Industriegesellschaft' auf neuen Kurs bringen, in: Umweltpolitik am Scheideweg, hrsg. v. V. Hauff/M. Müller, München 1985

Leipert, Chr. (Hrsg.), Konzepte einer humanen Wirtschaftslehre, Arnoldshainer Schriften zur Interdisziplinären Ökonomie, Bd. 2, Frankfurt/M. 1982 bzw. Offene Welt 105/1982

Leipert, Chr., Gesellschaftliche Umwelt und menschliche Bedürfnisse: zwei notwendige Dimensionen einer humanwissenschaftlich fundierten Wirtschaftstheorie. In: Leipert, Chr. (Hrsg.): Konzepte einer humanen Wirtschaftslehre. Frankfurt/M. 1982, S. 133-160

Leipert, Chr., Ökologische und soziale Folgekosten der Produktion, in: Das Parlament, Beilage aus Politik und Zeitgeschichte, B 19/84, Bonn 1984

Leipert, Chr., Bruttosozialprodukt, defensive Ausgaben und Nettowohlfahrtsmessung, in: Zeitschrift für Umweltpolitik, 7. Jg., 3/1984

Leipert, Chr., Die Grünen auf der Suche nach einem neuen ökonomischen Leitbild. In: Beckenbach, F.: Grüne Wirtschaftspolitik - machbare Utopien. Köln 1985a, S. 20-43

Leipert, Chr., Folgekosten des Wachstums als Wachstumsstimulans. Berlin 1985b

Leipert, Chr., Die Aufnahme der Umweltproblematik in der ökonomischen Theorie. In: Forschungsgruppe Soziale Ökologie (Hrsg.): Sozialökologische Arbeitspapiere 23. Frankfurt a.M. 1987

Leipert, Chr., Folgekosten der industriegesellschaftlichen Produktions- und Konsumweise. In: Opielka, M./Ostner, I. (Hrsg.): Umbau des Sozialstaats, Perspektiven der Sozialpolitik, Bd. 2. Essen 1987, S. 77-82

Leipert, Chr., Defensive Ausgaben. Ist das Bruttosozialprodukt Wohlstandsindikator?, in: WZB-Mitteilungen 40/1988

Leipert, Chr./**Simonis**, U. E., Alternativen wirtschaftlicher Entwicklung. In: Simonis, U. E. (Hrsg.): Ökonomie und Ökologie. Auswege aus einem Konflikt. Karlsruhe 1983

Lepage, H., Der Kapitalismus von morgen, Frankfurt/New York 1979

Lienemann, W./**Ratsch**, U./**Schuke**, A./**Solms**, F., Alternative Möglichkeiten für die Energiepolitik. Argumente und Kritik, Opladen 1978

Lohmann, K. E., Kritik der politische Grundlagen der Memoranden 'Alternativen der Wirtschaftspolitik', in: Alternative Wirtschaftspolitik 2. Probleme der politischen und ökonomischen Durchsetzung, hrsg. v. E. Pörksen u. a., Berlin 1980

Lorenz, W., Drei neoklassische Modelle der Diskriminierung. Eine vergleichende Darstellung, in: Zeitschr. f. Wirtschafts- und Sozialwissenschaften 1985

Lotze, H. J., Wenn's ums Geld geht. Banken zwischen Macht und Ohnmacht, Leipzig/Jena/Berlin

Lucas-Busemann, E., Zwei Formen des Radikalismus in der deutschen Arbeiterbewegung, Berlin 1976

Lucas-Busemann, E., Vom Scheitern der deutschen Arbeiterbewegung, Berlin 1983

Luhmann, N., Gesellschaftliche Organisation, in: Erziehungswissenschaftliches Handbuch, hrsg. v. Th. Ellwein u. a., Berlin 1969

Luhmann, N., Institutionalisierung - Funktion und Mechanismus im sozialen System der Gesellschaft, in: Zur Theorie der Institutionen, hrsg. v. H. Schelsky, Düsseldorf 1970

Luhmann, N., Knappheit, Geld und die bürgerliche Gesellschaft, in: Jahrb. f. Sozialwissenschaft, Bd. 23, 1973

Luhmann, N., Soziologische Aufklärung 2, Aufsätze zur Theorie der Gesellschaft, Opladen 1975

Luhmann, N., Soziologie der Moral, in: Theorietechnik und Moral, Opladen 1978

Luhmann, N., Politische Theorie im Wohlfahrtsstaat, München/Wien 1981

Luhmann, N., Ökologische Kommunikation. Kann die moderne Gesellschaft sich auf ökologische Gefährdungen einstellen?, Opladen 1986

Lutz, R., Die sanfte Wende. Aufbruch ins ökologische Zeitalter, München 1984

Lübbe, H., Der Wertewandel und die Arbeitsmoral, Köln 1984

Lüttersfeld, W., Die monologische Struktur des kategorischen Imperativs und Fichtes Korrektur der Diskursethik, in: Zeitschr. f. philosoph. Forschung 1/1986

Mager, K.-D., Umwelt - Raum - Stadt. Zur Neuorientierung von Umwelt- und Raumordnungspolitik, Bd. 10: Beiträge zur kommunalen und regionalen Planung, Frankfurt/Bern/New York 1985

Marcuse, H., Zur Kritik des Hedonismus, in: Kultur und Gesellschaft 1, Frankfurt/M. 1968

Markovic, M., Zukunftsauffassung. Eine Funktion aus Geschichtsauffassung und Gegenwartsanalyse, Interview geführt von R. Gössner. In: Pforte, D./Schwenke, O. (Hrsg.): Ansichten einer zukünftigen Futurologie. Zukunftsforschung in der zweiten Phase. München 1973

Marshall, A., Principles of Economics, London/Basingstoke 1890

Marx, K., Dialektik der Natur. MEW 20. Berlin ohne Jahr

Marx, K., Grundrisse der Kritik der politischen Ökonomie, 2. Aufl., Berlin 1974

Marx, K., Kritik der politischen Ökonomie. MEW, E 1. Berlin ohne Jahr

Marx, K., Ökonomisch-philosophische Manuskripte. MEW 1. Berlin ohne Jahr

Materialien zur 1. Sozialistischen Konferenz vom 02.-04. Mai 1980 in Kassel, Berlin 1980

Mattick, P., Die Zerstörung des Geldes, in: Beiträge zur Kritik des Geldes, hrsg. v. P. Mattick, A. Sohn-Rethel, H. G. Haasis, Frankfurt/M. 1976

Mayer-Tasch, P. C., Die verseuchte Landkarte. Das grenzen-lose Versagen der internationalen Umweltpolitik, München 1987

Meadows, D. L. (Hrsg.), Die Grenzen des Wachstums. Bericht des Club of Rome zur Lage der Menschheit. Stuttgart 1972

Meadows, D. L. und D. H., Das globale Gleichgewicht. Modellstudien zur Wachstumskrise, Stuttgart 1973

Meißner, W., Umweltpolitik und Beschäftigung, in: Umweltpolitik am Scheideweg. Die Industriegesellschaft zwischen Selbstzerstörung und Aussteigermentalität, hrsg. v. V. Hauff/M. Müller, München 1985

Meißner, W./**Gräber-Seißinger**, U., Stand und Entwicklungstendenzen der umweltökonomischen Forschung, in: Umweltökonomie und Umweltpolitik, Verbraucherpolitische Hefte 6/1988

Meißner, W./**Hödl**, E., Positive Aspekte des Umweltschutzes, hrsg. v. Umweltbundesamt, Berichte 3/77 und 1/83, Berlin 1977/1983

Meißner, W./**Zinn**, K.G., Der neue Wohlstand. Qualitatives Wachstum und Vollbeschäftigung, München 1984

Methe, W., Ökologie und Marxismus. Ein Neuansatz zur Rekonstruktion der politischen Ökonomie unter ökologischen Krisenbedingungen. Hannover 1981

Meyer-Abich, K. M., Wertsetzung bei beschränkten Ressourcen, in: Wirtschaftspolitik in der Umweltkrise, hrsg. v. J. Wolff, Stuttgart 1974

Meyer-Abich, K. M., Was ist ein Umweltproblem? Zur Kritik des Cartesianismus in der Wahrnehmung der Natur, in: Geographie und Umwelt. Planung, Forschung, Bewußtseinsbildung, hrsg. v. R. E. Lob/H. W. Wehling, Kronberg/Ts. 1977

Meyer-Abich, K. M., Zum Begriff einer Praktischen Philosophie der Natur, in: Frieden mit der Natur, hrsg. v. K. M. Meyer-Abich, Freiburg/Basel/Wien 1979

Meyer-Abich, K. M., Die gesellschaftliche Wirklichkeit der Natur. Zum Problem der praktischen Wahrheit der Naturwissenschaft, in: Humanökologie und Frieden, hrsg. v. C. Eisenbart, Stuttgart 1979a

Meyer-Abich, K. M./**Schefold**, B., Wie möchten wir die Zukunft leben. Der 'harte' und der 'sanfte' Weg, München 1981

Meyer-Abich, K. M., Vom bürgerlichen Rechtsstaat zur Rechtsgemeinschaft der Natur, in: Scheidewege 12/1982

Meyer-Abich, K. M./**Schefold**, B., Die Grenzen der Atomwirtschaft. Die Zukunft von Energie, Wirtschaft und Gesellschaft, München 1983

Meyer-Abich, K. M., Wege zum Frieden mit der Natur. Praktische Naturphilosophie für die Umweltpolitik, München/Wien 1984

Meyer-Abich, K. M., Wissenschaft für die Zukunft. Holistisches Denken in ökologischer und gesellschaftlicher Verantwortung, München 1988

Mottek, H., Wirtschaftsgeschichte und Umwelt, in: Jahrbuch für Wirtschaftsgeschichte II/1974

Möller, H./**Osterkamp**, R./**Schneider**, W., Umweltökonomik. Ein Überblick zur Einführung in die ökonomische Analyse von Umweltproblemen mit einer ausführlichen Bibliographie, Königstein/Ts. 1981

Mumford, L., Die Stadt, 2 Bde, München 1979

Mumford, L., Mythos der Maschine, Frankfurt/M. 1980

Musgrave, R. A./**Musgrave**, P. B./**Kullmer**, L., Die öffentlichen Finanzen in Theorie und Praxis, 4. Bd., Tübingen 1978

Mussel, G., Erfahrungen mit Geldmengenzielen, Diskussionsbeiträge aus dem Institut für Volkswirtschaftslehre, Nr. 21, Hohenheim 1985

Mückenberger, U., Entfremdung von innerer und äußerer Natur und die Wege, sie zu thematisieren. In: Altvater, E./Hickel, R./Hoffmann, J./u.a. (Hrsg.): Markt, Mensch, Natur. Zur Vermarktung von Arbeit und Umwelt. Hamburg 1986

Müller, K., Wo das Geld die Welt regiert, Frankfurt/M. 1986

Müller, W., Geld und Geist, Frankfurt/M. 1977

Müller-Wenck, R., Ökologische Buchhaltung - eine Einführung. In: Simonis, U. E. (Hrsg.): Ökonomie und Ökologie. Auswege aus einem Konflikt. Karlsruhe 1983

Myrdal, G., Ökonomische Theorie und unterentwicklte Regionen. Weltproblem Armut. Frankfurt a.M. 1974

Negt, O., Zur Dialektik der Übergansperiode in Westeuropa - Lelio Bassos Konzeption der revolutionären Transformation. In: Prokla (1979), Nr. 34

Negt, O./**Kluge**, A., Öffentlichkeit und Erfahrung. Zur Organisationsanalyse von bürgerlicher und proletarischer Öffentlichkeit, 4. Aufl., Frankfurt/M. 1976

Nell, E. J., Wert und Kapital in der marxistischen Wirtschaftstheorie. In: Bell, D./Kristoll, I. (Hrsg.): Die Krise in der Wirtschaftstheorie. Berlin, New York 1984

Niesbach, P./**Schell**, U., Umweltorientierte Verbraucherarbeit der Verbraucher-Zentrale Nordrhein-Westfalen. In: Verbraucher-Zentrale NRW e.V. /Hrsg.): Umweltökonomie und Umweltpolitik. Düsseldorf 1988, S. 83-96

Noack, P., Die Dritte Kraft. Streitschrift für einen zeitnahen Liberalismus, München 1986

Nußbaum, H. v. (Hrsg.), Die Zukunft des Wachstums. Kritische Antworten zum Bericht des Club of Rome, Düsseldorf 1973

Nutzinger, H. G., Grenzen einer marktorientierten Umweltpolitik. In: Verbraucher-Zentrale NRW e.V. (Hrsg.): Umweltökonomie und Umweltpolitik. Düsseldorf 1988, S. 39-50

Odum, E. P., Ökologie, München 1967

Olk, Th., Neue Subsidiaritätspolitik - Zauberformel oder fauler Zauber?, in: Zeitschrift für Pädagogik, 21. Beiheft, Weinheim 1987

Olschowy, G., Zur Entwicklung des Natur- und Umweltschutzes in Deutschland, in: Natur- und Umweltschutz in der Bundesrepublik Deutschland, hrsg. v. G. Olschowy, Hamburg/Berlin 1978

Opielka, M. (Hrsg.), Die ökosoziale Frage. Entwürfe zum Sozialstaat. Frankfurt 1985

Opielka, M./**Ostner**, I. (Hrsg.), Umbau des Sozialstaats, Perspektiven der Sozialpolitik, Bd. 2. Essen 1987

Ortmann, G., Der zwingende Blick. Personalinformationssysteme, Architektur der Disziplin, Frankfurt/New York 1984

Osche, G., Ökologie. Grundlagen, Erkenntnisse, Entwicklungen der Umweltforschung, 9. Aufl., Freiburg/Basel/Wien 1981

Ottmann, H., Praktische Philosophie und technische Welt. Prolegomena zu einer unfertigen Philosophie der Praxis, in: Zeitschr. f. phil. Forschung 34. Bd. 1980

Ökonomie und Gesellschaft 5, Keynes'sche Fragen im Lichte der Neoklassik. 1987

Paucke, H., Marx, Engels und die Ökologie. In: Deutsche Zeitschrift für Philosophie (1985), S. 207-215

Peccei, A., Die Qualität des Menschen. Plädoyer für einen neuen Humanismus, Stuttgart 1977

Peccei, A./**Pestel**, E./**Mesarovic**, M. u.a., Der Weg ins 21. Jahrhundert. Alternative Strategien für die Industriegesellschaft, 1. Aufl., München 1983

Pforte, D./**Schwenke**, O. (Hrsg.), Ansichten einer zukünftigen Futurologie. Zukunftsforschung in der zweiten Phase. München 1973

Pfriem, R., Einstieg in den Ausstieg. Alternativen zur etablierten Wirtschaftspolitik, Düsseldorf 1983

Pfriem, R., Ökologie und Betriebswirtschaftslehre. Arbeitspapiere des Fachbereichs Wirtschaftswissenschaften der Universität-Gesamthochschule-Wuppertal, Nr. 71. Wuppertal 1983

Pfriem, R., Die Natur taugt nicht zur Vermarktung. Ein Plädoyer für eine nicht-ökonomische Bewältigung einer ökologischen Krise. In: Altvater, E./Hickel, R./Hoffmann, J./u.a. (Hrsg.): Markt, Mensch, Natur. Zur Vermarktung von Arbeit und Umwelt. Hamburg 1986

Pfriem, R., Vorüberlegungen zur Möglichkeit einer nach-ökonomischen Gesellschaft. In: Projektgruppe Grüner Morgentau (Hrsg.): Perspektiven ökologischer Wirtschaftspolitik. Ansätze zur Kultivierung von ökonomischem Neuland. Frankfurt a.M. 1986, S. 88-114

Pfriem, R. (Hrsg.), Ökologische Unternehmenspolitik. Frankfurt a.M. 1986a

Picht, G., Ist Humanökologie möglich?, in: Humanökologie und Frieden, hrsg. v. C. Eisenbart, Stuttgart 1979

Pigou, A. C., The Economics of Welfare, London 1920

Pleiß, U. (Hrsg.), Unternehmenskultur und Sozialisation, Bd. 9 der Schriftenreihe Wirtschaftsdidaktik, Baltmannsweiler 1987

Polanyi, K., Ökonomie und Gesellschaft, Frankfurt/M. 1979

Polanyi, K., The great transformation. Politische und ökonomische Ursprünge von Gesellschaften und Wirtschaftssystemen. Wien 1979a

Pörksen, M.-E., Das Krisenproblem bei Marx und Keynes, in: WSI-Mitteilungen 10/1981

Preuß, U. K., Aktuelle Probleme einer linken Verfassungstheorie. In: Prokla (1985), Nr. 61

Prigogine, I., Vom Sein zum Werden, München 1979

Prigogine, I./**Stengers**, I., Dialog mit der Natur, Neue Wege naturwissenschaftlichen Denkens, München 1981

Prior, M. (Hrsg.), The Popular and die Political, London 1981

Prittwitz, V., Umweltaußenpolitik. Grenzüberschreitende Luftverschmutzung in Europa, Frankfurt/New York 1984

Projektgruppe Grüner Morgentau (Hrsg.), Perspektiven ökologischer Wirtschaftspolitik. Ansätze zur Kultivierung von ökonomischem Neuland. Frankfurt a.M. 1986

Ramm, Th., Einführung in das Privatrecht. Allgemeiner Teil des BGB, Band I, 2. Aufl., München 1974

Rammert, W., Akteure und Technologieentwicklung - oder wie ließe sich A. Touraines Aussage von der 'Rückkehr des Akteurs'für die techniksoziologische Forschung nutzen?, in: Möglichkeiten der Gestaltung von Arbeit und Technik in Theorie und Praxis, hrsg. von K. Bartölke u. a., Bonn 1986

Rappe, H., Notwendig: Konzept einer lebenswerten Arbeits- und Umwelt. In: Gewerkschaftliche Monatshefte 1985, Bd. 2, S. 73-81

Rendtorff, T., Ethik, Bd. 2, Stuttgart/Berlin/Köln 1981

Renn, O., Die alternative Bewegung. Eine historisch-soziologische Analyse des Protestes gegen die Industriegesellschaft, in: Zeitschrift für Politik 32/1985

Ricardo, D., Grundsätze der politischen Ökonomie, übersetzt von G. Bondi, Berlin 1959

Riedl, R., Die Spaltung des Weltbildes. Biologische Grundlagen des Erklärens und Verstehens, Berlin/Hamburg 1985

Riese, H., Politische Ökonomie oder mathematische Scholastik? Genese, Bedeutung und Grenzen neoklassischen Denkens, in: Zeitschr. f. Wirtschafts- und Sozialwiss. 1975

Riese, H., Geldökonomie, Keynes und die Anderen. Kritik der monetären Grundlagen der Orthodoxie, in: Ökonomie und Gesellschaft, Jahrbuch 1 (Die Neoklassik und ihre Herausforderung), hrsg. v. G. Bombach u.a., Frankfurt 1983

Riese, H., Wirtschaftspolitik in der Krise. In: Birk, M./Eggerstedt, H./Tegtmeier, A. P. (Hrsg.): Politik gegen die Krise. Beiträge zu einer alternativen Wirtschaftspolitik. Marburg 1985

Riese, H., Theorie der Inflation, Tübingen 1986

Rifkin, J., Entropie. Ein neues Weltbild. Nachwort von Nicholas Georgescu-Roegen, Hamburg 1982

Rittstieg, H., Eigentum als Verfassungsproblem. Zur Geschichte und Gegenwart des bürgerlichen Verfassungsstaates, Darmstadt 1975

Robinson, J., The Economics of Imperfect Competion and General Equilibrium Theory, Cambridge/Mass. 1940

Rock, R./**Rosenthal**, K., Marketing-Philosophie, Frankfurt/Bern/New York 1986

Rodenstock, R., Mehr Umweltschutz erfordert weniger Regulierung. In: Wirtschaftsdienst Bd. 64 (1984), S. 166-169

Roloff, O., Polit-ökonomische Theorie öffentlicher Umweltschutz-Aufgaben und -Ausgaben, in: Umweltschutz in öffentlichen Budgets, hrsg. v. O. Roloff/W. Wild, Regensburg 1986

Roloff, O./**Wild**, W. (Hrsg.): Umweltschutz in öffentlichen Budgets. Regensburg 1986

Ronge, V., Die Umwelt im kapitalistischen System, in: Umweltgefährdung und Gesellschaftssystem, hrsg. v. M. Glagow, München 1972

Ronge, V., Die Gesellschaft an den Grenzen der Natur, Bielefeld 1978

Roth, B., Weltökonomie oder Nationalökonomie? Tendenzen des Internalisierungsprozesses seit Mitte des 19. Jahrhunderts, Marburg 1984

Roth, B., Weltmarktabhängigkeit: Damoklesschwert über einer alternativen Wirtschaftspolitik (II), in: Memo-Forum (Zirkular der 'Arbeitsgruppe Alternative Wirtschaftspolitik') Nr. 5, Bremen 1985

Roth, K., Umweltschutz - Zwischen konservativer Beharrung und gesellschaftlicher Bewegung. In: Gewerkschaftliche Monatshefte 1986, Bd. 10, S. 622-631

Roth, R./**Rucht**, D. (Hrsg.), Neue soziale Bewegungen in der Bundesrepublik Deutschland, Bd. 252 der Schriftenreihe Bundeszentrale für politische Bildung, Bonn 1987

Roth, W., Der Weg aus der Krise. Umrisse einer sozialökologischen Marktwirtschaft, München 1985

Rüdig, W., Bürgerinitiativen im Umweltschutz. Eine Bestandsaufnahme der empirischen Befunde, in: Bürgerinitiativen in der Gesellschaft, hrsg. v. V. Hauff, Villingen-Schwenningen 1980

Rüsen, J./**Lämmert**, E./**Glotz**, P. (Hrsg.), Die Zukunft der Aufklärung, Frankfurt/M. 1988

Ryll, A., Zur volkswirtschaftlichen Gesamtrechnung des monetären Umweltschutzes 1975-1985, Berlin 1987

Salzwedel, J. (Hrsg.), Grundzüge des Umweltrechts, Band A 80 Beiträge zur Umweltgestaltung, Genf 1980

Samuelson, P. A., Volkswirtschaftslehre. Eine Einführung, Bd. I, 7. neu bearb. Aufl., Köln 1981

Samuelson, P. A./**Nordhaus**, W. D., Volkswirtschaftslehre. Grundlagen der Makro- und Mikroökonomie, Bd. 1, 8. grundlegend überarbeitete deutsche Neuauflage, 1987

Sauer, D., Neue Technologien und betriebliche Rationalisierungsstrategien - Zur Frage des politischen Gestaltungsspielraums -, in: Möglichkeiten der Gestaltung von Arbeit und Technik in Theorie und Praxis, hrsg. von K. Bartölke u. a., Bonn 1986

Schanz, G., Betriebswirtschaftslehre und Nationalökonomie. Wissenschaftstheoretische Standortbestimmungen und Perspektiven. Wiesbaden 1984

Schatz, O. (Hrsg.), Was bleibt den Enkeln? Die Umwelt als politische Herausforderung,, Graz/Wien/Köln 1978

Schäfer, B., Umweltökonomie und Wirtschaftssystem. In: Engelhardt, H. D./u.a. (Hrsg.): Umweltstrategie. Materialien und Analysen zu einer Umweltpolitik der Industriegesellschaft. Gütersloh 1975

Scheler, M., Die Wissensformen und die Gesellschaft, Bern/München 1960

Schelling, Fr.W.J., Einleitung zu dem Entwurf eines Systems der Naturphilosophie (1799), in: Schelling. Ausgewählte Werke, Schriften von 1799-1801, Darmstadt 1975

Schellings Werke, Stuttgart/Augsburg 1856

Schelsky, H., Zur soziologischen Theorie der Institution, in: Zur Theorie der Institution, hrsg. v. H. Schelsky, Düsseldorf 1970

Scherf, H., Marx und Keynes. Frankfurt a.M. 1986

Schipperges, H., Auf dem Wege zu einem ökologischen Zeitalter? Wegweisung einer Medizin am Scheidewege, in: Scheidewege 7/1977

Schmalenbach, E., Die Betriebswirtschaftslehre an der Schwelle der neuen Wirtschaftsverfassung, in: Zeitschr. f. handelswiss. Forschung 32. Jg./1928

Schmied-Kowarzik, W.-D., Bruchstücke zur Dialektik der Philosophie, Ratingen/Kastelaun/Düsseldorf 1974

Schmied-Kowarzik, W. D., Die Aufhebung von Philosophie und Wissenschaft in der Kritik und die Erziehung als gesellschaftliche Produktion der Menschen, in: Zeitschr. f. Päd. 15. Beih. 1978

Schmied-Kowarzik, W. D., Die Dialektik der gesellschaftlichen Praxis. Zur Genesis und Kernstruktur der Marx'schen Theorie, Freiburg/München 1981

Schmied-Kowarzik, W. D., Marx und die Naturfrage. Ein Wissenschaftsstreit zum Verhältnis von politischer Ökonomie und ökologischer Krise, in: Kasseler Philosophische Schriften, Bd. 10, Kassel 1983

Schmied-Kowarzik, W. D., Das dialektische Verhältnis des Menschen zur Natur. Philosophiegeschichtliche Studien zur Naturproblematik bei Karl Marx, Freiburg/München 1984

Schmied-Kowarzik, W. D., Kritische Theorie und revolutionäre Praxis. Konzepte und Perspektiven marxistischer Erziehungs- und Bildungstheorie, Bochum 1988

Schmölders, G., Psychologie des Geldes, München 1982

Schneider, W. (Hrsg.), Arbeit und Umwelt. Gewerkschaftliche Umweltpolitik. Hamburg 1986

Schubert, A., Die internationale Verschuldung. Die Dritte Welt und das transnationale Bankensystem, Frankfurt/M. 1985

Schulz, W./**Wicke**, L., Der ökonomische Wert der Umwelt. In: Zeitschrift für Umweltpolitik und Umweltrecht (1987), Nr. 2

Schumacher, E. F., Die Rückkehr zum menschlichen Maß. Alternativen für Wirtschaft und Technik, Reinbek 1977

Schumacher, E. F., Rat für die Ratlosen. Vom sinnerfüllten Leben, Reinbek 1980

Schütz, E., Theorie, Technik, Praxis im Horizont der Metaphysik der Subjektivität, lin: Zeitschr. f. Päd. 15. Beih. 1978

Seidel, E./**Menn**, H., Ökologisch orientierte Betriebswirtschaft, Stuttgart 1988

Seiffert, J. E., Wissenschaft als Selbst- und Weltgestaltung. Zu einer Praxis-Theorie des Projektstudiums, in: Zeitschr. f. Päd. 15. Beih. 1978

Sesink, W., Die Schule der bürgerlichen Gesellschaft. Kritik der öffentlichen Bildungsinstitution, Diss. Gesellschafts- und Erziehungswissenschaften an der GH Kassel, Bonn 1976

Sesink, W., Der Eigensinn des Lernens. Studien zur Dialektik der Bildung, unveröff. Habilitationsschrift, Kassel 1988

Sesink, W., Hirngeld oder die Wertform des Geistes. Ein ökonomisch-philosophischer Essay, Nr. 119 Arbeitspapiere des Fachbereichs Wirtschaftswissenschaft der Bergischen Universität-Gesamthochschule Wuppertal, Wuppertal 1988

Sesink, W., Der Wert der Natur, in: Natur und marxistische Werttheorie, Dokumentation einer interdisziplinären Arbeitstagung, Kasseler Philosophische Schriften 23, hrsg. v. H. Immler/W.-D. Schmied-Kowarzik, Kassel 1988a

Sesink, W., Konkrete und abstrakte Natur. Zur ökologischen Horizonterweiterung der Kritik der Politischen Ökonomie, Nr. 127 Arbeitspapiere des Fachbereichs Wirtschaftswissenschaft der Bergischen Universität, Wuppertal 1989

Siebert, A., Übersicht über Ziele und Bestrebungen in der Bundesrepublik Deutschland und die entsprechenden administrativen, wissenschaftlichen und technischen Einrichtungen. Akademie für Raumforschung und Landesplanung. Materialien Umweltschutz und Raumordnung, H. 4, Hannover 1971

Siebert, H., Analyse der Instrumente der Umweltpolitik. Göttingen 1976

Siebert, H., Das produzierte Chaos. Ökonomie und Umwelt. Stuttgart 1973

Siebert, H., Ökonomische Theorie natürlicher Resourcen. Ein Überblick. In: Zeitschrift für Wirtschafts- und Sozialwissenschaften (1981)

Sieferle, R. P., Der Mythos vom Maschinensturm, in: Technik und Gesellschaft, Jahrbuch 2, hrsg. v. W. Rammert u. a., Frankfurt/New York 1983

Sieferle, R.P. (Hrsg.), Fortschritte der Naturzerstörung, Frankfurt/M. 1988

Sievers, B., Motivation als Sinnersatz, Teil I und II, in: Gruppendynamik 18. Jg., H. 2, 1987, S. 159-178 und S. 269-295

Sievers, B., Motivation as a Surrogate for Meaning, Nr. 81 Arbeitspapiere des Fachbereichs Wirtschaftswissenschaft der Bergischen Universität-Gesamthochschule Wuppertal, Wuppertal 1984

Sievers, B., Organisationsentwicklung als Lernprozeß personaler und sozialer Systeme, in: Organisationsentwicklung, 1. Jg. 1982, H. 1

Sievert, O., Die angebotsorientierte Politik des Sachverständigenrates. Das Konzept der achtziger Jahre. In: Vogel, O.: Wirtschaftspolitik der achtziger Jahre. Leitbilder und Strategien. Köln 1982

Simon, J., Die Schulen und die Individualität. Über interne und öffentliche Bedeutung der modernen Wissenschaft, in: Wissenschaft an der Universität heute, hrsg. v. J. Neumann, Tübingen 1977

Simonis, U. E. (Hrsg.), Mehr Technik - weniger Arbeit? Plädoyers für sozial- und umweltverträgliche Technologien. Karlsruhe 1984

Simonis, U. E. (Hrsg.), Ökonomie und Ökologie. Auswege aus dem Konflikt, 4. erg. Aufl., Karlsruhe 1986

Simonis, U. E., Arbeit und Umwelt. Ein Plädoyer für sozial- und umweltverträgliche Technologien. In: Altvater, E./Hickel, R./Hoffmann, J./u.a. (Hrsg.): Markt, Mensch, Natur. Zur Vermarktung von Arbeit und Umwelt. Hamburg 1986

Simonis, U. E. (Hrsg.), Ökologische Orientierungen - Vorträge zur Strukturanpassung von Wirtschaft, Technik und Wissenschaft. Berlin 1987

Simonis, U. E., Perspektiven einer sozial- und umweltverträglichen Technologie. In: Gewerkschaftliche Praxis (1987)a, Nr. 3, S. 7-9

Singer, P., Animal Liberation. A New Ethics for our Treatment of Animals, New York 1975

Smeets, H., Finanzinnovationen und Geldpolitik, in: Ordo, Bd. 38/1988

Smith, A., Der Wohlstand der Nationen, übersetzt von H. C. Recktenwald, München 1974

Sohn-Rethel, A., Geistige und körperliche Arbeit. Zur Theorie der gesellschaftlichen Synthesis, Frankfurt/M. 1970

Sohn-Rethel, A., Das Geld, die bare Münze des Apriori, in: Beiträge zur Kritik des Geldes, hrsg. v. P. Mattik u.a., 1. Aufl., Frankfurt 1976

Sozialdemokratische Partei Deutschlands (Hrsg.), Grundsatzprogramm. Bonn 1959

Sozialdemokratische Partei Deutschlands (Hrsg.), Materialien. Frieden mit der Natur. Für eine umweltverträgliche Industriegesellschaft. Bonn 1984

Sozialdemokratische Partei Deutschlands (Hrsg.), Politik Nr. 7 - Für eine ökologische Modernisierung der Volkswirtschaft. Bonn 1985

Spaemann, R., Technische Eingriffe in die Natur als Problem der politischen Ethik, in: Ökologie und Ethik, hrsg. v. D. Birnbacher, Stuttgart 1980

Späth, L., Politische Mobilmachung. Partnerschaft statt Klassenkampf. Stuttgart 1976

Späth, L., Wende in die Zukunft. Die Bundesrepublik auf dem Weg in die Informationsgesellschaft. Hamburg 1985

Stackelberg, H. v., Grundlagen der theoretischen Volkswirtschaftslehre, Bern 1948

Standop, D., Die Kapitaltheorie der Chicago-Schule, in: Zeitschr. f. Wirtschafts- und Sozialwissenschaften 1976

Stern, H. (Hrsg.), Das Ökosozialprodukt. Vorschlag für ein ehrliches Sozialprodukt. In: Natur (1984), Nr. 2, S.53-66

Stobbe, A., Volkswirtschaftliches Rechnungswesen, 3. Auflage, Heidelberg/New York 1972

Stooß, F., Was sind und was bewirken die neuen Technologien? Begriffe, Befunde, Prognosen, in: Technik als Schulfach, Bd. 6, hrsg. v. W. E. Traebert, Düsseldorf 1987

Strasser, J./**Traube**, K., Die Zukunft des Fortschritts. Der Sozialismus und die Krise des Industrialismus, Bonn 1984

Strauß, F. J., Wir müssen lernen, den künftigen Generationen die natürlichen Lebensgrundlagen zu erhalten. In: Buddenberg, H. (Hrsg.): Rettet die Umwelt!. Herford 1985

Stucken, R., Geld und Kredit, Tübingen 1949

Suhr, D., Geld ohne Mehrwert. Entlastung der Marktwirtschaft von monetären Transaktionskosten, Frankfurt/M. 1983

Suhr, D., Plädoyer für eine neue Geldordnung. Eine keynesianische Alternative zum Keynesianismus, in: Perspektiven ökologischer Wirtschaftspolitik, hrsg. v. Projektgruppe Grüner Morgentau, Frankfurt/New York 1986

Sutter, A., Göttliche Maschinen. Die Automaten für Lebendiges, Frankfurt/M. 1988

Symposium vom 26.-28. März 1980, veranstaltet vom Walter-Eucken-Institut Freiburg/Breisgau, Tübingen 1981

Tenbruck, F. H., Raumordnung, in: Zeitschrift für Politik, 13. Jg., Nr.2/1966

Teufel, D., Ökosteuern, in: Natur 4/1988

Teutsch, G. M., Neue Ansätze in Richtung einer humanökologischen Ethik, in: Was bleibt den Enkeln? Die Umwelt als politische Herausforderung, hrsg. v. O. Schatz, Graz/Wien/Köln 1978

Teutsch, G. M., Lexikon der Umweltethik, Göttingen/Düsseldorf 1985

Thiede, G., Landwirt im Jahr 2000. So sieht die Zukunft aus, Frankfurt/M. 1988

Thurow, L. C., Die Null-Summen-Gesellschaft. Einkommensverteilung und Möglichkeiten wirtschaftlichen Wandels, München 1981

Tietzel, M., Annahmen in der Wirtschaftstheorie, in: Zeitschr. f. Wirtschafts- und Sozialwissenschaften 1981

Tinbergen, J., Wir haben eine Zukunft. Reform der internationalen Ordnung. Der Rio-Bericht an den Club of Rome, Opladen 1977

Tischler, W., Einführung in die Ökologie, Stuttgart/New York 1976

Toffler, A., Die Grenzen der Krise, Bern/München 1975

Touraine, A., Le retour de l ácteur, Paris 1984

Töpfer, K., Ist die Politik der Technik gewachsen? Politische Konzepte für eine Risikogesellschaft, in: Umwelt. Informationen des Bundesministers für Umwelt, Naturschutz und Reaktorsicherheit 7/1988

Traebert, K. E., Technik als Schulfach, Bd. 6: Die neuen Technologien in Schule und Technikunterricht, Düsseldorf 1987

Traube, K., Müssen wir umschalten? Von den politischen Grenzen der Technik, Reinbek 1978

Traube, K., Wachstum oder Askese? Kritik der Industrialisierung von Bedürfnissen. Hamburg 1979

Treiber, H./**Steinert**, H., Die Fabrikation des zuverlässigen Menschen. Über die 'Wahlverwandtschaft' von Kloster- und Fabrikdisziplin, München 1980

Trepl, L., Ökologisches Gleichgewicht und Entwicklung. Zu einigen Fragen der Ökologiebewegung, in: Wechselwirkung 5/1980

Trepl, L., Ökologie. Alternative zu den klassischen Naturwissenschaften?, in: Wechselwirkung 21/1984

Triffin, R., Monopolistic Competition and General Equilibrium Theory, Cambridge/Mass. 1940

Tsuru, S./**Weidner**, H., Ein Modell für uns: Die Erfolge der japanischen Umweltpolitik, Köln 1985

Tullock, G., The politics of Bureaucracy, Public Affairs Press 1965

Uexküll, J. v., Streifzüge durch die Umwelten von Tieren und Menschen. Bedeutungslehre, Hamburg 1956

Uexküll, J. v., Umwelt und Innenwelt der Tiere, Berlin 1921

Uhlig, C. A., Ökologische Krise und ökonomischer Prozeß. Diessenhofen 1978

Ullrich, O., Technik und Herrschaft, Frankfurt/M. 1977

Ullrich, O., Weltniveau. In der Sackgasse des Industriesystems, Berlin 1979

Ullrich, O., Ökologie - Industrialisierung - Marxismus. Thesen und Fragen. In: Materialien zur 1. Sozialistischen Konferenz vom 02.-04. Mai 1980 in Kassel: Berlin 1980

Ullrich, O., Technik und Arbeit - Historische Entwicklung und Ansätze zu einer Neuorientierung. In: Simonis, U. E. (Hrsg.): Mehr Technik - weniger Arbeit? Plädoyers für sozial- und umweltverträgliche Technologien. Karlsruhe 1984, S. 61-79

Ullrich, O., Modernisierung oder Entindustrialisierung? Überlegungen zur Technologiepolitik. In: Projektgruppe Grüner Morgentau (Hrsg.): Perspektiven ökologischer Wirtschaftspolitik. Ansätze zur Kultivierung von ökonomischem Neuland. Frankfurt a.M. 1986, S. 27-54

Ulrich, P., Transformation der ökonomischen Vernunft. Fortschrittsperspektiven der modernen Industriegesellschaft, Bern/Stuttgart 1987

Verbraucher-Zentrale NRW e.V. (Hrsg.), Umweltökonomie und Umweltpolitik. Düsseldorf 1988

Verein Deutscher Ingenieure (VDI), Richtlinienvorentwurf "Empfehlungen zur Technikbewertung", Düsseldorf 1988

Vester, F., Prinzip und Bedeutung kybernetischer Technologien, in: Wirtschaftspolitik in der Umweltkrise, hrsg. v. J. Wolff, Stuttgart 1974

Vester, F., Der Wert eines Vogels. Ein Fensterbilderbuch, München 1983

Vobruba, G., Keynesianismus als politisches Prinzip, in: Leviathan 1979

Vobruba, G., Politik mit dem Wohlfahrtsstaat, Frankfurt/M. 1983

Vogel, O., Wirtschaftspolitik der achtziger Jahre. Leitbilder und Strategien. Köln 1982

Vorländer, H. (Hrsg.), Verfall oder Renaissance des Liberalismus? Beiträge zum deutschen und internationalen Liberalismus, München 1987

Wallerstein, I., Aufstieg und künftiger Niedergang des kapitalistischen Weltsystem. Zur Grundlegung vergleichender Analyse, in: Kapitalistische Weltökonomie. Kontroversen über ihren Ursprung und ihre Entwicklungsdynamik, hrsg. v. D. Senghaas, Frankfurt/. 1982

Wallerstein, I., The capitalistic world-economy, Cambrigde/London/New York/Melbourne 1979

Wallerstein, I., Die Zukunft der Weltökonomie, in: Perspektiven des Weltsystems. Materialien zu Immanuel Wallerstein, 'Das moderne Weltsystem', hrsg. v. J. Blaschke, Frankfurt/New York 1983

Walterskirchen, M. P. v. (Hrsg.), Umweltschutz und Wirtschaftswachstum, München/Bern/Wien 1972

Wegehenkel, L. (Hrsg.), Marktwirtschaft und Umwelt, Tübingen 1981

Wegehenkel, L. (Hrsg.), Symposion. Umweltprobleme als Herausforderung der Marktwirtschaft - Neue Ideen jenseits des Dirigismus, Köln 1983

Wegehenkel, L., Umweltprobleme, Marktsystem und technisches Wissen. In: Wegehenkel, L.: Symposium Umwelt als Herausforderung der Marktwirtschaft - Neue Ideen Jenseits des Dirigismus. Stuttgart 1983, S. 203-223

Wegschneider, H. (Hrsg.), Ökologische Wirtschaft. Probleme und Lösungsansätze einer umweltgerechten Wirtschaftsweise aus der Sicht verschiedener Wissenschaftsdisziplinen, Alt-Fechenheim 1984

Weizsäcker , C. Chr., Gewinne + Mikroelektronik = Arbeitslosigkeit?. In: Die Zeit (1988), Nr. 7

Weizsäcker, C. F. v., Die Einheit der Natur, München 1971

Weizsäcker, C. F. v., Die Tragweite der Wissenschaft, Stuttgart 1973

Weizsäcker, C. F. v., Der Garten des Menschlichen. Beiträge zur geschichtlichen Anthropologie, München/Wien 1977

Weizsäcker, C. F. v., Einleitung zu K. M. Meyer-Abich/B. Schefolds Buch: Die Grenzen der Atomwirtschaft, München 1983

Weizsäcker, E. U. v., Perspektiven der internationalen Umweltpolitik, in: Umweltökonomie und Umweltpolitik, Verbraucherpolitische Hefte 6/1988

Weizsäcker, E. U. v., Steuern für die Umwelt, in: Der Spiegel Nr. 34/22.8.1988

Wendt, W. R., Ökologie und soziale Arbeit, Stuttgart 1982

Wenz, E.M./**Issing**, O. (Hrsg.), Ökologie, Ökonomie und Jurisprudenz. Reihe Law and Economics, Bd. 5, München 1987

Wey, K.-G., Umweltpolitik in Deutschland. Kurze Geschichte des Umweltschutzes in Deutschland seit 1900, Opladen 1982

Wicke, L., Umweltökonomie. Eine praxisorientierte Einführung, München 1982

Wicke, L., Die ökologischen Milliarden. Das kostet die zerstörte Umwelt - so können wir sie retten. München 1986

Wieacker, F., Industriegesellschaft und Privatrechtsordnung, Frankfurt/M. 1974

Wiesenthal, H., Alternative Technologie und gesellschaftliche Alternativen, in: Technik und Gesellschaft, Jahrbuch 1, hrsg. v. G. Bechmann u. a., Frankfurt/M. 1982

Wild, W., Steuern und Reichsherrschaft, Bremen 1984

Wild, W., Kommunale Umweltschutzpolitik im späten 19. Jahrhundert. Das Beispiel der Städtereinigung, in: Umweltschutz in öffentlichen Budgets, hrsg. v. O. Roloff/W. Wild, Regensburg 1986

Willms, M., Der Transmissionsmechanismus der Geldpolitik, in: WiSt 10/1972

Willms, M., Die Quantitätstheorie des Geldes, in: WiSt 4/1974

Wolf, Fr. O., Auflösung oder Erneuerung des Marxismus?. In: Prokla (1979), Nr. 36

Wolf, U., Brauchen wir eine ökologische Ethik?, in: Prokla 69/1987

Wolff, J. (Hrsg.), Wirtschaftspolitik in der Umweltkrise. Strategien der Wachstumsbegrenzung und Wachstumslenkung, Stuttgart 1974

Woll, A., Die moderne Theorie der Geldnachfrage, in: Wisu 12/1973

Worcester, D. A., A Note on "The Postwar Literature on Externalities". In: Journal of Economic Literature (1972), S. 57-59

Zellentin, G., Abschied vom Leviathan. Ökologische Aufklärung über politische Alternativen, Hamburg 1979

Zellentin, G., Die Bedürfnisse des Menschen und die Möglichkeiten der Natur. Reflexionen über ökonomische und ökologische Perspektiven für die Zukunft. In: Landeszentrale für politische Bildung (Hrsg.): Ziele für die Zukunft - Entscheidungen für morgen. Köln 1982

Zimmerli, W. Ch., Gesellschaftliches System und Wandel ethischer Normenbegründung. Grenzen der systemtheoretischen Betrachtungsweise bei der aktuellen Suche nach einer Ethik der Technik, in: Technikfolgen und sozialer Wandel, hrsg. von J. v. Kruedener/K. v. Schubert, Köln 1981

Zimmermann, F., Umweltschutz in der sozialen Marktwirtschaft. In: Wirtschaftsdienst Bd. 64 (1984), S. 159-163

Zimmermann, K., Beschäftigungspolitik mit der Umwelt? Eine angebotsorientierte Kritik und umweltpolitische Perspektive, in: Zeitschr. f. Wirtschafts- und Sozialwissenschaften 106/1986

Zwintz, R., Die monetäre Berwertung materieller und immaterieller Umweltschäden. In: Engelhardt, H. D./u.a. (Hrsg.): Umweltstrategie. Materialien und Analysen zu einer Umweltpolitik der Industriegesellschaft. Gütersloh 1975, S. 192-220

Sachregister

www.ingramcontent.com/pod-product-compliance
Lightning Source LLC
LaVergne TN
LVHW081330011026
849161LV00013BB/2889